本书由北京市优秀教学团队
——数学公共基础系列课程教学团队和北京市教学名师项目支持

高 等 数 学

第 2 版

上 册

田立平　鞠红梅　编著

机械工业出版社

本书分上、下两册出版。上册内容包括函数与极限、导数与微分、中值定理与导数应用、不定积分、定积分及其应用、微分方程等。各章都配有难度适当的典型习题和综合测试题，书末附有各章习题和综合测试题参考答案。下册内容包括空间解析几何与向量代数、多元函数微分法及其应用、重积分、曲线积分与曲面积分、无穷级数等内容。各章配有循序渐进、难度适当并且典型的习题和综合测试题，书末附有各章习题和综合测试题参考答案。

本书吸收了国内外教材的优点，在不影响本学科系统性、科学性的前提下，力求通俗简明而又重点突出，难点处理得当而又形象直观。本书可供理工类本科各专业使用，也可供高职、高专的师生参考。

图书在版编目（CIP）数据

高等数学：全 2 册/田立平，鞠红梅编著. —2 版. —北京：机械工业出版社，2014.2（2015.8 重印）

ISBN 978-7-111-45512-7

Ⅰ.①高… Ⅱ.①田…②鞠… Ⅲ.①高等数学-高等学校-教材

Ⅳ.①O13

中国版本图书馆 CIP 数据核字（2014）第 012582 号

机械工业出版社（北京市百万庄大街 22 号 邮政编码 100037）

策划编辑：牛新国 责任编辑：牛新国 任 鑫

版式设计：霍永明 责任校对：刘怡丹

封面设计：赵颖喆 责任印制：乔 宇

北京机工印刷厂印刷（三河市南杨庄国丰装订厂装订）

2015 年 8 月第 2 版第 2 次印刷

169mm×239mm·27.75 印张·549 千字

2 001—3 200 册

标准书号：ISBN 978-7-111-45512-7

定价：58.00 元（上下册）

第 2 版前言

本书是在 2011 年出版的第 1 版基础上修订而成的。在保留原有特点的基础上,做了如下修订工作:

1)修正了第 1 版书中的一些错误。

2)调整了第 1 版书中的个别习题。

3)在第二章第三节中,增加了高阶导数的莱布尼茨求导公式及公式应用方面的例题和课后习题;基于后续的概率论课程考虑,在第五章的第五节增加了 Γ 函数的第二种表达形式;在第八章的第三节中,增加了由方程组所确定的隐函数的求导方法及例题和课后习题。

4)在每一章的最后,增加了关于本章的综合测试题。综合测试题的题型依据北京物资学院标准化试卷试题模式设定。每套试题包括五道单项选择题,五道填空题,六道计算与应用题和一道证明题。需要说明的是,增加的每套试题都是作者精心编选的,题目典型、重点突出,并包含一定的综合性、技巧性。相信对提高学生的综合、灵活应用知识能力和数学成绩是有很大帮助的,不仅是考研同学不可多得的"美餐",也可作为教师习题课的素材。每套题不仅都给出了答案,而且大部分题目给出了解答提示。

本书上、下册的修订工作依旧由原书的两位作者完成,其中鞠红梅副教授主要负责上册书的修订工作,田立平教授主要负责下册书的修订工作,全书由田立平教授统一整理统稿。本书由田立平教授的北京市教师队伍建设——教学名师项目支持。

尽管在再版的过程中我们力求做到更加系统化、科学化、合理化,但由于作者水平有限,加之时间比较仓促,书中难免还会有欠妥和错误之处,我们衷心恳请广大读者批评指正,以便能使本书在教学实践中不断地改进和完善。

编著者

第1版前言

为全面贯彻落实科学发展观，切实把高等教育重点放在提高教学质量上，教育部、财政部实施了"高等学校本科教学质量与教学改革工程"，北京市教育委员会响应教育部的号召，相应实施了"质量工程计划"，其中教材建设是教学质量工程的重要内容。在这样的背景下，"数学公共基础系列课程教学团队"作为北京市优秀教学团队，编写一套适合一般高等学校理工类各专业的便于教、学的基础数学教材是义不容辞的责任，也是团队成员多年来的心愿。在北京物资学院信息学院的关心以及机械工业出版社的大力支持下，我们组织有多年教学经验的老教师和富有朝气的青年教师，在团队长期集体备课教案以及学校精品课教案的基础上，编写了这部教材。该教材的内容框架是根据教育部数学与统计学教学指导委员会2007年制定的理工科类本科数学基础课程教学基本要求以及2009年教育部关于硕士研究生入学考试的要求，针对理工类各专业编写的。

《高等数学》内容包括函数与极限、导数与微分、中值定理与导数的应用、不定积分、定积分及其应用、微分方程、空间解析几何与向量代数、多元函数微积分学和无穷级数，分上、下两册出版。

本教材在内容处理上注意到理工类各专业以及一般高等学校生源的特点，在不影响本学科系统性、科学性的前提下，尽量使数学概念、理论与方法易于学生掌握，简化和略去了某些结论的冗繁推导或仅给出直观解释，力求做到通俗简明而又重点突出，条理清晰而又层次分明，难点处理得当而又形象直观；数学文化与数学建模思想在教学内容中不断渗透，编者多年来积累的教学经验和成果适时融入；例题和习题的选取不求多但求精典，与《全国硕士研究生入学统一考试数学考试大纲》相结合，在难度上遵循循序渐进的原则，力求突出习题的应用性与实用性，以培养学生分析问题、解决问题和运用数学知识的能力为宗旨。同时，考虑到学生综合素质的提高以及部分学生转专业的情况，我们在侧重于理工类专业背景的基础上，适当增加了一些数学在经济领域中应用的内容。

本书由田立平教授和鞠红梅副教授担任编著者。在编写过程中得到了北京物资学院各级各部门的领导、老师以及数学教研室所有同仁的关心，特别是得到了数学教研室谢斌老师的大力帮助；同时，也得到机械工业出版社的大力支持，在此一并表示衷心的感谢！本书由北京市优秀教学团队——数学公共基础系列课程教学团队项目(项目编号:PHR200907230)和北京市教师队伍建设——教学名师项目支持。

由于编著者水平有限，加之时间比较仓促，本书难免会有欠妥和错误之处，我们衷心恳求专家、学者和读者批评指正，以便能使本书在教学实践中不断改进和完善。

编著者

目　　录

第 2 版前言

第 1 版前言

第一章　函数与极限 ……………………………………………………… 1

　　第一节　函数 …………………………………………………………… 1

　　习题 1.1 ………………………………………………………………… 5

　　第二节　数列的极限 …………………………………………………… 6

　　习题 1.2 ………………………………………………………………… 10

　　第三节　函数的极限 …………………………………………………… 11

　　习题 1.3 ………………………………………………………………… 17

　　第四节　极限的运算法则 ……………………………………………… 18

　　习题 1.4 ………………………………………………………………… 22

　　第五节　两个重要极限 ………………………………………………… 22

　　习题 1.5 ………………………………………………………………… 26

　　第六节　无穷小与无穷大 ……………………………………………… 27

　　习题 1.6 ………………………………………………………………… 30

　　第七节　函数的连续性 ………………………………………………… 30

　　习题 1.7 ………………………………………………………………… 37

　　综合测试题（一）……………………………………………………… 37

第二章　导数与微分 ……………………………………………………… 39

　　第一节　导数 …………………………………………………………… 39

　　习题 2.1 ………………………………………………………………… 44

　　第二节　导数的运算 …………………………………………………… 44

　　习题 2.2 ………………………………………………………………… 50

　　第三节　高阶导数 ……………………………………………………… 51

　　习题 2.3 ………………………………………………………………… 52

　　第四节　微分 …………………………………………………………… 53

　　习题 2.4 ………………………………………………………………… 56

　　综合测试题（二）……………………………………………………… 56

第三章　中值定理与导数的应用 ………………………………………… 58

　　第一节　中值定理 ……………………………………………………… 58

习题 3.1 ……………………………………………………………… 61

第二节　洛必达法则 …………………………………………… 62

习题 3.2 ……………………………………………………………… 65

第三节　泰勒公式 ……………………………………………… 66

习题 3.3 ……………………………………………………………… 69

第四节　函数的单调性与凹凸性 …………………………… 70

习题 3.4 ……………………………………………………………… 73

第五节　函数的极值与最值 ………………………………… 74

习题 3.5 ……………………………………………………………… 78

第六节　函数图形的描绘 …………………………………… 79

习题 3.6 ……………………………………………………………… 83

第七节　曲率 …………………………………………………… 83

习题 3.7 ……………………………………………………………… 87

综合测试题（三） ……………………………………………… 87

第四章　不定积分 ……………………………………………… 89

第一节　不定积分的概念与性质 …………………………… 89

习题 4.1 ……………………………………………………………… 93

第二节　换元积分法 ………………………………………… 93

习题 4.2 …………………………………………………………… 100

第三节　分部积分法 ………………………………………… 100

习题 4.3 …………………………………………………………… 103

第四节　有理函数积分 ……………………………………… 103

习题 4.4 …………………………………………………………… 108

综合测试题（四） ……………………………………………… 108

第五章　定积分及其应用 …………………………………… 110

第一节　定积分的概念和性质 ……………………………… 110

习题 5.1 …………………………………………………………… 117

第二节　微积分基本定理 …………………………………… 117

习题 5.2 …………………………………………………………… 122

第三节　定积分的换元积分法与分部积分法 …………… 123

习题 5.3 …………………………………………………………… 129

第四节　定积分的应用 ……………………………………… 130

习题 5.4 …………………………………………………………… 141

第五节　广义积分与 Γ 函数 ………………………………… 143

习题 5.5 …………………………………………………………… 146

    综合测试题（五）························· 147

第六章 微分方程 ························· 149

第一节 微分方程的基本概念 ·················· 149
习题 6.1 ····························· 150
第二节 一阶微分方程 ····················· 151
习题 6.2 ····························· 162
第三节 几类可降阶的二阶微分方程 ·············· 163
习题 6.3 ····························· 166
第四节 二阶常系数线性齐次微分方程的解法 ········· 167
习题 6.4 ····························· 172
第五节 欧拉方程 ······················· 173
习题 6.5 ····························· 175
第六节 差分方程简介 ····················· 175
习题 6.6 ····························· 183
    综合测试题（六）························· 183

习题答案 ···························· 186

第一章　函数与极限

函数与极限是微积分最重要的基本概念,函数是微积分学研究的对象,极限理论是微积分的理论基础.

第一节　函　　数

一、区间与邻域

1. 区间

定义 1.1　满足不等式 $a<x<b(a<b)$ 的所有实数 x 的集合,称为以 a、b 为端点的开区间,记作 (a,b).

类似地,有闭区间 $[a,b]=\{x\,|\,a\leqslant x\leqslant b\}$,半开区间 $(a,b]=\{x\,|\,a<x\leqslant b\}$ 和 $[a,b)=\{x\,|\,a\leqslant x<b\}$,它们称为有限区间. 而区间 $(a,+\infty)$、$[a,+\infty)$、$(-\infty,a)$、$(-\infty,a]$ 称为无限区间.

2. 邻域

定义 1.2　设 $a\in\mathbf{R}$,$\delta>0$,数集 $\{x\,\|\,x-a\,|<\delta\}$ 称为 a 的 δ 邻域,记为

$$U(a,\delta)=\{x\,\|\,x-a\,|<\delta\}=(a-\delta,a+\delta).$$

a 称为邻域的中心;δ 称为邻域的半径. 常又表示为 $U(a)$,简称为 a 的邻域.

去掉中心 a 的数集 $\{x\,|\,0<|\,x-a\,|<\delta\}$ 称为 a 的去心 δ 邻域,记为

$$\mathring{U}(a,\delta)=\{x\,|\,0<|\,x-a\,|<\delta\}=(a-\delta,a+\delta)-\{a\}.$$

常又表示为 $\mathring{U}(a)$,简称为 a 的去心 δ 邻域.

类似地,数集 $\{x\,|\,0<x-a<\delta\}$ 称为 a 的右邻域,数集 $\{x\,|\,-\delta<x-a<0\}$ 称为 a 的左邻域.

二、函数概念

1. 变量

在研究数学的过程中常常涉及各种各样的量,其中,变化的量称为变量,不变化的量称为常量或常数. 函数是考察变量之间关系的重要概念.

例如,球的半径 r 与该球的体积 V 的关系为

$$V = \frac{4}{3}\pi r^3$$

式中，π 是圆周率，它是常量.

对于任意 $r \in [0, +\infty)$，都对应一个球的体积 V. r 和 V 都是变量，它们之间的关系可以用函数来表达.

2. 函数定义

定义 1.3 设 D 是非空数集，若对 D 中任意数 $x(\forall x \in D)$，按照某一确定的对应法则 f，总有唯一确定的数 $y \in \mathbf{R}$ 与之对应，则称 f 是定义在 D 上的函数，记为

$$y = f(x), \quad (\forall x \in D)$$

简写为 "$y = f(x)$"，或称 "$f(x)$ 是 x 的函数（值）". 其中，数 x 称为自变量，数 y 称为因变量.

数集 D 称为函数 f 的定义域，函数值的集合 $f(D) = \{f(x) \mid x \in D\}$ 称为函数 f 的值域. 函数的两要素为定义域和对应法则，与变量用何符号表示没有关系.

3. 单值函数与多值函数

在函数 $y = f(x)$ 的定义中，要求对应于 x 值的 y 值是唯一确定的，这种函数也称为**单值函数**. 如果取消唯一这个要求，即对应于 x 值，可以有两个以上确定的 y 值与之对应，那么函数 $y = f(x)$ 称为**多值函数**. 例如，函数 $y = \pm\sqrt{r^2 - x^2}$ 是多（双）值函数.

以后若不特别声明，只讨论单值函数.

4. 函数举例

例 1 取整函数 $y = [x]$，表示对于任意 $x \in \mathbf{R}$，对应的 y 是不超过 x 的最大整数.

如 $[2.5] = 2$，$[3] = 3$，$[0] = 0$，$[-\pi] = -4$，图形（见图 1-1）.

例 2 符号函数 $\operatorname{sgn}(x) = \begin{cases} -1 & (x < 0) \\ 0 & (x = 0) \\ 1 & (x > 0) \end{cases}$.

例 3 绝对值函数 $y = |x| = \begin{cases} x & (x \geqslant 0) \\ -x & (x < 0) \end{cases}$，图形（见图 1-2）.

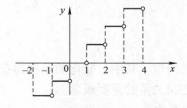

图 1-1

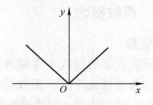

图 1-2

上述几个函数的定义域被分成了若干部分，而在不同部分上，函数值用不同的表达式表示，这样的函数称为**分段函数**.

三、函数性质

1. 有界性

定义 1.4　设函数 $f(x)$ 在数集 A 上有定义，若存在 $M>0$，使得任意 $x \in A$，有 $|f(x)| \leqslant M$，则称函数 $f(x)$ 在 A 上有界，否则称 $f(x)$ 在 A 上无界.

例如，函数 $y = \sin x$ 在 $(-\infty, +\infty)$ 内是有界的，因为对于任意 $x \in \mathbf{R}$，都有 $|\sin x| \leqslant 1$. 函数 $y = \dfrac{1}{x}$ 在 $(0,1)$ 内是无界的，在 $[2, +\infty)$ 上是有界的.

2. 单调性

定义 1.5　设函数 $f(x)$ 在数集 A 上有定义，若对任意 x_1，$x_2 \in A$，当 $x_1 < x_2$ 时，有 $f(x_1) < f(x_2)$（或 $f(x_1) > f(x_2)$），则称函数 $f(x)$ 在 A 上是严格单调增加（或严格单调减少）的；若将上述不等式改为 $f(x_1) \leqslant f(x_2)$（或 $f(x_1) \geqslant f(x_2)$），则称函数 $f(x)$ 在 A 上是单调增加（或单调减少）的.

例如，函数 $y = x^3$ 在 $(-\infty, +\infty)$ 内是严格单调增加的. 函数 $y = 2x^2 + 1$ 在 $(-\infty, 0)$ 内是严格单调减少的，在 $[0, +\infty)$ 内是严格单调增加的. 因此，$y = 2x^2 + 1$ 在 $(-\infty, +\infty)$ 内不是单调函数.

3. 奇偶性

定义 1.6　设函数 $f(x)$ 定义在数集 A 上，若对于任意 $x \in A$，有 $-x \in A$，且

$$f(-x) = -f(x) \quad (\text{或} f(-x) = f(x))$$

则称函数 $f(x)$ 是奇函数（或偶函数）. 奇函数的图像关于原点对称，偶函数的图像关于 y 轴对称.

例如，函数 $y = x^4 + 3x^2$，$y = \sqrt{1-x^2}$，$y = \dfrac{\sin x}{x}$ 都是偶函数. 函数 $y = \dfrac{1}{x}$，$y = x^3$，$y = x\cos x$ 都是奇函数.

4. 周期性

定义 1.7　设函数 $f(x)$ 定义在数集 A 上，若存在 $l > 0$，对于任意 $x \in A$，有 $x \pm l \in A$，且 $f(x \pm l) = f(x)$，则称函数 $f(x)$ 是**周期函数**，l 称为函数 $f(x)$ 的**周期**.

由定义可知，周期不唯一. 若 l 是函数 $f(x)$ 的周期，则 $2l$ 也是它的周期，$nl(n \in \mathbf{N})$ 也是它的周期. 若函数 $f(x)$ 有最小的正周期，通常称之为函数 $f(x)$ 的基本周期，简称为周期.

例如，正弦函数 $y = \sin x$ 就是周期函数，周期为 2π. 再如，常数函数 $y = 1$ 也是周期函数，任意正实数都是它的周期，它没有基本周期.

四、复合函数与反函数

1. 复合函数

定义 1.8　设函数 $z = f(y)$ 定义在数集 B 上，函数 $y = \varphi(x)$ 定义在数集 A 上，且 $\varphi(A) \subset B$（$\varphi(A)$ 是 B 的一个非空子集）. 对于任意 $x \in A$，按照对应关系 φ，对应唯一一个 $y \in B$，若再按照对应关系 f，对应唯一一个 z，即对于任意 $x \in A$，对应唯一一个 z. 于是可以在 A 上定义一个函数，表示为 $f \circ \varphi$，称为函数 $y = \varphi(x)$ 与 $z = f(y)$ 的复合函数，即

$$z = (f \circ \varphi)(x) = f(\varphi(x)) \quad (x \in A)$$

其中，y 称为中间变量.

例如，函数 $z = \sqrt{y}$ 的定义域是区间 $[0, +\infty)$，函数 $y = 1 - x^2$ 的定义域是 **R**. 为使其生成复合函数，必须要求

$$y = 1 - x^2 \geqslant 0, \quad 即 -1 \leqslant x \leqslant 1$$

于是，对于任意 $x \in [-1, 1]$，函数 $y = 1 - x^2$ 与 $z = \sqrt{y}$ 生成了复合函数

$$z = \sqrt{1 - x^2}$$

又如，3 个函数 $u = \sqrt{z}$，$z = \ln y$，$y = 2x + 3$，生成的复合函数是

$$u = \sqrt{\ln(2x + 3)}, \quad x \in [-1, +\infty)$$

2. 反函数

定义 1.9　设函数 $y = f(x)$，$x \in I$. 若对任意 $y \in f(I)$，有唯一确定的 $x \in I$ 与之对应，使 $f(x) = y$，则在 $f(I)$ 上定义了一个函数，记为

$$x = f^{-1}(y), \quad y \in f(I)$$

称为函数 $y = f(x)$ 的反函数. 原来的函数 $y = f(x)$ 称为直接函数.

按照书写习惯，将自变量写成 x，因变量写成 y，所以反函数 $x = f^{-1}(y)$ 常常被写作 $y = f^{-1}(x)$.

反函数 $y = f^{-1}(x)$ 的图像与直接函数 $y = f(x)$ 的图像关于直线 $y = x$ 对称（见图 1-3）.

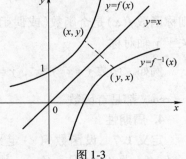

图 1-3

定理 1.1　若函数 $y = f(x)$ 在某区间 I 上严格单调增加（或严格单调减少），则函数 $y = f(x)$ 存在反函数，且反函数 $x = f^{-1}(y)$ 在 $f(I)$ 上也严格单调增加（或严格单调减少）.

定理 1.1 中"严格"两字不可忽略. 如单调函数 $y = [x]$（取整函数）非严格单调，不存在反函数.

函数是严格单调的仅是存在反函数的充分条件，如函数

$$y = \begin{cases} -x + 1 & -1 \leqslant x < 0 \\ x & 0 \leqslant x \leqslant 1 \end{cases}$$

在区间 $[-1,1]$ 上不是单调函数，但它存在反函数

$$x = f^{-1}(y) = \begin{cases} y & 0 \leqslant y \leqslant 1 \\ 1 - y & 1 < y \leqslant 2 \end{cases}$$

五、初等函数

1. 基本初等函数
（1）常数函数

$$y = C;$$

（2）幂函数

$$y = x^{\alpha};$$

（3）指数函数

$$y = a^x, \ (a > 0, a \neq 1). \ 特例 \ y = e^x;$$

（4）对数函数

$$y = \log_a x, \ (a > 0, a \neq 1). \ 特例 \ y = \ln x;$$

（5）三角函数

$$y = \sin x, \ y = \cos x, \ y = \tan x, \ y = \cot x, \ y = \sec x, \ y = \csc x;$$

（6）反三角函数

$$y = \arcsin x, \ y = \arccos x, \ y = \arctan x, \ y = \operatorname{arccot} x.$$

2. 初等函数的定义

定义 1.10　由常数和基本初等函数经过有限次的四则运算和有限次的函数复合步骤所生成的并可用一个式子表达的函数称为**初等函数**.

例如，函数 $y = \sin(\ln \sqrt{x^2 - 1})$ 是一个初等函数，它是由 $y = \sin u$, $u = \ln v$, $v = \sqrt{t}$, $t = x^2 - 1$ 经过四则运算及复合而得.

由定义可知，那些不能用一个式子表达的分段函数，都不是初等函数.

习题 1.1

1. 求函数的定义域：

1) $y = \dfrac{x}{\ln(x+2)}$;　　　　　　2) $y = \arcsin\sqrt{x^2 - 9}$.

2. 设 $y = f(x)$ 的定义域是 $[0,1]$，求复合函数 $f(\sin x)$ 的定义域.

3. 下列几对函数中，函数 $f(x)$ 与 $g(x)$ 相同的是哪一对？

1) $f(x) = \lg x^2$ 与 $g(x) = 2\lg x$;　　　2) $f(x) = x$ 与 $g(x) = \sqrt{x^2}$;

3) $f(x) = |x|$ 与 $g(x) = \sqrt{x^2}$;　　　4) $f(x) = 1$ 与 $g(x) = \dfrac{x}{x}$.

4. 某地电话局按如下办法收费. 每月通话次数不超过 30 次或不通话，收费 20 元；若超过部分每次以 0.18 元计算，请列出函数的表达式.

5. 设 $y = f(x) = 3x^2 - 2x - 1$，求 $f(1)$，$f(0)$，$f(a)$，$f(-x)$，$f(x+1)$，$f(f(x))$.

6. 设函数 $f(x) = \begin{cases} x^2 & (-2 \leqslant x < 0) \\ 2 & (x = 0) \\ 1 + x & (0 < x \leqslant 3) \end{cases}$，求函数的定义域，并求 $f(-1)$，$f(0)$，$f(2)$.

7. 已知函数 $f(x) = \begin{cases} 2\sqrt{x} & (0 \leqslant x \leqslant 1) \\ 1 + x & (x > 1) \end{cases}$，写出 $f(x)$ 的定义域及值域，并求 $f\left(\dfrac{1}{2}\right)$ 和 $f\left(\dfrac{1}{t}\right)$.

8. 证明：函数 $y = -x^2 + 1$ 在区间 $(-\infty, 0)$ 内单调增加，在区间 $[0, +\infty)$ 内单调减少.

9. 证明：函数 $f(x) = \dfrac{x}{x^2 + 1}$ 在它的整个定义域内是有界的.

10. 判断下列函数的奇偶性：

1）$f(x) = x\sin x + \cos x$；

2）$f(x) = \ln \dfrac{1-x}{1+x}$；

3）$f(x) = 2x^4 + 3x^3 + 1$；

4）$f(x) = \ln\left(x + \sqrt{1 + x^2}\right)$.

11. 求函数 $y = \ln(x + 2) - 3$ 的反函数.

12. 设函数 $f(x) = \begin{cases} 3x + 1 & (x < 1) \\ x & (x \geqslant 1) \end{cases}$，求 $f(f(x))$.

13. 求 $y = \begin{cases} x^2 & (-1 \leqslant x < 0) \\ \ln x & (0 < x \leqslant 1) \\ 2e^{x-1} & (1 < x \leqslant 2) \end{cases}$ 的反函数及其定义域.

14. 下列函数由哪些基本初等函数复合而成：

1）$y = a^{\tan x}$；　　　　　　2）$y = \ln(\arcsin x^2)$.

15. 设下面所考虑的函数都是定义在区间 $(-l, l)$ 上的，证明：

1）任意一个函数总可以写成一个奇函数与一个偶函数的和；

2）两个偶函数的和是偶函数；两个奇函数的和是奇函数；

3）两个偶函数的乘积是偶函数；两个奇函数的乘积为偶函数；偶函数和奇函数的乘积为奇函数.

16. 已知水渠的横断面为上底宽于下底的等腰梯形，一腰与地面的倾斜角为 $\varphi = 40°$. 当过水断面的面积为定值 S_0 时，求湿周 L（除上底外，其余三边的和）与水深 h 之间的关系式，并指明其定义域.

第二节　数列的极限

一、数列

通俗地讲，数列就是将一系列的数排成一列（排）.

定义 1.11 数列是定义在自然数集上的函数，记为 $x_n = f(n) \, n = 1,2,3,\cdots$

数列的对应值可以按下标从小到大排成一列：$x_1, x_2, \cdots, x_n, \cdots$，有时也简记为 $\{x_n\}$ 或数列 x_n．数列中的每一个数称为数列的项，第 n 项 x_n 称为一般项或通项．

例1 "一尺之棰，日截其半，万世不竭."——《庄子·天下篇》

这句话说明，长一尺的木棒子，每天截去一半，无限制地进行下去，那么剩下部分的长构成一个数列：$\dfrac{1}{2}, \dfrac{1}{2^2}, \dfrac{1}{2^3}, \cdots, \dfrac{1}{2^n}, \cdots$，通项为 $\dfrac{1}{2^n}$．

例2 $2, \dfrac{3}{2}, \dfrac{4}{3}, \cdots, \dfrac{n+1}{n}, \cdots;$

$1, 3, 5, \cdots, 2n-1, \cdots;$

$1, -1, 1, \cdots, (-1)^{n-1}, \cdots;$

$1, \dfrac{1}{2}, \dfrac{1}{3}, \cdots, \dfrac{1}{n}, \cdots;$

$1, -\dfrac{1}{2}, \dfrac{1}{3}, -\dfrac{1}{4}, \cdots, (-1)^{n-1}\dfrac{1}{n}, \cdots;$

$a, a, a, \cdots, a, \cdots$

都是数列．

在数轴上，数列的每项都相应有点与之对应．如果在数轴上依次描出点 x_n 的位置，能否发现点的位置的变化趋势呢？显然，$\left\{\dfrac{1}{2^n}\right\}$，$\left\{\dfrac{1}{n}\right\}$ 是无限接近于 0 的；$\{2n-1\}$ 是无限增大的；$\{(-1)^{n-1}\}$ 的项是在 1 与 -1 之间跳动的，不接近于某一常数；$\left\{\dfrac{n+1}{n}\right\}$ 无限接近于常数 1．

对于数列来说，最重要的是研究其在变化过程中无限接近某一常数的那种渐趋稳定的状态，这就是常说的数列的极限问题．

二、数列的极限

1. 数学描述

若数列 $\{x_n\}$ 的极限为 a，则意味着当 $n \to \infty$ 时，即 n 无限增大时，x_n 无限接近于 a，在数学上用距离 $|x_n - a|$ 来度量 x_n 接近 a 的程度．因为 n 越大，x_n 越接近于 a，所以 n 越大，$|x_n - a|$ 越小，所以对任意小的正数 ε，存在一个正整数 N，当 $n > N$ 时，使得 $|x_n - a|$ 可以小于指定的正数 ε．

比如，考察 $\left\{\dfrac{n+1}{n}\right\}$ 的情况．不难发现随着 n 的增大，$\dfrac{n+1}{n}$ 无限地接近于 1，即当 n 充分大时，$\dfrac{n+1}{n}$ 与 1 可以任意地接近，即 $\left|\dfrac{n+1}{n}-1\right|$ 可以任意地小，换言之，

当 n 充分大时，$\left|\dfrac{n+1}{n}-1\right|$ 可以小于预先给定的无论多么小的正数 ε.

假如取 $\varepsilon=\dfrac{1}{100}$，由 $\left|\dfrac{n+1}{n}-1\right|=\dfrac{1}{n}<\dfrac{1}{100}$，所以 $n>100$，即 $\left\{\dfrac{n+1}{n}\right\}$ 从第 101 项开始，以后的项 $x_{101}=\dfrac{102}{101}$，$x_{102}=\dfrac{103}{102}$，…都满足不等式 $|x_n-1|<\dfrac{1}{100}$，或者说，当 $n>100$ 时，有 $\left|\dfrac{n+1}{n}-1\right|<\dfrac{1}{100}$.

同理，若取 $\varepsilon=\dfrac{1}{10000}$，由 $\left|\dfrac{n+1}{n}-1\right|=\dfrac{1}{n}<\dfrac{1}{10000}$，所以 $n>10000$，即 $\left\{\dfrac{n+1}{n}\right\}$ 从第 10001 项开始，以后的项 $x_{10001}=\dfrac{10002}{10001}$，$x_{10002}=\dfrac{10003}{10002}$，…都满足不等式 $|x_n-1|<\dfrac{1}{10000}$，或者说，当 $n>10000$ 时，有 $\left|\dfrac{n+1}{n}-1\right|<\dfrac{1}{10000}$.

一般地，不论给定的正数 ε 多么小，总存在一个正整数 N，当 $n>N$ 时，有 $\left|\dfrac{n+1}{n}-1\right|<\varepsilon$. 这就充分体现了当 n 越来越大时，$\dfrac{n+1}{n}$ 无限接近 1 这一事实. 这个数 1 称为当 $n\to\infty$ 时，数列 $\left\{\dfrac{n+1}{n}\right\}$ 的极限.

2. 数列极限的定义

定义 1.12　设 $\{x_n\}$ 是一个数列，a 是常数. 若对于任意的正数 ε（不论 ε 多么小），总存在一个正整数 N，使得当 $n>N$ 时，不等式 $|x_n-a|<\varepsilon$ 恒成立，则称常数 a 为数列 x_n 的**极限**，或称数列 x_n **收敛**于 a，记为 $\lim\limits_{n\to\infty}x_n=a$ 或 $x_n\to a(n\to\infty)$.

这时说数列是**收敛**的，否则称数列是发散的.

例 3　证明数列 $2,\dfrac{3}{2},\dfrac{4}{3},\cdots,\dfrac{n+1}{n},\cdots$ 收敛于 1.

证　对于任意 $\varepsilon>0$，要使得 $\left|\dfrac{n+1}{n}-1\right|=\dfrac{1}{n}<\varepsilon$ 成立，只需 $n>\dfrac{1}{\varepsilon}$，所以取 $N=\left[\dfrac{1}{\varepsilon}\right]$，当 $n>N$ 时，有 $\left|\dfrac{n+1}{n}-1\right|=\dfrac{1}{n}<\varepsilon$，所以 $\lim\limits_{n\to\infty}\dfrac{n+1}{n}=1$.

这里的 N 是随 ε 的变小而变大的，是取决于 ε 的函数. 解题中，只要说明存在一个 N，使得当 $n>N$ 时，有 $|x_n-a|<\varepsilon$ 就行了，而不必求最小的那个 N.

例 4　证明 $\lim\limits_{n\to\infty}\dfrac{\sqrt{n^2+a^2}}{n}=1$.

证　对于任意 $\varepsilon>0$，因为 $\left|\dfrac{\sqrt{n^2+a^2}}{n}-1\right|=\dfrac{a^2}{n(\sqrt{n^2+a^2}+n)}<\dfrac{a^2}{n}$

所以要使得 $\left|\dfrac{\sqrt{n^2+a^2}}{n}-1\right|<\varepsilon$，只要 $\dfrac{a^2}{n}<\varepsilon$ 就行了.

即
$$n>\frac{a^2}{\varepsilon}$$

所以取 $N=\left[\dfrac{a^2}{\varepsilon}\right]$，当 $n>N$ 时，因为有 $\dfrac{a^2}{n}<\varepsilon\Rightarrow\left|\dfrac{\sqrt{n^2+a^2}}{n}-1\right|<\varepsilon$，

所以 $\lim\limits_{n\to\infty}\dfrac{\sqrt{n^2+a^2}}{n}=1$.

有时找 N 比较困难，这时可把 $|x_n-a|$ 适当地变形或放大.

例5 设 $|q|<1$，试证明数列 $1,q,q^2,\cdots,q^{n-1},\cdots$ 的极限为 0.

证 若 $q=0$，结论是显然的.

现设 $0<|q|<1$，对于任意 $\varepsilon>0$（ε 越小越好，不妨设 $\varepsilon<1$），要使得 $|q^{n-1}-0|<\varepsilon$，即 $|q|^{n-1}<\varepsilon$，只需在不等式两边取对数后，使得 $(n-1)\ln|q|<\ln\varepsilon$ 成立就行了. 因为 $0<|q|<1$，所以 $\ln|q|<0$，所以 $n-1>\dfrac{\ln\varepsilon}{\ln|q|}$，即 $n>1+\dfrac{\ln\varepsilon}{\ln|q|}$.

取 $N=1+\left[\dfrac{\ln\varepsilon}{\ln|q|}\right]$，则当 $n>N$ 时，有 $|q^{n-1}-0|<\varepsilon$ 成立.

即
$$\lim_{n\to\infty}q^{n-1}=0 \quad (|q|<1)$$

3. 数列极限的几何意义

由不等式 $|x_n-a|<\varepsilon$ 等价于 $a-\varepsilon<x_n<a+\varepsilon$. 可得到数列极限的几何意义：任意一个邻域 $U(a,\varepsilon)$，数列中总存在某一项 x_N，在此项后面的所有项 x_{N+1}，$x_{N+2},\cdots$，它们在数轴上对应的点，都位于邻域 $U(a,\varepsilon)$ 中（见图 1-4）. 因为 $\varepsilon>0$ 可以任意小，所以数列中各项所对应的点 x_n 都无限聚集在点 a 附近.

图 1-4

三、收敛数列的性质

1. 极限唯一性

定理 1.2 若数列 $\{x_n\}$ 收敛，则它只有一个极限.

证 设 a 和 b 为 x_n 的任意两个极限，下面证明 $a=b$.

由极限的定义，对于任意给定的 $\varepsilon>0$，必分别存在自然数 N_1，N_2.

当 $n>N_1$ 时，有 $\qquad\qquad |x_n-a|<\varepsilon \qquad\qquad\qquad\qquad (1)$

当 $n>N_2$ 时，有 $\qquad\qquad |x_n-b|<\varepsilon \qquad\qquad\qquad\qquad (2)$

令 $N=\max\{N_1,N_2\}$，当 $n>N$ 时，(1)、(2) 两式同时成立.

现考察 $|a-b|=|(x_n-b)-(x_n-a)|\leqslant|x_n-b|+|x_n-a|<\varepsilon+\varepsilon=2\varepsilon$.

由于 a、b 均为常数，ε 为任意小的正数，所以有 $a=b$，所以 x_n 的极限只能有一个.

例6　证明数列 $x_n=(-1)^{n+1}$ 是发散的.

证　反证法：

假设 x_n 收敛，由极限的唯一性，设 $\lim\limits_{n\to\infty}x_n=a$.

由定义，取 $\varepsilon=\dfrac{1}{2}$，则存在自然数 N，当 $n>N$ 时，$|x_n-a|<\varepsilon=\dfrac{1}{2}$，即

$$a-\frac{1}{2}<x_n<a+\frac{1}{2}$$

但因为 x_n 交替取值 1 与 -1，而这两个数不可能同时落在长度为 1 的开区间 $\left(a-\dfrac{1}{2},a+\dfrac{1}{2}\right)$ 内，所以矛盾，故数列 $x_n=(-1)^{n+1}$ 发散.

2. 有界性

定理1.3　若数列 $\{x_n\}$ 收敛，那么它一定有界. 即存在 $M>0$，对于任意给定的 n 都有 $|x_n|\leqslant M$.

证　设 $\lim\limits_{n\to\infty}x_n=a$，由定义取 $\varepsilon=1$，存在自然数 N，当 $n>N$ 时，$|x_n-a|<\varepsilon=1$，所以当 $n>N$ 时，$|x_n|\leqslant|x_n-a|+|a|<1+|a|$，令 $M=\max\{|x_1|,|x_2|,\cdots,|x_N|,1+|a|\}$，显然对一切 n 都有 $|x_n|\leqslant M$ 成立.

但是，本定理的逆定理并不成立，即"有界未必收敛". 如数列 $x_n=(-1)^{n+1}$ 有界，但不收敛.

3. 保号性

定理1.4　若 $\lim\limits_{n\to\infty}a_n=a$，且 $a>0$，则对任意给定的 $r\in(0,a)$，存在正整数 N，当 $n>N$ 时有 $a_n>r>0$；若 $\lim\limits_{n\to\infty}a_n=a<0$，则对任意给定的 $r\in(a,0)$，存在正整数 N，当 $n>N$ 时有 $a_n<r<0$.

证　第一种情况下，设 $\lim\limits_{n\to\infty}a_n=a>0$，取 $\varepsilon=a-r>0$，则存在正整数 N，当 $n>N$ 时，$|a_n-a|<\varepsilon=a-r$，有 $a-(a-r)<a_n$，即 $a_n>r>0$.

其余情况，可以类似地证明.

推论1.1　若 $\lim\limits_{n\to\infty}a_n=a\neq0$，则对任意给定的 $0<r<|a|$，存在正整数 N，当 $n>N$ 时，使得 $|a_n|>r$.

习题1.2

1. 观察下列数列变化趋势写出它们的极限：

1）$x_n=\dfrac{n-1}{n+1}$；　　　　　　2）$x_n=\dfrac{\cos\dfrac{n}{2}\pi}{n}$.

2. 根据数列极限定义证明：$\lim\limits_{n\to\infty}0.\underbrace{99\cdots9}_{n\uparrow9}=1$.

3. 已知 $x_n=\dfrac{(-1)^n}{(n+1)^2}$，证明数列 $\{x_n\}$ 的极限为 0.

4. 若 $\lim\limits_{n\to\infty}x_n=a$，证明：$\lim\limits_{n\to\infty}\dfrac{x_1+x_2+\cdots+x_n}{n}=a$.

5. 设 $\lim\limits_{n\to\infty}a_n=a$，$\lim\limits_{n\to\infty}b_n=b$. 证明：若 $a>b$，则存在 N，当 $n>N$ 时，有 $a_n>b_n$.

6. 设数列 $\{x_n\}$ 有界，$\lim\limits_{n\to\infty}y_n=0$，证明：$\lim\limits_{n\to\infty}x_ny_n=0$.

7. 若 $\lim\limits_{n\to\infty}u_n=a$，证明 $\lim\limits_{n\to\infty}|u_n|=|a|$. 并举例说明数列 $\{|u_n|\}$ 有极限，但数列 $\{u_n\}$ 未必有极限.

8. 对于数列 $\{x_n\}$，证明：$\lim\limits_{n\to\infty}x_n=a\Leftrightarrow\lim\limits_{k\to\infty}x_{2k}=\lim\limits_{k\to\infty}x_{2k+1}=a$.

第三节　函数的极限

从上一节可知，数列是特殊的极限，极限的实质就是自变量变化时，函数值的变化趋势，那么一般函数的极限又如何呢？

一、当 $x\to\infty$ 时，函数 $f(x)$ 的极限

1. $x\to+\infty$ 时

设函数 f 定义在 $[a,+\infty)$ 上，类似于数列情形，研究当自变量 x 趋于 $+\infty$ 时，对应的函数值也能否无限地接近于某个定数 A. 例如，对于函数 $f(x)=\dfrac{1}{x}$. 如图 1-5 所示，当 x 无限增大时，函数值无限地接近于 0.

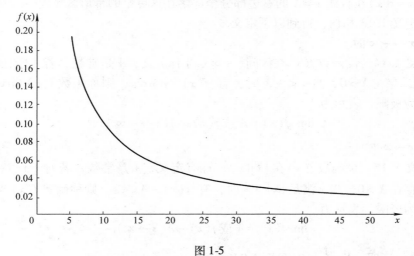

图 1-5

函数 $f(x)(x \to +\infty)$ 的极限定义与数列 $\{x_n\}$ 的极限定义很相似. 这是因为它们的自变量的变化趋势相同 $(x \to +\infty$ 与 $n \to +\infty)$.

定义 1.13 设函数 $f(x)$ 在区间 $(a, +\infty)$ 有定义，A 是常数. 若对于任意给定的正数 $\varepsilon > 0$，总存在 $X > 0$，当 $x > X$ 时，有 $|f(x) - A| < \varepsilon$，则称函数 $f(x)$ 当 $x \to +\infty$ 时以 A 为极限，表示为

$$\lim_{x \to +\infty} f(x) = A \text{ 或 } f(x) \to A (\text{当 } x \to +\infty).$$

在定义中正数 X 的作用与数列极限定义中的 N 相似，表明 x 充分大的程度；但这里所考虑的是比 X 大的所有实数 x，而不仅仅是正整数 N. 因此，当 x 趋于正无穷大时函数 $f(x)$ 以 A 为极限意味着：A 的任意小邻域内必含有 $f(x)$ 在 $+\infty$ 的某邻域内的全部函数值.

几何意义

几何意义如图 1-6 所示.

对于任意给定的 $\varepsilon > 0$，在坐标平面上作两条平行于 x 轴的直线 $y = A + \varepsilon$ 与 $y = A - \varepsilon$，围成以直线 $y = A$ 为中心线、宽为 2ε 的带形区域；定义中的"当 $x > X$ 时，有 $|f(x) - A| < \varepsilon$"表示：在直线 $x = X$ 的右方，曲线 $y = f(x)$

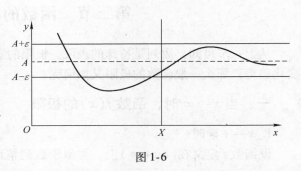

图 1-6

全部落在这个带形区域之内. 如果正数 ε 取得再小一点，即当带形区域更窄时，那么直线 $x = X$ 一般要往右平移；但无论带形区域如何窄，总存在这样的正数 X，使得曲线 $y = f(x)$ 在直线 $x = X$ 的右边部分全部落在这更窄的带形区域内.

与定义 1.13 相仿，得到以下定义.

2. $x \to -\infty$ 时

定义 1.14 设函数 $f(x)$ 在区间 $(-\infty, a)$ 有定义，A 是常数，若对于任意给定的 $\varepsilon > 0$，存在 $X > 0$，当 $x < -X$ 时，有 $|f(x) - A| < \varepsilon$，则称函数 $f(x)$ 当 $x \to -\infty$ 时以 A 为极限，表示为

$$\lim_{x \to -\infty} f(x) = A \text{ 或 } f(x) \to A (x \to -\infty).$$

3. $x \to \infty$ 时

定义 1.15 设函数 $f(x)$ 在 $\{x \mid |x| > a\}$ 有定义，A 是常数，若对于任意给定的 $\varepsilon > 0$，存在 $X > 0$，当 x 满足 $|x| > X$ 时，有 $|f(x) - A| < \varepsilon$，则称函数 $f(x)$ 当 $x \to \infty$ 时以 A 为极限，表示为

$$\lim_{x \to \infty} f(x) = A \text{ 或 } f(x) \to A (x \to \infty).$$

例 1 证明 $\lim\limits_{x \to \infty} \dfrac{1}{x} = 0$（见图 1-7）.

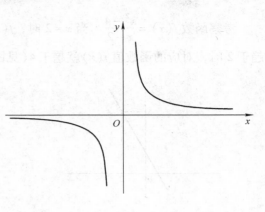

证　对于任意给定的 $\varepsilon > 0$，取

$X = \dfrac{1}{\varepsilon}$，则

当 $|x| > X$ 时有

$$\left| \frac{1}{x} - 0 \right| = \frac{1}{|x|} < \frac{1}{X} = \varepsilon$$

所以　$\lim\limits_{x \to \infty} \dfrac{1}{x} = 0.$

例2　证明　$\lim\limits_{x \to -\infty} 2^x = 0.$

证　对于任意的 $\varepsilon > 0$，要使

$|2^x - 0| = 2^x < \varepsilon$ 成立，只要 $x < \dfrac{\ln\varepsilon}{\ln 2}$ 就

图 1-7

可以了（这里不妨设 $\varepsilon < 1$），取 $X = -\dfrac{\ln\varepsilon}{\ln 2}$，于是对于任意的 $\varepsilon > 0$，存在 $X = -\dfrac{\ln\varepsilon}{\ln 2}$，

当 $x < -X$ 时，有 $|2^x - 0| < \varepsilon$，即

$$\lim_{x \to -\infty} 2^x = 0$$

例3　证明　（1）$\lim\limits_{x \to -\infty} \arctan x = -\dfrac{\pi}{2}$；（2）$\lim\limits_{x \to +\infty} \arctan x = \dfrac{\pi}{2}.$

证　（1）对于任意给定的 $\varepsilon > 0$，由于

$$\left| \arctan x - \left(-\frac{\pi}{2} \right) \right| < \varepsilon \tag{1-1}$$

等价于 $-\varepsilon - \dfrac{\pi}{2} < \arctan x < \varepsilon - \dfrac{\pi}{2}$，而此不等式的左半部分对任何 x 都成立，所以只

要考察其右半部分 x 的变化范围.

为此，不妨设 $\varepsilon < \dfrac{\pi}{2}$，则有

$$x < \tan\left(\varepsilon - \frac{\pi}{2} \right) = -\tan\left(\frac{\pi}{2} - \varepsilon \right)$$

故对任意给定的正数 $\varepsilon \left(\varepsilon < \dfrac{\pi}{2} \right)$，只需取 $X = \tan\left(\dfrac{\pi}{2} - \varepsilon \right)$，则当 $x < -X$ 时便有式

(1-1)成立. 这就证明了(1)，类似地可证(2).

综合(1)、(2)由定义可知，当 $x \to \infty$ 时函数 $\arctan x$ 不存在极限.

二、当 $x \to x_0$ 时，函数 $f(x)$ 的极限

考察函数 $f(x) = 2x + 1$. 当 x 趋于 2 时，可以看到它所对应的函数值就趋于 5

（见图 1-8）.

考察函数 $f(x) = \dfrac{x^2-4}{x-2}$. 当 $x \neq 2$ 时，$f(x) = x+2$，由此可见，当 x 不等于 2 而趋于 2 时，对应的函数值 $f(x)$ 就趋于 4（见图 1-9）.

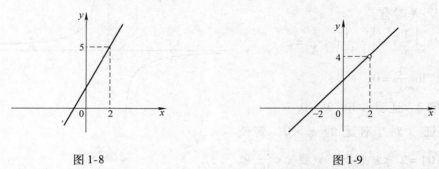

图 1-8　　　　　　　　　　　　　　　　图 1-9

不难看出，上述两个例子和上段中当 $x \to \infty$ 时极限存在的情形相似，而这里是"当 x 趋于 x_0（但不等于 x_0）时，对应的函数值 $f(x)$ 就趋于某一确定的数 A".

定义 1.16　设函数 $f(x)$ 在 x_0 的某个去心邻域内有定义，A 是常数，若对于任意给定的正数 $\varepsilon > 0$，总存在正数 $\delta > 0$，使得 x 满足不等式 $0 < |x - x_0| < \delta$ 时，有

$$|f(x) - A| < \varepsilon$$

则称函数 $f(x)$ 当 $x \to x_0$ 时以 A 为极限，表示为

$$\lim_{x \to x_0} f(x) = A \text{ 或 } f(x) \to A (x \to x_0)$$

在此极限定义中，"$0 < |x - x_0| < \delta$"指出 $x \neq x_0$，这说明函数 $f(x)$ 在 x_0 的极限与它在 x_0 处的定义和取值无关. x_0 既可以不在函数 $f(x)$ 的定义域内；又可以在函数 $f(x)$ 的定义域内，但这时函数 $f(x)$ 在 x_0 的极限与 $f(x)$ 在 x_0 的函数值 $f(x_0)$ 可以没有任何联系.

几何意义

"$\varepsilon - \delta$"定义表明，任意作一条以直线 $y = A$ 为中心线，宽为 2ε 的横带（无论怎样窄），必存在一条以 $x = x_0$ 为中心，宽为 2δ 的直带，使直带内的函数图像全部落在横带内（见图 1-10）.

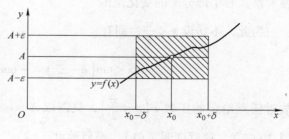

例 4　$\lim\limits_{x \to x_0} x = x_0$.

图 1-10

证　由于 $|f(x) - A| = |x - x_0|$，因此对于任意给定的正数 ε，可取正数 $\delta = \varepsilon$，当 $0 < |x - x_0| < \delta$ 时，不等式 $|f(x) - A| = |x - x_0| < \varepsilon$ 成立.

所以 $\lim\limits_{x \to x_0} x = x_0$.

例5 设 $f(x) = \dfrac{x^2-4}{x-2}$，证明 $\lim\limits_{x\to 2} f(x) = 4$.

证 由于当 $x \neq 2$ 时，$\left|f(x)-4\right| = \left|\dfrac{x^2-4}{x-2}-4\right| = \left|x-2\right|$，

故对任意给定的 $\varepsilon > 0$，只要取 $\delta = \varepsilon$，则当 $0 < |x-2| < \delta$ 时有 $|f(x)-4| < \varepsilon$. 这就证明了 $\lim\limits_{x\to 2} f(x) = 4$.

例6 证明 $\lim\limits_{x\to x_0} \sin x = \sin x_0$.

证 先建立一个不等式，即当 $0 < x < \dfrac{\pi}{2}$ 时有

$$\sin x < x < \tan x \qquad (1\text{-}2)$$

事实上，在如图 1-11 所示的单位圆（半径为 1）内，当

$0 < x < \dfrac{\pi}{2}$ 时，$\sin x = CD$，$x = \overset{\frown}{AD}$，$\tan x = AB$，所以有

$$S_{\triangle OAD} < S_{\text{扇形}OAD} < S_{\triangle OAB},$$

即 $\dfrac{1}{2}\sin x < \dfrac{1}{2}x < \dfrac{1}{2}\tan x$，由此立得式 (1-2).

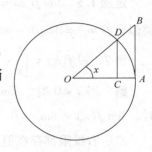

图 1-11

又因为当 $x \geqslant \dfrac{\pi}{2}$ 时，有 $\sin x \leqslant 1 < x$，故对一切 $x > 0$ 都有 $\sin x < x$；

当 $x < 0$ 时，由 $\sin(-x) < -x$ 得 $-\sin x < -x$. 综上所述，又得到不等式

$$|\sin x| < |x|,\ (x \in \mathbf{R}) \qquad (1\text{-}3)$$

由此，从式 (1-3) 得

$$\left|\sin x - \sin x_0\right| = 2\left|\cos\frac{x+x_0}{2}\right|\left|\sin\frac{x-x_0}{2}\right| \leqslant |x-x_0|.$$

对于任意给定的 $\varepsilon > 0$，只要取 $\delta = \varepsilon$，则当 $0 < |x-x_0| < \delta$ 时，就有 $|\sin x - \sin x_0| < \varepsilon$. 所以 $\lim\limits_{x\to x_0} \sin x = \sin x_0$.

单侧极限 有些函数在其定义域上某些点的左侧与右侧解析式不同（如分段函数定义域上的某些点），或函数在某些点仅在其一侧有定义（如在定义区间端点处），这时函数在那些点上的极限只能单侧地给出定义，称之为单侧极限.

例如，函数

$$f(x) = \begin{cases} x^2 & (x \geqslant 0) \\ \sin x & (x < 0) \end{cases}$$

当 $x > 0$ 而趋于 0 时，应按 $f(x) = x^2$ 来考察函数值的变化趋势；当 $x < 0$ 而趋于 0 时，应按 $f(x) = \sin x$ 来考察. 又如函数 $\sqrt{1-x^2}$ 在其定义区间 $[-1,1]$ 端点 $x = \pm 1$ 处的极限，也只能在点 $x = -1$ 的右侧和点 $x = 1$ 的左侧来分别讨论.

定义 1.17　设函数 $f(x)$ 在 x_0 的左邻域（或右邻域）有定义，A 是常数. 若对于任意给定的 $\varepsilon > 0$，存在 $\delta > 0$，当 x 满足 $x_0 - \delta < x < x_0$（或 $x_0 < x < x_0 + \delta$）时，有

$$|f(x) - A| < \varepsilon$$

则称 A 是函数 $f(x)$ 在 x_0 的左极限（或右极限）. 记作

$$\lim_{x \to x_0^-} f(x) = A \text{ 或 } f(x_0 - 0) = A, \; (\lim_{x \to x_0^+} f(x) = A \text{ 或 } f(x_0 + 0) = A).$$

左极限与右极限统称为单侧极限. 它们与极限的关系，有下述定理.

定理 1.5　$\lim\limits_{x \to x_0} f(x) = A$ 的充要条件是 $\lim\limits_{x \to x_0^-} f(x) = \lim\limits_{x \to x_0^+} f(x) = A$.

类似有 $f(\infty) = A \Leftrightarrow f(-\infty) = f(+\infty) = A$.

例 7　设 $f(x) = \begin{cases} 1 & (x < 0) \\ x & (x \geq 0) \end{cases}$，研究当 x 趋于 0 时，$f(x)$ 的极限是否存在.

解　当 $x < 0$ 时，$\lim\limits_{x \to 0^-} f(x) = \lim\limits_{x \to 0^-} 1 = 1$，而当 $x > 0$ 时，$\lim\limits_{x \to 0^+} f(x) = \lim\limits_{x \to 0^+} x = 0$.

左、右极限都存在但不相等，所以，由定理 1.5 可知当 $x \to 0$ 时，$f(x)$ 不存在极限（见图 1-12）.

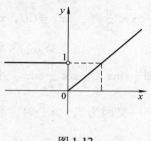

例 8　研究当 $x \to 0$ 时，$f(x) = |x|$ 的极限.

解　$f(x) = |x| = \begin{cases} -x & (x < 0) \\ x & (x \geq 0) \end{cases}$.

因为 $\lim\limits_{x \to 0^+} f(x) = \lim\limits_{x \to 0^+} x = 0$，$\lim\limits_{x \to 0^-} f(x) = \lim\limits_{x \to 0^-} (-x) = 0$

图 1-12

所以，由定理 1.5 可得 $\lim\limits_{x \to 0} |x| = 0$.

三、函数极限的性质

在此节中，引入了下述六种类型的函数极限：

$(1) \; \lim\limits_{x \to +\infty} f(x)$;　　　$(2) \; \lim\limits_{x \to -\infty} f(x)$;　　　$(3) \; \lim\limits_{x \to \infty} f(x)$;

$(4) \; \lim\limits_{x \to x_0^+} f(x)$;　　　$(5) \; \lim\limits_{x \to x_0^-} f(x)$;　　　$(6) \; \lim\limits_{x \to x_0} f(x)$.

它们具有与数列极限相类似的一些性质，以后都以第（6）种类型的极限为代表来叙述并证明这些性质. 至于其他类型极限的性质及其证明，只要相应地做些修改即可.

1. 极限唯一性

定理 1.6　若极限 $\lim\limits_{x \to x_0} f(x)$ 存在，则此极限是唯一的.

证　设 A、B 都是 f 当 $x \to x_0$ 时的极限，则对任意给定的 $\varepsilon > 0$，分别存在正数 δ_1 与 δ_2，使得当 $0 < |x - x_0| < \delta_1$ 时，有

$$|f(x) - A| < \varepsilon \tag{1-4}$$

当 $0<|x-x_0|<\delta_2$ 时，有

$$|f(x)-B|<\varepsilon \tag{1-5}$$

取 $\delta=\min(\delta_1,\delta_2)$，则当 $0<|x-x_0|<\delta$ 时，式(1-4)与式(1-5)同时成立，故有

$$|A-B|=\big|[f(x)-A]-[f(x)-B]\big|\leqslant|f(x)-A|+|f(x)-B|<2\varepsilon$$

由 ε 的任意性得 $A=B$. 这就证明了极限是唯一的.

2. 局部有界性

定理 1.7 若极限 $\lim\limits_{x\to x_0}f(x)$ 存在，则 f 在 x_0 某去心邻域 $\mathring{U}(x_0)$ 内有界.

证 设 $\lim\limits_{x\to x_0}f(x)=A$. 取 $\varepsilon=1$，则存在 $\delta>0$，使得对一切 $x\in\mathring{U}(x_0,\delta)$ 有

$$|f(x)-A|<1$$

即

$$|f(x)|\leqslant|f(x)-A|+|A|<|A|+1.$$

这就证明了 f 在 $\mathring{U}(x_0,\delta)$ 内有界.

3. 局部保号性

定理 1.8 若 $\lim\limits_{x\to x_0}f(x)=A>0$（或 $A<0$），则对任何正数 $r<A$（或 $r<-A$），存在 $\mathring{U}(x_0,\delta)$，使得对一切 $x\in\mathring{U}(x_0,\delta)$，有

$$f(x)>r>0\ (\text{或}\ f(x)<-r<0)$$

证 设 $A>0$，对任意 $r\in(0,A)$，取 $\varepsilon=A-r$，则存在 $\delta>0$，使得对一切 $x\in\mathring{U}(x_0,\delta)$，有 $f(x)>A-\varepsilon=r$，这就证得结论. 对于 $A<0$ 的情形可类似地证明.

推论 1.2（保不等式性） 设 $\lim\limits_{x\to x_0}f(x)$ 与 $\lim\limits_{x\to x_0}g(x)$ 都存在，且在某邻域 $\mathring{U}(x_0,\delta')$ 内有 $f(x)\leqslant g(x)$，则

$$\lim_{x\to x_0}f(x)\leqslant\lim_{x\to x_0}g(x) \tag{1-6}$$

证 设 $\lim\limits_{x\to x_0}f(x)=A$，$\lim\limits_{x\to x_0}g(x)=B$，则对任意给定的 $\varepsilon>0$，分别存在正数 δ_1 与 δ_2，使得当 $0<|x-x_0|<\delta_1$ 时有

$$A-\varepsilon<f(x) \tag{1-7}$$

当 $0<|x-x_0|<\delta_2$ 时有

$$g(x)<B+\varepsilon \tag{1-8}$$

令 $\delta=\min(\delta',\delta_1,\delta_2)$，则当 $0<|x-x_0|<\delta$ 时，不等式 $f(x)\leqslant g(x)$ 与式(1-7)、式(1-8)同时成立，于是有 $A-\varepsilon<f(x)\leqslant g(x)<B+\varepsilon$，从而 $A<B+2\varepsilon$. 由 ε 的任意性得 $A\leqslant B$，即式(1-6)成立.

习题 1.3

1. 讨论当 $x\to\infty$ 时，函数 $f(x)=1+\dfrac{1}{x}$ 的变化情况.

2. 设函数 $f(x) = \sin x$. 讨论当 $x \to \infty$ 时，函数的变化情况.

3. 根据极限定义证明 $\lim\limits_{x \to 1}(2x - 1) = 1$.

4. 设 $x_0 > 0$，证明 $\lim\limits_{x \to x_0}\sqrt{x} = \sqrt{x_0}$.

5. 证明 $\lim\limits_{x \to x_0}\cos x = \cos x_0$.

6. 设函数 $f(x) = \begin{cases} x + 1 & (x \leqslant 0) \\ x - 1 & (x > 0) \end{cases}$ 试讨论函数 $f(x)$ 在 $x = 0$ 处的极限.

7. 讨论 $f(x) = \dfrac{x}{x}$，$g(x) = \dfrac{|x|}{x}$，当 $x \to 0$ 时的左、右极限.

8. 已知 $f(x) = \begin{cases} \sqrt{x - 3} & (x \geqslant 3) \\ x + a & (x < 3) \end{cases}$，且 $\lim\limits_{x \to 3}f(x)$ 存在，求 a.

第四节　极限的运算法则

一、四则运算法则

定理 1.9　若 $\lim\limits_{x \to x_0}f(x) = a$，$\lim\limits_{x \to x_0}g(x) = b$，则

1) $\lim\limits_{x \to x_0}[f(x) \pm g(x)] = a \pm b = \lim\limits_{x \to x_0}f(x) \pm \lim\limits_{x \to x_0}g(x)$；

2) $\lim\limits_{x \to x_0}[f(x) \cdot g(x)] = ab = \lim\limits_{x \to x_0}f(x) \cdot \lim\limits_{x \to x_0}g(x)$；

3) 当 $b \neq 0$ 时，$\lim\limits_{x \to x_0}\dfrac{f(x)}{g(x)} = \dfrac{a}{b} = \dfrac{\lim\limits_{x \to x_0}f(x)}{\lim\limits_{x \to x_0}g(x)}$.

证　只证 2).

因为 $\lim\limits_{x \to x_0}f(x) = a$，存在 $\delta_0 > 0$，当 $0 < |x - x_0| < \delta_0$ 时，$|f(x)| \leqslant M$.

对于任意给定的 $\varepsilon > 0$，存在 $\delta_1 > 0$，当 $0 < |x - x_0| < \delta_1$ 时，有 $|f(x) - a| < \varepsilon$ 成立；

对于任意给定的 $\varepsilon > 0$，存在 $\delta_2 > 0$，当 $0 < |x - x_0| < \delta_2$ 时，有 $|g(x) - b| < \varepsilon$ 成立.

取 $\delta = \min\{\delta_0, \delta_1, \delta_2\}$，则当 $0 < |x - x_0| < \delta$ 时，有

$$|f(x) \cdot g(x) - ab|$$
$$= |f(x) \cdot g(x) - f(x)b + f(x)b - ab|$$
$$\leqslant |f(x)| \cdot |g(x) - b| + |b||f(x) - a| < M\varepsilon + |b|\varepsilon = (M + |b|)\varepsilon$$

即 $$\lim\limits_{x \to x_0}[f(x) \cdot g(x)] = ab = \lim\limits_{x \to x_0}f(x) \cdot \lim\limits_{x \to x_0}g(x).$$

定理的 1)、2) 可推广到有限多个函数的和或积的情形.

作为 2) 的特殊情形，有

$$\lim_{x \to x_0}\left[cf(x)\right] = c \lim_{x \to x_0}f(x)\,(c\text{ 为常数}),\quad \lim_{x \to x_0}\left[f(x)\right]^n = \left[\lim_{x \to x_0}f(x)\right]^n.$$

例 1　求 $\lim_{x \to 1}(2x - 1)$.

解　$\lim_{x \to 1}(2x - 1) = \lim_{x \to 1}2x - \lim_{x \to 1}1 = 2\lim_{x \to 1}x - \lim_{x \to 1}1 = 2 \times 1 - 1 = 1.$

例 2　求 $\lim_{x \to 2}\dfrac{x^2 - 1}{x^3 + 3x - 1}$.

解　$\lim_{x \to 2}\dfrac{x^2 - 1}{x^3 + 3x - 1} = \dfrac{\lim_{x \to 2}(x^2 - 1)}{\lim_{x \to 2}(x^3 + 3x - 1)} = \dfrac{\lim_{x \to 2}x^2 - \lim_{x \to 2}1}{\lim_{x \to 2}x^3 + \lim_{x \to 2}3x - \lim_{x \to 2}1}$

$$= \frac{\left(\lim_{x \to 2}x\right)^2 - \lim_{x \to 2}1}{\left(\lim_{x \to 2}x\right)^3 + 3\lim_{x \to 2}x - \lim_{x \to 2}1} = \frac{2^2 - 1}{2^3 + 3 \times 2 - 1} = \frac{3}{13}.$$

从例 1 和例 2 可以看出，对于有理整函数（多项式）或有理分式函数（分母不为零），求其极限时，只要把自变量 x 的极限值代入函数就可以了.

对于多项式函数 $f(x) = a_0 x^n + a_1 x^{n-1} + \cdots + a_n$，则

$$\lim_{x \to x_0}f(x) = \lim_{x \to x_0}(a_0 x^n + a_1 x^{n-1} + \cdots + a_n)$$

$$= a_0 \left(\lim_{x \to x_0}x\right)^n + a_1 \left(\lim_{x \to x_0}x\right)^{n-1} + \cdots + a_n$$

$$= a_0 x_0^n + a_1 x_0^{n-1} + \cdots + a_n$$

$$= f(x_0)$$

对于有理分式函数 $f(x) = \dfrac{P(x)}{Q(x)}$，其中，$P(x)$ 和 $Q(x)$ 均为多项式，且 $Q(x_0) \neq 0$.

则　$\lim_{x \to x_0}f(x) = \lim_{x \to x_0}\dfrac{P(x)}{Q(x)} = \dfrac{\lim_{x \to x_0}P(x)}{\lim_{x \to x_0}Q(x)} = \dfrac{P(x_0)}{Q(x_0)} = f(x_0).$

例 3　求 $\lim_{x \to 2}\dfrac{2 - x}{4 - x^2}$.

解　当 $x \to 2$ 时，$x \neq 2$，$x - 2 \neq 0$. 所以

$$\lim_{x \to 2}\frac{2 - x}{4 - x^2} = \lim_{x \to 2}\frac{2 - x}{(2 - x)(2 + x)} = \lim_{x \to 2}\frac{1}{2 + x} = \frac{1}{4}.$$

例 4　求 $\lim_{x \to \infty}\dfrac{3x^3 - 4x^2 + 2}{7x^3 + 5x^2 - 3}$.

解　$\lim_{x \to \infty}\dfrac{3x^3 - 4x^2 + 2}{7x^3 + 5x^2 - 3} = \lim_{x \to \infty}\dfrac{3 - \dfrac{4}{x} + \dfrac{2}{x^3}}{7 + \dfrac{5}{x} - \dfrac{3}{x^3}} = \dfrac{3}{7}.$

例 5　求 $\lim_{x \to \infty}\dfrac{2x^2 - 1}{3x^4 + x^2 - 2}$.

解　$\lim\limits_{x \to \infty}\dfrac{2x^2 - 1}{3x^4 + x^2 - 2} = \lim\limits_{x \to \infty}\dfrac{\dfrac{2}{x^2} - \dfrac{1}{x^4}}{3 + \dfrac{1}{x^2} - \dfrac{2}{x^4}} = \dfrac{0}{3} = 0.$

若 $Q(x_0) = 0$，则不满足定理条件，不能用上述结论，需采用其他手段.

例 6　求 $\lim\limits_{x \to 1}\dfrac{x^2 + x - 2}{2x^2 + x - 3}$.

解　当 $x \to 1$ 时，分子、分母均趋于 0，因为 $x \neq 1$，约去公因子 $(x-1)$，

所以
$$\lim\limits_{x \to 1}\dfrac{x^2 + x - 2}{2x^2 + x - 3} = \lim\limits_{x \to 1}\dfrac{x + 2}{2x + 3} = \dfrac{3}{5}.$$

例 7　求 $\lim\limits_{x \to -1}\left(\dfrac{1}{x+1} - \dfrac{3}{x^3 + 1}\right)$.

解　当 $x \to -1$ 时，$\dfrac{1}{x+1}$ 和 $\dfrac{3}{x^3 + 1}$ 的极限不存在，故不能直接用定理 1.9 的结论，但当 $x \neq -1$ 时，

$$\dfrac{1}{x+1} - \dfrac{3}{x^3 + 1} = \dfrac{(x+1)(x-2)}{(x+1)(x^2 - x + 1)} = \dfrac{x-2}{x^2 - x + 1}$$

所以　　$\lim\limits_{x \to -1}\left(\dfrac{1}{x+1} - \dfrac{3}{x^3 + 1}\right) = \lim\limits_{x \to -1}\dfrac{x-2}{x^2 - x + 1} = \dfrac{-1 - 2}{(-1)^2 - (-1) + 1} = -1.$

例 8　求 $\lim\limits_{x \to 2}\dfrac{x^2}{x-2}$.

解　当 $x \to 2$ 时，$(x-2) \to 0$，故不能直接用定理 1.9 的结论，由于 $x^2 \to 4$，可以考虑：$\lim\limits_{x \to 2}\dfrac{x-2}{x^2} = \dfrac{2-2}{4} = 0$，由此可知 $\dfrac{x^2}{x-2}$ 在 $x \to 2$ 时，函数值无限增大，把它记为 $\lim\limits_{x \to 2}\dfrac{x^2}{x-2} = \infty$.

例 9　求 $\lim\limits_{x \to 4}\dfrac{\sqrt{x} - 2}{x - 4}$.

解　$\lim\limits_{x \to 4}\dfrac{\sqrt{x} - 2}{x - 4} = \lim\limits_{x \to 4}\dfrac{(\sqrt{x} - 2)(\sqrt{x} + 2)}{(x-4)(\sqrt{x} + 2)} = \lim\limits_{x \to 4}\dfrac{x - 4}{(x-4)(\sqrt{x} + 2)} = \lim\limits_{x \to 4}\dfrac{1}{\sqrt{x} + 2} = \dfrac{1}{4}.$

例 10　设 $a_0 \neq 0$，$b_0 \neq 0$，m、n 为自然数，则

$$\lim\limits_{x \to \infty}\dfrac{a_0 x^n + a_1 x^{n-1} + \cdots + a_n}{b_0 x^m + b_1 x^{m-1} + \cdots + b_m} = \begin{cases} \dfrac{a_0}{b_0} & (\text{当 } n = m \text{ 时}) \\ 0 & (\text{当 } n < m \text{ 时}) \\ \infty & (\text{当 } n > m \text{ 时}) \end{cases}.$$

证　当 $x \to \infty$ 时，分子、分母极限均不存在，故不能用定理 1.9 的结论，先变形：

$$\lim_{x\to\infty}\frac{a_0 x^n+a_1 x^{n-1}+\cdots+a_n}{b_0 x^m+b_1 x^{m-1}+\cdots+b_m}=\lim_{x\to\infty}x^{n-m}\cdot\frac{a_0+\dfrac{a_1}{x}+\cdots+\dfrac{a_n}{x^n}}{b_0+\dfrac{b_1}{x}+\cdots+\dfrac{b_m}{x^m}}$$

$$=\begin{cases}1\times\dfrac{a_0+0+\cdots+0}{b_0+0+\cdots+0} & （当\ n=m\ 时）\\[2mm] 0\times\dfrac{a_0+0+\cdots+0}{b_0+0+\cdots+0} & （当\ n<m\ 时）\\[2mm] \infty & （当\ n>m\ 时）\end{cases}$$

$$=\begin{cases}\dfrac{a_0}{b_0} & （当\ n=m\ 时）\\[2mm] 0 & （当\ n<m\ 时）\\[2mm] \infty & （当\ n>m\ 时）\end{cases}$$

例 11　求 $\lim\limits_{n\to\infty}\left(\dfrac{1}{n^2}+\dfrac{2}{n^2}+\cdots+\dfrac{n}{n^2}\right)$.

解　当 $n\to\infty$ 时，这是无穷多项相加，故不能直接用定理 1.9 的结论，应先变形：

$$\lim_{n\to\infty}\left(\frac{1}{n^2}+\frac{2}{n^2}+\cdots+\frac{n}{n^2}\right)=\lim_{n\to\infty}\frac{1}{n^2}(1+2+\cdots+n)$$

$$=\lim_{n\to\infty}\frac{1}{n^2}\cdot\frac{n(n+1)}{2}=\lim_{n\to\infty}\frac{n+1}{2n}=\frac{1}{2}.$$

二、复合函数的极限运算法则

定理 1.10　设 $\lim\limits_{x\to x_0}\varphi(x)=a$，且当 x 满足 $0<|x-x_0|<\delta_1$ 时，$\varphi(x)\ne a$，又 $\lim\limits_{u\to a}f(u)=A$，则有

$$\lim_{x\to x_0}f(\varphi(x))=\lim_{u\to a}f(u)=A$$

证　由 $\lim\limits_{u\to a}f(u)=A$，对于任意给定的 $\varepsilon>0$，存在 $\eta>0$，当 $0<|u-a|<\eta$ 时，有

$$|f(u)-A|<\varepsilon$$

又因为 $\lim\limits_{x\to x_0}\varphi(x)=a$，则对上述 $\eta>0$，存在 $\delta_2>0$，使得当 $0<|x-x_0|<\delta_2$ 时，有

$$|\varphi(x)-a|<\eta$$

取 $\delta=\min\{\delta_1,\delta_2\}$，则当 $0<|x-x_0|<\delta$ 时，有

$$0<|\varphi(x)-a|=|u-a|<\eta$$

故　　　　　　　　$$|f(\varphi(x))-A|=|f(u)-A|<\varepsilon$$

结论成立.

若定理中 $\lim\limits_{x\to x_0}\varphi(x)=\infty$，类似可证 $\lim\limits_{x\to x_0}f(\varphi(x))=\lim\limits_{u\to\infty}f(u)=A$.

例 12　求 $\lim\limits_{x \to 1}\dfrac{x-1}{\sqrt{x}-1}$.

解　令 $u = \sqrt{x}$，则 $\lim\limits_{x \to 1}u = 1$，从而 $\dfrac{x-1}{\sqrt{x}-1} = \dfrac{u^2-1}{u-1} = u+1$，

故

$$\lim\limits_{x \to 1}\dfrac{x-1}{\sqrt{x}-1} = \lim\limits_{u \to 1}(u+1) = 2$$

习题 1. 4

1. 求 $\lim\limits_{x \to 2}(4x^2 - 6x - 3)$.

2. 求 $\lim\limits_{x \to 1}\dfrac{2x^2 - 1}{3x^2 - 6x + 5}$.

3. 求 $\lim\limits_{x \to 1}\dfrac{x^2 - 3x + 1}{2x^2 + 4x - 6}$.

4. 求 $\lim\limits_{x \to 3}\dfrac{x^2 - 4x + 3}{x^2 - 9}$.

5. 求 $\lim\limits_{x \to 3}\dfrac{\sqrt{x+1} - 2}{x - 3}$.

6. 求 $\lim\limits_{x \to \infty}\dfrac{3x^2 - 4x + 2}{2x^2 + 3x - 1}$.

7. 求 $\lim\limits_{x \to \infty}\dfrac{2x^2 - x + 3}{4x^3 + 2x - 1}$.

8. 求 $\lim\limits_{x \to 2}\left(\dfrac{1}{2-x} - \dfrac{4}{4-x^2}\right)$.

9. 求 $\lim\limits_{x \to +\infty} x(\sqrt{x^2 + 1} - x)$.

10. 试确定常数 a，使得 $\lim\limits_{x \to \infty}(\sqrt[3]{1 - x^3} - ax) = 0$.

11. 下列陈述是否正确，如果正确请说明理由，如果错误请举出反例.

1）如果 $\lim\limits_{x \to x_0}f(x)$ 存在，但 $\lim\limits_{x \to x_0}g(x)$ 不存在，则 $\lim\limits_{x \to x_0}[f(x) + g(x)]$ 不存在；

2）如果 $\lim\limits_{x \to x_0}f(x)$ 和 $\lim\limits_{x \to x_0}g(x)$ 都不存在，则 $\lim\limits_{x \to x_0}[f(x) + g(x)]$ 不存在；

3）如果 $\lim\limits_{x \to x_0}f(x)$ 存在，但 $\lim\limits_{x \to x_0}g(x)$ 不存在，那么 $\lim\limits_{x \to x_0}[f(x) \cdot g(x)]$ 不存在.

第五节　两个重要极限

一、极限存在准则 I 与第一个重要极限

1. 准则 I（夹逼准则）

定理 1. 11　若函数 $f(x)$、$g(x)$、$h(x)$ 在点 x_0 的某去心邻域内满足条件：

(1) $g(x) \leqslant f(x) \leqslant h(x)$,

(2) $\lim\limits_{x \to x_0} g(x) = A$, $\lim\limits_{x \to x_0} h(x) = A$,

则 $\lim\limits_{x \to x_0} f(x) = A$.

证 对于任意给定的 $\varepsilon > 0$,

存在 $\delta_1 > 0$, 当 $0 < |x - x_0| < \delta_1$ 时, 有 $|g(x) - A| < \varepsilon$, 从而 $(A - \varepsilon) < g(x)$,

存在 $\delta_2 > 0$, 当 $0 < |x - x_0| < \delta_2$ 时, 有 $|h(x) - A| < \varepsilon$, 从而 $h(x) < (A + \varepsilon)$,

取 $\delta = \min\{\delta_1, \delta_2\}$, 则当 $0 < |x - x_0| < \delta$ 时, 有

$$A - \varepsilon < g(x) \leqslant f(x) \leqslant h(x) < A + \varepsilon$$

所以有 $\lim\limits_{x \to x_0} f(x) = A$.

注: 准则 I 对于自变量的其他变化趋势仍适用.

2. 第一个重要极限

作为准则 I 的应用, 下面将证明第一个重要极限

$$\lim_{x \to 0} \frac{\sin x}{x} = 1.$$

证 由第三节例 6, 可知 $\sin x < x < \tan x$, 以 $\sin x$ 除各项得

$$1 < \frac{x}{\sin x} < \frac{1}{\cos x} \text{或} \cos x < \frac{\sin x}{x} < 1$$

从而 $0 < 1 - \frac{\sin x}{x} < 1 - \cos x = 2\sin^2 \frac{x}{2} \leqslant 2\left(\frac{x}{2}\right)^2$. 当 $x \to 0$ 时, $\frac{1}{2}x^2 \to 0$, 利用准则 I,

有 $\lim\limits_{x \to 0}\left(1 - \frac{\sin x}{x}\right) = 0$ 即 $\lim\limits_{x \to 0} \frac{\sin x}{x} = 1$.

类似地, 在自变量某种趋势下 $(x \to \Delta)$ 仍有 $\lim\limits_{x \to \Delta} \frac{\sin \varphi(x)}{\varphi(x)} = 1$ $(\lim\limits_{x \to \Delta} \varphi(x) = 0)$ (即极限为 0 的函数的正弦与其本身的比值的极限为 1).

例 1 求 $\lim\limits_{x \to 0} \frac{\arcsin x}{x}$.

解 令 $t = \arcsin x$, 则 $\lim\limits_{x \to 0} \frac{\arcsin x}{x} = \lim\limits_{t \to 0} \frac{t}{\sin t} = \lim\limits_{t \to 0} \frac{1}{\frac{\sin t}{t}} = 1$.

例 2 求 $\lim\limits_{x \to \pi} \frac{\sin x}{x - \pi}$.

解 令 $t = \pi - x$, 则 $\lim\limits_{x \to \pi} \frac{\sin x}{x - \pi} = \lim\limits_{x \to \pi} \frac{\sin(\pi - x)}{x - \pi} = \lim\limits_{t \to 0} \frac{\sin t}{-t} = -1$.

例 3 求 $\lim\limits_{x \to 0} \frac{\tan 3x}{x}$.

解 $\lim\limits_{x \to 0} \frac{\tan 3x}{x} = \lim\limits_{x \to 0} 3 \cdot \frac{\sin 3x}{3x} \cdot \frac{1}{\cos 3x} = 3 \times 1 \times 1 = 3$.

例 4　求 $\lim\limits_{x \to 0} \dfrac{1 - \cos x}{x^2}$.

解　$\lim\limits_{x \to 0} \dfrac{1 - \cos x}{x^2} = \lim\limits_{x \to 0} \dfrac{2 \sin^2 \dfrac{x}{2}}{x^2} = \dfrac{1}{2} \lim\limits_{x \to 0} \dfrac{\sin^2 \dfrac{x}{2}}{\left(\dfrac{x}{2}\right)^2} = \lim\limits_{x \to 0} \dfrac{1}{2} \left(\dfrac{\sin \dfrac{x}{2}}{\left(\dfrac{x}{2}\right)}\right)^2 = \dfrac{1}{2} \times 1^2 = \dfrac{1}{2}.$

二、极限存在准则 II 与第二个重要极限

1. 准则 II（单调有界准则）单调有界数列必有极限.

如果数列 $\{x_n\}$ 满足：$x_1 \leqslant x_2 \leqslant \cdots \leqslant x_n \leqslant x_{n+1} \leqslant \cdots$，就称之为单调增加数列；

如果数列 $\{x_n\}$ 满足：$x_1 \geqslant x_2 \geqslant \cdots \geqslant x_n \geqslant x_{n+1} \geqslant \cdots$，就称之为单调减少数列；

同理亦有严格单增数列或严格单减数列. 通称为单调数列和严格单调数列.

如果存在 M，使得 $x_n \leqslant M (n = 1, 2, \cdots)$，就称数列 $\{x_n\}$ 有上界；

如果存在 M，使得 $x_n \geqslant M (n = 1, 2, \cdots)$，就称数列 $\{x_n\}$ 有下界. 统称为有界数列.

准则 II 的证明从略.

准则 II 可推广到函数情形中去，在此不再赘述.

例 5　证明数列

$$\sqrt{2}, \sqrt{2 + \sqrt{2}}, \cdots, \sqrt{2 + \sqrt{2 + \sqrt{2}}}, \cdots$$

收敛，并求其极限.

解　数列显然是单调递增的，是否有界很容易用数学归纳法证明，而且 $a_{n+1} = \sqrt{2 + a_n}$，利用单调有界准则，设其极限为 A，则有

$$A = \sqrt{2 + A}, \text{可得 } A = 2.$$

2. 第二个重要极限

作为准则 II 的一个应用，下面来证明第二个重要极限

$$\lim_{x \to \infty} \left(1 + \frac{1}{x}\right)^x = \mathrm{e}.$$

证　设 $x_n = \left(1 + \dfrac{1}{n}\right)^n$，先证明数列 $\{x_n\}$ 收敛. 对任意的 $0 \leqslant a < b$ 和正整数 n，都满足不等式

$$\frac{b^{n+1} - a^{n+1}}{b - a} < (n+1)b^n$$

事实上

$$\frac{b^{n+1} - a^{n+1}}{b - a} = \frac{(b - a)(b^n + b^{n-1}a + \cdots + ba^{n-1} + a^n)}{b - a}$$

$$= b^n + b^{n-1}a + \cdots + ba^{n-1} + a^n < (n+1)b^n$$

该不等式又可变形为

$$b^n[(n+1)a - nb] < a^{n+1}, \quad (0 \leqslant a < b, n \text{ 为正整数})$$

在此不等式中，取 $a = 1 + \dfrac{1}{n+1}$，$b = 1 + \dfrac{1}{n}$，则有 $0 \leqslant a < b$，就有

$$\left(1 + \frac{1}{n}\right)^n < \left(1 + \frac{1}{n+1}\right)^{n+1}, \quad \text{故} \{x_n\} \text{单调增加}.$$

取 $a = 1$，$b = 1 + \dfrac{1}{2n}$，又有 $\left(1 + \dfrac{1}{2n}\right)^n \cdot \dfrac{1}{2} < 1$ 对任何正整数 n 都成立，

所以
$$\left(1 + \frac{1}{2n}\right)^n < 2, \quad \text{即} \ x_{2n} = \left(1 + \frac{1}{2n}\right)^{2n} < 4.$$

又因为 $x_{2n-1} < x_{2n}$，所以 $x_n < 4$，即数列 $\{x_n\}$ 有界.

由单调有界原理，数列 $\{x_n\} = \left\{\left(1 + \dfrac{1}{n}\right)^n\right\}$ 有极限，将此极限记为 e，则

$$\lim_{n \to \infty}\left(1 + \frac{1}{n}\right)^n = \mathrm{e}.$$

e 是一个无理数，它的值是 $\mathrm{e} = 2.718281828459045\cdots$

类似地，可以证明 $\lim\limits_{x \to \infty}\left(1 + \dfrac{1}{x}\right)^x = \lim\limits_{n \to \infty}\left(1 + \dfrac{1}{n}\right)^n = \mathrm{e}$，这里从略.

设 $x = \dfrac{1}{\alpha}$，则 $x \to \infty \Leftrightarrow \alpha \to 0$，也可以得到 $\lim\limits_{\alpha \to 0}(1 + \alpha)^{\frac{1}{\alpha}} = \mathrm{e}$.

类似地，有 $\lim\limits_{\varphi(x) \to 0}[1 + \varphi(x)]^{\frac{1}{\varphi(x)}} = \mathrm{e}(\lim \varphi(x) = 0)$.

指数函数 $y = \mathrm{e}^x$ 及自然对数 $y = \ln x$ 中的底就是这个常数 e.

例 6 求 $\lim\limits_{x \to \infty}\left(\dfrac{x}{1+x}\right)^x$.

解 $\lim\limits_{x \to \infty}\left(\dfrac{x}{1+x}\right)^x = \lim\limits_{x \to \infty}\dfrac{1}{\left(1 + \dfrac{1}{x}\right)^x} = \dfrac{1}{\lim\limits_{x \to \infty}\left(1 + \dfrac{1}{x}\right)^x} = \dfrac{1}{\mathrm{e}}$.

例 7 求 $\lim\limits_{x \to \infty}\left(1 + \dfrac{2}{x}\right)^{3x}$.

解 令 $\alpha = \dfrac{2}{x}$，则当 $x \to \infty$ 时 $\alpha \to 0$. 故

$$\lim_{x \to \infty}\left(1 + \frac{2}{x}\right)^{3x} = \lim_{\alpha \to 0}(1 + \alpha)^{\frac{6}{\alpha}} = \lim_{\alpha \to 0}\left[(1 + \alpha)^{\frac{1}{\alpha}}\right]^6 = \mathrm{e}^6$$

或
$$\lim_{x \to \infty}\left(1 + \frac{2}{x}\right)^{3x} = \lim_{x \to \infty}\left[\left(1 + \frac{1}{\dfrac{x}{2}}\right)^{\frac{x}{2}}\right]^6 = \left[\lim_{x \to \infty}\left(1 + \frac{1}{\dfrac{x}{2}}\right)^{\frac{x}{2}}\right]^6 = \mathrm{e}^6.$$

例 8　求 $\lim\limits_{x\to\infty}\left(1-\dfrac{1}{x}\right)^{x+1}$.

解　$\lim\limits_{x\to\infty}\left(1-\dfrac{1}{x}\right)^{x+1}=\lim\limits_{x\to\infty}\left[\left(1+\dfrac{1}{-x}\right)^{-x}\right]^{-1}\left(1-\dfrac{1}{x}\right)$

$$=\left[\lim\limits_{x\to\infty}\left(1+\dfrac{1}{-x}\right)^{-x}\right]^{-1}\cdot\lim\limits_{x\to\infty}\left(1-\dfrac{1}{x}\right)=\dfrac{1}{\mathrm{e}}.$$

例 9　求 $\lim\limits_{n\to\infty}\left(\dfrac{2n-1}{2n+1}\right)^{n}$.

解　$\lim\limits_{n\to\infty}\left(\dfrac{2n-1}{2n+1}\right)^{n}=\lim\limits_{n\to\infty}\left(1-\dfrac{2}{2n+1}\right)^{n}=\lim\limits_{n\to\infty}\left[\left(1-\dfrac{1}{n+\dfrac{1}{2}}\right)^{n+\frac{1}{2}}\cdot\left(1-\dfrac{1}{n+\dfrac{1}{2}}\right)^{-\frac{1}{2}}\right]$

$$=\left[\lim\limits_{n\to\infty}\left[1+\dfrac{1}{-\left(n+\dfrac{1}{2}\right)}\right]^{-\left(n+\frac{1}{2}\right)}\right]^{-1}\cdot\lim\limits_{n\to\infty}\left(1-\dfrac{1}{n+\dfrac{1}{2}}\right)^{-\frac{1}{2}}$$

$$=\dfrac{1}{\mathrm{e}}\cdot1^{-\frac{1}{2}}=\dfrac{1}{\mathrm{e}}.$$

习题 1.5

1. 求极限

1）$\lim\limits_{x\to0}\dfrac{\tan x}{x}$;

2）$\lim\limits_{x\to0}\dfrac{\sin3x}{x}$;

3）$\lim\limits_{x\to0}\dfrac{\arctan x}{2x}$;

4）$\lim\limits_{x\to0}\dfrac{\sin(\sin x)}{x}$;

5）$\lim\limits_{x\to0}x\cot x$;

6）$\lim\limits_{x\to\infty}x\sin\dfrac{1}{x}$.

2. 求极限

1）$\lim\limits_{x\to\infty}\left(1-\dfrac{1}{x}\right)^{kx}$;

2）$\lim\limits_{x\to0}\dfrac{\ln(1+x)}{x}$;

3）$\lim\limits_{x\to\infty}\left(\dfrac{x+1}{x-1}\right)^{x}$;

4）$\lim\limits_{x\to\frac{\pi}{2}}(1+\cos x)^{3\sec x}$;

5）$\lim\limits_{x\to+\infty}\left(1-\dfrac{2}{x}\right)^{\sqrt{x}+2}$.

3. 设 $0<x_1<1$，$x_{n+1}=2x_n-x_n^2$，$(n=1,2,\cdots)$，证明数列 $\{x_n\}$ 的极限存在，并求其极限.

4. 下列极限正确的是（　　）.

（A）$\lim\limits_{x\to0}x\sin\dfrac{1}{x}=1$；（B）$\lim\limits_{x\to\infty}x\sin\dfrac{1}{x}=1$；（C）$\lim\limits_{x\to\infty}\dfrac{1}{x}\sin x=1$；（D）$\lim\limits_{x\to0}(1+x)^{\frac{1}{x}}=1$

5. 若 $\lim\limits_{x\to\infty}\left(\dfrac{x+2a}{x-a}\right)^{x}=8$，求 a.

6. 设 $f(x+1)=\lim\limits_{n\to\infty}\left(\dfrac{n+x}{n-2}\right)^{n}$，求 $f(x)$.

第六节　无穷小与无穷大

一、无穷小

定义 1.18　若 $\lim\limits_{x \to x_0} f(x) = 0$，则称 $f(x)$ 是当 $x \to x_0$ 时的**无穷小量**，又称**无穷小**.

在上述定义中，将 $x \to x_0$ 换成 $x \to x_0^+$，$x \to x_0^-$，$x \to +\infty$，$x \to -\infty$，$x \to \infty$ 以及 $n \to \infty$，可定义不同形式的无穷小. 例如：

当 $x \to 0$ 时，函数 x^3，$\sin x$，$\tan x$ 都是无穷小.

当 $x \to +\infty$ 时，函数 $\dfrac{1}{x^2}$，$\left(\dfrac{1}{2}\right)^x$，$\dfrac{\pi}{2} - \cot x$ 都是无穷小.

当 $n \to \infty$ 时，数列 $\left\{\dfrac{1}{n}\right\}$，$\left\{\dfrac{1}{2^n}\right\}$，$\left\{\dfrac{n}{n^2+1}\right\}$ 都是无穷小.

无穷小是极限为零的变量，而不是"很小的数". 除零之外的任何常数，无论它的绝对值怎么小，都不是无穷小.

由无穷小的定义及极限的四则运算法则，可得如下性质.

定理 1.12　若函数 $f(x)$ 与 $g(x)$ 都是 $x \to x_0$ 时的无穷小，则函数 $f(x) \pm g(x)$ 是 $x \to x_0$ 时的无穷小.

定理 1.13　若函数 $f(x)$ 是 $x \to x_0$ 时的无穷小，函数 $g(x)$ 在 x_0 的某去心邻域 $\mathring{U}(x_0, \delta)$ 有界，则 $f(x) \cdot g(x)$ 是 $x \to x_0$ 时的无穷小.

特别地，若 $f(x)$ 与 $g(x)$ 都是当 $x \to x_0$ 时的无穷小，则函数 $f(x) \cdot g(x)$ 也是 $x \to x_0$ 时的无穷小.

推论 1.3　常量与无穷小的乘积仍是无穷小.

定理 1.14　$\lim\limits_{x \to x_0} f(x) = A$ 的充要条件是 $f(x) = A + \alpha(x)$，其中，$\alpha(x)$ 是 $x \to x_0$ 时的无穷小.

证　必要性，设 $\lim\limits_{x \to x_0} f(x) = A$，令 $\alpha(x) = f(x) - A$，则 $f(x) = A + \alpha(x)$，只需证明当 $x \to x_0$ 时，$\alpha(x)$ 是无穷小量.

事实上，因为 $\lim\limits_{x \to x_0} f(x) = A$，则对于任意给定的 $\varepsilon > 0$，存在 $\delta > 0$，当 $0 < |x - x_0| < \delta$ 时，有 $|f(x) - A| < \varepsilon$，由定义 1.18 可知，$\alpha(x) = f(x) - A$ 是无穷小.

充分性，设 $f(x) = A + \alpha(x)$，其中，$\alpha(x)(x \to x_0)$ 是无穷小，则 $f(x) - A = \alpha(x)$. 因 $\alpha(x)(x \to x_0)$ 是无穷小，则对于任意给定的 $\varepsilon > 0$，存在 $\delta > 0$，当 $0 < |x - x_0| < \delta$ 时，有 $|f(x) - A| = |\alpha(x)| < \varepsilon$.

所以
$$\lim_{x \to x_0} f(x) = A.$$

二、无穷大

定义 1.19　设 $f(x)$ 在 x_0 的某一去心邻域内有定义, 若对任意给定的正数 $M > 0$, 总存在 $\delta > 0$, 当 $0 < |x - x_0| < \delta$ 时, 有 $|f(x)| > M$, 则称函数 $f(x)$ 当 $x \to x_0$ 时是**无穷大**, 表示为

$$\lim_{x \to x_0} f(x) = \infty \quad \text{或} \quad f(x) \to \infty \ (x \to x_0)$$

将定义中的不等式 $|f(x)| > M$ 改为 $f(x) > M$ 或 $f(x) < -M$, 则称函数 $f(x)$ 当 $x \to x_0$ 时是**正无穷大或负无穷大**. 分别表示为

$$\lim_{x \to x_0} f(x) = +\infty \quad \text{或} \quad \lim_{x \to x_0} f(x) = -\infty$$

无穷大不是很大的数, 无穷大是在随着自变量的变化过程中, 绝对值无限增大的变量.

例 1　证明 $\lim\limits_{x \to 1} \dfrac{1}{x-1} = \infty$.

证　对于任意给定的 $M > 0$. 要使 $\left| \dfrac{1}{x-1} \right| = \dfrac{1}{|x-1|} > M$, 只需 $|x-1| < \dfrac{1}{M}$, 取 $\delta = \dfrac{1}{M}$, 于是对于任意给定的 $M > 0$, 存在 $\delta = \dfrac{1}{M} > 0$, 当 $0 < |x-1| < \delta$ 时, 有 $\left| \dfrac{1}{x-1} \right| > M$, 即 $\lim\limits_{x \to 1} \dfrac{1}{x-1} = \infty$.

例 2　证明 $\lim\limits_{x \to +\infty} a^x = +\infty \quad (a > 1)$.

证　对于任意给定的 $M > 0 (M > 1)$, 要使不等式 $a^x > M$ 成立, 只要 $x > \log_a M$, 取 $X = \log_a M$, 于是对于任意给定的 $M > 0$, 存在 $X = \log_a M$, 当 $x > X$ 时, 有 $a^x > M$ 即 $\lim\limits_{x \to +\infty} a^x = +\infty$.

三、无穷小与无穷大的关系

定理 1.15　在自变量的同一变化过程中,

1) 若 $f(x)$ 是无穷大, 则 $\dfrac{1}{f(x)}$ 是无穷小;

2) 若 $f(x)$ 是无穷小, 且 $f(x) \neq 0$, 则 $\dfrac{1}{f(x)}$ 是无穷大.

证　只证 2). 设 $\lim\limits_{x \to x_0} f(x) = 0$, 且 $f(x) \neq 0$. 对于任意给定的 $M > 0$, 当 $x \to x_0$ 时, $f(x)$ 是无穷小, 则对任意的 $\varepsilon = \dfrac{1}{M} > 0$, 存在 $\delta > 0$, 使得当 $0 < |x - x_0| < \delta$ 时, 有 $|f(x)| < \dfrac{1}{M}$, 也就是 $\left| \dfrac{1}{f(x)} \right| > M$.

即，函数 $\dfrac{1}{f(x)}$ 当 $x \to x_0$ 时是无穷大.

四、无穷小的比较

当 $x \to 0$ 时，函数 x，$2x$，x^2 都是无穷小，但它们趋于 0 的速度却不一样，如表 1-1 所示.

表 1-1

x	1	0.5	0.1	0.01	0.001	…	$\to 0$
$2x$	2	1	0.2	0.02	0.002	…	$\to 0$
x^2	1	0.25	0.01	0.0001	0.000001	…	$\to 0$

显然，x^2 趋于 0 的速度最快，而 x 与 $2x$ 趋于 0 的速度相差不大. 由此，引入无穷小的比较.

定义 1.20　设 α 与 β 是在自变量的同一变化过程中的两个无穷小，且 $\beta \neq 0$.

若 $\lim \dfrac{\alpha}{\beta} = 0$，则称 α 是 β 的**高阶无穷小**，记为 $\alpha = o(\beta)$.

若 $\lim \dfrac{\alpha}{\beta} = \infty$，则称 α 是 β 的**低阶无穷小**.

若 $\lim \dfrac{\alpha}{\beta} = c \neq 0$，则称 α 与 β 是**同阶无穷小**. 特别地，若 $\lim \dfrac{\alpha}{\beta} = 1$，则称 α 与 β 是**等价无穷小**，记为 $\alpha \sim \beta$.

例 3

1）因为 $\lim\limits_{x \to 0} \dfrac{\tan x}{x} = \lim\limits_{x \to 0} \dfrac{\sin x}{x} \cdot \lim\limits_{x \to 0} \dfrac{1}{\cos x} = 1$，所以 $\tan x \sim x$.

2）因为 $\lim\limits_{x \to 0} \dfrac{1 - \cos x}{x} = \lim\limits_{x \to 0} \dfrac{2 \sin^2 \dfrac{x}{2}}{x} = 0$，所以 $1 - \cos x$ 是 x 的高阶无穷小.

3）因为 $\lim\limits_{x \to 0} \dfrac{3x^4 - x^3 + x^2}{5x^2} = \lim\limits_{x \to 0} \left(\dfrac{3}{5} x^3 - \dfrac{1}{5} x + \dfrac{1}{5} \right) = \dfrac{1}{5}$，所以两者是同阶无穷小.

定理 1.16　若 $\alpha \sim \alpha'$，$\beta \sim \beta'$，且 $\lim \dfrac{\beta'}{\alpha'}$ 存在，则 $\lim \dfrac{\beta}{\alpha} = \lim \dfrac{\beta'}{\alpha'}$.

证　$\lim \dfrac{\beta}{\alpha} = \lim \left(\dfrac{\beta}{\beta'} \cdot \dfrac{\beta'}{\alpha'} \cdot \dfrac{\alpha'}{\alpha} \right) = \lim \dfrac{\beta}{\beta'} \lim \dfrac{\beta'}{\alpha'} \lim \dfrac{\alpha'}{\alpha} = \lim \dfrac{\beta'}{\alpha'}$.

例 4　求 $\lim\limits_{x \to 0} \dfrac{\tan 2x}{\sin 3x}$.

解　当 $x \to 0$ 时，$\tan 2x \sim 2x$，$\sin 3x \sim 3x$，所以 $\lim\limits_{x \to 0} \dfrac{\tan 2x}{\sin 3x} = \lim\limits_{x \to 0} \dfrac{2x}{3x} = \dfrac{2}{3}$.

例 5　求 $\lim\limits_{x\to0}\dfrac{\sin x}{x^3+3x}$.

解　当 $x\to0$ 时，$\sin x \sim x$，而 x^3+3x 与它本身显然是等价的，所以

$$\lim_{x\to0}\frac{\sin x}{x^3+3x}=\lim_{x\to0}\frac{x}{x(x^2+3)}=\lim_{x\to0}\frac{1}{x^2+3}=\frac{1}{3}.$$

当 $x\to0$ 时，常见的等价无穷小有

$$\sin x \sim x,\ \arcsin x \sim x,\ \tan x \sim x,\ \arctan x \sim x,$$

$$\ln(1+x)\sim x,\ \mathrm{e}^x-1\sim x,\ 1-\cos x\sim\frac{1}{2}x^2,\ (1+x)^m-1\sim mx.$$

习题 1.6

1. 直观判断下列函数中的变量，当 x 趋向于何值时是无穷小；当 x 趋向于何值时是无穷大：

1）$y=\dfrac{x}{x-1}$;　　　　2）$y=\ln(1+x)$.

2. 当 $x\to0$ 时，将下列无穷小与无穷小 x 进行阶的比较：

1）$\tan x-\sin x$;　　2）$\sqrt[3]{x}$;　　3）$\sqrt{1+x}-1$;　　4）$\ln(1+2x)$.

3. 证明：当 $x\to0$ 时，e^x-1 与 x 是等价无穷小.

4. 用等价无穷小代换求极限：

1）$\lim\limits_{x\to0}\dfrac{1-\cos x}{x\sin x}$;　　2）$\lim\limits_{x\to0}\dfrac{\tan x-\sin x}{\sqrt{2+x^2}(\mathrm{e}^{x^3}-1)}$;　　3）$\lim\limits_{x\to0}\dfrac{(1+x^2)^{\frac{1}{3}}-1}{\cos x-1}$.

第七节　函数的连续性

现实生活中，很多变量的变化是连续不断的，比如气温的变化、植物的生长、物体受热时面积的变化等，都是连续的变化. 这种现象在数学上用函数的连续性来反映和研究.

一、连续函数的概念

定义 1.21　在函数 $y=f(x)$ 的定义域中，设自变量 x 由 x_0 变到 x_1，差 $\Delta x=x_1-x_0$ 叫做自变量 x 的**增量**（改变量），相应的函数值的差 $\Delta y=f(x_1)-f(x_0)=f(x_0+\Delta x)-f(x_0)$ 叫做函数 $y=f(x)$ 的增量（见图 1-13）.

其中，Δx、Δy 是完整的记号，它们可正、可负也可为 0.

气温是时间的函数，当时间变化不大时，气温的变化也不大. 同样道理，时间变化不大时，植物的生长、物体受热时面积的变化也不大. 从这个角度，就可以刻画函数的连续性.

定义 1.22　设函数 $f(x)$ 在 x_0 的某一邻域内有定义，如果当自变量 x 在点 x_0 处的增量 Δx 趋于 0 时，相应的函数增量 Δy 也趋于 0，即

$$\lim_{\Delta x \to 0} \Delta y = 0$$
$$= \lim_{\Delta x \to 0} [f(x_0 + \Delta x) - f(x_0)] = 0.$$

则称函数 $y = f(x)$ 在点 x_0 **连续**（见图 1-14、图 1-15）.

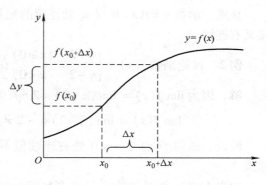

图 1-13

在定义 1.22 中，若令 $x = x_0 + \Delta x$，即 $\Delta x = x - x_0$，从而 $\Delta x \to 0$ 等价于 $x \to x_0$. 又 $\Delta y = f(x_0 + \Delta x) - f(x_0) = f(x) - f(x_0)$，从而由连续的定义有

$$\lim_{\Delta x \to 0} [f(x_0 + \Delta x) - f(x_0)] = 0 \Leftrightarrow \lim_{x \to x_0} [f(x) - f(x_0)] = 0$$

即

$$\lim_{x \to x_0} f(x) = f(x_0).$$

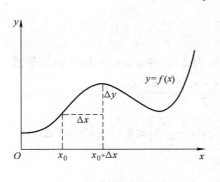

图 1-14

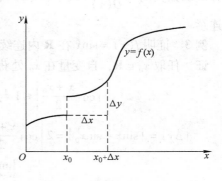

图 1-15

定义 1.23　设函数 $y = f(x)$ 在 x_0 的某一邻域内有定义，如果 $\lim\limits_{x \to x_0} f(x) = f(x_0)$，则称函数 $y = f(x)$ 在点 x_0 连续.

例 1　证明函数 $f(x) = \begin{cases} x\sin\dfrac{1}{x} & (x \neq 0) \\ 0 & (x = 0) \end{cases}$ 在 $x = 0$ 处连续.

证　因为 $\lim\limits_{x \to 0} x\sin\dfrac{1}{x} = 0$，且 $f(0) = 0$，所以 $\lim\limits_{x \to 0} f(x) = f(0)$.

由定义可知，函数 $f(x)$ 在 $x = 0$ 处连续.

根据左、右极限的定义，类似地可以得到左、右连续的定义.

定义 1.24　设函数 $y = f(x)$ 在点 x_0 及其左邻域（或右邻域）内有定义，若 $\lim\limits_{x \to x_0^-} f(x) = f(x_0)$（或 $\lim\limits_{x \to x_0^+} f(x) = f(x_0)$），则称函数 $f(x)$ 在点 x_0 **左连续**（或**右连续**）.

显然，函数 $y=f(x)$ 在点 x_0 处连续的充要条件是函数 $y=f(x)$ 在点 x_0 处既左连续又右连续.

例2　讨论函数 $f(x)=\begin{cases} x+2 & (x\geqslant 0)\\ x-2 & (x<0)\end{cases}$ 在 $x=0$ 处的连续性.

解　因为 $\lim\limits_{x\to 0^+}f(x)=\lim\limits_{x\to 0^+}(x+2)=2=f(0)$,

$$\lim\limits_{x\to 0^-}f(x)=\lim\limits_{x\to 0^-}(x-2)=-2\neq f(0).$$

所以，函数 $f(x)$ 在 $x=0$ 处右连续但不左连续，从而函数 $f(x)$ 在 $x=0$ 处不连续.

定义 1.25　如果函数 $f(x)$ 在开区间 (a,b) 内每一点都连续，则称函数 $f(x)$ 在区间 (a,b) 内连续；如果函数 $f(x)$ 在 (a,b) 内连续，同时在 a 点右连续，在 b 点左连续，则称函数 $f(x)$ 在闭区间 $[a,b]$ 上连续.

例如，由极限的运算法则可知，多项式函数 $f(x)=a_0x^n+a_1x^{n-1}+\cdots+a_n$ 和有理分式函数 $f(x)=\dfrac{P(x)}{Q(x)}$（其中，$P(x),Q(x)$ 均为多项式，且 $Q(x_0)\neq 0$）在实数集 **R** 内连续.

例3　证明 $f(x)=\sin x$ 在 **R** 内连续.

证　任取 $x_0\in\mathbf{R}$，自变量在 x_0 处获得增量为 Δx，令 $x=x_0+\Delta x$. 由不等式

$$\left|\cos\frac{x+x_0}{2}\right|\leqslant 1 \quad 与 \quad \left|\sin\frac{x-x_0}{2}\right|\leqslant\frac{|x-x_0|}{2}$$

得　　$|\Delta y|=|\sin x-\sin x_0|=2\left|\cos\dfrac{x+x_0}{2}\right|\cdot\left|\sin\dfrac{x-x_0}{2}\right|\leqslant 2\dfrac{|x-x_0|}{2}=|\Delta x|$

故　　　　　　　　　　　　　$\lim\limits_{\Delta x\to 0}\Delta y=0.$

所以正弦函数 $\sin x$ 在 x_0 连续. 由 x_0 的任意性，$\sin x$ 在 **R** 内连续.

二、函数的间断点

从连续的定义可知，$f(x)$ 在点 x_0 连续必须满足三个条件：

1）$f(x)$ 在点 x_0 有确切的函数值 $f(x_0)$；

2）当 $x\to x_0$ 时，$f(x)$ 有确定的极限；

3）这个极限值就等于 $f(x_0)$.

定义 1.26　如果函数 $y=f(x)$ 在点 x_0 处不满足连续性条件，则称函数 $f(x)$ 在点 x_0 **间断**（或不连续）. 点 x_0 称为函数 $f(x)$ 的**间断点**（或不连续点）.

显然，$f(x)$ 在点 x_0 不满足连续性定义的条件有三种情况：

1）函数 $f(x)$ 在点 x_0 无定义；

2）函数 $f(x)$ 在点 x_0 有定义，但 $\lim\limits_{x\to x_0}f(x)$ 不存在；

3）函数 $f(x)$ 在点 x_0 有定义，且 $\lim\limits_{x \to x_0} f(x)$ 存在，但 $\lim\limits_{x \to x_0} f(x) \neq f(x_0)$.

对间断点，可按其产生间断的不同原因进行分类.

定义 1.27 若 $f(x)$ 在点 x_0 的左、右极限都存在，但不都等于 $f(x_0)$，则称点 x_0 是函数 $f(x)$ 的**第一类间断点**；

若 $f(x)$ 在 x_0 的左、右极限至少有一个不存在，则称点 x_0 为 $f(x)$ 的**第二类间断点**.

若 $f(x)$ 在 x_0 的左、右极限存在且相等，但不等于 $f(x_0)$，或 $f(x_0)$ 无意义，称点 x_0 为 $f(x)$ 的**可去间断点**.

例 4 $f(x) = \dfrac{x^2 - 1}{x - 1}$，讨论 $f(x)$ 在 $x = 1$ 点处的间断情况.

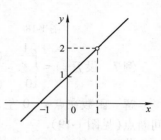

图 1-16

解 因为 $\lim\limits_{x \to 1} \dfrac{x^2 - 1}{x - 1} = \lim\limits_{x \to 1}(x + 1) = 2$，

但 $f(x)$ 在 $x = 1$ 点无意义，故在 $x = 1$ 处 $f(x)$ 间断.

若补充定义 $f(x) = \begin{cases} \dfrac{x^2 - 1}{x - 1} & (x \neq 1) \\ 2 & (x = 1) \end{cases}$，则 $f(x)$ 在

$x = 1$ 处连续，$x = 1$ 是 $f(x)$ 的可去间断点（见图 1-16）.

例 5 设 $f(x) = \begin{cases} x & (x \neq 1) \\ 2 & (x = 1) \end{cases}$，讨论 $f(x)$ 在点 $x = 1$ 处的间断情况.

解 因为 $f(1) = 2$，$\lim\limits_{x \to 1} f(x) = 1$，所以
$$\lim\limits_{x \to 1} f(x) \neq f(1)$$

故 $x = 1$ 是 $f(x)$ 的可去间断点（见图 1-17）.

若改变 $f(x)$ 在 $x = 1$ 处的定义使得 $f(1) = 1$，则 $f(x)$ 在 $x = 1$ 处连续.

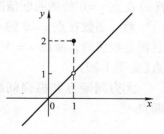

图 1-17

若 $f(x)$ 在 x_0 的左、右极限存在但不相等，则称点 x_0 为 $f(x)$ 的**跳跃间断点**.

例 6 $f(x) = \begin{cases} \dfrac{x}{|x|} & (x \neq 0) \\ 0 & (x = 0) \end{cases}$，讨论 $f(x)$ 在点 $x = 0$ 处的间断情况.

解 $\lim\limits_{x \to 0^-} f(x) = -1$，$\lim\limits_{x \to 0^+} f(x) = 1$，所以 $x = 0$ 是跳跃间断点（见图 1-18）.

可去间断点和跳跃间断点都属于第一类间断点.

若 $f(x)$ 在 x_0 的左、右极限至少有一个是无穷大（∞），则称点 x_0 为 $f(x)$ 的**无穷间断点**.

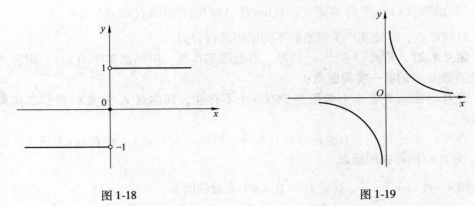

图 1-18　　　　　　　　　　　　　　　　　图 1-19

例 7　设 $f(x) = \begin{cases} \dfrac{1}{x} & (x \neq 0) \\ 0 & (x = 0) \end{cases}$，讨论 $f(x)$ 在点 $x = 0$ 处的间断情况.

解　函数在点 $x = 0$ 左、右极限都不存在，且都是 ∞，故 $x = 0$ 是该函数的无穷间断点（见图 1-19）.

若 $f(x)$ 在 x_0 的左、右极限至少有一个是振荡的，则称点 x_0 为 $f(x)$ 的**振荡间断点**.

例 8　设 $f(x) = \begin{cases} \sin\dfrac{1}{x} & (x \neq 0) \\ 0 & (x = 0) \end{cases}$，讨论 $f(x)$ 在点 $x = 0$ 处的间断情况.

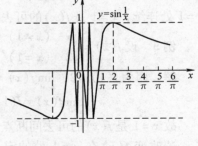

解　函数在点 $x = 0$ 的左、右极限都不存在，且都是振荡的，所以 $x = 0$ 是该函数的振荡间断点（见图 1-20）.

图 1-20

无穷间断点和振荡间断点都属于第二类间断点.

三、连续函数的运算性质

定理 1.17　若函数 $f(x)$ 与 $g(x)$ 都在点 x_0 连续，则函数 $f \pm g$、$f \cdot g$、$\dfrac{f}{g}$（当 $g(x_0) \neq 0$ 时）在 x_0 也连续.

此定理可由函数在某点连续的定义和极限的四则运算法则证明，留与读者.

定理 1.18　连续函数的复合函数是连续的.

证　设函数 $u = \varphi(x)$ 在 x_0 连续，且 $u_0 = \varphi(x_0)$，而函数 $y = f(u)$ 在 u_0 连续，即 $\lim\limits_{u \to u_0} f(u) = f(u_0)$. 则 $\lim\limits_{x \to x_0} f(\varphi(x)) = \lim\limits_{u \to u_0} f(u) = f(u_0) = f(\varphi(x_0))$.

故复合函数 $y = f(\varphi(x))$ 在点 x_0 连续.

同样可以证明,**基本初等函数在其定义区间内是连续的**. 进而可以证明**一切初等函数在其定义域区间内都是连续的**. 这样,利用函数的连续性就可以直接代值来求函数的极限.

例 9　求 $\lim\limits_{x \to 0}(1 + 2x)^{\frac{3}{\sin x}}$.

解　利用函数连续性及等价无穷小代换,得

$$\lim_{x \to 0}(1 + 2x)^{\frac{3}{\sin x}} = \lim_{x \to 0} e^{\frac{3}{\sin x}\ln(1 + 2x)} = e^{\lim\limits_{x \to 0}\left[\frac{3}{\sin x}\ln(1 + 2x)\right]} = e^{\lim\limits_{x \to 0}\left(\frac{3}{x} \cdot 2x\right)} = e^6.$$

例 10　求 $\lim\limits_{x \to 1}\left[\cos(x^2 - 1) + \ln(2 - e^{\sqrt{x} - 1})\right]$.

解　利用函数连续性,得

$$\lim_{x \to 1}\left[\cos(x^2 - 1) + \ln(2 - e^{\sqrt{x} - 1})\right] = \cos\left[\lim_{x \to 1}(x^2 - 1)\right] + \ln\left[\lim_{x \to 1}(2 - e^{\sqrt{x} - 1})\right] = 1.$$

四、闭区间上连续函数的性质

定理 1.19(有界性定理)　若函数 $f(x)$ 在闭区间 $[a, b]$ 上连续,则它在 $[a, b]$ 上有界. 即存在 $K > 0$,对于任意给定的 $x \in [a, b]$,有 $|f(x)| \leqslant K$.

一般来说,开区间上的连续函数不一定有界. 例如,$f(x) = \dfrac{1}{x}$ 在 $(0, 1)$ 上连续,但它无界.

定理 1.20(最值定理)　若函数 $f(x)$ 在闭区间 $[a, b]$ 上连续,则 $f(x)$ 在 $[a, b]$ 上必有最小值和最大值. 即在 $[a, b]$ 上至少有一点 ξ_1,使 $f(\xi_1)$ 是 $f(x)$ 在 $[a, b]$ 上的最小值;又至少有一点 ξ_2,使 $f(\xi_2)$ 是 $f(x)$ 在 $[a, b]$ 上的最大值(见图 1-21),即 $f(\xi_1) \leqslant f(x) \leqslant f(\xi_2)$.

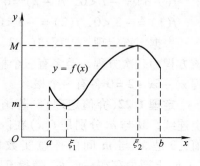

图 1-21

如图 1-21 所示,函数 $f(x)$ 在闭区间 $[a, b]$ 上连续,$f(\xi_1)$ 是 $f(x)$ 在 $[a, b]$ 上的最小值,$f(\xi_2)$ 是最大值. 达到最小值和最大值的点有可能是闭区间的端点,并且这样的点未必是唯一的.

开区间内连续的函数不一定有此性质. 如函数 $f(x) = \tan x$ 在区间 $\left(-\dfrac{\pi}{2}, \dfrac{\pi}{2}\right)$ 内连续,但 $\lim\limits_{x \to \frac{\pi}{2}^+}\tan x = +\infty$, $\lim\limits_{x \to -\frac{\pi}{2}^-}\tan x = -\infty$,所以 $f(x) = \tan x$ 在 $\left(-\dfrac{\pi}{2}, \dfrac{\pi}{2}\right)$ 内取不到最值.

同样地,若函数在闭区间上有间断点,也不一定有此性质. 如函数

$$y = f(x) = \begin{cases} -x+1 & (0 \le x < 1) \\ 1 & (x=1) \\ -x+3 & (1 < x \le 2) \end{cases}$$

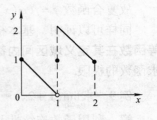

在闭区间 $[0,2]$ 上有一间断点 $x=1$，函数 $f(x)$ 虽然在闭区间上有界，但它取不到最大值和最小值（见图 1-22）.

图 1-22

定理 1.21（零点定理）　若函数 $f(x)$ 在闭区间 $[a,b]$ 上连续，且 $f(a)$ 与 $f(b)$ 异号，则在 (a,b) 内至少存在一点 ξ，使得 $f(\xi)=0$. 这里的 ξ 称为函数的零点.

其几何意义如图 1-23 所示，在闭区间 $[a,b]$ 上定义的连续曲线 $y=f(x)$ 在两个端点 a 与 b 的图像分别在 x 轴的两侧，则此连续曲线与 x 轴至少有一个交点，交点的横坐标即 ξ.

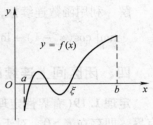

定理 1.21 也可表述如下：若 $f(x)$ 是闭区间 $[a,b]$ 上的连续函数，且 $f(a)$ 与 $f(b)$ 异号，则方程 $f(x)=0$ 在 (a,b) 内至少有一个根.

图 1-23

例 11　判断方程 $x^3-6x+2=0$ 的根的位置.

解　设 $f(x)=x^3-6x+2$，则 $f(x)$ 在 $(-\infty,+\infty)$ 连续.
$f(-3)=-7<0$，$f(-2)=6>0$，$f(-1)=7>0$，$f(0)=2>0$，
$f(1)=-3<0$，$f(2)=-2<0$，$f(3)=11>0$.

根据零点定理，方程在 $(-3,-2)$、$(0,1)$ 和 $(2,3)$ 内各至少有一个根. 又因为该方程为三次方程，至多有三个根，因此在区间 $(-3,-2)$、$(0,1)$ 和 $(2,3)$ 内，方程 $x^3-6x+2=0$ 各有一个根.

定理 1.22（介值定理）　若函数 $f(x)$ 在闭区间 $[a,b]$ 上连续，M 与 m 分别是 $f(x)$ 在 $[a,b]$ 上的最大值和最小值，c 是 M 与 m 间的任意实数（即 $m \le c \le M$），则在 $[a,b]$ 上至少存在一点 ξ，使得 $f(\xi)=c$（见图 1-24）.

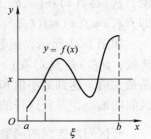

证　若 $m=M$，则函数 $f(x)$ 在 $[a,b]$ 上是常数，定理显然成立.

若 $m<M$，则在闭区间 $[a,b]$ 上必存在两点 x_1 和 x_2，使得 $f(x_1)=M$，$f(x_2)=m$，不妨设 $x_1<x_2$.

图 1-24

作辅助函数 $\varphi(x)=f(x)-c$，则 $\varphi(x)$ 在 $[a,b]$ 上连续，且 $\varphi(x_1)=f(x_1)-c>0$，$\varphi(x_2)=f(x_2)-c<0$.

由零点定理，在区间 (x_1,x_2) 内至少存在一点 ξ，使得 $\varphi(\xi)=f(\xi)-c=0$，即 $f(\xi)=c$　$(a<\xi<b)$.

例12 设 $f(x)$ 在 $[a,b]$ 上连续，且 $a < x_1 < x_2 < \cdots < x_n < b$，$c_1, c_2, \cdots, c_n$ 为任意正实数，则必存在 $\xi \in [a,b]$，使得 $f(\xi) = \dfrac{c_1 f(x_1) + c_2 f(x_2) + \cdots + c_n f(x_n)}{c_1 + c_2 + \cdots + c_n}$.

解 因为 $f(x)$ 在 $[a,b]$ 上连续，则在 $[a,b]$ 上必存在最小值 m 和最大值 M，从而

$$c_1 m \leqslant c_1 f(x_1) \leqslant c_1 M, \cdots, c_n m \leqslant c_n f(x_n) \leqslant c_n M$$

$$\Rightarrow (c_1 + \cdots + c_n) m \leqslant c_1 f(x_1) + \cdots + c_n f(x_n) \leqslant (c_1 + \cdots + c_n) M$$

$$\Rightarrow m \leqslant \frac{c_1 f(x_1) + c_2 f(x_2) + \cdots + c_n f(x_n)}{c_1 + c_2 + \cdots + c_n} \leqslant M.$$

由介值定理，必存在 $\xi \in [a,b]$，使得

$$f(\xi) = \frac{c_1 f(x_1) + c_2 f(x_2) + \cdots + c_n f(x_n)}{c_1 + c_2 + \cdots + c_n}.$$

习题 1.7

1. 证明函数 $y = x^2$ 连续.

2. 讨论函数 $f(x) = \begin{cases} \dfrac{\sin 3x}{x} & (x < 0) \\ 3 & (x = 0) \\ \ln(1 + x) + 3 & (x > 0) \end{cases}$ 在 $x = 0$ 处的连续性.

3. 求下列函数的间断点，并判断其类型：

1) $y = \dfrac{1}{(x-2)^2}$;

2) $y = \dfrac{x^2 - 1}{x^2 - 3x + 2}$;

3) $f(x) = \begin{cases} 0 & (x < 1) \\ 2x + 1 & (1 \leqslant x < 2) \\ 1 + x^2 & (x \geqslant 2) \end{cases}$;

4) $f(x) = \begin{cases} \dfrac{1 - \cos x}{x^2} & (x \neq 0) \\ 0 & (x = 0) \end{cases}$.

4. 找出函数 $f(x) = \dfrac{1}{1 - \mathrm{e}^{\frac{x}{1-x}}}$ 的间断点，并判断其类型.

5. 为函数 $f(x) = \sin x \cos \dfrac{1}{x}$ 补充定义，使得 $f(x)$ 连续.

6. 讨论函数 $f(x) = \lim\limits_{n \to \infty} \dfrac{1 - x^{2n}}{1 + x^{2n}} x$ 的连续性，若有间断点，判断其类型.

7. 证明方程 $x^5 - 3x + 1 = 0$ 在区间 $(0,1)$ 内有根.

8. 证明方程 $x = a \sin x + b$（其中，$a > 0, b > 0$）至少有一个正根，并且它不会大于 $a + b$.

综合测试题（一）

一、单项选择题

1. 当 $x \to x_0$ 时 $f(x)$ 的左极限和右极限都存在且相等是 $\lim\limits_{x \to x_0} f(x)$ 存在的 （　　）条件.

（A）充分；　　　（B）必要；　　　（C）充要；　　　（D）无关.

2. 设 $\lim\limits_{n\to\infty}\left(\dfrac{1}{n^2}+\dfrac{2}{n^2}+\cdots+\dfrac{n}{n^2}\right)=$（　　　）.

(A) $\lim\limits_{n\to\infty}\dfrac{1}{n^2}+\lim\limits_{n\to\infty}\dfrac{2}{n^2}+\cdots+\lim\limits_{n\to\infty}\dfrac{n}{n^2}=0$；　　　(B) ∞；

(C) $\lim\limits_{n\to\infty}\dfrac{1+2+\cdots+n}{n^2}=\dfrac{1}{2}$；　　　(D) 极限不存在.

3. 设 $f(x)=2^x+3^x-2$，则当 $x\to0$，有（　　　）.

(A) $f(x)$ 与 x 是等价无穷小；　　　(B) $f(x)$ 与 x 是同阶但非等价无穷小；

(C) $f(x)$ 是比 x 高阶的无穷小；　　　(D) $f(x)$ 是比 x 低阶的无穷小.

4. 设 $f(x)=\dfrac{e^{\frac{1}{x}}-1}{e^{\frac{1}{x}}+1}$，则 $x=0$ 是 $f(x)$ 的（　　　）.

(A) 可去间断点；　　(B) 跳跃间断点；　　(C) 第二类间断点；　　(D) 连续点.

5. 方程 $x^4-x-1=0$ 至少有一个根的区间是（　　　）.

(A) $\left(0,\dfrac{1}{2}\right)$；　　(B) $\left(\dfrac{1}{2},1\right)$；　　(C) $(1,2)$；　　(D) $(2,3)$.

二、填空题

1. 若 $f\left(x+\dfrac{1}{x}\right)=x^2+\dfrac{1}{x^2}+3$，则 $f(x)=$（　　　）.

2. 已知函数 $f(x)=\begin{cases}(\cos x)^{-x^2}, & x\neq0\\ a, & x=0\end{cases}$ 在 $x=0$ 连续，则 $a=$（　　　）.

3. $\lim\limits_{n\to\infty}(\sqrt{n+3}-\sqrt{n})\sqrt{n-1}=$（　　　）.

4. 设 $\lim\limits_{x\to0}\dfrac{3\sin x+x^2\cos\dfrac{1}{x}}{(1+\cos x)(e^x-1)}=$（　　　）.

5. 已知 $\lim\limits_{n\to\infty}\dfrac{a^2+bn+5}{3n-2}=2$，则 $a=$（　　　），$b=$（　　　）.

三、计算与应用题

1. 设 $f(x)=\begin{cases}0, & x\leqslant0\\ x, & x>0\end{cases}$，$g(x)=\begin{cases}0, & x\leqslant0\\ -x^2, & x>0\end{cases}$，求函数项级数 $f[f(x)]$，$g[g(x)]$，$f[g(x)]$，$g[f(x)]$.

2. 设 $f(x)=\begin{cases}x\sin\dfrac{1}{x}, & x>0\\ a+x^2, & x\leqslant0\end{cases}$，要使 $f(x)$ 在 $(-\infty,+\infty)$ 内连续，应当怎样选择数 a？

3. 设 $f(x)=\begin{cases}e^{\frac{1}{x-1}}, & x>0\\ \ln(1+x), & -1<x\leqslant0\end{cases}$，求 $f(x)$ 的间断点，并说明间断点所属类型.

4. 计算极限 $\lim\limits_{x\to\frac{\pi}{2}}(\sin x)^{\tan x}$.

5. 计算极限 $\lim\limits_{x\to\infty}\left(\dfrac{2x+3}{2x+1}\right)^{x+1}$.

6. 设 $f(x)$ 的定义域是 $[0,1]$，求函数 $f\left(x+\dfrac{1}{2}\right)+f\left(x-\dfrac{1}{2}\right)$ 的定义域.

四、证明题

证明方程 $\sin x+x+1=0$ 在开区间 $\left(-\dfrac{\pi}{2},\dfrac{\pi}{2}\right)$ 内至少有一个根.

第二章　导数与微分

导数与微分是微分学的两个基本概念，微分学是微积分的重要组成部分. 本章主要讨论导数和微分的概念以及它们的计算方法.

第一节　导　数

一、引例

1. 做变速直线运动物体的速度

设物体沿横轴运动，路程 s 是时间 t 的函数 $s = f(t)$.

如果物体的运动是匀速的，当时间由 t_1 改变到 t_2 时，在这一段时间里的平均速度定义为 $\bar{v} = \dfrac{\Delta s}{\Delta t} = \dfrac{f(t_2) - f(t_1)}{t_2 - t_1}$.

如果物体的运动是变速的，可以用它在每一时刻 t_0 的瞬时速度 $v(t_0)$ 来更好地反映物体运动的状况.

当时间由 t_0 改变到 $t_0 + \Delta t$ 时，以平均速度 $\bar{v}$ 作为瞬时速度 $v(t_0)$ 的近似值. 显然 Δt 越接近 0，平均速度 $\bar{v}$ 就越接近 $v(t_0)$，$\bar{v}$ 在 Δt 趋于 0 时的极限就是物体在时刻 t_0 的瞬时速度的准确值，如下：

$$v(t_0) = \lim_{\Delta t \to 0} \frac{\Delta s}{\Delta t} = \lim_{\Delta t \to 0} \frac{f(t_0 + \Delta t) - f(t_0)}{\Delta t}$$

2. 曲线的切线

设函数 $y = f(x)$ 的图形如图 2-1 所示，过曲线 $y = f(x)$ 上的一点 $P_0(x_0, y_0)$，作这条曲线的切线. 在曲线上另取一点 $P(x_0 + \Delta x, y_0 + \Delta y)$，过这两点可以作一条割线 $P_0 P$，倾斜角为 φ.

$$\tan\varphi = \frac{\Delta y}{\Delta x} = \frac{f(x_0 + \Delta x) - f(x_0)}{\Delta x}$$

当 $\Delta x \to 0$ 时，点 P_0 趋于 P，割线 $P_0 P$ 的极限位置就是曲线过点 P_0 的切线 $P_0 T$，此时 φ 的极限为切线的倾斜角 α，切线斜率为

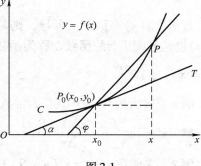

图 2-1

$$\tan\alpha = \lim_{\Delta x \to 0} \tan\varphi = \lim_{\Delta x \to 0} \frac{\Delta y}{\Delta x} = \lim_{\Delta x \to 0} \frac{f(x_0 + \Delta x) - f(x_0)}{\Delta x}$$

以上两个例子，具体含义不同，但是抽象的极限表达式却是一致的，称这种特殊的极限为函数的导数.

二、导数的概念

1. 导数定义

定义 2.1　设函数 $y = f(x)$ 在点 x_0 的某个邻域内有定义，当自变量 x 在点 x_0 处取得增量 $\Delta x(\Delta x \neq 0)$ 时，函数 $f(x)$ 相应地取得增量 $\Delta y = f(x_0 + \Delta x) - f(x_0)$. 如果极限

$$\lim_{\Delta x \to 0} \frac{\Delta y}{\Delta x} = \lim_{\Delta x \to 0} \frac{f(x_0 + \Delta x) - f(x_0)}{\Delta x}$$

存在，则称函数 $f(x)$ 在点 x_0 处**可导**，此极限称为函数 $f(x)$ 在点 x_0 处的**导数**（或**微商**），记为 $f'(x_0)$ 或 $\dfrac{\mathrm{d}y}{\mathrm{d}x}\bigg|_{x=x_0}$.

反之，若此极限不存在，则称函数 $f(x)$ 在点 x_0 处**不可导**.

由此定义可知，第一个引例中的瞬时速度是路程 s 对时间 t 的导数，即

$$v(t_0) = \lim_{\Delta t \to 0} \frac{\Delta s}{\Delta t} = s'(t_0) = \frac{\mathrm{d}s}{\mathrm{d}t}\bigg|_{t=t_0}$$

第二个引例中的切线斜率就是函数 y 对自变量 x 的导数，即

$$\tan\alpha = \lim_{\Delta x \to 0} \frac{\Delta y}{\Delta x} = f'(x_0) = \frac{\mathrm{d}y}{\mathrm{d}x}\bigg|_{x=x_0}$$

导数定义有时候也可以写成其他形式，如

$$f'(x_0) = \lim_{h \to 0} \frac{f(x_0 + h) - f(x_0)}{h} \quad (\Delta x = h)$$

或

$$f'(x_0) = \lim_{x \to x_0} \frac{f(x) - f(x_0)}{x - x_0} \quad (x = x_0 + \Delta x)$$

若函数 $f(x)$ 在区间 I 可导，则对任意 $x \in I$，都对应着一个导数值 $f'(x)$，则 $f'(x)$ 也是区间 I 上的函数，称为函数 $f(x)$ 在区间 I 上的**导函数**，简称为导数，记为 $f'(x)$，y' 或 $\dfrac{\mathrm{d}y}{\mathrm{d}x}$.

例 1　求函数 $f(x) = C$（C 为常数）的导数.

解　$y' = \lim\limits_{\Delta x \to 0} \dfrac{f(x + \Delta x) - f(x)}{\Delta x} = \lim\limits_{\Delta x \to 0} \dfrac{C - C}{\Delta x} = 0.$

例 2　求函数 $f(x) = x^n (n \in \mathbf{N}_+)$ 在点 $x = a$ 处的导数.

解　　　　$f'(a) = \lim\limits_{x \to a} \dfrac{f(x) - f(a)}{x - a} = \lim\limits_{x \to a} \dfrac{x^n - a^n}{x - a}$

$\qquad\qquad\qquad = \lim\limits_{x \to a} (x^{n-1} + ax^{n-2} + a^2 x^{n-3} + \cdots + a^{n-1}) = na^{n-1}.$

例 3　求函数 $f(x) = \sqrt{x}\,(x > 0)$ 的导数.

解　由　　　　$\dfrac{\Delta y}{\Delta x} = \dfrac{\sqrt{x + \Delta x} - \sqrt{x}}{\Delta x}$

$\qquad\qquad\qquad = \dfrac{(\sqrt{x + \Delta x} - \sqrt{x})(\sqrt{x + \Delta x} + \sqrt{x})}{\Delta x(\sqrt{x + \Delta x} + \sqrt{x})}$

$\qquad\qquad\qquad = \dfrac{1}{\sqrt{x + \Delta x} + \sqrt{x}}$

有　　　　$(\sqrt{x})' = \lim\limits_{\Delta x \to 0} \dfrac{\Delta y}{\Delta x} = \lim\limits_{\Delta x \to 0} \dfrac{\sqrt{x + \Delta x} - \sqrt{x}}{\Delta x}$

$\qquad\qquad\qquad = \lim\limits_{\Delta x \to 0} \dfrac{1}{\sqrt{x + \Delta x} + \sqrt{x}} = \dfrac{1}{2\sqrt{x}}.$

可以证明，对任意的实数 α，有 $(x^\alpha)' = \alpha x^{\alpha - 1}$.

例 4　求正弦函数 $f(x) = \sin x$ 的导数.

解　由　　　　$\dfrac{\Delta y}{\Delta x} = \dfrac{\sin(x + \Delta x) - \sin x}{\Delta x}$

$\qquad\qquad\qquad = \dfrac{2\cos\left(x + \dfrac{\Delta x}{2}\right)\sin\dfrac{\Delta x}{2}}{\Delta x}$

$\qquad\qquad\qquad = \cos\left(x + \dfrac{\Delta x}{2}\right)\dfrac{\sin\dfrac{\Delta x}{2}}{\dfrac{\Delta x}{2}}$

有　　　　$(\sin x)' = \lim\limits_{\Delta x \to 0} \dfrac{\Delta y}{\Delta x} = \lim\limits_{\Delta x \to 0}\left[\cos\left(x + \dfrac{\Delta x}{2}\right)\dfrac{\sin\dfrac{\Delta x}{2}}{\dfrac{\Delta x}{2}}\right]$

$\qquad\qquad\qquad = \lim\limits_{\Delta x \to 0}\left[\cos\left(x + \dfrac{\Delta x}{2}\right)\right] \cdot \lim\limits_{\Delta x \to 0} \dfrac{\sin\dfrac{\Delta x}{2}}{\dfrac{\Delta x}{2}} = \cos x.$

同理，余弦函数 $\cos x$ 在定义域 **R** 内也可导，且

$$(\cos x)' = -\sin x.$$

例 5　求对数函数 $f(x) = \log_a x\,(a > 0,\text{且 } a \neq 1, x > 0)$ 在 x 的导数.

解　由　　　　$\dfrac{\Delta y}{\Delta x} = \dfrac{1}{\Delta x}[\log_a(x + \Delta x) - \log_a x] = \dfrac{1}{\Delta x}\log_a\left(1 + \dfrac{\Delta x}{x}\right)$

$$= \frac{1}{x} \cdot \frac{x}{\Delta x} \cdot \log_a \left(1 + \frac{\Delta x}{x} \right) = \frac{1}{x} \cdot \log_a \left(1 + \frac{\Delta x}{x} \right)^{\frac{x}{\Delta x}}$$

有

$$(\log_a x)' = \lim_{\Delta x \to 0} \frac{\Delta y}{\Delta x} = \lim_{\Delta x \to 0} \left[\frac{1}{x} \log_a \left(1 + \frac{\Delta x}{x} \right)^{\frac{x}{\Delta x}} \right]$$

$$= \frac{1}{x} \log_a \left[\lim_{\Delta x \to 0} \left(1 + \frac{\Delta x}{x} \right)^{\frac{x}{\Delta x}} \right] = \frac{1}{x} \log_a e = \frac{1}{x \ln a},$$

特别地,当 $a = e$ 时,$(\ln x)' = \dfrac{1}{x \ln e} = \dfrac{1}{x}$.

2. 导数的几何意义

由第二个引例可知，导数的几何意义（见图 2-1）是：若曲线的方程是 $y = f(x)$，则曲线在点 $P_0(x_0, y_0)$ 处的切线斜率就是 $f(x)$ 在点 x_0 处的导数 $f'(x_0)$.

由此可得曲线在点 x_0 处切线的点斜式方程为

$$y - y_0 = f'(x_0)(x - x_0)$$

法线方程为

$$y - y_0 = -\frac{1}{f'(x_0)}(x - x_0) \quad (f'(x_0) \neq 0)$$

例 6　求曲线 $y = x^3$ 在点 $P(x_0, y_0)$ 处的切线与法线方程.

解　由于 $(x^3)' \big|_{x = x_0} = 3x^2 \big|_{x = x_0} = 3x_0^2$，所以 $y = x^3$ 在 $P(x_0, y_0)$ 处的切线方程为

$$y - y_0 = 3x_0^2 (x - x_0)$$

当 $x_0 \neq 0$ 时，法线方程为

$$y - y_0 = -\frac{1}{3x_0^2}(x - x_0)$$

当 $x_0 = 0$ 时，法线方程为

$$x = 0.$$

3. 左、右导数

定义 2.2　设函数 $y = f(x)$ 在点 x_0 的某邻域内有定义，若左极限

$$\lim_{\Delta x \to 0^-} \frac{f(x_0 + \Delta x) - f(x_0)}{\Delta x}$$

存在，则称函数 $f(x)$ 在 x_0 **左可导**，并称此极限为函数 $f(x)$ 在点 x_0 处的**左导数**，记作 $f'_-(x_0)$，即

$$f'_-(x_0) = \lim_{\Delta x \to 0^-} \frac{f(x_0 + \Delta x) - f(x_0)}{\Delta x}$$

类似地，可以定义函数 $f(x)$ 在点 x_0 的**右可导**及**右导数**

$$f'_+(x_0) = \lim_{\Delta x \to 0^+} \frac{f(x_0 + \Delta x) - f(x_0)}{\Delta x}$$

左、右导数统称为**单侧导数**.

若$f(x)$在(a,b)内处处可导，且在点$x=a$处右可导，在点$x=b$处左可导，就称$f(x)$在$[a,b]$上可导.

由极限存在的充要条件，可得

定理2.1　函数$f(x)$在点x_0处可导的充要条件是$f(x)$在x_0的左、右导数都存在且相等.

例7　讨论$f(x)=|x|$在点$x=0$处的连续性和可导性.

解　由题，$f(x)=\begin{cases} x & (x\geqslant 0) \\ -x & (x<0) \end{cases}$的图像如图2-2所示，

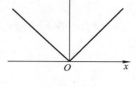

因为$f(0+0)=\lim\limits_{x\to 0^+}f(x)=\lim\limits_{x\to 0^+}x=0$

$\qquad f(0-0)=\lim\limits_{x\to 0^-}f(x)=\lim\limits_{x\to 0^-}(-x)=0$

所以$f(x)=|x|$在点$x=0$连续；

图2-2

又因为　$f'_+(0)=\lim\limits_{x\to 0+0}=\dfrac{f(x)-f(0)}{x-0}=\lim\limits_{x\to 0+0}\dfrac{x}{x}=1$

$\qquad f'_-(0)=\lim\limits_{x\to 0-0}=\dfrac{f(x)-f(0)}{x-0}=\lim\limits_{x\to 0-0}\dfrac{-x}{x}=-1$

左、右导数不相等，所以在点$x=0$ $f(x)=|x|$不可导.

三、可导与连续

定理2.2　若函数$f(x)$在x_0可导，则函数$f(x)$在x_0连续.

证　设在点x_0处自变量的增量是Δx，相应地函数的增量是

$$\Delta y=f(x_0+\Delta x)-f(x_0)$$

由　　　　$\lim\limits_{\Delta x\to 0}\Delta y=\lim\limits_{\Delta x\to 0}\left(\dfrac{\Delta y}{\Delta x}\cdot \Delta x\right)=\lim\limits_{\Delta x\to 0}\dfrac{\Delta y}{\Delta x}\cdot \lim\limits_{\Delta x\to 0}\Delta x=f'(x_0)\cdot 0=0.$

则函数$f(x)$在点x_0处连续.

本定理的逆命题不成立，例7就是一个反例.

例8　求常数a、b，使得$f(x)=\begin{cases} \mathrm{e}^x & (x\geqslant 0) \\ ax+b & (x<0) \end{cases}$在点$x=0$可导.

解　如果$f(x)$在点$x=0$可导，则该函数必在此点连续，故$\lim\limits_{x\to 0^+}f(x)=\lim\limits_{x\to 0^-}f(x)=f(0)$，所以$\mathrm{e}^0=a\cdot 0+b$，则$b=1$.

如果$f(x)$在点$x=0$可导，则此点处的左、右导数必然存在且相等，

$$f'_-(0)=\lim\limits_{x\to 0^-}\dfrac{(ax+b)-\mathrm{e}^0}{x-0}=a$$

$$f'_+(0)=\lim\limits_{x\to 0^+}\dfrac{\mathrm{e}^x-\mathrm{e}^0}{x-0}=\mathrm{e}^0=1$$

所以由 $f'_-(0) = f'_+(0)$，得 $a = 1$，此时 $f(x)$ 在 $x = 0$ 点可导.

综上所述，所求常数为　$a = b = 1$.

习题 2.1

1. 求函数 $y = x^2$ 在点 $x = 1$ 处的导数.

2. 设 $f'(x_0)$ 存在，求 $\lim\limits_{h \to 0} \dfrac{f(x_0 + h) - f(x_0 - h)}{2h}$.

3. 设 $f'(1)$ 存在，且 $\lim\limits_{x \to 0} \dfrac{f(1) - f(1 - x)}{2x} = -1$，求 $f'(1)$.

4. 设 $f(x)$ 在 $x = 0$ 处连续，且 $\lim\limits_{x \to 0} \dfrac{f(x)}{x}$ 存在，证明：$f(x)$ 在 $x = 0$ 处可导.

5. 求曲线 $y = \sqrt[3]{x}$ 在点 $(0,0)$ 处的切线.

6. 讨论函数 $f(x) = \begin{cases} x \arctan \dfrac{1}{x} & (x \neq 0) \\ 0 & (x = 0) \end{cases}$ 在点 $x = 0$ 处的连续性与可导性.

7. 设 $f(x) = \begin{cases} \sin x & (x < 0) \\ x & (x \geqslant 0) \end{cases}$，求 $f'(x)$.

8. 设曲线 $f(x) = x^{2n}$ 在点 $(1,1)$ 处的切线与 x 轴的交点为 $(a_n, 0)$，求 $\lim\limits_{n \to \infty} f(a_n)$.

9. 证明：双曲线 $xy = a^2$ 上任意一点处的切线与两坐标轴所构成的三角形的面积都等于 $2a^2$.

第二节　导数的运算

一、导数的四则运算

定理 2.3　若函数 $u(x)$ 与 $v(x)$ 可导，则

1）函数 $u(x) \pm v(x)$ 可导，且 $[u(x) \pm v(x)]' = u'(x) \pm v'(x)$；

2）函数 $u(x)v(x)$ 可导，且 $[u(x)v(x)]' = u(x)v'(x) + u'(x)v(x)$；

3）函数 $\dfrac{u(x)}{v(x)}$ 可导 $(v(x) \neq 0)$，且 $\left[\dfrac{u(x)}{v(x)}\right]' = \dfrac{u'(x)v(x) - u(x)v'(x)}{[v(x)]^2}$.

证　只证 2），其余类似可证.

设 $y = u(x)v(x)$，有

$$\begin{aligned} \Delta y &= u(x + \Delta x)v(x + \Delta x) - u(x)v(x) \\ &= u(x + \Delta x)v(x + \Delta x) - u(x + \Delta x)v(x) + u(x + \Delta x)v(x) - u(x)v(x) \\ &= u(x + \Delta x)[v(x + \Delta x) - v(x)] + v(x)[u(x + \Delta x) - u(x)] \\ &= u(x + \Delta x)\Delta v + v(x)\Delta u \end{aligned}$$

$$\frac{\Delta y}{\Delta x} = u(x + \Delta x)\frac{\Delta v}{\Delta x} + v(x)\frac{\Delta u}{\Delta x}$$

由定理2.2可知函数 $u(x)$ 连续，即 $\lim\limits_{\Delta x \to 0} u(x + \Delta x) = u(x)$. 则

$$\lim_{\Delta x \to 0} \frac{\Delta y}{\Delta x} = \lim_{\Delta x \to 0} u(x + \Delta x) \cdot \lim_{\Delta x \to 0} \frac{\Delta v}{\Delta x} + v(x) \cdot \lim_{\Delta x \to 0} \frac{\Delta u}{\Delta x} = u(x)v'(x) + u'(x)v(x).$$

即函数 $u(x)v(x)$ 可导，且 $[u(x)v(x)]' = u(x)v'(x) + u'(x)v(x)$.

推论2.1　若函数 $u_1(x)$，$u_2(x)$，$\cdots$，$u_n(x)$ 都可导，则函数

$$u_1(x) \pm u_2(x) \pm \cdots \pm u_n(x)$$

也可导，且 $[u_1(x) \pm u_2(x) \pm \cdots \pm u_n(x)]' = u_1'(x) \pm u_2'(x) \pm \cdots \pm u_n'(x)$.

推论2.2　若函数 $u_1(x)$，$u_2(x)$，$\cdots$，$u_n(x)$ 都可导，则函数 $u_1(x)u_2(x)\cdots u_n(x)$ 也可导，且

$$[u_1(x)u_2(x)\cdots u_n(x)]'$$
$$= u_1'(x)u_2(x)\cdots u_n(x) + u_1(x)u_2'(x)\cdots u_n(x) + \cdots + u_1(x)u_2(x)\cdots u_n'(x).$$

特别地，当 $v(x) = C$ 是常数时，有 $[Cu(x)]' = Cu'(x) + u(x)(C)' = Cu'(x)$.

例1　设 $f(x) = x + 2\sqrt{x} - \dfrac{2}{\sqrt{x}}$，求 $f'(x)$.

解
$$f'(x) = \left(x + 2\sqrt{x} - \frac{2}{\sqrt{x}}\right)' = (x)' + (2\sqrt{x})' - \left(\frac{2}{\sqrt{x}}\right)'$$
$$= 1 + \frac{2}{2} \cdot \frac{1}{\sqrt{x}} - 2\left(-\frac{1}{2}\right) \cdot \frac{1}{\sqrt{x^3}} = 1 + \frac{1}{\sqrt{x}} + \frac{1}{\sqrt{x^3}}$$

例2　设 $f(x) = x\sin x \cdot \ln x$，求 $f'(x)$.

解　$f'(x) = (x\sin x \cdot \ln x)' = (x)'\sin x \cdot \ln x + x(\sin x)' \cdot \ln x + x\sin x \cdot (\ln x)'$

$$= \sin x \cdot \ln x + x\cos x \cdot \ln x + x\sin x \cdot \frac{1}{x}$$

$$= \sin x \cdot \ln x + x\cos x \cdot \ln x + \sin x$$

例3　求正切函数 $\tan x$ 与余切函数 $\cot x$ 的导数.

解
$$(\tan x)' = \left(\frac{\sin x}{\cos x}\right)' = \frac{(\sin x)'\cos x - \sin x(\cos x)'}{\cos^2 x}$$

$$= \frac{\cos^2 + \sin^2 x}{\cos^2 x} = \frac{1}{\cos^2 x} = \sec^2 x$$

类似地，有 $(\cot x)' = -\csc^2 x$.

例4　求正割函数 $\sec x$ 与余割函数 $\csc x$ 的导数.

解　$(\sec x)' = \left(\dfrac{1}{\cos x}\right)' = -\dfrac{(\cos x)'}{\cos^2 x} = \dfrac{\sin x}{\cos^2 x} = \tan x \cdot \sec x$

类似地，有 $(\csc x)' = -\cot x \cdot \csc x$.

二、反函数求导法则

定理2.4　若函数 $f(x)$ 在 x 的某邻域连续，且严格单调，函数 $y = f(x)$ 在 x 可

导，且 $f'(x) \neq 0$，则它的反函数 $x = \varphi(y)$ 在 $y(y = f(x))$ 可导，且 $\varphi'(y) = \dfrac{1}{f'(x)}$.

证　由定理 1.1 可知，函数 $y = f(x)$ 在 x 的某邻域存在反函数 $x = \varphi(y)$.

由于函数 $y = f(x)$ 在 x 的某邻域内连续和严格单调，所以它的反函数 $x = \varphi(y)$ 在 y 的某邻域内也连续和严格单调，且有 $\Delta y \to 0 \Leftrightarrow \Delta x \to 0$，$\Delta y \neq 0 \Leftrightarrow \Delta x \neq 0$，则

$$\varphi'(y) = \lim_{\Delta y \to y} \frac{\Delta x}{\Delta y} = \lim_{\Delta x \to 0} \frac{1}{\dfrac{\Delta y}{\Delta x}} = \frac{1}{\lim\limits_{\Delta x \to 0} \dfrac{\Delta y}{\Delta x}} = \frac{1}{f'(x)}$$

故命题成立.

由于 $y = f(x)$ 与 $x = \varphi(y)$ 互为反函数，上述公式也可以写成 $f'(x) = \dfrac{1}{\varphi'(y)}$.

例 5　求指数函数 $y = a^x (a > 0,$ 且 $a \neq 1)$ 的导数.

解　已知指数函数 $y = a^x$ 是对数函数 $x = \log_a y$ 的反函数，则

$$(a^x)' = \frac{1}{(\log_a y)'} = \frac{1}{\dfrac{1}{y \ln a}} = y \ln a = a^x \ln a$$

即 $(a^x)' = a^x \ln a$.

特别地，$(e^x)' = e^x \ln e = e^x$.

例 6　求 $y = \arcsin x$ 的导数.

解　由于 $y = \arcsin x (x \in [-1, 1])$ 的反函数是 $x = \sin y \left(y \in \left[-\dfrac{\pi}{2}, \dfrac{\pi}{2} \right] \right)$，则

$$(\arcsin x)' = \frac{1}{(\sin y)'} = \frac{1}{\cos y} = \frac{1}{\sqrt{1 - \sin^2 y}} = \frac{1}{\sqrt{1 - x^2}}$$

类似地，有 $(\arccos x)' = -\dfrac{1}{\sqrt{1 - x^2}}$，$(\arctan x)' = \dfrac{1}{1 + x^2}$，$(\text{arccot} x)' = -\dfrac{1}{1 + x^2}$.

三、基本初等函数的求导公式

综上所述，列出如下基本公式，它们是导数运算的基础.

1）$(C)' = 0$；　　　　　　　　　　　　2）$(x^\mu)' = \mu x^{\mu - 1}$；

3）$(\sin x)' = \cos x$；　　　　　　　　4）$(\cos x)' = -\sin x$；

5）$(\tan x)' = \sec^2 x$；　　　　　　　6）$(\cot x)' = -\csc^2 x$；

7）$(\sec x)' = \sec x \cdot \tan x$；　　　　8）$(\csc x)' = -\csc x \cdot \cot x$；

9）$(a^x)' = a^x \ln a$；　　　　　　　　10）$(e^x)' = e^x$；

11）$(\log_a x)' = \dfrac{1}{x \ln a}$；　　　　　12）$(\ln x)' = \dfrac{1}{x}$；

13）$(\arcsin x)' = \dfrac{1}{\sqrt{1 - x^2}}$；　　14）$(\arccos x)' = -\dfrac{1}{\sqrt{1 - x^2}}$；

15) $(\arctan x)' = \dfrac{1}{1+x^2}$;　　　　16) $(\text{arccot}x)' = -\dfrac{1}{1+x^2}$.

四、复合函数的导数

定理 2.5　若函数 $u = g(x)$ 在 x 可导，函数 $y = f(u)$ 在相应的点 $u(u=g(x))$ 可导，则复合函数 $y = f(g(x))$ 在 x 也可导，且

$$[f(g(x))]' = f'(u) \cdot g'(x) \text{ 或 } \frac{dy}{dx} = \frac{dy}{du} \cdot \frac{du}{dx}.$$

证　当 $\Delta u \neq 0$ 时，有

$$\frac{\Delta y}{\Delta x} = \frac{\Delta y}{\Delta u} \cdot \frac{\Delta u}{\Delta x}$$

因为 $u = g(x)$ 在 x 可导，则 $u = g(x)$ 在 x 必连续，所以当 $\Delta x \to 0$ 时，$\Delta u \to 0$.

因此

$$\lim_{\Delta x \to 0}\frac{\Delta y}{\Delta x} = \lim_{\Delta x \to 0}\frac{\Delta y}{\Delta u} \cdot \lim_{\Delta x \to 0}\frac{\Delta u}{\Delta x} = \lim_{\Delta u \to 0}\frac{\Delta y}{\Delta u} \cdot \lim_{\Delta x \to 0}\frac{\Delta u}{\Delta x}$$

于是有

$$\frac{dy}{dx} = \frac{dy}{du} \cdot \frac{du}{dx}.$$

当 $\Delta u = 0$ 时，可以证明该定理仍然成立.

重复使用此定理，显然可以推广到有限次复合. 以三个函数为例，若 $y = f(u)$，$u = \varphi(v)$，$v = \psi(x)$ 都可导，则

$$\{f[\varphi(\psi(x))]\}' = f'(u) \cdot \varphi'(v) \cdot \psi'(x).$$

例 7　求 $y = \arctan\dfrac{1}{x}$ 的导数.

解　$y = \arctan\dfrac{1}{x}$ 可看成是由 $y = \arctan u$ 与 $u = \dfrac{1}{x}$ 复合而成，则

$$y' = \left(\arctan\frac{1}{x}\right)' = \frac{1}{1+\left(\frac{1}{x}\right)^2} \cdot \left(-\frac{1}{x^2}\right) = -\frac{1}{1+x^2}$$

例 8　求 $y = x^\mu$（μ 为常数）的导数.

解　$y = x^\mu = e^{\mu\ln x}$ 是由 $y = e^u$，$u = \mu \cdot v$，$v = \ln x$ 复合而成的，则

$$y' = (x^\mu)' = \frac{d(e^u)}{du} \cdot \frac{d(\mu v)}{dv} \cdot \frac{d(\ln x)}{dx} = e^u \cdot \mu \cdot \frac{1}{x} = \mu \cdot \frac{1}{x} \cdot x^\mu = \mu \cdot x^{\mu-1}$$

例 9　求 $y = \sqrt{1-x^2}$ 的导数.

解　$y' = (\sqrt{1-x^2})' = [(1-x^2)^{\frac{1}{2}}]' = \frac{1}{2} \cdot \frac{1}{\sqrt{1-x^2}} \cdot (1-x^2)' = -\frac{x}{\sqrt{1-x^2}}$

例 10　求 $y = \ln(x + \sqrt{1+x^2})$ 的导数.

解　　　　　$y' = [\ln(x + \sqrt{1+x^2})]'$

$$= \frac{1}{x + \sqrt{1 + x^2}} \cdot (x + \sqrt{1 + x^2})'$$

$$= \frac{1}{x + \sqrt{1 + x^2}} \left[1 + \frac{1}{2} \cdot \frac{1}{\sqrt{1 + x^2}} (1 + x^2)' \right]$$

$$= \frac{1}{x + \sqrt{1 + x^2}} \left(1 + \frac{1}{2} \cdot \frac{2x}{\sqrt{1 + x^2}} \right)$$

$$= \frac{1}{\sqrt{1 + x^2}}$$

五、隐函数的导数

若由方程 $F(x, y) = 0$ 可确定 y 是 x 的函数，则称此函数为**隐函数**.

由 $y = f(x)$ 表示的函数，称为**显函数**.

例如，方程 $5x^2 + 4y - 1 = 0$ 确定的隐函数，可显化为函数 $y = \dfrac{1 - 5x^2}{4}$. 但是，方程 $e^y + xy - e = 0$ 所确定的隐函数 $y = f(x)$ 却不能被显化.

例 11　求由方程 $e^y + xy - e = 0$ 所确定的隐函数 $y = f(x)$ 的导数.

解　方程两边对 x 求导（注意 y 是 x 的函数），得

$$\frac{\mathrm{d}}{\mathrm{d}x} (e^y + xy - e) = 0$$

即 $e^y \dfrac{\mathrm{d}y}{\mathrm{d}x} + y + x \dfrac{\mathrm{d}y}{\mathrm{d}x} = 0$

从而
$$\frac{\mathrm{d}y}{\mathrm{d}x} = -\frac{y}{x + e^y} \quad (x + e^y \neq 0).$$

例 12　求椭圆 $\dfrac{x^2}{16} + \dfrac{y^2}{9} = 1$，在点 $\left(2, \dfrac{3}{2}\sqrt{3} \right)$ 处的切线方程.

解　方程两边对 x 求导，得 $\dfrac{x}{8} + \dfrac{2}{9} y \cdot y' = 0$

所以
$$y' \Big|_{\substack{x=2 \\ y=\frac{3}{2}\sqrt{3}}} = -\frac{9}{16} \cdot \frac{x}{y} \Big|_{\substack{x=2 \\ y=\frac{3}{2}\sqrt{3}}} = -\frac{\sqrt{3}}{4}.$$

故切线方程为
$$y - \frac{3}{2}\sqrt{3} = -\frac{\sqrt{3}}{4}(x - 2)$$

即
$$\sqrt{3}x + 4y - 8\sqrt{3} = 0.$$

例 13　求函数 $y = \sqrt{\dfrac{(x-1)(x-2)}{(x-3)(x-4)}}$ 的导数.

解　等号两端取对数（假设 $x > 4$），得

$$\ln y = \frac{1}{2}\left[\ln(x-1) + \ln(x-2) - \ln(x-3) - \ln(x-4)\right]$$

上式两端对 x 求导，得

$$\frac{1}{y}y' = \frac{1}{2}\left(\frac{1}{x-1} + \frac{1}{x-2} - \frac{1}{x-3} - \frac{1}{x-4}\right)$$

于是

$$y' = \frac{1}{2}\sqrt{\frac{(x-1)(x-2)}{(x-3)(x-4)}}\left(\frac{1}{x-1} + \frac{1}{x-2} - \frac{1}{x-3} - \frac{1}{x-4}\right)$$

当 $x < 1$ 时，$y = \sqrt{\frac{(1-x)(2-x)}{(3-x)(4-x)}}$；当 $2 < x < 3$ 时，$y = \sqrt{\frac{(x-1)(2-x)}{(3-x)(4-x)}}$；用同样的方法可得与上面相同的结果.

这种先取对数然后再求导的方法称为**对数求导法**.

例 14 求函数 $y = x^{\sin x}(x > 0)$ 的导数.

解 这种函数称为**幂指函数**，需用对数求导法来求它的导数.

两边取对数后化为隐函数，得

$$\ln y = \sin x \cdot \ln x$$

两边对 x 求导，得

$$\frac{1}{y}y' = \cos x \cdot \ln x + \frac{\sin x}{x}$$

所以

$$y' = x^{\sin x}\left(\cos x \cdot \ln x + \frac{\sin x}{x}\right)$$

六、参数方程的导数

若参数方程

$$\begin{cases} x = \varphi(t) \\ y = \psi(t) \end{cases}$$

可确定 y 是 x 的函数，$x = \varphi(t)$ 与 $y = \psi(t)$ 都可导，且 $\varphi'(t) \neq 0$，如果 $x = \varphi(t)$ 存在反函数 $t = \varphi^{-1}(x)$，则 $y = \psi(\varphi^{-1}(x))$，有

$$\frac{dy}{dx} = \frac{dy}{dt} \cdot \frac{dt}{dx} = \psi'(t)\left[\varphi^{-1}(x)\right]' = \psi'(t)\frac{1}{\varphi'(t)} = \frac{\psi'(t)}{\varphi'(t)}.$$

例 15 已知 $\begin{cases} x = a\cos t \\ y = b\sin t \end{cases}$，求 $\frac{dy}{dx}$.

解 $$\frac{dy}{dx} = \frac{(b\sin t)'}{(a\cos t)'} = \frac{b\cos t}{-a\sin t} = -\frac{b}{a}\cot t.$$

例 16 求摆线 $\begin{cases} x = a(t - \sin t) \\ y = a(1 - \cos t) \end{cases}$ 在 $t = \frac{\pi}{2}$ 处的切线方程.

解
$$k = y' = \frac{dy}{dx} = \frac{\frac{dy}{dt}}{\frac{dx}{dt}} = \frac{a\sin t}{a(1-\cos t)}$$

所以
$$k\bigg|_{t=\frac{\pi}{2}} = 1$$

当 $t = \frac{\pi}{2}$ 时，$x = a\left(\frac{\pi}{2} - 1\right)$，$y = a$.

所以切线方程为 $y - a = x - a\left(\frac{\pi}{2} - 1\right)$，即

$$x - y - a\left(\frac{\pi}{2} - 2\right) = 0$$

习题 2.2

1. 求下列函数的导数：

1) $y = x^3 \ln x + 2\sin x + 5$；

2) $y = \left(\frac{1}{x} + 2x\right)(3x^3 - 2x^2)$；

3) $y = x^3 e^x \arctan x$；

4) $y = \frac{1 + \ln x}{x}$；

5) $y = \sqrt{1 - x^2}$；

6) $y = \sin x^3$；

7) $y = e^{\sin 3x}$；

8) $y = (\arcsin x)^2$；

9) $y = \arctan(e^{2x})$；

10) $y = \ln(\arccos 2x)$；

11) $y = \frac{5x}{1 + x^2}$；

12) $y = \ln\left(\tan\frac{1}{2}x\right)$；

13) $y = \ln 2x \cdot \left(\frac{1+x}{1-x}\right)^2$；

14) $y = \ln\sqrt{\frac{1 - \sin x}{1 + \sin x}}$.

2. 设 $f(x) = \begin{cases} x^\alpha \sin\dfrac{1}{x} & (x \neq 0) \\ 0 & (x = 0) \end{cases}$ $(\alpha > 0)$，讨论函数 $f(x)$ 在 $x = 0$ 处的连续性和可导性.

3. 求过双曲线 $\dfrac{x^2}{a^2} - \dfrac{y^2}{b^2} = 1$ 上一点 (x_0, y_0) 的切线方程（其中，$y_0 \neq 0$）.

4. 求由方程 $y^5 + 2y - x - 3x^7 = 0$ 所确定的隐函数 $y = y(x)$ 在 $x = 0$ 处的导数 $\dfrac{dy}{dx}\bigg|_{x=0}$.

5. 设由方程 $y^3 + 3y - x^2 + 2x = 0$ 确定 y 是 x 的函数，求 $\dfrac{dy}{dx}$，$\dfrac{dy}{dx}\bigg|_{x=0}$.

6. 设由方程 $e^x - xy^2 + \sin y = 0$ 确定 y 是 x 的函数，求 $\dfrac{dy}{dx}$.

7. 求曲线 $x^2 + xy + y^2 = 4$ 在点 $(2, -2)$ 处的切线方程.

8. 求导数：

1) $y = \dfrac{\sqrt{x+5}}{\sqrt{(x+2)^3 (4-x)^2}}$;　　　　2) $y = x^x$.

9. 设由方程 $\begin{cases} x = t^2 + 2t \\ t^2 - y + \varepsilon \sin y = 1 \end{cases}$, $(0 < \varepsilon < 1)$ 确定函数 $y = y(x)$, 求 $\dfrac{\mathrm{d}y}{\mathrm{d}x}$.

10. 设由方程 $\begin{cases} x = \ln(1 + t^2) \\ y = t - \arctan t \end{cases}$ 确定函数 $y = y(x)$, 求 $\dfrac{\mathrm{d}y}{\mathrm{d}x}$.

第三节 高 阶 导 数

一、高阶导数

一般地, 若函数 $y = f(x)$ 的导数 $y' = f'(x)$ 仍然可导, 这个导数就称为原来函数 $y = f(x)$ 的二阶导数, 记作 y'', $f''(x)$ 或 $\dfrac{\mathrm{d}^2 y}{\mathrm{d}x^2}$.

类似地, 若 $y'' = f''(x)$ 的导数存在, 称为 $y = f(x)$ 的三阶导数, 记作

$$y''', \ f'''(x) \text{ 或} \dfrac{\mathrm{d}^3 y}{\mathrm{d}x^3}.$$

一般地, 如果 $y = f(x)$ 的 $(n-1)$ 阶导数 $y^{(n-1)} = f^{(n-1)}(x)$ 的导数存在, 其导数就称为 $y = f(x)$ 的 n 阶导数, 记作 $y^{(n)}$, $f^{(n)}(x)$ 或 $\dfrac{\mathrm{d}^n y}{\mathrm{d}x^n}$.

二阶和二阶以上的导数统称为**高阶导数**.

例 1 求 n 次多项式 $y = a_0 x^n + a_1 x^{n-1} + \cdots + a_{n-1} x + a_n$ 的各阶导数.

解 $y' = n a_0 x^{n-1} + (n-1) a_1 x^{n-2} + \cdots + a_{n-1}$

$\qquad y'' = n(n-1) a_0 x^{n-2} + (n-1)(n-2) a_1 x^{n-3} + \cdots + 2 a_{n-2}$

继续求导下去, 易知

$\qquad y^{(n)} = n! \ a_0$ 它是一个常数, 则

$\qquad y^{(n+1)} = y^{(n+2)} = \cdots = 0.$

例 2 求 $y = e^x$ 的各阶导数.

解 由 $(e^x)' = e^x$, 易知, 对任何 n, 有 $(e^x)^{(n)} = e^x$.

例 3 求 $y = \sin x$ 的各阶导数.

解
$$y' = \cos x = \sin\left(x + \dfrac{\pi}{2}\right),$$

$$y'' = \cos\left(x + \dfrac{\pi}{2}\right) = \sin\left(x + 2 \cdot \dfrac{\pi}{2}\right),$$

$$\vdots$$

$$y^{(n)} = \sin\left(x + n \cdot \frac{\pi}{2}\right).$$

同理可得，$(\cos x)^{(n)} = \cos\left(x + n \cdot \frac{\pi}{2}\right).$

类似于一阶导数的运算法则，高阶导数有如下公式：

1) $(u \pm v)^{(n)} = u^{(n)} \pm v^{(n)}$；

2) $(Cu)^{(n)} = Cu^{(n)}$　（C 为常数）.

3) $(uv)^{(n)} = C_n^0 u^{(0)} v^{(n)} + C_n^1 u^{(1)} v^{(n-1)} + \cdots + C_n^{n-1} u^{(n-1)} v^{(1)} + C_n^n u^{(n)} v^{(0)}$；

此公式称成为莱布尼茨公式.

例 4　设 $y = x^2 \mathrm{e}^{2x}$，求 $y^{(n)}$.

解　$y^{(n)} = C_n^0 (x^2)^{(0)} (\mathrm{e}^{2x})^n + C_n^1 (x^2)^{(1)} (\mathrm{e}^{2x})^{n-1} + C_n^2 (x^2)^{(2)} (\mathrm{e}^{2x})^{n-2}$

$$= 2^n x^2 \mathrm{e}^{2x} + n \cdot 2^{n-1} \cdot 2x \mathrm{e}^{2x} + \frac{n(n-1)}{2} \cdot 2^{n-2} \cdot 2\mathrm{e}^{2x}.$$

二、隐函数及参数方程所确定的函数的高阶导数

例 5　由参数方程 $\begin{cases} x = \varphi(t) \\ y = \psi(t) \end{cases}$ 确定 y 为 x 的函数，若 $x = \varphi(t)$ 与 $y = \psi(t)$ 都是二阶可导的，且 $\varphi'(t) \neq 0$，求 y 对 x 的二阶导数 $\dfrac{\mathrm{d}^2 y}{\mathrm{d}x^2}$.

解　$\dfrac{\mathrm{d}^2 y}{\mathrm{d}x^2} = \dfrac{\mathrm{d}}{\mathrm{d}x}\left(\dfrac{\mathrm{d}y}{\mathrm{d}x}\right) = \dfrac{\mathrm{d}}{\mathrm{d}x}\left(\dfrac{\psi'(t)}{\varphi'(t)}\right) = \dfrac{\mathrm{d}}{\mathrm{d}t}\left(\dfrac{\psi'(t)}{\varphi'(t)}\right) \cdot \dfrac{\mathrm{d}t}{\mathrm{d}x}$

$$= \frac{\psi''(t)\varphi'(t) - \psi'(t)\varphi''(t)}{\varphi'^2(t)} \cdot \frac{1}{\varphi'(t)} = \frac{\psi''(t)\varphi'(t) - \psi'(t)\varphi''(t)}{\varphi'^3(t)}.$$

例 6　求由方程 $x - y + \dfrac{1}{2}\sin y = 0$ 所确定的隐函数 y 的二阶导数 $\dfrac{\mathrm{d}^2 y}{\mathrm{d}x^2}$.

解　应用隐函数的求导方法，得

$$1 - \frac{\mathrm{d}y}{\mathrm{d}x} + \frac{1}{2}\cos y \cdot \frac{\mathrm{d}y}{\mathrm{d}x} = 0, \quad \text{于是} \frac{\mathrm{d}y}{\mathrm{d}x} = \frac{2}{2 - \cos y}.$$

上式两边再对 x 求导得

$$\frac{\mathrm{d}^2 y}{\mathrm{d}x^2} = \frac{-2\sin y \dfrac{\mathrm{d}y}{\mathrm{d}x}}{(2 - \cos y)^2} = \frac{-4\sin y}{(2 - \cos y)^3}.$$

习题 2.3

1. 设 $y = 6x^3 + 3x^2 + x + 5$，求 y'''，$y^{(4)}$.

2. 设 $f(x) = x\mathrm{e}^{x^2}$，求 $f''(x)$.

3. 求下列函数的 n 阶导数：

1) $y = \sin ax$；　　　2) $y = \mathrm{e}^{bx}$；　　　3) $y = \ln(1 + x)$.

4. 设函数 $y = y(x)$ 由方程 $e^y + xy = e$ 确定，求 $y'(0)$ 和 $y''(0)$.

5. 设 $\begin{cases} x = f'(t) \\ y = tf'(t) - f(t) \end{cases}$，且 $f''(t) \neq 0$，求 $\dfrac{d^2y}{dx^2}$.

6. 试从 $\dfrac{dx}{dy} = \dfrac{1}{y'}$ 导出：

1) $\dfrac{d^2x}{dy^2} = -\dfrac{y''}{(y')^3}$；　　2) $\dfrac{d^3x}{dy^3} = \dfrac{3(y'')^2 - y'y'''}{(y')^5}$.

7. 求下列函数的 n 阶导数：

1) $y = xe^x$；　　2) $y = \dfrac{1}{x+a}$.

第四节　微　　分

一、微分的概念

1. 引例

一块正方形金属薄片受温度变化的影响，边长由 x_0 变到 $x_0 + \Delta x$，此薄片面积改变了多少？

如图 2-3 所示，设薄片边长为 x，面积为 A，则 $A = x^2$，当 x 在 x_0 取得增量 Δx 时，面积的增量 $\Delta A = (x_0 + \Delta x)^2 - x_0^2 = 2x_0\Delta x + (\Delta x)^2$.

ΔA 包括两部分，第一部分 $2x_0\Delta x$ 是 Δx 的线性函数，第二部分 $(\Delta x)^2$ 为 Δx 的高阶无穷小. 因此，当 Δx 很小时，就可以用 $2x_0\Delta x$ 来近似代替 ΔA. 用微分 dA 来表示，记作 $dA = 2x_0\Delta x$.

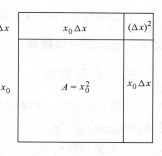

图 2-3

2. 微分

定义 2.3　设函数 $y = f(x)$ 在 x_0 的某个邻域内有定义，若函数 $y = f(x)$ 在 x_0 的改变量 Δy 与自变量 x 的改变量 Δx 满足

$$\Delta y = A\Delta x + o(\Delta x)$$

其中，A 是与 Δx 无关的常数，则称函数 $y = f(x)$ 在点 x_0 处可微，$A\Delta x$ 称为函数 $f(x)$ 在点 x_0 处的微分，表示为 $dy = A\Delta x$ 或 $df(x_0) = A\Delta x$.

dy 通常也称为 Δy 的线性主部.

二、可微与可导的关系

定理 2.6　函数 $y = f(x)$ 在 x_0 可微的充分必要条件是函数 $y = f(x)$ 在 x_0 可导，且 $A = f'(x_0)$. 即

$$dy = f'(x_0)\Delta x.$$

证　先证必要性.

设函数 $f(x)$ 在 x_0 可微，即 $\Delta y = A\Delta x + o(\Delta x)$，其中，$A$ 是与 Δx 无关的常数，

两边同除以 Δx，得　　　　　　　$\dfrac{\Delta y}{\Delta x} = A + \dfrac{o(\Delta x)}{\Delta x}$，

有　　　　　　　　　　　$\lim\limits_{\Delta x \to 0} \dfrac{\Delta y}{\Delta x} = A + \lim\limits_{\Delta x \to 0} \dfrac{o(\Delta x)}{\Delta x} = A$，

所以函数 $y = f(x)$ 在 x_0 可导，且 $A = f'(x_0)$.

再证充分性.

设函数 $y = f(x)$ 在 x_0 可导，即　　$\lim\limits_{\Delta x \to 0} \dfrac{\Delta y}{\Delta x} = f'(x_0)$

则　$\dfrac{\Delta y}{\Delta x} = f'(x_0) + \alpha$，$\alpha \to 0$（当 $\Delta x \to 0$ 时）.

从而　$\Delta y = f'(x_0)\Delta x + \alpha\Delta x = f'(x_0)\Delta x + o(\Delta x)$，其中，$f'(x_0)$ 是与 Δx 无关的常数，$o(\Delta x)$ 是比 Δx 高阶的无穷小，于是函数 $f(x)$ 在 x_0 可微，且 $A = f'(x_0)$.

若对于函数 $y = x$ 求微分，可得

$$dy = dx = (x)' \cdot \Delta x = \Delta x.$$

于是函数 $f(x)$ 在点 x 处的微分又可写作 $dy = f'(x)dx$ 或 $f'(x) = \dfrac{dy}{dx}$. 在这个意义下，导数又叫做**微商**.

三、几何意义

如图 2-4 所示，PM 是曲线 $y = f(x)$ 在点 $P(x_0, f(x_0))$ 处的切线. 已知切线 PM 的斜率 $\tan\varphi = f'(x_0)$.

$$\Delta y = f(x_0 + \Delta x) - f(x_0) = QN,$$
$$dy = f'(x_0)\Delta x$$
$$= \tan\varphi \cdot \Delta x = \frac{MN}{\Delta x}\Delta x = MN.$$

由此可见，$dy = MN$ 是曲线 $y = f(x)$ 在点 $P(x_0, y_0)$ 的切线 PM 的纵坐标的增量. 因此，用 dy 近似代替 Δy，就是用在点 $P(x_0, y_0)$ 处切线的纵坐标的增量 MN 近似代替函数 $f(x)$ 的增量 QN，$QM = QN - MN = \Delta y - dy = o(\Delta x)$.

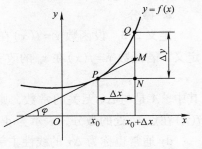

图 2-4

四、微分法则

由 $dy = f'(x)dx$，求微分 dy，只要求出导数 $f'(x)$，再乘以 dx 即可. 由导数

公式和运算法则可相应地得到微分公式和微分运算法则：

1）$\mathrm{d}c = 0$

2）$\mathrm{d}(x^{\mu}) = \mu x^{\mu-1}\mathrm{d}x$;

3）$\mathrm{d}(\sin x) = \cos x\mathrm{d}x$;

4）$\mathrm{d}(\cos x) = -\sin x\mathrm{d}x$;

5）$\mathrm{d}(\tan x) = \sec^2 x\mathrm{d}x$;

6）$\mathrm{d}(\cot x) = -\csc^2 x\mathrm{d}x$;

7）$\mathrm{d}(\sec x) = \sec x \cdot \tan x\mathrm{d}x$;

8）$\mathrm{d}(\csc x) = -\csc x \cdot \cot x\mathrm{d}x$;

9）$\mathrm{d}(a^x) = a^x \ln a\mathrm{d}x$;

10）$\mathrm{d}(\mathrm{e}^x) = \mathrm{e}^x\mathrm{d}x$;

11）$\mathrm{d}(\log_a x) = \dfrac{1}{x\ln a}\mathrm{d}x$

12）$\mathrm{d}(\ln x) = \dfrac{1}{x}\mathrm{d}x$;

13）$\mathrm{d}(\arcsin x) = \dfrac{1}{\sqrt{1-x^2}}\mathrm{d}x$;

14）$\mathrm{d}(\arccos x) = -\dfrac{1}{\sqrt{1-x^2}}\mathrm{d}x$;

15）$\mathrm{d}(\arctan x) = \dfrac{1}{1+x^2}\mathrm{d}x$;

16）$\mathrm{d}(\mathrm{arccot}x) = -\dfrac{1}{1+x^2}\mathrm{d}x$;

17）$\mathrm{d}(u \pm v) = \mathrm{d}u \pm \mathrm{d}v$;

18）$\mathrm{d}(uv) = v\mathrm{d}u + u\mathrm{d}v$;

19）$\mathrm{d}\left(\dfrac{u}{v}\right) = \dfrac{v\mathrm{d}u - u\mathrm{d}v}{v^2}$　　$(v \neq 0)$.

五、微分形式不变性

设 $y = f(u)$，$u = \varphi(x)$，则复合函数 $y = f(\varphi(x))$ 的微分为
$$\mathrm{d}y = y'_x\mathrm{d}x = f'(u)\varphi'(x)\mathrm{d}x.$$
由于 $\varphi'(x)\mathrm{d}x = \mathrm{d}u$，所以复合函数 $y = f(\varphi(x))$ 的微分公式也可以写成
$$\mathrm{d}y = f'(u)\mathrm{d}u \quad \text{或} \quad \mathrm{d}y = y'_u\mathrm{d}u.$$
由此可见，无论 u 是自变量还是自变量的可导函数，微分形式 $\mathrm{d}y = f'(u)\mathrm{d}u$ 保持不变，这一性质称为**微分形式不变性**.

例1　求 $y = \mathrm{e}^x\sin x$ 的微分.

解　方法一：利用微分公式 $\mathrm{d}y = f'(x)\mathrm{d}x$，得
$$\mathrm{d}y = (\mathrm{e}^x\sin x)'\mathrm{d}x = \mathrm{e}^x(\sin x + \cos x)\mathrm{d}x.$$
方法二：利用微分形式不变性，得
$$\mathrm{d}y = \sin x\mathrm{d}\mathrm{e}^x + \mathrm{e}^x\mathrm{d}\sin x = \mathrm{e}^x(\sin x + \cos x)\mathrm{d}x.$$

六、微分在近似计算中的应用

若函数 $y = f(x)$ 在 x_0 可微，则 $\Delta y = \mathrm{d}y + o(\Delta x)$，即
$$f(x_0 + \Delta x) - f(x_0) = f'(x_0)\Delta x + o(\Delta x).$$
当 $|\Delta x| \to 0$ 时，忽略高阶无穷小量，得
$$f(x) \approx f(x_0) + f'(x_0)\Delta x.$$

例2　求 $\tan 31°$ 的近似值.

解　设 $f(x)=\tan x$，

$$x_0=30°=\frac{\pi}{6}，\Delta x=1°=\frac{\pi}{180}，又 f'(x)=\sec^2 x，$$

有

$$\tan 31°\approx\tan\frac{\pi}{6}+\sec^2\frac{\pi}{6}\cdot\frac{\pi}{180}=\frac{1}{\sqrt{3}}+\frac{4}{3}\times\frac{\pi}{180}$$

$$\approx 0.57735+0.02327=0.60062.$$

例3　求 $e^{-0.01}$ 的近似值.

解　设 $f(x)=e^x$，$x_0=0$，$\Delta x=-0.01$，又 $f'(x)=e^x$，有

$$e^{-0.01}\approx e^0+e^0(-0.01)=0.99.$$

习题2.4

1. 计算函数 $y=x^2$，在 $x=1$，$\Delta x=0.01$ 时函数的改变量 Δy 与微分 dy.

2. 求下列函数的微分：

1) $y=e^x\sin x$；　　　　　2) $y=\arctan x^2$；

3) $y=\sin(3x+1)$；　　　　4) $y=\ln(1+e^{x^2})$.

3. 求下列函数的微分：

1) $y=e^x\ln x^2+\sin x$；　　2) $y=e^{ax+bx^2}$.

4. 设 $y\sin x-\cos(x-y)=0$，求 dy.

5. 在下列括号中填入适当的函数使等式成立：

1) $d(\quad)=x dx$；2) $d(\quad)=\cos\omega t dt$.

6. 求 $\sin 29°$ 的近似值.

7. 有一批半径为 $1cm$ 的球，为了提高球面的光洁度，要镀上一层铜，厚度定为 $0.01cm$，估计一下，每个球需用铜多少克(铜的密度为 $8.9g/cm^3$)？

综合测试题（二）

一、单项选择题

1. 若 $f(x)=\begin{cases}e^{ax}, & x<0\\ b+\sin 2x, & x\geq 0\end{cases}$ 在 $x=0$ 处可导，则 a、b 的值应为（　　）.

(A) $a=2$，$b=1$；　　(B) $a=1$，$b=2$；　　(C) $a=-2$，$b=1$；　　(D) $a=2$，$b=-1$.

2. 设 $f(x)=\begin{cases}x^2-2x+2, & x>1\\ 1, & x\leq 1\end{cases}$ （　　）.

(A) 不连续；　　　　　　　　　(B) 连续，但不可导；

(C) 连续，且有一阶导数；　　　(D) 有任意阶导数.

3. 若 $f(x)$ 为 $(-l,l)$ 内的可导奇函数，则 $f'(x)$（　　）.

(A) 必为 $(-l,l)$ 内的奇函数；　　　　(B) 必为 $(-l,l)$ 内的偶函数；

(C) 必为 $(-l,l)$ 内的非奇非偶函数；　(D) 在 $(-l,l)$ 内，可能为奇函数，也可能为偶函数

4. $f(x)$ 在 x_0 处可导, 则 $\lim\limits_{\Delta x \to 0} \dfrac{f(x_0 - \Delta x) - f(x_0)}{\Delta x} = $ （　　）.

(A) $2f'(x_0)$;　　　　(B) $f'(-x_0)$;　　　　(C) $f'(x_0)$;　　　　(D) $-f'(x_0)$.

5. 设 $f(x) = \sin x + \cos \dfrac{x}{2}$, 则 $f^{(15)}(\pi) = $ （　　）.

(A) 0;　　　　　　(B) $1 + \dfrac{1}{2^{15}}$;　　　　(C) -1;　　　　(D) $-\dfrac{1}{2^{15}}$.

二、填空题

1. $f(x)$ 在点 x_0 可导是 $f(x)$ 在点 x_0 连续的（充分）条件, $f(x)$ 在点 x_0 可导是 $f(x)$ 在点 x_0 可微的（　　）条件.

2. 设 $f(x) = x(x+1)(x+2)\cdots(x+n)(n \geqslant 2)$, 则 $f'(0) = $ （　　）.

3. 设 $f(x)$ 为可微函数, 则当 $\Delta x \to 0$ 时, 在点 x 处的 $\Delta y - \mathrm{d}y$ 是关于 Δx 的（　　）无穷小.

4. 已知 $\begin{cases} x = a(\cos t + t\sin t) \\ y = a(\sin t - t\cos t) \end{cases}$, 则 $\left.\dfrac{\mathrm{d}x}{\mathrm{d}y}\right|_{t=\frac{3}{4}\pi} = $ （　-1　）, $\left.\dfrac{\mathrm{d}^2 x}{\mathrm{d}y^2}\right|_{t=\frac{3}{4}\pi} = $ （　　）.

5. 设函数 $y = f(x)$ 由方程 $\ln(x^2 + y) = x^3 y + \sin x$ 确定, 则 $\left.\dfrac{\mathrm{d}y}{\mathrm{d}x}\right|_{x=0} = $ （　　）.

三、计算与应用题

1. 讨论函数 $y = \begin{cases} x\sin\dfrac{1}{x}, & x \neq 0 \\ 0, & x = 0 \end{cases}$ 在 $x = 0$ 处的连续性和可导性.

2. 已知 $f(x) = \begin{cases} \dfrac{\mathrm{e}^{x^2} - 1}{x^2}, & x \neq 0 \\ 1, & x = 0 \end{cases}$, 求 $f'(x)$.

3. 设 $y = f(\mathrm{e}^x)\,\mathrm{e}^{f(x)}$ 且 $f'(x)$ 存在, 求 $\dfrac{\mathrm{d}y}{\mathrm{d}x}$.

4. 设 $y = \sqrt[7]{x} + \sqrt[x]{7} + \sqrt[7]{7}$, 求微分 $\mathrm{d}y|_{x=2}$.

5. 用对数求导法计算函数 $y = \dfrac{\sqrt{x+2} \cdot (3-x)^4}{(1+x)^5}$ 的导数.

6. 求函数 $y = \cos^2 x$ 的 n 阶导数.

四、证明题

设 $f(x)$ 在 $(-\infty, +\infty)$ 内有定义, 且 $\forall x, y \in (-\infty, +\infty)$, 恒有 $f(x+y) = f(x) \cdot f(y)$, $f(x) = 1 + xg(x)$, 其中 $\lim\limits_{x \to 0} g(x) = 1$, 证明 $f(x)$ 在 $(-\infty, +\infty)$ 内处处可导.

第三章 中值定理与导数的应用

上一章研究了导数和微分的概念及计算方法，本章将应用导数研究函数及曲线的某些性态并利用这些知识解决一些实际问题．作为导数应用的理论基础，应先介绍微分学的几个中值定理．

第一节 中 值 定 理

一、罗尔定理

定理 3.1 若函数 $f(x)$ 满足条件：

1）在 $[a,b]$ 上连续；

2）在 (a,b) 内可导；

3）在区间端点处的函数值相等，即 $f(a)=f(b)$；

则在 (a,b) 内至少存在一点 ξ，使得

$$f'(\xi)=0.$$

证 如图 3-1 所示，因为 $f(x)$ 在 $[a,b]$ 上连续，由连续函数的性质，$f(x)$ 在 $[a,b]$ 上必有最大值 M 和最小值 m.

1）如果 $m=M$，则 $f(x)$ 在 $[a,b]$ 上恒为常数 M，因此在 (a,b) 内恒有 $f(x)=M$，于是，在整个区间 (a,b) 内恒有 $f'(x)=0$，(a,b) 内每一点都可取为 ξ，定理成立．

2）如果 $m<M$，因为 $f(a)=f(b)$，则 M 与 m 中至少有一个不等于端点 a 处的函数值 $f(a)$，设 $M\neq f(a)$（如果设 $m\neq f(a)$，证法完全类似），从而，在 (a,b) 内至少有一点 ξ，使得 $f(\xi)=M$. 下面证明 $f'(\xi)=0$.

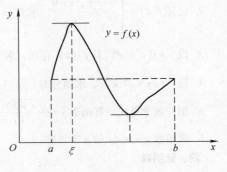

图 3-1

事实上，因为 $f(\xi)=M$ 是最大值，所以不论 Δx 为正或负，只要 $\xi+\Delta x\in(a,b)$，恒有 $f(\xi+\Delta x)\leqslant f(\xi)$，由 $f(x)$ 在 ξ 点可导的条件及极限的保号性

$$f'(\xi)=\lim_{\Delta x\to 0^+}\frac{f(\xi+\Delta x)-f(\xi)}{\Delta x}\leqslant 0$$

$$f'(\xi) = \lim_{\Delta x \to 0^-} \frac{f(\xi + \Delta x) - f(\xi)}{\Delta x} \geq 0$$

因此必有 $f'(\xi) = 0$.

定理的几何意义为，设有一段连续曲线，它的两端点的高度相等，且除两端点外，曲线上处处都有不垂直于 x 轴的切线，则曲线上至少有一点处的切线平行于 x 轴.

例1　不求出函数 $f(x) = (x-1)(x-2)(x-3)(x-4)$ 的导数，说明方程 $f'(x) = 0$ 有几个实根，并指出它们所在的区间.

解　因为 $f(x) = (x-1)(x-2)(x-3)(x-4)$ 在 $[1,4]$ 上可导，且

$$f(1) = f(2) = f(3) = f(4),$$

所以 $f(x)$ 在 $[1,2]$，$[2,3]$，$[3,4]$ 上满足罗尔定理的条件.
因此 $f'(x) = 0$ 至少有三个实根，分别位于区间 $(1,2)$、$(2,3)$、$(3,4)$ 内.

又因为 $f'(x)$ 是三次多项式，故 $f'(x) = 0$ 至多有三个实根，于是方程 $f'(x) = 0$ 恰有三个实根，分别位于区间 $(1,2)$，$(2,3)$，$(3,4)$ 内.

二、拉格朗日定理

定理3.2　若函数 $f(x)$ 满足条件：

1）在 $[a,b]$ 上连续；

2）在 (a,b) 内可导.

则至少存在一点 $\xi \in (a,b)$ 使得

$$f(b) - f(a) = f'(\xi)(b-a)$$

即

$$f'(\xi) = \frac{f(b) - f(a)}{b-a}.$$

如图 3-2 所示，定理的几何意义是：$\dfrac{f(b) - f(a)}{b-a}$ 是割线 $\overline{AB}$ 的斜率，而 $f'(\xi)$ 是曲线 $y = f(x)$ 在点 $C(\xi, f(\xi))$ 处的切线的斜率. 拉格朗日定理的意义是：若区间 $[a,b]$ 上有一条连续曲线，曲线上每一点都有切线，则曲线上至少有一点 $C(\xi, f(\xi))$，过 C 点的切线与割线 $\overline{AB}$ 平行.

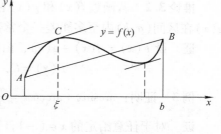

图 3-2

证　由几何意义可知，罗尔定理是拉格朗日定理的特殊情况，

为此，构造一个辅助函数 $F(x) = (b-a)f(x) - [f(b) - f(a)]x$.
可知 $F(x)$ 在 $[a,b]$ 上连续，且在 (a,b) 内可导.

又因为　$F(b)=bf(a)-af(b)=F(a)$，从而 $F(x)$ 满足罗尔定理的条件，则在 (a,b) 内至少存在一点 ξ，使得 $F'(\xi)=0$.

即　$f(b)-f(a)=f'(\xi)(b-a)$　或　$f'(\xi)=\dfrac{f(b)-f(a)}{b-a}$.

由 $a<\xi<b$，可得 $\xi=a+\theta(b-a)$　$(0<\theta<1)$

所以，拉格朗日中值定理又可写成：
$$f(b)-f(a)=f'[a+\theta(b-a)]\cdot(b-a)\quad(0<\theta<1),$$
称之为拉格朗日中值定理的有限增量形式.

例2　证明 $\dfrac{x}{1+x}<\ln(1+x)<x$　$(x>0)$.

证　设 $f(x)=\ln(1+x)$，则 $f(x)$ 在 $[0,x]$ 上满足拉格朗日中值定理的条件，且
$$f(x)-f(0)=f'(\xi)(x-0),\quad(0<\xi<x)$$

即　$\ln(1+x)=\dfrac{1}{1+\xi}\cdot x$，又因为 $\dfrac{1}{1+x}<\dfrac{1}{1+\xi}<1$，且 $x>0$，从而得
$$\frac{x}{1+x}<\ln(1+x)<x.$$

推论 3.1　若函数 $f(x)$ 在区间 (a,b) 内的导数恒为零，则函数 $f(x)$ 在区间 (a,b) 内恒为常数.

证　在区间 (a,b) 内任意取两点 x_1 和 x_2，设 $x_1<x_2$，则 $f(x)$ 在区间 $[x_1,x_2]$ 上满足拉格朗日中值定理的条件，则有
$$f(x_2)-f(x_1)=f'(\xi)(x_2-x_1)\quad\xi\in(x_1,x_2)$$
由已知，$f'(\xi)=0$，可得 $f(x_1)=f(x_2)$，

因此，区间 (a,b) 内任意两点的函数值相等，即函数 $f(x)$ 在区间 (a,b) 内恒为常数.

推论 3.2　若函数 $f(x)$ 和 $g(x)$ 在区间 (a,b) 内的导数都相等，则函数 $f(x)$ 和 $g(x)$ 在区间 (a,b) 内至多相差一个常数.

证　设 $F(x)=f(x)-g(x)$，由推论 3.1 可知在区间 (a,b) 内，
$$F(x)=C,\quad 即 f(x)=g(x)+C.$$

例3　证明：$\arcsin x+\arccos x=\dfrac{\pi}{2}$　$(-1<x<1)$.

证　对于任意给定的 $x\in(-1,1)$，有
$$(\arcsin x+\arccos x)'=\frac{1}{\sqrt{1-x^2}}-\frac{1}{\sqrt{1-x^2}}=0.$$

从而由推论 3.1 可知，
$$\arcsin x+\arccos x=C\quad(C 为常数).$$

又令 $x=0$，得

$$C = \arcsin 0 + \arccos 0 = \frac{\pi}{2},$$

即
$$\arcsin x + \arccos x = \frac{\pi}{2}.$$

三、柯西中值定理

定理 3.3　若函数 $f(x)$ 与 $g(x)$ 满足条件：

1）在闭区间 $[a,b]$ 上连续；

2）在开区间 (a,b) 内可导；

3）对任意 $x \in (a,b)$，有 $g'(x) \neq 0$；

则至少存在一点 $\xi \in (a,b)$ 使得

$$\frac{f(b) - f(a)}{g(b) - g(a)} = \frac{f'(\xi)}{g'(\xi)}.$$

证　首先，可以推出 $g(b) - g(a) \neq 0$. 否则，若 $g(b) = g(a)$，则由罗尔定理可知，在 (a,b) 内至少存在一点 ξ，使得 $g'(\xi) = 0$，这与条件 3）矛盾.

作辅助函数 $F(x) = [f(b) - f(a)]g(x) - [g(b) - g(a)]f(x)$，有 $F(x)$ 在 $[a,b]$ 上连续，且在 (a,b) 内可导，
$$F(a) = g(a)f(b) - g(b)f(a) = F(b).$$

因此，$F(x)$ 满足罗尔定理的条件，则在 (a,b) 内至少存在一点 ξ，使得 $F'(\xi) = 0$，

即
$$[g(b) - g(a)] \cdot f'(\xi) - [f(b) - f(a)] \cdot g'(\xi) = 0,$$

从而有
$$\frac{f(b) - f(a)}{g(b) - g(a)} = \frac{f'(\xi)}{g'(\xi)}.$$

特别地，当 $g(x) = x$ 时，柯西中值定理就变成拉格朗日中值定理.

习题 3.1

1. 验证函数 $f(x) = x^2 - 2x - 3$ 在闭区间 $[-1,3]$ 上满足罗尔定理，并求出定理中的 ξ.

2. 验证函数 $f(x) = \arctan x$ 在区间 $[0,1]$ 上满足拉格朗日中值定理，并求出定理中的 ξ.

3. 证明不等式 $|\sin x_2 - \sin x_1| \leq |x_2 - x_1|$.

4. 设 $a > b > 0$，证明不等式 $\dfrac{b-a}{a} < \ln \dfrac{a}{b} < \dfrac{a-b}{b}$.

5. 设 $a_0 + \dfrac{a_1}{2} + \dfrac{a_2}{3} + \cdots + \dfrac{a_n}{n+1} = 0$，证明多项式 $f(x) = a_0 + a_1 x + a_2 x^2 + \cdots a_n x^n$ 在 $(0,1)$ 内至少有一个零点.

6. 若函数 $f(x)$ 在 (a,b) 内具有二阶导数，且 $f(x_1) = f(x_2) = f(x_3)$，其中，$a < x_1 < x_2 < x_3 < b$，证明：在 (x_1, x_3) 内至少存在一点 ξ，使得 $f''(\xi) = 0$.

7. 证明：$\arctan e^x + \arctan e^{-x} = \dfrac{\pi}{2}$.

8. 证明多项式 $f(x) = x^3 - 3x + a$ 在 $[0,1]$ 上不可能有两个零点.

9. 设 $b > a > 0$，函数 $f(x)$ 在 $[a,b]$ 上连续，在 (a,b) 内可导，利用柯西中值定理，证明至少存在一点 $\xi \in (a,b)$，使得 $f(b) - f(a) = \xi f'(\xi) \ln \dfrac{b}{a}$.

第二节　洛必达法则

在求 $\lim\limits_{x \to a} \dfrac{f(x)}{g(x)}$ 或 $\lim\limits_{x \to \infty} \dfrac{f(x)}{g(x)}$ 时，若发现 $f(x)$ 和 $g(x)$ 同时趋于 0，或同时趋于 ∞，如 $\lim\limits_{x \to 0} \dfrac{x^m}{x^n}$，$\lim\limits_{x \to \infty} \dfrac{x^m}{x^n}$，则上述极限可能存在，也可能不存在. 要根据具体的函数来进一步确定，通常把这种极限称为 $\dfrac{0}{0}$ 或 $\dfrac{\infty}{\infty}$ 型的未定式，这种未定式是不能用商的极限运算法则来计算的. 在这一节中，可以利用洛必达法则来解决这类问题.

一、"$\dfrac{0}{0}$" 型未定式

定理 3.4 （洛必达法则）设函数 $f(x)$ 和 $g(x)$ 满足条件：

1）$\lim\limits_{x \to a} f(x) = \lim\limits_{x \to a} g(x) = 0$；

2）在点 a 的某个去心邻域 $\mathring{U}(a)$ 内都可导，且 $g'(x) \neq 0$；

3）$\lim\limits_{x \to a} \dfrac{f'(x)}{g'(x)} = A$（或 ∞）；

则
$$\lim\limits_{x \to a} \dfrac{f(x)}{g(x)} = \lim\limits_{x \to a} \dfrac{f'(x)}{g'(x)} = A（或 \infty）.$$

证　在点 $x = a$ 处补充定义 $f(x) = g(x) = 0$，则函数 $f(x)$ 与 $g(x)$ 在点 $x = a$ 点连续.

对任意 $x \in \mathring{U}(a)$，在以 x 和 a 为端点的区间上，由柯西中值定理，则在 x 与 a 之间存在一点 ξ，使得
$$\dfrac{f(x) - f(a)}{g(x) - g(a)} = \dfrac{f'(\xi)}{g'(\xi)}.$$

又因为 ξ 在 x 与 a 之间，所以当 $x \to a$ 时，有 $\xi \to a$，上式两边取极限，得
$$\lim\limits_{x \to a} \dfrac{f(x)}{g(x)} = \lim\limits_{\xi \to a} \dfrac{f'(\xi)}{g'(\xi)} = \lim\limits_{x \to a} \dfrac{f'(x)}{g'(x)} = A \quad （或 \infty）.$$

将此定理中的 $x \to a$ 换成其他的自变量变化过程亦成立，证明从略.

例 1　求 $\lim\limits_{x \to 0} \dfrac{e^x - 1}{\sin x}$.

解　由洛必达法则, 有 $\lim\limits_{x \to 0} \dfrac{e^x - 1}{\sin x} = \lim\limits_{x \to 0} \dfrac{e^x}{\cos x} = 1$.

例 2　求 $\lim\limits_{x \to \pi} \dfrac{1 + \cos x}{\tan^2 x}$.

解　由洛必达法则, $\lim\limits_{x \to \pi} \dfrac{1 + \cos x}{\tan^2 x} = \lim\limits_{x \to \pi} \dfrac{-\sin x}{2\tan x \dfrac{1}{\cos^2 x}} = \lim\limits_{x \to \pi} \left(-\dfrac{\cos^3 x}{2} \right) = \dfrac{1}{2}$.

求一个未定式的极限时, 如果一阶导数之比还是未定式, 只要仍满足洛必达法则的条件, 则可以再次使用洛必达法则. 倘若结果还是未定式, 那么还可以继续使用洛必达法则.

例 3　求 $\lim\limits_{x \to 0} \dfrac{x - \sin x}{x^3}$.

解

$$\lim\limits_{x \to 0} \dfrac{x - \sin x}{x^3} = \lim\limits_{x \to 0} \dfrac{1 - \cos x}{3x^2} = \lim\limits_{x \to 0} \dfrac{\sin x}{6x} = \dfrac{1}{6}.$$

二、"$\dfrac{\infty}{\infty}$" 型未定式

定理 3.5　设函数 $f(x)$ 与 $g(x)$ 满足:

1) 在点 a 的某个去心邻域 $\overset{\circ}{U}(a)$ 内都可导, 且 $g'(x) \neq 0$;

2) $\lim\limits_{x \to a} f(x) = \lim\limits_{x \to a} g(x) = \infty$;

3) $\lim\limits_{x \to a} \dfrac{f'(x)}{g'(x)} = A$ (或 ∞);

则

$$\lim\limits_{x \to a} \dfrac{f(x)}{g(x)} = \lim\limits_{x \to a} \dfrac{f'(x)}{g'(x)} = A \text{ (或 } \infty\text{)}.$$

将此定理中的 $x \to a$ 换成其他的自变量变化过程亦成立, 证明从略.

例 4　求 $\lim\limits_{x \to \frac{\pi}{2}} \dfrac{\tan x}{\tan 3x}$.

解

$$\lim\limits_{x \to \frac{\pi}{2}} \dfrac{\tan x}{\tan 3x} = \lim\limits_{x \to \frac{\pi}{2}} \dfrac{\dfrac{1}{\cos^2 x}}{\dfrac{3}{\cos^2 3x}} = \dfrac{1}{3} \lim\limits_{x \to \frac{\pi}{2}} \dfrac{\cos^2 3x}{\cos^2 x}$$

$$= \dfrac{1}{3} \lim\limits_{x \to \frac{\pi}{2}} \dfrac{2\cos 3x \cdot (-3\sin 3x)}{2\cos x \cdot (-\sin x)} = \lim\limits_{x \to \frac{\pi}{2}} \dfrac{\sin 6x}{\sin 2x}$$

$$= \lim\limits_{x \to \frac{\pi}{2}} \dfrac{6\cos 6x}{2\cos 2x} = 3.$$

例 5　求 $\lim\limits_{x \to +\infty} \dfrac{\ln x}{x^n}$ ($n > 0$).

解　$\lim\limits_{x \to +\infty} \dfrac{\ln x}{x^n} = \lim\limits_{x \to +\infty} \dfrac{\dfrac{1}{x}}{n x^{n-1}} = \lim\limits_{x \to +\infty} \dfrac{1}{n x^n} = 0$.

例 6　求极限 $\lim\limits_{x \to +\infty} \dfrac{x^n}{\mathrm{e}^{\lambda x}}$，($n$ 为正整数，$\lambda > 0$).

解　$\lim\limits_{x \to +\infty} \dfrac{x^n}{\mathrm{e}^{\lambda x}} = \lim\limits_{x \to +\infty} \dfrac{n x^{n-1}}{\lambda \mathrm{e}^{\lambda x}} = \lim\limits_{x \to +\infty} \dfrac{n(n-1) x^{n-2}}{\lambda^2 \mathrm{e}^{\lambda x}} = \cdots = \lim\limits_{x \to +\infty} \dfrac{n!}{\lambda^n \mathrm{e}^{\lambda x}} = 0$.

三、其他型未定式

例 7　求 $\lim\limits_{x \to 1} \left(\dfrac{1}{x-1} - \dfrac{1}{\ln x} \right)$.

解
$$\lim\limits_{x \to 1} \left(\dfrac{1}{x-1} - \dfrac{1}{\ln x} \right) = \lim\limits_{x \to 1} \dfrac{\ln x - x + 1}{(x-1)\ln x} = \lim\limits_{x \to 1} \dfrac{\dfrac{1}{x} - 1}{\ln x + \dfrac{x-1}{x}}$$

$$= \lim\limits_{x \to 1} \dfrac{1-x}{x \ln x + x - 1} = \lim\limits_{x \to 1} \dfrac{-1}{\ln x + 1 + 1} = -\dfrac{1}{2}.$$

例 8　求极限 $\lim\limits_{x \to 0^+} x \mathrm{e}^{\frac{1}{x}}$.

解　$\lim\limits_{x \to 0^+} x \mathrm{e}^{\frac{1}{x}} = \lim\limits_{x \to 0^+} \dfrac{\mathrm{e}^{\frac{1}{x}}}{\dfrac{1}{x}} = \lim\limits_{x \to 0^+} \dfrac{\mathrm{e}^{\frac{1}{x}} \left(-\dfrac{1}{x^2} \right)}{-\dfrac{1}{x^2}} = \lim\limits_{x \to 0^+} \mathrm{e}^{\frac{1}{x}} = +\infty$.

例 9　求 $\lim\limits_{x \to +\infty} x^{\frac{1}{x}}$.

解　$\lim\limits_{x \to +\infty} x^{\frac{1}{x}} = \lim\limits_{x \to +\infty} \mathrm{e}^{\frac{\ln x}{x}}$，其中，$\lim\limits_{x \to +\infty} \dfrac{\ln x}{x} = \lim\limits_{x \to +\infty} \dfrac{\dfrac{1}{x}}{1} = 0$，

则　　　　　　　　　$\lim\limits_{x \to +\infty} x^{\frac{1}{x}} = \lim\limits_{x \to +\infty} \mathrm{e}^{\frac{\ln x}{x}} = \mathrm{e}^0 = 1$.

例 10　求 $\lim\limits_{x \to 0^+} x^x$.

解　$\lim\limits_{x \to 0^+} x^x = \lim\limits_{x \to 0^+} \mathrm{e}^{x \ln x}$，其中，$\lim\limits_{x \to 0^+} x \ln x = \lim\limits_{x \to 0^+} \dfrac{\ln x}{\dfrac{1}{x}} = \lim\limits_{x \to 0^+} \dfrac{\dfrac{1}{x}}{-\dfrac{1}{x^2}} = \lim\limits_{x \to 0^+} (-x) = 0$，

则　　　　　　　　　$\lim\limits_{x \to 0^+} x^x = \lim\limits_{x \to 0^+} \mathrm{e}^{x \ln x} = \mathrm{e}^0 = 1$.

例 11　求 $\lim\limits_{x \to 0} \cos x^{\csc x}$.

解
$$\lim_{x\to 0}\cos x^{\csc x}=\lim_{x\to 0}e^{\ln\cos x^{\csc x}}=e^{\lim_{x\to 0}(\csc x\cdot\ln\cos x)}=e^{\lim_{x\to 0}\frac{\ln\cos x}{\sin x}}=e^{\lim_{x\to 0}\frac{\ln\cos x}{x}}$$
$$=e^{\lim_{x\to 0}\frac{\frac{(-\sin x)}{\cos x}}{1}}=e^0=1 .$$

例 12 求 $\lim\limits_{x\to\infty}\dfrac{x+\sin x}{x}$.

解 极限 $\lim\limits_{x\to\infty}\dfrac{(x+\sin x)'}{(x)'}=\lim\limits_{x\to\infty}\dfrac{1+\cos x}{1}$ 不存在，不能应用洛必达法则.

实际上，$\lim\limits_{x\to\infty}\dfrac{x+\sin x}{x}=\lim\limits_{x\to\infty}\left(1+\dfrac{\sin x}{x}\right)=1.$

例 13 求 $\lim\limits_{x\to 0}\dfrac{x^2\sin\dfrac{1}{x}}{\sin x}$.

解 这是 "$\dfrac{0}{0}$" 型未定式，因极限 $\lim\limits_{x\to 0}\dfrac{2x\sin\dfrac{1}{x}-\cos\dfrac{1}{x}}{\cos x}$ 不存在，所以有

$$\lim_{x\to 0}\frac{x^2\sin\dfrac{1}{x}}{\sin x}=\lim_{x\to 0}\left(\frac{x}{\sin x}\cdot x\sin\frac{1}{x}\right)=\frac{\lim\limits_{x\to 0}x\sin\dfrac{1}{x}}{\lim\limits_{x\to 0}\dfrac{\sin x}{x}}=0.$$

例 14 求 $\lim\limits_{x\to 0}\dfrac{\ln(1-x+\sin x)}{\arctan x^3}$.

解 先用等价无穷小代换，再用洛必达法则.
$$\lim_{x\to 0}\frac{\ln(1-x+\sin x)}{\arctan x^3}=\lim_{x\to 0}\frac{\sin x-x}{x^3}=\lim_{x\to 0}\frac{\cos x-1}{3x^2}=-\lim_{x\to 0}\frac{\sin x}{6x}=-\frac{1}{6}.$$

习题 3.2

求下列极限：

1. $\lim\limits_{x\to 2}\dfrac{\ln(x-1)}{x-2}$;

2. $\lim\limits_{x\to\pi}\dfrac{1+\cos x}{\tan^2 x}$;

3. $\lim\limits_{x\to 1}\dfrac{\ln x}{(x-1)^2}$;

4. $\lim\limits_{x\to+\infty}\dfrac{e^x}{x^3}$;

5. $\lim\limits_{x\to\frac{\pi}{2}}\dfrac{\ln\left(x-\dfrac{\pi}{2}\right)}{\tan x}$;

6. $\lim\limits_{x\to+\infty}x\left(\dfrac{\pi}{2}-\arctan x\right)$;

7. $\lim\limits_{x\to 0}\left(\dfrac{1}{x}-\dfrac{1}{e^x-1}\right)$;

8. $\lim\limits_{x\to\frac{\pi}{2}}(\sin x)^{\tan x}$;

9. $\lim\limits_{x\to 0}\dfrac{x-(1+x)\ln(1+x)}{x(e^x-1)}$;

10. $\lim\limits_{x\to 1}\dfrac{x^3-3x+2}{x^3-x^2-x+1}$;

11. $\lim_{x\to 0}\dfrac{3\sin x + x^2\cos\dfrac{1}{x}}{(1+\cos x)\ln(1+x)}$;

12. $\lim_{x\to +\infty}\left(\dfrac{2}{\pi}\arctan x\right)^x$;

13. $\lim_{x\to 0}\dfrac{e^{-x^{-2}}}{x^{1000}}$;

14. $\lim_{x\to \frac{\pi}{2}^+}\dfrac{\ln\left(x-\dfrac{\pi}{2}\right)}{\tan x}$;

15. $\lim_{x\to +\infty}\dfrac{(\ln x)^2}{\sqrt{x}}$;

16. $\lim_{x\to 1}\left(\dfrac{2}{x^2-1}-\dfrac{1}{x-1}\right)$;

17. $\lim_{x\to 1}x^{\frac{1}{1-x}}$.

第三节 泰勒公式

多项式函数是一类很重要的函数，其明显特点是计算和结构都很简单，因此无论是数值计算还是理论分析都比较方便．用多项式近似地表示给定函数的问题不仅具有理论价值，而且更具有实用价值．事实上，当 $|x|$ 很小时，$e^x\approx 1+x$，$\ln(1+x)\approx x$ 都是用一次多项式来表示函数的例子．

但是这种近似表示还存在着不足之处：首先是精确度不高，它所产生的误差仅是关于 x 的高阶无穷小；其次是用它来做近似计算时，不能具体估算出误差大小．因此，对于精确度要求较高且需要顾及误差的情况，就必须用高次多项式来近似表达函数，同时给出误差公式．

于是提出如下的问题：寻找多项式函数 $P(x)$，使得 $f(x)\approx P(x)$，误差 $R(x)=f(x)-P(x)$ 可估计．

设函数 $f(x)$ 在含有 x_0 的开区间 (a,b) 内有直到 $(n+1)$ 阶导数，$P(x)$ 为多项式函数 $P_n(x)=a_0+a_1(x-x_0)+a_2(x-x_0)^2+\cdots+a_n(x-x_0)^n$．

假设 $P_n^{(k)}(x_0)=f^{(k)}(x_0)$，$k=0,1,2,\cdots,n$

即 $a_0=f(x_0)$，$1\cdot a_1=f'(x_0)$，$2!\,a_2=f''(x_0)$，$\cdots$，$n!\,a_n=f^{(n)}(x_0)$

得 $a_k=\dfrac{1}{k!}f^{(k)}(x_0)(k=0,1,2,\cdots,n)$．

代入 $P_n(x)$ 中得，

$$P_n(x)=f(x_0)+f'(x_0)(x-x_0)+\dfrac{f''(x_0)}{2!}(x-x_0)^2+\cdots+\dfrac{f^{(n)}(x_0)}{n!}(x-x_0)^n$$

(3-1)

下面的定理表明，在满足一定条件下，式(3-1)就是所要找的 n 次多项式．

定理 3.6（泰勒中值定理） 设 $f(x)$ 在含 x_0 点某开区间 (a,b) 内具有直到 $n+1$ 阶导数，则对任意 $x\in(a,b)$，有

$$f(x)=f(x_0)+f'(x_0)(x-x_0)+\cdots+\dfrac{f^{(n)}(x_0)}{n!}(x-x_0)^n+R_n(x)$$

(3-2)

其中

$$R_n(x) = \frac{f^{(n+1)}(\xi)}{(n+1)!}(x-x_0)^{n+1} \qquad (3\text{-}3)$$

这里 ξ 是 x_0 与 x 之间的某个值.

证　　　　　　　$R_n(x) = f(x) - P_n(x)$．只需证明

$$R_n(x) = \frac{f^{(n+1)}(\xi)}{(n+1)!}(x-x_0)^{n+1}\text{（这里 }\xi\text{ 是 }x_0\text{ 与 }x\text{ 之间的某个值）}$$

由题设可知，$R_n(x)$ 在 (a,b) 内具有直到 $n+1$ 阶的导数，且

$$R_n(x_0) = R'_n(x_0) = R''_n(x_0) = \cdots = R_n^{(n)}(x_0) = 0.$$

对两个函数 $R_n(x)$ 及 $(x-x_0)^{n+1}$ 在以 x_0 和 x 为端点的区间上应用柯西中值定理（显然，这两个函数满足柯西中值定理的条件），得

$$\frac{R_n(x)}{(x-x_0)^{n+1}} = \frac{R_n(x) - R_n(x_0)}{(x-x_0)^{n+1} - 0} = \frac{R'_n(\xi_1)}{(n+1)(\xi_1-x_0)^n}\text{（这里 }\xi_1\text{ 在 }x_0\text{ 与 }x\text{ 之间）},$$

再对两个函数 $R'_n(x)$ 及 $(n+1)(x-x_0)^n$ 在以 x_0 和 ξ_1 为端点的区间上应用柯西中值定理，得

$$\frac{R'_n(\xi_1)}{(n+1)(\xi_1-x_0)^n} = \frac{R'_n(\xi_1) - R'_n(x_0)}{(n+1)(\xi_1-x_0)^n - 0} = \frac{R''_n(\xi_2)}{n(n+1)(\xi_2-x_0)^{n-1}}\text{（这里 }\xi_2\text{ 在 }x_0$$

与 ξ_1 之间），如此继续下去，经过 $n+1$ 次后，得

$$\frac{R_n(x)}{(x-x_0)^{n+1}} = \frac{R_n^{(n+1)}(\xi)}{(n+1)!}\text{（这里 }\xi\text{ 在 }x_0\text{ 与 }\xi_n\text{ 之间，因而也在 }x_0\text{ 与 }x\text{ 之间）},$$

注意到 $R_n^{(n+1)}(x) = f^{(n+1)}(x)$（因 $P_n^{(n+1)}(x) = 0$），则由上式得

$$R_n(x) = \frac{f^{(n+1)}(\xi)}{(n+1)!}(x-x_0)^{n+1}\text{（这里 }\xi\text{ 在 }x_0\text{ 与 }x\text{ 之间）},$$

定理证毕.

多项式 (3-1) 称为 $f(x)$ 按 $(x-x_0)$ 的幂展开的 n 阶**泰勒（Taylor）多项式**，而式 (3-2) 称为 $f(x)$ 按 $(x-x_0)$ 的幂展开的**带有拉格朗日（Lagrange）型余项的 n 阶泰勒公式**．$R_n(x)$ 的表达式 (3-3) 称为**拉格朗日型余项**.

当 $|f^{(n+1)}(x)| \leq M$ 时，则有 $|R_n(x)| = \left| \dfrac{f^{(n+1)}(\xi)}{(n+1)!}(x-x_0)^{n+1} \right| \leq \dfrac{M}{(n+1)!}|x-x_0|^{n+1}$,

因而

$$\lim_{x\to x_0} \frac{R_n(x)}{(x-x_0)^n} = 0,$$

即

$$R_n(x) = o[(x-x_0)^n]. \qquad (3\text{-}4)$$

故 n 阶泰勒公式又可写为

$$f(x) = P_n(x) + o\left[(x - x_0)^n \right].\tag{3-5}$$

$R_n(x)$ 的表达式(3-4)称为佩亚诺(**Peano**)型余项，所以公式(3-5)称为 $f(x)$ 按 $(x - x_0)$ 的幂展开的带有佩亚诺型余项的 n 阶泰勒公式.

在表达式(3-2)中，如果取 $x_0 = 0$，此时 $\xi = \theta x\ (0 < \theta < 1)$，则泰勒公式变成较为简单的形式

$$f(x) = f(0) + f'(0)x + \frac{f''(0)}{2!}x^2 + \cdots + \frac{f^{(n)}(0)}{n!}x^n + \frac{f^{(n+1)}(\theta x)}{(n+1)!}x^{n+1}\quad (0 < \theta < 1).$$

或

$$f(x) = f(0) + f'(0)x + \frac{f''(0)}{2!}x^2 + \cdots + \frac{f^{(n)}(0)}{n!}x^n + o(x^n).$$

上两式分别称为带有拉格朗日型余项和带有佩亚诺型余项的 n 阶**麦克劳林**(**Maclaurin**)公式（即 $f(x)$ 在 $x_0 = 0$ 处的泰勒公式）.

例 1 求 $f(x) = e^x$ 的带有拉格朗日型余项的 n 阶麦克劳林公式.

解 $f(x) = e^x$，$f'(x) = f''(x) = \cdots = f^{(n)}(x) = e^x$，所以

$$f(0) = f'(0) = f''(0) = \cdots = f^{(n)}(0) = e^0 = 1, f^{(n+1)}(\theta x) = e^{\theta x}(0 < \theta < 1).$$

故 $f(x) = e^x$ 的 n 阶麦克劳林公式为

$$e^x = 1 + x + \frac{x^2}{2!} + \cdots + \frac{x^n}{n!} + \frac{e^{\theta x}}{(n+1)!}x^{n+1}\quad (0 < \theta < 1).$$

例 2 求 $f(x) = \sin x$ 的带有拉格朗日型余项的 n 阶麦克劳林公式.

解 $(\sin x)^{(n)} = \sin\left(x + n \cdot \frac{\pi}{2}\right)(n = 1, 2, \cdots)$，所以

$$f(0) = 0, f'(0) = 1, f''(0) = 0, f'''(0) = -1, f^{(4)}(0) = 0, \cdots$$

从而

$$\sin x = x - \frac{x^3}{3!} + \frac{x^5}{5!} - \cdots + (-1)^{m-1}\frac{x^{2m-1}}{(2m-1)!} + R_{2m}(x),$$

其中，

$$R_{2m}(x) = \frac{\sin\left[\theta x + (2m+1)\frac{\pi}{2}\right]}{(2m+1)!}x^{2m+1}\quad (0 < \theta < 1).$$

例 3 求 $\lim\limits_{x \to 0}\dfrac{\tan x - \sin x}{x^3}$.

解 $\tan x = x + \dfrac{x^3}{3} + o(x^3)$，$\sin x = x - \dfrac{x^3}{3!} + o(x^3)$，所以

$$原式 = \lim_{x \to 0}\frac{\left[x + \frac{x^3}{3} + o(x^3)\right] - \left[x - \frac{x^3}{3!} + o(x^3)\right]}{x^3} = \lim_{x \to 0}\frac{\frac{1}{2}x^3 + o(x^3)}{x^3} = \frac{1}{2}.$$

几个常用函数的麦克劳林公式:

$$\sin x = x - \frac{x^3}{3!} + \frac{x^5}{5!} - \cdots + (-1)^{m-1} \frac{x^{2m-1}}{(2m-1)!} + o(x^{2m}),$$

$$\cos x = 1 - \frac{x^2}{2!} + \frac{x^4}{4!} - \cdots + (-1)^m \frac{x^{2m}}{(2m)!} + o(x^{2m+1}),$$

$$\ln(1+x) = x - \frac{x^2}{2} + \frac{x^3}{3} - \cdots + (-1)^{n-1}\frac{x^n}{n} + o(x^n),$$

$$\frac{1}{1-x} = 1 + x + x^2 + \cdots + x^n + o(x^n),$$

$$(1+x)^m = 1 + mx + \frac{m(m-1)}{2!}x^2 + \cdots + \frac{m(m-1)\cdots(m-n+1)}{n!}x^n + o(x^n).$$

由以上带有佩亚诺型余项的麦克劳林公式,易得相应的带有拉格朗日型余项的麦克劳林公式,读者可自行写出.

习题 3.3

1. 按 $(x-2)$ 的幂展开多项式 $f(x) = x^3 - 2x^2 + 3x + 5$.

2. 求函数 $f(x) = \dfrac{3}{3+x}$ 按 x 的幂展开的带有佩亚诺型余项的 n 阶泰勒公式.

3. 求函数 $f(x) = \sqrt{x}$ 按 $(x-4)$ 的幂展开的带有拉格朗日型余项的 3 阶泰勒公式.

4. 求函数 $f(x) = \ln x$ 按 $(x-2)$ 的幂展开的带有佩亚诺型余项的 n 阶泰勒公式.

5. 求函数 $f(x) = \dfrac{1}{x}$ 按 $(x+1)$ 的幂展开的带有拉格朗日型余项的 n 阶泰勒公式.

6. 求函数 $f(x) = \tan x$ 的带有佩亚诺型余项的 3 阶麦克劳林公式.

7. 求函数 $f(x) = xe^x$ 的带有佩亚诺型余项的 n 阶麦克劳林公式.

8. 验证当 $0 < x \leqslant \dfrac{1}{2}$ 时,按公式 $e^x \approx 1 + x + \dfrac{x^2}{2} + \dfrac{x^3}{6}$ 计算 e^x 的近似值时,所产生的误差小于 0.01,并求 $\sqrt{e}$ 的近似值,使误差小于 0.01.

9. 应用 3 阶泰勒公式求下列各数的近似值,并估计误差:

1) $\sqrt[3]{30}$;   2) $\sin 18°$.

10. 利用泰勒公式求下列极限:

1) $\displaystyle\lim_{x \to 0} \frac{\sin x - x\cos x}{\sin^3 x}$;

2) $\displaystyle\lim_{x \to 0} \frac{\cos 3x - e^{-x^2}}{x\sin 2x}$;

3) $\displaystyle\lim_{x \to 0} \frac{1 + \frac{1}{2}x^2 - \sqrt{1+x^2}}{(\cos x - e^{x^2})\sin x^2}$;

4) $\displaystyle\lim_{x \to +\infty} \left(\sqrt[3]{x^3 + 3x^2} - \sqrt[4]{x^4 - 2x^3} \right)$.

第四节　函数的单调性与凹凸性

一、函数的单调性

从图上可以直观地看出，单调增加函数的切线斜率非负（见图 3-3），单调减少函数的切线斜率非正（见图 3-4）.

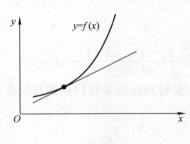

图 3-3　　　　　　　　　　　　　　　　　　　　图 3-4

定理 3.7　设函数 $f(x)$ 在区间 I 内可导，则：

1）对任意 $x \in I$，有 $f'(x) > 0$，则函数 $f(x)$ 在 I 严格单调增加；

2）对任意 $x \in I$，有 $f'(x) < 0$，则函数 $f(x)$ 在 I 严格单调减少.

证　先证 1）对任意 x_1，$x_2 \in I$ 且 $x_1 < x_2$，函数 $f(x)$ 在区间 $[x_1, x_2]$ 上满足拉格朗日中值定理的条件，有

$$f(x_2) - f(x_1) = f'(\xi)(x_2 - x_1) \quad \xi \in (x_1, x_2),$$

已知 $f'(\xi) > 0$，$x_2 - x_1 > 0$，有 $f(x_2) - f(x_1) > 0$.

即函数 $f(x)$ 在 I 严格单调增加.

2）同理可证.

例 1　讨论 $f(x) = 3x - x^3$ 的单调性.

解　$f'(x) = 3 - 3x^2 = 3(1 - x)(1 + x)$.

令 $f'(x) = 0$，解得 $x = -1$ 与 $x = 1$，它们将 $(-\infty, +\infty)$ 分成 $(-\infty, -1)$、$(-1, 1)$ 和 $(1, +\infty)$ 三个区间.

当 $x < -1$ 时，$f'(x) < 0$，$f(x)$ 在 $(-\infty, -1)$ 上严格单调减少；

当 $-1 < x < 1$ 时，$f'(x) > 0$，$f(x)$ 在 $(-1, 1)$ 上严格单调增加；

当 $x > 1$ 时，$f'(x) < 0$，$f(x)$ 在 $(1, +\infty)$ 上严格单调减少.

例 2　求 $y = (2x - 5)\sqrt[3]{x^2}$ 的单调区间.

解　$y = 2x^{\frac{5}{3}} - 5x^{\frac{2}{3}}$ 在 $(-\infty, +\infty)$ 上连续，当 $x \neq 0$ 时，

$$y' = \frac{10}{3}x^{\frac{2}{3}} - \frac{10}{3}x^{-\frac{1}{3}} = \frac{10}{3}\frac{x-1}{\sqrt[3]{x}}.$$

令 $y' = 0$，解得 $x = 1$；

又因为当 $x = 0$ 时，函数的导数不存在；

以 $x = 0$ 和 $x = 1$ 为分点将 $(-\infty, +\infty)$ 分为 $(-\infty, 0)$、$(0,1)$ 和 $(1, +\infty)$ 三个区间.

在 $(-\infty, 0)$ 上，$f'(x) > 0$，所以 $f(x)$ 在 $(-\infty, 0)$ 上严格单调增加；

在 $(0,1)$ 上，$f'(x) < 0$，所以 $f(x)$ 在 $(0,1)$ 上严格单调减少；

在 $(1, +\infty)$ 上，$f'(x) > 0$，所以 $f(x)$ 在 $(1, +\infty)$ 上严格单调增加.

例3 证明：当 $x > 0$ 时，$x > \ln(1+x)$.

证 设 $f(x) = x - \ln(1+x)$，则函数 $f(x)$ 在 $[0, +\infty)$ 可导，

$$f'(x) = 1 - \frac{1}{1+x}.$$

当 $x > 0$ 时，$f'(x) > 0$，所以函数 $f(x)$ 在 $(0, +\infty)$ 上严格单调增加.

因此，当 $x > 0$ 时，有 $f(x) > f(0) = 0$，即 $x > \ln(1+x)$.

二、函数的凹凸性

在研究函数的图形时，只研究函数的单调性还不能准确地反映图形的主要特性. 如图 3-5 和图 3-6 所示，A、B 两点之间的弧都是单调上升的，但它们的弯曲方向却有着明显的差别，这种差别就是直观上的"凹"与"凸".

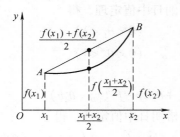

图 3-5

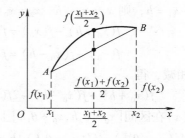

图 3-6

据此，在数学上作如下定义：

定义 3.1 设 $f(x)$ 在 $[a,b]$ 上连续，如果对 (a,b) 内任意两点 x_1 和 x_2，恒有

$$f\left(\frac{x_1 + x_2}{2}\right) < \frac{f(x_1) + f(x_2)}{2}$$

那么称 $f(x)$ 在 $[a,b]$ 上的图形是**凹**的；如果对 (a,b) 内任意两点 x_1 和 x_2，恒有

$$f\left(\frac{x_1 + x_2}{2}\right) > \frac{f(x_1) + f(x_2)}{2}$$

那么称 $f(x)$ 在 $[a,b]$ 上的图形是**凸**的.

从几何图形上，可以观察切线斜率的变化来区分凹、凸两种弧，如图 3-7 所示.

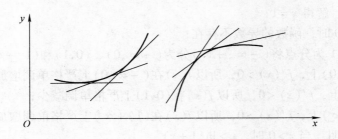

图 3-7

左侧的凹弧，切线斜率随着自变量的增加而增大，即 $f'(x)$ 是单调增加的，也即 $f''(x)>0$；右侧的凸弧，切线斜率随着自变量的增加而减小，即 $f'(x)$ 是单调减少的，也即 $f''(x)<0$. 因此，对于凹凸的判定，可以通过判断二阶导数的符号来实现.

定理3.8 设 $f(x)$ 在 $[a,b]$ 上连续，在 (a,b) 内具有一阶和二阶导数，则：

1）若 $x\in(a,b)$ 时，$f''(x)>0$，则 $f(x)$ 在 $[a,b]$ 上的图形是凹的；

2）若 $x\in(a,b)$ 时，$f''(x)<0$，则 $f(x)$ 在 $[a,b]$ 上的图形是凸的.

证 1）设 x_1 和 x_2 为 $[a,b]$ 内任意两点，且 $x_1<x_2$，记 $x_0=\dfrac{x_1+x_2}{2}$，并记 $x_2-x_0=x_0-x_1=h$，则 $x_1=x_0-h$，$x_2=x_0+h$，由拉格朗日中值定理，得

$$f(x_0+h)-f(x_0)=f'(x_0+\theta_1 h)h \qquad (0<\theta_1<1),$$
$$f(x_0)-f(x_0-h)=f'(x_0-\theta_2 h)h \qquad (0<\theta_2<1),$$

两式相减，得

$$f(x_0+h)+f(x_0-h)-2f(x_0)=[f'(x_0+\theta_1 h)-f'(x_0-\theta_2 h)]h$$

对 $f'(x)$ 在区间 $[x_0-\theta_2 h, x_0+\theta_1 h]$ 上再用一次拉格朗日中值定理，得

$$[f'(x_0+\theta_1 h)-f'(x_0-\theta_2 h)]h=f''(\xi)(\theta_1+\theta_2)h^2 \quad (x_0-\theta_2 h<\xi<x_0+\theta_1 h)$$

由1）的条件，$f''(\xi)>0$，故有

$$f(x_0+h)+f(x_0-h)-2f(x_0)>0$$

即

$$\frac{f(x_0+h)+f(x_0-h)}{2}>f(x_0),$$

亦即

$$\frac{f(x_1)+f(x_2)}{2}>f\left(\frac{x_1+x_2}{2}\right).$$

所以 $f(x)$ 在 $[a,b]$ 上的图形是凹的.

2）同理可证.

例4 讨论函数 $f(x)=\arctan x$ 的凹凸性.

解 因为 $f'(x)=\dfrac{1}{1+x^2}$，$f''(x)=-\dfrac{2x}{(1+x^2)^2}$；

令 $f''(x) = 0$，解得 $x = 0$.

当 $x < 0$ 时，$f''(x) > 0$，所以 $f(x) = \arctan x$ 在 $(-\infty, 0)$ 内的图形是凹的；

当 $x > 0$ 时，$f''(x) < 0$，所以 $f(x) = \arctan x$ 在 $(0, +\infty)$ 内的图形是凸的.

定义 3.2 曲线的凹凸的分界点称为曲线的**拐点**.

由定义可知，拐点为凹凸的分界点，则在拐点两侧适当小的范围内，$f''(x)$ 必然异号，所以在拐点处 $f''(x) = 0$ 或 $f''(x)$ 不存在.

例 5 求 $f(x) = \sqrt[3]{x}$ 的凹凸区间及对应曲线的拐点.

解 该函数在 $(-\infty, +\infty)$ 内连续，当 $x \neq 0$ 时 $f(x) = \sqrt[3]{x}$，$f'(x) = \dfrac{1}{3\sqrt[3]{x^2}}$，

$$f''(x) = -\frac{2}{9\sqrt[3]{x^5}}.$$

二阶导数在 $(-\infty, +\infty)$ 内无零点，在 $x = 0$ 处 $f''(x)$ 不存在，它把 $(-\infty, +\infty)$ 分成两个部分区间. 在 $(-\infty, 0)$ 内，$f''(x) > 0$，曲线是凹的；在 $(0, +\infty)$ 内，$f''(x) < 0$，曲线是凸的，所以点 $(0,0)$ 是曲线的拐点.

例 6 求 $y = x^4$ 的凹凸区间及对应曲线的拐点.

解 $y' = 4x^3$，$y'' = 12x^2$，

当 $x = 0$ 时，$y'' = 0$；当 $x \neq 0$ 时，$y'' > 0$.

所以 $y = x^4$ 在 $(-\infty, +\infty)$ 内函数图形是凹的，没有拐点.

习题 3.4

1. 确定函数 $f(x) = \dfrac{x^2}{1+x}$ 的单调区间.

2. 确定函数 $f(x) = (x-1)^{\frac{2}{3}}$ 的单调区间.

3. 讨论曲线 $y = \ln(1 + x^2)$ 的凹凸区间与拐点.

4. 求曲线 $y = (x-2)^{\frac{5}{3}}$ 的凹凸区间与拐点.

5. 当 a 和 b 为何值时，点 $(1,3)$ 为曲线 $y = ax^3 + bx^2$ 的拐点？

6. 曲线 $y = ax^3 + bx^2 + cx + d \, (a \neq 0)$ 上有一个拐点，且在此拐点处有一水平切线，确定 a、b、c 之间的关系.

7. 证明下列不等式：

1）当 $x > 0$ 时，$1 + x\ln\left(x + \sqrt{1+x^2}\right) > \sqrt{1+x^2}$；

2）当 $x < 1$ 时，$\mathrm{e}^x \leqslant \dfrac{1}{1-x}$；

3）$\dfrac{\mathrm{e}^x + \mathrm{e}^y}{2} > \mathrm{e}^{\frac{x+y}{2}} \quad (x \neq y)$；

4）$x\ln x + y\ln y > (x+y)\ln\dfrac{x+y}{2} \quad (x > 0, y > 0, x \neq y)$.

8. 讨论方程 $\ln x = ax$ (其中, $a > 0$) 有几个实根?

9. 设定义在 $(-\infty, +\infty)$ 上的奇函数 $f(x)$ 在 $(-\infty, 0)$ 内满足 $y' > 0$, $y'' < 0$, 试确定 y' 和 y'' 在 $(0, +\infty)$ 内的符号.

第五节　函数的极值与最值

一、函数的极值

定义 3.3　设函数 $y = f(x)$ 在点 x_0 的某去心邻域 $\mathring{U}(x_0)$ 内有定义, 并且对于任意 $x \in \mathring{U}(x_0)$, 有
$$f(x_0) > f(x) \, (或 f(x_0) < f(x)),$$
则称 $f(x_0)$ 为函数 $f(x)$ 的**极大值**(或**极小值**), x_0 称为函数 $f(x)$ 的**极大值点**(或**极小值点**).

极大值与极小值统称为**极值**, 极大值点与极小值点统称为**极值点**.

如图 3-8 所示, 函数 $f(x)$ 在点 x_2、x_5 处取得极大值, 在点 x_1、x_4、x_6 处取得极小值.

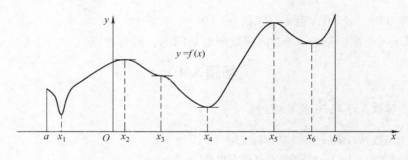

图 3-8

从图 3-8 中还可以看出, 在可导的极值点处, 如 x_2、x_4、x_5 和 x_6, 曲线的切线是水平的.

定理 3.9(极值的必要条件)　若 $y = f(x)$ 在点 x_0 处可导, 且 x_0 是函数 $y = f(x)$ 的极值点, 则 $f'(x_0) = 0$.

证　不妨设 x_0 是函数 $y = f(x)$ 的极大值点, 即存在 x_0 的某去心邻域 $\mathring{U}(x_0)$, 对于任意 $x \in \mathring{U}(x_0)$, 有 $f(x) < f(x_0)$,

因此, 当 $x > x_0$ 时, $\dfrac{f(x) - f(x_0)}{x - x_0} \leqslant 0$;

当 $x < x_0$ 时, $\dfrac{f(x) - f(x_0)}{x - x_0} \geqslant 0$.

由 $f(x)$ 在点 x_0 可导及极限的保号性，有

$$f'(x_0) = f'_+(x_0) = \lim_{\Delta x \to 0^+} \frac{f(x) - f(x_0)}{x - x_0} \leqslant 0$$

$$f'(x_0) = f'_-(x_0) = \lim_{\Delta x \to 0^-} \frac{f(x) - f(x_0)}{x - x_0} \geqslant 0$$

于是有 $f'(x_0) = 0$.

极小值类似可证，在此不再赘述.

定义 3.4 使导数为零的点称为函数 $f(x)$ 的**驻点**.

可导函数 $f(x)$ 的极值点必定是它的驻点；反之，驻点却不一定是极值点，如图 3-8 所示，曲线中的 x_3.

从图 3-8 中可以看出，如 x_1、x_2、x_4、x_5 和 x_6，极值点的两侧适当小邻域内，函数单调性相反，由此可得到判定极值的充分条件.

定理 3.10（极值的第一充分条件） 设函数 $f(x)$ 在点 x_0 处连续，且在 x_0 的某去心邻域 $\mathring{U}(x_0, \delta)$ 内可导，

1）当 $x \in (x_0 - \delta, x_0)$ 时，$f'(x) > 0$，而当 $x \in (x_0, x_0 + \delta)$ 时，$f'(x) < 0$，函数 $f(x)$ 在点 x_0 处取得极大值；

2）当 $x \in (x_0 - \delta, x_0)$ 时，$f'(x) < 0$，而当 $x \in (x_0, x_0 + \delta)$ 时，$f'(x) > 0$，函数 $f(x)$ 在点 x_0 处取得极小值；

3）当 $x \in \mathring{U}(x_0, \delta)$ 时，$f'(x)$ 的符号保持不变，则 x_0 不是 $f(x)$ 的极值点.

此定理的证明留与读者自证.

例 1 求函数 $f(x) = 2x^3 - 3x^2 - 12x + 1$ 的极值.

解 $f'(x) = 6x^2 - 6x - 12 = 6(x+1)(x-2)$,

令 $f'(x) = 0$，解得 $x_1 = -1$，$x_2 = 2$.

列表讨论如下：

x	$(-\infty, -1)$	-1	$(-1, 2)$	2	$(2, +\infty)$
$f'(x)$	+	0	−	0	+
$f(x)$	↗	极大值点	↘	极小值点	↗

所以，-1 是函数 $f(x)$ 的极大值点，极大值是 $f(-1) = 8$；2 是函数 $f(x)$ 的极小值点，极小值是 $f(2) = -19$.

例 2 讨论函数 $f(x) = (x-1)\sqrt[3]{x^2}$ 单调性和极值.

解
$$f'(x) = x^{\frac{2}{3}} + \frac{2}{3}(x-1)x^{-\frac{1}{3}} = \frac{5x-2}{3\sqrt[3]{x}},$$

当 $x = \dfrac{2}{5}$ 时，$f'(x) = 0$；

当 $x = 0$ 时，$f'(x)$ 不存在.

列表讨论如下：

x	$(-\infty,0)$	0	$\left(0,\dfrac{2}{5}\right)$	$\dfrac{2}{5}$	$\left(\dfrac{2}{5},+\infty\right)$
$f'(x)$	$+$	不存在	$-$	0	$+$
$f(x)$	↗	极大值点	↘	极小值点	↗

所以，函数在 $x = 0$ 有极大值 0，在 $x = \dfrac{2}{5}$ 有极小值 $-\dfrac{3}{5}\sqrt[3]{\dfrac{4}{25}}$.

定理 3.11（极值的第二充分条件）　设函数 $f(x)$ 在 x_0 处具有二阶导数且 $f'(x_0) = 0$，$f''(x_0) \neq 0$，则

1）当 $f''(x_0) > 0$ 时，函数 $f(x)$ 在 x_0 处取得极小值；

2）当 $f''(x_0) < 0$ 时，函数 $f(x)$ 在 x_0 处取得极大值.

证　1）因为 $f'(x_0) = 0$，利用导数定义有

$$f''(x_0) = \lim_{x \to x_0} \frac{f'(x) - f'(x_0)}{x - x_0} = \lim_{x \to x_0} \frac{f'(x)}{x - x_0}.$$

由 $f''(x_0) > 0$ 及极限的保号性可知，在 x_0 的某一去心邻域内有 $\dfrac{f'(x)}{x - x_0} > 0$，

当 $x < x_0$ 时，有 $f'(x) < 0$；当 $x > x_0$ 时，有 $f'(x) > 0$，由定理 3.9 可知，x_0 是函数 $f(x)$ 的极小值点，$f(x_0)$ 是极小值.

2）同理可证.

例 3　讨论函数 $f(x) = (x^2 - 1)^3 + 1$ 的极值.

解　$f'(x) = 6x(x^2 - 1)^2$，$f''(x) = 6(x^2 - 1)(5x^2 - 1)$，

令 $f'(x) = 0$，得驻点 $x_1 = -1$，$x_2 = 0$ 和 $x_3 = 1$，

$f''(0) = 6 > 0$，故 $f(0) = 0$ 为极小值，

由于 $f''(-1) = f''(1) = 0$ 无法使用定理 3.11 判断，故需用极值的第一充分条件来判断. 由于 $f'(x)$ 在 $x = 1$ 的左、右邻域内同号，故 $f(x)$ 在 $x = 1$ 处没有极值，同理 $f(x)$ 在 $x = -1$ 处也没有极值.

二、函数的最值

若函数 $f(x)$ 在闭区间 $[a,b]$ 上连续，则一定取得最大值和最小值. 如果说极值是一个局部概念的话，那么最值就是个整体概念.

一般地，求连续函数 $f(x)$ 在闭区间 $[a,b]$ 上的最值，首先求出函数的全部驻点和不可导点，计算这些点的函数值再和区间端点函数值 $f(a)$、$f(b)$ 进行比较，其中最大者就是区间 $[a,b]$ 上的最大值，最小者就是区间 $[a,b]$ 上的最小值.

例4　求 $f(x) = x^3 - 3x^2 - 9x + 1$ 在区间 $[-4,4]$ 上的最大值和最小值.

解　由方程 $f'(x) = 3x^2 - 6x - 9 = 0$

解得 $x = -1$，$x = 3$.

$$f''(x) = 6x - 6，\quad f''(-1) = -12 < 0，f''(3) = 12 > 0.$$

$f(x)$ 在 $x = -1$ 取得极大值 $f(-1) = 6$；

$f(x)$ 在 $x = 3$ 取得极小值 $f(3) = -26$；

端点处 $f(-4) = -75$，$f(4) = -19$.

所以在 $[-4,4]$ 上，函数最大值为6，最小值为 -75.

例5　求函数 $f(x) = (x-1)\sqrt[3]{x^2}$ 在 $[-1,1]$ 上的最大值和最小值.

解　由例2知，函数 $f(x)$ 在 $(-1,1)$ 内有两个临界点，

当 $x = \dfrac{2}{5}$ 时，$f'(x) = 0$；

当 $x = 0$ 时，$f'(x)$ 不存在.

又因为 $f(0) = 0$，$f\left(\dfrac{2}{5}\right) = -\dfrac{3}{5}\sqrt[3]{\dfrac{4}{25}}$，$f(-1) = -2$，$f(1) = 0$，

所以在 $[-1,1]$ 上，函数最大值为0，最小值为 -2.

对于求函数最值的应用题，有时可根据实际意义来判断可疑点是否为最值.

例6　一张高 $1.4m$ 的图画挂在墙上，它的底边高于观察者的眼睛 $1.8m$，则观察者站在距墙多远处看图最清楚（视角 θ 最大）？

解　如图 3-9 所示，设观察者距墙 $x m$，则

$$\theta = \arctan\frac{1.4 + 1.8}{x} - \arctan\frac{1.8}{x}，\quad x \in (0, +\infty)$$

$$\theta' = \frac{-3.2}{x^2 + 3.2^2} + \frac{1.8}{x^2 + 1.8^2} = \frac{-1.4(x^2 - 5.76)}{(x^2 + 3.2^2)(x^2 + 1.8^2)}$$

令 $\theta' = 0$，得 $x = 2.4$.

根据问题的实际意义，观察者最佳站位一定存在，而驻点唯一，因此观察者站在距墙 $2.4m$ 处时看图最清楚.

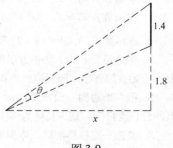

图 3-9

例7　如图 3-10 所示，铁路线上 AB 段的距离为 $100km$. 工厂 C 距 A 处为 $20km$，AC 垂直于 AB. 为了运输需要，要在 AB 线上选定一点 D 向工厂修筑一条公路. 已知铁路上每千米货运的运费与公路上每千米货运的运费之比为 $3:5$，为了使货物从供应站 B 运到工厂 C 的运费最省，问 D 点应选在何处？

解　设 $AD = x$，那么 $DB = 100 - x$，

$$CD = \sqrt{20^2 + x^2} = \sqrt{400 + x^2}.$$

由于铁路上每千米货运的运费与公路上每公里货运的运费之比为 $3:5$，因此不妨设铁路上每公里的运费为 $3k$，公路上每公里的运费为 $5k(k$ 为常数$)$.

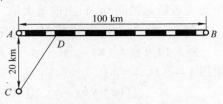

设从 B 点到 C 点需要的总运费为 y，那么

$$y = 5k \cdot CD + 3k \cdot DB,$$

图 3-10

即得目标函数　　$y = 5k\sqrt{400 + x^2} + 3k(100 - x)$　　$(0 \leqslant x \leqslant 100)$.

现在来求 x 在区间 $[0,100]$ 上取何值时，函数 y 的值最小.

求导数：　　$y' = 5k\dfrac{x}{\sqrt{400 + x^2}} - 3k = \dfrac{k(5x - 3\sqrt{400 + x^2})}{\sqrt{400 + x^2}}.$

令 $y' = 0$，得 $x = 15$.

由于 $y|_{x=0} = 400k$，$y|_{x=15} = 380k$，$y|_{x=100} = 500k\sqrt{1 + \dfrac{1}{5^2}}$，其中，以 $y|_{x=15} = 380k$ 为最小，因此当 $AD = 15\text{km}$ 时，总运费最省.

习题 3.5

1. 求函数 $f(x) = 2x^3 - 9x^2 + 12x - 3$ 的极值.

2. 求函数 $f(x) = (x - 1)x^{\frac{2}{3}}$ 的极值.

3. 求函数 $f(x) = x^2 - \ln x^2$ 的极值.

4. 求函数 $f(x) = x^4 - 2x^3 + 1$ 的极值.

5. 求函数 $f(x) = x^4 - 8x^2 + 2$ 在区间 $[-1,3]$ 上的最大值和最小值.

6. 求函数 $f(x) = 1 - (x - 2)^{\frac{2}{3}}$ 在区间 $[0,3]$ 上的最大值和最小值.

7. 将边长为 a 的一块正方形铁皮，四角各截去一个大小相同的小正方形，然后将四边折起做一个无盖的方格. 问截掉的小正方形边长多大时，所得方盒的容积最大？最大容积为多少？

8. 欲在墙边围一面积 $S = 8\text{m}^2$ 的长方形空地，问它的长与宽分别为多少米时，才能使所用材料的总长度最少？最少长度为多少？

9. 要造一圆柱形油罐，体积为 V，问底半径 r 和高 h 等于多少时，才能使表面积最小？这时底面直径与高的比是多少？

10. 从一块半径为 R 的圆铁片上挖去一个扇形做成一个漏斗，问留下的扇形的中心角 φ 取多大时，做成的漏斗的容积最大？

11. 一房地产公司有 50 套公寓要出租，当月租金定为 1000 元时，公寓会全部租出去；当月租金每增加 50 元时，就会多一套公寓租不出去，而租出去的公寓每月需花费 100 元的维修费. 试问月租金定为多少可获得最大收入？

第六节　函数图形的描绘

一、渐近线

首先介绍曲线的渐近线，它规范着无穷远处函数曲线的走向.

定义 3.5　若曲线上的一点沿着曲线趋于无穷远处时，该点到某直线的距离趋于零，则称此直线为曲线的**渐近线**.

按直线的走向，渐近线可分为 3 种，即水平渐近线、铅直渐近线和斜渐近线.

1）**水平渐近线**：平行于 x 轴的渐近线称为水平渐近线.

设曲线 $y = f(x)$ 的定义域是无限区间，若 $\lim\limits_{x \to +\infty} f(x) = b$ 或 $\lim\limits_{x \to -\infty} f(x) = b$（$b$ 为常数），则 $y = b$ 就是曲线 $y = f(x)$ 的一条水平渐近线.

2）**铅直渐近线**：垂直于 x 轴的渐近线叫做铅直渐近线.

若 $\lim\limits_{x \to x_0^+} f(x) = \infty$ 或 $\lim\limits_{x \to x_0^-} f(x) = \infty$，则直线 $x = x_0$ 就是曲线 $y = f(x)$ 的一条铅直渐近线.

例 1　求曲线 $y = \dfrac{1}{x-1} + 2$ 的水平和铅直渐近线.

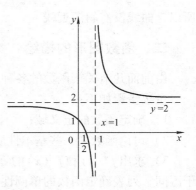

图 3-11

解　因为 $\lim\limits_{x \to \infty} \left(\dfrac{1}{x-1} + 2 \right) = 2$，

所以　$y = 2$ 为曲线的水平渐近线；

又因为　$\lim\limits_{x \to 1} \left(\dfrac{1}{x-1} + 2 \right) = \infty$，

所以　$x = 1$ 为曲线的铅直渐近线（见图 3-11）.

3）**斜渐近线**：既不平行也不垂直于 x 轴的渐近线.

设直线 $y = kx + b$ 是曲线 $y = f(x)$ 在 $x \to +\infty$ 时的一条斜渐近线，由定义，

有　　　　$\lim\limits_{x \to +\infty} [f(x) - (kx + b)] = 0$，

则　　　　　　　　$b = \lim\limits_{x \to +\infty} [f(x) - kx]$；

又　　　　　　　$\lim\limits_{x \to +\infty} x \left[\dfrac{f(x)}{x} - k - \dfrac{b}{x} \right] = 0$，

即　　　　　　　$\lim\limits_{x \to +\infty} \left[\dfrac{f(x)}{x} - k - \dfrac{b}{x} \right] = 0$，

则　　　　　$k = \lim\limits_{x \to +\infty} \left[\dfrac{f(x)}{x} - \dfrac{b}{x} \right] = \lim\limits_{x \to +\infty} \dfrac{f(x)}{x}$.

例 2　求曲线 $y = \dfrac{x^3}{x^2 + 2x - 3}$ 的渐近线.

解　因为 $\lim\limits_{x \to -3} y = \infty$，$\lim\limits_{x \to 1} y = \infty$，

所以有铅直渐近线为 $x = -3$ 和 $x = 1$；

又因为

$$k = \lim_{x \to \infty} \frac{f(x)}{x} = \lim_{x \to \infty} \frac{x^2}{x^2 + 2x - 3} = 1,$$

$$b = \lim_{x \to \infty} \left[f(x) - x \right] = \lim_{x \to \infty} \frac{-2x^2 + 3x}{x^2 + 2x - 3} = -2,$$

故 $y = x - 2$ 为曲线的斜渐近线（见图 3-12）.

例 3　讨论曲线 $y = x + \ln x$ 的渐近线.

解　因为 $\lim\limits_{x \to +\infty} (x + \ln x) = +\infty$，所以曲线

没有水平渐近线；

$\lim\limits_{x \to 0^+} (x + \ln x) = -\infty$，所以 $x = 0$ 是曲线的

一条铅直渐近线.

又因为　$\lim\limits_{x \to +\infty} \dfrac{f(x)}{x} = \lim\limits_{x \to +\infty} \dfrac{x + \ln x}{x} = 1,$

但是　$\lim\limits_{x \to +\infty} \left[f(x) - x \right] = \lim\limits_{x \to +\infty} \ln x = +\infty.$

所以，曲线没有斜渐近线.

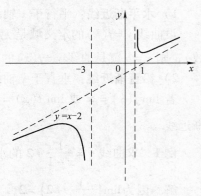

图 3-12

二、函数图形的描绘

由前面几节关于函数的各种形态的讨论，可以描绘出函数的基本图形.

主要步骤如下：

1）确定函数的定义域；

2）讨论函数的一些基本性质，如奇偶性、周期性等；

3）求出 $f'(x)$ 和 $f''(x)$ 的零点和不存在的点，用所求出的点把定义域分成若干区间，列表确定函数的单调性、凹凸性、极值点和拐点；

4）确定函数的渐近线；

5）在直角坐标系中，标明一些关键点的坐标，画出渐进线，按照曲线的性态逐段描绘.

例 4　作出函数 $y = \dfrac{2x^2}{x^2 - 1}$ 的图像.

解　1）$f(x) = \dfrac{2x^2}{x^2 - 1}$ 的定义域为 $(-\infty, -1) \cup (-1, 1) \cup (1, +\infty)$；

2）$f(x)$ 为偶函数，无周期性；

3）$f'(x) = -\dfrac{4x}{(x^2-1)^2}$

$$f''(x) = \dfrac{12x^2+4}{(x^2-1)^3}$$

$f(x)$ 和 $f'(x)$ 的零点是 $x = 0$，在 $x = \pm1$ 处，$f(x)$、$f'(x)$ 和 $f''(x)$ 均不存在；

4）用 -1、0、1 这 3 个点把定义域分为四个区间，并列表如下：

x	$(-\infty,-1)$	$(-1,0)$	0	$(0,1)$	$(1,+\infty)$
$f'(x)$	+	+	0	−	−
$f''(x)$	+	−	−4	−	+
$f(x)$	↗凹	↗凸	极大值 0	↘凸	↘凹

5）考察曲线的渐近线：

由于 $\lim\limits_{x\to-1}f(x) = \infty$，$\lim\limits_{x\to+1}f(x) = \infty$，所以 $x = \pm1$ 均是铅直渐近线；

因为 $\lim\limits_{x\to\infty}f(x) = 2$，所以 $y = 2$ 是一条水平渐近线.

6）绘出函数 $y = \dfrac{2x^2}{x^2-1}$ 的图像（见图 3-13）

例 5　作出函数 $y = \dfrac{(x-3)^2}{4(x-1)}$ 的图像.

解　$f(x)$ 的定义域为 $(-\infty,1)\cup(1,+\infty)$；

$f(x)$ 为非奇非偶函数，也无周期性；

$$f'(x) = \dfrac{(x-3)(x+1)}{4(x-1)^2},$$

$$f''(x) = \dfrac{2}{(x-1)^3}.$$

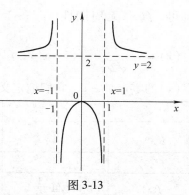

图 3-13

$f'(x)$ 的零点是 $x_1 = -1$ 和 $x_2 = 3$，$f''(x)$ 无零点，列表如下：

x	$(-\infty,-1)$	-1	$(-1,1)$	$(1,3)$	3	$(3,+\infty)$
$f'(x)$	+	0	−	−	0	+
$f''(x)$	−	−	+	+	+	+
$f(x)$	↗凸	极大值 −2	↘凸	↘凹	极小值 0	↗凹

考察曲线的渐近线：

$$\lim_{x\to1}\dfrac{(x-3)^2}{4(x-1)} = \infty$$

所以 $x = 1$ 是铅直渐近线.

$$\lim_{x\to\infty}\frac{f(x)}{x}=\lim_{x\to\infty}\frac{(x-3)^2}{4(x-1)x}=\frac{1}{4}$$

$$\lim_{x\to\infty}\left[f(x)-\frac{1}{4}x\right]=\lim_{x\to\infty}\left[\frac{(x-3)^2}{4(x-1)}-\frac{1}{4}x\right]$$

$$=\lim_{x\to\infty}\frac{-5x+9}{4(x-1)}$$

$$=-\frac{5}{4}$$

所以 $y=\frac{1}{4}x-\frac{5}{4}$ 是 $f(x)$ 的斜渐近线.

综合上述讨论，绘出该函数的图像（见图 3-14）.

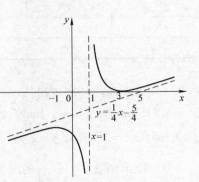

图 3-14

例 6　作出函数 $\dfrac{1}{\sqrt{2\pi}}e^{-\frac{x^2}{2}}$ 的图像.

解　$f(x)$ 的定义域是 $(-\infty,+\infty)$，$f(x)$ 为偶函数关于 y 轴对称，因此只要讨论 $[0,+\infty)$ 即可，$f(x)$ 无周期性；$f'(x)=-\dfrac{1}{\sqrt{2\pi}}xe^{-\frac{x^2}{2}}$，

$f''(x)=-\dfrac{1}{\sqrt{2\pi}}e^{-\frac{x^2}{2}}(1-x^2)$，$f'(x)$ 的零点是 0，

$f''(x)$ 的零点是 ± 1，它们把定义域分成三个区间，在 $[0,+\infty)$ 区间列表如下：

x	0	(0,1)	1	$(1,+\infty)$
$f'(x)$	0		$-\dfrac{1}{\sqrt{2\pi e}}$	$-$
$f''(x)$	$-$	$-$	0	$+$
$f(x)$	极大值 $\dfrac{1}{\sqrt{2\pi}}$	↘凸	拐点	↘凹

因为 $\lim\limits_{x\to\infty}y=0$，所以 x 轴是水平渐近线.

综合上述讨论，绘出函数的图像（见图 3-15）.

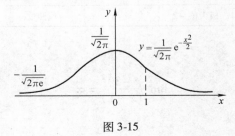

图 3-15

习题 3.6

1. 作出函数 $y = \dfrac{4(x+1)}{x^2} - 2$ 的图像.

2. 作出函数 $y = \dfrac{x^2}{1+x}$ 的图像.

3. 作出函数 $y = \dfrac{x}{1+x^2}$ 的图像.

4. 作出函数 $f(x) = \mathrm{e}^{-\frac{(x-1)^2}{2}}$ 的图像.

第七节 曲 率

一、弧微分

作为曲率的预备知识, 先介绍弧微分的概念.

设函数 $f(x)$ 在区间 (a,b) 内具有连续导数, 其图形为 $\overparen{AB}$ (见图 3-16), 并规定依 x 增大的方向作为曲线 $y = f(x)$ 的正向. 对曲线上任一点 $M(x,y)$, 规定有向弧段 $\overparen{AM}$ 的值为 s (简称为弧 s) 显然, 弧 s 与 x 存在函数关系: $s = s(x)$. 而且 $s(x)$ 是 x 的单调增加函数. 下面求 $s(x)$ 的导数及微分.

设 x, $x + \Delta x$ 为 (a,b) 内两个邻近的点, 它们在曲线 $y = f(x)$ 上的对应点为 M, M' (见图 3-16), 并设对应于 x 的增量 Δx, 弧 s 的增量为 Δs, 于是

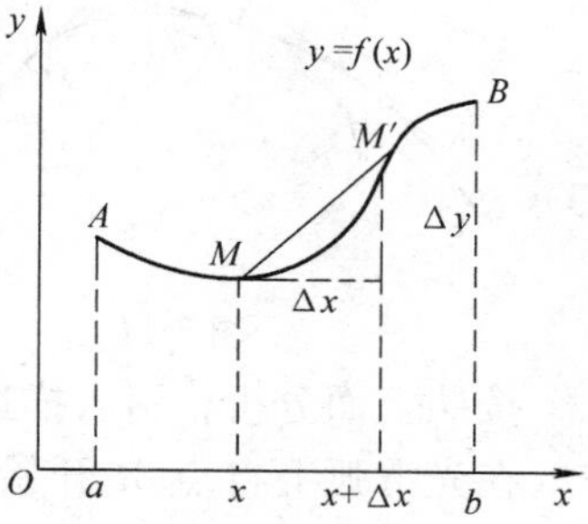

图 3-16

$$\left(\frac{\Delta s}{\Delta x}\right)^2 = \left(\frac{\overparen{MM'}}{\Delta x}\right)^2 = \left(\frac{\overparen{MM'}}{|MM'|}\right) \cdot \frac{|MM'|^2}{(\Delta x)^2}$$

$$= \left(\frac{\overparen{MM'}}{|MM'|}\right)^2 \cdot \frac{(\Delta x)^2 + (\Delta y)^2}{(\Delta x)^2}$$

$$= \left(\frac{\overparen{MM'}}{|MM'|}\right)\left[1 + \left(\frac{\Delta y}{\Delta x}\right)^2\right]$$

$$\frac{\Delta s}{\Delta x} = \pm\sqrt{\left(\frac{\overparen{MM'}}{|MM'|}\right)\left[1 + \left(\frac{\Delta y}{\Delta x}\right)^2\right]}$$

令 $\Delta x \to 0$ 取极限, 由于 $\Delta x \to 0$ 时, $M \to M'$, 这时弧的长度与弦的长度之比的极限为 1, 又因为 $\lim\limits_{\Delta x \to 0}\dfrac{\Delta y}{\Delta x} = y'$, 因此得

$$\frac{\mathrm{d}s}{\mathrm{d}x} = \pm\sqrt{1 + y'^2}$$

由于 $s = s(x)$ 是单调增加函数，从而根号前应取正数，于是有

$$\frac{\mathrm{d}s}{\mathrm{d}x} = \sqrt{1 + y'^2}$$

这就是**弧微分公式**.

二、曲率及其计算公式

在工程技术中，有时需要研究曲线的弯曲程度，如船体结构中的钢梁，机床的转轴等. 可以观察到，直线不弯曲，半径较小的圆弯曲程度得比半径较大的圆大些，而其他曲线的不同部分有不同的弯曲程度，比如，抛物线 $y = x^2$ 在顶点附近弯曲的比远离顶点的部分厉害些. 下面研究如何用数量来描述曲线的弯曲程度.

如图 3-17 所示，弧段 $\overparen{MM'}$ 比较平直，当动点沿这弧段从 M 移动到 M' 时切线转过的角度不大；而弧段 $\overparen{M'M''}$ 弯曲得厉害，动点沿这弧段从 M' 移动到 M'' 时切线转过的角度就比较大.

但是，切线转过的角度的大小还不能完全反映曲线弯曲的程度. 如图 3-18 所示，尽管两弧段的切线转过的角度相同，然而弯曲程度却不相同，短弧段比长弧段弯曲得厉害些. 由此可见，曲线弧的弯曲程度还与弧段的长度有关.

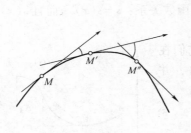

图 3-17

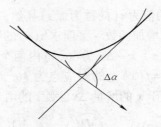

图 3-18

按照上面分析，引入描述曲线弯曲程度的曲率概念如下.

在光滑弧上自点 M 开始取弧段，其长为 Δs. 对应切线转角为 $\Delta\alpha$，如图 3-19 所示.

用单位弧段上切线转过的角度的大小来表示弧段 $\overparen{MM'}$ 的弯曲程度，把这比值叫做弧段 $\overparen{MM'}$ 的平均曲率，并记作 $\overline{K}$，即

$$\overline{K} = \left| \frac{\Delta\alpha}{\Delta s} \right|.$$

类似于从平均速度引进瞬时速度的方法，当 $\Delta s \to 0$ 时（即 $M' \to M$ 时），上述平均曲率的极限叫做曲线

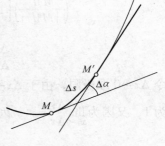

图 3-19

$y = f(x)$ 在点 M 处的**曲率**，记作 K，即

$$K = \lim_{\Delta s \to 0} \left| \frac{\Delta \alpha}{\Delta s} \right|$$

在 $\lim_{\Delta s \to 0} \dfrac{\Delta \alpha}{\Delta s} = \dfrac{\mathrm{d}\alpha}{\mathrm{d}s}$ 存在的条件下，K 也可以表示为

$$K = \left| \frac{\mathrm{d}\alpha}{\mathrm{d}s} \right|$$

对于直线而言，切线与直线本身重合，当点在直线上移动时，切线的转角不变，所以 $\Delta \alpha = 0$，从而 $K = 0$. 也就是说直线上任一点的曲率都为零，这与人们直觉认识到的"直线不弯曲"一致.

设圆的半径为 R，如图 3-20 所示，$\Delta s = R \Delta \alpha$，所以 $K = \lim\limits_{\Delta s \to 0} \left| \dfrac{\Delta \alpha}{\Delta s} \right| = \dfrac{1}{R}$. 这说明圆上任一点处曲率都等于半径的倒数，也就是说，圆的弯曲程度是一样的，且半径越小曲率越大，即圆弯曲得越厉害.

在一般情况下，可由式子 $K = \left| \dfrac{\mathrm{d}\alpha}{\mathrm{d}s} \right|$ 导出便于实际计算曲率的公式.

设曲线的直角坐标方程是 $y = f(x)$，且 $f(x)$ 具有二阶导数.

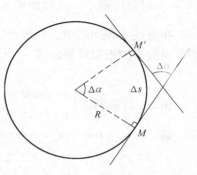

图 3-20

因为

$$\tan\alpha = y', \quad \left(-\frac{\pi}{2} < \alpha < \frac{\pi}{2} \right)$$

$$\sec^2\alpha \frac{\mathrm{d}\alpha}{\mathrm{d}x} = y'',$$

$$\frac{\mathrm{d}\alpha}{\mathrm{d}x} = \frac{y''}{1 + \tan^2\alpha} = \frac{y''}{1 + y'^2},$$

于是

$$\mathrm{d}\alpha = \frac{y''}{1 + y'^2}\mathrm{d}x$$

由弧微分公式 $\dfrac{\mathrm{d}s}{\mathrm{d}x} = \sqrt{1 + y'^2}$ 及曲率的公式 $K = \left| \dfrac{\mathrm{d}\alpha}{\mathrm{d}s} \right|$，得

$$K = \frac{|y''|}{(1 + y'^2)^{3/2}}$$

设曲线由参数方程

$$\begin{cases} x = \varphi(t) \\ y = \psi(t) \end{cases}$$

给出，则可利用由参数方程所确定的函数的求导方法，得到曲率的计算公式

$$K = \frac{|\varphi'\psi'' - \varphi''\psi'|}{(\varphi'^2 + \psi'^2)^{3/2}}$$

例 1 抛物线 $y = ax^2 + bx + c$ 上哪一点处的曲率最大?

解 将 $y' = 2ax + b$, $y'' = 2a$, 代入公式 $K = \dfrac{|y''|}{(1 + y'^2)^{3/2}}$, 得

$$K = \frac{|2a|}{[1 + (2ax + b)^2]^{3/2}}$$

因为分子是常数 $|2a|$, 所以要使曲率 K 最大, 只要使分母最小即可. 容易看出, 当 $2ax + b = 0$ 时, 即

$x = -\dfrac{b}{2a}$ 时分母最小, 从而曲率 K 最大. 因此, 抛物线在顶点处的曲率最大.

在有些实际问题中, 如果 $|y'|$ 同 1 比起来很小的话, 则 $|y'|$ 可以忽略不计, 从而可得曲率的近似计算公式

$$K \approx |y''|$$

例 2 讨论椭圆 $\begin{cases} x = a\cos t \\ y = b\sin t \end{cases}$ $(0 \leqslant t \leqslant 2\pi, 0 < b < a)$ 在何处曲率最大?

解 $x' = -a\sin t$, $x'' = -a\cos t$, $y' = b\cos t$, $y'' = -b\sin t$

$$K = \frac{|x'y'' - x''y'|}{(x'^2 + y'^2)^{3/2}} = \frac{|ab|}{(a^2 \sin^2 t + b^2 \cos^2 t)^{3/2}}$$

令 $f(t) = a^2 \sin^2 t + b^2 \cos^2 t$, 因为分子是常数 $|ab|$, 所以当且仅当分母 $f(t)$ 取最小值时 K 最大.

$$f'(t) = (a^2 - b^2)\sin 2t, \ \text{令} \ f'(t) = 0, \ \text{得} \ t = 0, \ \frac{\pi}{2}, \ \pi, \ \frac{3\pi}{2}, \ 2\pi.$$

计算驻点处的函数值并进行比较得知, 在 $t = 0$, π, 2π 时 $f(t)$ 取最小值, 从而 K 取最大值, 说明椭圆在点 $(\pm a, 0)$ 处的曲率最大.

三、曲率圆与曲率半径

设曲线 $y = f(x)$ 在点 $M(x, y)$ 处的曲率为 $K(K \neq 0)$. 在点 M 处的曲线的法线上, 在凹的一侧取一点 D, 使 $|DM| = \dfrac{1}{K} = \rho$. 以 D 为圆心, ρ 为半径作圆(见图 3-21), 这个圆叫做曲线在点 M 处的曲率圆, 曲率圆的圆心 D 叫做曲线在点 M 处的曲率中心, 曲率圆的半径 ρ 叫做曲线在点 M 处的曲率半径.

按照上述规定, 曲率圆与曲线在点 M 处有相同的切线和曲率, 且在点 M 邻近有相同的凹向. 因此, 在实际问题中, 常用曲率圆在点 M 邻近的一段圆弧来近

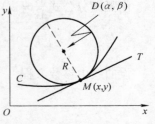

图 3-21

似代替曲线弧,以使问题简化.

由上面规定,曲线在点 M 处的曲率 $K(K\neq0)$ 与曲线在点处的曲率半径 ρ 有如下关系:

$$\rho = \frac{1}{K}, \quad K = \frac{1}{\rho}$$

例 3 设一工件内表面的截痕是一椭圆(见图3-22),现要用砂轮磨削其内表面,问选择半径多大的砂轮比较合适?

解 设椭圆 $\begin{cases} x = a\cos t \\ y = b\sin t \end{cases}$ $(0 \leqslant t \leqslant 2\pi, 0 < b < a)$.

由例2可知,椭圆在点 $(\pm a, 0)$ 处的曲率最大,即曲率半径最小,且为

$$R = \frac{(a^2\sin^2 t + b^2\cos^2 t)^{3/2}}{|ab|}\bigg|_{t=0} = \frac{b^2}{a}$$

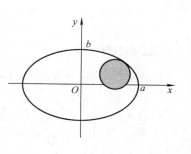

图 3-22

显然砂轮半径不超过 $\dfrac{b^2}{a}$ 时才不会产生过量磨损或有的地方磨不到的问题.

对于砂轮磨削一般工件的内表面时,也有类似的结论,即选用砂轮的半径不应超过这工件内表面的截线上各点处曲率半径中的最小值.

习题 3.7

1. 计算等边双曲线 $xy = 1$ 在点 $(1,1)$ 处的曲率.

2. 对数曲线 $y = \ln x$ 上哪一点处的曲率半径最小?求出该点处的曲率半径.

3. 求曲线 $x = a\cos^3 t$, $y = a\sin^3 t$ 在 $t = t_0$ 相应的点处的曲率.

4. 曲线在一点处的曲率圆与曲线有何密切关系?

综合测试题(三)

一、单项选择题

1. 下列函数在 $[1, e]$ 上满足拉格朗日定理条件的是( ).

(A) $\ln(\ln x)$;   (B) $\ln x$;   (C) $\dfrac{1}{\ln x}$;   (D) $\ln(2-x)$.

2. 设 $f'(x_0) = f''(x_0) = 0$, $f'''(x_0) > 0$,则( ).

(A) $f'(x_0)$ 是 $f'(x)$ 的极大值;   (B) $f(x_0)$ 是 $f(x)$ 的极大值;

(C) $f(x_0)$ 是 $f(x)$ 的极小值;   (D) $(x_0, f(x_0))$ 是曲线 $y = f(x)$ 的拐点.

3. 设函数 $f(x)$ 在 $[0,1]$ 上满足 $f''(x) > 0$,则 $f'(1)$, $f'(0)$, $f(1) - f(0)$ 或 $f(0) - f(1)$ 的大小顺序是( ).

(A) $f'(1) > f'(0) > f(1) - f(0)$;   (B) $f'(1) > f(1) - f(0) > f'(0)$;

(C) $f(1) - f(0) > f'(1) > f'(0)$;   (D) $f'(1) > f(0) - f(1) > f'(0)$.

4. 指出曲线 $f(x) = \dfrac{x}{3 - x^2}$ 的渐近线（　　　）.

（A）没有水平渐近线；　　　　　　　　（B）只有一条垂直渐近线；

（C）既有垂直渐近线，又有水平渐近线；　　（D）只有水平渐近线.

5. 曲线 $y = (x - 5)^{\frac{5}{3}} + 2$（　　　）.

（A）有极值点 $x = 5$，但无拐点；　　　　（B）有拐点 $(5, 2)$，但无极值点；

（C）有极值点 $x = 5$，且 $(5, 2)$ 是拐点；　　（D）既无极值点，又无拐点.

二、填空题

1. 设常数 $k > 0$，函数 $f(x) = \ln x - \dfrac{x}{e} + k$ 在 $(0, +\infty)$ 内零点的个数为（　　　）.

2. 若 $f(x) = \begin{cases} \dfrac{\sin 2x + e^{2ax} - 1}{x}, & x \neq 0 \\ a, & x = 0 \end{cases}$ 在 $(-\infty, +\infty)$ 上连续，则 $a = ($　　　$)$.

3. 曲线 $y = x \ln\left(e + \dfrac{1}{x}\right)$ $(x > 0)$ 的渐近线方程为（　　　）.

4. $\lim\limits_{x \to 0} \dfrac{\ln(1 + x)\ln(1 - x) - \ln(1 - x^2)}{x^4} = ($　　　$)$.

5. 若 $f(x)$ 是 x 的四次多项式函数，它有两个拐点 $(2, 16)$、$(0, 0)$，并且在点 $(2, 16)$ 处的切线平行于 x 轴，那么函数 $f(x)$ 的表达式是（　　　）.

三、计算与应用题

1. 当 a 为何值时，$y = a\sin x + \dfrac{1}{3}\sin 3x$ 在 $x = \dfrac{\pi}{3}$ 处有极值？求此极值，并说明是极大值还是极小值.

2. 求 $\lim\limits_{x \to 0} \dfrac{e^x + \ln(1 - x) - 1}{x - \arctan x}$.

3. 求 $\lim\limits_{x \to 0} \left(\dfrac{\sin x}{x}\right)^{\frac{1}{1 - \cos x}}$.

4. 求椭圆 $x^2 - xy + y^2 = 3$ 上纵坐标最大和最小的点.

5. 求数列 $\{\sqrt[n]{n}\}$ 的最大项.

6. 曲线弧 $y = \sin x$ $(0 < x < \pi)$ 上哪一点处的曲率半径最小？求出该点处的曲率半径.

四、证明题

设 $f(x)$ 在 (a, b) 内二阶可导，且 $f''(x) \geqslant 0$. 证明对于 (a, b) 内任意两点 x_1、x_2 及 $0 \leqslant t \leqslant 1$，有 $f[(1 - t)x_1 + tx_2] \leqslant (1 - t)f(x_1) + tf(x_2)$.

第四章 不定积分

微分学是研究如何从已知函数求出其导数. 有时需要解决与之相反的问题, 即由一个已知函数的导数或微分, 求出这个函数, 这是积分学的基本问题之一.

第一节 不定积分的概念与性质

一、原函数与不定积分

定义 4.1 设 $f(x)$ 是定义在区间 I 上的函数, 如果存在函数 $F(x)$, 对于任意 $x \in I$, 都有

$$F'(x) = f(x) \text{ 或 } \mathrm{d}F(x) = f(x)\mathrm{d}x$$

则称函数 $F(x)$ 为函数 $f(x)$ 在区间 I 上的一个**原函数**.

例如, 因为 $(\sin x)' = \cos x$, 则 $\sin x$ 是 $\cos x$ 的原函数.

又因为 $(\sin x + 1)' = \cos x$, 所以 $\sin x + 1$ 也是 $\cos x$ 的原函数.

由此例可以看出, 一个函数若有原函数, 则原函数可以不止一个.

实际上, 若函数 $F(x)$ 为函数 $f(x)$ 的一个原函数, 即 $F'(x) = f(x)$, 则 $(F(x) + C)' = f(x)$ (其中, C 为任意常数), 所以 $F(x) + C$ 都是 $f(x)$ 的原函数.

所以, 函数 $f(x)$ 的原函数有无穷多个.

另一方面, 如果 $F(x)$, $G(x)$ 为函数 $f(x)$ 在区间 I 上的任意两个原函数,

即 $\qquad [F(x)]' = f(x), \ [G(x)]' = f(x),$

则 $\qquad [G(x) - F(x)]' = G'(x) - F'(x) = f(x) - f(x) = 0$

所以 $\qquad G(x) - F(x) = C,$

即 $\qquad G(x) = F(x) + C.$

所以, 函数 $f(x)$ 的任意两个原函数仅相差一个常数.

定义 4.2 函数 $f(x)$ 的所有原函数称为 $f(x)$ 的**不定积分**, 记作 $\int f(x)\mathrm{d}x$.

其中, $\int$ 称为积分号, $f(x)$ 称为**被积函数**, $f(x)\mathrm{d}x$ 称为**被积表达式**, x 称为**积分变量**.

因此, 若 $F(x)$ 是 $f(x)$ 的一个原函数, 那么 $\int f(x)\mathrm{d}x = F(x) + C$.

例 1　求 $\displaystyle\int \frac{\mathrm{d}x}{1+x^2}$.

解　由于 $(\arctan x)' = \dfrac{1}{1+x^2}$，所以 $\arctan x$ 是 $\dfrac{1}{1+x^2}$ 的一个原函数，因此

$$\int \frac{\mathrm{d}x}{1+x^2} = \arctan x + C.$$

例 2　求函数 $f(x) = \dfrac{1}{x}$ 的不定积分.

解　当 $x > 0$ 时，由 $(\ln x)' = \dfrac{1}{x}$，得

$$\int \frac{1}{x}\mathrm{d}x = \ln x + C.$$

当 $x < 0$ 时，由 $[\ln(-x)]' = \dfrac{1}{-x} \cdot (-1) = \dfrac{1}{x}$，得

$$\int \frac{1}{x}\mathrm{d}x = \ln(-x) + C.$$

综合两种情况，可得

$$\int \frac{1}{x}\mathrm{d}x = \ln|x| + C.$$

二、不定积分的性质

由于求不定积分是求导数或微分的逆运算，故有如下性质：

$$\left[\int f(x)\mathrm{d}x\right]' = f(x) \text{ 或 } \mathrm{d}\left[\int f(x)\mathrm{d}x\right] = f(x)\mathrm{d}x;$$

$$\int F'(x)\mathrm{d}x = F(x) + C \text{ 或 } \int \mathrm{d}F(x) = F(x) + C.$$

由导数运算的线性性质，还可以得到如下性质：

1) $\displaystyle\int [f(x) + g(x)]\mathrm{d}x = \int f(x)\mathrm{d}x + \int g(x)\mathrm{d}x$;

2) $\displaystyle\int kf(x)\mathrm{d}x = k\int f(x)\mathrm{d}x$　（k 为常数，$k \neq 0$）.

证　1) $\left[\displaystyle\int f(x)\mathrm{d}x + \int g(x)\mathrm{d}x\right]' = \left[\int f(x)\mathrm{d}x\right]' + \left[\int g(x)\mathrm{d}x\right]' = f(x) + g(x).$

推广之，有限个函数的和也有这一性质.

2) 类似可证.

此外，至于函数 $f(x)$ 在什么条件下才有原函数，将在下一章给出说明，先给出结论：

若函数 $f(x)$ 在某一区间上连续，则在此区间上 $f(x)$ 的原函数一定存在.

三、基本积分公式

因为求不定积分是求导数的逆运算，则由基本导数公式对应地可以得到基本积分公式：

1) $\int k\mathrm{d}x = kx + C$（$k$ 是常数）；

2) $\int x^{\alpha}\mathrm{d}x = \dfrac{x^{\alpha+1}}{\alpha+1} + C$　（$\alpha \neq -1$）；

3) $\int \dfrac{1}{x}\mathrm{d}x = \ln|x| + C$；

4) $\int \dfrac{1}{1+x^2}\mathrm{d}x = \arctan x + C$；

5) $\int \dfrac{\mathrm{d}x}{\sqrt{1-x^2}} = \arcsin x + C$；

6) $\int \mathrm{e}^x\mathrm{d}x = \mathrm{e}^x + C$；

7) $\int a^x\mathrm{d}x = \dfrac{a^x}{\ln a} + C$（$a \neq 1$）；

8) $\int \cos x\mathrm{d}x = \sin x + C$；

9) $\int \sin x\mathrm{d}x = -\cos x + C$；

10) $\int \sec^2 x\mathrm{d}x = \tan x + C$；

11) $\int \csc^2 x\mathrm{d}x = -\cot x + C$；

12) $\int \sec x\tan x\mathrm{d}x = \sec x + C$；

13) $\int \csc x\cot x\mathrm{d}x = -\csc x + C$.

例3　求 $\int \left[\sqrt{x\sqrt{x}}\left(1 - \dfrac{1}{x^2}\right) + \cos x\right]\mathrm{d}x.$

解　$\int \left[\sqrt{x\sqrt{x}}\left(1 - \dfrac{1}{x^2}\right) + \cos x\right]\mathrm{d}x = \int \left[x^{\frac{1}{2}} \cdot x^{\frac{1}{4}}\left(1 - \dfrac{1}{x^2}\right) + \cos x\right]\mathrm{d}x$

$$= \int \left(x^{\frac{3}{4}} - x^{-\frac{5}{4}} + \cos x \right)\mathrm{d}x$$

$$= \dfrac{4}{7}x^{\frac{7}{4}} + 4x^{-\frac{1}{4}} + \sin x + C$$

例4　求 $\int \dfrac{1 + x + x^2}{x(1 + x^2)}\mathrm{d}x.$

解　$\int \dfrac{1 + x + x^2}{x(1 + x^2)}\mathrm{d}x = \int \left(\dfrac{1}{1 + x^2} + \dfrac{1}{x}\right)\mathrm{d}x$

$$= \int \dfrac{1}{1 + x^2}\mathrm{d}x + \int \dfrac{1}{x}\mathrm{d}x$$

$$= \arctan x + \ln|x| + C$$

例5　求 $\int \dfrac{x^4}{1 + x^2}\mathrm{d}x.$

解　$\int \dfrac{x^4}{1 + x^2}\mathrm{d}x = \int \dfrac{x^4 - 1 + 1}{1 + x^2}\mathrm{d}x$

$$= \int \frac{(x^2+1)(x^2-1)+1}{1+x^2}dx$$

$$= \int \left(x^2-1+\frac{1}{1+x^2}\right)dx$$

$$= \int x^2 dx - \int 1 dx + \int \frac{1}{1+x^2}dx$$

$$= \frac{x^3}{3} - x + \arctan x + C$$

例6　求 $\int \sin^2 \frac{x}{2}dx$.

解
$$\int \sin^2 \frac{x}{2}dx = \int \frac{1}{2}(1-\cos x)dx$$

$$= \frac{1}{2}\int (1-\cos x)dx$$

$$= \frac{1}{2}\left[\int 1 dx - \int \cos x dx\right]$$

$$= \frac{1}{2}(x - \sin x) + C$$

四、不定积分的几何意义

由于函数 $f(x)$ 的不定积分 $F(x)+C$ 中含有任意常数,因此在几何上,对于每一个确定的常数值 C,都相应地有一条曲线,称为 $f(x)$ 的**积分曲线**. 显然这样的曲线有无数条,它们可以由曲线 $y=F(x)$ 沿 y 轴方向上下移动而得到,称为 $f(x)$ 的**积分曲线族**(见图 4-1).

积分曲线族中的每一条曲线,对应于同一横坐标 $x=x_0$ 处有相同的斜率 $f(x_0)$,则在 $x=x_0$ 处它们的切线互相平行(见图 4-1).

例7　已知曲线在点 $P(x,y)$ 的切线斜率 $k=\frac{1}{4}x$,且曲线经过点 $\left(2,\frac{5}{2}\right)$,求此曲线方程.

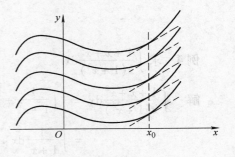

图 4-1

解　设曲线方程为 $y=f(x)$,由假设 $f'(x)=\frac{1}{4}x$,有

$$f(x) = \int f'(x)dx = \frac{1}{4}\int x dx = \frac{1}{8}x^2 + C$$

即 $y = \dfrac{x^2}{8} + C$，C 为常数.

由于曲线经过点 $\left(2, \dfrac{5}{2}\right)$，以此点坐标代入方程，得

$$\dfrac{5}{2} = \dfrac{4}{8} + C,\ 解得\ C = 2.$$

因此所求方程为 $y = \dfrac{x^2}{8} + 2$（见图4-2）.

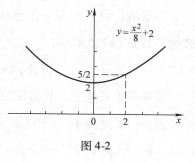

图4-2

习题4.1

1. 求下列不定积分：

1) $\displaystyle\int (2 - \sqrt{x})\mathrm{d}x$；

2) $\displaystyle\int (2x^3 - x + 3)\mathrm{d}x$；

3) $\displaystyle\int (2e^x + 2^x)\mathrm{d}x$；

4) $\displaystyle\int \dfrac{2x^2}{1 + x^2}\mathrm{d}x$；

5) $\displaystyle\int \dfrac{1}{x^2(1 + x^2)}\mathrm{d}x$；

6) $\displaystyle\int \tan^2 x\,\mathrm{d}x$；

7) $\displaystyle\int \cos^2 \dfrac{x}{2}\mathrm{d}x$；

8) $\displaystyle\int \left[2 - x^3 + \dfrac{1}{x^2} - \sec^2 x\right]\mathrm{d}x$.

2. 设某一曲线在 x 处的切线斜率 $k = 2x$，且曲线过点 $(2,5)$，求这条曲线的方程.

3. 设某工厂生产某种产品的日产量为 x，每日生产的产品的总成本 y 的变化率是 x 的函数 $y' = 7 + \dfrac{25}{\sqrt{x}}$，已知固定成本为 1000 元，求总成本与日产量的函数关系.

4. 一物体由静止开始运动，经过 $t(\mathrm{s})$ 后的速度是 $3t^2(\mathrm{m/s})$，问：

1) 在 3s 后物体离开出发点的距离是多少？

2) 物体走完 360m 需要多少时间？

第二节　换元积分法

一、第一类换元法

在上一节中，虽已介绍了一些求原函数的方法，但这些方法在有些情况下是不够的. 例如，$\displaystyle\int \cos 2x\,\mathrm{d}x$ 就不易求解.

如果令 $2x = u$，可得

$$\int \cos 2x\,\mathrm{d}x = \int \dfrac{1}{2}\cos 2x\,\mathrm{d}(2x) = \dfrac{1}{2}\int \cos u\,\mathrm{d}u = \dfrac{1}{2}\sin u + C,$$

代回原变量，得 $\displaystyle\int \cos 2x\,\mathrm{d}x = \dfrac{1}{2}\sin 2x + C$.

一般地，设 $f(u)$ 是 u 的连续函数，且 $\int f(u)\,\mathrm{d}u = F(u) + C$，若 $u = \varphi(x)$ 有连续的导数 $\varphi'(x)$，则

$$\int f(\varphi(x))\varphi'(x)\,\mathrm{d}x = F(\varphi(x)) + C$$

要证明上式成立，只需证明 $[F(\varphi(x))]' = f(\varphi(x))\varphi'(x)$ 即可.

因为 $[F(\varphi(x))]' = F'(\varphi(x))\varphi'(x)$，又由 $\int f(u)\,\mathrm{d}u = F(u) + C$，得 $F'(u) = f(u)$，故 $[F(\varphi(x))]' = f(\varphi(x))\varphi'(x)$ 成立.

上述通过换元求不定积分的方法称为**第一类换元法**.

例1　求 $\int \dfrac{1}{3-2x}\,\mathrm{d}x$.

解　令 $u = 3 - 2x$，则 $\mathrm{d}u = -2\,\mathrm{d}x$，故

$$\int \frac{\mathrm{d}x}{3-2x} = -\frac{1}{2}\int \frac{\mathrm{d}(3-2x)}{3-2x} = -\frac{1}{2}\int \frac{\mathrm{d}u}{u} = -\frac{1}{2}\ln|u| + C = -\frac{1}{2}\ln|3-2x| + C.$$

例2　求 $\int \tan x\,\mathrm{d}x$.

解　$\int \tan x\,\mathrm{d}x = \int \dfrac{\sin x}{\cos x}\,\mathrm{d}x$，设 $u = \cos x$，则 $\mathrm{d}u = -\sin x\,\mathrm{d}x$，

因此，$\int \tan x\,\mathrm{d}x = \int \dfrac{\sin x}{\cos x}\,\mathrm{d}x = -\int \dfrac{\mathrm{d}u}{u} = -\ln|u| + C = -\ln|\cos x| + C.$

类似地，有 $\int \cot x\,\mathrm{d}x = \ln|\sin x| + C$.

当运算熟练以后，可以不必写出 u，而直接写出结果.

例3　求 $\int x\mathrm{e}^{x^2}\,\mathrm{d}x$.

解　$\int x\mathrm{e}^{x^2}\,\mathrm{d}x = \int \dfrac{1}{2}\mathrm{e}^{x^2}\mathrm{d}(x^2) = \dfrac{1}{2}\mathrm{e}^{x^2} + C.$

例4　求 $\int \dfrac{1}{a^2 + x^2}\,\mathrm{d}x$.

解　$\int \dfrac{1}{a^2 + x^2}\,\mathrm{d}x = \int \dfrac{1}{a^2}\cdot\dfrac{1}{1+\left(\dfrac{x}{a}\right)^2}\,\mathrm{d}x = \dfrac{1}{a}\int \dfrac{1}{1+\left(\dfrac{x}{a}\right)^2}\mathrm{d}\left(\dfrac{x}{a}\right) = \dfrac{1}{a}\arctan\dfrac{x}{a} + C.$

例5　求 $\int \dfrac{\mathrm{d}x}{\sqrt{a^2 - x^2}}$　$(a > 0)$.

解　$\int \dfrac{\mathrm{d}x}{\sqrt{a^2 - x^2}} = \int \dfrac{1}{a}\dfrac{\mathrm{d}x}{\sqrt{1-\left(\dfrac{x}{a}\right)^2}} = \int \dfrac{\mathrm{d}\left(\dfrac{x}{a}\right)}{\sqrt{1-\left(\dfrac{x}{a}\right)^2}} = \arcsin\dfrac{x}{a} + C.$

例 6 求 $\displaystyle\int \frac{1}{x^2-a^2}\mathrm{d}x$.

解 由于 $\dfrac{1}{x^2-a^2}=\dfrac{1}{2a}\Big(\dfrac{1}{x-a}-\dfrac{1}{x+a}\Big)$，所以

$$\int \frac{\mathrm{d}x}{x^2-a^2}=\frac{1}{2a}\int\Big(\frac{1}{x-a}-\frac{1}{x+a}\Big)\mathrm{d}x$$

$$=\frac{1}{2a}\Big(\int\frac{1}{x-a}\mathrm{d}x-\int\frac{1}{x+a}\mathrm{d}x\Big)$$

$$=\frac{1}{2a}\Big[\int\frac{1}{x-a}\mathrm{d}(x-a)-\int\frac{1}{x+a}\mathrm{d}(x+a)\Big]$$

$$=\frac{1}{2a}\big[\ln|x-a|-\ln|x+a|\big]+C$$

$$=\frac{1}{2a}\ln\left|\frac{x-a}{x+a}\right|+C.$$

例 7 求 $\displaystyle\int \frac{\mathrm{d}x}{2x^2+4x+3}$.

解
$$\int \frac{\mathrm{d}x}{2x^2+4x+3}=\frac{1}{2}\int\frac{\mathrm{d}x}{x^2+2x+\dfrac{3}{2}}$$

$$=\frac{1}{2}\int\frac{\mathrm{d}x}{(x+1)^2+\dfrac{1}{2}}$$

$$=\frac{1}{2}\int\frac{1}{(x+1)^2+\Big(\dfrac{1}{\sqrt{2}}\Big)^2}\mathrm{d}(x+1)$$

$$=\frac{1}{2}\cdot\sqrt{2}\arctan\frac{x+1}{\dfrac{1}{\sqrt{2}}}+C$$

$$=\frac{\sqrt{2}}{2}\arctan\sqrt{2}(x+1)+C.$$

例 8 求 $\displaystyle\int \sin^3x\mathrm{d}x$.

解
$$\int \sin^3x\mathrm{d}x=\int \sin^2x\sin x\mathrm{d}x$$

$$=-\int(1-\cos^2x)\mathrm{d}(\cos x)$$

$$=-\int\mathrm{d}(\cos x)+\int\cos^2x\mathrm{d}(\cos x)$$

$$= -\cos x + \frac{1}{3}\cos^3 x + C.$$

例 9　求 $\int \cos^2 x \mathrm{d}x.$

解
$$\int \cos^2 x \mathrm{d}x = \int \frac{1+\cos 2x}{2}\mathrm{d}x$$
$$= \frac{1}{2}\int 1\mathrm{d}x + \frac{1}{2}\int \cos 2x \mathrm{d}x$$
$$= \frac{x}{2} + \frac{1}{4}\sin 2x + C.$$

类似地，有 $\displaystyle\int \sin^2 x \mathrm{d}x = \int \frac{1-\cos 2x}{2}\mathrm{d}x = \frac{x}{2} - \frac{1}{4}\sin 2x + C.$

例 10　求 $\int \csc x \mathrm{d}x.$

解
$$\int \csc x \mathrm{d}x = \int \frac{\mathrm{d}x}{\sin x} = \int \frac{\mathrm{d}x}{2\sin \frac{x}{2}\cos \frac{x}{2}} = \int \frac{\mathrm{d}\left(\frac{x}{2}\right)}{\tan \frac{x}{2}\cos^2 \frac{x}{2}} = \int \frac{\sec^2 \frac{x}{2}\mathrm{d}\left(\frac{x}{2}\right)}{\tan \frac{x}{2}}$$
$$= \int \frac{\mathrm{d}\left(\tan \frac{x}{2}\right)}{\tan \frac{x}{2}} = \ln\left|\tan \frac{x}{2}\right| + C.$$

又因为
$$\tan \frac{x}{2} = \frac{\sin \frac{x}{2}}{\cos \frac{x}{2}} = \frac{2\sin^2 \frac{x}{2}}{\sin x} = \frac{1-\cos x}{\sin x} = \csc x - \cot x.$$

所以上述不定积分又可表示为
$$\int \csc x \mathrm{d}x = \ln|\csc x - \cot x| + C.$$

类似地，有 $\displaystyle\int \sec x \mathrm{d}x = \ln|\sec x + \tan x| + C.$

例 11　求 $\int \sin 2x \cos 3x \mathrm{d}x.$

解　利用积化和差公式 $\sin\alpha\cos\beta = \frac{1}{2}\left[\sin(\alpha+\beta) + \sin(\alpha-\beta)\right]$，得
$$\sin 2x \cos 3x = \frac{1}{2}\left[\sin 5x - \sin x\right],$$

所以
$$\int \sin 2x \cos 3x \mathrm{d}x = \frac{1}{2}\int (\sin 5x - \sin x)\mathrm{d}x = \frac{1}{2}\int \sin 5x \mathrm{d}x - \frac{1}{2}\int \sin x \mathrm{d}x$$
$$= -\frac{1}{10}\cos 5x + \frac{1}{2}\cos x + C.$$

二、第二类换元法

对于某些特殊的不定积分 $\int f(x)\,\mathrm{d}x$，可以引入新的变量 t，将 x 表示为 t 的函数，从而简化积分计算．这种换元法称为**第二类换元法**．

设函数 $x = \varphi(t)$ 严格单调、可导，且 $\varphi'(t) \neq 0$，又设 $f(\varphi(t))\varphi'(t)$ 具有原函数．

则有换元公式

$$\int f(x)\,\mathrm{d}x = \left[\int f(\varphi(t))\varphi'(t)\,\mathrm{d}t\right]_{t=\varphi^{-1}(x)},$$

其中，$\varphi^{-1}(x)$ 是 $x = \varphi(t)$ 的反函数．

证 设 $\int f(\varphi(t))\varphi'(t)\,\mathrm{d}t = F(t) + C$，要证明上式成立，只需证 $[F(\varphi^{-1}(x)) + C]' = f(x)$．

而 $\dfrac{\mathrm{d}}{\mathrm{d}x}F(\varphi^{-1}(x)) = \dfrac{\mathrm{d}F(t)}{\mathrm{d}t} \cdot \dfrac{\mathrm{d}t}{\mathrm{d}x} = f(\varphi(t))\varphi'(t) \cdot \dfrac{1}{\varphi'(t)} = f(\varphi(t)) = f(x)$．

例 12 求 $\int \dfrac{\mathrm{d}x}{1+\sqrt{x}}$．

解 作变量代换 $\sqrt{x} = t$，于是 $x = t^2$，$\mathrm{d}x = 2t\,\mathrm{d}t$，从而

$$\int \frac{\mathrm{d}x}{1+\sqrt{x}} = 2\int \frac{t}{1+t}\,\mathrm{d}t$$

$$= 2\int \left(1 - \frac{1}{1+t}\right)\mathrm{d}t$$

$$= 2t - 2\ln(1+t) + C$$

$$= 2\sqrt{x} - 2\ln(1+\sqrt{x}) + C.$$

例 13 求 $\int \sqrt{a^2 - x^2}\,\mathrm{d}x \ (a > 0)$．

解 令 $x = a\sin t \left(-\dfrac{\pi}{2} < t < \dfrac{\pi}{2}\right)$，则 $\mathrm{d}x = a\cos t\,\mathrm{d}t$，$\sqrt{a^2 - x^2} = a\cos t$，

$$\int \sqrt{a^2 - x^2}\,\mathrm{d}x = \int a\cos t \cdot a\cos t\,\mathrm{d}t$$

$$= a^2 \int \cos^2 t\,\mathrm{d}t$$

$$= a^2 \int \frac{1 + \cos 2t}{2}\,\mathrm{d}t$$

$$= \frac{a^2}{2}\left(t + \frac{1}{2}\sin 2t\right) + C,$$

由 $\sin t = \dfrac{x}{a}$ 作辅助三角形(见图 4-3),

得　　　　　　$t = \arcsin \dfrac{x}{a}$, $\cos t = \dfrac{\sqrt{a^2-x^2}}{a}$,

故　　　$\displaystyle\int \sqrt{a^2-x^2}\,\mathrm{d}x = \dfrac{a^2}{2}\left(\arcsin \dfrac{x}{a} + \dfrac{x\,\sqrt{a^2-x^2}}{a^2} \right) + C$

$$= \dfrac{a^2}{2}\arcsin \dfrac{x}{a} + \dfrac{x}{2}\sqrt{a^2-x^2} + C.$$

例 14　求 $\displaystyle\int \dfrac{\mathrm{d}x}{\sqrt{x^2+a^2}}$　$(a>0)$.

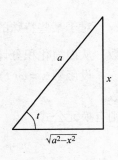

图 4-3

解　设 $x = a\tan t \left(-\dfrac{\pi}{2} < t < \dfrac{\pi}{2} \right)$, 则 $\mathrm{d}x = a\sec^2 t\,\mathrm{d}t$,

$$\sqrt{x^2+a^2} = \sqrt{a^2+a^2\tan^2 t} = a\,\sqrt{1+\tan^2 t} = a\sec t,$$

从而　　　$\displaystyle\int \dfrac{\mathrm{d}x}{\sqrt{x^2+a^2}} = \int \dfrac{a\sec^2 t}{a\sec t}\,\mathrm{d}t = \int \sec t\,\mathrm{d}t = \ln|\sec t + \tan t| + C_1.$

由 $\tan t = \dfrac{x}{a}$ 作辅助三角形(见图 4-4),

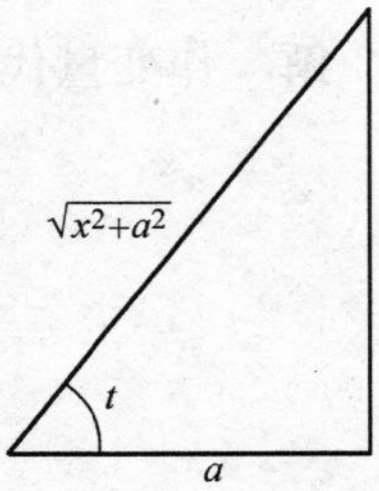

得　　　　　　　　　$\sec t = \dfrac{\sqrt{x^2+a^2}}{a}$,

故　　　$\displaystyle\int \dfrac{\mathrm{d}x}{\sqrt{x^2+a^2}} = \ln\left(\dfrac{x}{a} + \dfrac{\sqrt{x^2+a^2}}{a} \right) + C_1$

$$= \ln(x + \sqrt{x^2+a^2}) + C,$$

其中, $C = C_1 - \ln a$.

例 15　求 $\displaystyle\int \dfrac{\mathrm{d}x}{\sqrt{x^2-a^2}}$　$(a>0)$.

图 4-4

解　当 $x > a$ 时, 令 $x = a\sec t$, $t \in \left(0, \dfrac{\pi}{2} \right)$,

则　　　$\sqrt{x^2-a^2} = \sqrt{a^2\sec^2 t - a^2} = a\tan t$, $\mathrm{d}x = a\sec t\tan t\,\mathrm{d}t$,

从而　　　$\displaystyle\int \dfrac{\mathrm{d}x}{\sqrt{x^2-a^2}} = \int \dfrac{a\sec t\tan t}{a\tan t}\,\mathrm{d}t$

$$= \int \sec t\,\mathrm{d}t$$

$$= \ln|\sec t + \tan t| + C_1.$$

由 $\sec t = \dfrac{x}{a}$ 作辅助三角形(见图 4-5),

得
$$\tan t = \frac{\sqrt{x^2-a^2}}{a},$$

故
$$\int \frac{\mathrm{d}x}{\sqrt{x^2-a^2}} = \ln\left|\frac{x}{a}+\frac{\sqrt{x^2-a^2}}{a}\right|+C_1$$
$$= \ln\left|x+\sqrt{x^2-a^2}\right|+C$$

其中，$C = C_1 - \ln a$.

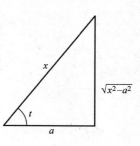

图 4-5

当 $x < -a$ 时，令 $x = -u$，则 $u > a$，从而
$$\int \frac{\mathrm{d}x}{\sqrt{x^2-a^2}} = -\int \frac{\mathrm{d}u}{\sqrt{u^2-a^2}} = -\ln\left|u+\sqrt{u^2-a^2}\right|+C_1$$
$$= -\ln\left|-x+\sqrt{x^2-a^2}\right|+C_1$$
$$= -\ln\left|\frac{a^2}{-x-\sqrt{x^2-a^2}}\right|+C_1$$
$$= \ln\left|x+\sqrt{x^2-a^2}\right|+C$$

其中，$C = C_1 - 2\ln a$.

综上所述，$\displaystyle\int \frac{\mathrm{d}x}{\sqrt{x^2-a^2}} = \ln\left|x+\sqrt{x^2-a^2}\right|+C.$

例 16 求 $\displaystyle\int \frac{\mathrm{d}x}{1+\sqrt{\mathrm{e}^x}}$.

解 令 $\sqrt{\mathrm{e}^x} = t$，则 $x = \ln t^2 = 2\ln t$，$\mathrm{d}x = \dfrac{2\mathrm{d}t}{t}$，

$$\int \frac{\mathrm{d}x}{1+\sqrt{\mathrm{e}^x}} = \int \frac{2}{t(1+t)}\mathrm{d}t = 2\int \frac{1+t-t}{t(1+t)}\mathrm{d}t = 2\int\left(\frac{1}{t}-\frac{1}{1+t}\right)\mathrm{d}t$$
$$= 2\left(\ln|t|-\ln|1+t|\right)+C$$
$$= \ln\left(\frac{t}{1+t}\right)^2+C.$$

将 $t = \sqrt{\mathrm{e}^x}$ 回代
$$\int \frac{\mathrm{d}x}{1+\sqrt{\mathrm{e}^x}} = \ln\left(\frac{\sqrt{\mathrm{e}^x}}{1+\sqrt{\mathrm{e}^x}}\right)^2+C.$$

例 17 求 $\displaystyle\int \frac{1}{x+x^9}\mathrm{d}x$.

解 令 $x = \dfrac{1}{t}$，则 $\mathrm{d}x = -\dfrac{1}{t^2}\mathrm{d}t$，

故
$$\int \frac{1}{x+x^9}\mathrm{d}x = \int \frac{-\dfrac{1}{t^2}}{\dfrac{1}{t}+\dfrac{1}{t^9}}\mathrm{d}t = -\int \frac{t^7}{(1+t^8)}\mathrm{d}t = -\frac{1}{8}\int \frac{1}{(1+t^8)}\mathrm{d}(1+t^8)$$

$$= -\frac{1}{8}\ln|1+t^8| + C$$

$$= -\frac{1}{8}\ln\left|1+\frac{1}{x^8}\right| + C.$$

习题 4.2

1. 求下列不定积分：

1) $\displaystyle\int \cot x\,\mathrm{d}x$;　　2) $\displaystyle\int \mathrm{e}^{3x+2}\,\mathrm{d}x$;　　3) $\displaystyle\int \frac{1}{x^2}\mathrm{e}^{\frac{1}{x}}\,\mathrm{d}x$;

4) $\displaystyle\int u\sqrt{u^2-3}\,\mathrm{d}u$;　　5) $\displaystyle\int \frac{\sin\sqrt{x}}{\sqrt{x}}\,\mathrm{d}x$;　　6) $\displaystyle\int \frac{1}{\cos^2 x\cdot\sqrt{\tan x}}\,\mathrm{d}x$;

7) $\displaystyle\int \frac{\sqrt{\arctan x}}{1+x^2}\,\mathrm{d}x$;　　8) $\displaystyle\int \frac{(\arcsin x)^2}{\sqrt{1-x^2}}\,\mathrm{d}x$;　　9) $\displaystyle\int \sin^3 x\cdot\cos x\,\mathrm{d}x$;

10) $\displaystyle\int \sin^2 x\cdot\cos^2 x\,\mathrm{d}x$;　　11) $\displaystyle\int \frac{1}{x^2-x-12}\,\mathrm{d}x$;　　12) $\displaystyle\int \mathrm{e}^x\cos(\mathrm{e}^x+1)\,\mathrm{d}x$;

13) $\displaystyle\int \frac{\mathrm{d}x}{\sqrt{1+x-x^2}}$;　　14) $\displaystyle\int \frac{\mathrm{d}x}{\sqrt{\mathrm{e}^{2x}-1}}$.

2. 求下列不定积分：

1) $\displaystyle\int \frac{x}{\sqrt{x-3}}\,\mathrm{d}x$;　　2) $\displaystyle\int \frac{1}{1+\sqrt{x+1}}\,\mathrm{d}x$;　　3) $\displaystyle\int \sqrt{1-x^2}\,\mathrm{d}x$;

4) $\displaystyle\int \frac{x^2}{\sqrt{1-x^2}}\,\mathrm{d}x$;　　5) $\displaystyle\int \frac{\mathrm{d}x}{\sqrt{4x^2+9}}$;　　6) $\displaystyle\int \frac{1}{x\sqrt{x^2-1}}\,\mathrm{d}x$;

7) $\displaystyle\int \frac{1}{(1+x^2)\sqrt{1-x^2}}\,\mathrm{d}x$;　8) $\displaystyle\int \frac{\mathrm{d}x}{x^2\sqrt{x^2+a^2}}$;　　9) $\displaystyle\int \frac{\mathrm{d}x}{(x+1)^3\sqrt{x^2+2x}}$;

10) $\displaystyle\int \frac{\sqrt{a^2-x^2}}{x^4}\,\mathrm{d}x$.

3. 已知 $\displaystyle\int x^5 f(x)\,\mathrm{d}x = \sqrt{x^2-1}+C$，求 $\displaystyle\int f(x)\,\mathrm{d}x$.

第三节　分部积分法

若 $u=u(x)$ 与 $v=v(x)$ 都有连续的导数，则由函数乘积的求导公式 $(uv)'=u'v+uv'$，移项得

$$uv'=(uv)'-u'v.$$

对这个等式两边求不定积分，得

$$\int uv'\,\mathrm{d}x = uv - \int u'v\,\mathrm{d}x,$$

即

$$\int u\,\mathrm{d}v = uv - \int v\,\mathrm{d}u.$$

这个公式称为**分部积分公式**.

一般地，当 $\int u\mathrm{d}v$ 不易计算而 $\int v\mathrm{d}u$ 较易计算时，就使用这个公式.

例1 求 $\int x\cos x\mathrm{d}x$.

解 设 $u = x$，则 $\mathrm{d}v = \cos x\mathrm{d}x$，$\mathrm{d}u = \mathrm{d}x$，$v = \sin x$，利用分部积分公式得

$$\int x\cos x\mathrm{d}x = x\sin x - \int \sin x\mathrm{d}x = x\sin x + \cos x + C.$$

例2 求 $\int x\mathrm{e}^x\mathrm{d}x$.

解 设 $u = x$，$\mathrm{d}v = \mathrm{e}^x\mathrm{d}x$，则 $\mathrm{d}u = \mathrm{d}x$，$v = \mathrm{e}^x$，则

$$\int x\mathrm{e}^x\mathrm{d}x = x\mathrm{e}^x - \int \mathrm{e}^x\mathrm{d}x = x\mathrm{e}^x - \mathrm{e}^x + C.$$

例3 求 $\int x^2\mathrm{e}^x\mathrm{d}x$.

解 设 $u = x^2$，$\mathrm{d}v = \mathrm{e}^x\mathrm{d}x$，则 $\mathrm{d}u = 2x\mathrm{d}x$，$v = \mathrm{e}^x$，则

$$\begin{aligned}
\int x^2\mathrm{e}^x\mathrm{d}x &= x^2\mathrm{e}^x - 2\int x\mathrm{e}^x\mathrm{d}x \\
&= x^2\mathrm{e}^x - 2(x\mathrm{e}^x - \mathrm{e}^x) + C \\
&= (x^2 - 2x + 2)\mathrm{e}^x + C.
\end{aligned}$$

当运算熟练以后，可以不必写出 u、v，而直接写出结果.

例4 求 $\int \ln x\mathrm{d}x$.

解 $\int \ln x\mathrm{d}x = x\ln x - \int x\mathrm{d}\ln x = x\ln x - \int x \cdot \dfrac{1}{x}\mathrm{d}x = x\ln x - x + C.$

例5 求 $\int x\arctan x\mathrm{d}x$.

解
$$\begin{aligned}
\int x\arctan x\mathrm{d}x &= \int \arctan x\mathrm{d}\left(\frac{x^2}{2}\right) \\
&= \frac{x^2}{2}\arctan x - \int \frac{x^2}{2}\mathrm{d}(\arctan x) \\
&= \frac{x^2}{2}\arctan x - \frac{1}{2}\int \frac{x^2}{1+x^2}\mathrm{d}x \\
&= \frac{x^2}{2}\arctan x - \frac{1}{2}\int \frac{1+x^2-1}{1+x^2}\mathrm{d}x \\
&= \frac{x^2}{2}\arctan x - \frac{1}{2}\int \left(1 - \frac{1}{1+x^2}\right)\mathrm{d}x \\
&= \frac{x^2}{2}\arctan x - \frac{1}{2}(x - \arctan x) + C
\end{aligned}$$

$$= \frac{1}{2}(x^2 + 1)\arctan x - \frac{1}{2}x + C.$$

例 6　求 $\int \mathrm{e}^x \sin x \mathrm{d}x$.

解　$\int \mathrm{e}^x \sin x \mathrm{d}x = \int \sin x \mathrm{d}\mathrm{e}^x = \mathrm{e}^x \sin x - \int \mathrm{e}^x \mathrm{d}\sin x = \mathrm{e}^x \sin x - \int \mathrm{e}^x \cos x \mathrm{d}x$

注意到 $\int \mathrm{e}^x \cos x \mathrm{d}x$ 与所求积分是同一类型的，需再进行一次分部积分，

$$\begin{aligned}
\int \mathrm{e}^x \sin x \mathrm{d}x &= \mathrm{e}^x \sin x - \int \cos x \mathrm{d}\mathrm{e}^x \\
&= \mathrm{e}^x \sin x - \left(\mathrm{e}^x \cos x - \int \mathrm{e}^x \mathrm{d}\cos x \right) \\
&= \mathrm{e}^x \sin x - \mathrm{e}^x \cos x - \int \mathrm{e}^x \sin x \mathrm{d}x.
\end{aligned}$$

则
$$\int \mathrm{e}^x \sin x \mathrm{d}x = \frac{1}{2}\mathrm{e}^x(\sin x - \cos x) + C.$$

例 7　求 $\int \sec^3 x \mathrm{d}x$.

解　$$\begin{aligned}
\int \sec^3 x \mathrm{d}x &= \int \sec x \cdot \sec^2 x \mathrm{d}x \\
&= \int \sec x \mathrm{d}\tan x \\
&= \sec x \tan x - \int \tan x \mathrm{d}\sec x \\
&= \sec x \tan x - \int \sec x \tan^2 x \mathrm{d}x \\
&= \sec x \tan x - \int \sec x (\sec^2 x - 1) \mathrm{d}x \\
&= \sec x \tan x - \int (\sec^3 x - \sec x) \mathrm{d}x \\
&= \sec x \tan x - \int \sec^3 x \mathrm{d}x + \int \sec x \mathrm{d}x \\
&= \sec x \tan x + \ln|\sec x + \tan x| - \int \sec^3 x \mathrm{d}x ,
\end{aligned}$$

则
$$\int \sec^3 x \mathrm{d}x = \frac{1}{2}\left(\sec x \tan x + \ln|\sec x + \tan x| \right) + C.$$

例 8　求 $I_n = \int \frac{\mathrm{d}x}{(x^2 + a^2)^n}$（其中, n 为正整数）.

解　当 $n = 1$ 时, $I_1 = \frac{1}{a}\arctan \frac{x}{a} + C.$

当 $n > 1$ 时,

$$I_{n-1} = \int \frac{dx}{(x^2+a^2)^{n-1}} = \frac{x}{(x^2+a^2)^{n-1}} - \int x d\left[\frac{1}{(x^2+a^2)^{n-1}}\right]$$

$$= \frac{x}{(x^2+a^2)^{n-1}} - \int \frac{x \cdot \left[-(n-1)(x^2+a^2)^{n-2}\right] \cdot 2x}{(x^2+a^2)^{2n-2}} dx$$

$$= \frac{x}{(x^2+a^2)^{n-1}} + 2(n-1) \int \frac{x^2}{(x^2+a^2)^n} dx$$

$$= \frac{x}{(x^2+a^2)^{n-1}} + 2(n-1) \int \frac{x^2+a^2-a^2}{(x^2+a^2)^n} dx$$

$$= \frac{x}{(x^2+a^2)^{n-1}} + 2(n-1) \left[\int \frac{dx}{(x^2+a^2)^{n-1}} - \int \frac{a^2}{(x^2+a^2)^n} dx\right]$$

$$= \frac{x}{(x^2+a^2)^{n-1}} + 2(n-1)(I_{n-1} - a^2 I_n)$$

于是
$$I_n = \frac{1}{2a^2(n-1)} \left[\frac{x}{(x^2+a^2)^{n-1}} + (2n-3)I_{n-1}\right].$$

由此递推公式，并由 $I_1 = \frac{1}{a}\arctan\frac{x}{a} + C$，可得 I_n.

习题4.3

1. 求下列不定积分：

1) $\int x\ln x dx$;   2) $\int \frac{\ln x}{x^2} dx$;   3) $\int x^2 \sin x dx$;

4) $\int \arctan x dx$;   5) $\int \arcsin x dx$;   6) $\int e^{\sqrt{x}} dx$.

2. 求不定积分 $I_n = \int x^n e^x dx$ 的递推公式，其中，n 为非负整数.

3. 求不定积分 $\int x f''(x) dx$.

4. 设函数 $f(x) = \begin{cases} x+1 & x \leqslant 1 \\ 2x & x > 1 \end{cases}$，求 $\int f(x) dx$.

5. 求不定积分 $\int e^x \left(\frac{1}{\sqrt{1-x^2}} + \arcsin x\right) dx$.

第四节 有理函数积分

一、有理函数的积分

两个多项式的商 $\frac{P_n(x)}{Q_m(x)}$ 称为**有理函数**，又称**有理分式**.

其中，$P_n(x)$、$Q_m(x)$分别是关于 x 的 n 次和 m 次的实系数多项式.

当 $n < m$ 时，称为**有理真分式**，否则称为**有理假分式**. 对于有理假分式，由于 $n \geq m$，应用多项式的除法，可得

$$\frac{P_n(x)}{Q_m(x)} = r(x) + \frac{P_l(x)}{Q_m(x)}$$

其中，$r(x)$ 是多项式，而 $P_l(x)$ 是次数小于 $Q_m(x)$ 的多项式.

即有理假分式总能化为多项式与有理真分式之和. 多项式的积分容易求得，故只需讨论有理真分式的积分.

设有理真分式 $R(x) = \dfrac{P_n(x)}{Q_m(x)}$ $(n < m)$，若分母 $Q_m(x)$ 因式分解为

$$Q_m(x) = a_0 (x-a)^\alpha (x-b)^\beta \cdots (x^2+px+q)^\lambda \cdots (x^2+rx+s)^\mu \cdots$$

其中，$\alpha, \beta, \cdots, \lambda, \mu, \cdots$ 是正整数，各二次多项式无实根，则 $R(x)$ 可唯一地分解成下面形式的分式之和.

$$\begin{aligned}
R(x) = \frac{P_n(x)}{Q_m(x)} = \frac{1}{a_0} \Bigg\{ &\frac{A_1}{x-a} + \frac{A_2}{(x-a)^2} + \cdots + \frac{A_\alpha}{(x-a)^\alpha} \\
&+ \frac{B_1}{x-b} + \frac{B_2}{(x-b)^2} + \cdots + \frac{B_\beta}{(x-b)^\beta} + \cdots \\
&+ \frac{M_1 x + N_1}{x^2+px+q} + \frac{M_2 x + N_2}{(x^2+px+q)^2} + \cdots + \frac{M_\lambda x + N_\lambda}{(x^2+px+q)^\lambda} \\
&+ \frac{R_1 x + S_1}{x^2+rx+s} + \frac{R_2 x + S_2}{(x^2+rx+s)^2} + \cdots + \frac{R_\mu x + S_\mu}{(x^2+rx+s)^\mu} + \cdots \Bigg\},
\end{aligned}$$

其中，$A_1, A_2, \cdots$；$B_1, B_2, \cdots$；$M_1, M_2, \cdots$；$N_1, N_2, \cdots$；$R_1, R_2, \cdots$；$S_1, S_2, \cdots$ 都是实常数，可以由待定系数法确定.

这样，求有理真分式的积分最终归结为求下面四类最简分式的积分：

1) $\dfrac{A}{x-a}$；　　　　2) $\dfrac{A}{(x-a)^n}$ $(n = 2, 3, \cdots)$；

3) $\dfrac{Bx+C}{x^2+px+q}$；　　4) $\dfrac{Bx+C}{(x^2+px+q)^n}$ $(n = 2, 3, \cdots)$.

其中，A、B、C、a、p、q 均为常数，且二次式 x^2+px+q 无实根.

例1 求 $\displaystyle\int \frac{x-4}{x^2+x-2}\mathrm{d}x$.

解 设 $\dfrac{x-4}{x^2+x-2} = \dfrac{x-4}{(x+2)(x-1)} = \dfrac{A}{x+2} + \dfrac{B}{x-1}$，

由 $\qquad x-4 = A(x-1) + B(x+2) = (A+B)x + 2B - A$，

有 $\qquad \begin{cases} A+B = 1 \\ 2B - A = -4 \end{cases}$，

解得
$$\begin{cases} A = 2 \\ B = -1 \end{cases},$$

故
$$\frac{x-4}{x^2+x-2} = \frac{2}{x+2} - \frac{1}{x-1},$$

从而
$$\int \frac{x-4}{x^2+x-2}\mathrm{d}x = 2\int \frac{\mathrm{d}x}{x+2} - \int \frac{\mathrm{d}x}{x-1}$$
$$= 2\ln|x+2| - \ln|x-1| + C.$$

例2 求 $\int \frac{x^3+x}{x-1}\mathrm{d}x$.

解 因为 $x^3+x = (x^2+x+2)(x-1)+2$,

所以
$$\frac{x^3+x}{x-1} = x^2+x+2+\frac{2}{x-1},$$

则
$$\int \frac{x^3+x}{x-1}\mathrm{d}x = \int \left(x^2+x+2+\frac{2}{x-1}\right)\mathrm{d}x$$
$$= \frac{x^3}{3} + \frac{x^2}{2} + 2x + 2\ln|x-1| + C.$$

例3 求 $\int \frac{x-2}{x^2+2x+3}\mathrm{d}x$.

解 $\int \frac{x-2}{x^2+2x+3}\mathrm{d}x = \int \frac{\frac{1}{2}(2x+2)-3}{x^2+2x+3}\mathrm{d}x$
$$= \frac{1}{2}\int \frac{\mathrm{d}(x^2+2x+3)}{x^2+2x+3} - 3\int \frac{\mathrm{d}(x+1)}{(x+1)^2+(\sqrt{2})^2}$$
$$= \frac{1}{2}\ln|x^2+2x+3| - \frac{3}{\sqrt{2}}\arctan\frac{x+1}{\sqrt{2}} + C.$$

例4 求 $\int \frac{2x^2+2x+13}{(x-2)(x^2+1)^2}\mathrm{d}x$.

解 设 $\frac{2x^2+2x+13}{(x-2)(x^2+1)^2} = \frac{A}{x-2} + \frac{Bx+C}{x^2+1} + \frac{Dx+E}{(x^2+1)^2}$,

解得 $A=1,\ B=-1,\ C=-2,\ D=-3,\ E=-4$,

有 $\frac{2x^2+2x+13}{(x-2)(x^2+1)^2} = \frac{1}{x-2} - \frac{x+2}{x^2+1} - \frac{3x+4}{(x^2+1)^2}$,

于是 $\int \frac{2x^2+2x+13}{(x-2)(x^2+1)^2}\mathrm{d}x = \int \frac{\mathrm{d}x}{x-2} - \int \frac{x+2}{x^2+1}\mathrm{d}x - \int \frac{3x+4}{(x^2+1)^2}\mathrm{d}x.$

分别求上式等号右端的每一个不定积分:
$$\int \frac{1}{x-2}\mathrm{d}x = \ln|x-2| + C_1,$$

$$\int \frac{x+2}{x^2+1}dx = \frac{1}{2}\int \frac{2x}{x^2+1}dx + 2\int \frac{dx}{x^2+1} = \frac{1}{2}\ln(x^2+1) + 2\arctan x + C_2,$$

$$\int \frac{3x+4}{(x^2+1)^2}dx = 3\int \frac{x dx}{(x^2+1)^2} + 4\int \frac{dx}{(x^2+1)^2} = -\frac{3}{2(x^2+1)} + 4\int \frac{dx}{(x^2+1)^2},$$

由 4.3 节例 8 的递推公式有 $I_2 = \int \frac{1}{(x^2+1)^2}dx = \frac{x}{2(x^2+1)} + \frac{1}{2}\arctan x + C_3.$

所以　　　　　$$\int \frac{3x+4}{(x^2+1)^2}dx = -\frac{3}{2(x^2+1)} + \frac{2x}{x^2+1} + 2\arctan x + 4C_3$$

$$= \frac{4x-3}{2(x^2+1)} + 2\arctan x + 4C_3$$

于是　　　　　$$\int \frac{2x^2+2x+13}{(x-2)(x^2+1)^2}dx$$

$$= \ln|x-2| - \frac{1}{2}\ln(x^2+1) - 2\arctan x - \frac{4x-3}{2(x^2+1)} - 2\arctan x + C$$

$$= \frac{1}{2}\ln \frac{(x-2)^2}{x^2+1} - \frac{4x-3}{2(x^2+1)} - 4\arctan x + C.$$

二、可化为有理函数的积分

例 5　求 $\int \frac{dx}{3+5\cos x}.$

解　由三角函数的万能公式可知，$\sin x$ 和 $\cos x$ 都可表示为 $\tan \frac{x}{2}$ 的有理式，令

$\tan \frac{x}{2} = t$　$(-\pi < x < \pi)$，则有 $x = 2\arctan t$，$dx = \frac{2}{1+t^2}dt$，

$$\sin x = \frac{2\tan \frac{x}{2}}{1 + \tan^2 \frac{x}{2}} = \frac{2t}{1+t^2}, \quad \cos x = \frac{1 - \tan^2 \frac{x}{2}}{1 + \tan^2 \frac{x}{2}} = \frac{1-t^2}{1+t^2},$$

则　　　　　$$\int \frac{dx}{3+5\cos x} = \int \frac{1}{3 + \frac{5(1-t^2)}{1+t^2}} \cdot \frac{2}{1+t^2}dt = \int \frac{2}{3+3t^2+5-5t^2}dt$$

$$= \int \frac{1}{4-t^2}dt$$

$$= \frac{1}{4}\int \left(\frac{1}{t+2} - \frac{1}{t-2}\right)dt$$

$$= \frac{1}{4}(\ln|t+2| - \ln|t-2|) + C$$

$$= \frac{1}{4}\ln\left|\frac{\tan\dfrac{x}{2}+2}{\tan\dfrac{x}{2}-2}\right| + C.$$

例 6 求 $\displaystyle\int\frac{1+\sin x - \cos x}{(2-\sin x)(1+\cos x)}dx$.

解 令 $\tan\dfrac{x}{2}=t$, 则 $dx = \dfrac{2}{1+t^2}dt$, $\cos x = \dfrac{1-t^2}{1+t^2}$, $\sin x = \dfrac{2t}{1+t^2}$.

$$\int\frac{1+\sin x - \cos x}{(2-\sin x)(1+\cos x)}dx = \int\frac{1+\dfrac{2t}{1+t^2}-\dfrac{1-t^2}{1+t^2}}{\left(2-\dfrac{2t}{1+t^2}\right)\left(1+\dfrac{1-t^2}{1+t^2}\right)}\cdot\frac{2}{1+t^2}dt$$

$$= \int\frac{t^2+t}{t^2-t+1}dt$$

$$= \int\left(1+\frac{2t-1}{t^2-t+1}\right)dt$$

$$= t+\ln|t^2-t+1|+C$$

$$= \tan\frac{x}{2}+\ln\left|\tan^2\frac{x}{2}-\tan\frac{x}{2}+1\right|+C.$$

例 7 求 $\displaystyle\int\frac{dx}{1+\sqrt[3]{x+2}}$.

解 设 $\sqrt[3]{x+2}=t$, 则 $x=t^3-2$, $dx=3t^2dt$,

$$\int\frac{dx}{1+\sqrt[3]{x+2}} = \int\frac{3t^2}{1+t}dt = 3\int\frac{t^2-1+1}{1+t}dt = 3\int\left(t-1+\frac{1}{1+t}\right)dt$$

$$= 3\left(\frac{t^2}{2}-t+\ln|1+t|\right)+C$$

$$= \frac{3}{2}\sqrt[3]{(x+2)^2}-3\sqrt[3]{x+2}+3\ln\left|1+\sqrt[3]{x+2}\right|+C.$$

例 8 求 $\displaystyle\int\frac{dx}{(1+\sqrt[3]{x})\sqrt{x}}$.

解 为了能同时消去两个根式 $\sqrt{x}$ 和 $\sqrt[3]{x}$, 设 $\sqrt[6]{x}=t$, 则 $dx=6t^5dt$,

$$\int\frac{dx}{(1+\sqrt[3]{x})\sqrt{x}} = \int\frac{6t^5}{(1+t^2)t^3}dt = 6\int\frac{t^2}{1+t^2}dt = 6\int\left(1-\frac{1}{1+t^2}\right)dt$$

$$= 6(t-\arctan t)+C$$

$$= 6(\sqrt[6]{x}-\arctan\sqrt[6]{x})+C.$$

例 9 求 $\displaystyle\int\frac{1}{x}\sqrt{\frac{1+x}{x}}dx$.

解 令 $t = \sqrt{\dfrac{1+x}{x}}$，则 $x = \dfrac{1}{t^2 - 1}$，$\mathrm{d}x = \dfrac{-2t\mathrm{d}t}{(t^2 - 1)^2}$，

$$\int \frac{1}{x}\sqrt{\frac{1+x}{x}}\mathrm{d}x = \int (t^2 - 1) \cdot t \cdot \frac{-2t}{(t^2 - 1)^2}\mathrm{d}t$$

$$= -2\int \frac{t^2}{t^2 - 1}\mathrm{d}t$$

$$= -2t - \ln\left|\frac{t-1}{t+1}\right| + C$$

$$= -2\sqrt{\frac{1+x}{x}} - \ln\left|2x - 2\sqrt{x(x+1)} + 1\right| + C.$$

例 10 求 $\displaystyle\int \frac{\sqrt{x+2}}{x+3}\mathrm{d}x$.

解 设 $\sqrt{x+2} = t$，则 $x = t^2 - 2$，$\mathrm{d}x = 2t\mathrm{d}t$，

$$\int \frac{\sqrt{x+2}}{x+3}\mathrm{d}x = \int \frac{t}{t^2 + 1} \cdot 2t\mathrm{d}t = \int \left(2 - \frac{2}{t^2 + 1}\right)\mathrm{d}t$$

$$= 2t - 2\arctan t + C$$

$$= 2\sqrt{x+2} - 2\arctan\sqrt{x+2} + C.$$

习题 4.4

求下列不定积分：

1) $\displaystyle\int \frac{x+3}{x^2 - 5x + 6}\mathrm{d}x$；

2) $\displaystyle\int \frac{1}{x(x-1)^2}\mathrm{d}x$；

3) $\displaystyle\int \frac{1}{(1+2x)(1+x^2)}\mathrm{d}x$；

4) $\displaystyle\int \frac{\mathrm{d}x}{1+x^3}$；

5) $\displaystyle\int \frac{2x^3 + 2x^2 + 5x + 5}{x^4 + 5x^2 + 4}\mathrm{d}x$；

6) $\displaystyle\int \frac{x^2}{(x^2 + 2x + 2)^2}\mathrm{d}x$；

7) $\displaystyle\int \frac{x^2 \mathrm{e}^x}{(2+x)^2}\mathrm{d}x$；

8) $\displaystyle\int \frac{\mathrm{d}x}{1+\tan x}$；

9) $\displaystyle\int \frac{\mathrm{d}x}{1+\sin x}$；

10) $\displaystyle\int \frac{\mathrm{d}x}{1+\sqrt[3]{x+1}}$；

11) $\displaystyle\int \frac{(\sqrt{x})^3 + 1}{1+\sqrt{x}}\mathrm{d}x$；

12) $\displaystyle\int \frac{\sqrt{x+1} - 1}{\sqrt{x+1} + 1}\mathrm{d}x$.

综合测试题（四）

一、单项选择题

1. $\displaystyle\int \frac{\mathrm{d}x}{\sqrt{x}(1+x)} = $（   ）.

（A）$2\arctan\sqrt{x} + C$；

（B）$\arctan x + C$；

（C）$\dfrac{1}{2}\arctan\sqrt{x} + C$；

（D）$2\mathrm{arccot}\sqrt{x} + C$.

2. 已知 $f(x)$ 的一个原函数是 e^{-x^2}，求 $\displaystyle\int xf'(x)\mathrm{d}x = $（   ）.

(A) $-2x^2 e^{-x^2} + C$;   (B) $2x^2 e^{-x^2} + C$;

(C) $e^{-x^2}(-2x^2 - 1) + C$;   (D) 以上答案都不正确.

3. 已知 $\int f(x)\mathrm{d}x = F(x) + C$，则 $\int f(b - ax)\mathrm{d}x = $（   ）.

(A) $F(b - ax) + C$;   (B) $-\dfrac{1}{a}F(b - ax) + C$;

(C) $aF(b - ax) + C$;   (D) $\dfrac{1}{a}F(b - ax) + C$.

4. 已知曲线上任一点的二阶导数 $y'' = 6x$，且在曲线上（0，-2）处的切线为 $2x - 3y = 6$，则这条曲线的方程为（   ）.

(A) $y = x^3 - 2x - 2$;   (B) $3x^3 + 2x - 3y - 6 = 0$;

(C) $y = x^3 - 2x$;   (D) 以上都不是.

5. 若 $F'(x) = f(x)$，则 $\int \mathrm{d}F(x) = $（   ）.

(A) $f(x)$;   (B) $F(x)$;   (C) $f(x) + C$;   (D) $F(x) + C$.

二、填空题

1. 设函数 $f(x)$ 的二阶导数 $f''(x)$ 连续，那么 $\int xf''(x)\mathrm{d}x = $（   ）.

2. 若 $f'(e^x) = 1 + x$，则 $f(x) = $（   ）.

3. 已知曲线 $y = f(x)$ 上任意点的切线的斜率为 $ax^3 - 3x - 6$，且当 $x = -1$ 时，$y = \dfrac{11}{2}$ 是极大值，则 $f(x) = $（   ）.

4. $\int x^3 e^{x^2}\mathrm{d}x = $（   ）.

5. $\int [f(x) + xf'(x)]\,\mathrm{d}x = $（   ）.

三、计算与应用题

1. 求不定积分 $\int \dfrac{\mathrm{d}x}{e^x - e^{-x}}$.

2. 求不定积分 $\int \tan^4 x\mathrm{d}x$.

3. 求不定积分 $\int e^{ax}\cos bx\mathrm{d}x$.

4. 求不定积分 $\int \dfrac{1}{\sqrt{1 + e^x}}\mathrm{d}x$.

5. 求不定积分 $\int \arctan\sqrt{x}\mathrm{d}x$.

6. 求不定积分 $\int \dfrac{x^3}{(1 + x^8)^2}\mathrm{d}x$.

四、证明题

设 $F(x)$ 是 $f(x)$ 的一个原函数，且 $F(0) = 1$，$\dfrac{f(x)}{F(x)} = 2x$，证明 $\int \dfrac{f(x)}{f'(x)}\mathrm{d}x = \dfrac{1}{4}\ln(1 + 2x^2) + C$.

第五章　定积分及其应用

　　不定积分和定积分是一元函数积分学的两方面内容. 从问题的切入点来看，两者属于两类不同的问题. 但到了 17 世纪，牛顿和莱布尼茨分别发现了它们之间的内在联系，给出了计算一般定积分的简便方法，从而推动了微积分理论的发展和应用.

　　本章介绍定积分的概念与基本性质、定积分与不定积分的关系、定积分的计算与简单应用、反常积分初步.

第一节　定积分的概念和性质

一、引例

1. 曲边梯形的面积

　　设函数 $y = f(x)$ 在闭区间 $[a, b]$ 上非负且连续，则曲线 $y = f(x)$ 与直线 $x = a$，$x = b$，$y = 0$ 围成的图形（见图 5-1）称为曲边梯形. 求其面积 A 的基本思想是在很小的区间上用小矩形面积近似代替小梯形面积.

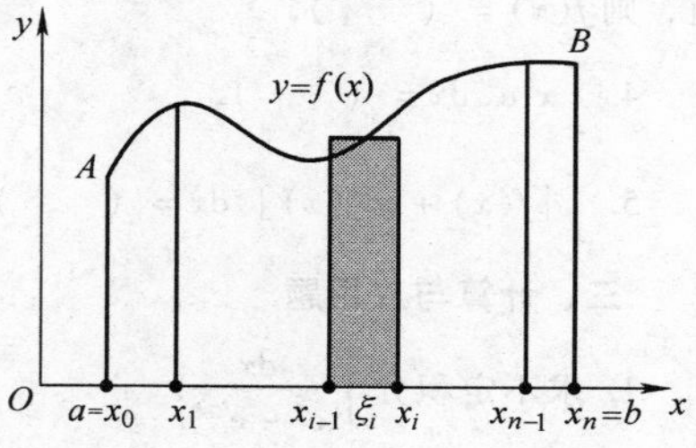

　　第一步：分割.

　　用一串分点 $a = x_0 < x_1 < \cdots < x_n = b$，把 $[a, b]$ 分成 n 个小区间，过每个分点作 x 轴的垂线段，相应地把曲边梯形分成 n 个小曲边梯形，其中，第 i 个小曲边梯形为

图 5-1

$$x_{i-1} \leqslant x \leqslant x_i, \ 0 \leqslant y \leqslant f(x),$$

记它们的面积依次为

$$\Delta A_1, \Delta A_2, \cdots, \Delta A_n.$$

　　第二步：取近似.

　　在每个小区间 $[x_{i-1}, x_i]$ 上任取一点 ξ_i，以区间 $[x_{i-1}, x_i]$ 的长为底，$f(\xi_i)$ 为高的小矩形的面积应为第 i 个小曲边梯形面积的近似值，即

$$\Delta A_i \approx f(\xi_i) \Delta x_i.$$

　　第三步：作和.

　　将 n 个小矩形的面积相加，得到曲边梯形面积 A 的近似值，即

$$A = \sum_{i=1}^{n} \Delta A_i \approx \sum_{i=1}^{n} f(\xi_i) \Delta x_i.$$

第四步：求极限(由近似过渡到精确).

显然上述过程划分得越细，近似效果越好，为保证每个小区间的长度都无限小，记

$$\lambda = \max_{1 \leqslant i \leqslant n} \{\Delta x_i\},$$

于是，令 $\lambda \to 0$(这时小区间的个数 n 无限增多，即 $n \to \infty$)，如果上述和式极限存在，则此极限值就是曲边梯形的面积，
即

$$A = \lim_{\lambda \to 0} \sum_{i=1}^{n} f(\xi_i) \Delta x_i.$$

2. 变速直线运动的路程问题

设物体作变速直线运动，其速度 v 是时间 t 的函数 $v = v(t)$，下面计算该物体从时刻 a 到时刻 b 经过的路程 s.

第一步：分割.

用一串分点 $a = t_0 < t_1 < \cdots < t_n = b$，把 $[a,b]$ 分成 n 个小区间 $[t_{j-1}, t_j]$，小区间长度记为 $\Delta t_j = t_j - t_{j-1}(j = 1, 2, \cdots, n)$，各时间段内物体运动的路程依次为

$$\Delta s_1, \Delta s_2, \cdots, \Delta s_n.$$

第二步：取近似.

在 $[t_{j-1}, t_j]$ 上任取一点 τ_j，以时刻 τ_j 的速度 $v(\tau_j)$ 近似代替 $[t_{j-1}, t_j]$ 上的速度，则在 Δt_j 时间内物体经过的路程 Δs_j 的近似值为

$$\Delta s_j \approx v(\tau_j) \Delta t_j.$$

第三步：作和.

将 n 个时间段的路程近似值相加，便得到总路程 s 的近似值：

$$s \approx \sum_{j=1}^{n} v(\tau_j) \Delta t_j.$$

第四步：求极限.

记 $\lambda = \max_{1 \leqslant j \leqslant n} \{\Delta t_j\}$，令 $\lambda \to 0$，如果上述和式极限存在，则此极限值就是总路程 s 的精确值，即

$$s = \lim_{\lambda \to 0} \sum_{j=1}^{n} v(\tau_j) \Delta t_j.$$

二、定积分的定义

上面的两个引例，前者是几何量，后者为物理量，虽然问题不同但解决的方法

是相同的，都是通过"分割、近似、作和、求极限"这四个步骤化为具有同一数学结构的和式极限. 抛开问题的实际意义，保留其数学结构，便可抽象出定积分的概念.

定义 5.1　设 $f(x)$ 在区间 $[a,b]$ 有定义，在 $[a,b]$ 内任意插入 $n-1$ 个分点：$a=x_0<x_1<x_2<\cdots<x_{n-1}<x_n=b$，将 $[a,b]$ 分成 n 个小区间：$[x_0,x_1]$，$[x_1,x_2]$，$\cdots$，$[x_{i-1},x_i]$，$\cdots$，$[x_{n-1},x_n]$，第 i 个小区间 $[x_{i-1},x_i]$ 的长度表示为 $\Delta x_i=x_i-x_{i-1}$，记 $\lambda=\max\limits_{1\leqslant i\leqslant n}\{\Delta x_i\}$ 在 $[x_{i-1},x_i]$ 中任取一点 $\xi_i(i=1,2,3,\cdots,n)$，作和 $S=\sum\limits_{i=1}^{n}f(\xi_i)\Delta x_i$. 如果当 $\lambda\to 0$ 时，S 趋于确定的极限 I，且 I 与分法无关，也与 ξ_i 在 $[x_{i-1},x_i]$ 中的取法无关，则称 $f(x)$ 在 $[a,b]$ 上可积，极限 I 称为 $f(x)$ 在 $[a,b]$ 上的**定积分**，记作 $\int_a^b f(x)\,\mathrm{d}x$，即

$$\int_a^b f(x)\,\mathrm{d}x=\lim_{\lambda\to 0}\sum_{i=1}^{n}f(\xi_i)\Delta x_i.$$

式中，$f(x)$ 叫做被积函数；$f(x)\mathrm{d}x$ 叫做被积表达式；x 叫做积分变量；a 与 b 叫做**积分下限与积分上限**.

如果当 $\lambda\to 0$ 时，积分和 S 不存在极限，则称 $f(x)$ 在 $[a,b]$ 上不可积.

注：1）定积分的值只与被积函数 $f(x)$ 以及积分区间 $[a,b]$ 有关，而与积分变量用什么字母表示无关，即

$$\int_a^b f(x)\,\mathrm{d}x=\int_a^b f(t)\,\mathrm{d}t.$$

2）被积函数 $f(x)$ 在区间 $[a,b]$ 上有界只是可积的必要条件，关于可积的充分条件只给出如下三个结论，而不作深入研究.

定理 5.1　若函数 $f(x)$ 在区间 $[a,b]$ 上连续，则 $f(x)$ 在区间 $[a,b]$ 上可积.

定理 5.2　若函数 $f(x)$ 在区间 $[a,b]$ 上有界，且只有有限个间断点，则 $f(x)$ 在区间 $[a,b]$ 上可积.

定理 5.3　若函数 $f(x)$ 在区间 $[a,b]$ 上是单调的，则 $f(x)$ 在区间 $[a,b]$ 上可积.

3）为计算和使用方便，作如下规定：

规定 1　当 $a=b$ 时，$\int_a^b f(x)\,\mathrm{d}x=\int_a^a f(x)\,\mathrm{d}x=0$.

规定 2　当 $a>b$ 时，$\int_a^b f(x)\,\mathrm{d}x=-\int_b^a f(x)\,\mathrm{d}x$.

4）根据定积分的定义，前面两个引例中，曲边梯形的面积 A 用定积分可表示为

$$A=\int_a^b f(x)\,\mathrm{d}x.$$

变速直线运动的路程 s 用定积分可表示为

$$s = \int_a^b v(x)\,\mathrm{d}x.$$

三、定积分的几何意义

若在 $[a,b]$ 上，$f(x) \geqslant 0$，则定积分 $\int_a^b f(x)\,\mathrm{d}x$ 表示由曲线 $y = f(x)$，x 轴及直线 $x = a$，$x = b$ 所围成的曲边梯形的面积.

若 $f(x) \leqslant 0$，则定积分 $\int_a^b f(x)\,\mathrm{d}x$ 表示上述曲边梯形的面积的相反数.

若函数 $f(x)$ 在 $[a,b]$ 上有正有负，则定积分 $\int_a^b f(x)\,\mathrm{d}x$ 表示各部分面积的代数和. 如图 5-2 所示.

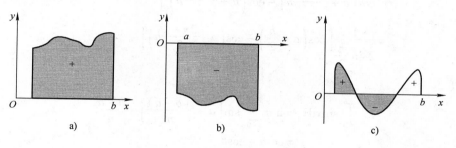

图 5-2

例 1　计算定积分 $\int_0^a \sqrt{a^2 - x^2}\,\mathrm{d}x$　$(a > 0)$.

解　由定积分的几何意义知，该积分值等于由 $x = 0$，$x = a$，$y = 0$ 和 $y = \sqrt{a^2 - x^2}$ 所围半径为 a 的四分之一圆的面积，

即

$$\int_0^a \sqrt{a^2 - x^2}\,\mathrm{d}x = \frac{1}{4}\pi a^2.$$

例 2　计算定积分 $\int_a^b \sin x\,\mathrm{d}x$.

解　因为 $f(x) = \sin x$ 在 $[a,b]$ 上连续，故 $\sin x$ 在 $[a,b]$ 上可积，因此可以对 $[a,b]$ 采用特殊的分法，以及选取特殊的点 ξ_i，取极限 $\lim\limits_{\lambda \to 0} \sum\limits_{i=1}^{n} f(\xi_i)\Delta x_i$，即得到积分值.

将 $[a,b]$ n 等分，则 $\Delta x_i = \dfrac{b-a}{n}$，取 $\xi_i = a + \dfrac{(i-1)(b-a)}{n}$，$i = 1, 2, \cdots, n$ 则有

$$\int_a^b \sin x \, dx = \lim_{n\to\infty} \sum_{i=0}^{n-1} \sin\left[a + \frac{i(b-a)}{n}\right] \cdot \frac{b-a}{n}.$$

为了书写方便，令 $h = \dfrac{b-a}{n}$，利用积化和差公式有

$$\sum_{i=0}^{n-1} \sin(a+ih) = \frac{1}{2\sin\frac{h}{2}}\left\{2\sin a\sin\frac{h}{2} + 2\sin(a+h)\sin\frac{h}{2} + \cdots + \right.$$

$$\left. 2\sin\left[a+(n-1)h\right]\sin\frac{h}{2}\right\}$$

$$= \frac{1}{2\sin\frac{h}{2}}\left[\cos\left(a-\frac{h}{2}\right) - \cos\left(a+\frac{h}{2}\right) + \cos\left(a+\frac{h}{2}\right) - \cos\left(a+\frac{3h}{2}\right) + \cdots + \right.$$

$$\left. \cos\left(a+\frac{2n-3}{2}h\right) - \cos\left(a+\frac{2n-1}{2}h\right)\right]$$

$$= \frac{1}{2\sin\frac{h}{2}}\left[\cos\left(a-\frac{h}{2}\right) - \cos\left(a+\frac{2n-1}{2}h\right)\right]$$

所以

$$\int_a^b \sin x \, dx = \lim_{n\to\infty} \sum_{i=0}^{n-1} \sin\left[a+\frac{i(b-a)}{n}\right]\cdot\frac{b-a}{n}$$

$$= \cos a - \cos b.$$

四、定积分的基本性质

在下面讨论中，总假设函数在所讨论的区间上都是可积的.

性质1　$\int_a^b [f(x)\pm g(x)]\,dx = \int_a^b f(x)\,dx \pm \int_a^b g(x)\,dx.$

证　$\int_a^b [f(x)\pm g(x)]\,dx = \lim_{\lambda\to0}\sum_{i=1}^n [f(\xi_i)\pm g(\xi_i)]\Delta x_i$

$$= \lim_{\lambda\to0}\sum_{i=1}^n f(\xi_i)\Delta x_i \pm \lim_{\lambda\to0}\sum_{i=1}^n g(\xi_i)\Delta x_i$$

$$= \int_a^b f(x)\,dx \pm \int_a^b g(x)\,dx.$$

性质2　$\int_a^b kf(x)\,dx = k\int_a^b f(x)\,dx\,(k\text{ 为常数}).$

性质3（积分区间的可加性）　如果将积分区间分成两部分，则在整个区间上的定积分等于这两部分区间上定积分之和，设 $a<c<b$，则

$$\int_a^b f(x)\,dx = \int_a^c f(x)\,dx + \int_c^b f(x)\,dx.$$

证　因为函数 $f(x)$ 在 $[a,b]$ 上可积, 所以不论把 $[a,b]$ 怎样划分, 也不论 ξ_i 怎样选取, 当 $\lambda \to 0$ 时, 积分和的极限都是不变的, 所以可以选取 $c(a<c<b)$ 永远是个分点

$$\lim_{\lambda \to 0} \sum_{i=1}^{n} f(\xi_i)\Delta x_i = \lim_{\lambda \to 0} \Big[\sum_{[a,c]} f(\xi_i)\Delta x_i + \sum_{[c,b]} f(\xi_i)\Delta x_i \Big]$$
$$= \lim_{\lambda \to 0} \sum_{[a,c]} f(\xi_i)\Delta x_i + \lim_{\lambda \to 0} \sum_{[c,b]} f(\xi_i)\Delta x_i,$$

即

$$\int_a^b f(x)\,\mathrm{d}x = \int_a^c f(x)\,\mathrm{d}x + \int_c^b f(x)\,\mathrm{d}x.$$

推广　不论 a, b, c 的相对位置如何, 总有等式

$$\int_a^b f(x)\,\mathrm{d}x = \int_a^c f(x)\,\mathrm{d}x + \int_c^b f(x)\,\mathrm{d}x$$

成立. 例如, 当 $a<b<c$ 时, 由于

$$\int_a^c f(x)\,\mathrm{d}x = \int_a^b f(x)\,\mathrm{d}x + \int_b^c f(x)\,\mathrm{d}x,$$

则

$$\int_a^b f(x)\,\mathrm{d}x = \int_a^c f(x)\,\mathrm{d}x - \int_b^c f(x)\,\mathrm{d}x = \int_a^c f(x)\,\mathrm{d}x + \int_c^b f(x)\,\mathrm{d}x.$$

性质 4　如果在闭区间 $[a,b]$ 上 $f(x) \equiv 1$, 则

$$\int_a^b f(x)\,\mathrm{d}x = \int_a^b \mathrm{d}x = b - a.$$

性质 5　如果在闭区间 $[a,b]$ 上 $f(x) \geq 0$, 则

$$\int_a^b f(x)\,\mathrm{d}x \geq 0 \,(a<b).$$

证　$\displaystyle \int_a^b f(x)\,\mathrm{d}x = \lim_{\lambda \to 0} \sum_{i=1}^{n} f(\xi_i)\Delta x_i.$

因为 $f(x) \geq 0$, 故 $f(\xi_i) \geq 0\,(i=1,2,\cdots,n)$.

又因为 $\Delta x_i \geq 0\,(i=1,2,\cdots,n)$, 因此

$$\sum_{i=1}^{n} f(\xi_i)\Delta x_i \geq 0,$$

所以

$$\lim_{\lambda \to 0} \sum_{i=1}^{n} f(\xi_i)\Delta x_i \geq 0,$$

即

$$\int_a^b f(x)\,\mathrm{d}x \geq 0.$$

推论 5.1　如果在闭区间 $[a,b]$ 上, $f(x) \leq g(x)$, 则

$$\int_a^b f(x)\,\mathrm{d}x \leqslant \int_a^b g(x)\,\mathrm{d}x \quad (a<b).$$

推论 5.2　$\left|\int_a^b f(x)\,\mathrm{d}x\right| \leqslant \int_a^b |f(x)|\,\mathrm{d}x \quad (a<b).$

性质 6　设 M 和 m 分别是函数 $f(x)$ 在闭区间 $[a,b]$ 上的最大值和最小值,则

$$m(b-a) \leqslant \int_a^b f(x)\,\mathrm{d}x \leqslant M(b-a) \quad (a<b).$$

证　因为　$m \leqslant f(x) \leqslant M$,由推论 5.1 得

$$\int_a^b m\,\mathrm{d}x \leqslant \int_a^b f(x)\,\mathrm{d}x \leqslant \int_a^b M\,\mathrm{d}x.$$

再由性质 2 和性质 4 可得

$$m(b-a) \leqslant \int_a^b f(x)\,\mathrm{d}x \leqslant M(b-a).$$

性质 7　如果函数 $f(x)$ 在闭区间 $[a,b]$ 上连续,则在积分区间 $[a,b]$ 上至少存在一点 ξ,使下式成立

$$\int_a^b f(x)\,\mathrm{d}x = f(\xi)(b-a) \quad (a \leqslant \xi \leqslant b).$$

证　因 $f(x)$ 在 $[a,b]$ 上连续,故必存在最大值 M 与最小值 m,由性质 6,有

$$m \leqslant \frac{1}{b-a}\int_a^b f(x)\,\mathrm{d}x \leqslant M.$$

这说明,$\dfrac{1}{b-a}\int_a^b f(x)\,\mathrm{d}x$ 介于 M 与 m 之间,根据闭区间上连续函数的介值定理(第一章第七节定理 1.22),在区间 $[a,b]$ 内存在一点 ξ,使得函数 $f(x)$ 在点 ξ 处的值与这个值相等,

$$f(\xi) = \frac{1}{b-a}\int_a^b f(x)\,\mathrm{d}x \quad (a \leqslant \xi \leqslant b),$$

即

$$\int_a^b f(x)\,\mathrm{d}x = f(\xi)(b-a).$$

此性质称为**积分中值定理**.

积分中值定理有其明显的几何意义:

设 $f(x) \geqslant 0$,由曲线 $y=f(x)$,x 轴及直线 $x=a$,$x=b$ 所围成的曲边梯形的面积等于以区间 $[a,b]$ 为底,某一函数值 $f(\xi)$ 为高的矩形面积(见图 5-3).

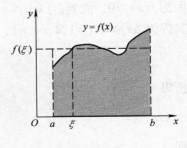

图 5-3

$$\frac{1}{b-a}\int_a^b f(x)\,\mathrm{d}x$$

称为函数 $f(x)$ 在区间 $[a,b]$ 上的平均值.

习题 5.1

1. 利用定积分定义计算下列积分:

1) $\int_a^b x\mathrm{d}x\,(a<b)$;　　　　　　2) $\int_0^1 e^x\mathrm{d}x$.

2. 利用定积分的几何意义, 求下列定积分:

1) $\int_{-\pi}^{\pi} \sin x\mathrm{d}x$;　　　2) $\int_0^1 x\mathrm{d}x$;　　　3) $\int_0^{2a} \sqrt{2ax-x^2}\mathrm{d}x$ $(a>0)$.

3. 利用定积分性质, 比较下列各定积分值的大小:

1) $\int_0^1 x^2\mathrm{d}x$ 与 $\int_0^1 x^3\mathrm{d}x$;　　　2) $\int_1^2 x^2\mathrm{d}x$ 与 $\int_1^2 x^3\mathrm{d}x$;

3) $\int_1^2 \ln x\mathrm{d}x$ 与 $\int_1^2 (\ln x)^2\mathrm{d}x$;　　4) $\int_0^1 e^x\mathrm{d}x$ 与 $\int_0^1 \ln(1+x)\mathrm{d}x$.

4. 估计下列各积分的值:

1) $\int_{\frac{\pi}{4}}^{\frac{5\pi}{4}} (1+\sin^2 x)\mathrm{d}x$;　　　2) $\int_{\frac{1}{\sqrt{3}}}^{\sqrt{3}} x\arctan x\mathrm{d}x$;　　3) $\int_2^0 e^{x^2-x}\mathrm{d}x$.

5. 利用积分中值定理求 $\lim\limits_{n\to+\infty}\int_0^{\frac{1}{2}} \dfrac{x^n}{1+x}\mathrm{d}x$.

6. 设函数 $f(x)$ 在 $[0,1]$ 上连续, 在 $(0,1)$ 内可导, 且

$$3\int_{\frac{2}{3}}^1 f(x)\,\mathrm{d}x = f(0).$$

证明在 $(0,1)$ 内至少存在一点 ξ, 使得 $f'(\xi)=0$.

第二节　微积分基本定理

众所周知, 原函数的概念与作为积分和极限的定积分的概念是从两个完全不同的角度引进的, 那么它们之间有什么关系呢? 本节由引例出发, 探讨这两个概念之间的关系, 并通过这个关系得出利用原函数计算定积分的公式, 即牛顿-莱布尼茨公式.

一、引例

讨论作直线运动的物体的路程函数 $s(t)$ 与速度函数 $v(t)$ 之间的关系, 一方面, 物体从 $t=a$ 到 $t=b$ 这段时间所经过的路程 $s=\int_a^b v(t)\mathrm{d}t$, 另一方面

$$s=s(b)-s(a),$$

所以

$$\int_a^b v(t)\mathrm{d}t = s(b)-s(a).$$

说明 $\int_a^b v(t)\mathrm{d}t$ 等于 $v(t)$ 的原函数在区间 $[a,b]$ 上的增量.

从上节例 2 的计算结果

$$\int_a^b \sin x \mathrm{d}x = \cos a - \cos b$$

中也可以得到 $\int_a^b \sin x \mathrm{d}x$ 等于 $\sin x$ 的原函数在区间 $[a,b]$ 上的增量.

为得出一般性的结论，接下来讨论变上限的积分及其重要性质.

二、积分上限函数

定义 5.2　设函数 $f(x)$ 在区间 $[a,b]$ 上连续，且 x 为 $[a,b]$ 上任意一点，则 $f(x)$ 在区间 $[a,x]$ 上也连续，定积分 $\int_a^x f(t)\mathrm{d}t$ 存在. 于是，对于任意的 $x \in [a,b]$，有唯一确定的 $\int_a^x f(t)\mathrm{d}t$ 与之对应，所以在 $[a,b]$ 上定义了一个函数，称之为函数 $f(x)$ 在区间 $[a,b]$ 上的**积分上限的函数**，记作 $\varPhi(x)$（见图 5-4），即

$$\varPhi(x) = \int_a^x f(t)\mathrm{d}t \quad (a \leqslant x \leqslant b).$$

关于积分上限函数的性质，有如下定理.

定理 5.4　如果函数 $f(x)$ 在区间 $[a,b]$ 上连续，则积分上限的函数 $\varPhi(x) = \int_a^x f(t)\mathrm{d}t$ 在 $[a,b]$ 上可导，并且它的导数是

$$\varPhi'(x) = \frac{\mathrm{d}}{\mathrm{d}x} \int_a^x f(t)\mathrm{d}t$$

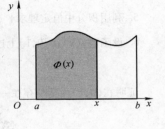

图 5-4

$$= f(x) \quad (a \leqslant x \leqslant b).$$

证　设自变量 x 有增量 Δx，使 $x + \Delta x \in (a,b)$，则函数 $\varPhi(x)$ 具有增量

$$\Delta \varPhi = \varPhi(x + \Delta x) - \varPhi(x)$$

$$= \int_a^{x+\Delta x} f(t)\mathrm{d}t - \int_a^x f(t)\mathrm{d}t$$

$$= \int_a^x f(t)\mathrm{d}t + \int_x^{x+\Delta x} f(t)\mathrm{d}t - \int_a^x f(t)\mathrm{d}t$$

$$= \int_x^{x+\Delta x} f(t)\mathrm{d}t.$$

再利用积分中值定理，则有

$$\Delta \varPhi = f(\xi)\Delta x,$$

ξ 介于 x 与 $x + \Delta x$ 之间. 于是，有

$$\frac{\Delta \varPhi}{\Delta x} = f(\xi).$$

由于 $f(x)$ 在 $[a,b]$ 上连续，且当 $\Delta x \to 0$ 时，$\xi \to x$，有

$$\lim_{\Delta x \to 0}\frac{\Delta \Phi}{\Delta x}=\lim_{\xi \to x}f(\xi)=f(x).$$

若 $x=a$，取 $\Delta x>0$，则同理可证 $\Phi'_+(a)=f(a)$；若 $x=b$，取 $\Delta x<0$，则同理可证 $\Phi'_-(b)=f(b)$.

推论 5.3（原函数存在定理） 若函数 $f(x)$ 在区间 $[a,b]$ 上连续，则函数

$$\Phi(x)=\int_a^x f(t)\,\mathrm{d}t$$

就是 $f(x)$ 在区间 $[a,b]$ 上的一个原函数.

推论 5.4 设 $f(x)$ 在 $[a,b]$ 上连续，$u(x)$，$v(x)$ 在 $[a,b]$ 上可导且

$$a \leqslant u(x),\ v(x) \leqslant b,\ x \in [a,b],$$

则

$$\left(\int_{u(x)}^{v(x)}f(t)\,\mathrm{d}t\right)'=f(v(x))v'(x)-f(u(x))u'(x).$$

例 1 求下列函数的导数：

1）$\Phi(x)=\int_0^{x^2}\sqrt{1+\sqrt{t}}\mathrm{d}t$；   2）$\Phi(x)=\int_x^{\sqrt{x}}t^2\sin t\mathrm{d}t$；

3）$\Phi(x)=\int_0^x f(t)(x-t)\,\mathrm{d}t$.

解 1）$\Phi'(x)=2x\sqrt{1+x}.$

2）$\Phi'(x)=\dfrac{x\sin\sqrt{x}}{2\sqrt{x}}-x^2\sin x.$

3）由于 $\Phi(x)=\int_0^x f(t)(x-t)\,\mathrm{d}t=x\int_0^x f(t)\,\mathrm{d}t-\int_0^x f(t)t\mathrm{d}t$，

所以

$$\Phi'(x)=\int_0^x f(t)\,\mathrm{d}t+xf(x)-xf(x)=\int_0^x f(t)\,\mathrm{d}t.$$

例 2 求 $\lim\limits_{x\to+\infty}\dfrac{\int_0^x t^2\mathrm{e}^{t^2}\mathrm{d}t}{x\mathrm{e}^{x^2}}$.

解 当 $x>1$ 时，有

$$\int_0^x t^2\mathrm{e}^{t^2}\mathrm{d}t=\int_0^1 t^2\mathrm{e}^{t^2}\mathrm{d}t+\int_1^x t^2\mathrm{e}^{t^2}\mathrm{d}t$$

$$\geqslant \int_1^x t^2\mathrm{e}^{t^2}\mathrm{d}t \geqslant \int_1^x \mathrm{e}\,\mathrm{d}t=\mathrm{e}(x-1),$$

因此

$$\lim_{x\to+\infty}\int_0^x t^2\mathrm{e}^{t^2}\mathrm{d}t=+\infty，由洛必达法则，得$$

$$\lim_{x \to +\infty} \frac{\int_0^x t^2 e^{t^2} dt}{xe^{x^2}} = \lim_{x \to +\infty} \frac{x^2 e^{x^2}}{e^{x^2} + 2x^2 e^{x^2}} = \lim_{x \to +\infty} \frac{x^2}{1 + 2x^2} = \frac{1}{2}.$$

例 3　设函数 $f(x)$ 在区间 $[a,b]$ 上连续，在 (a,b) 内可导，且 $f'(x) \le 0$，证明

$$F(x) = \frac{1}{x-a} \int_a^x f(t) dt$$

在 (a,b) 内单调递减.

证　$F'(x) = \dfrac{(x-a)f(x) - \int_a^x f(t) dt}{(x-a)^2}$，因为 $f(x)$ 在区间 $[a,b]$ 上连续，由积分

中值定理可知存在一点 $\xi \in (a,x)$，使得

$$\int_a^x f(t) dt = f(\xi)(x-a)$$

即　　　　　$F'(x) = \dfrac{(x-a)f(x) - (x-a)f(\xi)}{(x-a)^2} = \dfrac{f(x) - f(\xi)}{(x-a)}$

又由 $f'(x) \le 0$ 可知，$f(x)$ 在 (a,b) 内单调递减，

所以

$$f(x) \le f(\xi).$$

从而有 $F'(x) \le 0$，即 $F(x)$ 在 (a,b) 内单调递减.

三、牛顿-莱布尼茨公式

定理 5.5　如果函数 $F(x)$ 是连续函数 $f(x)$ 在区间 $[a,b]$ 上的一个原函数，则

$$\int_a^b f(x) dx = F(b) - F(a).$$

证　已知 $F(x)$ 是 $f(x)$ 的一个原函数，积分上限的函数 $\Phi(x) = \int_a^x f(t) dt$ 也是 $f(x)$ 的一个原函数，于是这两个原函数之差 $F(x) - \Phi(x)$ 在 $[a,b]$ 上必定是某一常数 C，即

$$F(x) - \Phi(x) = C \quad (a \le x \le b).$$

在上式中，令 $x = a$，则

$$F(a) - \Phi(a) = C.$$

又

$$\Phi(a) = \int_a^a f(t) dt = 0,$$

因此 $C = F(a)$，因而

$$\int_a^x f(t)\,\mathrm{d}t = F(x) - F(a).$$

在上式中令 $x = b$，即得 $\int_a^b f(x)\,\mathrm{d}x = F(b) - F(a)$.

有时也写成

$$\int_a^b f(x)\,\mathrm{d}x = \big[F(x)\big]_a^b \ \text{或} \ \int_a^b f(x)\,\mathrm{d}x = F(x) \mid_a^b.$$

例 4 计算定积分 $\int_a^b \sin x\,\mathrm{d}x$.

解 $\int_a^b \sin x\,\mathrm{d}x = \big[-\cos x\big]_a^b = \cos a - \cos b$.

例 5 计算 $\int_1^{\sqrt{3}} \dfrac{1}{1+x^2}\,\mathrm{d}x$.

解 $\int_1^{\sqrt{3}} \dfrac{1}{1+x^2}\,\mathrm{d}x = \arctan x \mid_1^{\sqrt{3}} = \arctan\sqrt{3} - \arctan 1 = \dfrac{\pi}{3} - \dfrac{\pi}{4} = \dfrac{\pi}{12}$.

例 6 计算 $\int_1^3 |x-2|\,\mathrm{d}x$.

解 要去掉绝对值符号，必须分区间积分，显然点 $x = 2$ 为区间的分界点，

$$\int_1^3 |x-2|\,\mathrm{d}x = \int_1^2 |x-2|\,\mathrm{d}x + \int_2^3 |x-2|\,\mathrm{d}x$$

$$= \int_1^2 (2-x)\,\mathrm{d}x + \int_2^3 (x-2)\,\mathrm{d}x$$

$$= \left[2x - \frac{1}{2}x^2\right]_1^2 + \left[\frac{1}{2}x^2 - 2x\right]_2^3$$

$$= 1.$$

例 7 计算 $\int_0^2 f(x)\,\mathrm{d}x$ ，其中，$f(x) = \begin{cases} x^2 & (0 \leqslant x \leqslant 1) \\ x-1 & (1 < x < 2) \end{cases}$.

解

$$\int_0^2 f(x)\,\mathrm{d}x = \int_0^1 f(x)\,\mathrm{d}x + \int_1^2 f(x)\,\mathrm{d}x.$$

于是

$$\int_0^2 f(x)\,\mathrm{d}x = \int_0^1 x^2\,\mathrm{d}x + \int_1^2 (x-1)\,\mathrm{d}x = \frac{1}{3}x^3 \mid_0^1 + \frac{1}{2}(x-1)^2 \mid_1^2 = \frac{5}{6}.$$

例 8 设函数 $f(x)$ 在区间 $[0,1]$ 上连续，且满足

$$f(x) = x\mathrm{e}^{x^2} + x\int_0^1 f(t)\,\mathrm{d}t,$$

求 $\int_0^1 f(t)\,\mathrm{d}t$ 及 $f(x)$.

解

$$\int_0^1 f(t)\,\mathrm{d}t = \int_0^1 x\mathrm{e}^{x^2}\,\mathrm{d}x + \int_0^1 \left[x \int_0^1 f(t)\,\mathrm{d}t \right]\,\mathrm{d}x$$

$$= \frac{1}{2}\mathrm{e}^{x^2}\Big|_0^1 + \left(\frac{x^2}{2} \Big|_0^1 \right) \int_0^1 f(t)\,\mathrm{d}t$$

$$= \frac{1}{2}\mathrm{e}^{x^2}\Big|_0^1 + \frac{1}{2}\int_0^1 f(t)\,\mathrm{d}t$$

$$= \frac{1}{2}(\mathrm{e}-1) + \frac{1}{2}\int_0^1 f(t)\,\mathrm{d}t,$$

所以

$$\int_0^1 f(t)\,\mathrm{d}t = \mathrm{e} - 1.$$

$$f(x) = x\mathrm{e}^{x^2} + (\mathrm{e}-1)x.$$

习题 5.2

1. 计算下列导数：

1) $\dfrac{\mathrm{d}}{\mathrm{d}x}\displaystyle\int_0^{x^2} \sqrt{1+t^2}\,\mathrm{d}t$；　　　　2) $\dfrac{\mathrm{d}}{\mathrm{d}x}\displaystyle\int_{x^2}^{x^3} \dfrac{\mathrm{d}t}{\sqrt{1+t^4}}$；　　　　3) $\dfrac{\mathrm{d}}{\mathrm{d}x}\displaystyle\int_{\sin x}^{\cos x} \cos(\pi t^2)\,\mathrm{d}t$；

4) $\dfrac{\mathrm{d}}{\mathrm{d}x}\displaystyle\int_0^x (t^3-x^3)\sin t\,\mathrm{d}t$.

2. 设函数 $f(x)$ 由方程 $\displaystyle\int_0^y \mathrm{e}^t\,\mathrm{d}t + \int_0^x \cos t\,\mathrm{d}t = 0$ 所确定，求 $\dfrac{\mathrm{d}y}{\mathrm{d}x}$.

3. 设 $x = \displaystyle\int_0^t \sin u\,\mathrm{d}u$，$y = \displaystyle\int_0^t \cos u\,\mathrm{d}u$，求 $\dfrac{\mathrm{d}y}{\mathrm{d}x}$.

4. 求下列极限：

1) $\displaystyle\lim_{x\to 0} \frac{\displaystyle\int_0^x \cos t^2\,\mathrm{d}t}{\mathrm{e}^x-1}$；　　　　2) $\displaystyle\lim_{x\to 0} \frac{\displaystyle\int_0^x \ln(1+t)\,\mathrm{d}t}{\sin^2 x}$；　　　　3) $\displaystyle\lim_{x\to 0} \frac{\displaystyle\int_0^{x^2} (\mathrm{e}^t-1)\sin\sqrt{t}\,\mathrm{d}t}{\arctan x^5}$.

5. 当 x 为何值时，函数 $I(x) = \displaystyle\int_0^x t\mathrm{e}^{-t^2}\,\mathrm{d}t$ 有极值？

6. 设 $f(x)$ 在 $[0,+\infty)$ 上连续，若 $\displaystyle\int_0^{f(x)} t^2\,\mathrm{d}t = x^2(x+1)$，求 $f(2)$.

7. 设 $f(x)$ 为连续函数，且存在常数 a，满足

$$x^5 + 1 = \int_a^{x^3} f(t)\,\mathrm{d}t,$$

求 $f(x)$ 及常数 a.

8. 设 $f(x) = x + x^2\displaystyle\int_0^1 f(x)\,\mathrm{d}x$，求 $f(x)$.

9. 用牛顿-莱布尼茨公式计算下列定积分：

1) $\displaystyle\int_{-1}^1 \frac{1}{\sqrt{4-x^2}}\,\mathrm{d}x$；　　　　2) $\displaystyle\int_1^e \frac{x^2+\ln^2 x}{x}\,\mathrm{d}x$；　　　　3) $\displaystyle\int_0^\pi \sqrt{1-\sin 2x}\,\mathrm{d}x$；

4) $\int_{-1}^{2} |x^2 - x| \mathrm{d}x$;　　　　5) $\int_{-2}^{3} \max\{1, x^4\} \mathrm{d}x$;　　　　6) $\int_{\frac{\pi}{4}}^{\frac{\pi}{2}} \frac{x\cos x + \sin x}{(x\sin x)^2} \mathrm{d}x$.

10. 设函数 $f(x)$ 在 $[a, b]$ 上连续，在 (a, b) 内可导，且 $f'(x) \leqslant 0$，

$$F(x) = \frac{1}{x-a} \int_{a}^{x} f(t) \mathrm{d}t.$$

证明：在 (a, b) 内有 $F'(x) \leqslant 0$.

第三节　定积分的换元积分法与分部积分法

用牛顿-莱布尼茨公式计算定积分时，需要求出被积函数的原函数，由于用换元积分法和分部积分法可以求出一些函数的原函数，因此，在一定条件下，可以用换元积分法和分部积分法来计算定积分. 下面讨论定积分的这两种计算方法.

一、定积分的换元积分法

定理 5.6　若函数 $f(x)$ 在区间 $[a, b]$ 上连续，函数 $x = \varphi(t)$ 在区间 $[\alpha, \beta]$ 上具有连续的导数，当 t 在区间 $[\alpha, \beta]$ 上变化时，$x = \varphi(t)$ 的值在 $[a, b]$ 上变化，且 $\varphi(\alpha) = a$，$\varphi(\beta) = b$，则

$$\int_{a}^{b} f(x) \mathrm{d}x = \int_{\alpha}^{\beta} f(\varphi(t)) \varphi'(t) \mathrm{d}t.$$

证　设 $F(x)$ 是 $f(x)$ 在 $[a, b]$ 上的一个原函数，

则

$$\int_{a}^{b} f(x) \mathrm{d}x = F(b) - F(a).$$

再设 $\Phi(t) = F(\varphi(t))$，对 $\Phi(t)$ 求导，得

$$\Phi'(t) = \frac{\mathrm{d}F}{\mathrm{d}x} \cdot \frac{\mathrm{d}x}{\mathrm{d}t} = f(x) \cdot \varphi'(t) = f(\varphi(t)) \cdot \varphi'(t),$$

即 $\Phi(t)$ 是 $f(\varphi(t))\varphi'(t)$ 的一个原函数，因此有

$$\int_{\alpha}^{\beta} f(\varphi(t)) \varphi'(t) \mathrm{d}t = \Phi(\beta) - \Phi(\alpha).$$

又由 $\Phi(t) = F(\varphi(t))$，$\varphi(\alpha) = a$，$\varphi(\beta) = b$，可知

$$\Phi(\beta) - \Phi(\alpha) = F(\varphi(\beta)) - F(\varphi(\alpha)) = F(b) - F(a),$$

所以

$$\int_{a}^{b} f(x) \mathrm{d}x = \int_{\alpha}^{\beta} f(\varphi(t)) \varphi'(t) \mathrm{d}t.$$

应用换元公式计算定积分应注意两点：1) 用 $x = \varphi(t)$ 把原来变量 x 代换成新变量 t 时，积分限也要换成相应于新变量 t 的积分限；2) 求出 $f(\varphi(t))\varphi'(t)$ 的一个原函数 $\Phi(t)$ 后，不必像计算不定积分那样再把 $\Phi(t)$ 变成原来变量 x 的函数，而只

要把新变量 t 的上、下限分别代入 $\Phi(t)$ 中然后相减即可.

例 1　计算 $\int_1^{e^3} \dfrac{\mathrm{d}x}{x\sqrt{1+\ln x}}$.

解　令 $t=\ln x$, 则 $x=e^t$, $\mathrm{d}x=e^t\mathrm{d}t$, 于是

$$\int_1^{e^3} \frac{\mathrm{d}x}{x\sqrt{1+\ln x}} = \int_0^3 \frac{e^t\mathrm{d}t}{e^t\sqrt{1+t}} = \int_0^3 \frac{\mathrm{d}t}{\sqrt{1+t}} = 2\sqrt{1+t}\,\Big|_0^3 = 2.$$

在例 1 中, 如果不明显地写出新变量, 那么定积分的上、下限就不要变更. 现在用另一种记法计算如下:

$$\int_1^{e^3} \frac{\mathrm{d}x}{x\sqrt{1+\ln x}} = \int_1^{e^3} \frac{\mathrm{d}(1+\ln x)}{\sqrt{1+\ln x}} = 2\sqrt{1+\ln x}\,\Big|_1^{e^3} = 2.$$

例 2　计算 $\int_0^a \sqrt{(a^2-x^2)^3}\,\mathrm{d}x$　$(a>0)$.

解　令 $x=a\sin t\left(0 \leqslant t \leqslant \dfrac{\pi}{2}\right)$, 则 $\mathrm{d}x=a\cos t\mathrm{d}t$, 当 $x=0$ 时, $t=0$; 当 $x=a$ 时, $t=\dfrac{\pi}{2}$, 于是

$$\begin{aligned}
\int_0^a \sqrt{(a^2-x^2)^3}\,\mathrm{d}x &= a^4 \int_0^{\frac{\pi}{2}} \cos^3 t\cos t\mathrm{d}t \\
&= a^4 \int_0^{\frac{\pi}{2}} \left(\frac{1+\cos 2t}{2}\right)^2 \mathrm{d}t \\
&= \frac{1}{4}a^4 \int_0^{\frac{\pi}{2}} (1+2\cos 2t+\cos^2 2t)\,\mathrm{d}t \\
&= \frac{1}{4}a^4 \left[t+\sin 2t\right]_0^{\frac{\pi}{2}} + \frac{1}{8}a^4 \int_0^{\frac{\pi}{2}} (1+\cos 4t)\,\mathrm{d}t \\
&= \frac{\pi a^4}{8} + \frac{1}{8}a^4 \left[t\right]_0^{\frac{\pi}{2}} + \frac{1}{32}a^4 \left[\sin 4t\right]_0^{\frac{\pi}{2}} \\
&= \frac{3}{16}\pi a^4.
\end{aligned}$$

例 3　计算 $\int_0^4 \dfrac{x}{\sqrt{2x+1}}\mathrm{d}x$.

解　令 $\sqrt{2x+1}=t$, 则 $x=\dfrac{1}{2}(t^2-1)$, $\mathrm{d}x=t\mathrm{d}t$, 当 $x=0$ 时, $t=1$; 当 $x=4$ 时, $t=3$, 于是

$$\int_0^4 \frac{x}{\sqrt{2x+1}}\mathrm{d}x = \int_1^3 \frac{t^2-1}{2t}t\mathrm{d}t = \frac{1}{2}\left(\frac{t^3}{3}-t\right)\Big|_1^3 = \frac{10}{3}.$$

例4　设函数 $f(x) = \begin{cases} e^{-x} & (x \geqslant 0) \\ 1 + x^2 & (x < 0) \end{cases}$，求 $\int_0^2 f(x-1)\mathrm{d}x$.

解　令 $x - 1 = t$，则 $\mathrm{d}x = \mathrm{d}t$，且当 $x = 0$ 时，$t = -1$；当 $x = 2$ 时，$t = 1$，于是

$$\int_0^2 f(x-1)\mathrm{d}x = \int_{-1}^1 f(t)\mathrm{d}t = \int_{-1}^0 (1+t^2)\mathrm{d}t + \int_0^1 e^{-t}\mathrm{d}t = \frac{7}{3} - \frac{1}{e}.$$

例5　设函数 $f(x)$ 在 $[-a, a]$ 上连续，则

1）若 $f(x)$ 是偶函数，则 $\int_{-a}^a f(x)\mathrm{d}x = 2\int_0^a f(x)\mathrm{d}x$；

2）若 $f(x)$ 是奇函数，则 $\int_{-a}^a f(x)\mathrm{d}x = 0$.

并由此计算 $\int_{-1}^1 \left[\frac{\ln(x + \sqrt{1+x^2})}{1+x^2} + |x| \right]\mathrm{d}x$ 和 $\int_{-\frac{\pi}{4}}^{\frac{\pi}{4}} \frac{\cos^2 x}{1+e^x}\mathrm{d}x$.

证　因为

$$\int_{-a}^a f(x)\mathrm{d}x = \int_{-a}^0 f(x)\mathrm{d}x + \int_0^a f(x)\mathrm{d}x,$$

在上式右端第一项中，令 $x = -t$，则有

$$\int_{-a}^0 f(x)\mathrm{d}x = \int_a^0 f(-t)(-1)\mathrm{d}t = \int_0^a f(-t)\mathrm{d}t,$$

所以

$$\int_{-a}^a f(x)\mathrm{d}x = \int_0^a f(-x)\mathrm{d}x + \int_0^a f(x)\mathrm{d}x = \int_0^a [f(-x) + f(x)]\mathrm{d}x.$$

1）当 $f(x)$ 为偶函数时，$f(-x) = f(x)$，则 $\int_{-a}^a f(x)\mathrm{d}x = 2\int_0^a f(x)\mathrm{d}x$；

2）当 $f(x)$ 为奇函数时，即 $f(-x) = -f(x)$，则 $\int_{-a}^a f(x)\mathrm{d}x = \int_0^a 0\mathrm{d}x = 0$.

在 $\int_{-1}^1 \left[\frac{\ln(x + \sqrt{1+x^2})}{1+x^2} + |x| \right]\mathrm{d}x$ 中，因为 $\frac{\ln(x + \sqrt{1+x^2})}{1+x^2}$ 是在 $[-1,1]$ 上连续的奇函数，$|x|$ 是在 $[-1,1]$ 上连续的偶函数，所以

$$\int_{-1}^1 \left[\frac{\ln(x + \sqrt{1+x^2})}{1+x^2} + |x| \right]\mathrm{d}x = 2\int_0^1 x\mathrm{d}x = 1.$$

在 $\int_{-\frac{\pi}{4}}^{\frac{\pi}{4}} \frac{\cos^2 x}{1+e^x}\mathrm{d}x$ 中，由于被积函数的原函数不易求出，但积分区间对称，函数又在该区间上连续，则

$$\int_{-\frac{\pi}{4}}^{\frac{\pi}{4}} \frac{\cos^2 x}{1+e^x}\mathrm{d}x = \int_0^{\frac{\pi}{4}} \left(\frac{\cos^2 x}{1+e^x} + \frac{\cos^2 x}{1+e^{-x}} \right)\mathrm{d}x = \int_0^{\frac{\pi}{4}} \cos^2 x\mathrm{d}x = \frac{1}{2}\int_0^{\frac{\pi}{4}} (1+\cos 2x)\mathrm{d}x = \frac{\pi+2}{8}.$$

例6 若 $f(x)$ 在 $[0,1]$ 上连续，证明： $\int_0^{\frac{\pi}{2}} f(\sin x)\,\mathrm{d}x = \int_0^{\frac{\pi}{2}} f(\cos x)\,\mathrm{d}x$.

证 设 $x = \dfrac{\pi}{2} - t$，则

$$\int_0^{\frac{\pi}{2}} f(\sin x)\,\mathrm{d}x = -\int_{\frac{\pi}{2}}^0 f\left[\sin\left(\frac{\pi}{2}-t\right)\right]\mathrm{d}t$$

$$= \int_0^{\frac{\pi}{2}} f(\cos t)\,\mathrm{d}t$$

$$= \int_0^{\frac{\pi}{2}} f(\cos x)\,\mathrm{d}x.$$

例7 若 $f(x)$ 在 $[0,1]$ 上连续，证明：

$$\int_0^\pi x f(\sin x)\,\mathrm{d}x = \pi \int_0^{\frac{\pi}{2}} f(\sin x)\,\mathrm{d}x, \text{ 并由此计算 } \int_0^\pi \frac{x\sin x}{1+\cos^2 x}\mathrm{d}x.$$

证 $\int_0^\pi x f(\sin x)\,\mathrm{d}x = \int_0^{\frac{\pi}{2}} x f(\sin x)\,\mathrm{d}x + \int_{\frac{\pi}{2}}^\pi x f(\sin x)\,\mathrm{d}x.$

在上式右端第二项中，设 $\pi - x = t$，则 $-\mathrm{d}x = \mathrm{d}t$，

$$\int_0^\pi x f(\sin x)\,\mathrm{d}x = \int_0^{\frac{\pi}{2}} x f(\sin x)\,\mathrm{d}x + \int_{\frac{\pi}{2}}^0 (\pi - t)f(\sin t)(-\mathrm{d}t)$$

$$= \int_0^{\frac{\pi}{2}} x f(\sin x)\,\mathrm{d}x + \int_0^{\frac{\pi}{2}} (\pi - t)f(\sin t)\,\mathrm{d}t$$

$$= \int_0^{\frac{\pi}{2}} x f(\sin x)\,\mathrm{d}x + \int_0^{\frac{\pi}{2}} (\pi - x)f(\sin x)\,\mathrm{d}x$$

$$= \pi \int_0^{\frac{\pi}{2}} f(\sin x)\,\mathrm{d}x.$$

$$\int_0^\pi \frac{x\sin x}{1+\cos^2 x}\mathrm{d}x = \int_0^\pi \frac{x\sin x}{2-\sin^2 x}\mathrm{d}x$$

$$= \pi \int_0^{\frac{\pi}{2}} \frac{\sin x}{2-\sin^2 x}\mathrm{d}x$$

$$= -\pi \int_0^{\frac{\pi}{2}} \frac{\mathrm{d}(\cos x)}{1+\cos^2 x}$$

$$= -\pi \left[\arctan(\cos x)\right]_0^{\frac{\pi}{2}}$$

$$= -\pi\left(0 - \frac{\pi}{4}\right) = \frac{\pi^2}{4}.$$

例8 设 $f(x)$ 是以 $T(T>0)$ 为周期的周期函数，则对任意常数 a，证明：

$\int_a^{a+T} f(x)\,\mathrm{d}x = \int_0^T f(x)\,\mathrm{d}x$，并由此计算 $\int_0^{n\pi} |\sin x|\,\mathrm{d}x$，$(n \in \mathbf{N})$.

证

$$\int_a^{a+T} f(x)\,dx = \int_a^0 f(x)\,dx + \int_0^T f(x)\,dx + \int_T^{a+T} f(x)\,dx.$$

在 $\int_T^{a+T} f(x)\,dx$ 中，令 $x = u + T$，则

$$\int_T^{a+T} f(x)\,dx = \int_0^a f(u+T)\,du = \int_0^a f(u)\,du = \int_0^a f(x)\,dx.$$

由于

$$\int_0^a f(x)\,dx + \int_a^0 f(x)\,dx = 0,$$

所以

$$\int_a^{a+T} f(x)\,dx = \int_0^T f(x)\,dx.$$

因为 $|\sin x|$ 是以 π 为周期的周期函数，所以

$$\int_0^{n\pi} |\sin x|\,dx = \int_0^\pi |\sin x|\,dx + \int_\pi^{2\pi} |\sin x|\,dx + \cdots + \int_{(n-1)\pi}^{n\pi} |\sin x|\,dx$$

$$= n \int_0^\pi |\sin x|\,dx$$

$$= n \int_0^\pi \sin x\,dx = 2n.$$

二、定积分的分部积分法

与不定积分的分部积分法类似，有下面的定理.

定理 5.7　设 $u(x)$ 与 $v(x)$ 在区间 $[a,b]$ 上连续可导，则下面的分部积分公式成立

$$\int_a^b uv'\,dx = [uv]_a^b - \int_a^b u'v\,dx \ \text{或} \ \int_a^b u\,dv = [uv]_a^b - \int_a^b v\,du.$$

例 9　计算 $\int_0^1 e^{\sqrt{x}}\,dx$.

解　令 $\sqrt{x} = t$，则 $x = t^2$，$dx = 2t\,dt$，于是

$$\int_0^1 e^{\sqrt{x}}\,dx = \int_0^1 e^t 2t\,dt = 2\int_0^1 te^t\,dt$$

$$= 2\int_0^1 t\,de^t = 2[te^t]_0^1 - 2\int_0^1 e^t\,dt = 2e - 2[e^t]_0^1$$

$$= 2e - 2(e-1) = 2.$$

例 10　计算 $\int_0^{\frac{\pi}{2}} e^{2x}\cos x\,dx$.

解　设 $I = \int_0^{\frac{\pi}{2}} \mathrm{e}^{2x} \cos x \mathrm{d}x$，则

$$
\begin{aligned}
I &= \int_0^{\frac{\pi}{2}} \mathrm{e}^{2x} \mathrm{d}\sin x \\
&= \left[\mathrm{e}^{2x} \sin x \right]_0^{\frac{\pi}{2}} - 2 \int_0^{\frac{\pi}{2}} \mathrm{e}^{2x} \sin x \mathrm{d}x \\
&= \mathrm{e}^{\pi} + 2 \int_0^{\frac{\pi}{2}} \mathrm{e}^{2x} \mathrm{d}\cos x \\
&= \mathrm{e}^{\pi} + 2 \left\{ \left[\mathrm{e}^{2x} \cos x \right]_0^{\frac{\pi}{2}} - 2 \int_0^{\frac{\pi}{2}} \mathrm{e}^{2x} \cos x \mathrm{d}x \right\} \\
&= \mathrm{e}^{\pi} - 2 - 4I.
\end{aligned}
$$

移项，解得

$$
I = \frac{1}{5} (\mathrm{e}^{\pi} - 2).
$$

例 11　求 $I_n = \int_0^{\frac{\pi}{2}} \sin^n x \mathrm{d}x$，其中，$n$ 为非负整数.

解　$I_0 = \int_0^{\frac{\pi}{2}} \mathrm{d}x = \frac{\pi}{2}$，$I_1 = \int_0^{\frac{\pi}{2}} \sin x \mathrm{d}x = 1$.

当 $n \geq 2$ 时，

$$
\begin{aligned}
I_n &= - \int_0^{\frac{\pi}{2}} \sin^{n-1} x \mathrm{d}\cos x \\
&= - \left[\sin^{n-1} x \cdot \cos x \right]_0^{\frac{\pi}{2}} + \int_0^{\frac{\pi}{2}} \cos x \mathrm{d}(\sin^{n-1} x) \\
&= (n-1) \int_0^{\frac{\pi}{2}} \cos^2 x \cdot \sin^{n-2} x \mathrm{d}x \\
&= (n-1) \int_0^{\frac{\pi}{2}} (1 - \sin^2 x) \sin^{n-2} x \mathrm{d}x \\
&= (n-1) \int_0^{\frac{\pi}{2}} \sin^{n-2} x \mathrm{d}x - (n-1) \int_0^{\frac{\pi}{2}} \sin^n x \mathrm{d}x \\
&= (n-1) I_{n-2} - (n-1) I_n
\end{aligned}
$$

移项，得到 I_n 的递推公式

$$
I_n = \frac{n-1}{n} I_{n-2}.
$$

1）当 n 为偶数时，设 $n = 2m$，有

$$
\begin{aligned}
I_{2m} = \int_0^{\frac{\pi}{2}} \sin^{2m} x \mathrm{d}x &= \frac{(2m-1) \cdot (2m-3) \cdot \cdots \cdot 3 \cdot 1}{(2m) \cdot (2m-2) \cdot \cdots \cdot 4 \cdot 2} \cdot \frac{\pi}{2} \\
&= \frac{(2m-1)!!}{(2m)!!} \cdot \frac{\pi}{2};
\end{aligned}
$$

2）当 n 为奇数时，设 $n = 2m + 1$，有

$$I_{2m+1} = \int_0^{\frac{\pi}{2}} \sin^{2m+1} x \mathrm{d}x = \frac{(2m) \cdot (2m-2) \cdot \cdots \cdot 4 \cdot 2}{(2m+1) \cdot (2m-1) \cdot \cdots \cdot 5 \cdot 3} = \frac{(2m)!!}{(2m+1)!!}.$$

注：以后计算时可直接使用该公式，比如

$$\int_0^{\frac{\pi}{2}} \sin^7 x \mathrm{d}x = \frac{6 \times 4 \times 2}{7 \times 5 \times 3} = \frac{16}{35},$$

$$\int_0^{\frac{\pi}{2}} \cos^6 x \mathrm{d}x = \frac{5 \times 3 \times 1}{6 \times 4 \times 2} \times \frac{\pi}{2} = \frac{5\pi}{32}.$$

例 12　设 $f(x) = \int_1^{x^2} \frac{\sin t}{t} \mathrm{d}t$，求 $\int_0^1 x f(x) \mathrm{d}x$.

解

$$\begin{aligned}
\int_0^1 x f(x) \mathrm{d}x &= \frac{1}{2} \int_0^1 f(x) \mathrm{d}x^2 \\
&= \frac{1}{2} \left[x^2 f(x) \Big|_0^1 - \int_0^1 x^2 f'(x) \mathrm{d}x \right] \\
&= \frac{1}{2} f(1) - \frac{1}{2} \int_0^1 \left(x^2 \cdot \frac{\sin x^2}{x^2} \cdot 2x \right) \mathrm{d}x \\
&= 0 + \frac{1}{2} \cos x^2 \Big|_0^1 \\
&= \frac{1}{2} (\cos 1 - 1).
\end{aligned}$$

习题 5.3

1. 用换元法计算下列定积分：

1）$\displaystyle\int_1^2 \frac{\sqrt{x^2-1}}{x} \mathrm{d}x$；　　　　2）$\displaystyle\int_0^a \frac{1}{(x^2+a^2)^{\frac{3}{2}}} \mathrm{d}x \,(a>0)$；　　3）$\displaystyle\int_{\frac{1}{\sqrt{2}}}^1 \frac{\sqrt{1-x^2}}{x^2} \mathrm{d}x$；

4）$\displaystyle\int_0^a x^2 \sqrt{a^2-x^2} \mathrm{d}x \,(a>0)$；　5）$\displaystyle\int_{-1}^1 \frac{x \mathrm{d}x}{\sqrt{5-4x}}$；　　　　　6）$\displaystyle\int_1^{e^2} \frac{\mathrm{d}x}{x \sqrt{1+\ln x}}$.

2. 用分部积分法计算下列定积分：

1）$\displaystyle\int_0^1 x e^{-x} \mathrm{d}x$；　　　　　2）$\displaystyle\int_0^{\frac{\pi}{2}} e^{2x} \cos x \mathrm{d}x$；　　　3）$\displaystyle\int_1^4 \frac{\ln x \mathrm{d}x}{\sqrt{x}}$；

4）$\displaystyle\int_0^1 x \arctan x \mathrm{d}x$；　　　5）$\displaystyle\int_0^{2\pi} |x\sin x| \mathrm{d}x$.

3. 利用函数奇偶性计算下列定积分：

1）$\displaystyle\int_{-1}^1 \frac{x^2 \sin x}{x^4+3x^2+1} \mathrm{d}x$；　2）$\displaystyle\int_{-\pi}^{\pi} x^2 \ln(x + \sqrt{1+x^2}) \mathrm{d}x$；　3）$\displaystyle\int_{-1}^1 \frac{1+\sin x}{1+x^2} \mathrm{d}x$；

4）$\displaystyle\int_{-\frac{\pi}{2}}^{\frac{\pi}{2}} \sqrt{\cos x - \cos^3 x} \mathrm{d}x$；　5）$\displaystyle\int_{-1}^1 \frac{1}{\sqrt{4-x^2}} \left(\frac{1}{1+e^x} - \frac{1}{2} \right) \mathrm{d}x$.

4. 利用 $\int_{-a}^{a} f(x)\,\mathrm{d}x = \int_{0}^{a} [f(-x) + f(x)]\,\mathrm{d}x$，求 $\int_{-\frac{\pi}{4}}^{\frac{\pi}{4}} \dfrac{1}{1+\sin x}\,\mathrm{d}x.$

5. 设函数

$$f(x) = \begin{cases} xe^{-x^2} & (x \geqslant 0) \\ \dfrac{1}{1+\cos x} & (-1 < x < 0) \end{cases},$$

计算 $\int_{1}^{4} f(x-2)\,\mathrm{d}x.$

6. 设 $f(x)$ 连续，且 $\int_{0}^{x} tf(x-t)\,\mathrm{d}t = 1 - \cos x$，求 $\int_{0}^{\frac{\pi}{2}} f(x)\,\mathrm{d}x.$

7. 证明：1）若 $f(x)$ 为连续的偶函数，则 $F(x) = \int_{0}^{x} f(t)\,\mathrm{d}t$ 为奇函数；

2）若 $f(x)$ 为连续的奇函数，则 $F(x) = \int_{a}^{x} f(t)\,\mathrm{d}t$ 为偶函数（a 为任意常数）.

8. 证明 $\int_{0}^{2\pi} \sin^n x\,\mathrm{d}x = \begin{cases} 4\displaystyle\int_{0}^{\frac{\pi}{2}} \sin^n x\,\mathrm{d}x & （n \text{ 为偶数}） \\ 0 & （n \text{ 为奇数}） \end{cases}.$

第四节　定积分的应用

一、定积分的元素法

从前面讨论过的曲边梯形的面积和变速直线运动的路程可以看出，定积分所解决的问题可归结为求与区间 $[a,b]$ 上有关的量 A，解决问题的步骤是：分割——近似代替——求和——取极限. 这里的整体量 A 对于区间 $[a,b]$ 具有可加性，即若把 $[a,b]$ 分成若干个小区间 $[x_{i-1}, x_i]$ $(i = 1, 2, \cdots, n)$，就有 $A = \displaystyle\sum_{i=1}^{n} \Delta A_i$，其中 ΔA_i 是对应于小区间 $[x_{i-1}, x_i]$ 的局部量；可以近似地求出 ΔA_i，即 $\Delta A_i \approx f(\xi_i)\Delta x_i$ $(i = 1, 2, \cdots, n)$，这里 $f(x)$ 是已知函数，$\xi_i \in [x_{i-1}, x_i]$ $(i = 1, 2, \cdots, n)$，并且满足：$\Delta A_i - f(\xi_i)\Delta x_i$ 是比 Δx_i 更高阶的无穷小量（当 $\Delta x_i \to 0$ 时），则 A 可以表示为定积分 $A = \displaystyle\int_{a}^{b} f(x)\,\mathrm{d}x.$

如果实际问题中的所求量 A 符合下列条件：

1）A 是与一个变量的变化区间 $[a,b]$ 有关的量；

2）A 对于区间 $[a,b]$ 具有可加性；

3）局部量 ΔA_i 的近似值可表示为 $f(\xi_i)\Delta x_i$，这里 $f(x)$ 是实际问题选择的函数. 则该实际问题可以用定积分来解决.

解决步骤如下.

第一步：分割区间，写出微元.

分割区间 $[a,b]$，取具有代表性的任意一个小区间（不必写出下标号），记作 $[x,x+dx]$，设相应的局部量为 ΔA，分析局部量 ΔA，选择函数 $f(x)$，写出近似等式

$$\Delta A \approx dA = f(x)dx.$$

第二步：求定积分得整体量.

令 $\Delta x \to 0$，对这些微元求和后取极限，得到的定积分就是所要求的整体量

$$A = \int_a^b dA = \int_a^b f(x)dx.$$

上述方法称为定积分的**元素法**，又称**微元法**.

二、平面图形的面积

根据定积分几何意义，由曲线 $y=f(x)(f(x) \geqslant 0)$ 和直线 $x=a$，$x=b$ 以及 $y=0$ 所围成的曲边梯形的面积 $A = \int_a^b f(x)dx$；

由在区间 $[a,b]$ 上的连续曲线 $y=f(x)$（有的部分为正,有的部分为负），x 轴及直线 $x=a$ 与 $x=b$ 所围成的平面图形的面积 $A = \int_a^b |f(x)|dx$；

如果平面区域是由区间 $[a,b]$ 上的两条连续曲线 $y=f(x)$ 与 $y=g(x)$ 及直线 $x=a$ 与 $x=b$ 围成（见图 5-5a），则它的面积 $A = \int_a^b |f(x)-g(x)|dx$；

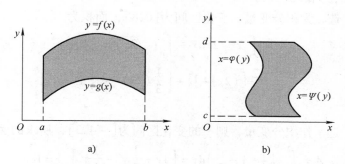

图 5-5

如果平面区域是由区间 $[c,d]$ 上的两条连续曲线 $x=\varphi(y)$ 与 $x=\Psi(y)$ 及直线 $y=c$ 与 $y=d$ 围成（见图 5-5b），则它的面积 $A = \int_c^d |\varphi(y)-\Psi(y)|dy$.

例1 求由 $y=\ln x$，x 轴及直线 $x=\dfrac{1}{2}$ 与 $x=2$ 所围成的平面图形的面积（见图 5-6）.

解 已知在 $\left[\dfrac{1}{2},1\right]$ 上，$\ln x \leqslant 0$，在 $[1,2]$ 上，$\ln x \geqslant 0$

$$A = \int_{\frac{1}{2}}^2 |\ln x|dx = -\int_{\frac{1}{2}}^1 \ln x dx + \int_1^2 \ln x dx$$

$$= -(x\ln x - x)\Big|_{\frac{1}{2}}^{1} + (x\ln x - x)\Big|_{1}^{2}$$

$$= \frac{3}{2}\ln 2 - \frac{1}{2}.$$

例 2 求抛物线 $y^2 = 2x$ 和直线 $y = -x + 4$ 所围成的图形的面积(见图 5-7).

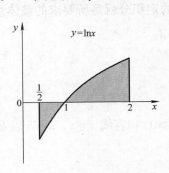

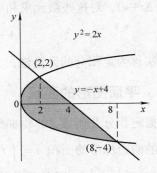

图 5-6　　　　　　　　　　　　　　图 5-7

解 先求抛物线和直线的交点,解方程组

$$\begin{cases} y^2 = 2x \\ y = -x + 4 \end{cases}$$

解得交点为 $(2,2)$ 和 $(8, -4)$.

方法一:选 x 为积分变量,变化区间为 $[0,8]$,面积为

$$A = \int_0^2 2\sqrt{2x}\,\mathrm{d}x + \int_2^8 (\sqrt{2x} - x + 4)\,\mathrm{d}x$$

$$= \frac{2}{3}\Big[(2x)^{\frac{3}{2}}\Big]_0^2 + \Big[\frac{1}{3}(2x)^{\frac{3}{2}} - \frac{1}{2}x^2 + 4x\Big]_2^8$$

$$= 18.$$

方法二:选 y 作积分变量,则 y 的变化区间为 $[-4,2]$,所求的面积为

$$A = \int_{-4}^2 \Big(4 - y - \frac{y^2}{2}\Big)\mathrm{d}y = \Big[4y - \frac{1}{2}y^2 - \frac{1}{6}y^3\Big]_{-4}^2 = 18.$$

由本例题可以看出,选择适当的变量可以使计算更加简便.

例 3 求椭圆 $\dfrac{x^2}{a^2} + \dfrac{y^2}{b^2} = 1$ 所围成的面积.

解 此椭圆关于两个坐标轴都对称(见图 5-8),故只需求它在第 I 象限内的面积 A_1,

则椭圆的面积为 $A = 4A_1 = 4\displaystyle\int_0^a y\,\mathrm{d}x$.

利用椭圆的参数方程

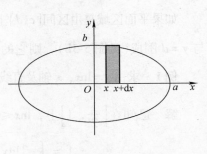

图 5-8

$$\begin{cases} x = a\cos t \\ y = b\sin t \end{cases} \left(0 \leqslant t \leqslant \frac{\pi}{2} \right)$$

令 $x = a\cos t$，则 $y = b\sin t$，$\mathrm{d}x = -a\sin t\,\mathrm{d}t$

$$A = 4\int_0^a y\,\mathrm{d}x = 4\int_{\frac{\pi}{2}}^0 b\sin t(-a\sin t)\,\mathrm{d}t$$

$$= 4ab\int_0^{\frac{\pi}{2}} \sin^2 t\,\mathrm{d}t = 4ab \cdot \frac{1}{2} \cdot \frac{\pi}{2} = \pi ab.$$

当 $a = b$ 时，就得到圆的面积公式 $A = \pi a^2$.

本例题中，参数方程所确定的函数的积分，实质是作了一次变量代换.

三、两种特殊立体的体积

1. 平行截面面积为已知函数的立体的体积

设空间某立体是由一曲面和垂直于 x 轴的平面 $x = a$ 和 $x = b$ 围成（见图 5-9）的，如果用过任意点 $x(a \leqslant x \leqslant b)$ 且垂直于 x 轴的平面截立体所得到的截面面积是已知连续函数

$$S(x)\,(a \leqslant x \leqslant b),$$

则此立体的体积为

$$V = \int_a^b S(x)\,\mathrm{d}x.$$

例 4　已知两个底半径为 R 的圆柱体垂直相交，求它们公共部分的体积.

解　如图 5-10 所示，公共部分的体积为阴影部分体积的 8 倍，现考虑阴影部分体积. 任意一个垂直于 x 轴的截面都为正方形，其边长为 $\sqrt{R^2 - x^2}$，因此截面面积为

$$S(x) = R^2 - x^2$$

所以

$$V = 8\int_0^R (R^2 - x^2)\,\mathrm{d}x$$

$$= 8\left[R^2 x - \frac{1}{3}x^3 \right]_0^R = \frac{16}{3}R^3.$$

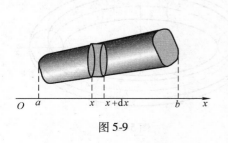

图 5-9

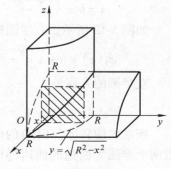

图 5-10

2. 旋转体的体积

由连续曲线 $y = f(x)$ $(x \geqslant 0)$ 与直线 $x = a$，$x = b$ 及 x 轴所围成的曲边梯形绕 x 轴旋转，所得的立体叫做**旋转体**（见图 5-11）显然过点 $x(a \leqslant x \leqslant b)$ 且垂直于 x 轴的截面是以 $f(x)$ 为半径的圆，其面积是 $S(x) = \pi f^2(x)$，于是得旋转体的体积为

$$V = \pi \int_a^b f^2(x)\,\mathrm{d}x.$$

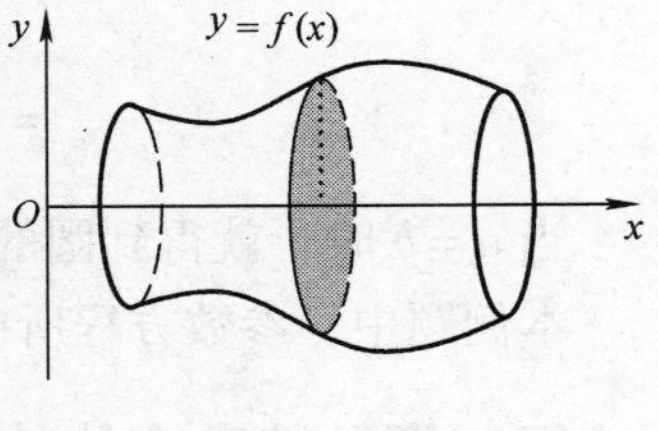

类似地，由连续曲线 $x = \varphi(y)$ 和直线 $y = c$，$y = d$ 及 y 轴所围成曲边梯形绕 y 轴旋转所生成的旋转体的体积为

$$V = \pi \int_c^d \varphi^2(y)\,\mathrm{d}y.$$

图 5-11

例 5　求椭圆 $\dfrac{x^2}{a^2} + \dfrac{y^2}{b^2} = 1$ 分别绕 x 轴和 y 轴旋转所得旋转体的体积.

解　（1）绕 x 轴旋转

这个旋转体是由半个椭圆 $y = \dfrac{b}{a}\sqrt{a^2 - x^2}$ 及 x 轴围成的图形绕 x 轴旋转而成的立体，所以

$$V_x = \pi \int_{-a}^a \frac{b^2}{a^2}(a^2 - x^2)\,\mathrm{d}x = \pi \frac{b^2}{a^2}\left[a^2 x - \frac{1}{3}x^3\right]_{-a}^a = \frac{4}{3}\pi a b^2.$$

（2）绕 y 轴旋转

$$V_y = \pi \int_{-b}^b \frac{a^2}{b^2}(b^2 - y^2)\,\mathrm{d}y = \pi \frac{a^2}{b^2}\left[b^2 y - \frac{1}{3}y^3\right]_{-b}^b = \frac{4}{3}\pi a^2 b.$$

当 $a = b$ 时，得半径为 a 的球体的体积：$V = \dfrac{4}{3}\pi a^3$.

例 6　求由圆 $(x - b)^2 + y^2 = a^2$ $(0 < a < b)$ 绕 y 轴旋转一周得到的旋转体的体积.

解　将圆的方程改写为

$$x = b \pm \sqrt{a^2 - y^2}.$$

如图 5-12 所示，右半圆的方程是

$$\varphi_1(y) = b + \sqrt{a^2 - y^2}$$

左半圆的方程是

$$\varphi_2(y) = b - \sqrt{a^2 - y^2}$$

所求的旋转体（环体）的体积是分别以两个半圆为曲边的曲边梯形绕 y 轴旋转一周所得的旋转体的体积的差，

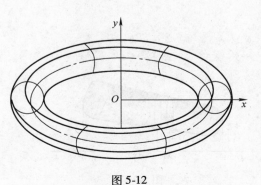

图 5-12

即

$$V = \pi \int_{-a}^{a} \left[\varphi_1(y) \right]^2 \mathrm{d}y - \pi \int_{-a}^{a} \left[\varphi_2(y) \right]^2 \mathrm{d}y$$

$$= \pi \int_{-a}^{a} \left\{ \left[\varphi_1(y) \right]^2 - \left[\varphi_2(y) \right]^2 \right\} \mathrm{d}y$$

$$= \pi \int_{-a}^{a} \left[\left(b + \sqrt{a^2 - y^2} \right)^2 - \left(b - \sqrt{a^2 - y^2} \right)^2 \right] \mathrm{d}y$$

$$= 8\pi b \int_{0}^{a} \sqrt{a^2 - y^2} \mathrm{d}y$$

$$= 8\pi b \left(\frac{y}{2} \sqrt{a^2 - y^2} + \frac{a^2}{2} \arcsin \frac{y}{a} \right) \Big|_{0}^{a}$$

$$= 2\pi^2 a^2 b.$$

四、平面曲线的弧长

由于平面上的光滑曲线弧是可求长的，故可用定积分来计算弧长.

1. 直角坐标情形

已知曲线弧在直角坐标系下的方程为

$$y = f(x) \ (a \leqslant x \leqslant b),$$

式中，$f(x)$ 在 $[a,b]$ 上有一阶连续导数. 下面求该曲线弧的长度.

取 x 为积分变量，积分区间为 $[a,b]$，在 $[a,b]$ 上任取一个小区间 $[x, x+\mathrm{d}x]$，则弧微分公式为

$$\mathrm{d}s = \sqrt{1 + \left(\frac{\mathrm{d}y}{\mathrm{d}x} \right)^2} \mathrm{d}x = \sqrt{1 + y'^2} \mathrm{d}x.$$

故所求弧长为

$$s = \int_{a}^{b} \sqrt{1 + y'^2} \mathrm{d}x.$$

如果曲线弧的方程为 $x = \varphi(y) \ (c \leqslant y \leqslant d)$，且 $\varphi(y)$ 在 $[c,d]$ 上有一阶连续导数. 则取 y 为积分变量，积分区间为 $[c,d]$，则弧微分公式为

$$\mathrm{d}s = \sqrt{(\mathrm{d}x)^2 + (\mathrm{d}y)^2} = \sqrt{1 + \left(\frac{\mathrm{d}x}{\mathrm{d}y} \right)^2} \mathrm{d}y = \sqrt{1 + x'^2} \mathrm{d}y,$$

故所求弧长为

$$s = \int_{c}^{d} \sqrt{1 + (x')^2} \mathrm{d}y.$$

例 7 求曲线 $y = \int_{-\frac{\pi}{2}}^{x} \sqrt{\cos x} \ \mathrm{d}x$ 的弧长.

解 因为 $\cos x \geqslant 0$，所以 $x \in \left[-\frac{\pi}{2}, \frac{\pi}{2} \right]$. 取 x 为积分变量，积分区间为

$\left[-\dfrac{\pi}{2}, \dfrac{\pi}{2}\right]$，则弧长元素为

$$\mathrm{d}s = \sqrt{1+y'^2}\,\mathrm{d}x = \sqrt{1+\left(\sqrt{\cos x}\right)^2}\,\mathrm{d}x = \sqrt{1+\cos x}\,\mathrm{d}x = \sqrt{2}\left|\cos\dfrac{x}{2}\right|\mathrm{d}x.$$

故所求弧长

$$s = \int_{-\frac{\pi}{2}}^{\frac{\pi}{2}} \sqrt{2}\left|\cos\dfrac{x}{2}\right|\mathrm{d}x = 2\sqrt{2}\int_{0}^{\frac{\pi}{2}} \cos\dfrac{x}{2}\,\mathrm{d}x = 4\sqrt{2}\sin\dfrac{x}{2}\Big|_{0}^{\frac{\pi}{2}} = 4.$$

2. 参数方程情形

已知曲线弧的参数方程为

$$\begin{cases} x = \varphi(t) \\ y = \psi(t) \end{cases} \quad (\alpha \leqslant t \leqslant \beta).$$

其中，$\varphi(t)$，$\psi(t)$ 在 $[\alpha,\beta]$ 上有连续导数，求该曲线的弧长.

取参数 t 为积分变量. 则积分区间为 $[\alpha,\beta]$，则弧微分公式为

$$\mathrm{d}s = \sqrt{(\mathrm{d}x)^2 + (\mathrm{d}y)^2} = \sqrt{\varphi'^2(t) + \psi'^2(t)}\,\mathrm{d}t.$$

故所求弧长

$$s = \int_{\alpha}^{\beta} \sqrt{\varphi'^2(t) + \psi'^2(t)}\,\mathrm{d}t.$$

例 8 求曲线 $\begin{cases} x = \arctan t \\ y = \dfrac{1}{2}\ln(1+t^2) \end{cases}$ 自 $t=0$ 到 $t=1$ 的一段弧的弧长.

解 $x_t' = \dfrac{1}{1+t^2}$，$y_t' = \dfrac{1}{2}\cdot\dfrac{1}{1+t^2}\cdot 2t = \dfrac{t}{1+t^2}$，则弧长元素

$$\mathrm{d}s = \sqrt{\left(\dfrac{1}{1+t^2}\right)^2 + \left(\dfrac{t}{1+t^2}\right)^2}\,\mathrm{d}t = \dfrac{1}{\sqrt{1+t^2}}\,\mathrm{d}t.$$

故所求弧长

$$s = \int_{0}^{1} \dfrac{1}{\sqrt{1+t^2}}\,\mathrm{d}t = \ln(t+\sqrt{1+t^2})\Big|_{0}^{1} = \ln(1+\sqrt{2}).$$

3. 极坐标情形

已知曲线弧的极坐标方程为

$$r = r(\theta) \quad (\alpha \leqslant \theta \leqslant \beta).$$

式中，$r(\theta)$ 在 $[\alpha,\beta]$ 上有连续导数，求该曲线弧的弧长.

由直角坐标与极坐标的关系

$$\begin{cases} x = r(\theta)\cos\theta \\ y = r(\theta)\sin\theta \end{cases} \quad (\alpha \leqslant \theta \leqslant \beta)$$

将 θ 看成参数，则弧长元素

$$ds = \sqrt{x'^2(\theta) + y'^2(\theta)}\,d\theta = \sqrt{r^2(\theta) + r'^2(\theta)}\,d\theta,$$

故所求弧长为

$$s = \int_\alpha^\beta \sqrt{r^2(\theta) + r'^2(\theta)}\,d\theta.$$

例 9 求曲线 $r = a\sin^3\dfrac{\theta}{3}(0 \leqslant \theta \leqslant 3\pi)$ 的长度.

解 $s = \int_0^{3\pi} \sqrt{r^2(\theta) + r'^2(\theta)}\,d\theta = a\int_0^{3\pi} \sin^2\dfrac{\theta}{3}\,d\theta = \dfrac{3}{2}\pi a.$

五、定积分在物理学上的应用

1. 变力沿直线所做的功

常力沿直线所做的功已有公式可求,如果物体在运动过程中所受到的力是变化的,那么这种变力做功又如何计算呢?

例 10 在底面积为 S 的圆柱形容器中盛有一定量的气体. 在等温条件下,由于气体的膨胀,把容器中的一个活塞(横截面积为 S)从点 a 处推移到点 b 处. 计算在移动过程中,气体压力所做的功.

解 取坐标系如图 5-13 所示,活塞的位置可以用坐标 x 来表示. 由物理学知道,一定量的气体在等温条件下,压强 p 与体积 V 的乘积是常数 k,即

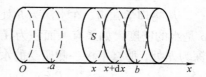

图 5-13

$$pV = k \text{ 或 } p = \frac{k}{V}.$$

在点 x 处,因为 $V = xS$ 所以作用在活塞上的力为

$$F = p \cdot S = \frac{k}{xS} \cdot S = \frac{k}{x}.$$

取 x 为积分变量,变化区间为 $[a, b]$. 当活塞从 x 移动到 $x + dx$ 时,变力所做的功近似为 $\dfrac{k}{x}dx$,即功元素为

$$dW = \frac{k}{x}dx.$$

于是所求的功为

$$W = \int_a^b \frac{k}{x}dx = k\left[\ln x\right]_a^b = k\ln\frac{b}{a}.$$

例 11 设重度为 $10(\text{kN/m}^3)$、半径为 $r(\text{m})$ 的球浸在水中,且与水面相接,为将球从水中取出,需做多少功?

解 如图 5-14 所示建立坐标系，则球的方程为 $x^2 + y^2 = r^2$，把球从水中取出，相当于把每一水平薄层提高 $2r$，在提高 $2r$ 时，所做的功分为两个过程：

1）将薄层提升至水面，因为球的重度为 $10(\text{kN}/\text{m}^3)$，与水的重度相等，所以提升力为零，即不做功.

2）将薄层由水面提升到 $r + y$ 处，提升力为此薄层的重力

$$dW = \gamma \pi x^2 dy = 10\pi (r^2 - y^2)(r + y) dy$$

故需做功为

$$W = \int_{-r}^{r} dW$$

$$= 10\pi \int_{-r}^{r} (r + y)(r^2 - y^2) dy$$

$$= 10\pi \int_{-r}^{r} (r^3 + r^2 y - r y^2 - y^3) dy$$

$$= \frac{40\pi}{3} r^4.$$

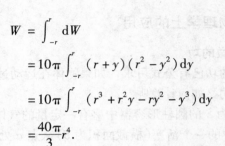

图 5-14

2. 水压力

从物理学知道，在水深为 h 处的压强为 $p = \rho g h$，这里 ρ 是水的密度. 如果有一面积为 A 的平板水平地放置在水深为 h 处，那么平板一侧所受的水的压力为

$$P = p \cdot A.$$

如果将这个平板铅直放置在水中，那么由于水深不同的点处压强 p 不相等，所以平板所受水的压力就不能用上述方法计算.

例 12 某闸门的形状与大小如图 5-15 所示，闸门的上部为矩形，下部为二次抛物线，当水面与闸门的上端

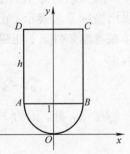

图 5-15

相平时，欲使闸门矩形部分承受的压力与闸门的下部承受的压力之比为 5:4，问闸门矩形部分的高应是多少？

解 如图 5-15 所示，建立坐标系，则抛物线方程为 $y = x^2$，闸门矩形部分承受的压力为

$$P_1 = 2 \int_{1}^{1+h} \rho g(h + 1 - y) \, dy$$

$$= 2\rho g \left[(h + 1) y - \frac{1}{2} y^2 \right]_{1}^{h+1}$$

$$= \rho g h^2$$

式中，ρ 是水的密度；g 是重力加速度. 闸门的下部承受的压力为

$$P_2 = 2\int_0^1 \rho g(h+1-y)\sqrt{y}\,dy$$

$$= 2\rho g\left[\frac{2}{3}(h+1)y^{\frac{3}{2}} - \frac{2}{5}y^{\frac{5}{2}}\right]_0^1$$

$$= 4\rho g\left(\frac{1}{3}h + \frac{2}{15}\right)$$

由题意知

$$\frac{P_1}{P_2} = \frac{5}{4}, \quad 即 \quad \frac{h^2}{4\left(\frac{1}{3}h + \frac{2}{15}\right)} = \frac{5}{4},$$

得 $h = 2$，$h = -\dfrac{1}{3}$（舍）.

故 $h = 2$，即闸门矩形部分的高为 2m.

3. 引力

从物理学知道，质量分别为 m_1、m_2，相距为 r 的两质点间的引力的大小为

$$F = G\frac{m_1 m_2}{r^2},$$

式中，G 为引力系数，引力的方向沿着两质点连线方向.

如果要计算一根细棒对一个质点的引力，那么，由于细棒上各点与该质点的距离是变化的，且各点对该质点的引力的方向也是变化的，就不能用上述公式来计算.

例13 设有一长度为 l、线密度为 ρ 的均匀细直棒，在其中垂线上距棒 a 单位处有一质量为 m 的质点 M，试计算该棒对质点 M 的引力.

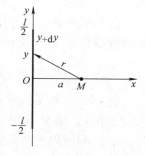

图 5-16

解 取坐标系如图 5-16 所示，使棒位于 y 轴上，质点 M 位于 x 轴上，棒的中点为原点 O. 由对称性知，引力在垂直方向上的分量为零，所以只需求引力在水平方向的分量. 取 y 为积分变量，它的变化区间为 $\left[-\dfrac{l}{2}, \dfrac{l}{2}\right]$. 在 $\left[-\dfrac{l}{2}, \dfrac{l}{2}\right]$ 上的 y 点取长为 dy 的一小段，其质量为 ρdy，与 M 相距 $r = \sqrt{a^2 + y^2}$. 于是在水平方向上，引力元素为

$$dF_x = G\frac{m\rho dy}{a^2 + y^2} \cdot \frac{-a}{\sqrt{a^2 + y^2}} = -G\frac{a\,m\rho\,dy}{(a^2 + y^2)^{3/2}}.$$

引力在水平方向的分量为

$$F_x = -\int_{-\frac{l}{2}}^{\frac{l}{2}} G\frac{a\,m\,\rho}{(a^2 + y^2)^{3/2}}\,dy = -\frac{2G\,m\,\rho\,l}{a} \cdot \frac{1}{\sqrt{4a^2 + l^2}}.$$

六、定积分在经济学中的应用

首先介绍几个相关概念.

已知某产品在时刻 t 的总产量的变化率为 $f(t)$，则从时刻 t_1 到时刻 t_2 的总产量为

$$Q = \int_{t_1}^{t_2} f(t)\,\mathrm{d}t.$$

已知边际成本 $C'(x)$ 是产品的产量 x 的函数，则生产第 x 个单位产品的总成本为

$$C(x) = \int_0^x C'(x)\,\mathrm{d}x + C_0.$$

已知总费用变化率 $f(x)$，x 是变量，则总费用为

$$F(x) = \int_0^x f(x)\,\mathrm{d}x.$$

已知某种新产品投入市场的销售速度为时间 t 的函数 $f(t)$，那么，在 T 个单位时间内，该产品的总销售量为

$$S = \int_0^T f(t)\,\mathrm{d}t.$$

已知某产品产量为 x 时的边际收益为 $R'(x)$，总收益为 $R(x)$，销售量为 x 的平均收益为 $\overline{R}(x)$，则

$$R(x) = \int_0^x R'(x)\,\mathrm{d}x, \qquad \overline{R}(x) = \frac{R(x)}{x} = \frac{1}{x}\int_0^x R'(x)\,\mathrm{d}x.$$

例 14　已知某商品每周生产 x 单位时，总费用的变化率是 $f(x) = 0.4x - 12$（元/单位），求总费用 $F(x)$；如果这种产品的销售单价是 20（元），求总利润 $L(x)$，并问每周生产多少单位时才能获得最大利润？

解　总费用　$F(x) = \int_0^x (0.4x - 12)\,\mathrm{d}x = [0.2x^2 - 12x]_0^x = 0.2x^2 - 12x$，

销售 x 单位商品得到的总收入为　$R(x) = 20x$.

又因为总利润　　　　　　　$L(x) = R(x) - F(x)$，

所以

$$L(x) = 20x - (0.2x^2 - 12x) = 32x - 0.2x^2.$$

令 $L'(x) = 0$，

即 $32 - 0.4x = 0$，得　$x = 80$，

因此最大利润为

$$L(80) = 32 \times 80 - 0.2 \times 80^2 = 1280（元）.$$

例 15　已知某产品的边际成本为 $C'(x) = 2x^2 - 3x + 2$（元/单位），求：

1）生产前 6 个单位产品的可变成本；

2）若固定成本 $C(0) = 6(元)$，求前6个产品的平均成本；

3）求生产第10个到第15个单位产品时的平均成本.

解 1）生产前6个单位产品，即从生产第1个到第6个单位的可变成本为

$$C_{1,6} = \int_0^6 (2x^2 - 3x + 2) dx = \left[\frac{2}{3}x^3 - \frac{3}{2}x^2 + 2x \right]_0^6 = 102(元).$$

2）$C(6) = \int_0^6 (2x^2 - 3x + 2) dx + 6 = 102 + 6 = 108.$

$$\overline{C}(6) = \frac{108}{6} = 18(元/单位).$$

3）$C_{10,15} = \int_{10-1}^{15} (2x^2 - 3x + 2) dx$

$$= \left[\frac{2}{3}x^3 - \frac{3}{2}x^2 + 2x \right]_9^{15}$$

$$= \frac{2}{3}(15^3 - 9^3) - \frac{3}{2}(15^2 - 9^2) + 2(15 - 9)$$

$$= 1764 - 216 + 12$$

$$= 1560(元).$$

习题 5.4

1. 计算下列曲线所围成的平面图形的面积：

1）$y = x^2$，$y = x$;   2）$y = \frac{1}{x}$，$y = x$，$x = 2$;

3）$y = \frac{1}{2}x^2$，$y = x + 4$;   4）$y = e^x$，$y = e^{-x}$，$x = 1$;

5）$y = x^2 - x$，$y = 1 - x^2$;   6）$y = x^2$，$4y = x^2$，$y = 1$.

2. 求曲线 $y = x^3 - 3x + 2$ 在 x 轴上介于两极值点间的曲边梯形的面积.

3. 求 $c(c > 0)$ 的值，使两曲线 $y = x^2$ 与 $y = cx^3$ 所围成的图形的面积为 $\frac{2}{3}$.

4. 求位于曲线 $y = e^x$ 下方，该曲线过原点的切线的左方及 x 轴上方之间的图形的面积.

5. 求下列平面图形分别绕 x 轴、y 轴旋转所得的旋转体的体积：

1）曲线 $y = \sqrt{x}$ 与直线 $x = 1$，$x = 4$，$y = 0$ 所围成的图形；

2）在区间 $\left[0, \frac{\pi}{2} \right]$ 上，曲线 $y = \sin x$ 与直线 $x = \frac{\pi}{2}$，$y = 0$ 所围成的图形；

3）曲线 $x^2 + y^2 = 1$ 与 $y^2 = \frac{3}{2}x$ 所围成的两个图形中较小的一块.

6. 求圆盘 $x^2 + y^2 \leq a^2$ 绕直线 $x = -b(b > a > 0)$ 旋转所成的旋转体的体积.

7. 计算曲线 $y = \ln x$ 上对应于 $\sqrt{3} \leq x \leq \sqrt{8}$ 的一段弧的长度.

8. 计算半立方抛物线 $y^2 = \frac{2}{3}(x - 1)^3$ 被抛物线 $y^2 = \frac{x}{3}$ 截得的一段弧的长度.

9. 计算星形线 $x = a\cos^3 t$，$y = a\sin^3 t$ 的全长(见图 5-17).

10. 在摆线 $x = a(t - \sin t)$，$y = a(1 - \cos t)$ 上求分摆线第一拱成 $1:3$ 的点的坐标.

11. 求曲线 $\rho\theta = 1$ 上对应于 $\dfrac{3}{4} \leqslant \theta \leqslant \dfrac{4}{3}$ 的一段弧的长度.

12. 求心形线 $\rho = a(1 + \cos\theta)$ 的全长.

13. 把一个带 $+q$ 电量的点电荷放在 r 轴上坐标原点 O 处，它产生一个电场. 这个电场对周围的电荷有作用力. 由物理学知道，如果有一个单位正电荷放在这个电场中距离原点 O 为 r 的地方，那么电场对它的作用力的大小为 $F = k\dfrac{q}{r^2}$（k 是常数）. 当这个单位正电荷在电场中从 $r = a$ 处沿 r 轴移动到 $r = b$ $(a < b)$ 处时，计算电场力 F 对它所做的功.

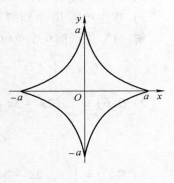

图 5-17

14. 一圆柱形的贮水桶高为 5m，底圆半径为 3m，桶内盛满了水. 试问要把桶内的水全部吸出需做多少功?

15. 一个横放着的圆柱形水桶，桶内盛有半桶水. 设桶的底半径为 R，水的密度为 ρ，计算桶的一个端面上所受的压力.

16. 设有一半径为 R，中心角为 φ 的圆弧形细棒，其线密度为常数 ρ，在圆心处有一质量为 m 的质点 M，试求这细棒对质点 M 的引力.

17. 已知某产品总产量的变化率是时间 t(单位:年)的函数
$$f(t) = 2t + 5 \quad (t \geqslant 0),$$
求第一个五年和第二个五年的总产量各为多少?

18. 已知某产品生产 x 个单位时，总收益 R 的变化率(边际收益)为
$$R'(x) = 200 - \frac{x}{100}(x \geqslant 0),$$

1）求生产了 50 个单位时的总收益;

2）如果已经生产了 100 个单位，求再生产 100 个单位时的总收益.

19. 已知某产品的边际收入函数为
$$R'(x) = 25 - 2x(x \geqslant 0),$$
边际成本函数为
$$C'(x) = 13 - 4x(x \geqslant 0),$$
固定成本 $C_0 = 10$，求当 $x = 5$ 时的毛利润和纯利润.

20. 假设某产品的边际收入函数为
$$R'(x) = 9 - x(x \geqslant 0),$$
边际成本函数为
$$C'(x) = 4 + \frac{x}{4}(x \geqslant 0)(万元/万台),$$

1）试求当产量由 4(万台)增加到 5(万台)时利润的变化量;

2）当产量 x 为多少时利润最大?

3）已知固定成本为 1（万元），求总成本函数 $C(x)$ 和利润函数 $L(x)$.

第五节 广义积分与 Γ 函数

一、无穷限的广义积分

定义 5.3 设函数 $f(x)$ 在区间 $[a, +\infty)$ 上连续，取 $b > a$，如果极限 $\lim\limits_{b \to +\infty} \int_a^b f(x)\,dx$ 存在，则称此极限值为函数 $f(x)$ 在无穷区间 $[a, +\infty)$ 上的**广义积分**，记作 $\int_a^{+\infty} f(x)\,dx$，即

$$\int_a^{+\infty} f(x)\,dx = \lim_{b \to +\infty} \int_a^b f(x)\,dx.$$

这时也称广义积分 $\int_a^{+\infty} f(x)\,dx$ **收敛**；反之，则称广义积分 $\int_a^{+\infty} f(x)\,dx$ **发散**.

同样，可以定义 $f(x)$ 在 $(-\infty, b]$，$(-\infty, +\infty)$ 上的广义积分.

定义 5.4 设 $f(x)$ 在区间 $(-\infty, b]$ 上连续，取 $a < b$，如果极限 $\lim\limits_{a \to -\infty} \int_a^b f(x)\,dx$ 存在，则称此极限值为函数 $f(x)$ 在无穷区间 $(-\infty, b]$ 上的**广义积分**，记作 $\int_{-\infty}^b f(x)\,dx$，即

$$\int_{-\infty}^b f(x)\,dx = \lim_{a \to -\infty} \int_a^b f(x)\,dx.$$

这时也称广义积分 $\int_{-\infty}^b f(x)\,dx$ **收敛**；反之，则称广义积分 $\int_{-\infty}^b f(x)\,dx$ **发散**.

定义 5.5 设函数 $f(x)$ 在区间 $(-\infty, +\infty)$ 内连续，如果广义积分 $\int_{-\infty}^0 f(x)\,dx$ 和 $\int_0^{+\infty} f(x)\,dx$ 都收敛，则称上述两个广义积分之和为函数 $f(x)$ 在无穷区间 $(-\infty, +\infty)$ 上的**广义积分**，记作 $\int_{-\infty}^{+\infty} f(x)\,dx$，即

$$\int_{-\infty}^{+\infty} f(x)\,dx = \int_{-\infty}^0 f(x)\,dx + \int_0^{+\infty} f(x)\,dx.$$

这时也称广义积分 $\int_{-\infty}^{+\infty} f(x)\,dx$ **收敛**；否则，就称广义积分 $\int_{-\infty}^{+\infty} f(x)\,dx$ **发散**.

设函数 $f(x)$ 在 $[a, +\infty)$ 上连续，$F(x)$ 是 $f(x)$ 的原函数，为了方便，分别记 $\lim\limits_{b \to +\infty} \left[F(x) \right]_a^b$ 为 $\left[F(x) \right]_a^{+\infty}$，$\lim\limits_{a \to -\infty} \left[F(x) \right]_a^b$ 为 $\left[F(x) \right]_{-\infty}^b$，

则无穷限的广义积分 $\displaystyle\int_{a}^{+\infty}f(x)\mathrm{d}x=\left[F(x)\right]_{a}^{+\infty},\int_{-\infty}^{b}f(x)\mathrm{d}x=\left[F(x)\right]_{-\infty}^{b}.$

例1 求 $\displaystyle\int_{0}^{+\infty}\frac{\mathrm{d}x}{1+x^{2}},\int_{-\infty}^{0}\frac{\mathrm{d}x}{1+x^{2}},\int_{-\infty}^{+\infty}\frac{\mathrm{d}x}{1+x^{2}}.$

解 $\displaystyle\int_{0}^{+\infty}\frac{\mathrm{d}x}{1+x^{2}}=\lim_{b\rightarrow+\infty}\int_{0}^{b}\frac{\mathrm{d}x}{1+x^{2}}=\lim_{b\rightarrow+\infty}\arctan x\Big|_{0}^{b}=\lim_{b\rightarrow+\infty}\arctan b=\frac{\pi}{2}$

$$\int_{-\infty}^{0}\frac{\mathrm{d}x}{1+x^{2}}=\arctan x\Big|_{-\infty}^{0}=\frac{\pi}{2}$$

$$\int_{-\infty}^{+\infty}\frac{\mathrm{d}x}{1+x^{2}}=\arctan x\Big|_{-\infty}^{+\infty}=\frac{\pi}{2}-\left(-\frac{\pi}{2}\right)=\pi.$$

例2 求 $\displaystyle\int_{0}^{+\infty}te^{-t}\mathrm{d}t.$

解 $\displaystyle\int_{0}^{+\infty}te^{-t}\mathrm{d}t=\lim_{b\rightarrow+\infty}\int_{0}^{b}te^{-t}\mathrm{d}t=\lim_{b\rightarrow+\infty}\left\{\left[-te^{-t}\right]_{0}^{b}+\int_{0}^{b}e^{-t}\mathrm{d}t\right\}$

$$=-\lim_{b\rightarrow+\infty}\frac{b}{e^{b}}+\lim_{b\rightarrow+\infty}\left[-e^{-t}\right]_{0}^{b}$$

$$=0-(0-1)=1.$$

例3 讨论广义积分 $\displaystyle\int_{a}^{+\infty}\frac{\mathrm{d}x}{x^{p}}\mathrm{d}x$ $(a>0)$ 的收敛性.

解 当 $p\neq1$ 时

$$\int_{a}^{+\infty}\frac{\mathrm{d}x}{x^{p}}=\left[\frac{x^{1-p}}{1-p}\right]_{a}^{+\infty}=\begin{cases}\dfrac{a^{1-p}}{p-1}&(p>1)\\[2mm]+\infty&(p\leqslant1)\end{cases}$$

又因为当 $p=1$ 时, $\displaystyle\int_{a}^{+\infty}\frac{\mathrm{d}x}{x}=\left[\ln x\right]_{a}^{+\infty}=+\infty.$

因此, 当 $p>1$ 时, 广义积分 $\displaystyle\int_{a}^{+\infty}\frac{1}{x^{p}}\mathrm{d}x$ 收敛于 $\dfrac{a^{1-p}}{p-1}$, 当 $p\leqslant1$ 时, 此广义积分发散.

二、无界函数的广义积分

若 x_{0} 是函数 $f(x)$ 的无穷间断点, 即 $\lim\limits_{x\rightarrow x_{0}}f(x)=\infty$, 则 x_{0} 是 $f(x)$ 的**瑕点**.

定义 5.6 设函数 $f(x)$ 在区间 $(a,b]$ 上连续, 且 a 为瑕点, 取 $\eta>0$, 如果极限 $\lim\limits_{\eta\rightarrow0^{+}}\displaystyle\int_{a+\eta}^{b}f(x)\mathrm{d}x$ 存在, 则称此极限值为无界函数 $f(x)$ 在 $[a,b]$ 上的**广义积分**或**瑕积分**, 记作 $\displaystyle\int_{a}^{b}f(x)\mathrm{d}x$, 即

$$\int_a^b f(x)\,\mathrm{d}x = \lim_{\eta \to 0^+} \int_{a+\eta}^b f(x)\,\mathrm{d}x.$$

这时也称广义积分 $\int_a^b f(x)\,\mathrm{d}x$ **收敛**；若上述极限不存在，则称广义积分 $\int_a^b f(x)\,\mathrm{d}x$ **发散**.

当 b 为瑕点或 $c \in (a,b)$ 为瑕点时，可类似地定义 $f(x)$ 在 $[a,b]$ 上的瑕积分

$$\int_a^b f(x)\,\mathrm{d}x = \lim_{\eta \to 0^+} \int_a^{b-\eta} f(x)\,\mathrm{d}x,$$

$$\int_a^b f(x)\,\mathrm{d}x = \int_a^c f(x)\,\mathrm{d}x + \int_c^b f(x)\,\mathrm{d}x$$

$$= \lim_{\eta \to 0^+} \int_a^{c-\eta} f(x)\,\mathrm{d}x + \lim_{\delta \to 0^+} \int_{c+\delta}^b f(x)\,\mathrm{d}x.$$

例4　计算 $\int_0^1 \ln x\,\mathrm{d}x$.

解　因为 $\lim\limits_{x \to 0^+} \ln x = -\infty$，所以点 $x = 0$ 是瑕点，

$$\int_0^1 \ln x\,\mathrm{d}x = \lim_{\eta \to 0^+} \int_\eta^1 \ln x\,\mathrm{d}x = \lim_{\eta \to 0^+} \big[x\ln x - x \big]_\eta^1$$

$$= \lim_{\eta \to 0^+} (-1 - \eta\ln\eta + \eta) = -1.$$

例5　讨论广义积分 $\int_a^b \dfrac{\mathrm{d}x}{(x-a)^q}$ 的敛散性 $(b > a > 0, q > 0)$.

解　显然点 $x = a$ 是瑕点，当 $q \neq 1$ 时，

$$\int_a^b \frac{\mathrm{d}x}{(x-a)^q} = \lim_{\eta \to 0^+} \int_{a+\eta}^b \frac{\mathrm{d}x}{(x-a)^q} = \lim_{\eta \to 0^+} \left[\frac{(x-a)^{1-q}}{1-q} \right]_{a+\eta}^b$$

$$= \lim_{\eta \to 0^+} \frac{1}{1-q} \big[(b-a)^{1-q} - \eta^{1-q} \big] = \begin{cases} \dfrac{(b-a)^{1-q}}{1-q} & (q < 1) \\[2mm] +\infty & (q > 1) \end{cases}.$$

当 $q = 1$ 时，

$$\int_a^b \frac{\mathrm{d}x}{(x-a)^q} = \int_a^b \frac{\mathrm{d}x}{x-a} = \lim_{\eta \to 0^+} \int_{a+\eta}^b \frac{\mathrm{d}x}{x-a} = \lim_{\eta \to 0^+} \big[\ln(x-a) \big]_{a+\eta}^b$$

$$= \lim_{\eta \to 0^+} \big[\ln(b-a) - \ln\eta \big] = +\infty.$$

因此，广义积分 $\int_a^b \dfrac{\mathrm{d}x}{(x-a)^q}$，当 $q < 1$ 时收敛；当 $q \geqslant 1$ 时发散.

同样可得，广义积分 $\int_a^b \dfrac{\mathrm{d}x}{(b-x)^q}$，当 $q < 1$ 时收敛，当 $q \geqslant 1$ 时发散.

三、Γ 函数

定义 5.7　积分 $\Gamma(\alpha) = \int_0^{+\infty} x^{\alpha-1}\mathrm{e}^{-x}\,\mathrm{d}x$ 　$(\alpha > 0)$ 称为 **Γ 函数**.

Γ 函数有一个重要性质，即递推公式

$$\Gamma(\alpha + 1) = \alpha\Gamma(\alpha).$$

这是因为

$$\Gamma(\alpha + 1) = \int_0^{+\infty} x^{\alpha} e^{-x} dx = -x^{\alpha} e^{-x} \Big|_0^{+\infty} + \alpha \int_0^{+\infty} x^{\alpha - 1} e^{-x} dx$$

$$= \alpha \int_0^{+\infty} x^{\alpha - 1} e^{-x} dx = \alpha\Gamma(\alpha).$$

特别地

$$\Gamma(n + 1) = n!$$

这是因为

$$\Gamma(n + 1) = n\Gamma(n) = n(n - 1)\Gamma(n - 1) = \cdots = n! \ \Gamma(1)，又因为$$

$$\Gamma(1) = \int_0^{+\infty} e^{-x} dx = -e^{-x} \Big|_0^{+\infty} = 1,$$

所以

$$\Gamma(n + 1) = n!$$

Γ 函数还可以写成另一种形式 $\Gamma(\alpha) = 2\int_0^{+\infty} t^{2\alpha - 1} e^{-t^2} dt$

$$\Gamma\left(\frac{1}{2}\right) = 2\int_0^{+\infty} e^{-t^2} dt.$$

可以证明

$$\Gamma\left(\frac{1}{2}\right) = 2\int_0^{+\infty} e^{-t^2} dt = \sqrt{\pi}.$$

例 6　计算 $\int_0^{+\infty} x^5 e^{-x} dx$.

解　$\int_0^{+\infty} x^5 e^{-x} dx = \Gamma(6) = 5! = 120.$

例 7　计算 $\int_0^{+\infty} \sqrt{x} e^{-x} dx$

解　$\int_0^{+\infty} \sqrt{x} e^{-x} dx = \int_0^{+\infty} x^{\frac{3}{2} - 1} e^{-x} dx = \Gamma\left(\frac{3}{2}\right) = \Gamma\left(\frac{1}{2} + 1\right) = \frac{1}{2}\Gamma\left(\frac{1}{2}\right) = \frac{1}{2}\sqrt{\pi}.$

习题 5.5

1. 下列积分中不是广义积分的是（　　）.

（A）$\int_1^e \frac{dx}{x\ln x}$;　　（B）$\int_{-2}^{-1} \frac{dx}{x}$;　　（C）$\int_0^1 \frac{dx}{1 - e^x}$;　　（D）$\int_0^{\frac{\pi}{2}} \frac{dx}{\cos x}$.

2. 下列广义积分中发散的是（　　）.

（A）$\int_1^{+\infty} \frac{dx}{x}$;　　（B）$\int_1^{+\infty} \frac{dx}{x\sqrt{x}}$;　　（C）$\int_1^{+\infty} \frac{dx}{x^2}$;　　（D）$\int_1^{+\infty} \frac{dx}{x^2\sqrt{x}}$.

3. 下列广义积分中收敛的是(　　　).

(A) $\int_0^1 \dfrac{\mathrm{d}x}{x}$;　　(B) $\int_0^1 \dfrac{\mathrm{d}x}{\sqrt{x}}$;　　(C) $\int_0^1 \dfrac{\mathrm{d}x}{x^2}$;　　(D) $\int_0^1 \dfrac{\mathrm{d}x}{x\sqrt{x}}$.

4. 判断下列广义积分的收敛性:

1) $\int_0^{+\infty} x\mathrm{e}^{-x}\mathrm{d}x$;　　2) $\int_{-\infty}^{+\infty} \dfrac{x}{\sqrt{1+x^2}}\mathrm{d}x$; 3) $\int_0^1 \dfrac{\mathrm{d}x}{\sqrt{1-x}}$;　　4) $\int_0^2 \dfrac{\mathrm{d}x}{(x-1)^2}$.

5. 计算下列积分:

1) $\int_0^{+\infty} x^4\mathrm{e}^{-x}\mathrm{d}x$;　　2) $\int_0^{+\infty} x^2\mathrm{e}^{-2x^2}\mathrm{d}x$.

综合测试题（五）

一、单项选择题

1. 设 $f(x)$ 连续, $I = t\int_0^{\frac{s}{t}} f(tx)\mathrm{d}x$, $t>0$, $s>0$, 则 I 的值是 (　　　).

(A) 依赖于 s 和 t;　　　　　　　(B) 是一个常数;

(C) 不依赖于 s 但依赖于 t;　　　(D) 依赖于 s 但不依赖于 t.

2. 下列积分中, 等于零的是 (　　　).

(A) $\int_{-\frac{1}{2}}^{\frac{1}{2}} |\cos x| \ln(1+x^2)\mathrm{d}x$;　　　　(B) $\int_{-3}^{3} (x+1)\mathrm{e}^{x^2}\mathrm{d}x$;

(C) $\int_{-\frac{\pi}{2}}^{\frac{\pi}{2}} \dfrac{\sin x \cos^4 x}{1+x^2}\mathrm{d}x$;　　　　(D) $\int_{-1}^{1} (x-\sqrt{1+x^2})^2\mathrm{d}x$.

3. 设在 $[a, b]$ 上 $f(x)>0$, $f'(x)<0$, $f''(x)>0$, 令 $S_1 = \int_a^b f(x)\mathrm{d}x$, $S_2 = f(b)(b-a)$, $S_3 = \dfrac{1}{2}[f(a)+f(b)](b-a)$, 则 (　　　).

(A) $S_3 > S_2 > S_1$;　　(B) $S_3 > S_1 > S_2$;　　(C) $S_2 > S_1 > S_3$;　　(D) $S_1 > S_3 > S_2$.

4. 已知 $\int_0^{+\infty} \dfrac{\sin x}{x}\mathrm{d}x = \dfrac{\pi}{2}$, 则 $\int_0^{+\infty} \dfrac{\sin^2 x}{x^2}\mathrm{d}x$ 的值等于 (　　　).

(A) $\dfrac{\pi}{2}$;　　(B) π;　　(C) $\dfrac{\pi^2}{4}$;　　(D) $\pi-1$.

5. 设 $f(x)$ 在 0 处可导, 且 $f(0)=0$, 则极限 $\lim\limits_{x\to 0} \dfrac{\int_0^x f(x-t)\mathrm{d}t}{x^2}$ 的值等于 (　　　).

(A) 不存在;　　(B) 0;　　(C) $f'(0)$;　　(D) $\dfrac{1}{2}f'(0)$.

二、填空题

1. 设 $f(x)$ 连续, $\int_0^{x^3-1} f(t)\mathrm{d}t = x$, 则 $f(7)$ 等于 (　　　).

2. 定积分 $\int_{\frac{3\pi}{4}}^{\frac{3\pi}{4}} (1+\arctan x)\sqrt{1+\cos 2x}\,\mathrm{d}x$ 的值为 (　　　).

3. 定积分 $\int_{-1}^{1} (|x| + x) e^{|x|} dx$ 的值为 （　　　）.

4. 若积分 $\int_{-a}^{a} (2x - 1) dx = -4$，则常数 a 的值等于 （　　　）.

5. 曲线 $y = -x^3 + x^2 + 2x$ 与 x 轴所围成的面积值等于 （　　　）.

三、计算与应用题

1. 已知 $f(\pi) = 1$，且 $\int_0^\pi [f(x) + f''(x)] \sin x dx = 3$，求 $f(0)$.

2. 计算 $\int_{-1}^{1} \dfrac{2x^2 + x(e^x + e^{-x})}{1 + \sqrt{1 - x^2}} dx$.

3. 设 $f(x) = \int_0^\pi \dfrac{\sin^2 t}{1 + 2x\cos t + x^2} dt$，求 $\dfrac{f(1)}{f(0)}$.

4. 计算 $\int_0^{\frac{\pi}{2}} \dfrac{\sin^3 x}{\sin x + \cos x} dx$.

5. 设 $xf(x) = \ln x + \int_e^{e^3} f(x) dx$，求 $f(x)$.

6. 设 $f(x)$ 可导，$f(0) = 1$，且 $\int_0^1 [f(x) + xf(xt)] dt$ 与 x 无关，求 $f(x)$.

四、证明题

设函数 $f(x)$ 在 $[a, b]$ 上连续，在 (a, b) 内 $f'(x) > 0$，证明存在唯一的 $\xi \in (a, b)$ 使曲线 $y = f(x)$ 和 $y = f(\xi)$，$x = a$ 所围面积 S_1 是 $y = f(x)$ 和 $y = f(\xi)$，$x = b$ 所围面积 S_2 的 3 倍.

第六章　微　分　方　程

在实际问题中，经常会建立连续变量与它们的导数或微分之间的关系，从而得到一个关于未知函数的导数或微分的方程，即微分方程. 通过求解该方程，同样可以找到未知函数的关系. 在经济与管理等领域的实际问题中，大多数变量是定义在整数集上的离散变量. 描述离散型变量之间的数学模型称为离散型模型，即差分方程.

本章主要介绍微分方程和差分方程的一些概念、常见方程的类型及解法以及微分方程和差分方程在实际中的一些简单的应用.

第一节　微分方程的基本概念

引例

例 1　已知曲线上任意一点的切线斜率等于该点横坐标的两倍，试建立其方程.

解　所求曲线应满足方程　　　　　　$\dfrac{\mathrm{d}y}{\mathrm{d}x} = 2x$　　　　　　　　　　　　(6-1)

例 2　质量为 m 的物体只受重力的作用自由下落，试建立其路程 s 与时间 t 的关系.

解　把物体降落的铅垂线取作 s 轴，其指向朝下(朝向地心). 设物体在 t 时刻的位置为 $s = s(t)$，加速度 $a = \dfrac{\mathrm{d}^2 s}{\mathrm{d}t^2}$.

由牛顿第二定律 $F = ma$，得

$$m \frac{\mathrm{d}^2 s}{\mathrm{d}t^2} = mg \ \text{或} \frac{\mathrm{d}^2 s}{\mathrm{d}t^2} = g \tag{6-2}$$

这是由著名科学家伽利略研究发现的，自由落体的重力加速度为常数 g.

例 3　某商品在 t 时刻的售价为 P，社会对该商品的需求量和供给量分别是 P 的函数 $Q(P)$、$S(P)$，则在 t 时刻的价格 $P(t)$ 对于时间 t 的变化率可以认为与该商品在同一时刻的超额需求量 $Q(t) - P(t)$ 成正比(设比例系数为 k)，即有关系式

$$\frac{\mathrm{d}P}{\mathrm{d}t} = k[\,Q(P) - S(P)\,] \quad (k > 0),$$

这就是商品的价格调整模型.

定义 6.1　含有未知函数的导数(或微分)的方程称为微分方程.

微分方程中出现的未知函数的最高阶导数的阶数，叫做微分方程的阶．如方程 (6-1)是一阶微分方程，方程(6-2)是二阶微分方程．

定义 6.2 如果把某个函数代入微分方程，能使该方程成为恒等式，则称此函数为微分方程的解，即满足微分方程的函数叫做微分方程的解．

例如，$y = x^2 + C$ 是 $\dfrac{\mathrm{d}y}{\mathrm{d}x} = 2x$ 的解；$s = \dfrac{1}{2}gt^2 + C_1 t + C_2$ 是 $\dfrac{\mathrm{d}^2 s}{\mathrm{d}t^2} = g$ 的解．

若微分方程解中所包含独立的任意常数的个数与对应的微分方程的阶数相同，这样的解称为微分方程的通解．

通过附加条件确定通解中的任意常数而得到的解称为微分方程的特解，这种附加条件称为初始条件．

例如，设方程未知函数为 $y = y(x)$，如果微分方程是一阶的，通常用来确定任意常数的条件是 $y\big|_{x=x_0} = y_0$.

式中，x_0 和 y_0 是给定的数值．如果微分方程是二阶的，通常用来确定任意常数的条件是

$$y\big|_{x=x_0} = y_0, \quad y'\big|_{x=x_0} = y_0'.$$

式中，x_0、y_0、y_0' 都是给定的数值．

习题 6.1

1．试计算出下列微分方程的阶数：

1）$x(y')^2 - 2yy' + x = 0$；

2）$x^2 y'' - xy' + y = 0$；

3）$(7x - 6y)\mathrm{d}x + (x + y)\mathrm{d}y = 0$；

4）$\dfrac{\mathrm{d}^3 y}{\mathrm{d}x^3} + \dfrac{3}{x}\left(\dfrac{\mathrm{d}^2 y}{\mathrm{d}x^2}\right)^2 = 0$.

2．验证下列各给定函数是其对应微分方程的解：

1）$xy' = 2y$，$y = 5x^2$；

2）$y'' + y = 0$，$y = 3\sin x - 4\cos x$；

3）$y'' - (\lambda_1 + \lambda_2)y' + \lambda_1 \lambda_2 y = 0$，$y = C_1 \mathrm{e}^{\lambda_1 x} + C_2 \mathrm{e}^{\lambda_2 x}$；

4）$xyy'' + x(y')^2 - yy' = 0$，$\dfrac{x^2}{C_1} + \dfrac{y^2}{C_2} = 1$.

3．在下列各题中，确定函数关系式中所含的参数，使函数满足所给的初始条件：

1）$x^2 - y^2 = C$，$y\big|_{x=0} = 5$；

2）$y = (C_1 + C_2 x)\mathrm{e}^{2x}$，$y\big|_{x=0} = 0$，$y'\big|_{x=0} = 1$.

4．设曲线在点(x, y)处的切线斜率等于该点横坐标的二次方，试建立曲线所满足的微分方程．

5．设函数 $y = (1 + x)^2 u(x)$ 是方程 $y' - \dfrac{2}{x+1}y = (x+1)^2$ 的通解，求 $u(x)$.

6．求连续函数 $f(x)$，使它满足 $\displaystyle\int_0^1 f(tx)\,\mathrm{d}t = f(x) + x\sin x$.

第二节 一阶微分方程

首先研究最简单的一阶微分方程，即**可分离变量的微分方程**.

一、可分离变量的方程

可以化成形如

$$M(x)\mathrm{d}x = N(y)\mathrm{d}y \text{ 或} \frac{\mathrm{d}y}{\mathrm{d}x} = f(x)g(y)$$

形式的方程称为**可分离变量的微分方程**.

对 $M(x)\mathrm{d}x = N(y)\mathrm{d}y$ 两端分别积分，便得到方程的通解：

$$\int M(x)\mathrm{d}x = \int N(y)\mathrm{d}y + C(C \text{ 是任意常数}).$$

例1 求方程 $(1+y^2)\mathrm{d}x - x(1+x^2)y\mathrm{d}y = 0$ 的通解.

解 用 $x(1+x^2)(1+y^2)$ 除方程两边整理得

$$\frac{\mathrm{d}x}{x(1+x^2)} = \frac{y\mathrm{d}y}{1+y^2}.$$

两边积分

$$\int \frac{\mathrm{d}x}{x(1+x^2)} = \int \frac{y\mathrm{d}y}{1+y^2}.$$

因为

$$\int \frac{\mathrm{d}x}{x(1+x^2)} = \int \left(\frac{1}{x} - \frac{x}{1+x^2} \right)\mathrm{d}x = \ln|x| - \frac{1}{2}\ln(1+x^2),$$

$$\int \frac{y\mathrm{d}y}{1+y^2} = \frac{1}{2}\ln(1+y^2),$$

所以

$$\ln|x| - \frac{1}{2}\ln(1+x^2) - \frac{1}{2}\ln(1+y^2) = C_1.$$

即

$$\ln \frac{x^2}{(1+x^2)(1+y^2)} = 2C_1, \text{ 或} \frac{x^2}{(1+x^2)(1+y^2)} = e^{2C_1} = \frac{1}{C} \quad (C = e^{-2C_1}),$$

通解为 $(1+x^2)(1+y^2) = Cx^2$. 此外方程还有解 $x = 0$.

例2 设推广某项新技术时，需要推广的总人数为 N，t 时刻已掌握技术的人数为 $P(t)$，新技术推广速度与已推广人数和待推广人数成正比，即有微分方程

$$\frac{\mathrm{d}P}{\mathrm{d}t} = kP(N-P),$$

式中，k 为比例常数(此方程称为自我抑制性方程也叫逻辑斯蒂增长模型，它是经济

学中常遇到的数学模型），试求解该微分方程.

解　将该方程变形为

$$\frac{\mathrm{d}P}{P(N-P)} = k\mathrm{d}t,$$

两边积分得

$$\frac{1}{N}\ln\frac{P}{N-P} = kt + \ln C_1,$$

整理得通解

$$P = \frac{CN\mathrm{e}^{Nkt}}{1 + C\mathrm{e}^{Nkt}}(C = \mathrm{e}^{N\ln C_1}).$$

例3　某公司 t 年净资产有 $W(t)$（单位：百万元），并且资产以每年 5% 的速度连续增长，同时该公司每年要以 30（百万元）的数额连续支付职工工资.

1）给出描述净资产 $W(t)$ 的微分方程；2）假设初始净资产为 W_0，求解微分方程；3）讨论在 $W_0 = 500$、600、700 这 3 种情况下，$W(t)$ 的变化特点.

解　1）利用平衡法，

即　净资产增长速度 = 资产本身增长速度 - 职工工资支付速度

得到方程

$$\frac{\mathrm{d}W}{\mathrm{d}t} = 0.05W - 30,$$

即

$$\frac{\mathrm{d}W}{0.05W - 30} = \mathrm{d}t.$$

2）对上式两边积分，得

$$\ln|W - 600| = 0.05t + \ln C,$$

于是

$$|W - 600| = C\mathrm{e}^{0.05t},$$

或

$$W - 600 = a\mathrm{e}^{0.05t} \quad (a = \pm C),$$

将 $W(0) = W_0$ 代入，得方程特解

$$W = 600 + (W_0 - 600)\mathrm{e}^{0.05t}.$$

在上式推导过程中 $W \neq 600$，当 $W = 600$ 时，有 $\frac{\mathrm{d}W}{\mathrm{d}t} = 0$，可知 $W = 600 = W_0$，通常称为平衡解，可见平衡解已包含在了通解之中.

3）由通解表达式可知，当 $W_0 = 500$ 时，净资产额单调递减，公司将在第 36 年破产；当 $W_0 = 600$ 时，公司将收支平衡，净资产将保持在 600（百万元）不变；当 $W_0 = 700$ 时，净资产额将按指数不断增长.

例 4 设降落伞从跳伞塔下落后，所受空气阻力与速度成正比，并设降落伞离开跳伞塔时($t=0$)速度为零，求降落伞下落速度与时间的函数关系.

解 设降落伞下落速度为 $v(t)$. 降落伞在空中下落时，同时受到重力 P 与阻力 R 的作用(见图 6-1). 重力大小为 mg，方向与 v 一致；阻力大小为 kv(k 为比例系数)，方向与 v 相反，从而降落伞所受外力为

$$F = mg - kv.$$

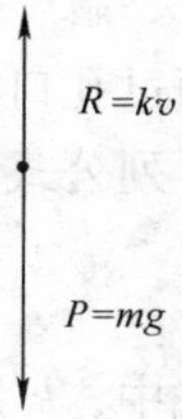

根据牛顿第二运动定律

$$F = ma.$$

(其中 a 为加速度)，得函数 $v(t)$ 应满足的方程为

图 6-1

$$m\frac{\mathrm{d}v}{\mathrm{d}t} = mg - kv \tag{6-3}$$

按题意，初始条件为

$$v\big|_{t=0} = 0.$$

方程(6-3)是可分离变量的，分离变量后得

$$\frac{\mathrm{d}v}{mg - kv} = \frac{\mathrm{d}t}{m},$$

两端积分

$$\int \frac{\mathrm{d}v}{mg - kv} = \int \frac{\mathrm{d}t}{m},$$

考虑到 $mg - kv > 0$，得

$$-\frac{1}{k}\ln(mg - kv) = \frac{t}{m} + C_1,$$

即

$$mg - kv = \mathrm{e}^{-\frac{kt}{m} - kC_1},$$

或

$$v = \frac{mg}{k} + C\mathrm{e}^{-\frac{kt}{m}} \left(C = -\frac{\mathrm{e}^{-kC_1}}{k} \right) \tag{6-4}$$

这就是方程(6-3)的通解.

将初始条件 $v\big|_{t=0} = 0$ 代入式(6-4)得

$$C = -\frac{mg}{k}.$$

于是所求的特解为

$$v = \frac{mg}{k}\left(1 - \mathrm{e}^{-\frac{kt}{m}}\right) \tag{6-5}$$

由式(6-5)可以看出，随着时间 t 的增大，速度 v 逐渐近于常数 $\frac{mg}{k}$，且不会超过 $\frac{mg}{k}$，即跳伞后开始阶段是加速运动，但以后逐渐接近于匀速运动.

例 5 有高为 100cm 的半球形容器，水从它的底部小孔流出，小孔横截面积为 1cm²(见图 6-2). 开始时容器内盛满了水，求水从小孔流出过程中容器里水面的

高度 h（水面与孔口中心间的距离）随时间 t 的变化规律，
并求水流完所需的时间.

解　由物理学知识可知，水从孔口流出的流量（即
通过孔口横截面的水的体积 V 对时间 t 的变化率）Q 可用
下列公式计算：

$$Q = \frac{\mathrm{d}V}{\mathrm{d}t} = kS \sqrt{2gh} \tag{6-6}$$

式中，k 为流量系数，由实验测得 $k = 0.62$；S 为孔口横
截面的面积；g 为重力加速度.

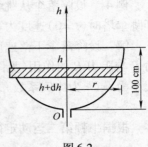

图 6-2

另一方面，设在微小时间间隔 $[t, t+\mathrm{d}t]$ 内，水面高度由 h 降至 $h + \mathrm{d}h$（$\mathrm{d}h < 0$），
则又可得到

$$\mathrm{d}V = -\pi r^2 \mathrm{d}h \tag{6-7}$$

式中，r 是时刻 t 的水面半径（见图 6-2）；等式的右端置负号是由于 $\mathrm{d}h < 0$ 而 $\mathrm{d}V > 0$
的缘故. 又因为

$$r = \sqrt{1^2 - (1-h)^2} = \sqrt{2h - h^2},$$

所以式（6-7）变成

$$\mathrm{d}V = -\pi(2h - h^2)\mathrm{d}h \tag{6-8}$$

比较式（6-6）和式（6-8）两式，得

$$kS \sqrt{2gh}\,\mathrm{d}t = -\pi(2h - h^2)\mathrm{d}h \tag{6-9}$$

这就是未知函数 $h = h(t)$ 应满足的微分方程.

此外，开始时容器内的水是满的，所以未知函数 $h = h(t)$ 还应满足下列初始
条件：

$$h\big|_{t=0} = 1. \tag{6-10}$$

方程（6-9）是可分离变量的，分离变量后得

$$\mathrm{d}t = -\frac{\pi}{kS \sqrt{2g}}(2\sqrt{h} - \sqrt{h^3})\mathrm{d}h$$

两端积分，得

$$t = -\frac{\pi}{kS \sqrt{2g}}\left(\frac{4}{3}\sqrt{h^3} - \frac{2}{5}\sqrt{h^5}\right) + C \tag{6-11}$$

式中，C 是任意常数.

把初始条件式（6-10）代入式（6-11），得

$$C = -\frac{4}{3} + \frac{2}{5} = -\frac{14}{15}.$$

把所得的 C 值代入式（6-11）并化简，得

$$t = \frac{14\pi}{15kS\sqrt{2g}}\left(1 - \frac{10}{7}\sqrt{h^3} + \frac{3}{7}\sqrt{h^5}\right).$$

以 $k = 0.62$，$S = 10^{-4}\text{m}^2$，$g = 9.8\text{m/s}^2$ 代入上式，计算后可得

$$t = 1.068 \times 10^4\left(1 - \frac{10}{7}\sqrt{h^3} + \frac{3}{7}\sqrt{h^5}\right)\text{s}.$$

上式表达了水从小孔流出的过程中容器内水面高度 h 与时间 t 之间的函数关系．由此可知水流完所需的时间为

$$t = 1.068 \times 10^4 \text{s} = 2\text{h } 58\text{min}.$$

这里还要指出，在本例是通过对微小量 $\mathrm{d}V$ 的分析得到微分方程(6-9)的，这种微小量分析的方法，也是建立微分方程的一种常用方法．

二、齐次微分方程

形如

$$\frac{\mathrm{d}y}{\mathrm{d}x} = \varphi\left(\frac{y}{x}\right)$$

的一阶微分方程称为**齐次微分方程**．

对方程 $\dfrac{\mathrm{d}y}{\mathrm{d}x} = \varphi\left(\dfrac{y}{x}\right)$ 作变量代换 $\dfrac{y}{x} = u$，则 $y = xu$，两端对 x 求导数，得

$$\frac{\mathrm{d}y}{\mathrm{d}x} = u + x\frac{\mathrm{d}u}{\mathrm{d}x},$$

又因为

$$\frac{\mathrm{d}y}{\mathrm{d}x} = \varphi(u),$$

于是

$$u + x\frac{\mathrm{d}u}{\mathrm{d}x} = \varphi(u),$$

从而有

$$\frac{\mathrm{d}u}{\varphi(u) - u} = \frac{\mathrm{d}x}{x}.$$

因此，方程 $\dfrac{\mathrm{d}y}{\mathrm{d}x} = \varphi\left(\dfrac{y}{x}\right)$ 通过变量代换 $\dfrac{y}{x} = u$ 可化为可分离变量的方程．

两边分别积分，得

$$\int \frac{\mathrm{d}u}{\varphi(u) - u} = \ln x + C.$$

求出积分后，再用 $\dfrac{y}{x}$ 代替 u，便得方程 $\dfrac{\mathrm{d}y}{\mathrm{d}x} = \varphi\left(\dfrac{y}{x}\right)$ 的通解．

例 6　求微分方程 $xy\dfrac{\mathrm{d}y}{\mathrm{d}x} = x^2 + y^2$ 满足 $y(\mathrm{e}) = 2\mathrm{e}$ 的特解.

解　微分方程可化为

$$\frac{y}{x} \cdot \frac{\mathrm{d}y}{\mathrm{d}x} = 1 + \left(\frac{y}{x}\right)^2,$$

令 $u = \dfrac{y}{x}$，则 $\dfrac{\mathrm{d}y}{\mathrm{d}x} = x\dfrac{\mathrm{d}u}{\mathrm{d}x} + u$，代入上式，得

$$u\left(x\frac{\mathrm{d}u}{\mathrm{d}x} + u\right) = 1 + u^2,$$

即

$$u\,\mathrm{d}u = \frac{\mathrm{d}x}{x}.$$

两边积分，得

$$u^2 = 2\ln x + C,$$

所以原方程的通解为

$$y^2 = 2x^2\ln x + Cx^2,$$

代入初始条件，解得 $C = 2$，故所求特解为

$$y^2 = 2x^2\ln x + 2x^2.$$

例 7　求微分方程 $y\,\mathrm{d}x - (x + \sqrt{x^2 + y^2})\,\mathrm{d}y = 0$ 的通解.

解　将方程改写为 $\dfrac{\mathrm{d}x}{\mathrm{d}y} = \dfrac{x}{y} + \sqrt{\left(\dfrac{x}{y}\right)^2 + 1}$，故原方程为齐次方程.

作变量代换，令 $u = \dfrac{x}{y}$，则 $x = uy$，对其两端求导，得

$$\frac{\mathrm{d}x}{\mathrm{d}y} = u + y\frac{\mathrm{d}u}{\mathrm{d}y},$$

将上式代入方程，化简可得

$$\frac{\mathrm{d}y}{y} = \frac{\mathrm{d}u}{\sqrt{u^2 + 1}}.$$

两端分别积分，得

$$\ln y = \ln\left(u + \sqrt{u^2 + 1}\right) + \ln C,$$

或

$$u + \sqrt{u^2 + 1} = \frac{y}{C},$$

从而得

$$u - \sqrt{u^2 + 1} = -\frac{C}{y}.$$

将 $u = \dfrac{x}{y}$ 代入并整理，得原方程通解　　　　　$y^2 = 2C\left(x + \dfrac{C}{2}\right)$.

例8　探照灯的聚光镜的镜面是一个旋转曲面，它的形状是由 xOy 坐标系上的曲线 L 绕 x 轴旋转而成的．按聚光镜性能的要求，其旋转轴（x 轴）上一点 O 处发出的一切光线，经它反射后都与旋转轴平行．求曲线 L 的方程.

解　将光源所在的 O 点取作坐标原点（见图 6-3），且曲线 L 位于 $y \geqslant 0$ 范围内.

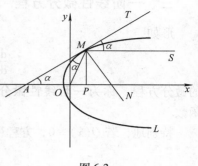

设点 $M(x,y)$ 为 L 上的任意一点，点 O 发出的某条光线经点 M 反射后是一条与 x 轴平行的直线 MS．又设过点 M 的切线 AT 与 x 轴的夹角为 α．根据题意 $\angle SMT = \alpha$．另一方面，$\angle OMA$ 是入射角的余角，$\angle SMT$ 是反射角的余角，于是由光学中的反射定律有 $\angle OMA = \angle SMT = \alpha$．从而 $AO = OM$，但 $AO = AP - OP =$

图 6-3

$PM\cot\alpha - OP = \dfrac{y}{y'} - x$，而 $OM = \sqrt{x^2 + y^2}$，于是得微分方程

$$\frac{y}{y'} - x = \sqrt{x^2 + y^2}.$$

把 x 看做因变量，y 看做自变量，当 $y > 0$ 时，上式即为

$$\frac{\mathrm{d}x}{\mathrm{d}y} = \frac{x}{y} + \sqrt{\left(\frac{x}{y}\right)^2 + 1},$$

这就是齐次方程．令 $\dfrac{x}{y} = v$，则 $x = yv$，$\dfrac{\mathrm{d}x}{\mathrm{d}y} = v + y\dfrac{\mathrm{d}v}{\mathrm{d}y}$ 代入上式，得

$$v + y\frac{\mathrm{d}v}{\mathrm{d}y} = v + \sqrt{v^2 + 1},$$

即

$$y\frac{\mathrm{d}v}{\mathrm{d}y} = \sqrt{v^2 + 1},$$

分离变量，得

$$\frac{\mathrm{d}v}{\sqrt{v^2 + 1}} = \frac{\mathrm{d}y}{y}.$$

积分，得

$$\ln(v + \sqrt{v^2 + 1}) = \ln y - \ln C,$$

或

$$v + \sqrt{v^2 + 1} = \frac{y}{C}.$$

由

$$\left(\frac{y}{C} - v\right)^2 = v^2 + 1,$$

得

$$\frac{y^2}{C^2} - \frac{2yv}{C} = 1,$$

以 $yv = x$ 代入上式，得

$$y^2 = 2C\left(x + \frac{C}{2}\right).$$

曲线 L 是以 x 轴为轴、焦点在原点的抛物线.

三、一阶线性微分方程

形如

$$\frac{\mathrm{d}y}{\mathrm{d}x} + P(x)y = Q(x) \tag{6-12}$$

的微分方程，称为**一阶线性微分方程**. 其中，$P(x)$ 和 $Q(x)$ 都是 x 的已知连续函数.

特别地，若 $Q(x) \equiv 0$，方程(6-12)变为

$$\frac{\mathrm{d}y}{\mathrm{d}x} + P(x)y = 0 \tag{6-13}$$

式(6-13)称为**一阶线性齐次方程**.

当 $Q(x)$ 不恒为零时，方程(6-12)称为**一阶线性非齐次方程**.

1. 一阶线性齐次微分方程的通解

方程(6-13)是可分离变量的方程，当 $y \neq 0$ 时可化为

$$\frac{\mathrm{d}y}{y} = -P(x)\mathrm{d}x,$$

两边积分，得

$$\ln|y| = -\int P(x)\mathrm{d}x + C_1,$$

故一阶线性齐次方程的通解为

$$y = \pm\, \mathrm{e}^{-\int P(x)\mathrm{d}x + C_1} = C\mathrm{e}^{-\int P(x)\mathrm{d}x} \quad (C = \pm\, \mathrm{e}^{C_1}). \tag{6-14}$$

2. 一阶线性非齐次微分方程的通解

为求得一阶线性微分方程式(6-12)的通解，将式(6-14)中的任意常数换成未知函数 $C(x)$，即设

$$y = C(x)\, \mathrm{e}^{-\int P(x)\mathrm{d}x} \tag{6-15}$$

是非齐次方程式(6-12)的形式的解. 将式(6-15)以及它的导数 $y' = C'(x)\, \mathrm{e}^{-\int P(x)\mathrm{d}x} - C(x) \cdot P(x)\, \mathrm{e}^{-\int P(x)\mathrm{d}x}$ 代入方程式(6-12)中，得

$$C'(x)\, \mathrm{e}^{-\int P(x)\mathrm{d}x} - C(x) \cdot P(x)\, \mathrm{e}^{-\int P(x)\mathrm{d}x} + C(x)P(x)\, \mathrm{e}^{-\int P(x)\mathrm{d}x} = Q(x).$$

即

$$C'(x)\, \mathrm{e}^{-\int P(x)\mathrm{d}x} = Q(x)，\text{ 或 } C'(x) = Q(x)\, \mathrm{e}^{\int P(x)\mathrm{d}x}.$$

两端积分，得
$$C(x) = \int Q(x) \, e^{\int P(x) \mathrm{d}x} \, \mathrm{d}x + C_1.$$

所以线性非齐次微分方程式(6-12)的通解为

$$y = C(x) \, e^{-\int P(x) \mathrm{d}x} = e^{-\int P(x) \mathrm{d}x} \Big[\int Q(x) e^{\int P(x) \mathrm{d}x} \mathrm{d}x + C_1 \Big] \qquad (6\text{-}16)$$

这种求非齐次微分方程通解的方法，叫做**常数变易法**. 式(6-16)为一阶线性非齐次微分方程的求解公式.

例 9 求方程 $xy' + y = e^x$ 的通解.

解 对应的齐次方程为

$$y' + \frac{1}{x} y = 0,$$

分离变量，得

$$\frac{\mathrm{d}y}{y} = -\frac{\mathrm{d}x}{x},$$

两边积分，得

$$\ln y = -\ln x + \ln C, \quad \text{或 } y = \frac{C}{x}.$$

令 $y = \dfrac{C(x)}{x}$ 是原方程的解，代入到非齐次方程，得 $C'(x) = e^x$，故 $C(x) = e^x + C$，故原方程的通解为

$$y = \frac{1}{x}(e^x + C).$$

例 10 解方程 $\dfrac{\mathrm{d}y}{\mathrm{d}x} - \dfrac{2y}{x+1} = (x+1)^{\frac{5}{2}}$.

解 $P(x) = \dfrac{-2}{x+1}$，$Q(x) = (x+1)^{\frac{5}{2}}$，

$$\int P(x) \mathrm{d}x = -2 \int \frac{\mathrm{d}x}{x+1} = -2\ln(x+1) = \ln(x+1)^{-2},$$

$$e^{\int P(x) \mathrm{d}x} = e^{\ln(x+1)^{-2}} = (x+1)^{-2}, \quad e^{-\int P(x) \mathrm{d}x} = (x+1)^2.$$

方程的通解为

$$y = (x+1)^2 \left(\int (x+1)^{\frac{5}{2}} \cdot (x+1)^{-2} \mathrm{d}x + C \right)$$

$$= (x+1)^2 \left(\int (x+1)^{\frac{1}{2}} \mathrm{d}x + C \right)$$

$$= (x+1)^2 \left(\frac{2}{3}(x+1)^{\frac{3}{2}} + C \right)$$

$$= \frac{2}{3}(x+1)^{\frac{7}{2}} + C(x+1)^2.$$

例11 设 $y = e^x$ 是微分方程 $xy' + u(x)y = x$ 的一个解，求此微分方程满足条件 $y(\ln 2) = 0$ 的特解.

解 将 $y = e^x$ 代入方程 $xy' + u(x)y = x$，得
$$u(x) = xe^{-x} - x.$$
所以原微分方程变为
$$xy' + (xe^{-x} - x)y = x,$$
即
$$y' + (e^{-x} - 1)y = 1.$$
$$P(x) = e^{-x} - 1, \quad Q(x) = 1,$$
$$\int P(x)dx = \int (e^{-x} - 1)dx = -e^{-x} - x,$$
$$e^{\int P(x)dx} = e^{-e^{-x} - x}, \quad e^{-\int P(x)dx} = e^{e^{-x} + x},$$
方程的通解
$$y = e^{e^{-x} + x}\left(\int e^{-e^{-x} - x}dx + C\right) = e^x + Ce^{e^{-x} + x},$$
代入初始条件，解得 $C = -e^{-\frac{1}{2}}$，故所求特解为
$$y = e^x - e^{e^{-x} + x - \frac{1}{2}}.$$

例12 设 $f(x)$ 为连续函数，且满足 $f(x) = e^x + \int_0^x f(t)dt$，求 $f(x)$.

解 方程两边对 x 求导，得
$$f'(x) = e^x + f(x),$$
即
$$f'(x) - f(x) = e^x.$$
若记 $y = f(x)$，则上式变为
$$y' - y = e^x,$$
这是一阶线性非齐次微分方程，$P(x) = -1$，$Q(x) = e^x$，由求解公式可得
$$f(x) = (x + C)e^x.$$
由于在原方程中，有 $f(0) = 1$，代入上式，得 $C = 1$，于是有
$$f(x) = (x + 1)e^x.$$

例13 某商品在 t 时刻的售价为 P，社会对该商品的需求量和供给量分别是关于 P 的函数 $Q(P)$ 和 $S(P)$，则在 t 时刻的价格 $P(t)$ 对于时间 t 的变化率可以认为与该商品在同一时刻的超额需求量 $Q(t) - P(t)$ 成正比（设比例系数为 k），即有关系式
$$\frac{dP}{dt} = k[Q(P) - S(P)] \quad (k > 0),$$

若 $Q(P) = c - dP$，$S(P) = -a + bP$，这里 a，b，c，d 都是已知正的常数，且初始价格为 $P(0)$，试求价格 $P(t)$ 的表达式.

解 将 $Q(P) = c - dP$，$S(P) = -a + bP$ 代入 $\dfrac{\mathrm{d}P}{\mathrm{d}t} = k[Q(P) - S(P)]$ 中，并整理，得

$$\frac{\mathrm{d}P}{\mathrm{d}t} + k(b + d)P = k(a + c),$$

若记 $m = k(a + c)$，$n = k(b + d)$，则上式变为

$$\frac{\mathrm{d}P}{\mathrm{d}t} + nP = m.$$

容易求得该方程的通解为

$$P = Ce^{-kt} + \frac{m}{n} \quad (C \text{ 为常数}),$$

由初始价格 $P(0) = P_0$，则得价格 $P(t)$ 的表达式为

$$P = \left(P_0 - \frac{m}{n}\right)e^{-kt} + \frac{m}{n}.$$

例 14 假设某公司的净资产因资产本身产生了利息而以 5% 的年利率增长，同时，该公司还必须以每年 200 百万元的数额连续地支付职员工资.

1）求出描述公司净资产 w（以百万元为单位）的微分方程；

2）解上述微分方程，这里假设初始净资产为 w_0（百万元）.

解 1）现在用分析法来解此问题. 为给净资产建立一个微分方程，将使用下面这一事实，即

净资产增长的速度 = 利息盈取速度 - 工资支付率.

以每年百万元为单位，利息盈取的速率为 $0.05w$，而工资的支付率为每年 200 万元，于是我们有 $\dfrac{\mathrm{d}w}{\mathrm{d}t} = 0.05w - 200$. 其中，$t$ 以年为单位.

2）分离变量，有 $\dfrac{\mathrm{d}w}{w - 4000} = 0.05\mathrm{d}t$，

积分得 $\qquad\qquad\qquad \ln|w - 4000| = 0.05t + C$，

于是 $\qquad\qquad\qquad w - 4000 = Ae^{0.05t}$，$A = \pm e^C$.

当 $t = 0$ 时 $w = w_0$，有 $A = w_0 - 4000$，代入解中，得

$$w = 4000 + (w_0 - 4000)e^{0.05t}.$$

四、可化为一阶线性方程的方程——伯努利（Bernoulli）方程

形如

$$y' + P(x)y = Q(x)y^\alpha \quad (\alpha \text{ 为常数,且 } \alpha \neq 0, \quad 1)$$

的微分方程称伯努利方程.

将方程两端除以 y^{α}，得到

$$y^{-\alpha}y' + P(x)y^{1-\alpha} = Q(x).$$

令 $y^{1-\alpha} = z$，有

$$\frac{\mathrm{d}z}{\mathrm{d}x} + (1-\alpha)P(x)z = (1-\alpha)Q(x).$$

这是一个线性方程，可以求解. 求出 z 之后，再用 y 带回，即得伯努利方程的解.

例 15　求解微分方程 $\dfrac{\mathrm{d}y}{\mathrm{d}x} - xy = -\mathrm{e}^{-x^2}y^3$.

解　这是一个伯努利方程，令 $z = y^{-2}$，则有　　　$\dfrac{\mathrm{d}z}{\mathrm{d}x} + 2xz = 2\mathrm{e}^{-x^2}$.

这是一阶线性方程，解之得　　　　　　　　　$z = \mathrm{e}^{-x^2}(2x + C)$,

将 z 换成 y^{-2}，即得原方程的通解为　$y^2 = \mathrm{e}^{x^2}(2x + C)^{-1}$.

习题 6.2

1. 求下列微分方程的通解或在给定条件下的特解：

1）$xy' - y\ln y = 0$；

2）$xy\mathrm{d}x + \sqrt{1 - x^2}\mathrm{d}y = 0$；

3）$\sec^2 x\tan y\mathrm{d}x + \sec^2 y\tan x\mathrm{d}y = 0$；

4）$\cos x\sin y\mathrm{d}x + \sin x\cos y\mathrm{d}y = 0$；

5）$(\mathrm{e}^{x+y} - \mathrm{e}^x)\mathrm{d}x + (\mathrm{e}^{x+y} + \mathrm{e}^y)\mathrm{d}y = 0$；

6）$\cos y\mathrm{d}x + (1 + \mathrm{e}^{-x})\sin y\mathrm{d}y = 0$，$y\big|_{x=0} = \dfrac{\pi}{4}$；

7）$y'\sin x = y\ln y$，$y\big|_{x=\frac{\pi}{2}} = \mathrm{e}$；

8）$\mathrm{d}x + xy\mathrm{d}y = y^2\mathrm{d}x + y\mathrm{d}y$，$y\big|_{x=0} = 0$.

2. 求下列微分方程的通解或在给定条件下的特解：

1）$y^2 + x^2\dfrac{\mathrm{d}y}{\mathrm{d}x} = xy\dfrac{\mathrm{d}y}{\mathrm{d}x}$；

2）$\left(1 + 2\mathrm{e}^{\frac{x}{y}}\right)\mathrm{d}x + 2\mathrm{e}^{\frac{x}{y}}\left(1 - \dfrac{x}{y}\right)\mathrm{d}y = 0$；

3）$y' = \dfrac{x}{y} + \dfrac{y}{x}$，$y\big|_{x=1} = 2$；

4）$(x^2 + 2xy - y^2)\mathrm{d}x + (y^2 + 2xy - x^2)\mathrm{d}y = 0$，$y\big|_{x=1} = 1$；

5）$y' = \dfrac{y}{x} + \tan\dfrac{y}{x}$，$y\big|_{x=1} = \dfrac{\pi}{6}$；

6）$(y^2 - 3x^2)\mathrm{d}y + 2xy\mathrm{d}x = 0$.

3. 设商品 A 和商品 B 的售价分别为 P_1 和 P_2，已知价格 P_1 与价格 P_2 相关，且价格 P_1 相对 P_2 的弹性为 $\dfrac{P_2\mathrm{d}P_1}{P_1\mathrm{d}P_2} = \dfrac{P_2 - P_1}{P_2 + P_1}$，求 P_1 与 P_2 的函数关系式.

4. 某商品的需求量 x 对价格 P 的弹性为 $\eta = -3P^2$，市场对该产品的最大需求量为 $1($ 万件 $)$，求需求函数.

5. 求下列微分方程的通解或在给定条件下的特解：

1）$y' + y\cos x = e^{-\sin x}$；

2）$y\ln y \mathrm{d}x + (x - \ln y)\mathrm{d}y = 0$；

3）$xy' - 2y = x^3 e^x$，$y|_{x=1} = 0$；

4）$y' + y\cot x = 5e^{\cos x}$，$y|_{x=1} = 0$；

5）$(y^2 - 6x)\mathrm{d}y + 2y\mathrm{d}x = 0$，$y|_{x=1} = 1$；

6. 求连续函数 $f(x)$，使它满足 $f(x) + 2\int_0^x f(t)\mathrm{d}t = x^2$.

7. 求一曲线方程，该曲线通过原点，并且它在点 (x, y) 处的切线斜率等于 $2x + y$.

8. 已知生产某产品的固定成本为 $a > 0$，生产 x 单位的边际成本与平均单位成本之差为 $\dfrac{x}{a} - \dfrac{a}{x}$，且当产量的数值等于 a 时，相应的总成本为 $2a$，求总成本 C 与产量 x 的函数关系.

9. 求下列微分方程的通解：

1）$y' + \dfrac{y}{x} = a(\ln x)y^2$；

2）$y' - 3xy = xy^2$.

10. 质量为 $1g$ 的质点受外力作用做直线运动，外力和时间成正比，和质点运动的速度成反比. 在 $t = 10s$ 时，速度等于 $50\mathrm{cm/s}$，外力为 $4g\cdot\mathrm{cm/s^2}$，问从运动开始经过一分钟后的速度是多少？

11. 镭的衰变有以下的规律：镭的衰变速度与它的现存量 R 成正比. 由经验材料得知，镭经过 1600 年后，只余原始量 R_0 的一半. 试求镭的现存量 R 与时间 t 的函数关系.

12. 小船从河边点 O 处出发驶向对岸（两岸为平行直线）. 设速度为 a，船方向始终与河岸垂直，又设河宽为 h，河中任意一点处的水流速度与该点到两岸距离的乘积成正比（比例系数为 k）. 求小船的航行路线.

第三节　几类可降阶的二阶微分方程

一、$y'' = f(x)$ 型

如 $\dfrac{\mathrm{d}^2 y}{\mathrm{d}x^2} = -g$ 属此类型，只要积分两次就可得出通解 $y = -\dfrac{1}{2}gx^2 + C_1 x + C_2$，可由初始条件确定这两个任意常数而得到特解.

一般地，对 n 阶方程

$$y^{(n)} = f(x)，$$

积分 n 次便可得到通解

$$\underbrace{\iint\cdots\int}_{n\uparrow}f(x)\,\mathrm{d}x + C_1 x^{n-1} + C_2 x^{n-2} + \cdots + C_{n-1}x + C_n.$$

二、$y'' = f(x, y')$ 型

特点：方程右端不明显地含未知函数 y.

令 $y' = p(x)$，则 $y'' = p'(x)$ 代入原方程得

$$p'(x) = f(x, p(x)),$$

它是关于未知函数 $p(x)$ 的一阶微分方程. 这种方法叫做**降阶法**. 解此一阶方程可求出其通解

$$p = p(x, C_1).$$

由关系式 $y' = p(x)$ 积分即得原方程的通解为

$$y = \int p(x, C_1)\,\mathrm{d}x + C_2 \quad (C_1, C_2 \text{ 两个任意常数}).$$

例1 求方程 $y'' - y' = \mathrm{e}^x$ 的通解.

解 令 $y' = p(x)$，则 $y'' = \dfrac{\mathrm{d}p}{\mathrm{d}x}$，原方程化为 $\dfrac{\mathrm{d}p}{\mathrm{d}x} - p = \mathrm{e}^x$.

这是一阶线性微分方程. 由通解公式易得通解

$$y' = p(x) = \mathrm{e}^x(x + C_1).$$

故原方程通解为

$$
\begin{aligned}
y &= \int \mathrm{e}^x(x + C_1)\,\mathrm{d}x \\
&= x\mathrm{e}^x - \mathrm{e}^x + C_1\mathrm{e}^x + C_2 \\
&= \mathrm{e}^x(x - 1 + C_1) + C_2.
\end{aligned}
$$

例2 设有一均匀且柔软的绳索，两端固定，绳索仅受重力的作用而下垂. 试问该绳索在平衡状态时是怎样的曲线？

解 设绳索的最低点为 A. 取 y 轴通过 A 点铅直向上，并取 x 轴水平向右，且 $|OA|$ 等于某个定值（这个定值将在以后说明）. 设绳索曲线的方程为 $y = \varphi(x)$. 考察绳索上点 A 到另一点 $M(x, y)$ 间的一段弧 $\overset{\frown}{AM}$，设其长为 s. 假定绳索的线密度为 ρ，则弧 $\overset{\frown}{AM}$ 所受重力为 $\rho g s$. 由于绳索是柔软的，因而在点 A 处的张力沿水平方向的切线方向，其大小设为 H；在点 M 处的张力沿该点处的切线方向，设其倾角为 θ，其大小为 T（见图6-4）. 因作用于弧段 $\overset{\frown}{AM}$ 的外力相互平衡，把作用于弧 $\overset{\frown}{AM}$ 上的力沿铅直及水平两方向分解，得

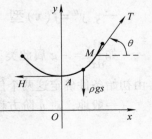

图 6-4

$$T\sin\theta = \rho gs, \quad T\cos\theta = H.$$

将此两式相除，得

$$\tan\theta = \frac{1}{a}s\left(a = \frac{H}{\rho g}\right).$$

由于 $\tan\theta = y'$，$s = \int_0^x \sqrt{1 + y'^2}\,\mathrm{d}x$

代入上式即得

$$y' = \frac{1}{a}\int_0^x \sqrt{1 + y'^2}\,\mathrm{d}x.$$

将上式两端对 x 求导，便得 $y = \varphi(x)$ 满足的微分方程

$$y'' = \frac{1}{a}\sqrt{1 + y'^2} \tag{6-17}$$

取原点 O 到点 A 的距离为定值 a，即 $|OA| = a$，那么初始条件为

$$y\big|_{x=0} = a, \quad y'\big|_{x=0} = 0.$$

下面来解方程(6-17).

方程式(6-17)属于 $y'' = f(x, y')$ 的类型．设

$$y' = p(x), \quad 则 \quad y'' = \frac{\mathrm{d}p}{\mathrm{d}x},$$

代入方程式(6-17)，并分离变量，得

$$\frac{\mathrm{d}p}{\sqrt{1 + p^2}} = \frac{\mathrm{d}x}{a}.$$

两端积分，得

$$\ln(p + \sqrt{1 + p^2}) = \frac{x}{a} + C_1 \tag{6-18}$$

把条件 $y'\big|_{x=0} = p\big|_{x=0} = 0$ 代入式(6-18)，得

$$C_1 = 0,$$

于是式(6-18)成为

$$\ln(p + \sqrt{1 + p^2}) = \frac{x}{a}.$$

解得

$$p = \frac{1}{2}\left(\mathrm{e}^{\frac{x}{a}} - \mathrm{e}^{-\frac{x}{a}}\right),$$

即

$$y' = \frac{1}{2}\left(\mathrm{e}^{\frac{x}{a}} - \mathrm{e}^{-\frac{x}{a}}\right).$$

上式两端积分，便得

$$y = \frac{a}{2}\left(\mathrm{e}^{\frac{x}{a}} + \mathrm{e}^{-\frac{x}{a}}\right) + C_2. \tag{6-19}$$

将条件 $y\big|_{x=0} = a$ 代入式(6-19)，得

$$C_2 = 0.$$

于是该绳索的形状可由曲线方程

$$y = \frac{a}{2}\left(e^{\frac{x}{a}} + e^{-\frac{x}{a}}\right).$$

来表示. 这曲线叫做**悬链线**.

三、$y'' = f(y, y')$ 型

特点：方程右端不明显地含自变量 x.

令 $y' = p(y)$，则
$$y'' = \frac{dp}{dy} \cdot \frac{dy}{dx} = \frac{dp}{dy} \cdot p,$$

故原方程化为 $p\dfrac{dp}{dy} = f(y, p)$.

这是关于未知函数 $p(y)$ 的一阶微分方程，设所求出的通解为 $p = p(y, C_1)$，即有 $\dfrac{dy}{dx} = p(y, C_1)$.

用分离变量法解此方程，可得原方程的通解为 $y = y(x, C_1, C_2)$.

例3　求方程 $yy'' - (y')^2 = 0$ 的通解.

解　作代换 $y' = p(y)$，则 $y'' = \dfrac{dp}{dy} \cdot p$，原方程化为

$$yp\frac{dp}{dy} - p^2 = 0,$$

在 $y \neq 0$、$p \neq 0$ 时，约去 p 并分离变量有 $\dfrac{dp}{p} = \dfrac{dy}{y}$，积分得 $\ln|p| = \ln|y| + C$，所以 $p = C_1 y$（$C_1 = \pm e^C$），即 $\dfrac{dy}{dx} = C_1 y$.

再分离变量，求积分得原方程通解为 $\ln|y| = C_1 x + C_2'$，即
$$y = C_2 e^{C_1 x} \quad (C_2 = \pm e^{C_2'}).$$

习题 6.3

1. 求下列微分方程的通解或在给定条件下的特解：

1) $y'' = xe^x$; 　　　　2) $y''' = e^{2x} - \cos x$.

2. 求下列微分方程的通解或在给定条件下的特解：

1) $(1 + x^2)y'' = 2xy'$，$y|_{x=0} = 1$，$y'|_{x=0} = 3$;

2) $xy'' - y' - x^2 e^x = 0$.

3. 求下列微分方程的通解或在给定条件下的特解：

1) $yy'' = 2[(y')^2 - y']$，$y|_{x=0} = 1$，$y'|_{x=0} = 2$;

2) $yy'' + (y')^2 = 0$.

4. 试求 $y'' = x$ 的经过点 $M(0,1)$ 且在此点与直线 $y = \dfrac{x}{2} + 1$ 相切的积分曲线.

5. 一个离地面很高的物体,受地球引力的作用由静止开始落向地面. 求它落到地面时的速度和所需的时间(不计空气阻力).

6. 设有一质量为 m 的物体,在空中由静止开始下落,如果空气阻力为 $R = cv$(其中 c 为常数,v 为物体运动的速度),试求物体下落的距离 s 与时间 t 的函数关系.

第四节 二阶常系数线性齐次微分方程的解法

一、线性微分方程解的性质与解的结构

1. n 阶线性微分方程

形如 $y^{(n)} + p_1(x)y^{(n-1)} + \cdots + p_{n-1}(x)y' + p_n(x)y = f(x)$ 的方程称为 n 阶线性微分方程. 其中,$p_1(x), \cdots, p_n(x), f(x)$ 都是 x 的连续函数.

若 $f(x) \equiv 0$,则称为 n 阶线性齐次方程. 反之,称为 n 阶线性非齐次方程.

当 $n = 2$ 时,方程变为二阶线性微分方程

$$y'' + p_1(x)y' + p_2(x)y = f(x).$$

下面以二阶线性微分方程为例讨论二阶线性微分方程的性质及解法.

2. 二阶线性齐次方程解的性质

定理 6.1 设 y_1,y_2 是二阶线性齐次方程的两个解,则 y_1 与 y_2 的线性组合

$$y = c_1 y_1 + c_2 y_2$$

也是该方程的解. 其中 c_1、c_2 是任意常数.

证 由假设有 $y_1'' + p_1(x)y_1' + p_2(x)y_1 \equiv 0$,$y_2'' + p_1(x)y_2' + p_2(x)y_2 \equiv 0$,将 $y = C_1 y_1 + C_2 y_2$ 代入 $y'' + p_1(x)y' + p_2(x)y = 0$,有

$$(C_1 y_1 + C_2 y_2)'' + p_1(x)[C_1 y_1 + C_2 y_2]' + p_2(x)[C_1 y_1 + C_2 y_2]$$
$$= C_1[y'' + p_1(x)y_1' + p_2(x)y_1] + C_2[y_2'' + p_1(x)y_2' + p_2(x)y_2].$$

由于上式右端方括号中的表达式都恒等于零,因而整个式子恒等于零,即 $y = C_1 y_1 + C_2 y_2$ 是方程的解.

如果 $\dfrac{y_1(x)}{y_2(x)}$ 不恒等于非零常数,称为 $y_1(x)$ 与 $y_2(x)$ **线性无关**的,否则称 $y_1(x)$ 与 $y_2(x)$ **线性相关**.

例 1 函数 $y_1 = e^x$ 与 $y_2 = e^{-x}$ 在任意区间上都是线性无关的.

事实上,比式 $\dfrac{y_1}{y_2} = \dfrac{e^x}{e^{-x}} = e^{2x} \neq$ 常数,在任意区间上都成立.

定理 6.2 如果 $y_1(x)$ 与 $y_2(x)$ 是齐次方程的两个线性无关的解,则

$$y = C_1 y_1 + C_2 y_2$$

是该齐次方程的通解.

例 2　由函数 $y_1 = x$ 与 $y_2 = x^2$ 是方程 $x^2 y'' - 2xy' + 2y = 0 (x > 0)$ 的解，易知 y_1 与 y_2 线性无关，所以方程的通解为 $y = C_1 x + C_2 x^2$.

3. 线性非齐次方程解的结构

定理 6.3　设 $y_1(x)$ 是非齐次方程的一个特解，$y_2(x)$ 是相应的齐次方程的通解，则 $Y = y_1(x) + y_2(x)$ 是非齐次方程的通解.

证　因为 $y_1(x)$ 是非齐次方程的解，即

$$y_1'' + p_1(x) y_1' + p_2(x) y_1 = f(x),$$

又因为 $y_2(x)$ 是相应的齐次方程的解，即

$$y_2'' + p_1(x) y_2' + p_2(x) y_2 = 0,$$

对于 $Y = y_1 + y_2$ 有

$$
\begin{aligned}
& Y'' + p_1(x) Y' + p_2(x) Y \\
&= (y_1 + y_2)'' + p_1(x)(y_1 + y_2)' + p_2(x)(y_1 + y_2) \\
&= [y_1'' + p_1(x) y_1' + p_2(x) y_1] + [y_2'' + p_1(x) y_2' + p_2(x) y_2] \\
&= f(x) + 0 = f(x).
\end{aligned}
$$

因此 $y_1 + y_2$ 是方程是非齐次方程的解. 又因为 y_2 是方程对应齐次方程的通解，故 $y_1 + y_2$ 也含有两个任意常数，所以它是非齐次方程的通解.

定理 6.4（叠加原理）　设 $y_1(x)$ 与 $y_2(x)$ 分别是方程

$$y'' + p_1(x) y' + p_2(x) y = f_1(x)$$

和

$$y'' + p_1(x) y' + p_2(x) y = f_2(x)$$

的解，则 $y_1(x) + y_2(x)$ 是方程 $y'' + p_1(x) y' + p_2(x) y = f_1(x) + f_2(x)$ 的解.

二、二阶常系数线性齐次微分方程的解法

$y'' + py' + qy = 0$ 的特点：左端是 y''，py' 和 qy 三项之和，而右端为零.

什么样的函数具有这个特征呢？读者自然会想到指数函数 $y = e^{rx}$（r 为待定常数）. 将 $y = e^{rx}$，$y' = re^{rx}$ 和 $y'' = r^2 e^{rx}$ 代入方程

$$y'' + py' + qy = 0,$$

有

$$r^2 e^{rx} + pre^{rx} + qe^{rx} = 0,$$

即

$$e^{rx}(r^2 + pr + q) = 0.$$

因为 $e^{rx} \neq 0$，故必然有 $r^2 + pr + q = 0$. 这是一元二次方程，它有两个根

$$r_{1,2} = \frac{-p \pm \sqrt{p^2 - 4q}}{2}.$$

因此，只要 r_1 和 r_2 分别为方程 $r^2 + pr + q = 0$ 的根，则 $y = e^{r_1 x}$ 和 $y = e^{r_2 x}$ 就都是方程 $y'' + py' + qy = 0$ 的特解. 代数方程 $r^2 + pr + q = 0$ 称为微分方程 $y'' + py' + qy = 0$ 的**特征方程**，它的根称为**特征根**.

下面分三种情况讨论齐次方程的通解.

1. 特征方程有两个相异实根 r_1 和 r_2 的情形

这时 $y_1 = e^{r_1 x}$ 和 $y_2 = e^{r_2 x}$ 就是齐次微分方程的两个特解，由于 $\dfrac{y_1}{y_2} = \dfrac{e^{r_1 x}}{e^{r_2 x}} = e^{(r_1 - r_2)x} \neq$ 常数，所以 y_1、y_2 线性无关，故齐次微分方程的通解为

$$y = c_1 e^{r_1 x} + c_2 e^{r_2 x}.$$

例3　求 $y'' + 3y' - 4y = 0$ 的通解.

解　特征方程为

$$r^2 + 3r - 4 = (r + 4)(r - 1) = 0,$$

特征根为

$$r_1 = -4, \ r_2 = 1.$$

故方程的通解为

$$y = C_1 e^{-4x} + C_2 e^{x}.$$

2. 特征方程有两个相等实根 $r = r_1 = r_2$ 的情形

这时仅得到齐次微分方程一个特解 $y_1 = e^{rx}$，要求通解还需找一个与 $y_1 = e^{rx}$ 线性无关的特解 y_2.

令 $\dfrac{y_2}{y_1} = u(x)$，其中，$u(x)$ 为待定函数. 即 $y_2 = u(x)e^{rx}$，则

$$y_2' = e^{rx}[ru(x) + u'(x)], \ y_2'' = e^{rx}[r^2 u(x) + 2ru'(x) + u''(x)],$$

代入齐次微分方程，整理后得

$$e^{rx}[u''(x) + (2r + p)u'(x) + (r^2 + pr + q)u(x)] = 0.$$

因为 $e^{rx} \neq 0$，且 r 为特征方程的二重根，故 $r^2 + pr + q = 0$ 且 $2r + p = 0$，于是上式成为 $u''(x) = 0$. 取 $u(x) = x$，则满足 $u''(x) = 0$，且 $\dfrac{y_2}{y_1} = x \neq$ 常数. 故齐次微分方程的通解为

$$y = C_1 e^{rx} + C_2 x e^{rx} = e^{rx}(C_1 + C_2 x).$$

例4　求方程 $\dfrac{\mathrm{d}^2 s}{\mathrm{d}t^2} + 2\dfrac{\mathrm{d}s}{\mathrm{d}t} + s = 0$ 满足初始条件：$s\big|_{t=0} = 4$，$\dfrac{\mathrm{d}s}{\mathrm{d}t}\Big|_{t=0} = -2$ 的特解.

解　特征方程为　$r^2 + 2r + 1 = 0$，特征根为 $r_1 = r_2 = -1$，故方程通解为

$$s = e^{-t}(C_1 + C_2 t).$$

以初始条件 $s\big|_{t=0} = 4$ 代入上式，得 $C_1 = 4$，从而

$$s = e^{-t}(4 + C_2 t).$$

由

$$\dfrac{\mathrm{d}s}{\mathrm{d}t} = e^{-t}(C_2 - 4 - C_2 t),$$

将 $\dfrac{\mathrm{d}s}{\mathrm{d}t}\bigg|_{t=0} = -2$ 代入上式，得 $-2 = C_2 - 4$，有 $C_2 = 2$.

所求特解为
$$s = \mathrm{e}^{-t}(4 + 2t).$$

3. 特征方程有共轭复根 $r_1 = \alpha + \mathrm{i}\beta$，$r_2 = \alpha - \mathrm{i}\beta$ 的情形

容易验证 $\mathrm{e}^{\alpha x}\cos\beta x$、$\mathrm{e}^{\alpha x}\sin\beta x$ 也是齐次微分方程的特解，且它们是线性无关的. 因此齐次微分方程的通解为
$$y = \mathrm{e}^{\alpha x}\left[C_1\cos\beta x + C_2\sin\beta x \right].$$

例 5 求无阻尼自由振动的微分方程 $\dfrac{\mathrm{d}^2 x}{\mathrm{d}t^2} + \omega^2 x = 0$ 的通解.

解 特征方程为 $r^2 + \omega^2 = 0$，它有两个复根 $r = \pm\mathrm{i}\omega$，故方程的通解为
$$x = C_1\cos\omega t + C_2\sin\omega t.$$

三、二阶常系数线性非齐次微分方程的解法

形如 $y'' + py' + qy = f(x)\,(f(x) \neq 0)$ 的方程称为**二阶常系数线性非齐次微分方程**.

由二阶线性非齐次微分方程解的结构定理知，只要求出它的一个特解和它对应相应的齐次方程的通解即可.

求非齐次方程的一个特解的方法如下.

1) 若方程 $y'' + py' + qy = f(x)$ 的右端是 $f(x) = \phi(x)\mathrm{e}^{\alpha x}$ 的形式，则方程具有形如 $y^*(x) = x^k Q(x)\mathrm{e}^{\alpha x}$ 的特解，其中，$Q(x)$ 是与 $\phi(x)$ 同次的多项式，如果 α 是对应齐次方程的特征根，则式中的 k 是 α 的重数，如果 α 不是特征根，则 $k = 0$.

2) 若方程 $y'' + py' + qy = f(x)$ 的右端是 $f(x) = (A\cos\beta x + B\sin\beta x)\mathrm{e}^{\alpha x}$ 的形式，则方程具有形如 $y^*(x) = x^k(E\cos\beta x + F\sin\beta x)\mathrm{e}^{\alpha x}$ 的特解，其中，E 和 F 是待定系数，如果 $\alpha + \mathrm{i}\beta$ 是对应齐次方程的特征根，则式中的 $k = 1$，否则 $k = 0$.

例 6 求 $2y'' + y' + 5y = x^2 + 3x + 2$ 的一特解.

解 $\alpha = 0$，不是对应齐次方程的特征根，令方程的特解为
$$y^*(x) = ax^2 + bx + c \quad (\text{其中 } a, b, c \text{ 是待定系数}).$$
则将 $y^{*\prime} = 2ax + b$，$y^{*\prime\prime} = 2a$，代入原方程，得
$$4a + (2ax + b) + 5(ax^2 + bx + c) = x^2 + 3x + 2,$$
或
$$5ax^2 + (2a + 5b)x + (4a + b + 5c) = x^2 + 3x + 2,$$
比较系数得到方程组
$$\begin{cases} 5a = 1 \\ 2a + 3b = 3 \\ 4a + b + 5c = 2 \end{cases},$$

解上面的方程组，得

$$a = \frac{1}{5}, \quad b = \frac{13}{25}, \quad c = \frac{17}{125}.$$

所以方程的特解为

$$y^*(x) = \frac{1}{5}x^2 + \frac{13}{25}x + \frac{17}{125}.$$

例 7 求 $y'' - 3y' + 2y = xe^x$ 的通解.

解 与所给方程对应的齐次方程的特征方程为 $\lambda^2 - 3\lambda + 2 = 0$，其根为 $\lambda_1 = 2$，$\lambda_2 = 1$，因此对应齐次方程的通解为 $C_1 e^{2x} + C_2 e^x$.

再求非齐次方程的特解，因 $\alpha = 1$ 是特征方程的一重根，故设特解为

$$y^* = x(ax + b)e^x,$$

将 y^* 及 $y^{*\prime}$，$y^{*\prime\prime}$ 代入非齐次方程得

$$-2ax + (2a - b) = x,$$

比较系数得到方程组 $\begin{cases} -2a = 1 \\ 2a - b = 0 \end{cases}$，解得 $a = -\frac{1}{2}$，$b = -1$.

非齐次方程的特解为 $y^*(x) = x\left(-\frac{1}{2}x - 1\right)e^x.$

所以原方程的通解为 $y = C_1 e^{2x} + C_2 e^x + x\left(-\frac{1}{2}x - 1\right)e^x.$

例 8 写出 $y'' + 6y' + 9y = 5e^{-3x}$ 的特解形式和通解形式.

解 特征方程 $\lambda^2 + 6\lambda + 9 = 0$ 的特征根为 $\lambda_1 = \lambda_2 = -3$.
因为 $\alpha = -3$ 为特征方程的二重根，故特解形式为 $y^*(x) = Ax^2 e^{-3x}$，通解形式为

$$Y = (C_1 + C_2 x)e^{-3x} + Ax^2 e^{-3x}$$

例 9 求解方程 $y'' + 4y = 2\cos2x$ 的通解.

解 对应齐次方程的特征方程为

$$\lambda^2 + 4 = 0,$$

特征根为 $\lambda = \pm 2i$，于是对应齐次方程通解为

$$y = C_1\cos2x + C_2\sin2x.$$

因为 $\alpha + i\beta = 0 + 2i$ 是特征根，故设特解为 $y^* = x(a\cos2x + b\sin2x)$，代入原方程，得

$$4b\cos2x - 4a\sin2x = 2\cos2x.$$

比较系数得 $\qquad\qquad b = \frac{1}{2}, \quad a = 0.$

于是 $y^* = \frac{1}{2}x\sin2x$

因此原方程的通解为　　　　　　$y = C_1\cos x + C_2\sin x + \dfrac{1}{2}x\sin 2x.$

例 10　　求解方程 $y'' - y = 3\mathrm{e}^{2x} + 2\cos 2x.$

解　　由定理 6.3，可先将原方程分解为 $y'' - y = 3\mathrm{e}^{2x}$ 和 $y'' - y = 2\cos 2x$，这两个方程的特解为

$$y_1^{\,*} = \mathrm{e}^{2x}, \quad y_2^{\,*} = -\frac{2}{5}\cos 2x,$$

所以所求特解为

$$y_1^{\,*} + y_2^{\,*} = \mathrm{e}^{2x} - \frac{2}{5}\cos 2x,$$

于是所求方程的通解为

$$y = C_1\mathrm{e}^{x} + C_2\mathrm{e}^{-x} + \mathrm{e}^{2x} - \frac{2}{5}\cos 2x.$$

习题 6.4

1. 验证 $y_1 = \cos\omega x$，$y_2 = \sin\omega x$ 都是微分方程 $y'' + \omega^2 y = 0$ 的解，并写出该方程的通解.

2. 验证 $y_1 = \mathrm{e}^{x^2}$，$y_2 = x\mathrm{e}^{x^2}$ 都是微分方程 $y'' - 4xy' + (4x^2 - 2)y = 0$ 的解，并写出该方程的通解.

3. 已知 $y_1 = 3$，$y_2 = 3 + x^2$，$y_3 = 3 + x^2 + \mathrm{e}^x$ 都是微分方程 $(x^2 - 2x)y'' - (x^2 - 2)y' + (2x - 2)y = 6x - 6$ 的解，求该方程的通解.

4. 已知 $y_1 = \cos x$，$y_2 = \sin x$ 都是微分方程 $y'' + y = 0$ 的解，$y^* = x^2 - 2$ 是 $y'' + y = x^2$ 的解，求 $y'' + y = x^2$ 的通解.

5. 求下列微分方程的通解或在给定条件下的特解：

1）$y'' - 2y' - 3y = 0$；

2）$y'' + 4y' + 4y = 0$；

3）$y'' + 2y' + 5y = 0$；

4）$y'' + 3y' + 2y = 0$，$y'|_{x=0} = 1$，$y|_{x=0} = 1$；

5）$y'' + 25y = 0$，$y'|_{x=0} = 5$，$y|_{x=0} = 2$；

6）$4y'' + 4y' + y = 0$，$y'|_{x=0} = 0$，$y|_{x=0} = 2$.

6. 求下列微分方程的通解或在给定条件下的特解：

1）$y'' - 5y' + 6y = x\mathrm{e}^x$；

2）$y'' - 2y' - 3y = 3x + 1$；

3）$y'' + y = 2x + 1$；

4）$y'' - 2y' + 5y = \cos 2x$；

5）$y'' + y' - 2y = \mathrm{e}^{-2x}\sin x$.

6）$y'' - 2y' - \mathrm{e}^{2x} = 0$，$y'|_{x=0} = 1$，$y|_{x=0} = 1$.

7. 设函数 $y = y(x)$ 满足 $y'' - 3y' + 2y = 2\mathrm{e}^x$，且其图像在点 $(0,1)$ 处的切线与曲线 $y = x^2 - x + 1$

在该点的切线重合,求函数 $y = y(x)$.

8. 设函数 $\varphi(x)$ 连续,且满足 $\varphi(x) = e^x + \int_0^x t\varphi(t)\mathrm{d}t - x\int_0^x \varphi(t)\mathrm{d}t$,求 $\varphi(x)$.

第五节 欧 拉 方 程

变系数的线性微分方程,一般说来都是不容易求解的. 但是有些特殊的变系数线性微分方程,则可以通过变量代换化为常系数线性微分方程,因而容易求解,欧拉方程就是其中的一种.

形如

$$x^n y^{(n)} + p_1 x^{n-1} y^{(n-1)} + \cdots + p_{n-1} xy' + p_n y = f(x) \tag{6-20}$$

的方程(其中,$p_1, p_2 \cdots p_n$ 为常数),叫做**欧拉方程**.

作变换 $\qquad\qquad x = \mathrm{e}^t$ 或 $t = \ln x$,

将自变量 x 换成 t,有

$$\frac{\mathrm{d}y}{\mathrm{d}x} = \frac{\mathrm{d}y}{\mathrm{d}t}\frac{\mathrm{d}t}{\mathrm{d}x} = \frac{1}{x}\frac{\mathrm{d}y}{\mathrm{d}t},$$

$$\frac{\mathrm{d}^2 y}{\mathrm{d}x^2} = \frac{1}{x^2}\left(\frac{\mathrm{d}^2 y}{\mathrm{d}t^2} - \frac{\mathrm{d}y}{\mathrm{d}t}\right),$$

$$\frac{\mathrm{d}^3 y}{\mathrm{d}x^3} = \frac{1}{x^3}\left(\frac{\mathrm{d}^3 y}{\mathrm{d}t^3} - 3\frac{\mathrm{d}^2 y}{\mathrm{d}t^2} + 2\frac{\mathrm{d}y}{\mathrm{d}t}\right).$$

如果采用记号 D 表示对 t 求导的运算 $\dfrac{\mathrm{d}}{\mathrm{d}t}$,那么上述计算结果可以写成

$$xy' = \mathrm{D}y,$$

$$x^2 y'' = \frac{\mathrm{d}^2 y}{\mathrm{d}t^2} - \frac{\mathrm{d}y}{\mathrm{d}t} = (\mathrm{D}^2 - \mathrm{D})y = \mathrm{D}(\mathrm{D}-1)y,$$

$$x^3 y''' = \frac{\mathrm{d}^3 y}{\mathrm{d}t^3} - 3\frac{\mathrm{d}^2 y}{\mathrm{d}t^2} + 2\frac{\mathrm{d}y}{\mathrm{d}t}$$

$$= (\mathrm{D}^3 - 3\mathrm{D}^2 + 2\mathrm{D})y = \mathrm{D}(\mathrm{D}-1)(\mathrm{D}-2)y.$$

一般地,有

$$x^k y^{(k)} = \mathrm{D}(\mathrm{D}-1)\cdots(\mathrm{D}-k+1)y.$$

把它代入欧拉方程式(6-20),便得一个以为自变量的常系数线性微分方程. 在求出这个方程的解后,把 t 换成 $\ln x$(注:这里仅在 $x > 0$ 范围内求解. 如果要在 $x < 0$ 内求解,则可作变换 $x = -\mathrm{e}^t$ 或 $t = \ln(-x)$,所得结果与 $x > 0$ 内的结果相类似),即得原方程的解.

例1 求欧拉方程 $x^3 y''' + x^2 y'' - 4xy' = 3x^2$ 的通解.

解 作变换 $x = \mathrm{e}^t$ 或 $t = \ln x$,原方程化为

$$D(D-1)(D-2)y + D(D-1)y - 4Dy = 3e^{2t},$$

即

$$D^3 y - 2D^2 y - 3Dy = 3e^{2t},$$

或

$$\frac{d^3 y}{dt^3} - 2\frac{d^2 y}{dt^2} + 3\frac{dy}{dt} = 3e^{2t}. \tag{6-21}$$

方程式(6-21)所对应的齐次方程为

$$\frac{d^3 y}{dt^3} - 2\frac{d^2 y}{dt^2} + 3\frac{dy}{dt} = 0, \tag{6-22}$$

其特征方程为

$$r^3 - 2r^2 - 3r = 0,$$

它有 3 个根：$r_1 = 0$，$r_2 = -1$，$r_3 = 3$. 于是方程式(6-22)的通解为

$$Y = C_1 + C_2 e^{-t} + C_3 e^{3t} = C_1 + \frac{C_2}{x} + C_3 x^3.$$

设特解为

$$y^* = be^{2t} = bx^2,$$

代入原方程，求得 $b = -\frac{1}{2}$，即

$$y^* = -\frac{x^2}{2}.$$

于是，所给欧拉方程的通解为

$$y = C_1 + \frac{C_2}{x} + C_3 x^3 - \frac{1}{2}x^2.$$

注：这是在 $x > 0$ 内所求得的通解. 容易验证，在 $x < 0$ 内，它也是所给方程的通解.

例 2 求方程 $y'' - \dfrac{y'}{x} + \dfrac{y}{x^2} = \dfrac{2}{x}$ 的通解.

解 方程变形为

$$x^2 y'' - xy' + y = 2x,$$

它是欧拉方程，作变换 $x = e^t$ 或 $t = \ln x$，原方程化为

$$D(D-1)y - Dy + y = 2e^t.$$

即

$$D^2 y - 2Dy + y = 2e^t.$$

或

$$\frac{d^2 y}{dt^2} - 2\frac{dy}{dt} + y = 2e^t \tag{6-23}$$

方程式(6-23)所对应的齐次方程为

$$\frac{d^2 y}{dt^2} - 2\frac{dy}{dt} + y = 0, \tag{6-24}$$

其特征方程为

$$r^2 - 2r + 1 = 0,$$

它有两个根：$r_1 = r_2 = 1$. 于是方程式(6-24)的通解为

$$Y = (C_1 + C_2 t)\mathrm{e}^t.$$

设特解为

$$y^* = t^2 A \mathrm{e}^t,$$

$$y^{*\prime} = A\mathrm{e}^t(2t + t^2), \quad y^{*\prime\prime} = A\mathrm{e}^t(2 + 2t + 2t + t^2),$$

将它们代入原方程，求得 $A = 1$，即

$$y^* = t^2 \mathrm{e}^t.$$

于是，所给方程的通解为

$$Y = (C_1 + C_2 t)\mathrm{e}^t + t^2 \mathrm{e}^t = (C_1 + C_2 \ln x)x + x\ln^2 x.$$

习题 6.5

求下列欧拉方程的通解：

1. $x^2 y'' + xy' - y = 0$;

2. $x^3 y''' + 3x^2 y'' - 2xy' + 2y = 0$;

3. $x^2 y'' - 2xy' + 2y = \ln^2 x - 2\ln x$;

4. $x^2 y'' + xy' - 4y = x^3$;

5. $x^2 y'' - xy' + 4y = x\sin(\ln x)$;

6. $x^2 y'' - 3xy' + 4y = x + x^2 \ln x$.

第六节 差分方程简介

一、差分与差分方程的一般概念

定义 6.3 设函数 $y = f(x)$，记为 y_x，则差 $y_{x+1} - y_x$ 称为 y_x 的**一阶差分**，简称为**差分**，记为 Δy_x，即

$$\Delta y_x = y_{x+1} - y_x.$$

定义 6.4 y_x 的一阶差分的差分

$$\Delta(\Delta y_x) = \Delta(y_{x+1} - y_x) = (y_{x+2} - y_{x+1}) - (y_{x+1} - y_x),$$

记为 $\Delta^2 y_x$，称为 y_x 的**二阶差分**，即

$$\Delta^2 y_x = \Delta(\Delta y_x) = y_{x+2} - 2y_{x+1} + y_x.$$

同样定义三阶差分，四阶差分，…

$$\Delta^3 y_x = \Delta(\Delta^2 y_x), \quad \Delta^4 y_x = \Delta(\Delta^3 y_x), \quad \cdots$$

二阶及二阶以上的差分统称为**高阶差分**.

由差分的定义，可知差分具有如下性质：

1）　$\Delta C = 0 (C$ 为常数)；

2）　$\Delta C y_x = C \Delta y_x (C$ 为常数)；

3）　$\Delta(y_x + z_x) = \Delta y_x + \Delta z_x$.

例 1　求 $\Delta(x^2)$，$\Delta^2(x^2)$，$\Delta^3(x^2)$.

解　设 $y_x = x^2$，那么

$$\Delta y_x = \Delta(x^2) = (x+1)^2 - x^2 = 2x + 1,$$

$$\Delta^2 y_x = \Delta^2(x^2) = \Delta(2x+1) = [2(x+1)+1] - (2x+1) = 2,$$

$$\Delta^3 y_x = \Delta(\Delta^2 y_x) = \Delta(2) = 2 - 2 = 0.$$

例 2　设 $y_x = \lambda^x$，求 Δy_x.

解　$y_{x+1} = \lambda^{x+1} = \lambda \cdot \lambda^x = \lambda y_x$，于是

$$\Delta y_x = y_{x+1} - y_x = (\lambda - 1)\lambda^x.$$

定义 6.5　含有自变量、未知函数以及未知函数差分的方程，称为**差分方程**. 方程中含有未知函数差分的最高阶数称为**差分方程的阶**.

n 阶差分方程的一般形式为

$$F(x, y_x, \Delta y_x, \Delta^2 y_x, \cdots, \Delta^n y_x) = 0 \tag{6-25}$$

将 $\Delta y_x = y_{x+1} - y_x$，

$$\Delta^2 y_x = y_{x+2} - 2y_{x+1} + y_x,$$

$$\Delta^3 y_x = y_{x+3} - 3y_{x+2} + 3y_{x+1} - y_x,$$

$$\vdots$$

代入式(6-25)，则方程变成

$$F(x, y_x, y_{x+1}, \cdots, y_{x+n}) = 0 \tag{6-26}$$

反之，方程式(6-26)也可以化为式(6-25)的形式. 因此差分方程也可以定义如下：

定义 6.6　含有自变量以及未知函数两个以上(含两个)时期值的符号的方程，称为**差分方程**. 方程中含有未知函数下标的最大值与最小值的差称为**差分方程的阶**.

比如，二阶差分方程 $y_{x+2} - 2y_{x+1} - y_x = 3^x$，可以化为

$$y_x - 2y_{x-1} - y_{x-2} = 3^{x-2}.$$

事实上，将原方程左边写成

$$(y_{x+2} - y_{x+1}) - (y_{x+1} - y_x) - 2y_x$$

$$= \Delta y_{x+1} - \Delta y_x - 2y_x = \Delta^2 y_x - 2y_x.$$

则原方程可以化为 $\qquad \Delta^2 y_x - 2y_x = 3^x.$

定义 6.7　如果一个函数代入差分方程后，方程两边恒等，则称此函数为该**差分方程的解**.

比如，差分方程 $y_{x+1} - y_x = 2$，把函数 $y_x = 15 + 2x$ 代入此方程，则左边 $= [15 + 2(x+1)] - (15 + 2x) = 2 =$ 右边，故 $y_x = 15 + 2x$ 是方程的解.

在实际问题中，往往要根据系统在初始时刻所处的状态，对差分方程附加一定的条件，这种附加条件称之为**初始条件**. 满足初始条件的解称为**特解**. 如果差分方程的解中含有任意常数的，且任意常数的个数恰好等于方程的阶数，则称它为差分方程的**通解**.

比如，对于一阶差分方程 $\Delta y_x = 0$，易知它的通解是 $y_x = A$（A 是任何实常数）.

二、一阶常系数线性差分方程

形如

$$y_{x+1} + ay_x = f(x) \quad (a \neq 0, 且 a 为常数) \tag{6-27}$$

的方程称为**一阶常系数线性差分方程**.

其中，$f(x)$ 为已知函数，y_x 是未知函数. 解差分方程就是求出方程中的未知函数. 式(6-27)中当 $f(x) \neq 0$ 时，称之为**非齐次**的，否则称之为**齐次**的. 即

$$y_{x+1} + ay_x = 0 \tag{6-28}$$

该式称为与式(6-27)对应的齐次差分方程.

下面介绍一阶常系数差分方程的解法

1. 齐次方程的解

显然，$y_x = 0$ 是方程式(6-28)的解.

若 $y_x \neq 0$，则有 $\dfrac{y_{x+1}}{y_x} = -a$，即 $\{y_x\}$ 是以 A 为首项，公比为 $-a$ 的等比数列，于是方程式(6-28)的通解为 $y_x = Aa^x$. 当 $a = 1$ 时，通解为 $y_x = A$.

2. 非齐次方程的解法

由前面的概念可以看出，差分方程与微分方程有许多相似之处. 微分方程描述变量连续变化过程，而差分方程一般描述变量离散变化过程. 当自变量间隔很小时，差分可以看成微分的近似. 因此，差分方程和微分方程在解的结构、解的性质以及求解方法上基本相似. 比如，若 y_x^* 是式(6-27)的一个特解，Y_x 是式(6-28)的解，则 $y_x = y_x^* + Y_x$ 是式(6-27)的解. 事实上，

$$y_{x+1}^* + ay_x^* = f(x),$$
$$Y_{x+1} + aY_x = 0,$$

两式相加得 $\qquad (y_{x+1}^* + Y_{x+1}) + a(y_x^* + Y_x) = f(x),$

即 $y_x = y_x^* + Y_x$ 是式(6-27)的解.

因此，如果 y_x^* 是式(6-27)的一个特解，则

$$y_x = y_x^* + Aa^x$$

就是式(6-27)的通解. 这样，为求式(6-27)的通解，只需求出它的一个特解即可.

下面来讨论当 $f(x)$ 是某些特殊形式的函数时式(6-27)的特解.

情形 1　$f(x) = p_n(x)$（n 次多项式），则方程式(6-27)为

$$y_{x+1} + ay_x = p_n(x),\qquad(6-29)$$

如果 y_x 是 m 次多项式，则 y_{x+1} 也是 m 次多项式，并且当 $a \neq -1$ 时，$y_{x+1} + ay_x$ 仍是 m 次多项式，因此若 y_x 是式(6-29)的解，应有 $m = n$.

于是，当 $a \neq -1$ 时，设 $y_x^* = B_0 + B_1 x + \cdots + B_n x^n$ 是式(6-29)的特解，将其代入式(6-29)，比较两端同次项的系数，确定出 $B_0, B_1, \cdots, B_n$，便得到式(6-29)的特解.

当 $a = -1$ 时，方程式(6-29)成为 $y_{x+1} - y_x = p_n(x)$，或 $\Delta y_x = p_n(x)$. 因此，y_x 应是 $n+1$ 次多项式，此时设特解为 $y_x^* = x(B_0 + B_1 x + \cdots + B_n x^n)$，代入式 (6-27)，比较两端同次项系数来确定 $B_0, B_1, \cdots, B_n$，从而可得特解.

特别地，$p_n(x) = C$（C 为常数），则式(6-29)为

$$y_{x+1} + ay_x = C\qquad(6-30)$$

当 $a \neq -1$ 时，设 $y_x^* = k$，代入式(6-30)得 $k = \dfrac{C}{1+a}$，所以特解为 $y_x^* = \dfrac{C}{1+a}$. 当 $a = -1$ 时，设 $y_x^* = kx$，代入式(6-30)，得 $k = C$，得特解为 $y_x^* = Cx$.

例 3　求差分方程 $y_{x+1} - 3y_x = -2$ 的通解.

解　$a = -3 \neq 1$，$C = -2$，对应齐次方程的通解为 $Y = A3^x$. 非齐次方程的特解为

$$y_x^* = \frac{C}{1+a} = \frac{-2}{1-3} = 1,$$

所以，差分方程的通解为　$y_x = 1 + A3^x$.

例 4　求差分方程 $y_{x+1} - 2y_x = 3x^2$ 的通解.

解　由 $a = -2$ 知，对应齐次方程的通解为 $Y = A2^x$.

设 $\tilde{y}_x = B_0 + B_1 x + B_2 x^2$ 是方程的解，将它代入方程，则有

$$B_0 + B_1(x+1) + B_2(x+1)^2 - 2B_0 - 2B_1 x - 2B_2 x^2 = 3x^2,$$

整理得 $(-B_0 + B_1 + B_2) + (-B_1 + 2B_2)x - B_2 x^2 = 3x^2$，比较同次项系数得

$$\begin{cases} -B_0 + B_1 + B_2 = 0 \\ -B_1 + 2B_2 = 0, \\ -B_2 = 3 \end{cases}$$

解得 $B_0 = -9$，$B_1 = -6$，$B_2 = -3$，

方程的特解为 $\tilde{y}_x = -9 - 6x - 3x^2$，而相应的齐次方程的通解为 $A2^x$，

于是得差分方程的通解　$y_x = -9 - 6x - 3x^2 + A2^x$.

例 5　求差分方程 $y_{x+1} - y_x = 3x^2 + x + 4$ 的通解.

解 由 $a=-1$ 知，对应齐次方程的通解为 $Y=A$.

设特解为
$$y_x^* = x(B_0 + B_1 x + B_2 x^2),$$

代入原方程得
$$3B_2 x^2 + (2B_1 + 3B_2)x + (B_0 + B_1 + B_2) = 3x^2 + x + 4,$$

比较系数得
$$\begin{cases} 3B_2 = 3 \\ 2B_1 + 3B_2 = 1, \\ B_0 + B_1 + B_2 = 4 \end{cases}$$

解得 $B_0 = 4$，$B_1 = -1$，$B_2 = 1$，

特解为
$$y_x^* = x(4 - x + x^2).$$

因而得通解 $y_x = x^3 - x^2 + 4x + A$.

情形 2 $f(x) = cb^x$（其中 c、b 均为常数，且 $b \neq 1$），即
$$y_{x+1} + ay_x = cb^x. \tag{6-31}$$

当 $b \neq -a$ 时，设 $y_x^* = kb^x$ 为特解，代入式(6-31)并化简，得
$$k(b+a) = c,$$

所以
$$k = \frac{c}{b+a},$$

于是
$$y_x^* = \frac{c}{b+a} b^x.$$

当 $b = -a$ 时，设 $y_x^* = kxb^x$ 为特解，代入式(6-31)并化简，得
$$k = \frac{c}{b},$$

所以特解为
$$y_x^* = \frac{c}{b} xb^x.$$

例6 求差分方程 $y_{x+1} - \frac{1}{2}y_x = \left(\frac{5}{2}\right)^x$ 的通解.

解 $a = -\frac{1}{2}$，$b = \frac{5}{2}$，$c = 1$，对应齐次差分方程的通解为 $Y = A\left(\frac{1}{2}\right)^x$，

非齐次差分方程的特解为
$$y_x^* = \frac{c}{b+a} b^x = \frac{1}{-\frac{1}{2} + \frac{5}{2}}\left(\frac{5}{2}\right)^x = \frac{1}{2}\left(\frac{5}{2}\right)^x,$$

所以，原差分方程的通解为
$$y_x = \frac{1}{2}\left(\frac{5}{2}\right)^x + A\left(\frac{1}{2}\right)^x.$$

例7 求差分方程 $y_{x+1} - 2y_x = 3 \cdot 2^x$ 满足初始条件 $y_0 = 4$ 的特解.

解 由 $a = -2$ 知，对应齐次差分方程的通解为 $Y = A \cdot 2^x$.

由于 $b = 2 = -a$，则特解为 $y_x^* = \frac{c}{b}xb^x = \frac{3}{2}x \cdot 2^x$，

所以原方程的通解为
$$y_x = \frac{3}{2}x \cdot 2^x + A2^x.$$

代入初始条件 $y_0 = 4$，解得 $A = 4$，所以原方程的特解为
$$y_x = \frac{3}{2}x \cdot 2^x + 4 \cdot 2^x.$$

三、二阶常系数线性差分方程

形如
$$y_{x+2} + ay_{x+1} + by_x = f(x) \tag{6-32}$$

的方程称为**二阶常系数线性非齐次差分方程**.

当 $f(x) \equiv 0$ 时，式(6-32)变为
$$y_{x+2} + ay_{x+1} + by_x = 0 \tag{6-33}$$

称为**二阶常系数线性齐次差分方程**.

1. 二阶常系数线性差分方程解的结构

定理6.5　设 y_{1x} 与 y_{2x} 都是式(6-33)的解，则 y_{1x} 与 y_{2x} 的线性组合
$$y_x = A_1 y_{1x} + A_2 y_{2x}$$

也是式(6-33)的解.

定理6.6　设 y_{1x} 与 y_{2x} 都是式(6-33)的解，且 y_{1x} 与 y_{2x} 线性无关，则
$$y_x = A_1 y_{1x} + A_2 y_{2x}$$

便是式(6-33)的通解，其中 A_1，A_2 是任意常数.

定理6.7　设 $y_x = A_1 y_{1x} + A_2 y_{2x}$ 是式(6-33)的通解，且 y_x^* 是式(6-32)的一个特解，则
$$Y = y_x^* + A_1 y_{1x} + A_2 y_{2x}$$

是式(6-32)的通解.

由上面的定理，为了求出方程式(6-32)的通解，只需先求出相应的齐次方程(6-33)的两个线性无关的通解，再求出式(6-32)的一个特解即可.

2. 二阶常系数线性齐次差分方程的解

与相应的二阶微分方程类似，可设方程式(6-33)具有形如 $y_x = \lambda^x$ 的特解，代入式(6-33)并消去 λ^x，得
$$\lambda^2 + a\lambda + b = 0 \tag{6-34}$$

式(6-34)称为式(6-33)的**特征方程**. 根据方程式(6-34)的根的不同情况，讨论如下.

1）设特征方程式(6-34)有两个不同的实根 $\lambda_1 \neq \lambda_2$，则式(6-33)有两个线性无关的特解 $y_{1x} = \lambda_1^x$，$y_x^2 = \lambda_2^x$.

因此式(6-33)的通解便是 $y_x = A_1 \lambda_1^x + A_2 \lambda_2^x$.

2) 设特征方程式(6-34)有两个相同的实根 $\lambda_1 = \lambda_2 = \lambda$，则 $y_{1x} = \lambda^x$ 是式(6-33)的一个特解. 仿微分方程可求出另一特解

$$y_{2x} = x\lambda^x.$$

于是式(6-33)的通解是

$$y_x = (A_1 x + A_2)\lambda^x \quad (A_1, A_2 \text{ 是任意常数}).$$

3) 设式(6-33)的特征方程式(6-34)有两个共轭的复数根

$$\lambda_1 = \alpha + \beta i, \quad \lambda_2 = \alpha - \beta i.$$

可以证明方程方程式(6-33)有两个线性无关的实数特解

$$y_1^* = r^x \cos\beta x, \quad y_2^* = r^x \sin\beta x.$$

其中，$r = \sqrt{\alpha^2 + \beta^2} = \sqrt{b}$, $\tan\beta = -\dfrac{1}{a}\sqrt{4b - a^2}$, $\beta \in (0, \pi)$；$a = 0$ 时，$\beta = \dfrac{\pi}{2}$

因此式(6-33)的通解是　　　$y_x = r^x(A_1 \cos\beta x + A_2 \sin\beta x).$

例 8　　假设有人年初买了一对小兔子，经一个月生长，长成了大兔子，便开始繁殖，且每月都生一对小兔子，而小兔子又遵循年初那对兔子的繁殖规律，问第 x 个月兔子有多少对(假设兔子都不死亡)?

解　设第 x 个月兔子的对数是 y_x，则第 $x + 2$ 个月的兔子数目可以这样得到：第 $x + 1$ 个月的兔子在第 $x + 2$ 个月依然存在，但它们有大有小不一定都生小兔子，而第 x 个月的所有兔子到第 $x + 2$ 个月都生一对兔子，因此有 $y_{x+2} = y_{x+1} + y_x$,

即　　　　　　　　　　$y_{x+2} - y_{x+1} - y_x = 0$, 且 $y_0 = y_1 = 1.$

特征方程是　　　　　　　　　$\lambda^2 - \lambda - 1 = 0.$

求得两个根　　　　　　$\lambda_1 = \dfrac{1 + \sqrt{5}}{2}, \quad \lambda_2 = \dfrac{1 - \sqrt{5}}{2}.$

于是原问题的解是 $\begin{cases} y_x = A_1\left(\dfrac{1 + \sqrt{5}}{2}\right)^x + A_2\left(\dfrac{1 - \sqrt{5}}{2}\right)^x, \\ y_0 = y_1 = 1 \end{cases}$

确定 A_1, A_2 之后，便得

$$y_x = \frac{1}{\sqrt{5}}\left\{\left(\frac{1 + \sqrt{5}}{2}\right)^{x+1} - \left(\frac{1 - \sqrt{5}}{2}\right)^{x+1}\right\}.$$

3. 二阶常系数线性非齐次方程的解法

与一阶非齐次差分方程类似，二阶非齐次差分方程的特解同样可以采用待定系数法求. 非齐次方程特解类型与方程右端项 $f(x)$ 有关，具体参见表6-1。

表6-1

非齐次方程	特 解 形 式	符 合 条 件
$y_{x+2} + ay_{x+1} + by_x = P_m(x)$	$y^* = a_0 + a_1 x + a_2 x^2 + \cdots + a_m x^m$	$a + b + 1 \neq 0$
	$y^* = x(a_0 + a_1 x + a_2 x^2 + \cdots + a_m x^m)$	$a + b + 1 = 0 \quad (a \neq -2)$

（续）

非齐次方程	特 解 形 式	符 合 条 件
$y_{x+2} + ay_{x+1} + by_x = P_m(x)$	$y^* = x^2(a_0 + a_1x + a_2x^2 + \cdots + a_mx^m)$	$a = -2,\ b = 1$
$y_{x+2} + ay_{x+1} + by_x = cd^x$ （c、d 为常数，且 $d \neq 1$）	$y^* = Ad^x$	d 不是特征根
	$y^* = Axd^x$	d 是单特征根
	$y^* = Ax^2d^x$	d 是重特征根

例 9　求差分方程 $y_{x+2} + y_{x+1} - 2y_x = 12$ 的通解及 $y_0 = y_1 = 0$ 时的特解.

解　相应齐次方程 $y_{x+2} + y_{x+1} - 2y_x = 0$ 的特征方程为

$$\lambda^2 + \lambda - 2 = 0,$$

解得特征根为 $\lambda_1 = -2$，$\lambda_2 = 1$，于是齐次方程的通解是

$$y_x = A_1(-2)^x + A_2.$$

由于 $a + b + 1 = 0$，且 $a = 1 \neq -2$，故设原方程的一个特解是

$$y_x^* = a_0 x,$$

代入原方程，得 $a_0 = 4$，因此，特解是

$$y_x^* = 4x.$$

于是，原方程的通解为 $Y = A_1(-2)^x + A_2 + 4x$.

由 $y_0 = 0$，$y_1 = 0$ 得 $A_1 = \dfrac{4}{3}$，$A_2 = -\dfrac{4}{3}$.

故所求特解为

$$y = \frac{4}{3}(-2)^x - \frac{4}{3} + 4x.$$

例 10　求差分方程 $y_{x+2} + 5y_{x+1} + 4y_x = x$ 的通解.

解　对应齐次方程的特征方程是

$$\lambda^2 + 5\lambda + 4 = 0,$$

特征根为　　　　　　　　　　$\lambda_1 = -1$，$\lambda_2 = -4$，

齐次方程的通解 $y_x = A_1(-1)^x + A_2(-4)^x$.

由于 $a + b + 1 = 10 \neq 0$，故设 $y_x^* = ax + b$ 为非齐次方程的一个特解，代入原方程得

$$\begin{cases} 7a + 10b = 0 \\ 10a = 1 \end{cases},$$

解得 $a = \dfrac{1}{10}$，$b = -\dfrac{7}{100}$，于是 $y_x^* = \dfrac{x}{10} - \dfrac{7}{100}$.

原方程的通解为

$$y_x = A_1(-1)^x + A_2(-4)^x - \frac{7}{100} + \frac{1}{10}x.$$

例 11 求差分方程 $y_{x+2} - 10y_{x+1} + 25y_x = 3^x$ 的通解.

解 对应齐次方程的特征方程是

$$\lambda^2 - 10\lambda + 25 = 0,$$

解得特征根为

$$\lambda_1 = \lambda_2 = 5,$$

于是齐次方程通解是

$$y_x = (c_1 + c_2 x) \cdot 5^x.$$

又因为 $d = 3$ 不是特征根,故可设非齐次特解是 $y_x^* = A \cdot 3^x$,代入原方程求得 $A = \dfrac{1}{4}$.

故原方程的通解为

$$y_x = (C_1 + C_2 x) \cdot 5^x + \frac{1}{4} \cdot 3^x.$$

习题 6.6

1. 确定下列差分方程的阶:

1) $y_{x+3} - y_{x-2} + y_{x-4} = 0$;   2) $5y_{x+5} + 3y_{x+1} = 7$.

2. 求下列差分方程的通解或在给定条件下的特解:

1) $y_{x+1} - y_x = 2x^2$;

2) $y_{x+1} - y_x = x + 3$;

3) $y_{x+1} - 2y_x = 2x^2 - 1$;

4) $2y_{x+1} - y_x = 2 + x^2$, $y_0 = 4$.

3. 在农业生产中,种植先于产出及产品出售一个适当时期,t 时期某产品的价格 P_t 决定着生产者在下一时期愿意提供市场的产量 S_{t+1},P_t 还决定着本期该产品的需求量 Q_t,因此有 $Q_t = a - bP_t$,$S_t = -c + dP_{t-1}$,其中 a、b、c、d 均为正的常数,求价格随时间变动的规律.

4. 某家庭从现在开始,每月从工资中拿出一部分固定资金进行储蓄,用于子女教育,计划 20 年后开始从账户每月支取 1000 元,直到 10 年后全部支取. 假设储蓄月利率为 0.5%,则该家庭每月应存多少钱?

5. 已知 $\varphi(x) = 2^x$,$\varphi(x) = 2^x - 3x$ 是差分方程 $y_{x+1} + p(x)y_x = f(x)$ 的两个特解,求 $p(x)$ 和 $f(x)$.

6. 求下列差分方程的通解或在给定条件下的特解:

1) $y_{x+2} - 3y_{x+1} - 4y_x = 0$;

2) $y_{x+2} + 4y_{x+1} + 4y_x = 0$;

3) $y_{x+2} - 2y_{x+1} + 4y_x = 0$;

4) $y_{x+2} + \dfrac{1}{2}y_{x+1} - \dfrac{1}{2}y_x = 0 = 3x + 2^x$, $y_0 = \dfrac{2}{9}$, $y_1 = \dfrac{4}{9}$.

7. 已知 $y = 3e^x$ 是二阶差分方程 $y_{x+2} + ay_x = e^x$ 的一个特解,求 a.

综合测试题(六)

一、单项选择题

1. 设 $y = f(x)$ 是 $y'' - 2y' + 4y = 0$ 的解,若 $f(x_0) > 0$ 且 $f'(x_0) = 0$,则在 x_0 点 $f(x)$ ( ).

(A) 取极大值;   (B) 取极小值;   (C) 在 x_0 某邻域内单增;   (D) 在 x_0 某邻域内单减.

2. 微分方程 $y'' - 4y' + 4y = 8e^{2x}$ 的一个特解应具有形式 （　　）（a，b，c，d 为常数）.

（A）ce^{2x}；　　（B）dx^2e^{2x}；　　（C）cxe^{2x}；　　（D）$(bx^2 + cx)e^{2x}$.

3. 微分方程 $y'' + y = x^2 + 1 + \sin x$ 的特解形式可设为（　　）.

（A）$y^* = ax^2 + bx + c + x(d\sin x + e\cos x)$；

（B）$y^* = x(ax^2 + bx + c + d\sin x + e\cos x)$；

（C）$y^* = ax^2 + bx + c + d\sin x$；

（D）$y^* = ax^2 + bx + c + e\cos x$.

4. 设线性无关的函数 y_1，y_2，y_3 都是非齐次线性微分方程 $y'' + p(x)y' + q(x)y = f(x)$ 的解，c_1，c_2 是任意常数，则该方程的通解为（　　）.

（A）$c_1y_1 + c_2y_2 + y_3$；

（B）$c_1y_1 + c_2y_2 - (c_1 + c_2)y_3$；

（C）$c_1y_1 + c_2y_2 - (1 - c_1 - c_2)y_3$；

（D）$c_1y_1 + c_2y_2 + (1 - c_1 - c_2)y_3$.

5. 方程 $xy' + y = 0$ 满足 $y(1) = 2$ 的特解为（　　）.

（A）$xy^2 = 1$；　　（B）$x^2y = 2$；　　（C）$xy = 2$；　　（D）$xy = 1$.

二、填空题

1. 已知微分方程 $y'' - 2y' - 3y = e^{-x}$ 有一个特解 $y^* = -\dfrac{1}{4}xe^{-x}$，则其通解为（　　）.

2. 以 $y_1 = e^{-x}$，$y_2 = xe^{-x}$ 为特解的二阶常系数齐次微分方程是（　　）.

3. 若连续函数 $f(x)$ 满足 $f(x) = \displaystyle\int_0^x e^{f(t)}dt$，则 $f(x)$ 等于（　　）.

4. 已知函数 $y = y(x)$ 在任意点 x 处的增量 $\Delta y = \dfrac{y\Delta x}{1 + x^2} + \alpha$，其中 α 是比 $\Delta x(\Delta x \to 0)$ 高阶的无穷小，且 $y(0) = \pi$，则 $y(1)$ 等于（　　）.

5. $y'' + 2y' + y = xe^x$ 的通解为（　　）.

三、计算与应用题

1. 设 $y = e^{2x} + (1 + x)e^x$ 是二阶常系数线性微分方程 $y'' + \alpha y' + \beta y = \gamma e^x$ 的一个特解，求该微分方程的通解.

2. 设函数 $y = y(x)$ 在 $(-\infty, +\infty)$ 内具有二阶导数，且 $y' \neq 0$，$x = x(y)$ 是 $y = y(x)$ 的反函数.

（1）试将 $x = x(y)$ 所满足的微分方程 $\dfrac{d^2x}{dy^2} + (y + \sin x)\left(\dfrac{dx}{dy}\right)^3 = 0$ 变换为 $y = y(x)$ 所满足的微分方程；

（2）求变换后的微分方程满足条件 $y(0) = 0$，$y'(0) = \dfrac{3}{2}$ 的解.

3. 已知 $y_1 = e^{2x} + xe^x$，$y_2 = e^{-x} + xe^x$，$y_3 = e^{2x} + xe^x - e^{-x}$ 都是某二阶常系数非齐次线性微分方程的解，试求此微分方程

4. 已知连续函数 $f(x)$ 满足 $f(x) = \displaystyle\int_0^{3x} f\left(\dfrac{t}{3}\right)dt + e^{2x}$，求 $f(x)$.

5. 已知连续函数 $f(x)$ 满足 $f(x) + \int_0^x (x-u)f(u)\,du = e^x + 2x\int_0^1 f(xu)\,du$，求 $f(x)$.

6、设函数 $f(x)$ 在 $[1, +\infty)$ 上连续恒正，若曲线 $y = f(x)$，直线 $x = 1$，$x = t(t>1)$ 与 x 轴所围成的平面图形绕 x 轴旋转一周所成的旋转体的体积为 $\frac{\pi}{3}[t^2 f(t) - f(1)]$，试求 $y = f(x)$ 所满足的微分方程，并求该方程满足 $f(2) = \frac{2}{9}$ 的特解.

四、证明题

证明方程 $y'' + y = f(x)$（其中 $f(x)$ 连续）的通解为 $y = c_1\cos x + c_2\sin x + \int_0^x f(t)\sin(x-t)\,dt$，其中 c_1、c_2 为任意常数.

习 题 答 案

习题 1.1

1. 1) $\{x \mid -2 < x < -1 \text{ 或 } x > -1\}$；   2) $\{x \mid 3 \leqslant x \leqslant \sqrt{10} \text{ 或 } -\sqrt{10} \leqslant x \leqslant -3\}$.

2. $\{x \mid 2k\pi \leqslant x \leqslant 2k\pi + \pi, k \in \mathbf{Z}\}$.

3. 3).

4. $f(x) = \begin{cases} 20 & (0 \leqslant x \leqslant 30) \\ 20 + 0.18(x - 30) & (x > 30) \end{cases}$

5. $f(1) = 0$, $f(0) = -1$, $f(a) = 3a^2 - 2a - 1$, $f(-x) = 3x^2 + 2x - 1$, $f(x + 1) = 3x^2 + 4x$, $f(f(x)) = 27x^4 - 36x^3 - 12x^2 + 16x + 4$.

6. 定义域 $[-2, 3]$, $f(-1) = 1$, $f(0) = 2$, $f(2) = 3$.

7. 定义域 $[0, +\infty)$, 值域 $[0, +\infty)$, $f\left(\dfrac{1}{2}\right) = \sqrt{2}$, $f\left(\dfrac{1}{t}\right) = \begin{cases} 1 + \dfrac{1}{t} & (0 < t < 1) \\ \dfrac{2}{\sqrt{t}} & (t \geqslant 1) \end{cases}$

8. 略.

9. 略.

10. 1) 偶；2) 奇；3) 非奇非偶；4) 奇.

11. $y = \mathrm{e}^{x+3} - 2$.

12. $f(f(x)) = \begin{cases} 9x + 4 & (x < 0) \\ 3x + 1 & (0 \leqslant x < 1) \\ x & (x \geqslant 1) \end{cases}$.

13. 求 $y = \begin{cases} \mathrm{e}^x & x \in (-\infty, 0] \\ -\sqrt{x} & x \in (0, 1] \\ 1 + \ln \dfrac{x}{2} & x \in (2, 2\mathrm{e}] \end{cases}$.

14. 1) $y = a^u$, $u = \tan x$；2) $y = \ln u$, $u = \arcsin v$, $v = x^2$.

15. 略.

16. $L = \dfrac{S_0}{h} + \dfrac{2 - \cos 40°}{\sin 40°} h$, $h \in (0, \sqrt{S_0 \tan 40°})$.

习题**1.2**

1. 1）1；2）0.
2. 略.
3. 略.
4. 略.
5. 略.
6. 略.
7. 略.
8. 略.

习题**1.3**

1. 1.
2. 极限不存在.
3. 略.
4. 略.
5. 略.
6. 极限不存在.
7. $\lim\limits_{x\to 0^-}f(x)=1$，$\lim\limits_{x\to 0^+}f(x)=1$，$\lim\limits_{x\to 0^-}g(x)=-1$，$\lim\limits_{x\to 0^+}g(x)=1$.
8. $a=-3$.

习题**1.4**

1. 1. 2. $\dfrac{1}{2}$. 3. ∞. 4. $\dfrac{1}{3}$. 5. $\dfrac{1}{4}$. 6. $\dfrac{3}{2}$. 7. 0. 8. $-\dfrac{1}{4}$. 9. $\dfrac{1}{2}$. 10. $a=-1$.

11. 1）正确，证明略；2）错误，例如 $f(x)=\mathrm{sgn}x$，$g(x)=-\mathrm{sgn}x$，当 $x\to 0$ 时的极限都不存在，但 $f(x)+g(x)$ 当 $x\to 0$ 时极限存在；3）错误，例如 $f(x)=x$，$g(x)=\sin\dfrac{1}{x}$，$\lim\limits_{x\to 0}f(x)=0$，$\lim\limits_{x\to 0}g(x)$ 不存在，但 $\lim\limits_{x\to 0}[f(x)\cdot g(x)]=0$ 极限存在.

习题**1.5**

1. 1）1； 2）3； 3）$\dfrac{1}{2}$； 4）1； 5）1； 6）1.
2. 1）e^{-k}； 2）1； 3）e^2； 4）e^3； 5）1.
3. 略.
4. B.

5. $a = \ln 2$.

6. e^{x+1}.

习题 1.6

1. 1）当 $x \to 0$ 时是无穷小；当 $x \to 1$ 时是无穷大；

   2）当 $x \to 0$ 时是无穷小；当 $x \to +\infty$ 时是无穷大.

2. 1）高阶；2）低阶；3）同阶；4）同阶.

3. 略.

4. 1）$\dfrac{1}{2}$；　2）$\dfrac{\sqrt{2}}{4}$；　3）$-\dfrac{2}{3}$.

习题 1.7

1. 略.

2. 连续.

3. 1）$x = 2$，无穷间断点；　　2）$x = 1$，可去间断点；$x = 2$，无穷间断点；

   3）$x = 1$，跳跃间断点；　　4）$x = 0$，可去间断点.

4. $x = 0$，无穷间断点；$x = 1$，跳跃间断点.

5. $f(0) = 0$.

6. $f(x) = \begin{cases} x & (|x| < 1) \\ 0 & (|x| = 1) \\ -x & (|x| > 1) \end{cases}$；$x = 1$ 和 $x = -1$ 为第一类间断点.

7. 略.

8. 略.

综合测试题（一）

一、

1. C；2. C；3. B；4. B；5. C.

二、

1. $x^2 + 1$；2. 1；3. $\dfrac{3}{2}$；4. $\dfrac{3}{2}$；5. 任意常数，6.

三、

1. 答案：$f[f(x)] = f(x)$，$g[g(x)] = 0$，$f[g(x)] = 0$，$g[f(x)] = g(x)$.

2. 答案：$a = 0$.

3. 答案：$x = 0$ 是第一类间断点，$x = 1$ 是第二类间断点.

4. 答案：1.

5. 答案：e.

6. 答案：$x = \dfrac{1}{2}$.

四、提示：利用零点定理.

习题 2.1

1. 2.

2. $f'(x_0)$.

3. -2.

4. 略.

5. $x = 0$.

6. 连续但不可导.

7. $f'(x) = \begin{cases} \cos x & (x < 0) \\ 1 & (x \geqslant 0) \end{cases}$.

8. $\dfrac{1}{e}$.

9. 略.

习题 2.2

1. 1) $3x^2 \ln x + x^2 + 2\cos x$；

2) $24x^3 - 12x^2 + 6x - 2$；

3) $x^2 e^x \left[(3 + x) \arctan x + \dfrac{x}{1 + x^2} \right]$；

4) $-\dfrac{\ln x}{x^2}$；

5) $-\dfrac{x}{\sqrt{1 - x^2}}$；

6) $3x^2 \cos x^3$；

7) $3e^{\sin^3 x} \sin^2 x \cos x$；

8) $\dfrac{2\arcsin x}{\sqrt{1 - x^2}}$；

9) $\dfrac{2e^{2x}}{1 + e^{4x}}$；

10) $-\dfrac{2}{\sqrt{1 - 4x^2} \arccos 2x}$；

11) $\dfrac{5(1 - x^2)}{(1 + x^2)^2}$；

12) $\dfrac{1}{\sin x}$；

13) $\dfrac{1}{x} \cdot \left(\dfrac{1 + x}{1 - x} \right)^2 + 4 \cdot \dfrac{1 + x}{(1 - x)^3} \cdot \ln 2x$；

14) $-\dfrac{1}{\cos x}$.

2. $\alpha > 0$ 时，连续；$\alpha > 1$ 时，可导.

3. $\dfrac{x_0 x}{a^2} - \dfrac{y_0 y}{b^2} = 1$.

4. $\dfrac{\mathrm{d}y}{\mathrm{d}x}\bigg|_{x=0} = \dfrac{1}{2}.$

5. $\dfrac{\mathrm{d}y}{\mathrm{d}x} = \dfrac{2(x-1)}{3(y^2+1)}$, $\dfrac{\mathrm{d}y}{\mathrm{d}x}\bigg|_{x=0} = -\dfrac{2}{3}.$

6. $\dfrac{\mathrm{d}y}{\mathrm{d}x} = \dfrac{y^2 - \mathrm{e}^x}{\cos y - 2xy}.$

7. $x - y - 4 = 0.$

8. 1) $\dfrac{\sqrt{x+5}}{\sqrt{(x+2)^3(4-x)^2}}\left(\dfrac{1}{2(x+5)} - \dfrac{3}{2}\cdot\dfrac{1}{x+2} + \dfrac{1}{4-x}\right)$;   2) $x^x(\ln x + 1).$

9. $\dfrac{\mathrm{d}y}{\mathrm{d}x} = \dfrac{t}{(t+1)(1-\varepsilon\cos y)}.$

10. $\dfrac{t}{2}.$

习题 2.3

1. $y''' = 36$，$y^{(4)} = 0.$

2. $f''(x) = 2x\mathrm{e}^{x^2}(3 + 2x^2).$

3. 1) $y^{(n)} = a^n\sin\left(ax + n\cdot\dfrac{\pi}{2}\right)$; 2) $y^{(n)} = b^n\mathrm{e}^{bx}$; 3) $y^{(n)} = (-1)^{n-1}\dfrac{(n-1)!}{(1+x)^n}.$

4. $y'(0) = -\dfrac{1}{\mathrm{e}}$, $y''(0) = \dfrac{1}{\mathrm{e}^2}.$

5. $\dfrac{\mathrm{d}^2 y}{\mathrm{d}x^2} = \dfrac{1}{f''(t)}.$

6. 略.

7. 1) $y^{(n)} = (x + n)\mathrm{e}^x$;   2) $y^{(n)} = \dfrac{(-1)^n n!}{(x+a)^{n+1}}$, $n = 0, 1, 2, \cdots$

习题 2.4

1. $\Delta y = 0.0201$，$\mathrm{d}y = 0.02.$

2. 1) $\mathrm{e}^x(\sin x + \cos x)\mathrm{d}x$;   2) $\dfrac{2x}{1+x^4}\mathrm{d}x$;

   3) $3\cos(3x + 1)\mathrm{d}x$;   4) $\dfrac{2x\mathrm{e}^{x^2}}{1+\mathrm{e}^{x^2}}\mathrm{d}x.$

3. 1) $\left(\mathrm{e}^x\ln x^2 + \dfrac{2\mathrm{e}^x}{x} + \cos x\right)\mathrm{d}x$;   2) $(a + 2bx)\mathrm{e}^{ax+bx^2}\mathrm{d}x.$

4. $\mathrm{d}y = \dfrac{y\cos x + \sin(x-y)}{\sin(x-y) - \sin x}\mathrm{d}x.$

5. 1）$\dfrac{1}{2}x^2 + C$；　　　　　　　　　　2）$\dfrac{1}{\omega}\sin\omega t + C.$

6. 0.485.

7. 1.11784g.

综合测试题（二）

一、

1. A；2. C；3. B；4. D；5. B.

二、

1. 充要；2. $n!$；3. 高阶；4. $-\dfrac{8\sqrt{2}}{3a\pi}$；5. 1.

三、

1. 答案：连续不可导.

2. 答案：$f'(x) = \begin{cases} \dfrac{(2x^2 - 2)e^{x^2} + 2}{x^3} & x \neq 0 \\ 0 & x = 0 \end{cases}.$

3. 答案：$\dfrac{\mathrm{d}y}{\mathrm{d}x} = e^{f(x)}[f'(e^x)e^x + f(e^x)f'(x)].$

4. 答案：$\mathrm{d}y = \left[\dfrac{1}{7}x^{-\frac{6}{7}} + \sqrt[x]{7}\ln 7\left(-\dfrac{1}{x^2}\right)\right]\mathrm{d}x$；

$\mathrm{d}y\big|_{x=2} = \left(\dfrac{\sqrt[7]{2}}{14} - \ln 7 \cdot \dfrac{\sqrt{7}}{4}\right)\mathrm{d}x.$

5. 答案：$y' = \dfrac{\sqrt{x+2} \cdot (3-x)^4}{(1+x)^5} \cdot \left[\dfrac{1}{2(x+2)} + \dfrac{4}{x-3} - \dfrac{5}{x+1}\right].$

6. 答案：$y^{(n)} = 2^{n-1}\cos\left(2x + \dfrac{n\pi}{2}\right).$

四、

提示：$\forall x, y \in (-\infty, +\infty)$，有 $\Delta y = f(x)[f(\Delta x) - 1] = f(x) \cdot \Delta x \cdot g(\Delta x)$，$f'(x) = \lim\limits_{\Delta x \to 0}\dfrac{\Delta y}{\Delta x} = \lim\limits_{\Delta x \to 0}f(x) \cdot g(\Delta x) = f(x)$.

习题 3.1

1. $\xi = 1.$

2. $\xi = \sqrt{\dfrac{4}{\pi} - 1}.$

3. 略.

4. 略.

5. 略.

6. 略.

7. 略.

8. 略.

9. 略.

习题 3.2

1. 1.

2. $\dfrac{1}{2}$.

3. ∞.

4. $+\infty$.

5. 0.

6. 1.

7. $\dfrac{1}{2}$.

8. 1.

9. $-\dfrac{1}{2}$.

10. $\dfrac{3}{2}$.

11. $\dfrac{3}{2}$.

12. $e^{-\frac{2}{\pi}}$.

13. 0.

14. 0.

15. 0.

16. $-\dfrac{1}{2}$.

17. e^{-1}.

习题 3.3

1. $f(x) = 11 + 7(x-2) + 4(x-2)^2 + (x-2)^3$.

2. $f(x) = 1 - \dfrac{x}{3} + \left(\dfrac{x}{3}\right)^2 + \cdots + (-1)^n \left(\dfrac{x}{3}\right)^n + o(x^n)$.

3. $\sqrt{x} = 2 + \dfrac{1}{4}(x-4) - \dfrac{1}{64}(x-4)^2 + \dfrac{1}{512}(x-4)^3 - \dfrac{15(x-4)^4}{4!16[4+\theta(x-4)]^{\frac{7}{2}}}(0<\theta<1)$.

4. $\ln x = \ln 2 + \dfrac{1}{2}(x-2) - \dfrac{1}{2^3}(x-2)^2 + \dfrac{1}{3\cdot 2^3}(x-2)^3 - \cdots + (-1)^{n-1}\dfrac{1}{n\cdot 2^n}(x-2)^n + o((x-2)^n)$.

5. $\dfrac{1}{x} = -[1+(x+1)+(x+1)^2+\cdots+(x+1)^n] + (-1)^{n+1}\dfrac{(x+1)^{n+1}}{[-1+\theta(x+1)]^{n+2}}(0<\theta<1)$.

6. $\tan x = x + \dfrac{1}{3}x^3 + o(x^3)$.

7. $xe^x = x + x^2 + \dfrac{1}{2!}x^3 + \cdots + \dfrac{x^n}{(n-1)!} + o(x^n)(0<\theta<1)$.

8. $\sqrt{e} \approx 1.645$.

9. 1) $\sqrt[3]{30} \approx 3.10724$, $|R_3| < 1.88 \times 10^{-5}$;

   2) $\sin 18° \approx 0.3090$, $|R_3| < 1.3 \times 10^{-4}$.

10. 1) $\dfrac{1}{3}$;   2) $-\dfrac{7}{4}$;   3) $-\dfrac{1}{12}$;   4) $\dfrac{3}{2}$.

习题 3.4

1. $(-\infty, -2)$，$(0, +\infty)$单调递增，$(-2, -1)$，$(-1, 0)$单调递减.

2. $(-\infty, 1)$单调递减，$(1, +\infty)$单调递增.

3. $(-\infty, -1)$，$(1, +\infty)$凸，$(-1, 1)$凹，拐点$(\pm 1, \ln 2)$.

4. $(-\infty, 2)$凸，$(2, +\infty)$凹，拐点$(2, 0)$.

5. $a = -\dfrac{3}{2}$, $b = \dfrac{9}{2}$.

6. $b^2 - 3ac = 0$.

7. 略.

8. 当 $a > \dfrac{1}{e}$ 时没有实根；当 $0 < a < \dfrac{1}{e}$ 时有两个实根；当 $a = \dfrac{1}{e}$ 时只有 $x = e$ 一个实根.

9. $y' > 0$, $y'' > 0$.

习题 3.5

1. 极大值 $f(1) = 2$，极小值 $f(2) = 1$.

2. 极大值 $f(0) = 0$，极小值 $f\left(\dfrac{2}{5}\right) = -\dfrac{3}{5}\sqrt[3]{\dfrac{4}{25}}$.

3. 无极大值，极小值 $f(\pm 1) = 1$.

4. 无极大值，极小值 $f\left(\dfrac{3}{2}\right) = -\dfrac{11}{16}$.

5. 最大值 $f(3) = 11$，最小值 $f(2) = -14$.

6. 最大值 $f(2) = 1$，最小值 $f(0) = 1 - \sqrt[3]{4}$.

7. 边长为 $\dfrac{a}{6}$ 时，容积最大为 $\dfrac{2a^3}{27}$.

8. 长与宽应分别为 $4\mathrm{m}$ 和 $2\mathrm{m}$ 时，最少长度为 $8\mathrm{m}$.

9. $r = \sqrt[3]{\dfrac{V}{2\pi}}$，$h = 2\sqrt[3]{\dfrac{V}{2\pi}}$；$d:h = 1:1$.

10. $\varphi = \dfrac{2\sqrt{6}}{3}\pi$.

11. 1800 元.

习题 3.6

1. 略.
2. 略.
3. 略.
4. 略.

习题 3.7

1. $\dfrac{\sqrt{2}}{2}$.

2. $\left(\dfrac{\sqrt{2}}{2}, -\dfrac{\ln 2}{2}\right)$ 处曲率半径有最小值 $\dfrac{3\sqrt{3}}{2}$.

3. $K = \left|\dfrac{2}{3a\sin 2t_0}\right|$.

4. 有公切线；凹向一致；曲率相同.

综合测试题（三）

一、
1. B；2. D；3. B；4. C；5. B.

二、
1. 2；2. -2；3. $y = x + \dfrac{1}{e}$；4. $\dfrac{1}{12}$；5. $x^4 - 4x^3 + 16x$.

三、

1. 答案：$a = 2$，$y|_{\frac{\pi}{3}} = \sqrt{3}$ 是极大值.

2. 答案：$-\frac{1}{2}$.

3. 答案：$e^{-\frac{1}{3}}$.

4. 答案：$(1,2)$ 和 $(-1,-2)$.

5. 答案：$\sqrt[3]{3}$.

6. 答案：$\left(\frac{\pi}{2},1\right)$ 处的曲率半径最小，值为1.

四、略.

习题 4.1

1. 1）$2x - \frac{2}{3}x^{\frac{3}{2}} + C$；　　2）$\frac{1}{2}x^4 - \frac{1}{2}x^2 + 3x + C$；　　3）$2e^x + \frac{2^x}{\ln 2} + C$；

4）$2(x - \arctan x) + C$；　　5）$-\frac{1}{x} - \arctan x + C$；　　6）$\tan x - x + C$；

7）$\frac{1}{2}(x + \sin x) + C$；　　8）$2x - \frac{1}{4}x^4 - \frac{1}{x} - \tan x + C$.

2. $y = x^2 + 1$.

3. $y = 1000 + 7x + 50\sqrt{x}$.

4. 1）27m；　　2）$\sqrt[3]{360} \approx 7.11\text{s}$

习题 4.2

1. 1）$\ln|\sin x| + C$；　　2）$\frac{1}{3}e^{3x+2} + C$；　　3）$-e^{\frac{1}{x}} + C$；

4）$\frac{1}{3}(u^2 - 3)^{\frac{3}{2}} + C$；　　5）$-2\cos\sqrt{x} + C$；　　6）$2\sqrt{\tan x} + C$；

7）$\frac{2}{3}(\arctan x)^{\frac{3}{2}} + C$；　　8）$\frac{1}{3}(\arcsin x)^3 + C$；　　9）$\frac{1}{4}\sin^4 x + C$；

10）$\frac{1}{8}x - \frac{1}{32}\sin 4x + C$；　　11）$\frac{1}{7}\ln\left|\frac{x-4}{x+3} + C\right|$；　　12）$\sin(e^x + 1) + C$；

13）$\arcsin\frac{2x-1}{\sqrt{5}} + C$；　　14）$\arccos(e^{-x}) + C$.

2. 1）$\frac{2}{3}(x+6)\sqrt{x-3} + C$；　　2）$2[\sqrt{x+1} - \ln(1+\sqrt{x+1})] + C$；

3）$\frac{1}{2}(\arcsin x + x\sqrt{1-x^2}) + C$；　　4）$-\frac{1}{2}x\sqrt{1-x^2} + \frac{1}{2}\arcsin x + C$；

5) $\dfrac{1}{2}\ln\left|2x+\sqrt{4x^2+9}\right|+C$;　　　　6) $\arccos\dfrac{1}{|x|}+C$;

7) $\dfrac{1}{\sqrt{2}}\arctan\dfrac{\sqrt{2}x}{\sqrt{1-x^2}}+C$;　　　　8) $-\dfrac{\sqrt{x^2+a^2}}{a^2x}+C$;

9) $\dfrac{1}{2}\dfrac{\sqrt{x^2+2x}}{(x+1)^2}-\dfrac{1}{2}\arcsin\dfrac{1}{x+1}+C$;　　10) $-\dfrac{(a^2-x^2)^{\frac{3}{2}}}{3a^2x^3}+C$.

3. $\dfrac{-1}{3}\left(1-\dfrac{1}{x^2}\right)^{\frac{3}{2}}+\left(1-\dfrac{1}{x^2}\right)^{\frac{1}{2}}+C$.

习题 4.3

1. 1) $\dfrac{1}{2}x^2\ln x-\dfrac{1}{4}x^2+C$;　　　　2) $-\dfrac{\ln x}{x}-\dfrac{1}{x}+C$;

3) $-x^2\cos x+2x\sin x+2\cos x+C$;　　4) $x\arctan x-\dfrac{1}{2}\ln(1+x^2)+C$;

5) $x\arcsin x+\sqrt{1-x^2}+C$;　　　　6) $2e^{\sqrt{x}}(\sqrt{x}-1)+C$.

2. $I_n=x^n e^x-nI_{n-1}$.

3. $xf'(x)-f(x)+C$.

4. $\begin{cases}\dfrac{1}{2}x^2+x+C & x\leqslant 1\\[2mm] x^2+\dfrac{1}{2}+C & x>1\end{cases}$.

5. $e^x\arcsin x+C$.

习题 4.4

1) $-5\ln|x-2|+6\ln|x-3|+C$;

2) $-\dfrac{1}{x-1}-\ln|x-1|+\ln|x|+C$;

3) $\dfrac{2}{5}\ln|1+2x|-\dfrac{1}{5}\ln(1+x^2)+\dfrac{1}{5}\arctan x+C$;

4) $\dfrac{1}{6}\ln\dfrac{(x^2+1)^2}{|x^2-x+1|}+\dfrac{\sqrt{3}}{3}\arctan\dfrac{2x-1}{\sqrt{3}}+C$;

5) $\dfrac{1}{2}\ln|x^4+5x^2+4|+\dfrac{1}{2}\arctan\dfrac{x}{2}+\arctan x+C$;

6) $\arctan(x+1)+\dfrac{1}{x^2+2x+2}+C$;

7） $-\dfrac{x^2 e^x}{2+x}+xe^x-e^x+C$；

8） $\dfrac{1}{2}(\ln|\sin x+\cos x|+x)+C$；

9） $\tan x-\sec x+C$；

10） $\dfrac{3}{2}\sqrt[3]{(1+x)^2}-3\sqrt[3]{1+x}+3\ln|1+\sqrt[3]{1+x}|+C$；

11） $\dfrac{1}{2}x^2-\dfrac{2}{3}\sqrt{x^3}+x-4\sqrt{x}+4\ln(\sqrt{x}+1)+C$；

12） $x-4\sqrt{x+1}+4\ln(\sqrt{x+1}+1)+C$.

综合测试题（四）

一、

1. A； 2. C； 3. B； 4. B； 5. D.

二、

1. $xf'(x)-f(x)+C$； 2. $x\ln x+C(x>0)$； 3. $-\dfrac{3}{4}x^4-\dfrac{3}{2}x^2-6x+\dfrac{7}{4}$；

4. $\dfrac{1}{2}e^{x^2}(x^2-1)+C$； 5. $xf(x)+C$.

三、

1. 答案： $\dfrac{1}{2}\ln\dfrac{|e^x-1|}{|e^x+1|}+C$.

2. 答案： $\dfrac{1}{3}\tan^3 x-\tan x+x+C$

3. 答案： $\dfrac{1}{a^2+b^2}e^{ax}(a\cos bx+b\sin bx)+C$

4. 答案： $\ln\dfrac{\sqrt{1+e^x}-1}{\sqrt{1+e^x}+1}+C$

5. 答案： $(x+1)\arctan\sqrt{x}-\sqrt{x}+C$.

6. 答案： $\dfrac{x^4}{8(1+x^8)}+\dfrac{1}{8}\arctan x^4+C$.

四、

提示： $\dfrac{f(x)}{F(x)}=2x\Rightarrow\dfrac{F'(x)}{F(x)}=2x\Rightarrow\ln|F(x)|=x^2+C$，

由 $F(0)=1$，得 $F(x)=e^{x^2}\Rightarrow f(x)=2xe^{x^2}\Rightarrow\dfrac{f(x)}{f'(x)}=\dfrac{x}{1+2x^2}$，

$\Rightarrow \int \dfrac{f(x)}{f'(x)}\mathrm{d}x = \dfrac{1}{4}\ln(1 + 2x^2) + C.$

习题 5.1

1. 1) $\dfrac{1}{2}(b^2 - a^2)$；2) $e - 1$.

2. 1) 0；　　　　　2) $\dfrac{1}{2}$；　　　　　3) $\dfrac{\pi a^2}{2}$.

3. 1) $\displaystyle\int_0^1 x^2\mathrm{d}x$ 大；　2) $\displaystyle\int_1^2 x^3\mathrm{d}x$ 大；　3) $\displaystyle\int_1^2 \ln x\,\mathrm{d}x$ 大；4) $\displaystyle\int_0^1 e^x\mathrm{d}x$ 大.

4. 1) $\pi \leqslant I \leqslant 2\pi$；　2) $\dfrac{\pi}{9} \leqslant I \leqslant \dfrac{2\pi}{3}$；　3) $-2e^2 \leqslant I \leqslant -2e^{-\frac{1}{4}}$.

5. 0.

6. 略.

习题 5.2

1. 1) $2x\sqrt{1 + x^4}$；　　　　　　　　2) $\dfrac{3x^2}{\sqrt{1 + x^{12}}} - \dfrac{2x}{\sqrt{1 + x^8}}$；

　3) $(\sin x - \cos x)\cos(\pi\sin^2 x)$；　4) $3x^2(\cos x - 1)$.

2. $\dfrac{\mathrm{d}y}{\mathrm{d}x} = \dfrac{\cos x}{\sin x - 1}$.

3. $\dfrac{\mathrm{d}y}{\mathrm{d}x} = \dfrac{\cos t}{\sin t}$.

4. 1) 1；2) $\dfrac{1}{2}$；3) $\dfrac{2}{5}$.

5. 当 $x = 0$ 时.

6. $\sqrt[3]{36}$.

7. $a = -1$，$f(x) = \dfrac{5}{3}x^{\frac{2}{3}}$.

8. $f(x) = x + \dfrac{3}{4}x^2$.

9. 1) $\dfrac{\pi}{3}$；2) $\dfrac{1}{2}(1 + e^2)$；3) $2\sqrt{2}$；4) $\dfrac{11}{6}$；5) $56\dfrac{3}{5}$；6) $\dfrac{4\sqrt{2} - 2}{\pi}$.

10. 略.

习题 5.3

1. 1) $\sqrt{3} - \dfrac{\pi}{3}$；2) $\dfrac{\sqrt{2}}{2a^2}$；3) $1 - \dfrac{\pi}{4}$；4) $\dfrac{a^4\pi}{16}$；5) $\dfrac{1}{6}$；6) $2(\sqrt{3} - 1)$.

2. 1）$1 - \dfrac{2}{e}$；2）$\dfrac{1}{5}(e^{\pi} - 2)$；3）$4(2\ln 2 - 1)$；4）$\dfrac{\pi}{4} - \dfrac{1}{2}$；5）$4\pi$.

3. 1）0；2）0；3）$\dfrac{\pi}{2}$；4）$\dfrac{4}{3}$；5）0.

4. 2.

5. $\tan \dfrac{1}{2} - \dfrac{1}{2} e^{-4} + \dfrac{1}{2}$.

6. 1.

7. 略.

8. 略.

习题 5.4

1. 1）$\dfrac{1}{6}$；2）$\dfrac{3}{2} - \ln 2$；3）18；4）$e + \dfrac{1}{e} - 2$；5）$\dfrac{9}{8}$；6）$\dfrac{4}{3}$.

2. 4.

3. $c = \dfrac{1}{2}$.

4. $\dfrac{e}{2}$.

5. 1）$V_x = \dfrac{15\pi}{2}$，$V_y = \dfrac{124\pi}{5}$；2）$V_x = \dfrac{\pi^2}{4}$，$V_y = 2\pi$；3）$V_x = \dfrac{19\pi}{48}$，$V_y = \dfrac{7\sqrt{3}\pi}{10}$.

6. $2\pi^2 a^2 b$.

7. $1 + \dfrac{1}{2} \ln \dfrac{3}{2}$.

8. $\dfrac{8}{9}\left[\left(\dfrac{5}{2}\right)^{\frac{3}{2}} - 1\right]$.

9. $6a$.

10. $\left(\left(\dfrac{2}{3}\pi - \dfrac{\sqrt{3}}{2}\right)a, \dfrac{3}{2}a\right)$.

11. $\ln \dfrac{3}{2} + \dfrac{5}{12}$.

12. $8a$.

13. $kq\left(\dfrac{1}{a} - \dfrac{1}{b}\right)$.

14. 1102.5π.

15. $\dfrac{2\rho g}{3} R^3$.

16. $\dfrac{2G\rho m}{R}\sin\dfrac{\varphi}{2}$.

17. 50，100.

18. 1）9987.5；2）19850.

19. 毛利润：85；纯利润：75.

20. 1）$-\dfrac{5}{8}$；2）$x=4$；3）$C(x)=\dfrac{1}{8}x^{2}+4x+1$，$L(x)=5x-\dfrac{5}{8}x^{2}-1$.

习题 5.5

1. B.

2. A.

3. B.

4. 1）收敛；2）发散；3）收敛；4）发散.

5. 1）24；2）$\dfrac{\sqrt{2}\pi}{16}$.

综合测试题（五）

一、

1. D；2. C；3. B；4. A；5. D.

二、

1. $\dfrac{1}{12}$；2. $4\sqrt{2}-2$；3. 2；4. 2；5. $\dfrac{37}{12}$.

三、

1. 答案：$f(0)=2$.

提示：用分部积分.

2. 答案：$4-\pi$.

提示：利用奇偶对称性.

3. 答案：1.

提示：分别求出 $f(0)$ 和 $f(1)$ 的值即可.

4. 答案：$\dfrac{1}{4}(\pi-1)$.

提示：$\displaystyle\int_{0}^{\frac{\pi}{2}}\dfrac{\sin^{3}x}{\sin x+\cos x}\mathrm{d}x=\int_{0}^{\frac{\pi}{2}}\dfrac{\cos^{3}x}{\sin x+\cos x}\mathrm{d}x=\dfrac{1}{2}\int_{0}^{\frac{\pi}{2}}\dfrac{\sin^{3}x+\cos^{3}x}{\sin x+\cos x}\mathrm{d}x.$

5. 答案：$f(x)=\dfrac{\ln x}{x}-\dfrac{4}{x}$.

6. 答案：$f(x)=\mathrm{e}^{-x}$.

提示：令 $F(x) = \int_0^1 [f(x) + xf(xt)]\mathrm{d}t = f(x) + x\int_0^1 f(xt)\mathrm{d}t = f(x) + x\int_0^x f(u)\mathrm{d}u$，

由 $F'(x) = 0$ 得 $f'(x) + f(x) = 0$，所以 $[e^x f(x)]' = 0$.

四、

提示：$\forall t \in (a, b)$，$S_1(t) = (t-a)f(t) - \int_0^t f(x)\mathrm{d}x$，$S_2(t) = \int_t^b f(x)\mathrm{d}x - (b-t)$，令 $\varphi(t) = S_1(t) - 3S_2(t)$，用零点定理和单调性证明即可.

习题 6.1

1. 1）一阶；2）二阶；3）一阶；4）三阶.

2. 略.

3. 1）$y^2 - x^2 = 25(C = -25)$；2）$y = xe^{2x}(C_1 = 0, C_2 = 1)$.

4. $y' = x^2$.

5. $u(x) = x + C$.

6. $f(x) = \cos x - x\sin x + C$.

习题 6.2

1. 1）$y = e^{Cx}$；2）$y = Ce^{\sqrt{1-x^2}}$；3）$\tan x\tan y = C$；4）$\sin x\sin y = C$；

5）$(e^x + 1)(e^y - 1) = C$；6）$(1 + e^x)\sec y = 2\sqrt{2}$；7）$\ln y = \tan\frac{x}{2}$；

8）$y^2 - 1 = -(x-1)^2$.

2. 1）$\ln|y| = \frac{y}{x} + c$；2）$x + 2ye^{\frac{x}{y}} = C$；3）$y^2 = 2x^2(\ln x + 2)$；4）$\frac{x+y}{x^2+y^2} = 1$；

5）$\sin\frac{y}{x} = \frac{1}{2}x$；6）$x^2 - y^2 = Cy^3$.

3. $\frac{P_2}{P_1}e^{\frac{P_2}{P_1}} = cP_2^2$.

4. $x = e^{-P^3}$.

5. 1）$y = (x + C)e^{-\sin x}$；2）$2x\ln y = \ln^2 y + C$；3）$y = x^2(e^x - e)$；

4）$y\sin x + 5e^{\cos x} = 5e^{\cos 1}$；

5）$x = \frac{1}{2}y^2(1 + y)$.

6. $f(x) = x - \frac{1}{2} + \frac{1}{2}e^{-2x}$.

7. $y = 2(e^x - x - 1)$.

8. $C = \dfrac{x^2}{a} + a$.

9. 1) $yx\left[C - \dfrac{a}{2}(\ln x)^2 \right] = 1$; 2) $\dfrac{3}{2}x^2 + \ln\left| 1 + \dfrac{3}{y} \right| = C$.

10. $v = \sqrt{725000} \approx 269.3\,(\text{cm/s})$.

11. $R = R_0 e^{-0.000433t}$, 时间以年为单位.

12. 取 O 为原点, 河岸朝顺水方向为 x 轴, y 轴指向对岸, 则所求航线为
$$x = \dfrac{k}{a}\left(\dfrac{h}{2}y^2 - \dfrac{1}{3}y^3 \right).$$

习题 6.3

1. 1) $y = (x-2)e^x + C_1 x + C_2$; 2) $y = \dfrac{1}{8}e^{2x} + \sin x + C_1 x^2 + C_2 x + C_3$.

2. 1) $y = x^3 + 3x + 1$; 2) $y = (x-1)e^x + \dfrac{1}{2}C_1 x^2 + C_2$.

3. 1) $y = \tan\left(x + \dfrac{\pi}{4} \right)$; 2) $y^2 = C_1 x + C_2$.

4. $y = \dfrac{x^3}{6} + \dfrac{x}{2} + 1$.

5. $t = \dfrac{1}{R}\sqrt{\dfrac{l}{2g}}\left(\sqrt{lR - R^2} + l\arccos\sqrt{\dfrac{R}{l}} \right)$.

6. $s = \dfrac{mg}{c}\left(t + \dfrac{m}{c}e^{-\frac{c}{m}t} - \dfrac{m}{c} \right)$.

习题 6.4

1. $y = C_1\cos\omega x + C_2\sin\omega x$.

2. $y = (C_1 + C_2 x)e^{x^2}$.

3. $y = C_1 e^x + C_2 x^2 + 3$.

4. $y = C_1\cos x + C_2\sin x + x^2 - 2$.

5. 1) $y = C_1 e^{-x} + C_2 e^{3x}$; 2) $y = (C_1 + C_2 x)e^{-2x}$; 3) $y = e^{-x}(C_1\cos 2x + C_2\sin 2x)$;

　　4) $y = 3e^{-x} - 2e^{-2x}$; 5) $y = 2\cos 5x + \sin 5x$; 6) $y = (2+x)e^{-\frac{x}{2}}$.

6. 1) $y = C_1 e^{2x} + C_2 e^{3x} + \left(\dfrac{1}{2} + \dfrac{3}{4}x \right)e^x$; 2) $y = C_1 e^{-x} + C_2 e^{3x} - x + \dfrac{1}{3}$;

　　3) $y = C_1\cos x + C_2\sin x + 2x + 1$;

　　4) $y = e^x(C_1\cos 2x + C_2\sin 2x) + \dfrac{1}{17}\cos 2x - \dfrac{4}{17}\sin 2x$;

5）$y = C_1 e^x + C_2 e^{-2x} + \left(\dfrac{3}{10} \cos x - \dfrac{1}{10} \sin x \right) e^{-2x}$；6）$y = \dfrac{1}{2} + \dfrac{1}{2} e^{2x} + \dfrac{1}{2} x e^{2x}$.

7. $y = (1 - 2x) e^x$.

8. $\varphi(x) = \dfrac{1}{2} (\cos x + \sin x + e^x)$.

习题 6.5

1. $y = C_1 x + \dfrac{C_2}{x}$.

2. $y = C_1 x + C_2 x \ln |x| + C_3 x^{-2}$.

3. $y = C_1 x + C_2 x^2 + \dfrac{1}{2} (\ln^2 x + \ln x) + \dfrac{1}{4}$.

4. $y = C_1 x^2 + C_2 x^{-2} + \dfrac{1}{5} x^3$.

5. $y = x [C_1 \cos(\sqrt{3} \ln x) + C_2 \sin(\sqrt{3} \ln x)] + \dfrac{1}{2} x \sin(\ln x)$.

6. $y = C_1 x^2 + C_2 x^2 \ln x + x + \dfrac{1}{6} x^2 \ln^3 x$.

习题 6.6

1. 1）7 阶；2）4 阶.

2. 1）$y_x = \dfrac{2}{3} x^3 - x^2 + \dfrac{1}{3} x + C$；2）$y_x = \dfrac{1}{2} x^2 + \dfrac{5}{2} x + C$；3）$y_x = C 2^x - 2x^2 - 4x - 5$；

　　4）$y_x = -4 \left(\dfrac{1}{2} \right)^x + x^2 - 4x + 8$.

3. $P_t = \dfrac{a+c}{b+d} \left(P_0 - \dfrac{a+c}{b+d} \right) \left(-\dfrac{b}{d} \right)^t$.

4. 194. 95 元.

5. $p(x) = -\dfrac{x+1}{x}$，$f(x) = 2^x \cdot \dfrac{x-1}{x}$.

6. 1）$y_x = A_1 (-1)^x + A_2 4^x$；

　　2）$y_x = (A_1 + A_2 x)(-2)^x$；

　　3）$y_x = 2^x \left(A_1 \cos \dfrac{\pi}{3} x + A_2 \sin \dfrac{\pi}{3} x \right)$；

　　4）$y_x = \dfrac{1}{2} (-1)^{x+1} + 8 \left(\dfrac{1}{2} \right)^x + 3x - \dfrac{15}{2} + \dfrac{2}{9} \cdot 2^x$.

7. $a = \dfrac{e - 3e^2}{3}$.

综合测试题（六）

一、

1. A；2. B；3. A；4. D；5. C.

二、

1. $c_1 e^{3x} + c_2 e^{-x} - \dfrac{1}{4} x e^{-x}$；2. $y'' + 2y' + y = 0$；3. $\ln(x+1)$；4. $\pi e^{\frac{\pi}{4}}$；

5. $y = (c_1 + c_2 x) e^{-x} + \dfrac{1}{4}(x-1) e^x$.

三、

1. 答案：$c_1 e^{2x} + c_2 e^x + e^{2x} + (1+x) e^x$.

提示：将 $y = e^{2x} + (1+x) e^x$ 代入原方程，比较同类项系数，求出 α，β，γ 的值，然后再去求解微分方程.

2. 答案：（1）$y'' - y = \sin x$；

（2）$y = e^x - e^{-x} - \dfrac{1}{2} \sin x$.

3. 答案：$y'' - y' - 2y = e^x - 2x e^x$.

提示：　$y_1 - y_3 = e^{-x}$，$y_1 - y_2 = e^{2x}$ 是对应齐次微分方程的特解，从而可得出对应齐次微分方程为 $y'' - y' - 2y = 0$，设非齐次线性微分方程为 $y'' - y' - 2y = f(x)$，再将其中任意个非齐次特解代入，得出 $f(x) = e^x - 2x e^x$.

4. 答案：$f(x) = 3 e^{3x} - 2 e^{2x}$.

5. 答案：$f(x) = \left(1 + 2x + \dfrac{1}{2} x^2\right) e^x$.

提示：作代换 $xu = t$，则 $2x \displaystyle\int_0^1 f(xu)\,\mathrm{d}u = 2 \int_0^x f(t)\,\mathrm{d}t$.

6. 答案：$f(x) = \dfrac{x}{1 + x^3}$.

提示：依题意可得：$\dfrac{\pi}{3}\left[t^2 f(t) - f(1) \right] = \pi \displaystyle\int_1^t f^2(x)\,\mathrm{d}x$，然后两边求导.

四、略.

本书由北京市优秀教学团队
——数学公共基础系列课程教学团队和北京市教学名师项目支持

高 等 数 学

第 2 版

下 册

田立平　鞠红梅　编著

机械工业出版社

本书分上、下两册出版。上册内容包括函数与极限、导数与微分、中值定理与导数应用、不定积分、定积分及其应用、微分方程等。各章都配有难度适当的典型习题和综合测试题，书末附有各章习题和综合测试题参考答案。下册内容包括空间解析几何与向量代数、多元函数微分法及其应用、重积分、曲线积分与曲面积分、无穷级数等内容。各章配有循序渐进、难度适当并且典型的习题和综合测试题，书末附有各章习题和综合测试题参考答案。

本书吸收了国内外教材的优点，在不影响本学科系统性、科学性的前提下，力求通俗简明而又重点突出，难点处理得当而又形象直观。本书可供理工类本科各专业使用，也可供高职、高专的师生参考。

机械工业出版社（北京市百万庄大街 22 号　邮政编码 100037）
策划编辑：牛新国　责任编辑：牛新国　任　鑫
版式设计：霍永明　责任校对：刘怡丹
封面设计：赵颖喆　责任印制：乔　宇
北京机工印刷厂印刷（三河市南杨庄国丰装订厂装订）
2015 年 8 月第 2 版第 2 次印刷
169mm×239mm · 27.75 印张 · 549 千字
2 001—3 200 册
标准书号：ISBN 978-7-111-45512-7
定价：58.00 元（上下册）

第 2 版前言

本书是在 2011 年出版的第 1 版基础上修订而成的。在保留原有特点的基础上，做了如下修订工作：

1）修正了第 1 版书中的一些错误。

2）调整了第 1 版书中的个别习题。

3）在第二章第三节中，增加了高阶导数的莱布尼茨求导公式及公式应用方面的例题和课后习题；基于后续的概率论课程考虑，在第五章的第五节增加了 Γ 函数的第二种表达形式；在第八章的第三节中，增加了由方程组所确定的隐函数的求导方法及例题和课后习题。

4）在每一章的最后，增加了关于本章的综合测试题。综合测试题的题型依据北京物资学院标准化试卷试题模式设定。每套试题包括五道单项选择题，五道填空题，六道计算与应用题和一道证明题。需要说明的是，增加的每套试题都是作者精心编选的，题目典型、重点突出，并包含一定的综合性、技巧性。相信对提高学生的综合、灵活应用知识能力和数学成绩是有很大帮助的，不仅是考研同学不可多得的"美餐"，也可作为教师习题课的素材。每套题不仅都给出了答案，而且大部分题目给出了解答提示。

本书上、下册的修订工作依旧由原书的两位作者完成，其中鞠红梅副教授主要负责上册书的修订工作，田立平教授主要负责下册书的修订工作，全书由田立平教授统一整理统稿。本书由田立平教授的北京市教师队伍建设——教学名师项目支持。

尽管在再版的过程中我们力求做到更加系统化、科学化、合理化，但由于作者水平有限，加之时间比较仓促，书中难免还会有欠妥和错误之处，我们衷心恳请广大读者批评指正，以便能使本书在教学实践中不断地改进和完善。

编著者

第 1 版前言

为全面贯彻落实科学发展观，切实把高等教育重点放在提高教学质量上，教育部、财政部实施了"高等学校本科教学质量与教学改革工程"，北京市教育委员会响应教育部的号召，相应实施了"质量工程计划"，其中教材建设是教学质量工程的重要内容。在这样的背景下，"数学公共基础系列课程教学团队"作为北京市优秀教学团队，编写一套适合一般高等学校理工类各专业的便于教、学的基础数学教材是义不容辞的责任，也是团队成员多年来的心愿。在北京物资学院信息学院的关心以及机械工业出版社的大力支持下，我们组织有多年教学经验的老教师和富有朝气的青年教师，在团队长期集体备课教案以及学校精品课教案的基础上，编写了这部教材。该教材的内容框架是根据教育部数学与统计学教学指导委员会 2007 年制定的理工科类本科数学基础课程教学基本要求以及 2009 年教育部关于硕士研究生入学考试的要求，针对理工类各专业编写的。

《高等数学》内容包括函数与极限、导数与微分、中值定理与导数的应用、不定积分、定积分及其应用、微分方程、空间解析几何与向量代数、多元函数微积分学和无穷级数，分上、下两册出版。

本教材在内容处理上注意到理工类各专业以及一般高等学校生源的特点，在不影响本学科系统性、科学性的前提下，尽量使数学概念、理论与方法易于学生掌握，简化和略去了某些结论的冗繁推导或仅给出直观解释，力求做到通俗简明而又重点突出，条理清晰而又层次分明，难点处理得当而又形象直观；数学文化与数学建模思想在教学内容中不断渗透，编者多年来积累的教学经验和成果适时融入；例题和习题的选取不求多但求精典，与《全国硕士研究生入学统一考试数学考试大纲》相结合，在难度上遵循循序渐进的原则，力求突出习题的应用性与实用性，以培养学生分析问题、解决问题和运用数学知识的能力为宗旨。同时，考虑到学生综合素质的提高以及部分学生转专业的情况，我们在侧重于理工类专业背景的基础上，适当增加了一些数学在经济领域中应用的内容。

本书由田立平教授和鞠红梅副教授担任编著者。在编写过程中得到了北京物资学院各级各部门的领导、老师以及数学教研室所有同仁的关心，特别是得到了数学教研室谢斌老师的大力帮助；同时，也得到机械工业出版社的大力支持，在此一并表示衷心的感谢！本书由北京市优秀教学团队——数学公共基础系列课程教学团队项目(项目编号:PHR200907230)和北京市教师队伍建设——教学名师项目支持。

　　由于编著者水平有限，加之时间比较仓促，本书难免会有欠妥和错误之处，我们衷心恳求专家、学者和读者批评指正，以便能使本书在教学实践中不断改进和完善。

编著者

目　　录

第 2 版前言

第 1 版前言

第七章　空间解析几何与向量代数 ………………………………………………… 1

第一节　向量及其线性运算 ……………………………………………… 1

习题 7.1 ………………………………………………………………… 11

第二节　数量积 向量积 ＊混合积 ……………………………………… 12

习题 7.2 ………………………………………………………………… 19

第三节　曲面及其方程 …………………………………………………… 20

习题 7.3 ………………………………………………………………… 29

第四节　空间曲线及其方程 ……………………………………………… 30

习题 7.4 ………………………………………………………………… 34

第五节　平面及其方程 …………………………………………………… 34

习题 7.5 ………………………………………………………………… 39

第六节　空间直线及其方程 ……………………………………………… 40

习题 7.6 ………………………………………………………………… 45

综合测试题（七） ………………………………………………………… 46

第八章　多元函数微分法及其应用 …………………………………………… 48

第一节　多元函数的基本概念 …………………………………………… 48

习题 8.1 ………………………………………………………………… 52

第二节　偏导数与全微分 ………………………………………………… 52

习题 8.2 ………………………………………………………………… 56

第三节　多元复合函数和隐函数的微分法 ……………………………… 57

习题 8.3 ………………………………………………………………… 61

第四节　多元函数微分法在几何上的应用 ……………………………… 62

习题 8.4 ………………………………………………………………… 69

第五节　方向导数和梯度 ………………………………………………… 70

习题 8.5 ………………………………………………………………… 75

第六节　二元函数的极值 ………………………………………………… 76

习题 8.6 ………………………………………………………………… 79

综合测试题（八） ………………………………………………………… 80

第九章　重积分 ………………………………………………………………… 82

第一节　二重积分 ……………………………………………………… 82

习题 9.1 ………………………………………………………………… 90

第二节　三重积分 ……………………………………………………… 91

习题 9.2 ………………………………………………………………… 100

第三节　重积分的应用 ………………………………………………… 101

习题 9.3 ………………………………………………………………… 109

综合测试题（九） ……………………………………………………… 110

第十章　曲线积分与曲面积分 …………………………………… 112

第一节　对弧长的曲线积分 …………………………………………… 112

习题 10.1 ……………………………………………………………… 117

第二节　对坐标的曲线积分 …………………………………………… 117

习题 10.2 ……………………………………………………………… 125

第三节　格林公式及其应用 …………………………………………… 126

习题 10.3 ……………………………………………………………… 134

第四节　对面积的曲面积分 …………………………………………… 135

习题 10.4 ……………………………………………………………… 138

第五节　对坐标的曲面积分 …………………………………………… 139

习题 10.5 ……………………………………………………………… 146

第六节　高斯公式　通量与散度 ……………………………………… 147

习题 10.6 ……………………………………………………………… 153

第七节　斯托克斯公式 ………………………………………………… 153

习题 10.7 ……………………………………………………………… 157

综合测试题（十） ……………………………………………………… 157

第十一章　无穷级数 ……………………………………………… 160

第一节　级数的概念与性质 …………………………………………… 160

习题 11.1 ……………………………………………………………… 164

第二节　正项级数 ……………………………………………………… 165

习题 11.2 ……………………………………………………………… 169

第三节　任意项级数 …………………………………………………… 169

习题 11.3 ……………………………………………………………… 172

第四节　幂级数 ………………………………………………………… 173

习题 11.4 ……………………………………………………………… 183

第五节　傅里叶级数 …………………………………………………… 184

习题 11.5 ……………………………………………………………… 197

综合测试题（十一） …………………………………………………… 198

习题答案 …………………………………………………………… 200

第七章　空间解析几何与向量代数

　　空间解析几何的产生是数学史上一个划时代的成就. 法国数学家笛卡儿和费马均于 17 世纪上半叶对此做了开创性的工作. 代数学的优越性在于推理方法的程序化，鉴于这种优越性，人们产生了用代数方法研究几何问题的思想，这就是解析几何的基本思想. 要用代数方法研究几何问题，就必须通过坐标系建立数和点之间的关系，从而把数学研究的两个基本对象——数和形结合起来，使得人们既可以用代数的方法来解决几何问题，又可以用几何的方法来解决代数问题.

　　本章先引进向量的概念，根据向量的线性运算建立空间直角坐标系，然后利用坐标讨论向量的运算，并介绍空间解析几何的有关内容.

第一节　向量及其线性运算

一、向量的概念

　　人们在日常生活和生产实践中常遇到两类量，一类如温度、距离、体积、质量等，这种只有大小没有方向的量称为**数量**(标量)；另一类如力、位移、速度等，它们不仅有大小而且有方向，这种既有大小又有方向的量称为**向量**(矢量).

　　在数学上，常用一条有方向的线段，即有向线段来表示向量. 有向线段的长度表示向量的大小，有向线段的方向表示向量的方向. 以 A 为起点、B 为终点的有向线段所表示的向量记作 $\overrightarrow{AB}$(见图 7-1)，有时用 $\boldsymbol{a}$ 表示.

　　向量的大小称为向量的**模**，记作 $|\overrightarrow{AB}|$ 或 $|\boldsymbol{a}|$. 模等于 1 的向量称为**单位向量**. 模等于 0 的向量称为**零向量**，记作 $\boldsymbol{0}$. 零向量的方向可以看做是任意的.

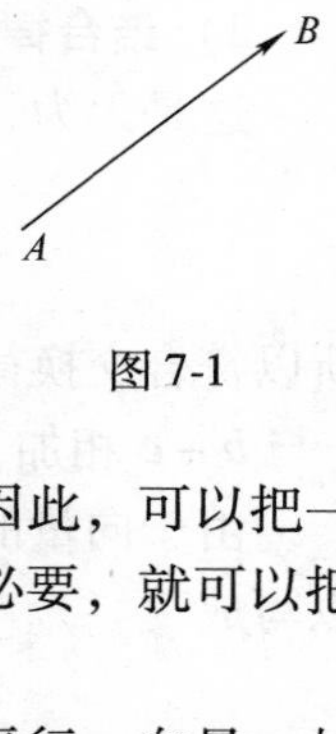

　　两个向量 $\boldsymbol{a}$ 和 $\boldsymbol{b}$ 方向相同且模相等，则称它们为**相等的向量**，记作 $\boldsymbol{a} = \boldsymbol{b}$. 根据这个定义，一个向量和它经过平行移动所得的向量是相等的，这种向量称为**自由向量**. 以后如无特别说明，本书中所讨论的向量都是自由向量. 由于自由向量只考虑其大小和方向，因此，可以把一个向量自由平移，而使它的起点位置为任意点，这样，今后如果有必要，就可以把几个向量移到同一个起点.

　　两个非零向量如果它们的方向相同或者相反，就称这两个向量平行. 向量 $\boldsymbol{a}$ 与 $\boldsymbol{b}$ **平行**，记作 $\boldsymbol{a} /\!/ \boldsymbol{b}$. 由于零向量的方向可以看做是任意的，因此可以认为零向量与

图 7-1

任意向量都平行.

当两个平行向量的起点放在同一点时，它们的终点和公共起点应放在一条直线上. 因此，两向量平行，又称两向量**共线**.

类似地，还有向量共面的概念. 设有 $k(k \geqslant 3)$ 个向量，当把它们的起点放在同一点时，如果 k 个终点和公共起点在一个平面上，就称这 k 个向量**共面**.

二、向量的线性运算

1. 向量的加减法

向量的加法运算规定如下：

设有两个向量 a 和 b，任取一点 A，作 $\overrightarrow{AB} = a$，再以 B 为起点，作 $\overrightarrow{BC} = b$，连接 AC（见图 7-2），则向量 $\overrightarrow{AC} = c$ 称为向量 a 和 b 的和，记作 $a+b$，即

$$c = a + b$$

上述作出两向量之和的方法叫做向量相加的**三角形法则**.

力学上有求合力的平行四边形法则，仿此，也有向量相加的**平行四边形法则**. 这就是当向量 a 与 b 不平行时，作 $\overrightarrow{AB} = a$，$\overrightarrow{AD} = b$，以 AB、AD 为边作一平行四边形 $ABCD$，连接对角线 AC（见图 7-3），显然向量 $\overrightarrow{AC}$ 即等于向量 a 与 b 的和 $a+b$.

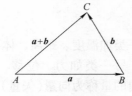

图 7-2

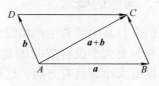

图 7-3

向量的加法符合下列运算规律：

1）**交换律** $a+b = b+a$；

2）**结合律** $(a+b)+c = a+(b+c)$.

这是因为，按向量加法的规定（三角形法则），从图 7-3 可见

$$a+b = \overrightarrow{AB} + \overrightarrow{BC} = \overrightarrow{AC} = c,$$
$$b+a = \overrightarrow{AD} + \overrightarrow{DC} = \overrightarrow{AC} = c,$$

所以符合交换律. 又如图 7-4 所示，先作 $a+b$ 再加上 c，即得和 $(a+b)+c$，如以 a 与 $b+c$ 相加，则得同一结果，所以符合结合律.

由于向量的加法符合交换律与结合律，故 n 个向量 $a_1, a_2, \cdots, a_n (n \geqslant 3)$ 相加可以写成

$$a_1 + a_2 + \cdots + a_n,$$

并按向量相加的三角形法则，可得 n 个向量相加的法则如下：使前一向量的终点作

为后一向量的起点,相继作向量 $a_1, a_2, \cdots, a_n$,再以第一向量的起点为起点,最后一向量的终点为终点作一向量,这个向量即为所求的和. 如图 7-5 所示,有

$$s = a_1 + a_2 + a_3 + a_4 + a_5.$$

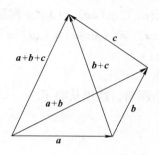

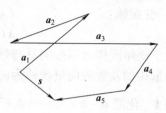

图 7-4   图 7-5

设 a 为一向量,与 a 的模相同而方向相反的向量叫做 a 的**负向量**,记作 $-a$. 由此,规定两个向量 b 与 a 的差,

$$b - a = b + (-a).$$

即把向量 $-a$ 加到向量 b 上,便得 b 与 a 的差. (见图 7-6a)

特别地,当 $b = a$ 时,有

$$a - a = a + (-a) = 0.$$

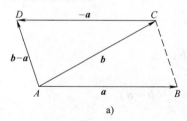

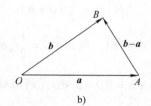

a)   b)

图 7-6

显然,任给向量 $\overrightarrow{AB}$ 及点 O,有

$$\overrightarrow{AB} = \overrightarrow{AO} + \overrightarrow{OB} = \overrightarrow{OB} - \overrightarrow{OA}$$

因此,若把向量 a 与 b 移到同一起点 O,则从 a 的终点 A 向 b 的终点 B 所引向量 $\overrightarrow{AB}$ 便是向量 b 与 a 的差 $b - a$(见图 7-6b).

由三角形两边之和大于第三边的原理,有

$$|a| - |b| \leqslant |a \pm b| \leqslant |a| + |b|,$$

其中,等号在 a 与 b 同向或反向时成立.

2. 数与向量的乘法

实数 λ 与向量 a 的**乘积**记作 λa,规定 λa 是一个向量,它的模 $|\lambda a| = |\lambda| |a|$,它的方向当 $\lambda > 0$ 时与 a 相同,当 $\lambda < 0$ 时与 a 相反.

当 $\lambda=0$ 时，$\lambda a = \mathbf{0}$，这时它的方向可以是任意的.

数与向量的乘积符合下列运算规律：

1）结合律：　　　　　　$\lambda(\mu a)=\mu(\lambda a)=(\lambda\mu)a$；（$\lambda,\mu$ 为任意实数）

这是因为由向量与数的乘积的规定可知，向量 $\lambda(\mu a)$，$\mu(\lambda a)$，$(\lambda\mu)a$ 都是平行的向量，它们的指向也是相同的，而且 $|\lambda(\mu a)|=|\mu(\lambda a)|=|(\lambda\mu)a|=|\lambda\mu||a|$.

2）分配律：　　　　　　$(\lambda+\mu)a=\lambda a+\mu a$；

$$\lambda(a+b)=\lambda a+\lambda b.$$

这个规律同样可以按向量与数的乘积的规定来证明，这里从略了.

向量相加及数乘向量统称为向量的**线性运算**.

例1　化简 $a-b+5\left(-\dfrac{1}{2}b+\dfrac{b-3a}{5}\right)$

解　$a-b+5\left(-\dfrac{1}{2}b+\dfrac{b-3a}{5}\right)=(1-3)a+\left(-1-\dfrac{5}{2}+\dfrac{1}{5}\cdot5\right)b=-2a-\dfrac{5}{2}b$

例2　在平行四边形 $ABCD$ 中，设 $\overrightarrow{AB}=a$，$\overrightarrow{AD}=b$，试用 a 和 b 表示向量 $\overrightarrow{MA}$、$\overrightarrow{MB}$、$\overrightarrow{MC}$、$\overrightarrow{MD}$，这里 M 是平行四边形对角线的交点（见图7-7）.

解　因为平行四边形的对角线相互平分，所以

$$a+b=\overrightarrow{AC}=2\overrightarrow{AM},$$

即　　　　　　$-(a+b)=2\overrightarrow{MA},$

于是　　　　　　$\overrightarrow{MA}=-\dfrac{1}{2}(a+b).$

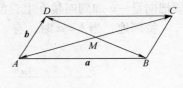

图 7-7

因为 $\overrightarrow{MC}=-\overrightarrow{MA}$，所以 $\overrightarrow{MC}=\dfrac{1}{2}(a+b)$

又因 $-a+b=\overrightarrow{BD}=2\overrightarrow{MD}$，所以 $\overrightarrow{MD}=\dfrac{1}{2}(b-a)$

由于 $\overrightarrow{MB}=-\overrightarrow{MD}$，所以 $\overrightarrow{MB}=\dfrac{1}{2}(a-b)$

设 e_a 表示与非零向量 a 同方向的单位向量，那么按照向量与数的乘积的规定，由于 $|a|>0$，所以 $|a|e_a$ 与 e_a 的方向相同，即 $|a|e_a$ 与 a 的方向相同. 又因 $|a|e_a$ 的模是

$$|a||e_a|=|a|\cdot1=|a|,$$

即 $|a|e_a$ 与 a 的模也相同，因此，

$$a=|a|e_a.$$

我们规定，当 $\lambda\neq0$ 时，$\dfrac{a}{\lambda}=\dfrac{1}{\lambda}a$. 由此，上式又可以写成

$$\dfrac{a}{|a|}=e_a$$

这表示一个非零向量除以它的模的结果是一个与原向量同方向的单位向量.

由于向量 λa 与 a 平行，因此常用向量与数的乘积来说明两个向量的平行关系. 即有：

定理 7.1　设向量 $a \neq 0$，那么向量 b 平行于 a 的充分必要条件是：存在唯一的实数 λ，使 $b = \lambda a$.

证　条件的充分性是显然的，下面证明条件的必要性.

设 $b // a$，取 $|\lambda| = \dfrac{|b|}{|a|}$，当 b 与 a 同向时，λ 取正值，当 b 与 a 反向时，λ 取负值，即有 $b = \lambda a$. 这是因为此时 b 与 λa 是同向，且

$$|\lambda a| = |\lambda| \, |a| = \frac{|b|}{|a|} |a| = |b|.$$

再证数 λ 的唯一性. 设 $b = \lambda a$，又设 $b = \mu a$，两式相减，便得

$$(\lambda - \mu) a = \mathbf{0}, \quad 即 \ |\lambda - \mu| \, |a| = 0$$

因 $|a| \neq 0$，$|\lambda - \mu| = 0$，即 $\lambda = \mu$.

定理 7.1 是建立数轴的理论依据. 给定一个点、一个方向及单位长度，就确定了一条数轴，由于一个单位向量既确定了方向，又确定了单位长度，因此，给定一个点及一个单位向量就确定了一个数轴. 设点 O 及单位向量 i 确定了数轴 Ox（见图 7-8），对于轴上任何一点 P，对应一个向量 $\overrightarrow{OP}$，由于 $\overrightarrow{OP} // i$，根据定理 7.1，必有唯一的实数 x，使 $\overrightarrow{OP} = xi$（实数 x 叫做轴上的有向线段 $\overrightarrow{OP}$ 的值），并知 $\overrightarrow{OP}$ 与实数 x 一一对应，于是

点 $P \leftrightarrow$ 向量 $\overrightarrow{OP} = xi \leftrightarrow$ 实数 x，从而轴上的点 P 与实数 x 有一一对应的关系. 据此，定义实数 x 为轴上点 P 的坐标.

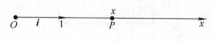

图 7-8

由此可知，轴上点 P 的坐标为 x 的充要条件是 $\overrightarrow{OP} = xi$.

三、空间直角坐标系

在空间取定一点 O 和三个两两垂直的单位向量 i，j，k，就确定了三条都以 O 为原点两两垂直的数轴，依次记为 **x 轴**（横轴）、**y 轴**（纵轴）、**z 轴**（竖轴），统称**坐标轴**. 它们构成一个空间直角坐标系（见图 7-9）. 通常把 x 轴和 y 轴配置在水平面上，而 z 轴则是铅垂线；它们的正向通常符合**右手规则**，即以右手握住 z 轴，大拇指的指向就是 z 轴的正向，如图 7-10 所示.

三条坐标轴中的任意两条可以确定一个平面，这样定出的三个平面统称为坐标面. x 轴和 y 轴所确定的坐标面叫做 xOy 面，另两个由 y 轴及 z 轴和由 z 轴及 x 轴所确定的坐标面，分别叫做 yOz 面和 zOx 面. 三个坐标面把空间分成八个部分，每一部分叫做一个**卦限**. 含有 x 轴、y 轴与 z 轴正半轴的那个卦限叫做**第一卦限**，其

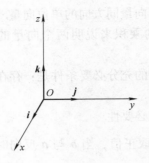

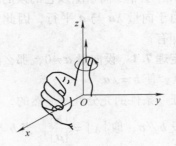

图 7-9 图 7-10

他第二、第三、第四卦限，在 xOy 面的上方，按逆时针方向确定. 第五至第八卦限，在 xOy 面的下方，由第一卦限之下的第五卦限，按逆时针方向确定，这八个卦限分别用字母 Ⅰ、Ⅱ、Ⅲ、Ⅳ、Ⅴ、Ⅵ、Ⅶ、Ⅷ 表示(见图 7-11).

任给向量 r，对应有点 M，使 $\overrightarrow{OM} = r$. 以 OM 为对角线、三条坐标轴为棱作长方体，如图 7-12 所示，有

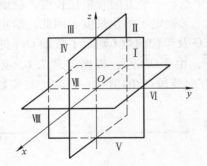

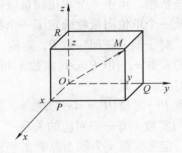

图 7-11 图 7-12

$$r = \overrightarrow{OM} = \overrightarrow{OP} + \overrightarrow{OQ} + \overrightarrow{OR}$$

设

$$\overrightarrow{OP} = xi, \quad \overrightarrow{OQ} = yj, \quad \overrightarrow{OR} = zk,$$

则

$$r = xi + yi + zk$$

上式称为**向量 r 的坐标分解式**，xi，yi，zk 称为向量 r 沿三个坐标轴方向的**分向量**.

显然，给定向量 r，就确定了点 M 及 $\overrightarrow{OP}$，$\overrightarrow{OQ}$，$\overrightarrow{OR}$ 三个分向量，进而确定了 x、y、z 三个有序数；反之，给定三个有序数 x、y、z，也就确定了向量 r 与点 M. 于是，点 M、向量 r 与三个有序实数 x、y、z 之间有一一对应关系

$$M \leftrightarrow r = \overrightarrow{OM} = xi + yi + zk \leftrightarrow (x, y, z),$$

据此，定义：有序数 x、y、z 称为向量 r(在坐标系 $Oxyz$ 中)的坐标，记作 $r = (x, y, z)$；有序数 x、y、z 也称为点 M(在坐标系 $Oxyz$ 中)的坐标，记作 $M(x, y, z)$.

向量 $r = \overrightarrow{OM}$ 称为点 M 关于原点 O 的**向径**. 上述定义表明，一个点与该点的向

径有相同的坐标. 记号 (x,y,z) 既表示点 M，又表示向量 $\overrightarrow{OM}$.

坐标面上和坐标轴上的点，其坐标各有一定的特征. 例如：如果点 M 在 yOz 面上，则 $x=0$；同样，在 zOx 面上的点，$y=0$；在 xOy 面上的点，$z=0$. 如果点 M 在 x 轴上，则 $y=z=0$；同样，在 y 轴上的点，有 $z=x=0$；在 z 轴上的点，有 $x=y=0$. 如点 M 为原点，则 $x=y=z=0$.

四、利用坐标作向量的线性运算

利用向量的坐标，可得向量的加法、减法以及向量与数的乘法的运算如下：

设
$$a=(x_1,y_1,z_1)，\quad b=(x_2,y_2,z_2)，$$

即
$$a=x_1i+y_1j+z_1k，\quad b=x_2i+y_2j+z_2k.$$

利用向量加法的交换律与结合律，以及向量与数乘法的结合律与分配律，有
$$a+b=(x_1+x_2)i+(y_1+y_2)j+(z_1+z_2)k,$$
$$a-b=(x_1-x_2)i+(y_1-y_2)j+(z_1-z_2)k,$$
$$\lambda a=(\lambda x_1)i+(\lambda y_1)j+(\lambda z_1)k（\lambda \text{ 为实数})，$$

即
$$a+b=(x_1+x_2,y_1+y_2,z_1+z_2),$$
$$a-b=(x_1-x_2,y_1-y_2,z_1-z_2),$$
$$\lambda a=(\lambda x_1,\lambda y_1,\lambda z_1).$$

由此可见，对向量进行加、减及与数相乘，只需对向量的各个坐标分别进行相应的数量运算.

定理 7.1 指出，当向量 $a\neq 0$ 时，向量 $b/\!/a$ 相当于 $b=\lambda a$，坐标表示式为
$$(x_2,y_2,z_2)=\lambda(x_1,y_1,z_1).$$

这也就相当于向量 b 与 a 对应的坐标成比例：
$$\frac{x_1}{x_2}=\frac{y_1}{y_2}=\frac{z_1}{z_2}$$

约定当分母为零时，分子也是零.

例 3 求解以向量为未知元的线性方程组
$$\begin{cases}5x-3y=a\\3x-2y=b\end{cases}，$$
式中，$a=(2,1,2)；b=(-1,1,-2)$.

解 如同解以实数为未知元的线性方程组一样，可解得
$$x=2a-3b=(7,-1,10),$$
$$y=\frac{1}{2}(3x-b)=(11,-2,16).$$

例 4 已知两点 $A(x_1,y_1,z_1)$ 和 $B(x_2,y_2,z_2)$ 以及实数 $\lambda \neq -1$，在直线 AB 上求点 M，使 $\overrightarrow{AM}=\lambda \overrightarrow{MB}$.

解　如图 7-13 所示，由于

$$\overrightarrow{AM} = \overrightarrow{OM} - \overrightarrow{OA}, \quad \overrightarrow{MB} = \overrightarrow{OB} - \overrightarrow{OM},$$

因此　　　　　　　$\overrightarrow{OM} - \overrightarrow{OA} = \lambda(\overrightarrow{OB} - \overrightarrow{OM})$,

从而　　　　　　　$\overrightarrow{OM} = \dfrac{1}{1+\lambda}(\overrightarrow{OA} + \lambda\overrightarrow{OB})$.

以 $\overrightarrow{OA}$、$\overrightarrow{OB}$ 的坐标（即点 A、点 B 的坐标）代入，即得

$$\overrightarrow{OM} = \left(\frac{x_1 + \lambda x_2}{1+\lambda}, \ \frac{y_1 + \lambda y_2}{1+\lambda}, \ \frac{z_1 + \lambda z_2}{1+\lambda}\right).$$

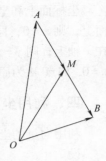

图 7-13

这就是点 M 的坐标.

本例中的点 M 叫做有向线段 $\overrightarrow{AB}$ 的 λ 分点. 特别地，当 $\lambda = 1$ 时，得线段 AB 的中点为

$$M\left(\frac{x_1 + x_2}{2}, \ \frac{y_1 + y_2}{2}, \ \frac{z_1 + z_2}{2}\right).$$

通过本例，应该注意以下两点：1）由于点 M 与向量 $\overrightarrow{OM}$ 有相同的坐标，因此，求点 M 的坐标，就是求 $\overrightarrow{OM}$ 的坐标. 2）记号 (x, y, z) 既可表示点 M，又可表示向量 $\overrightarrow{OM}$，在几何中点与向量是两个不同的概念，不可混淆. 因此，在看到记号 (x, y, z) 时，须从上下文去认清它究竟表示点还是表示向量. 当 (x, y, z) 表示向量时，可对它进行运算；当 (x, y, z) 表示点时，就不能进行运算.

五、向量的模、方向角与投影

1. 向量的模与两点间的距离公式

设向量 $\boldsymbol{r} = (x, y, z)$，作 $\overrightarrow{OM} = \boldsymbol{r}$，如图 7-12 所示，有

$$\boldsymbol{r} = \overrightarrow{OM} = \overrightarrow{OP} + \overrightarrow{OQ} + \overrightarrow{OR},$$

按勾股定理可得，

$$|\boldsymbol{r}| = |\overrightarrow{OM}| = \sqrt{|\overrightarrow{OP}|^2 + |\overrightarrow{OQ}|^2 + |\overrightarrow{OR}|^2}.$$

由　　　　　　　$\overrightarrow{OP} = x\boldsymbol{i}, \quad \overrightarrow{OQ} = y\boldsymbol{j}, \quad \overrightarrow{OR} = z\boldsymbol{k},$

$$|OP| = x, \quad |OQ| = y, \quad |OR| = z,$$

于是得向量模的坐标表达式

$$|\boldsymbol{r}| = \sqrt{x^2 + y^2 + z^2}.$$

设有点 $A(x_1, y_1, z_1)$ 和点 $B(x_2, y_2, z_2)$，则点 A 和点 B 间的距离 $|AB|$ 就是向量 $\overrightarrow{AB}$ 的模. 由

$$\overrightarrow{AB} = \overrightarrow{OB} - \overrightarrow{OA} = (x_2 - x_1, y_2 - y_1, z_2 - z_1),$$

即得两点间的距离

$$|AB| = |\overrightarrow{AB}| = \sqrt{(x_2 - x_1)^2 + (y_2 - y_1)^2 + (z_2 - z_1)^2}.$$

例 5　求证以 $M_1(4,3,1)$，$M_2(7,1,2)$，$M_3(5,2,3)$ 三点为顶点的三角形是一个等腰三角形.

解　因为

$$|M_1M_2|^2 = (7-4)^2 + (1-3)^2 + (2-1)^2 = 14,$$

$$|M_2M_3|^2 = (5-7)^2 + (2-1)^2 + (3-2)^2 = 6,$$

$$|M_3M_1|^2 = (4-5)^2 + (3-2)^2 + (1-3)^2 = 6.$$

所以 $|M_2M_3| = |M_1M_3|$，即 $\triangle M_1M_2M_3$ 为等腰三角形.

例 6　在 z 轴上求与两点 $A(-4,1,7)$ 和 $B(3,5,-2)$ 等距离的点.

解　因为所求的点在 z 轴上，所以设该点为 $M(0,0,z)$，依题意有

$$|MA| = |MB|,$$

即

$$\sqrt{(0+4)^2 + (0-1)^2 + (z-7)^2} = \sqrt{(3-0)^2 + (5-0)^2 + (-2-z)^2}$$

两边去根号，解得

$$z = \frac{14}{9},$$

所以，所求的点为 $M\left(0, 0, \dfrac{14}{9}\right)$.

例 7　已知两点 $A(4,0,5)$ 和 $B(7,1,3)$，求与 $\overrightarrow{AB}$ 方向相同的单位向量 $\overrightarrow{AB^0}$.

解　因为

$$\overrightarrow{AB} = \overrightarrow{OB} - \overrightarrow{OA} = (7,1,3) - (4,0,5) = (3,1,-2),$$

所以

$$|\overrightarrow{AB}| = \sqrt{3^2 + 1^2 + (-2)^2} = \sqrt{14}$$

于是

$$\overrightarrow{AB^0} = \frac{\overrightarrow{AB}}{|\overrightarrow{AB}|} = \frac{1}{\sqrt{14}}(3,1,-2).$$

2. 方向角与方向余弦

先引进两向量的夹角的概念.

设有两个非零向量 a，b，任取空间一点 O，作 $\overrightarrow{OA} = a$，$\overrightarrow{OB} = b$，规定不超过 π 的 $\angle AOB$（设 $\varphi = \angle AOB, 0 \leqslant \varphi \leqslant \pi$）称为向量 a 与 b 的夹角（见图 7-14），记作 $(\widehat{a,b}) = \varphi$ 或 $(\widehat{b,a}) = \varphi$. 如果向量 a 与 b 中有一个是零向量，规定它们的夹角可以在 0 与 π 之间任意取值.

类似地，可以规定向量与一轴的夹角或空间两轴的夹角，不再赘述.

非零向量 r 与三条坐标轴的夹角 α、β、γ 称为向量 r 的**方向角**. 从图 7-15 可见，设 $r = (x,y,z) \neq 0$，由于 x 是有向线段 $\overrightarrow{OP}$ 的值，$MP \perp OP$，故

$$\cos\alpha = \frac{x}{|r|} = \frac{x}{\sqrt{x^2 + y^2 + z^2}},$$

类似可知

$$\cos\beta = \frac{y}{|r|} = \frac{y}{\sqrt{x^2 + y^2 + z^2}},$$

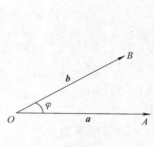

图 7-14　　　　　　　　　　　　　　　　　　图 7-15

$$\cos\gamma = \frac{z}{|\boldsymbol{r}|} = \frac{z}{\sqrt{x^2+y^2+z^2}},$$

从而
$$(\cos\alpha,\cos\beta,\cos\gamma) = \left(\frac{x}{|\boldsymbol{r}|},\ \frac{y}{|\boldsymbol{r}|},\ \frac{z}{|\boldsymbol{r}|}\right)$$
$$= \frac{1}{|\boldsymbol{r}|}(x,y,z) = \frac{\boldsymbol{r}}{|\boldsymbol{r}|} = \boldsymbol{e}_r.$$

$\cos\alpha$，$\cos\beta$，$\cos\gamma$ 称为向量 $\boldsymbol{r}$ 的**方向余弦**. 上式表明，以向量 $\boldsymbol{r}$ 的方向余弦为坐标的向量就是与同 $\boldsymbol{r}$ 方向的单位向量 $\boldsymbol{e}_r$，并由此得

$$\cos^2\alpha + \cos^2\beta + \cos^2\gamma = 1.$$

例8　设两点 $M_1(2,2,\sqrt{2})$，$M_2(1,3,0)$，求 $\overrightarrow{M_1M_2}$ 的模、方向余弦和方向角.

解
$$\overrightarrow{M_1M_2} = (-1,1,-\sqrt{2});$$
$$|\overrightarrow{M_1M_2}| = \sqrt{(-1)^2+1^2+(-\sqrt{2})^2} = 2;$$
$$\cos\alpha = -\frac{1}{2},\ \cos\beta = \frac{1}{2},\ \cos\gamma = -\frac{\sqrt{2}}{2};$$
$$\alpha = \frac{2\pi}{3},\ \beta = \frac{\pi}{3},\ \gamma = \frac{3\pi}{4}.$$

例9　设 $|\boldsymbol{a}| = 8$，且 $\boldsymbol{a}$ 与 x 轴和 y 轴的夹角均为 $\dfrac{\pi}{3}$，求向量 $\boldsymbol{a}$ 的坐标表达式.

解　设 $\boldsymbol{a} = \{a_x,a_y,a_z\}$，

则
$$a_x = |\boldsymbol{a}|\cos\alpha = |\boldsymbol{a}|\cos\frac{\pi}{3} = 4;$$
$$a_y = |\boldsymbol{a}|\cos\beta = |\boldsymbol{a}|\cos\frac{\pi}{3} = 4;$$
$$a_z = |\boldsymbol{a}|\cos\gamma.$$

因为
$$\cos^2\alpha + \cos^2\beta + \cos^2\gamma = 1,$$

故
$$\cos^2\gamma = \frac{1}{2}, \quad \cos\gamma = \pm\frac{\sqrt{2}}{2},$$

则
$$a_z = \pm 4\sqrt{2},$$

所以
$$\boldsymbol{a} = \{4, 4, \pm 4\sqrt{2}\}.$$

3. 向量在轴上的投影

如果撇开 y 轴和 z 轴，单独考虑 x 轴与向量 $\boldsymbol{r} = \overrightarrow{OM}$ 的关系，那么从图 7-15 可见，过点 M 作与 x 轴垂直的平面，此平面与 x 轴的交点即是点 P. 作出点 P，即得向量 $\boldsymbol{r}$ 在 x 轴上的分向量 $\overrightarrow{OP}$，进而由 $\overrightarrow{OP} = x\boldsymbol{i}$，便得向量在 x 轴上的坐标 x，且 $x = |\boldsymbol{r}|\cos\alpha$.

一般地，设点 O 及单位向量 $\boldsymbol{e}$ 确定 u 轴（见图 7-16）. 任给向量 $\boldsymbol{r}$，作 $\overrightarrow{OM} = \boldsymbol{r}$，再过点 M 作与 u 轴垂直的平面交 u 轴于点 M'（点 M' 叫做点 M 在 u 轴上的投影），则向量 $\overrightarrow{OM'}$ 称为向量 $\boldsymbol{r}$ 在轴 u 上的分向量. 设 $\overrightarrow{OM'} = \lambda\boldsymbol{e}$，则数 λ 称为向量 $\boldsymbol{r}$ 在 u 轴上的投影，记作 $\mathrm{Prj}_u\boldsymbol{r}$.

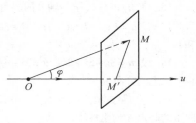

图 7-16

按此定义，向量 $\boldsymbol{a}$ 在直角坐标系 $Oxyz$ 中的坐标 a_x、a_y、a_z 就是 $\boldsymbol{a}$ 在三条坐标轴上的投影，即

$$a_x = \mathrm{Prj}_x\boldsymbol{a}, \quad a_y = \mathrm{Prj}_y\boldsymbol{a}, \quad a_z = \mathrm{Prj}_z\boldsymbol{a}.$$

由此可知，向量的投影具有如下与坐标相同的性质：

性质 1 $\mathrm{Prj}_u\overrightarrow{AB} = |\overrightarrow{AB}|\cos\angle(\widehat{\overrightarrow{AB}, u})$

性质 2 $\mathrm{Prj}_u(\boldsymbol{a}_1 + \boldsymbol{a}_2) = \mathrm{Prj}_u\boldsymbol{a}_1 + \mathrm{Prj}_u\boldsymbol{a}_2$

性质 3 $\mathrm{Prj}_b(\lambda\boldsymbol{a}) = \lambda\mathrm{Prj}_b\boldsymbol{a}$

习题 7.1

1. 设 $\boldsymbol{u} = 3\boldsymbol{a} + 5\boldsymbol{b} - \boldsymbol{c}$，$\boldsymbol{v} = 4\boldsymbol{a} - \boldsymbol{b} - 3\boldsymbol{c}$，$\boldsymbol{\omega} = 2\boldsymbol{a} - \boldsymbol{c}$，试用 $\boldsymbol{a}$、$\boldsymbol{b}$、$\boldsymbol{c}$ 表示向量 $2\boldsymbol{u} - \boldsymbol{v} + 3\boldsymbol{\omega}$.

2. 证明：对角线互相平分的四边形必是平行四边形.

3. 已知菱形 $ABCD$ 的对角线 $\overrightarrow{AC} = \boldsymbol{a}$，$\overrightarrow{BD} = \boldsymbol{b}$，试用向量 $\boldsymbol{a}$ 和 $\boldsymbol{b}$ 表示 $\overrightarrow{AB}$，$\overrightarrow{BC}$，$\overrightarrow{CD}$，$\overrightarrow{DA}$.

4. 把 $\triangle ABC$ 的 BC 边五等分，设分点依次为 D_1、D_2、D_3、D_4，再把各分点与点 A 连接，试以 $\overrightarrow{AB} = \boldsymbol{c}$，$\overrightarrow{BC} = \boldsymbol{a}$ 表示向量 $\overrightarrow{D_1A}$，$\overrightarrow{D_2A}$，$\overrightarrow{D_3A}$，$\overrightarrow{D_4A}$.

5. 在空间直角坐标系中，指出下列各点在哪个卦限？
$$A(3, -2, 5); B(1, 4, -4); C(2, -1, -3); D(-2, -5, 7).$$

6. 在坐标面上和坐标轴上的点的坐标各有什么特征？并指出下列各点的位置：
$$A(3, 2, 0); B(0, 2, 1); C(2, 0, 0); D(0, -2, 0).$$

7. 求点 (a, b, c) 关于 1）各坐标面；2）各坐标轴；3）坐标原点的对称点的坐标.

8. 自点 $P_0(x_0, y_0, z_0)$ 分别作各坐标面和各坐标轴的垂线，求出各垂足的坐标.

9. 过点 $P_0(x_0,y_0,z_0)$ 分别作平行于 z 轴的直线和平行于 xOy 面的平面，问在它们上面的点的坐标各有什么特点？

10. 一边长为 a 的立方体放置在 xOy 面上，其底面的中心在坐标原点，底面的顶点在 x 轴和 y 轴上，求各顶点的坐标.

11. 求点 $M(4,-3,5)$ 到各坐标轴的距离.

12. 在 yOz 面上，求与三点 $A(3,1,2)$、$B(4,-2,-2)$ 和 $C(0,5,1)$ 等距离的点.

13. 试证明以三点 $A(4,1,9)$、$B(10,-1,6)$、$C(2,4,3)$ 为顶点的三角形是等腰直角三角形.

14. 已知两点 $P(2,0,3)$ 和 $Q(1,\sqrt{2},4)$，计算向量 $\overrightarrow{PQ}$ 的模、方向余弦和方向角.

15. 设向量的方向余弦分别满足 1）$\cos\alpha=0$；2）$\cos\beta=1$；3）$\cos\alpha=\cos\beta=0$. 问这些向量与坐标轴或坐标面的关系如何？

16. 已知 $|r|=4$，r 与轴 u 的夹角是 $60°$，求 $\mathrm{Prj}_u r$.

17. 设 $a=i+j+k$，$b=2i-3j+5k$，求出向量的模，并分别用单位向量 a^0 和 b^0 表达向量 a 和 b.

18. 设 $m=3i+5j+8k$，$n=2i-4j-7k$，$p=5i+j-4k$，求 $a=4m+3n-p$ 在 x 轴上的投影及在 y 轴上的分向量.

19. 一向量的终点在点 $B(2,-1,7)$，它在 x 轴、y 轴和 z 轴上的投影依次为 4，-4 和 7，该向量的起点 A 的坐标.

20. 求与向量 $a=\{16,-15,12\}$ 平行，方向相反，且长度为 75 的向量 b.

第二节　数量积 向量积 *混合积

一、两向量的数量积

设一物体在恒力 F 作用下沿直线从点 M_1 移动到点 M_2，以 s 表示位移 $\overrightarrow{M_1M_2}$. 由物理学知道，力 F 所做的功为

$$W=|F||s|\cos\theta,$$

式中，θ 为 F 与 s 的夹角（见图 7-17）.

从这个问题看出，有时要对两个向量 a 与 b 作这样的运算，运算的结果是一个数，它等于 $|a|$、$|b|$ 及它们的夹角 θ 的余弦的乘积. 我们把它叫做向量 a 与 b 的**数量积**，记作 $a\cdot b$（见图 7-18），即

$$a\cdot b=|a|\cdot|b|\cdot\cos(\widehat{a,b}).$$

根据这个定义，上述问题中所做的功 W 是力 F 与位移 s 的数量积，即

$$W=F\cdot s.$$

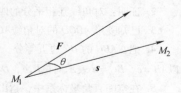

图 7-17

由于 $|\boldsymbol{b}|\cos\theta = |\boldsymbol{b}|\cos(\widehat{\boldsymbol{a},\boldsymbol{b}})$，当 $\boldsymbol{a}\neq\boldsymbol{0}$ 时是向量 $\boldsymbol{b}$ 在向量 $\boldsymbol{a}$ 的方向上的投影，用 $\mathrm{Prj}_a\boldsymbol{b}$ 来表示这个投影，便有

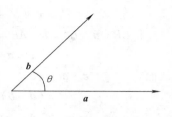

$$\boldsymbol{a}\cdot\boldsymbol{b} = |\boldsymbol{a}|\cdot\mathrm{Prj}_a\boldsymbol{b},$$

同理，当 $\boldsymbol{b}\neq\boldsymbol{0}$ 时有

$$\boldsymbol{a}\cdot\boldsymbol{b} = |\boldsymbol{b}|\cdot\mathrm{Prj}_b\boldsymbol{a}.$$

图 7-18

这就是说，两向量的数量积等于其中一个向量的模和另一个向量在这个向量的方向上的投影的乘积.

由数量积的定义可以推得：

1）$\boldsymbol{a}\cdot\boldsymbol{a} = |\boldsymbol{a}|^2$ 或 $|\boldsymbol{a}| = \sqrt{\boldsymbol{a}\cdot\boldsymbol{a}}$.

2）$\cos(\widehat{\boldsymbol{a},\boldsymbol{b}}) = \dfrac{\boldsymbol{a}\cdot\boldsymbol{b}}{|\boldsymbol{a}|\cdot|\boldsymbol{b}|}$，$(\boldsymbol{a}\neq\boldsymbol{0},\boldsymbol{b}\neq\boldsymbol{0})$ 或 $(\widehat{\boldsymbol{a},\boldsymbol{b}}) = \arccos\dfrac{\boldsymbol{a}\cdot\boldsymbol{b}}{|\boldsymbol{a}|\cdot|\boldsymbol{b}|}$.

3）对于两个非零向量 $\boldsymbol{a}\cdot\boldsymbol{b}$，如果 $\boldsymbol{a}\cdot\boldsymbol{b}=0$，那么 $\boldsymbol{a}\perp\boldsymbol{b}$；反之，如果 $\boldsymbol{a}\perp\boldsymbol{b}$，那么 $\boldsymbol{a}\cdot\boldsymbol{b}=0$.

数量积符合下列运算规律：

1）**交换律**：$\boldsymbol{a}\cdot\boldsymbol{b}=\boldsymbol{b}\cdot\boldsymbol{a}$；

证　根据定义有

$$\boldsymbol{a}\cdot\boldsymbol{b} = |\boldsymbol{a}|\cdot|\boldsymbol{b}|\cdot\cos(\widehat{\boldsymbol{a},\boldsymbol{b}}),\ \boldsymbol{b}\cdot\boldsymbol{a} = |\boldsymbol{b}|\cdot|\boldsymbol{a}|\cdot\cos(\widehat{\boldsymbol{b},\boldsymbol{a}}),$$

而　　$|\boldsymbol{a}||\boldsymbol{b}| = |\boldsymbol{b}||\boldsymbol{a}|$，且 $\cos(\widehat{\boldsymbol{a},\boldsymbol{b}}) = \cos(\widehat{\boldsymbol{b},\boldsymbol{a}})$，

所以　　　　　　　　　　$\boldsymbol{a}\cdot\boldsymbol{b}=\boldsymbol{b}\cdot\boldsymbol{a}.$

2）**分配律**：$(\boldsymbol{a}+\boldsymbol{b})\cdot\boldsymbol{c}=\boldsymbol{a}\cdot\boldsymbol{c}+\boldsymbol{b}\cdot\boldsymbol{c}$；

证　当 $\boldsymbol{c}=\boldsymbol{0}$，上式显然成立；当 $\boldsymbol{c}\neq\boldsymbol{0}$，有

$$(\boldsymbol{a}+\boldsymbol{b})\cdot\boldsymbol{c} = |\boldsymbol{c}|\cdot\mathrm{Prj}_c(\boldsymbol{a}+\boldsymbol{b}),$$

由投影的性质，可知

$$\begin{aligned}|\boldsymbol{c}|\cdot\mathrm{Prj}_c(\boldsymbol{a}+\boldsymbol{b}) &= |\boldsymbol{c}|\cdot(\mathrm{Prj}_c\boldsymbol{a}+\mathrm{Prj}_c\boldsymbol{b})\\ &= |\boldsymbol{c}|\mathrm{Prj}_c\boldsymbol{a}+|\boldsymbol{c}|\mathrm{Prj}_c\boldsymbol{b}\\ &= \boldsymbol{a}\cdot\boldsymbol{c}+\boldsymbol{b}\cdot\boldsymbol{c}\end{aligned}$$

3）$(\lambda\boldsymbol{a})\cdot\boldsymbol{b}=\lambda(\boldsymbol{a}\cdot\boldsymbol{b})$.（$\lambda$ 为数）

证　当 $\boldsymbol{b}=\boldsymbol{0}$ 时，上式显然成立；当 $\boldsymbol{b}\neq\boldsymbol{0}$ 时，按投影性质，可得

$$(\lambda\boldsymbol{a})\cdot\boldsymbol{b} = |\boldsymbol{b}|\cdot\mathrm{Prj}_b(\lambda\boldsymbol{a}) = |\boldsymbol{b}|\lambda\mathrm{Prj}_b\boldsymbol{a} = \lambda|\boldsymbol{b}|\mathrm{Prj}_b\boldsymbol{a} = \lambda(\boldsymbol{a}\cdot\boldsymbol{b}).$$

由上述结合律，利用交换律，容易推得

$$\boldsymbol{a}\cdot(\lambda\boldsymbol{b}) = \lambda(\boldsymbol{a}\cdot\boldsymbol{b}),\ (\lambda\boldsymbol{a})\cdot(\mu\boldsymbol{b}) = \lambda\mu(\boldsymbol{a}\cdot\boldsymbol{b}).$$

例1　试用向量证明三角形的余弦定理.

证　设在 $\triangle ABC$ 中，$\angle BCA = \theta$（见图 7-19），$|BC| = a$，$|CA| = b$，$|AB| = c$，要证

$$c^2 = a^2 + b^2 - 2ab\cos\theta.$$

记 $\overrightarrow{CB} = \boldsymbol{a}$，$\overrightarrow{CA} = \boldsymbol{b}$，$\overrightarrow{AB} = \boldsymbol{c}$，则有

$$\boldsymbol{c} = \boldsymbol{a} - \boldsymbol{b}\,,$$

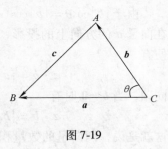

图 7-19

从而
$$\begin{aligned}
\boldsymbol{c} \cdot \boldsymbol{c} &= |\boldsymbol{c}|^2 \\
&= (\boldsymbol{a} - \boldsymbol{b}) \cdot (\boldsymbol{a} - \boldsymbol{b}) \\
&= |\boldsymbol{a}|^2 - \boldsymbol{a} \cdot \boldsymbol{b} - \boldsymbol{b} \cdot \boldsymbol{a} + |\boldsymbol{b}|^2 \\
&= |\boldsymbol{a}|^2 - 2|\boldsymbol{a}||\boldsymbol{b}|\cos\theta + |\boldsymbol{b}|^2
\end{aligned}$$

由于 $|\boldsymbol{a}| = a$，$|\boldsymbol{b}| = b$，$|\boldsymbol{c}| = c$，即得

$$c^2 = a^2 + b^2 - 2ab\cos\theta.$$

下面来推导数量积的坐标表达式.

设 $\boldsymbol{a} = a_x \boldsymbol{i} + a_y \boldsymbol{j} + a_z \boldsymbol{k}$，$b = b_x \boldsymbol{i} + b_y \boldsymbol{j} + b_z \boldsymbol{k}$．按数量积的运算规律可得

$$\begin{aligned}
\boldsymbol{a} \cdot \boldsymbol{b} &= (a_x \boldsymbol{i} + a_y \boldsymbol{j} + a_z \boldsymbol{k}) \cdot (b_x \boldsymbol{i} + b_y \boldsymbol{j} + b_z \boldsymbol{k}) \\
&= a_x \boldsymbol{i} \cdot (b_x \boldsymbol{i} + b_y \boldsymbol{j} + b_z \boldsymbol{k}) + a_y \boldsymbol{j} \cdot (b_x \boldsymbol{i} + b_y \boldsymbol{j} + b_z \boldsymbol{k}) + a_z \boldsymbol{k} \cdot (b_x \boldsymbol{i} + b_y \boldsymbol{j} + b_z \boldsymbol{k}) \\
&= a_x b_x \boldsymbol{i} \cdot \boldsymbol{i} + a_x b_y \boldsymbol{i} \cdot \boldsymbol{j} + a_x b_z \boldsymbol{i} \cdot \boldsymbol{k} + a_y b_x \boldsymbol{j} \cdot \boldsymbol{i} + a_y b_y \boldsymbol{j} \cdot \boldsymbol{j} + a_y b_z \boldsymbol{j} \cdot \boldsymbol{k} + \\
&\quad a_z b_x \boldsymbol{k} \cdot \boldsymbol{i} + a_z b_y \boldsymbol{k} \cdot \boldsymbol{j} + a_z b_z \boldsymbol{k} \cdot \boldsymbol{k}.
\end{aligned}$$

由于 $\boldsymbol{i}$、$\boldsymbol{j}$、$\boldsymbol{k}$ 相互垂直，所以 $\boldsymbol{i} \cdot \boldsymbol{j} = \boldsymbol{j} \cdot \boldsymbol{k} = \boldsymbol{k} \cdot \boldsymbol{i} = 0$，$\boldsymbol{j} \cdot \boldsymbol{i} = \boldsymbol{k} \cdot \boldsymbol{j} = \boldsymbol{i} \cdot \boldsymbol{k} = 0$．又由于 $\boldsymbol{i}$、$\boldsymbol{j}$、$\boldsymbol{k}$ 的模均为 1，所以 $\boldsymbol{i} \cdot \boldsymbol{i} = \boldsymbol{j} \cdot \boldsymbol{j} = \boldsymbol{k} \cdot \boldsymbol{k} = 1$．因而得

$$\boldsymbol{a} \cdot \boldsymbol{b} = a_x b_x + a_y b_y + a_z b_z\,,$$

这就是两个向量的数量积的坐标表达式.

由于 $\boldsymbol{a} \cdot \boldsymbol{b} = |\boldsymbol{a}||\boldsymbol{b}|\cos\theta$，所以当 $\boldsymbol{a}$ 和 $\boldsymbol{b}$ 都不是零向量时，有

$$\cos\theta = \frac{\boldsymbol{a} \cdot \boldsymbol{b}}{|\boldsymbol{a}||\boldsymbol{b}|}.$$

以数量积的坐标表达式及向量的模的坐标表达式代入上式，就得

$$\cos\theta = \frac{a_x b_x + a_y b_y + a_z b_z}{\sqrt{{a_x}^2 + {a_y}^2 + {a_z}^2} \cdot \sqrt{{b_x}^2 + {b_y}^2 + {b_z}^2}},$$

这就是两向量夹角余弦的坐标表达式.

例 2　设 $\boldsymbol{a} = \boldsymbol{i} + \boldsymbol{j} - 4\boldsymbol{k}$，$\boldsymbol{b} = \boldsymbol{i} - 2\boldsymbol{j} + 2\boldsymbol{k}$．求 1) $(3\boldsymbol{a}) \cdot (4\boldsymbol{b})$；2) $(\widehat{\boldsymbol{a}, \boldsymbol{b}})$；3) $\mathrm{Prj}_b \boldsymbol{a}$．

解　1) $(3\boldsymbol{a}) \cdot (4\boldsymbol{b}) = 12(\boldsymbol{a} \cdot \boldsymbol{b}) = 12[1 \times 1 + 1 \times (-2) + (-4) \times 2] = -108.$

2) $\cos(\widehat{\boldsymbol{a}, \boldsymbol{b}}) = \dfrac{\boldsymbol{a} \cdot \boldsymbol{b}}{|\boldsymbol{a}| \cdot |\boldsymbol{b}|} = \dfrac{-9}{\sqrt{18} \times 3} = -\dfrac{\sqrt{2}}{2}$，

所以
$$(\widehat{\boldsymbol{a}, \boldsymbol{b}}) = \frac{3\pi}{4}.$$

3) $\mathrm{Prj}_b \boldsymbol{a} = \dfrac{\boldsymbol{a} \cdot \boldsymbol{b}}{|\boldsymbol{b}|} = \dfrac{-9}{3} = -3.$

二、两向量的向量积

在研究物体转动问题时，不但要考虑这物体所受的力，还要分析这些力所产生的力矩．下面就举一个简单的例子来说明表达力矩的方法．

设 O 为一根杠杆 L 的支点．有一个力 F 作用于这杠杆上 P 点处．F 与 $\overrightarrow{OP}$ 的夹角为 θ（见图7-20）．由力学规定，力 F 对支点 O 的力矩是一向量 M，它的模

$$|M| = |OQ||F| = |\overrightarrow{OP}||F|\sin\theta,$$

而 M 的方向垂直于 $\overrightarrow{OP}$ 与 F 所决定的平面，M 的指向是按右手规则从 $\overrightarrow{OP}$ 以不超过 π 的角转向来 F 确定的，即当右手的四个手指从 $\overrightarrow{OP}$ 以不超过 π 的角转向 F 握拳时，大拇指的指向就是 M 的指向（见图7-21）．

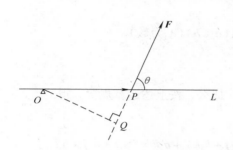

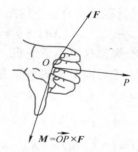

图7-20　　　　　　　　　　　　　图7-21

这种由两个已知向量按上面的规则来确定另一个向量的情况，在其他力学和物理问题中也会遇到．于是从中抽象出两个向量的向量积概念．

设向量 c 由两个向量 a 与 b 按下列方式定出：

c 的模 $|c| = |a||b|\sin\theta$，其中，θ 为 a 与 b 间的夹角；

c 的方向垂直于 a 与 b 所决定的平面（即 c 既垂直于 a，又垂直于 b），c 的指向按右手规则从 a 转向 b 来确定（见图7-22）．

那么，向量 c 叫做向量 a 与 b 的**向量积**，记作 $a \times b$，即 $c = a \times b$.

按此定义，上面的力矩 M 等于 $\overrightarrow{OP}$ 与 F 的向量积，即

$$M = \overrightarrow{OP} \times F.$$

由向量积的定义可以推得：

1）$a \times a = 0$.

这是因为夹角 $\theta = 0°$，所以 $|a \times a| = |a|^2\sin 0° = 0$.

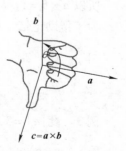

图7-22

2）对于两个非零向量 a 与 b，如果 $a \times b = 0$，那么 $a \parallel b$；反之，如果 $a \parallel b$，那么 $a \times b = 0$.

这是因为如果 $a \times b = 0$，由于 $|a| \neq 0$，$|b| \neq 0$，故必有 $\sin\theta = 0$，于是 $\theta = 0$ 或 π，即 $a /\!/ b$；反之，如果 $a /\!/ b$，那么 $\theta = 0°$ 或 π，于是 $\sin\theta = 0$，从而 $|a \times b| = 0$，即 $a \times b = 0$.

由于可以认为零向量与任何向量都平行，因此，上述结论可叙述为：向量 $a /\!/ b$ 的充分必要条件是 $a \times b = 0$.

向量积符合下列运算规律：

1）$a \times b = -b \times a$.

这是因为按右手规则从 b 转向 a 定出的方向恰好与按右手规则从 a 转向 b 定出的方向相反. 它表明交换律对向量积不成立.

2）**分配律**：$(a + b) \times c = a \times c + b \times c$.

3）向量积还符合如下的结合律：

$$(\lambda a) \times b = a \times (\lambda b) = \lambda (a \times b)(\lambda \text{ 为数}).$$

这两个规律这里不予证明.

下面来推导向量积的坐标表达式.

设 $a = a_x i + a_y j + a_z k$，$b = b_x i + b_y j + b_z k$. 那么，按上述运算规律，得

$$
\begin{aligned}
a \times b &= (a_x i + a_y j + a_z k) \times (b_x i + b_y j + b_z k) \\
&= a_x i \times (b_x i + b_y j + b_z k) + a_y j \times (b_x i + b_y j + b_z k) + a_z k \times (b_x i + b_y j + b_z k) \\
&= a_x b_x i \times i + a_x b_y i \times j + a_x b_z i \times k + \\
&\quad a_y b_x j \times i + a_y b_y j \times j + a_y b_z j \times k + \\
&\quad a_z b_x k \times i + a_z b_y k \times j + a_z b_z k \times k.
\end{aligned}
$$

由于 $i \times i = j \times j = k \times k = 0$，$i \times j = k$，$j \times k = i$，$k \times i = j$，$j \times i = -k$，$k \times j = -i$，$i \times k = -j$.

所以 $a \times b = (a_y b_z - a_z b_y)i + (a_z b_x - a_x b_z)j + (a_x b_y - a_y b_x)k$.

为了帮助记忆，利用三阶行列式，上式可以写成

$$a \times b = \begin{vmatrix} i & j & k \\ a_x & a_y & a_z \\ b_x & b_y & b_z \end{vmatrix}.$$

例3　设 $|a| = 3$，$|b| = 2$，$(\widehat{a,b}) = \dfrac{2}{3}\pi$，求 $|(a+b) \times (a-b)|$.

解　$(a+b) \times (a-b) = -2(a \times b)$，

所以 $|(a+b) \times (a-b)| = |-2(a \times b)| = 2|a \times b| = 2|a| \cdot |b| \cdot \sin(\widehat{a,b}) = 6\sqrt{3}$.

例4　设 $A(1,0,4)$，$B(3,2,2)$，$C(-2,-1,0)$，$D(2,1,3)$，求同时垂直于 $\overrightarrow{AB}$ 与 $\overrightarrow{CD}$ 的单位向量.

解　$\overrightarrow{AB} = \{2,2,-2\}$，$\overrightarrow{CD} = \{4,2,3\}$，则 $\overrightarrow{AB} \times \overrightarrow{CD} = \begin{vmatrix} i & j & k \\ 2 & 2 & -2 \\ 4 & 2 & 3 \end{vmatrix} = \{10,-14,-4\}$，

故所求单位向量 $\boldsymbol{C}^0 = \pm \dfrac{\overrightarrow{AB} \times \overrightarrow{CD}}{|\overrightarrow{AB} \times \overrightarrow{CD}|} = \pm \dfrac{\{10,-14,-4\}}{2\sqrt{78}} = \pm \left\{ \dfrac{5}{\sqrt{78}}, -\dfrac{7}{\sqrt{78}}, -\dfrac{2}{\sqrt{78}} \right\}$.

例 5　求以 $\boldsymbol{a} = \boldsymbol{i} + \boldsymbol{j}$ 与 $\boldsymbol{b} = -2\boldsymbol{j} + \boldsymbol{k}$ 为边所作平行四边形的对角线长及面积.

解　对角线：$\boldsymbol{l}_1 = \boldsymbol{a} + \boldsymbol{b} = \{1,-1,1\}$，$\boldsymbol{l}_2 = \boldsymbol{a} - \boldsymbol{b} = \{1,3,-1\}$，

所以 $|\boldsymbol{l}_1| = \sqrt{3}$，$|\boldsymbol{l}_2| = \sqrt{11}$.

故所求的平行四边形的面积为 $A = |\boldsymbol{a} \times \boldsymbol{b}| = \left| \begin{vmatrix} i & j & k \\ 1 & 1 & 0 \\ 0 & -2 & 1 \end{vmatrix} \right| = |\boldsymbol{i} - \boldsymbol{j} - 2\boldsymbol{k}| = \sqrt{6}$.

*三、向量的混合积

设已知三个向量 $\boldsymbol{a}$、$\boldsymbol{b}$ 和 $\boldsymbol{c}$. 如果先作两向量 $\boldsymbol{a}$ 和 $\boldsymbol{b}$ 的向量积 $\boldsymbol{a} \times \boldsymbol{b}$，把所得到的向量与第三个向量 $\boldsymbol{c}$ 再作数量积 $(\boldsymbol{a} \times \boldsymbol{b}) \cdot \boldsymbol{c}$，这样得到的数量积叫做三向量 $\boldsymbol{a}$、$\boldsymbol{b}$、$\boldsymbol{c}$ 的**混合积**，记作 $[\boldsymbol{abc}]$.

下面来推导三向量的混合积的坐标表达式.

设 $\boldsymbol{a} = a_x\boldsymbol{i} + a_y\boldsymbol{j} + a_z\boldsymbol{k}$，$\boldsymbol{b} = b_x\boldsymbol{i} + b_y\boldsymbol{j} + b_z\boldsymbol{k}$，$\boldsymbol{c} = c_x\boldsymbol{i} + c_y\boldsymbol{j} + c_z\boldsymbol{k}$，

因为　　$\boldsymbol{a} \times \boldsymbol{b} = \begin{vmatrix} i & j & k \\ a_x & a_y & a_z \\ b_x & b_y & b_z \end{vmatrix} = \begin{vmatrix} a_y & a_z \\ b_y & b_z \end{vmatrix}\boldsymbol{i} - \begin{vmatrix} a_x & a_z \\ b_x & b_z \end{vmatrix}\boldsymbol{j} + \begin{vmatrix} a_x & a_y \\ b_x & b_y \end{vmatrix}\boldsymbol{k}$，

再按两向量的数量积的坐标表达式，便得

$$[\boldsymbol{abc}] = (\boldsymbol{a} \times \boldsymbol{b}) \cdot \boldsymbol{c}$$

$$= c_x \begin{vmatrix} a_y & a_z \\ b_y & b_z \end{vmatrix} - c_y \begin{vmatrix} a_x & a_z \\ b_x & b_z \end{vmatrix} + c_z \begin{vmatrix} a_x & a_y \\ b_x & b_y \end{vmatrix}$$

$$= \begin{vmatrix} a_x & a_y & a_z \\ b_x & b_y & b_z \\ c_x & c_y & c_z \end{vmatrix}.$$

向量的混合积有下述几何意义：

向量的混合积 $[\boldsymbol{abc}] = (\boldsymbol{a} \times \boldsymbol{b}) \cdot \boldsymbol{c}$ 是这样一个数，它的绝对值表示以向量 $\boldsymbol{a}$、$\boldsymbol{b}$、$\boldsymbol{c}$ 为棱的平行六面体的体积. 如果向量 $\boldsymbol{a}$、$\boldsymbol{b}$、$\boldsymbol{c}$ 构成右手系（即 $\boldsymbol{c}$ 的指向按右手规则从 $\boldsymbol{a}$ 转向 $\boldsymbol{b}$ 来确定），那么混合积的符号是正的；如果 $\boldsymbol{a}$、$\boldsymbol{b}$、$\boldsymbol{c}$ 构成左手系

（即 c 的指向按左手规则从 a 转向 b 来确定），那么混合积的符号是负的.

事实上，设 $\overrightarrow{OA} = a$，$\overrightarrow{OB} = b$，$\overrightarrow{OC} = c$. 按向量积的定义，向量积 $a \times b = f$ 是一个向量，它的模在数值上等于以向量 a、b 为边所作的平行四边形 $OADB$ 的面积，它的方向垂直于这平行四边形的平面，且当 a、b、c 组成右手系时，向量 f 与向量 c 朝着这平面的同侧（见图7-23）；当 a、b、c 组成左手系时，向量 f 与向量 c 朝着这平面的异侧. 所以，如设 f 与 c 的夹角为 α，那么当 a、b、c 组成右手系时，α 为锐角；当 a、b、c 组成左手系时，α 为钝角. 由于

$[abc] = (a \times b) \cdot c = |a \times b||c|\cos\alpha$，所以当 a、b、c 组成右手系时，$[abc]$ 为正；当 a、b、c 组成左手系时，$[abc]$ 为负.

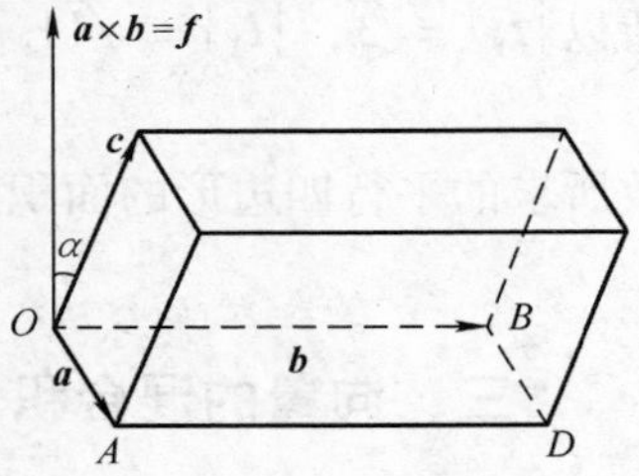

因为以向量 a、b、c 为棱的平行六面体的底（平行四边形 $OADB$）的面积 S 在数值上等于 $|a \times b|$，它的高 h 等于向量 c 在向量 f 上的投影的绝对值，即

$$h = |\mathrm{Prj}_f c| = |c|\cos\alpha,$$

所以平行六面体的体积

$$V = Sh = |a \times b||c||\cos\alpha| = |[abc]|.$$

图 7-23

由上述混合积的几何意义可知，若混合积 $[abc] \neq 0$，则能以 a、b、c 三向量为棱构成平行六面体，从而 a、b、c 三向量不共面；反之，若 a、b、c 三向量不共面，则必能以 a、b、c 为棱构成平行六面体，从而 $[abc] \neq 0$，于是有下述结论：

三向量 a、b、c 共面的充分必要条件是它们的混合积，即

$$\begin{vmatrix} a_x & a_y & a_z \\ b_x & b_y & b_z \\ c_x & c_y & c_z \end{vmatrix} = 0.$$

例6 已知空间内不在同一平面上的四点 $A(x_1, y_1, z_1)$，$B(x_2, y_2, z_2)$，$C(x_3, y_3, z_3)$，$D(x_4, y_4, z_4)$，求四面体 $ABCD$ 的体积.

解 由立体几何知，四面体的体积等于以向量 $\overrightarrow{AB}$、$\overrightarrow{AC}$ 和 $\overrightarrow{AD}$ 为棱的平行六面体的体积的 $1/6$，即

$$V = \frac{1}{6} \left| \begin{bmatrix} \overrightarrow{AB} & \overrightarrow{AC} & \overrightarrow{AD} \end{bmatrix} \right|$$

由于

$$\overrightarrow{AB} = \{x_2 - x_1, y_2 - y_1, z_2 - z_1\},$$

$$\overrightarrow{AC} = \{x_3 - x_1, y_3 - y_1, z_3 - z_1\},$$

$$\overrightarrow{AD} = \{x_4 - x_1, y_4 - y_1, z_4 - z_1\},$$

所以

$$V = \pm \frac{1}{6} \begin{vmatrix} x_2 - x_1 & y_2 - y_1 & z_2 - z_1 \\ x_3 - x_1 & y_3 - y_1 & z_3 - z_1 \\ x_4 - x_1 & y_4 - y_1 & z_4 - z_1 \end{vmatrix},$$

上式中符号的选择必须和行列式的符号一致.

例 7 已知 $[abc] = 2$，计算 $[(a+b) \times (b+c)] \cdot (c+a)$.

解 $[(a+b) \times (b+c)] \cdot (c+a)$

$= (a \times b + a \times c + b \times b + b \times c) \cdot (c+a)$

$= (a \times b) \cdot c + (a \times c) \cdot c + 0 \cdot c + (b \times c) \cdot c +$

$\quad (a \times b) \cdot a + (a \times c) \cdot a + 0 \cdot a + (b \times c) \cdot a$

$= 2(a \times b) \cdot c = 4.$

习题7.2

1. 设 $a = 3i - j - 2k$，$b = i + 2j - k$. 求

1) $a \cdot b$ 及 $a \times b$；2) $(-2a) \cdot 3b$ 及 $a \times 2b$；3) a、b 的夹角余弦.

2. 已知 $M_1(1, -1, 2)$、$M_2(3, 3, 1)$ 和 $M_3(3, 1, 3)$，求同时与 $\overrightarrow{M_1 M_2}$、$\overrightarrow{M_2 M_3}$ 垂直的单位向量.

3. 设 a、b、c 为单位向量，且满足 $a + b + c = 0$，求 $a \cdot b + b \cdot c + c \cdot a$.

4. 设质量为 100kg 的物体从点 $M_1(3, 1, 8)$ 沿直线移动到 $M_2(1, 4, 2)$，计算重力所做的功（长度单位为 m，重力方向为 z 轴的负方向）.

5. 求向量 $a = \{1, 1, -4\}$ 在向量 $b = \{2, 2, 1\}$ 上的投影.

6. 设 $a = \{3, 5, -2\}$，$b = \{2, 1, 4\}$，问 λ 与 μ 有怎样的关系，能使 $\lambda a + \mu b$ 与 z 轴垂直？

7. 在杠杆上支点 O 的一侧与点 O 的距离为 x_1 的点 P_1 处，有一与 $\overrightarrow{OP_1}$ 成角 θ_1 的力 F_1 作用着，在 O 的另一侧与点 O 距离为 x_2 的点 P_2 处，有一与 $\overrightarrow{OP_2}$ 成角 θ_2 的力 F_2 作用着（见图 7-24），问 θ_1、θ_2、x_1、x_2、$|F_1|$，$|F_2|$ 符合怎样的条件才能使杠杆保持平衡？

8. 试用向量证明直径所对的圆周角是直角.

9. 已知单位向量 $\overrightarrow{OA}$ 与三个坐标轴的夹角相等，B 是点 $M(1, -3, 2)$ 关于点 $N(-1, 2, 1)$ 的对称点，求 $\overrightarrow{OA} \times \overrightarrow{OB}$.

10. 设 $a = 2i - 3j + k$，$b = i - j + 3k$ 和 $c = i - 2j$，求：

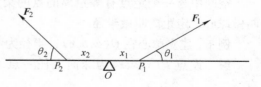

图 7-24

1) $(a \cdot b)c - (a \cdot c)b$；2) $(a+b) \times (b+c)$；3) $(a \times b) \cdot c$.

11. 求以 $A(2, -2, 0)$，$B(1, 1, 2)$，$C(-1, 0, 1)$ 为顶点的三角形的面积.

12. 设 $m = 2a + b$，$n = ka + b$，其中 $|a| = 1$，$|b| = 2$，且 $a \perp b$.

1) k 为何值时，$m \perp n$？

2) k 为何值时，以 m 与 n 为邻边的平行四边形面积为 6？

*13. 已知 $a = \{a_1, a_2, a_3\}$，$b = \{b_1, b_2, b_3\}$，$c = \{c_1, c_2, c_3\}$，

试利用混合积的几何意义证明三向量 a、b、c 共面的充要条件是：

$$(\boldsymbol{a} \times \boldsymbol{b}) \cdot \boldsymbol{c} = \begin{vmatrix} a_1 & a_2 & a_3 \\ b_1 & b_2 & b_3 \\ c_1 & c_2 & c_3 \end{vmatrix} = 0.$$

14. 试用向量证明不等式:

$$\sqrt{a_1{}^2 + a_2{}^2 + a_3{}^2}\sqrt{b_1{}^2 + b_2{}^2 + b_3{}^2} \geqslant |a_1 b_1 + a_2 b_2 + a_3 b_3|,$$

其中 a_1、a_2、a_3、b_1、b_2、b_3 为任意实数,并指出等号成立的条件.

第三节　曲面及其方程

一、曲面方程的概念

在日常生活中,经常会遇到各种曲面,例如反光镜的镜面、管道的外表面以及锥面等.

像在平面几何中把平面曲线看成动点的轨迹一样,在空间解析几何中,任何曲面都可以看做点的几何轨迹. 在这样的意义下,如果曲面 S 与三元方程

$$F(x, y, z) = 0 \tag{7-1}$$

有下述关系:

1)曲面 S 上任一点的坐标都满足方程;

2)不在曲面 S 上的点的坐标都不满足方程.

那么,方程就叫做曲面 S 的方程,而曲面 S 就叫做**方程的图形**(见图7-25).

下面介绍几个重要的特殊曲面.

空间中与一个定点有等距离的点的集合叫做**球面**,定点叫做**球心**,定距离叫做**半径**.

例1　建立球心在 $Q(a, b, c)$,半径为 R 的球面的方程.

解　设点 $P(x, y, z)$ 为球面上任一点,则由于 $|PQ| = R$,有

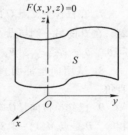

图 7-25

$$\sqrt{(x-a)^2 + (y-b)^2 + (z-c)^2} = R.$$

消去根式,得球面方程

$$(x-a)^2 + (y-b)^2 + (z-c)^2 = R^2 \tag{7-2}$$

将球面方程(7-2)展开

$$x^2 + y^2 + z^2 - 2ax - 2by - 2cz + (a^2 + b^2 + c^2 - R^2) = 0,$$

即方程具有

$$x^2 + y^2 + z^2 + 2Ax + 2By + 2Cz + D = 0$$

的形式.

反之经过配方

$$(x+A)^2 + (y+B)^2 + (z+C)^2 + D - (A^2 + B^2 + C^2) = 0.$$

当 $A^2 + B^2 + C^2 - D > 0$ 时，表示球心在 $(-A, -B, -C)$，半径为 $\sqrt{A^2 + B^2 + C^2 - D}$ 的球面；当 $A^2 + B^2 + C^2 - D = 0$，表示一点；当 $A^2 + B^2 + C^2 - D < 0$，没有轨迹.

例2　设有点 $A(1, 2, 3)$ 和 $B(2, -1, 4)$，求线段 AB 的垂直平分面的方程.

解　由题意知道，所求的平面就是与 A 和 B 等距离的点的几何轨迹，设 $M(x, y, z)$ 为所求平面上的任一点，由于

$$|AM| = |BM|,$$

所以　　$\sqrt{(x-1)^2 + (y-2)^2 + (z-3)^2} = \sqrt{(x-2)^2 + (y+1)^2 + (z-4)^2}$
等式两边平方，然后化简便得

$$2x - 6y + 2z - 7 = 0.$$

这就是所求平面上的点的坐标所满足的方程，而不在此平面上的点的坐标都不满足这个方程，所以这个方程就是所求的方程.

以上表明作为点的几何轨迹的曲面可以用它的点的坐标间的方程来表示，反之，变量 x、y 和 z 间的方程通常表示一个曲面. 因此在空间解析几何中关于曲面的研究，有下列两个基本问题：

1）已知一曲面作为点的几何轨迹时，建立这一曲面的方程；

2）已知坐标 x、y 和 z 间的一个方程时，研究这一方程所表示的曲面的形状.

上述例1、例2是从已知曲面建立其方程的例子. 下面举一个由已知方程研究它所表示的曲面的例子.

例3　方程 $x^2 + y^2 + z^2 - 6x + 8y = 0$ 表示怎样的曲面？

解　通过配方，原方程可以改写成

$$(x-3)^2 + (y+4)^2 + z^2 = 25.$$

与式（7-2）比较，就知道原方程表示球心在点 $Q(3, -4, 0)$、半径为 $R = 5$ 的球面.

一般地，设有三元二次方程

$$A(x^2 + y^2 + z^2) + Dx + Ey + Fz + G = 0.$$

这个方程的特点是缺 xy，yz，zx 各项，而且平方项系数相同，只要将方程经过配方可以化成式（7-2）的形式，那么它的图形就是一个球面.

下面作为基本问题1）的例子，来讨论旋转曲面；作为基本问题2）的例子，来讨论柱面. 本节第四个大问题中对二次曲面的讨论，也可以看做基本问题2）的例子.

二、旋转曲面

以一条平面曲线绕其在同一平面上的一条定直线旋转所成的曲面叫做**旋转曲**

面，定直线叫做旋转曲面的**轴**，曲线叫做这旋转曲面的一条**母线**（见图 7-26）.

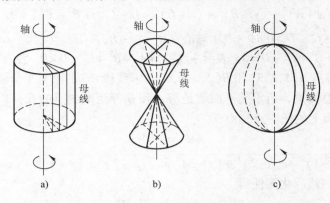

图 7-26

设在 yOz 坐标面上有一已知曲线 C，它的方程为
$$f(y,z)=0,$$
把这条曲线绕 z 轴旋转一周，就得到一个以 z 轴为轴的旋转曲面（见图 7-27），它的方程可以按如下求得：

设 $M_1(0,y_1,z_1)$ 为曲线 C 上的任一点，那么有
$$f(y_1,z_1)=0. \tag{7-3}$$
当曲线 C 绕轴旋转时，点 M_1 绕 z 轴旋转到另一点 M (x,y,z)，这时 $z=z_1$ 保持不变，且点 M 到 z 轴的距离
$$d=\sqrt{x^2+y^2}=|y_1|.$$
将 $z=z_1$，$y_1=\pm\sqrt{x^2+y^2}$ 代入式(7-3)，就有
$$f(\pm\sqrt{x^2+y^2},z)=0 \tag{7-4}$$
这就是所求旋转曲面的方程.

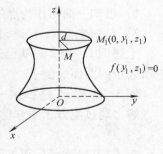

图 7-27

由此可见，在曲线 C 的方程中将 $f(y,z)=0$ 改成 $f(\pm\sqrt{x^2+y^2},z)=0$，便得曲线 C 绕 z 轴旋转所成的旋转曲面的方程.

同理，曲线 C 绕 y 轴旋转所成的旋转曲面方程为
$$f(y,\pm\sqrt{x^2+z^2})=0. \tag{7-5}$$

例 4　直线 L 绕另一条与 L 相交的直线旋转一周，所得旋转曲面叫做**圆锥面**.

两直线的交点叫做圆锥面的**顶点**，两直线的夹角 $\alpha\left(0<\alpha<\dfrac{\pi}{2}\right)$ 叫做圆锥面的**半顶角**. 试建立顶点在坐标原点 O，旋转轴为 z 轴，半顶角为 α 的圆锥面（见图 7-28）的方程.

解　在 yOz 坐标面上，直线 L 的方程为

$$z = y\cot\alpha, \qquad (7\text{-}6)$$

因为旋转轴为 z 轴, 得锥面方程为

$$z = \pm \sqrt{x^2 + y^2}\cot\alpha,$$

或 $$z^2 = a^2(x^2 + y^2), \qquad (7\text{-}7)$$

式中, $a = \cot\alpha$.

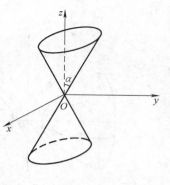

显然, 圆锥面上任一点 M 的坐标一定满足式 (7-7), 如果点 M 不在圆锥面上, 那么直线 OM 与 z 轴的夹角就不等于 α, 于是点 M 的坐标就不满足式 (7-7).

例 5 将 xOz 坐标面上的椭圆

图 7-28

$$\frac{x^2}{a^2} + \frac{z^2}{b^2} = 1,$$

分别绕 x 轴和 z 轴旋转一周, 求所生成的旋转曲面的方程.

解 绕 x 轴旋转, 所生成的曲面叫做**旋转椭球面**, 它的方程为

$$\frac{x^2}{a^2} + \frac{y^2 + z^2}{b^2} = 1.$$

绕 z 轴旋转, 则所成的曲面也叫做旋转椭球面, 它的方程为

$$\frac{x^2 + y^2}{a^2} + \frac{z^2}{b^2} = 1.$$

例 6 将坐标面上的双曲线

$$\frac{x^2}{a^2} - \frac{z^2}{c^2} = 1,$$

分别绕 z 轴和 x 轴旋转一周, 求所生成的旋转曲面的方程.

解 绕 z 轴旋转所生成的曲面叫做**旋转单叶双曲面**(见图 7-29), 它的方程为

$$\frac{x^2 + y^2}{a^2} - \frac{z^2}{c^2} = 1.$$

绕 x 轴旋转所生成的曲面叫做**旋转双叶双曲面**(见图 7-30), 它的方程为

$$\frac{x^2}{a^2} - \frac{y^2 + z^2}{c^2} = 1.$$

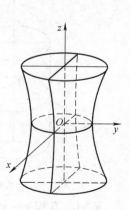

三、柱面

一般地, 平行于定直线并沿着定曲线 C 移动的直线 L 形成的轨迹叫做**柱面**. 定曲线 C 叫柱面的**准线**. 动直线 L 叫做柱面的一条**母线**(见图

图 7-29

7-31).

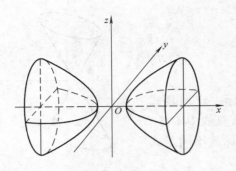 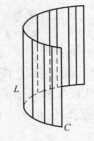

图 7-30 　　　　　　　　　　　　　　图 7-31

这里只讨论母线平行于坐标轴的柱面. 先来考察方程 $x^2 + y^2 = R^2$ 在空间中表示怎样的曲面?

在 xOy 面上, 它表示圆心在原点 O, 半径为 R 的圆. 在空间直角坐标系中, 这方程不含竖坐标 z, 即不论空间点的竖坐标 z 怎样, 只要它的横坐标 x 和纵坐标 y 能满足这方程, 那么这些点就在这曲面上. 这就是说, 凡是通过 xOy 面内圆 $x^2 + y^2 = R^2$ 上一点 $M(x, y, 0)$, 且平行于 z 轴的直线 l 都在这曲面上. 因此, 这曲面可以看做由平行于 z 轴的直线 l 沿 xOy 面上的圆 $x^2 + y^2 = R^2$ 移动而形成的. 这曲面叫做**圆柱面**(见图 7-32). xOy 面上的圆 $x^2 + y^2 = R^2$ 叫做它的准线, 平行于 z 轴的直线叫做它的母线.

类似地, 方程 $y^2 = 2x$ 表示母线平行于 z 轴的柱面, 它的准线是 xOy 面上的抛物线 $y^2 = 2x$, 该柱面叫做**抛物柱面**(见图 7-33).

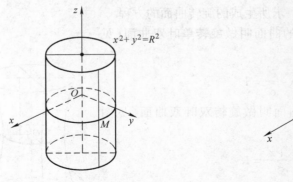 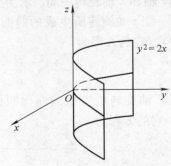

图 7-32 　　　　　　　　　　　　　　图 7-33

又如, 方程 $x - y = 0$ 表示母线平行于 z 轴的柱面, 其准线是 xOy 面上的直线 $x - y = 0$, 所以它是过 z 轴的平面(见图 7-34).

一般地, 在空间解析几何中, 不含 z 而仅含 x、y 的方程 $F(x, y) = 0$ 表示一个

母线平行于 z 轴的柱面，xOy 面上的曲线 C：$F(x,y)=0$ 是这个柱面的一条准线.

类似可知，只含 x、z 而不含 y 的方程 $G(x,z)=0$ 和只含 y、z 而不含 x 的方程 $H(y,z)=0$ 分别表示母线平行于 y 轴和 x 轴的柱面.

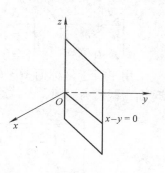

图 7-34

四、二次曲面

与平面解析几何中规定的二次曲线相类似，把三元二次方程 $F(x,y,z)=0$ 所表示的曲面称为**二次曲面**，而把平面成为**一次曲面**.

二次曲面有九种，适当选取空间直角坐标系，可得它们的标准方程. 下面就结合九种二次曲面的标准方程来讨论二次曲面的形状.

1. 椭圆锥面

由方程

$$\frac{x^2}{a^2}+\frac{y^2}{b^2}=z^2$$

所确定的曲面叫做**椭圆锥面**（见图 7-28）.

以垂直于 z 轴的平面 $z=t$ 截此曲面，当 $t=0$ 时得一点 $(0,0,0)$；当 $t\neq0$ 时，得平面 $z=t$ 上的椭圆

$$\frac{x^2}{(at)^2}+\frac{y^2}{(bt)^2}=1.$$

当 t 变化时，上式表示一族长短轴比例不变的椭圆，当 $|t|$ 从大到小并变为 0 时，这族椭圆从大到小并缩为一点. 综合上述讨论，可得椭圆锥面的形状，如图 7-28 所示.

平面 $z=t$ 与曲面 $F(x,y,z)=0$ 的交线称为**截痕**. 通过综合截痕的变化来了解曲面形状的方法称为**截痕法**.

2. 椭球面

由方程

$$\frac{x^2}{a^2}+\frac{y^2}{b^2}+\frac{z^2}{c^2}=1$$

所确定的曲面叫做**椭球面**. 这里 a，b，c 都是正数（见图 7-35）. 椭球面的性质如下.

对称性：椭球面关于坐标平面、坐标轴和坐标原点都对称.

椭球面被三个坐标面 xOy、yOz、zOx 所截的截痕各为椭圆.

$$\begin{cases} \dfrac{x^2}{a^2} + \dfrac{y^2}{b^2} = 1 \\ z = 0 \end{cases}, \quad \begin{cases} \dfrac{y^2}{b^2} + \dfrac{z^2}{c^2} = 1 \\ x = 0 \end{cases}, \quad \begin{cases} \dfrac{x^2}{a^2} + \dfrac{z^2}{c^2} = 1 \\ y = 0 \end{cases}.$$

用平行于坐标面 xOy 的平面 $z = h(\,|h| < c)$ 截椭球面，截痕为椭圆

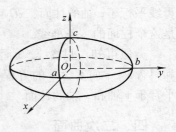

$$\begin{cases} \dfrac{x^2}{a^2\left(1 - \dfrac{h^2}{c^2}\right)} + \dfrac{y^2}{b^2\left(1 - \dfrac{h^2}{c^2}\right)} = 1 \\ z = h \end{cases}.$$

图 7-35

此椭圆的半轴为 $\dfrac{a}{c}\sqrt{c^2 - h^2}$ 和 $\dfrac{b}{c}\sqrt{c^2 - h^2}$. 如果 $h = \pm c$，则截痕缩为点 $(0,0,c)$ 与 $(0,0,-c)$.

至于平行于其他两个坐标面的平面截此椭球面时，所得到的结果完全类似.

如果 $a = b = c \neq 0$，则表示一个球面.

3. 单叶双曲面

由方程

$$\frac{x^2}{a^2} + \frac{y^2}{b^2} - \frac{z^2}{c^2} = 1,$$

$$\frac{x^2}{a^2} - \frac{y^2}{b^2} + \frac{z^2}{c^2} = 1,$$

$$-\frac{x^2}{a^2} + \frac{y^2}{b^2} + \frac{z^2}{c^2} = 1,$$

所确定的曲面叫做**单叶双曲面**，其中，a、b、c 均为正数，叫做双曲面的半轴. 以 $\dfrac{x^2}{a^2} + \dfrac{y^2}{b^2} - \dfrac{z^2}{c^2} = 1$ 为例（见图 7-36）.

显然，它关于坐标面、坐标轴和坐标原点都是对称的.

用平行于坐标面 xOy 的平面 $z = h$ 截曲面，其截痕是一椭圆

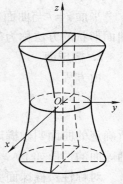

$$\begin{cases} \dfrac{x^2}{a^2} + \dfrac{y^2}{b^2} = 1 + \dfrac{h^2}{c^2}, \\ z = h \end{cases}$$

半轴为 $\dfrac{a}{c}\sqrt{c^2 + h^2}$ 和 $\dfrac{b}{c}\sqrt{c^2 + h^2}$. 当 $h = 0$ 时（xOy 面），半轴最小.

用平行于坐标面 xOz 的平面 $y = h$ 截曲面的截痕是

图 7-36

$$\begin{cases} \dfrac{x^2}{a^2} - \dfrac{z^2}{c^2} = 1 - \dfrac{h^2}{b^2}, \\ y = h \end{cases}$$

若 $|h| < b$，则为实轴平行于 x 轴，虚轴平行于 z 轴的双曲线；若 $|h| > b$，则为实轴平行于 z 轴，虚轴平行于 x 轴的双曲线；若 $|h| = b$，则上述截痕方程变成

$$\begin{cases} \left(\dfrac{x}{a} + \dfrac{z}{c} \right) \left(\dfrac{x}{a} - \dfrac{z}{c} \right) = 0, \\ y = h \end{cases}$$

这表示平面 $y = \pm b$ 与其的截痕是一对相交的直线，交点为 $(0, b, 0)$ 和 $(0, -b, 0)$.

坐标面 yOz 和平行于 yOz 的平面截曲面的截痕与上述讨论类似.

若 $a = b$，则曲面变成**旋转单叶双曲面**.

4. 双叶双曲面

由方程

$$-\frac{x^2}{a^2} + \frac{y^2}{b^2} + \frac{z^2}{c^2} = -1,$$

$$\frac{x^2}{a^2} - \frac{y^2}{b^2} + \frac{z^2}{c^2} = -1,$$

$$\frac{x^2}{a^2} + \frac{y^2}{b^2} - \frac{z^2}{c^2} = -1,$$

确定的曲面叫做**双叶双曲面**，这里 a、b、c 为正数.

这里只讨论 $\dfrac{x^2}{a^2} + \dfrac{y^2}{b^2} - \dfrac{z^2}{c^2} = -1$（见图 7-37）.

该曲面关于坐标面、坐标轴和原点都对称，它与 xOz 面和 yOz 面的交线都是双曲线.

$$\begin{cases} \dfrac{x^2}{a^2} - \dfrac{z^2}{c^2} = -1 \\ y = 0 \end{cases} \text{和} \begin{cases} \dfrac{y^2}{b^2} - \dfrac{z^2}{c^2} = -1 \\ x = 0 \end{cases}$$

用平行于 xOy 面的平面 $z = h(|h| \geqslant c)$ 去截它，当 $|h| > c$ 时，截痕是一个椭圆

$$\begin{cases} \dfrac{x^2}{a^2} + \dfrac{y^2}{b^2} = \dfrac{h^2}{c^2} - 1, \\ z = h \end{cases}$$

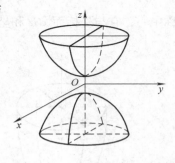

图 7-37

椭圆的半轴随 $|h|$ 的增大而增大. 当 $|h| = c$ 时，截痕是一个点；当 $|h| < c$ 时，没有交点.

显然双叶双曲面有两支，位于坐标面 xOy 两侧，无限延伸.

5. 椭圆抛物面

由方程

$$\frac{x^2}{a^2} + \frac{y^2}{b^2} = z.$$

确定的曲面叫做**椭圆抛物面**.

它关于坐标面 xOz 和坐标面 yOz 对称，对于 z 轴也对称，但是它没有对称中心，它与对称轴的交点叫顶点，因 $z \geqslant 0$，故整个曲面在 xOy 面的上侧，它与坐标面 xOz 和坐标面 yOz 的交线是抛物线 $\begin{cases} x^2 = a^2 z \\ y = 0 \end{cases}$ 和 $\begin{cases} y^2 = b^2 z \\ x = 0 \end{cases}$，这两条抛物线有共同的顶点和轴.

用平行于 xOy 面的平面 $z = h (h > 0)$ 去截它，截痕是一个椭圆 $\begin{cases} \dfrac{x^2}{a^2} + \dfrac{y^2}{b^2} = h \\ z = h \end{cases}$，这个椭圆的半轴随着 h 的增大而增大 (见图 7-38).

如果 $a = b \neq 0$，则表示旋转抛物面. 此时若用平行于 xOy 面的平面 $z = h (h > 0)$ 去截它，则截痕是一个圆.

6. 双曲抛物面

由方程

$$-\frac{x^2}{a^2} + \frac{y^2}{b^2} = z.$$

确定的曲面叫做**双曲抛物面**.

该曲面关于坐标面 xOz 和 yOz 是对称的，对于 z 轴也是对称的，但是它没有对称中心，它与坐标面 xOz 和坐标面 yOz 的截痕是抛物线 (见图 7-39) $\begin{cases} x^2 = -a^2 z \\ y = 0 \end{cases}$ 和

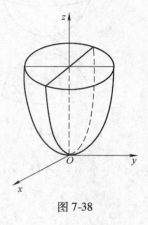

图 7-38

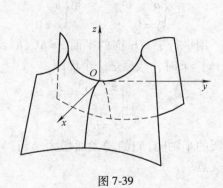

图 7-39

$\begin{cases} y^2 = b^2 z \\ x = 0 \end{cases}$．这两条抛物线有共同的顶点和轴，但轴的方向相反．用平行于 xOy 面的

平面 $z = h$ 去截它，截痕是 $\begin{cases} -\dfrac{x^2}{a^2} + \dfrac{y^2}{b^2} = h \\ z = h \end{cases}$．

当 $h \neq 0$ 时，截痕总是双曲线；

若 $h > 0$，双曲线的实轴平行于 y 轴；

若 $h < 0$，双曲线的实轴平行于 x 轴．

还有三种二次曲面是以二次曲线为准线的柱面

$$\frac{x^2}{a^2} + \frac{y^2}{b^2} = 1, \quad \frac{x^2}{a^2} - \frac{y^2}{b^2} = 1, \quad x^2 = ay,$$

依次称为**椭圆柱面、双曲柱面、抛物柱面**．柱面的形状在前面已经讨论过，这里不再赘述．

习题 7.3

1. 一动点与两定点 $(2,3,1)$ 和 $(4,5,6)$ 等距离，求这一动点的轨迹方程．

2. 建立以点 $(3, -2, 1)$ 为球心，且通过点 $(4, -5, 3)$ 的球面方程．

3. 方程 $x^2 + y^2 + z^2 - 4x + 8y + 10z = 0$ 表示什么曲面？

4. 求与坐标原点及点 $(2,3,4)$ 的距离之比为 $1:2$ 的点的全体所组成的曲面的方程，它表示怎样的曲面？

5. 将 yOz 坐标面上的抛物线 $z^2 = 3y$ 绕 y 轴旋转一周，求所生成的旋转曲面的方程．

6. 将 xOz 坐标面上的圆 $x^2 + z^2 = 9$ 绕 z 轴旋转一周，求所生成的旋转曲面的方程．

7. 将 xOy 坐标面上的双曲线 $4x^2 - 9y^2 = 36$ 分别绕 x 轴及 y 轴旋转一周，求所生成的旋转曲面的方程．

8. 画出下列各方程所表示的曲面：

1）$\left(x - \dfrac{a}{2}\right)^2 + y^2 = \left(\dfrac{a}{2}\right)^2$；　　　2）$-\dfrac{x^2}{4} + \dfrac{y^2}{9} = 1$；

3）$\dfrac{x^2}{9} + \dfrac{z^2}{4} = 1$；　　　4）$y^2 - z = 0$；

5）$z = 2 - x^2$．

9. 指出下列方程在平面解析几何中和在空间解析几何中分别表示什么图形：

1）$x = 2$；　　　　　　　　2）$y = x + 1$；

3）$x^2 + y^2 = 4$；　　　　　4）$x^2 - y^2 = 1$．

10. 说明下列旋转曲面是怎样形成的：

1）$\dfrac{x^2}{4} + \dfrac{y^2}{9} + \dfrac{z^2}{9} = 1$；　　　2）$x^2 - \dfrac{y^2}{4} + z^2 = 1$；

3）$x^2 - y^2 - z^2 = 1$；　　　4）$(z - a)^2 = x^2 + y^2$．

11. 指出下列方程所表示的曲面：

1) $x^2 + y^2 + z^2 = 1$；　　　　　2) $x^2 + y^2 - 2z = 0$；

3) $x^2 - y^2 = 0$；　　　　　　　4) $x^2 + y^2 = 0$；

5) $xyz = 0$；　　　　　　　　　6) $y - \sqrt{3}z = 0$；

7) $x^2 - \dfrac{y^2}{9} = 1$；　　　　　8) $z^2 - x^2 - y^2 = 0$.

第四节　空间曲线及其方程

一、空间曲线的一般方程

任何空间曲线总可以看作空间两曲面的交线．设

$$F(x,y,z) = 0 , \quad G(x,y,z) = 0$$

是两个曲面方程，它们相交且交线为 C（见图7-40）.

因为曲线 C 上的任一点都同时在这两个曲面上，所以曲线 C 上的所有点的坐标都满足这两个曲面方程．反之，坐标同时满足这两个曲面方程的点一定在它们的交线上．从而把这两个方程联立起来，所得到的方程组

$$\begin{cases} F(x,y,z) = 0 \\ G(x,y,z) = 0 \end{cases} \quad (7\text{-}8)$$

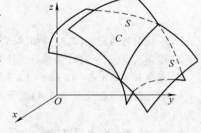

图 7-40

就称为**空间曲线 C 的一般方程**.

例1　方程组

$$\begin{cases} x^2 + y^2 = 1 \\ 2x + 3z = 6 \end{cases}$$

表示怎样的曲线？

解　方程组中的第一个方程表示母线平行于 z 轴的圆柱面，其准线是 xOy 面上的圆，圆心在原点 O，半径为1. 第二个方程表示母线平行于 y 轴的柱面．由于它的准线是 zOx 面上的直线，因此它是一个平面．题设方程组就表示上述平面与圆柱面的交线，如图7-41 所示.

例2　方程组

$$\begin{cases} z = \sqrt{a^2 - x^2 - y^2} \\ \left(x - \dfrac{a}{2}\right)^2 + y^2 = \left(\dfrac{a}{2}\right)^2 \end{cases}$$

表示怎样的曲线？

解　方程组中的第一个方程表示球心在原点 O，半径为 a 的上半球面；第二个

方程表示母线平行于 z 轴的圆柱面，它的准线为 xOy 面上的圆，这个圆的圆心在点 $\left(\dfrac{a}{2},\ 0\right)$，半径为 $\dfrac{a}{2}$．于是题设方程组表示上半球面与圆柱面的交线，如图 7-42 所示.

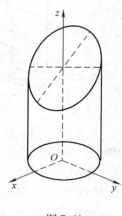

图 7-41

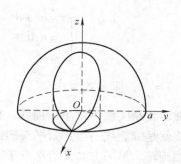

图 7-42

二、空间曲线的参数方程

空间曲线 C 的方程除了一般方程之外，也可以用参数形式表示，只要将 C 上的动点的坐标 x、y、z 表示为参数 t 的函数：

$$\begin{cases} x = x(t) \\ y = y(t) \\ z = z(t) \end{cases} \tag{7-9}$$

当给定 $t = t_1$ 时，就得到 C 上的一个点 (x_1, y_1, z_1)；随着 t 的变动便可得曲线 C 上的全部点．方程组叫做**空间曲线 C 的参数方程**.

例3　空间一点 M 在圆柱面 $x^2 + y^2 = a^2$ 上以角速度 ω 绕 z 轴旋转，同时又以线速度 v 沿平行于 z 轴的正方向上升（ω、v 为常数），则点 M 构成的图形称为**螺旋线**，写出其参数方程.

解　取时间 t 为参数．$t = 0$ 时，动点位于 x 轴上的一点 $A(a, 0, 0)$ 处，时间 t 后，动点运动到点 $M(x, y, z)$（见图 7-43）．记点 M 在 Oxy 面上的投影为 $M'(x, y, 0)$．由于动点在圆柱面上以角速度 ω 绕 z 轴旋转，所以经过时间 t，$\angle AOM' = \omega t$，

$$x = |OM'|\cos\angle AOM' = a\cos\omega t;$$

$$y = |OM'|\sin\angle AOM' = a\sin\omega t.$$

由于动点同时又以线速度 v 沿平行于 z 轴的正方向上升，所以

$$z = M'M = vt,$$

因此螺旋线的参数方程为

$$\begin{cases} x = a\cos\omega t \\ y = a\sin\omega t. \\ z = vt \end{cases}$$

也可以用其他变量作参数；例如令 $\theta = \omega t$，则螺旋线的
参数方程可写为

$$\begin{cases} x = a\cos\theta \\ y = a\sin\theta \\ z = b\theta \end{cases}$$

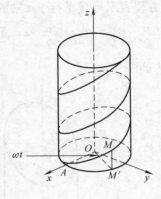

图 7-43

式中，$b = \dfrac{v}{\omega}$，而参数为 θ.

　　螺旋线是实践中常用的曲线．例如，平头螺钉的外
缘曲线就是螺旋线．当拧紧平头螺钉时，它的外缘曲线上的任一点 M，一方面绕螺
钉的轴旋转，另一方面又沿平行于轴线的方向前进，点 M 就走出一段螺旋线．

　　螺旋线有一个重要性质：当 θ 从 θ_0 变到 $\theta_0 + \alpha$ 时，z 由 $b\theta_0$ 变到 $b\theta_0 + b\alpha$．这说
明当 OM' 转过角 α 时，M 点沿螺旋线上升了高度 $b\alpha$，即上升的高度 OM' 与转过的
角度成正比．特别是当 OM' 转过一周，即 $\alpha = 2\pi$ 时，M 点就上升固定的高度 $h = 2\pi b$，这个高度 $h = 2\pi b$ 在工程技术上叫做**螺距**．

三、空间曲线在坐标面上的投影

　　设空间曲线 C 的一般方程为

$$\begin{cases} F(x,y,z) = 0 \\ G(x,y,z) = 0 \end{cases} \tag{7-10}$$

现在来研究由方程组消去变量 z 后所得到的方程

$$H(x,y) = 0 \tag{7-11}$$

　　由于方程(7-11)是由方程组(7-10)消去 z 后所得的结果，因此当 x、y 和 z 满足
方程组(7-10)时，前两个数 x、y 必定满足方程(7-11)，这说明曲线 C 上的所有点
都在由方程组(7-10)所表示的曲面上．

　　由上节知道，方程(7-11)表示一个母线平行于 z 轴的柱面，由上面的讨论可
知，这柱面必定包含曲线 C，以曲线 C 为准线、母线平行于 z 轴（即垂直于 xOy 面）
的柱面叫做曲线 C 关于 xOy 面的**投影柱面**，投影柱面与 xOy 面的交线叫做空间曲
线 C 在 xOy 面上的**投影曲线**，或简称**投影**．因此方程(7-11)所表示的柱面必定包
含投影柱面，而方程

$$\begin{cases} H(x,y) = 0 \\ z = 0 \end{cases}$$

所表示的曲线必定包含空间曲线 C 在 xOy 面上的投影.

同理，消去方程组(7-10)中的变量 x 或变量 y，再分别和 $x=0$ 或 $y=0$ 联立，就可以得到包含曲线 C 在 yOz 面或面 zOx 上的投影曲线方程：

$$\begin{cases} R(y,z)=0 \\ x=0 \end{cases} \text{或} \begin{cases} S(x,z)=0 \\ y=0 \end{cases}.$$

例4 求曲线 C：$\begin{cases} x^2+y^2+z^2=1 \\ x^2+(y-1)^2+(z-1)^2=1 \end{cases}$ 在 xOy 面上的投影柱面及投影方程(见图7-44).

解 消去变量 z，两式相减并化简得 $z=1-y$，代入其中一个方程即得投影柱面方程为

$$x^2+2y^2-2y=0.$$

于是投影方程为

$$\begin{cases} x^2+2y^2-2y=0 \\ z=0 \end{cases}.$$

例5 设一立体由上半球面 $z=\sqrt{4-x^2-y^2}$ 及锥面 $z=\sqrt{3(x^2+y^2)}$ 所围成(见图7-45)，求它在 xOy 坐标面上的投影.

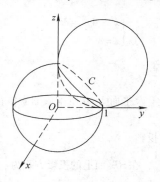

图 7-44

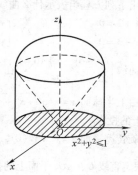

图 7-45

解 半球面与锥面的交线为

$$C：\begin{cases} z=\sqrt{4-x^2-y^2} \\ z=\sqrt{3(x^2+y^2)} \end{cases}$$

由上述方程组消去 z，得到 $x^2+y^2=1$. 这是一个母线平行于 z 轴的圆柱面，容易看出，这恰好是交线 C 关于 xOy 面的投影柱面，因此交线 C 在 xOy 面上的投影曲线为

$$\begin{cases} x^2+y^2=1 \\ z=0 \end{cases}$$

它是 xOy 面上的一个圆，于是所求立体在 xOy 面上的投影，即为该圆在 xOy 面上所围的部分：$x^2 + y^2 \leqslant 1$.

习题 7.4

1. 画出下列曲线在第一卦限内的图形：

1）$\begin{cases} x = 1 \\ y = 2 \end{cases}$；
2）$\begin{cases} z = \sqrt{4 - x^2 - y^2} \\ x - y = 0 \end{cases}$；
3）$\begin{cases} x^2 + y^2 = a^2 \\ x^2 + z^2 = a^2 \end{cases}$.

2. 指出下列方程组在平面解析几何中与在空间解析几何中分别表示什么图形：

1）$\begin{cases} y = 5x + 1 \\ y = 2x - 3 \end{cases}$；
2）$\begin{cases} \dfrac{x^2}{4} + \dfrac{y^2}{9} = 1 \\ y = 3 \end{cases}$.

3. 分别求母线平行于 x 轴及 y 轴而且通过曲线 $\begin{cases} 2x^2 + y^2 + z^2 = 16 \\ x^2 + z^2 - y^2 = 0 \end{cases}$ 的柱面方程.

4. 求球面 $x^2 + y^2 + z^2 = 9$ 与平面 $x + z = 1$ 的交线在 Oxy 面上的投影的方程.

5. 将下列曲线的一般方程化为参数方程：

1）$\begin{cases} x^2 + y^2 + z^2 = 9 \\ y = x \end{cases}$；
2）$\begin{cases} (x-1)^2 + y^2 + (z+1)^2 = 4 \\ z = 0 \end{cases}$.

6. 指出下列方程组表示什么曲线：

1）$\begin{cases} x + 2 = 0 \\ y - 3 = 0 \end{cases}$；
2）$\begin{cases} x^2 - 4y^2 + 9z^2 = 36 \\ y = 1 \end{cases}$；
3）$\begin{cases} x^2 - 4y^2 = 8z \\ z = 8 \end{cases}$.

7. 求曲线 $\begin{cases} 6x - 6y - z + 16 = 0 \\ 2x + 5y + 2z + 3 = 0 \end{cases}$ 在三坐标面上的投影方程.

8. 求由上半球面 $z = \sqrt{a^2 - x^2 - y^2}$，柱面 $x^2 + y^2 - ax = 0$ 及平面 $z = 0$ 所围成的立体在 xOy 面和 xOz 面上的投影.

9. 求旋转抛物面 $z = x^2 + y^2 \,(0 \leqslant z \leqslant 4)$ 在三坐标面上的投影.

10. 假定直线 L 在 yOz 平面上的投影方程为 $\begin{cases} 2y - 3z = 1 \\ x = 0 \end{cases}$，在 zOx 面上的投影方程为 $\begin{cases} x + z = 2 \\ y = 0 \end{cases}$，求直线 L 在 xOy 面上的投影方程.

第五节 平面及其方程

在本节和下一节里，将以向量为工具，在空间直角坐标系中讨论最简单的曲面和曲线——平面和直线.

一、平面的点法式方程

如果一非零向量垂直于一平面，这向量就叫做该**平面的法线向量**. 容易知道，平面上的任一向量均与该平面的法线向量垂直.

　　因为过空间一点可以作而且只能作一平面垂直于一已知直线，所以当平面 Π 上一点 $M_0(x_0, y_0, z_0)$ 和它的一个法线向量 $\boldsymbol{n} = \{A, B, C\}$ 为已知时，平面 Π 的位置就完全确定了. 下面建立平面 Π 的方程.

　　设 $M(x, y, z)$ 是平面 Π 上的任一点（见图 7-46），那么向量 $\overrightarrow{M_0M}$ 必与平面 Π 的法线向量 $\boldsymbol{n}$ 垂直，即它们的数量积等于零：

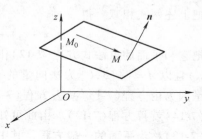

图 7-46

$$\overrightarrow{M_0M} \cdot \boldsymbol{n} = 0.$$

由于 $\boldsymbol{n} = \{A, B, C\}$，$\overrightarrow{M_0M} = \{x - x_0, y - y_0, z - z_0\}$，所以有

$$A(x - x_0) + B(y - y_0) + C(z - z_0) = 0. \tag{7-12}$$

上式即为平面 Π 的方程.

　　由点 M 的任意性可知，平面 Π 上的任一点都满足方程(7-12). 反之，不在该平面上的点的坐标都不满足方程(7-12)，因为这样的点与点 M_0 所构成的向量 $\overrightarrow{M_0M}$ 与法向量 $\boldsymbol{n}$ 不垂直. 因此，方程(7-12)称为平面的**点法式方程**，而平面 Π 就是方程(7-12)的图形.

　　例1　求过点 $M(2, -4, 3)$ 且与平面 $2x + 3y - 5z = 5$ 平行的平面方程.

　　解　因为所求平面和已知平面平行，而已知平面的法向量为 $\boldsymbol{n} = \{2, 3, -5\}$，可取所求平面的法向量 $\{2, 3, -5\}$. 于是，所求平面的方程为

$$2(x - 2) + 3(y + 4) - 5(z - 3) = 0$$

即

$$2x + 3y - 5z = -23.$$

　　例2　求过点 $M_1(2, -1, 4)$、$M_2(-1, 3, -2)$、$M_3(0, 2, 3)$ 的平面方程.

　　解　$\overrightarrow{M_1M_2} = \{-3, 4, -6\}$，$\overrightarrow{M_1M_3} = \{-2, 3, -1\}$，故可取平面 Π 的法向量

$$\boldsymbol{n} = \overrightarrow{M_1M_2} \times \overrightarrow{M_1M_3} = \begin{vmatrix} \boldsymbol{i} & \boldsymbol{j} & \boldsymbol{k} \\ -3 & 4 & -6 \\ -2 & 3 & -1 \end{vmatrix} = \{14, 9, -1\},$$

故所求平面 Π 的方程为

$$14(x - 2) + 9(y + 1) + (-1)(z - 4) = 0,$$

即

$$14x + 9y - z - 15 = 0.$$

二、平面的一般方程

　　由于平面的点法式方程(7-12)是 x、y、z 的一次方程，而任一平面都可以用它上面的一点及它的法线向量来确定，所以任一平面都可以用三元一次方程来表示.

　　反过来，设有三元一次方程

$$Ax + By + Cz + D = 0. \tag{7-13}$$

任取满足该方程的一组数 x_0、y_0、z_0，即

$$Ax_0 + By_0 + Cz_0 + D = 0. \tag{7-14}$$

把上述两式相减，得

$$A(x - x_0) + B(y - y_0) + C(z - z_0) = 0. \tag{7-15}$$

把它和平面的点法式方程(7-12)作比较，可以知道方程(7-15)是通过点 $M_0(x_0, y_0, z_0)$ 且以 $n = \{A, B, C\}$ 为法向量的平面方程. 但方程(7-13)与方程(7-15)同解，这是因为由方程(7-13)减去方程(7-14)即得方程(7-15)，又由方程(7-15)加上方程(7-14)就得方程(7-13). 由此可知，任一三元一次方程的图形总是一个平面. 方程(7-13)称为平面的**一般方程**，其中，x、y、z 的系数就是该平面的一个法线向量的坐标，即 $n = \{A, B, C\}$.

平面的一般方程的几种特殊情形：

1）当 $D = 0$ 时，方程(7-13)成为 $Ax + By + Cz = 0$，它表示过原点的一个平面.

2）当 $A = 0$ 时，方程(7-13)成为 $By + Cz + D = 0$，法线向量 $n = \{0, B, C\}$ 垂直于 x 轴，它表示平行于 x 轴的一个平面.

当 $B = 0$ 时，方程 $Ax + Cz + D = 0$ 表示平行于 y 轴的一个平面；当 $C = 0$ 时，方程 $Ax + By + D = 0$ 表示平行于 z 轴的一个平面.

3）当 $A = B = 0$ 时，方程(7-13)成为 $Cz + D = 0$，法线向量 $n = \{0, 0, C\}$ 同时垂直于 x 轴和 y 轴，它表示平行于 xOy 坐标面的一个平面.

当 $A = C = 0$，方程 $By + D = 0$ 平行于 xOz 坐标面的一个平面；当 $B = C = 0$ 时，方程 $Ax + D = 0$ 表示平行于 yOz 坐标面的一个平面.

例3 求过 x 轴和点 $(4, -3, -1)$ 的平面方程.

解 方法一：平面过 x 轴，故 $A = D = 0$. 设平面方程为

$$By + Cz = 0.$$

又因为平面过点 $(4, -3, -1)$，则

$$-3B - C = 0,$$

解得 $C = -3B$，假设 $B \neq 0$，代入平面方程并除以 B 故所求平面方程为

$$y - 3z = 0.$$

方法二：平面过 x 轴，则平面过点 $(0, 0, 0)$ 和 $(1, 0, 0)$.

由平面的法向量 $n \perp i$，$n \perp \{3, -3, -1\}$，故可取所求平面的法向量

$$n = \begin{vmatrix} i & j & k \\ 1 & 0 & 0 \\ 3 & -3 & -1 \end{vmatrix} = \{0, 1, -3\}.$$

所求平面方程为

$$0 \cdot (x-0) + 1 \cdot (y-0) - 3 \cdot (z-0) = 0,$$

即

$$y - 3z = 0.$$

例 4 设一平面与 x、y、z 轴的交点依次为 $P(a,0,0)$、$Q(0,b,0)$、$R(0,0,c)$ 三点(见图7-47),求此平面的方程(其中,$a \neq 0, b \neq 0, c \neq 0$).

解 设所求平面的方程为

$$Ax + By + Cz + D = 0$$

因为点 $P(a,0,0)$、$Q(0,b,0)$、$R(0,0,c)$ 都在这个平面上,所以 P、Q、R 的坐标都满足方程(7-13),即有

$$\begin{cases} aA + D = 0 \\ bB + D = 0, \\ cC + D = 0 \end{cases}$$

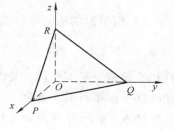

图 7-47

得

$$A = -\frac{D}{a}, \ B = -\frac{D}{b}, \ C = -\frac{D}{c}.$$

以此代入方程(7-13)并除以 $D(D \neq 0)$,便得所求的平面方程为

$$\frac{x}{a} + \frac{y}{b} + \frac{z}{c} = 1. \tag{7-16}$$

方程(7-16)叫做平面的**截距式方程**,而 a、b、c 依次叫做平面在 x、y、z 轴上的**截距**.

三、两平面的夹角

两平面的法线向量的夹角(指锐角)称为**两平面的夹角**.

设平面 $\varPi_1: A_1x + B_1y + C_1z + D_1 = 0$,故 $\boldsymbol{n}_1 = \{A_1, B_1, C_1\}$. 又设平面 $\varPi_2: A_2x + B_2y + C_2z + D_2 = 0$,故 $\boldsymbol{n}_2 = \{A_2, B_2, C_2\}$. 两平面的夹角 θ(见图7-48)应是 $(\widehat{\boldsymbol{n}_1, \boldsymbol{n}_2})$ 和 $(\widehat{-\boldsymbol{n}_1, \boldsymbol{n}_2}) = \pi - (\widehat{\boldsymbol{n}_1, \boldsymbol{n}_2})$ 两者中的锐角,因此 $\cos\theta = |\cos(\widehat{\boldsymbol{n}_1, \boldsymbol{n}_2})|$. 按两向量夹角余弦的坐标表达式,平面 $\varPi_1$ 和 $\varPi_2$ 的夹角 θ 可由

$$\cos\theta = \frac{|A_1A_2 + B_1B_2 + C_1C_2|}{\sqrt{A_1^2 + B_1^2 + C_1^2} \cdot \sqrt{A_2^2 + B_2^2 + C_2^2}} \tag{7-17}$$

来确定.

平面 $\varPi_1$、$\varPi_2$ 互相垂直相当于

$$A_1A_2 + B_1B_2 + C_2C_2 = 0;$$

平面 $\varPi_1$、$\varPi_2$ 互相平行或者重合相当于

$$\frac{A_1}{A_2} = \frac{B_1}{B_2} = \frac{C_1}{C_2}.$$

例 5 研究以下两组平面的位置关系:

1) $\varPi_1: -x + 2y - z + 1 = 0$,$\varPi_2: y + 3z - 1 = 0$;

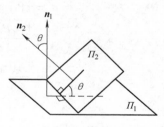

图 7-48

2) $\Pi_1: 2x - y + z - 1 = 0$，$\Pi_2: -4x + 2y - 2z - 1 = 0$.

解 1) 两平面的法向量分别为 $\boldsymbol{n}_1 = \{-1,2,-1\}$，$\boldsymbol{n}_2 = \{0,1,3\}$，因为

$$\cos\theta = \frac{|-1 \times 0 + 2 \times 1 - 1 \times 3|}{\sqrt{(-1)^2 + 2^2 + (-1)^2} \cdot \sqrt{1^2 + 3^2}} = \frac{1}{\sqrt{60}},$$

所以，这两个平面相交，且夹角 $\theta = \arccos \dfrac{1}{\sqrt{60}}$；

2) 两平面的法向量分别为 $\boldsymbol{n}_1 = \{2,-1,1\}$，$\boldsymbol{n}_2 = \{-4,2,-2\}$，因为

$$\frac{2}{-4} = \frac{-1}{2} = \frac{1}{-2},$$

所以，这两个平面平行，又因为存在点 $M(1,1,0) \in \Pi_1$，且 $M(1,1,0) \notin \Pi_2$，故这两平面平行但不重合.

例 6 平面 Π 过点 $M_1(1,1,1)$ 及 $M_2(0,1,-1)$，且垂直于平面 $\Pi_0: x + y + z = 0$，求平面 Π 的方程.

解 平面 Π_0 的法向量 $\boldsymbol{n}_0 = \{1,1,1\}$，向量 $\overrightarrow{M_1M_2} = \{-1,0,-2\}$. 则平面 Π 的法向量 $\boldsymbol{n} \perp \boldsymbol{n}_0$，且 $\boldsymbol{n} \perp \overrightarrow{M_1M_2}$. 故可取

$$\boldsymbol{n} = \boldsymbol{n}_0 \times \overrightarrow{M_1M_2} = \begin{vmatrix} \boldsymbol{i} & \boldsymbol{j} & \boldsymbol{k} \\ 1 & 1 & 1 \\ -1 & 0 & -2 \end{vmatrix} = \{-2,1,1\}.$$

则所求平面 Π 的方程

$$-2 \cdot (x-1) + 1 \cdot (y-1) + 1 \cdot (z-1) = 0,$$

即

$$2x - y - z = 0.$$

四、点到平面的距离

设点 $P_0(x_0,y_0,z_0)$ 是平面 $Ax + By + Cz + D = 0$ 外一点，求 P_0 到此平面的距离.

如图 7-49 所示，平面的法向量为 $\boldsymbol{n} = (A,B,C)$，在平面上任取 $P_1(x_1,y_1,z_1)$，作向量 $\overrightarrow{P_1P_0}$，易见点 P_0 到平面的距离等于 $\overrightarrow{P_1P_0}$ 在平面的法向量 $\boldsymbol{n}$ 上的投影的绝对值，即

$$d = |\mathrm{Prj}_{\boldsymbol{n}} \overrightarrow{P_1P_0}|$$

$$= \frac{|\overrightarrow{P_1P_0} \cdot \boldsymbol{n}|}{|\boldsymbol{n}|}$$

$$= \frac{|A(x_0 - x_1) + B(y_0 - y_1) + C(z_0 - z_1)|}{\sqrt{A^2 + B^2 + C^2}}$$

由于

$$Ax_1 + By_1 + Cz_1 + D = 0,$$

于是得到点 P_0 到平面 $Ax + By + Cz + D = 0$ 的距离公式：

$$d = \frac{\left| Ax_0 + By_0 + Cz_0 + D \right|}{\sqrt{A^2 + B^2 + C^2}}.$$

例7　一平面平行于已知平面 $x + 2y + 2z - 10 = 0$，且与球心在原点、半径为 1 的球面相切，试求该平面的方程.

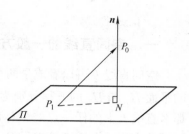

解　因为所求平面平行于已知平面，设所求平面方程为

$$x + 2y + 2z + D = 0.$$

又由于平面与已知球面相切，由点到平面的距离公式，有

图 7-49

$$d = 1 = \frac{\left| 1 \cdot 0 + 2 \cdot 0 + 2 \cdot 0 + D \right|}{\sqrt{9}} = \frac{\left| D \right|}{3}$$

所以
$$D = \pm 3.$$

所求平面为

$$x + 2y + 2z + 3 = 0.$$

或

$$x + 2y + 2z - 3 = 0.$$

习题 7.5

1. 求通过点 $(3, 0, -1)$ 且与平面 $3x - 7y + 5z - 12 = 0$ 平行的平面方程.

2. 求过点 $M_0(2, 9, -6)$ 且与连接坐标原点及点 M_0 的线段 OM_0 垂直的平面方程.

3. 求过点 $(1, 1, -1)$、$(-2, -2, 2)$ 和 $(1, -1, 2)$ 三点的平面方程.

4. 平面过原点 O，且垂直于平面 Π_1：$x + 2y + 3z - 2 = 0$，Π_2：$6x - y + 5z + 2 = 0$，求此平面方程.

5. 指出下列各平面的特殊位置：

1）$x = 0$；　　　　2）$3y - 1 = 0$；　　　　3）$2x - 3y - 6 = 0$；

4）$y + z = 1$；　　5）$x - 2z = 0$；　　　　6）$6x + 5y - z = 0$.

6. 分别按下列条件求平面方程：

1）平行于 xOy 面且通过点 $(2, -5, 3)$；

2）通过 z 轴和点 $(-3, 1, -2)$；

3）平行于 x 轴且通过两点 $(4, 0, -2)$ 和 $(5, 1, 7)$.

7. 求平面 $2x - 2y + z + 5 = 0$ 与各坐标面的夹角的余弦.

8. 一平面过点 $(1, 0, -1)$ 且平行于向量 $\boldsymbol{a} = \{2, 1, 1\}$ 和 $\boldsymbol{b} = \{1, -1, 0\}$，求该平面的方程.

9. 已知 $A(-5, -11, 3)$、$B(7, 10, -6)$ 和 $C(1, -3, -2)$，求平行于 $\triangle ABC$ 所在的平面，且与它的距离等于 2 的平面的方程.

10. 求点 $(1, 2, 1)$ 到平面 $x + 2y + 2z - 10 = 0$ 的距离.

11. 一动点与点 $P(1, 2, 3)$ 的距离是它到平面 $x = 3$ 的距离的 $\dfrac{1}{\sqrt{3}}$，试求动点的轨迹方程.

第六节　空间直线及其方程

一、空间直线的一般方程

空间直线 L 可以看成是两个平面 Π_1 和 Π_2 的交线（见图 7-50）. 如果两个相交的平面 Π_1 和 Π_2 的方程分别为 $A_1x + B_1y + C_1z + D_1 = 0$ 和 $A_2x + B_2y + C_2z + D_2 = 0$，那么直线 L 上的任一点的坐标应同时满足这两个平面的方程，即应满足方程组

$$\begin{cases} A_1x + B_1y + C_1z + D_1 = 0 \\ A_2x + B_2y + C_2z + D_2 = 0 \end{cases} \quad (7\text{-}18)$$

反过来，如果点 M 不在直线 L 上，那么它不可能同时在平面 Π_1 和 Π_2 上，所以它的坐标不满足方程组（7-18）. 因此，直线 L 可以用方程组（7-18）来表示. 方程组（7-18）叫做**空间直线的一般方程**.

通过空间一直线 L 的平面有无限多个，只要

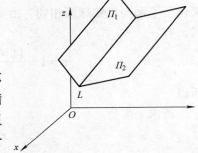

图 7-50

在这无限多个平面中任意选取两个，把它们的方程联立起来，所得的方程组就表示空间直线 L.

二、空间直线的对称式方程与参数方程

如果一个非零向量平行于一条已知直线，这个向量就叫做**这条直线的方向向量**. 容易知道，直线上任一向量都平行于该直线的方向向量.

由于过空间一点可作而且只能作一条直线平行于已知直线，所以当直线 L 上一点 $M_0(x_0, y_0, z_0)$ 和它的一方向向量 $s = \{m, n, p\}$ 为已知时，直线 L 的位置就完全确定了. 下面来建立这条直线的方程.

设点 $M(x, y, z)$ 是直线 L 上的任一点，那么向量 $\overrightarrow{M_0M} /\!/ s$（见图 7-51），所以两向量的对应坐标成比例，由于 $\overrightarrow{M_0M} = (x - x_0, y - y_0, z - z_0)$，$s = \{m, n, p\}$，从而有

$$\frac{x - x_0}{m} = \frac{y - y_0}{n} = \frac{z - z_0}{p} \quad (7\text{-}19)$$

反过来，如果点 M 不在直线 L 上，那么由于 $\overrightarrow{M_0M}$ 与 s 不平行，这两向量的对应坐标就不成比例. 因此方程组（7-19）就是直线 L 的方程，叫做直线的**对称式方程**或**点向式方程**.

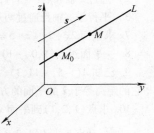

图 7-51

直线的任一方向向量 s 的坐标叫做这直线的一组**方向数**, 而向量 s 的方向余弦叫做该直线的**方向余弦**.

由直线的对称式方程容易导出直线的参数方程. 如设

$$\frac{x-x_0}{m}=\frac{y-y_0}{n}=\frac{z-z_0}{p}=t$$

那么

$$\begin{cases} x=x_0+mt \\ y=y_0+nt \\ z=z_0+pt \end{cases} \tag{7-20}$$

方程组(7-20)就是直线的参数方程.

例1　设一直线过点 $A(2,-3,4)$, 且与 y 轴垂直相交, 求其方程.

解　因为直线和 y 轴相交, 故在 y 轴上的交点为 $B(0,-3,0)$, 取 $s=\overrightarrow{BA}=\{2,0,4\}$, 则得到所求直线方程

$$\frac{x-2}{2}=\frac{y+3}{0}=\frac{z-4}{4}.$$

例2　用对称式方程及参数方程表示直线

$$\begin{cases} x+y+z+1=0 \\ 2x-y+3z+4=0 \end{cases}. \tag{7-21}$$

解　先在直线上找出一点 (x_0,y_0,z_0), 例如, 取 $x_0=1$, 代入题设方程组(7-21)得

$$\begin{cases} y_0+z_0+2=0 \\ y_0-3z_0-6=0 \end{cases},$$

解得

$$y_0=0,\ z_0=-2,$$

即得到了直线上的一点 $(1,0,-2)$.

因为所求直线与两平面的法向量都垂直, 取

$$s=n_1\times n_2=\{4,-1,-3\},$$

故题设直线的对称式方程为

$$\frac{x-1}{4}=\frac{y-0}{-1}=\frac{z+2}{-3}.$$

令

$$\frac{x-1}{4}=\frac{y-0}{-1}=\frac{z+2}{-3}=t,$$

得所给直线的参数方程为

$$\begin{cases} x=1+4t \\ y=-t \\ z=-2-3t \end{cases}.$$

例 3　求过点 $(2,1,3)$ 且与直线 $\dfrac{x+1}{3}=\dfrac{y-1}{2}=\dfrac{z}{-1}$ 垂直相交的直线的方程.

解　先作一平面过点 $(2,1,3)$ 且垂直于已知直线，那么这平面的方程应为

$$3(x-2)+2(y-1)-(z-3)=0 \tag{7-22}$$

再求已知直线与这平面的交点. 已知直线的参数方程为

$$\begin{cases} x=3t-1 \\ y=2t+1 \\ z=-t \end{cases} \tag{7-23}$$

把方程 $(7\text{-}23)$ 代入方程 $(7\text{-}22)$ 中，求得 $t=\dfrac{3}{7}$，从而求得交点为 $\left(\dfrac{2}{7},\dfrac{13}{7},-\dfrac{3}{7}\right)$.

以点 $\{2,1,3\}$ 为起点，点 $\left(\dfrac{2}{7},\dfrac{13}{7},-\dfrac{3}{7}\right)$ 为终点的向量

$$\left\{\dfrac{2}{7}-2,\ \dfrac{13}{7}-1,\ -\dfrac{3}{7}-3\right\}=\left\{-\dfrac{12}{7},\ \dfrac{6}{7},\ -\dfrac{24}{7}\right\}$$

是所求直线的一个方向向量，故所求直线的方程为

$$\dfrac{x-2}{2}=\dfrac{y-1}{-1}=\dfrac{z-3}{4}.$$

例 4　求直线 $\dfrac{x-2}{1}=\dfrac{y-3}{1}=\dfrac{z-4}{2}$ 与平面 $2x+y+z-6=0$ 的交点.

解　所给直线的参数方程为

$$\begin{cases} x=t+2 \\ y=t+3 \\ z=2t+4 \end{cases},$$

代入平面 $2x+y+z-6=0$ 中，得

$$t=-1,$$

把求得的值代入直线的参数方程中，即得所求交点的坐标为

$$x=1,\quad y=2,\quad z=2.$$

三、两直线的夹角

两直线的方向向量的夹角（通常指锐角）叫做**两直线的夹角**.

设直线 L_1 和 L_2 的方向向量依次为 $s_1=\{m_1,n_1,p_1\}$ 和 $s_2=\{m_2,n_2,p_2\}$，那么 L_1 和 L_2 的夹角 φ 应是 $(\widehat{s_1,s_2})$ 和 $(-\widehat{s_1,s_2})=\pi-(\widehat{s_1,s_2})$ 两者中的锐角，因此 $\cos\varphi=|\cos(\widehat{s_1,s_2})|$. 按两向量的夹角的余弦公式，直线 L_1 和直线 L_2 的夹角 φ 可由

$$\cos\varphi=\dfrac{|m_1m_2+n_1n_2+p_1p_2|}{\sqrt{m_1^2+n_1^2+p_1^2}\cdot\sqrt{m_2^2+n_2^2+p_2^2}} \tag{7-24}$$

来确定.

从两向量垂直、平行的充分必要条件立即推得下列结论:

两直线 L_1、L_2 互相垂直相当于 $m_1 m_2 + n_1 n_2 + p_1 p_2 = 0$;

两直线 L_1、L_2 互相平行或重合相当于 $\dfrac{m_1}{m_2} = \dfrac{n_1}{n_2} = \dfrac{p_1}{p_2}$.

例 5 求直线 L_1: $\dfrac{x-1}{1} = \dfrac{y}{-4} = \dfrac{z+3}{1}$ 和 L_2: $\dfrac{x}{2} = \dfrac{y+2}{-2} = \dfrac{z}{-1}$ 的夹角.

解 直线 L_1 的方向向量为 $\boldsymbol{s}_1 = (1, -4, 1)$;直线 L_2 的方向向量为 $\boldsymbol{s}_2 = (2, -2, -1)$. 设直线 L_1 和 L_2 的夹角为 φ,那么由公式(7-24),有

$$\cos\varphi = \frac{|1 \times 2 + (-4) \times (-2) + 1 \times (-1)|}{\sqrt{1^2 + (-4)^2 + 1^2} \cdot \sqrt{2^2 + (-2)^2 + (-1)^2}}$$

$$= \frac{1}{\sqrt{2}}$$

所以
$$\varphi = \frac{\pi}{4}.$$

四、直线与平面的夹角

当直线与平面不垂直时,直线和它在平面上的投影直线的夹角 φ(通常指锐角)称为**直线与平面的夹角**(见图 7-52),当直线与平面垂直时,规定直线与平面的夹角为 $\dfrac{\pi}{2}$.

设直线的方向向量为 $\boldsymbol{s} = \{m, n, p\}$,平面的法向量为 $\boldsymbol{n} = \{A, B, C\}$,直线与平面的夹角为 φ,那么 $\varphi = \left| \dfrac{\pi}{2} - (\widehat{\boldsymbol{s}, \boldsymbol{n}}) \right|$,因此 $\sin\varphi = |\cos(\widehat{\boldsymbol{s}, \boldsymbol{n}})|$,按两向量夹角余弦的坐标表达式,有

$$\sin\varphi = \frac{|Am + Bn + Cp|}{\sqrt{A^2 + B^2 + C^2} \cdot \sqrt{m^2 + n^2 + p^2}} \quad (7\text{-}25)$$

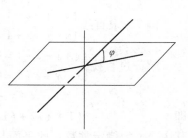

图 7-52

因为直线与平面垂直相当于直线的方向向量与平面的法向量平行,所以,直线与平面垂直相当于

$$\frac{A}{m} = \frac{B}{n} = \frac{C}{p} \quad (7\text{-}26)$$

因为直线与平面平行或直线在平面上相当于直线的方向向量与平面的法向量垂直,所以,直线与平面平行或直线在平面上相当于

$$Am + Bn + Cp = 0 \quad (7\text{-}27)$$

例 6 设直线 L: $\dfrac{x-1}{2} = \dfrac{y}{-1} = \dfrac{z+1}{2}$,平面 Π: $x - 2y + 2z = 3$,求直线与平面的

夹角 φ.

解　因为直线 L 的方向向量 $s = \{2, -1, 2\}$，平面 Π 的法向量 $n = \{1, -1, 2\}$

所以

$$\sin\varphi = \frac{|1 \times 2 + (-1) \times (-1) + 2 \times 2|}{\sqrt{1^2 + (-1)^2 + 2^2} \cdot \sqrt{2^2 + (-1)^2 + 2^2}}$$

$$= \frac{7}{3\sqrt{6}}.$$

故所求夹角为

$$\varphi = \arcsin\frac{7}{3\sqrt{6}}.$$

五、平面束

通过空间已知直线可作无穷多个平面，通过同一直线的所有平面构成一个平面束. 设空间直线 L 的一般方程为

$$\begin{cases} A_1 x + B_1 y + C_1 z + D_1 = 0 \\ A_2 x + B_2 y + C_2 z + D_2 = 0 \end{cases},$$

则方程

$$A_1 x + B_1 y + C_1 z + D_1 + \lambda(A_2 x + B_2 y + C_2 z + D_2) = 0 \tag{7-28}$$

称为过直线 L 的**平面束方程**，其中，λ 为参数.

注：上述平面束包含了除平面 $A_2 x + B_2 y + C_2 z + D_2 = 0$ 之外的过直线 L 的所有平面.

例 7　求直线 $\begin{cases} x + y - z - 1 = 0 \\ x - y + z + 1 = 0 \end{cases}$ 在平面 $x + y + z = 0$ 上的投影直线的方程.

解　过直线 $\begin{cases} x + y - z - 1 = 0 \\ x - y + z + 1 = 0 \end{cases}$ 的平面束方程为

$$x + y - z - 1 + \lambda(x - y + z + 1) = 0,$$

即

$$(1 + \lambda)x + (1 - \lambda)y + (-1 + \lambda)z + (-1 + \lambda) = 0 \tag{7-29}$$

其中，λ 为待定常数. 此平面与平面 $x + y + z = 0$ 垂直的条件是

$$\{1 + \lambda, 1 - \lambda, -1 + \lambda\} \cdot \{1, 1, 1\} = 0,$$

由此得

$$\lambda = -1.$$

代入式(7-29)，得投影平面的方程为

$$y - z - 1 = 0.$$

所以投影直线的方程为

$$\begin{cases} y - z - 1 = 0 \\ x + y + z = 0 \end{cases}.$$

例 8　在一切通过直线 $L: \begin{cases} x + y + z + 4 = 0 \\ x + 2y + z = 0 \end{cases}$ 的平面中找出平面 Π，使原点到它

的距离最长.

解　设通过直线的平面束方程为

$$x + y + z + 4 + \lambda(x + 2y + z) = 0,$$

即
$$(1+\lambda)x + (1+2\lambda)y + (1+\lambda)z + 4 = 0.$$

要使 $d^2(\lambda) = \dfrac{16}{(1+\lambda)^2 + (1+2\lambda)^2 + (1+\lambda)^2}$ 为最大，也就是使

$$(1+\lambda)^2 + (1+2\lambda)^2 + (1+\lambda)^2 = 6\left(\lambda + \frac{2}{3}\right)^2 + \frac{1}{3}$$

为最小，得 $\lambda = -\dfrac{2}{3}$，故所求平面的方程为

$$x - y + z + 12 = 0.$$

易知，原点到平面 $x + 2y + z = 0$ 的距离为 0，故平面 $x + 2y + z = 0$ 非所求平面.

习题 7.6

1. 求过点 $(4, -1, 3)$ 且平行于直线 $\dfrac{x-3}{2} = \dfrac{y}{1} = \dfrac{z-1}{5}$ 的直线方程.

2. 求过两点 $M_1(3, -2, 1)$ 和 $M_2(-1, 0, 2)$ 的直线方程.

3. 用对称式方程及参数方程表示直线 $\begin{cases} x - y + z = 1 \\ 2x + y + z = 4 \end{cases}$.

4. 求过点 $(2, 0, -3)$ 且与直线 $\begin{cases} x - 2y + 4z - 7 = 0 \\ 3x + 5y - 2z + 1 = 0 \end{cases}$ 垂直的平面方程.

5. 求直线 $\begin{cases} 5x - 3y + 3z - 9 = 0 \\ 3x - 2y + z - 1 = 0 \end{cases}$ 与直线 $\begin{cases} 2x + 2y + 23 = 0 \\ 3x + 8y + z - 18 = 0 \end{cases}$ 的夹角的余弦.

6. 求与两直线 $\begin{cases} x = 3z - 1 \\ y = 2z - 3 \end{cases}$ 和 $\begin{cases} y = 2x - 5 \\ z = 7x + 2 \end{cases}$ 垂直相交的直线方程.

7. 求过点 $(0, 2, 4)$ 且与两平面 $x + 2z = 1$ 和 $y - 3z = 2$ 平行的直线方程.

8. 求过点 $(3, 1, -2)$ 且通过直线 $\dfrac{x-4}{5} = \dfrac{y+3}{2} = \dfrac{z}{1}$ 的平面方程.

9. 求直线 $\begin{cases} x + y + 3z = 0 \\ x - y - z = 0 \end{cases}$ 与平面 $x - y - z + 1 = 0$ 的夹角.

10. 试确定下列各组中的直线和平面间的关系:

1) $\dfrac{x+3}{-2} = \dfrac{y+4}{-7} = \dfrac{z}{3}$ 和 $4x - 2y - 2z = 3$;

2) $\dfrac{x}{3} = \dfrac{y}{-2} = \dfrac{z}{7}$ 和 $3x - 2y + 7z = 8$;

3) $\dfrac{x-2}{3} = \dfrac{y+2}{1} = \dfrac{z-3}{-4}$ 和 $x + y + z = 3$.

11. 求过点 $(1, 2, 1)$ 而与两直线 $\begin{cases} x + 2y - z + 1 = 0 \\ x - y + z - 1 = 0 \end{cases}$ 和 $\begin{cases} 2x - y + z = 0 \\ x - y + z = 0 \end{cases}$ 平行的平面的方程.

12. 求点 $(-1,2,0)$ 在平面 $x+2y-z+1=0$ 上的投影.

13. 求点 $P(3,-1,2)$ 到直线 $\begin{cases} x+y-z+1=0 \\ 2x-y+z-4=0 \end{cases}$ 的距离.

14. 设 M_0 是直线 L 外一点，M 是直线 L 上任意一点，且直线的方向向量为 s，试证点 M_0 到直线 L 的距离

$$d = \frac{|\overrightarrow{M_0M} \times s|}{s}.$$

15. 画出下列各曲面所围成的立体的图形：

1) $x=0$，$y=0$，$z=0$，$x=2$，$y=1$，$3x+4y+2z-12=0$；

2) $x=0$，$z=0$，$x=1$，$y=2$，$z=\dfrac{y}{4}$；

3) $z=0$，$z=3$，$x-y=0$，$x-\sqrt{3}y=0$，$x^2+y^2=1$（在第一卦限内）；

4) $x=0$，$y=0$，$z=0$，$x^2+y^2=R^2$，$y^2+z^2=R^2$（在第一卦限内）.

综合测试题（七）

一、单项选择题

1. 点 $M(2,-3,1)$ 关于 xOy 平面的对称点是 (　　　　).

(A) $(-2,3,-1)$；　　　　　　(B) $(-2,-3,-1)$；

(C) $(2,-3,-1)$；　　　　　　(D) $(-2,3,-1)$.

2. 已知平面通过点 $(k,k,0)$ 与 $(2k,2k,0)$，其中 $k \neq 0$，且垂直于 xOy 平面，则该平面的一般式方程 $Ax+By+Cz+D=0$ 的系数必定满足 (　　　　).

(A) $A=-B$，$C=D=0$；　　　(B) $B=-C$，$A=D=0$；

(C) $C=-A$，$B=D=0$；　　　(D) $C=A$，$B=D=0$.

3. 直线 $\begin{cases} x-y+z+5=0 \\ 5x-8y+4z+36=0 \end{cases}$ 的标准方程是 (　　　　).

(A) $\dfrac{x}{4}=\dfrac{y-4}{1}=\dfrac{z+1}{-3}$；　　(B) $\dfrac{x}{4}=\dfrac{y-4}{1}=\dfrac{z-1}{3}$；

(C) $\dfrac{x}{4}=\dfrac{y-4}{-1}=\dfrac{z+1}{-3}$；　　(D) $\dfrac{x}{4}=\dfrac{y-4}{1}=\dfrac{z-1}{-3}$.

4. 点 $M(4,-3,5)$ 到 x 轴的距离是 (　　　　).

(A) $\sqrt{4^2+(-6)^2+5^2}$；　　(B) $\sqrt{(-3)^2+5^2}$；

(C) $\sqrt{4^2+(-3)^2}$；　　　　(D) $\sqrt{4^2+5^2}$.

5. 方程 $x^2-\dfrac{y^2}{4}+z^2=1$ 表示 (　　　　).

(A) 旋转双曲面；　　(B) 双叶双曲面；　　(C) 双曲柱面；　　(D) 锥面.

二、填空题

1. 设 $\vec{a}=(2,1,2)$，$\vec{b}=(4,-1,10)$，$\vec{c}=\vec{b}-\lambda\,\vec{a}$，且 $\vec{a}\perp\vec{c}$，则 $\lambda=$ (　　　　).

2. 若 $|\vec{a}|=13$，$|\vec{b}|=19$，$|\vec{a}+\vec{b}|=24$，则 $|\vec{a}-\vec{b}|=$ (　　　　).

3. 直线 $\dfrac{x}{1} = \dfrac{y+7}{2} = \dfrac{z-3}{-1}$ 上与点（3，2，6）距离最近的点是（　　）.

4. 设一平面经过原点及点（6，-3，2），且与平面 $4x - y + 2z - 8 = 0$ 垂直，则此平面方程为（　　）.

5. 曲线 $\begin{cases} z = x^2 + 2y^2 \\ z = 2 - x^2 \end{cases}$ 关于 xOy 面的投影柱面方程是（　　）.

三、计算与应用题

1. 设 $\vec{a} + 3\vec{b} \perp 7\vec{a} - 5\vec{b}$，$\vec{a} - 4\vec{b} \perp 7\vec{a} - 2\vec{b}$，求 $(\vec{a}\,\hat{,}\,\vec{b})$.

2. 设 $|\vec{a}| = 4$，$|\vec{b}| = 3$，$(\vec{a}\,\hat{,}\,\vec{b}) = \dfrac{\pi}{6}$，求以 $\vec{a} + 2\vec{b}$ 和 $\vec{a} - 3\vec{b}$ 为边的平行四边形的面积.

3. 设一平面垂直于平面 $z = 0$，并通过从点（1，-1，1）到直线 $\begin{cases} y - z + 1 = 0 \\ x = 0 \end{cases}$ 的垂线，求此平面的方程.

4. 求锥面 $z = \sqrt{x^2 + y^2}$ 与柱面 $z^2 = 2x$ 所围立体在三个坐标面上的投影.

5. 在平面 $2x + y - 3z + 2 = 0$ 和平面 $5x + 5y - 4z + 3 = 0$ 所确定的平面束内，求两个相互垂直的平面，其中一个平面经过点（4，-3，1）.

6. 光线沿直线 L：$\begin{cases} x + y - 3 = 0 \\ x + z - 1 = 0 \end{cases}$ 投射到平面 π：$x + y + z + 1 = 0$，求反射线所在的直线方程.

四、证明题

设 M 为 $\triangle ABC$ 的重心，证明对于任意一点 O，有 $\overrightarrow{OM} = \dfrac{1}{3}(\overrightarrow{OA} + \overrightarrow{OB} + \overrightarrow{OC})$.

第八章　多元函数微分法及其应用

前面讨论的函数都是只有一个自变量的一元函数，研究的问题属于一元函数的微分和积分问题. 但在许多实际问题中往往涉及多方面的因素，反映到数学上就是一个变量依赖于多个变量的情形. 本章将在一元函数微分学的基础上，进一步讨论多元函数微分学. 讨论中将以二元函数为主要对象，因为二元函数的概念和方法不仅有比较直观的解释而且还便于理解，能自然推广到二元以上的多元函数中去.

第一节　多元函数的基本概念

一、平面区域的概念

与数轴上邻域的概念类似，引入平面上的点的邻域概念.

1. 邻域

定义 8.1　设 $P_0(x_0,y_0)$ 是平面上任一点，则平面上以 P_0 为中心，以 δ 为半径的圆的内部所有点的集合称为 P_0 的 δ(**圆形**)**邻域**，记为 $U(P_0,\delta)$，即

$$U(P_0,\delta) = \{P \mid |PP_0| < \delta\} = \{(x,y) \mid (x-x_0)^2 + (y-y_0)^2 < \delta^2\}.$$

点 P_0 的**去心 δ 邻域**，记作 $\mathring{U}(P_0,\delta)$，即

$$\mathring{U}(P_0,\delta) = \{P \mid 0 < |PP_0| < \delta\} = \{(x,y) \mid 0 < (x-x_0)^2 + (y-y_0)^2 < \delta^2\}.$$

下面用邻域来描述平面上的点和点集之间的关系.

2. 区域

1）设 E 是平面的一个点集，P 是平面上一点，则点 P 与点集 E 之间必然存在以下三种关系之一：

若存在 $U(P)$，使得 $U(P) \subset E$，则称 P 是 E 的**内点**；若存在 $U(P)$，使得 $U(P) \cap E = \varnothing$，则称 P 为 E 的**外点**；若 P 的任何邻域内既有点属于 E，又有点不属于 E，则称 P 是 E 的**边界点**.

点集 E 的边界点的集合，称为 E 的**边界**.

2）聚点：若对于任意给定的 $\delta > 0$，$\mathring{U}(P,\delta)$ 内总有 E 中的点，则称 P 为 E 的**聚点**.

由聚点的定义可知，点集 E 的聚点 P，可以属于 E，也可以不属于 E.

3）开集：若 E 内的每一点都是内点，则称 E 为**开集**.

4）闭集：若 E 的余集 E^c 为开集，称 E 为**闭集**.

5）连通集：若 E 的任意两点都能用含于 E 的折线连接起来，则称 E 是**连通集**.

6）开区域：若 E 既是连通的，又是开集，则称 E 为**开区域**，简称**区域**.

7）闭区域：开区域加上它的边界一起构成的点集称为**闭区域**.

8）有界区域：若区域中各点到坐标原点的距离都小于某个正数 M，则称区域为**有界区域**，否则称为**无界区域**. 例如：

$\left\{ (x,y) \middle| 1 < \dfrac{x^2}{3} + \dfrac{y^2}{4} \leqslant 5 \right\}$ 就是有界区域，而 $\{ (x,y) \mid x + y > 1 \}$ 是无界区域.

二、n 维空间

数轴上的点与实数一一对应，实数的全体记为 **R**；平面上的点与有序数组 (x, y) 一一对应，有序数组 (x,y) 的全体记为 $\mathbf{R}^2$；空间中的点与有序数组 (x,y,z) 一一对应，有序数组 (x,y,z) 的全体记为 $\mathbf{R}^3$. 这样，**R**、$\mathbf{R}^2$ 和 $\mathbf{R}^3$ 就分别对应于数轴、平面和空间.

一般地，设 n 为一个取定的自然数，则称 n 元有序数组 $(x_1, x_2, \cdots, x_n)$ 的全体为 n 维空间，记为 $\mathbf{R}^n$，即

$$\mathbf{R}^n = \mathbf{R} \times \mathbf{R} \times \cdots \times \mathbf{R} = \{ (x_1, x_2, \cdots, x_n) \mid x_i \in \mathbf{R}, i = 1, 2, \cdots, n \}.$$

而每个 n 元有序数组 $(x_1, x_2, \cdots, x_n)$ 称为 n 维空间的点，$\mathbf{R}^n$ 中的点 $(x_1, x_2, \cdots, x_n)$ 有时也用单个字母 x 来表示，即 $x = (x_1, x_2, \cdots, x_n)$，数 x_i 称为点 x 的第 i 个坐标. 当所有的 $x_i(i = 1, 2, \cdots, n)$ 都为零时，这个点称为 $\mathbf{R}^n$ 的坐标原点，记为 O.

n 维空间 $\mathbf{R}^n$ 中两点 $P(x_1, x_2, \cdots, x_n)$ 和 $Q(y_1, y_2, \cdots, y_n)$ 之间的距离. 规定为

$$|PQ| = \sqrt{(x_1 - y_1)^2 + (x_2 - y_2)^2 + \cdots + (x_n - y_n)^2}.$$

显然，当 $n = 1$，2，3 时，上述规定与数轴上、平面直角坐标系及空间直角坐标系中两点间的距离的定义是一致的.

前面就平面点集所叙述的一系列概念，可推广到 $\mathbf{R}^n$ 中去.

例如，设点 $P_0 \in \mathbf{R}^n$，δ 是某一正数，则 n 维空间内的点集

$$U(P_0, \delta) = \{ P \mid |PP_0| < \delta, P \in \mathbf{R}^n \}$$

就称为 $\mathbf{R}^n$ 中点 P_0 的 δ 邻域. 以邻域为基础，可以进一步定义点集的内点、外点、边界点和聚点，以及开集、闭集、区域等一系列概念，这里不再赘述.

三、二元函数的定义

定义 8.2　设 D 是一平面点集，如果按照某个对应法则 f，对于 D 中的每个点 (x, y)，都能得到唯一的实数 z 与之对应，则称 f 为定义在 D 上的**二元函数**，记为

$z = f(x,y)$，$(x,y) \in D$．其中，D 称为函数 $z = f(x,y)$ 的**定义域**；函数值的集合称为**值域**，记为 $R(f)$，即 $R(f) = \{f(x,y) \mid (x,y) \in D\}$；$z = f(x,y)$ 的图像一般为一空间曲面．

例 1　$z = \dfrac{1}{\sqrt{R^2 - x^2 - y^2}}$，其定义域为 $R^2 - x^2 - y^2 > 0$，即 $x^2 + y^2 < R^2$．

所以函数定义域为平面上以坐标原点为中心、半径为 R 的圆的内部，即

$$D = \{(x,y) \mid x^2 + y^2 < R^2\}.$$

函数的值域是 $\left[\dfrac{1}{R}, \ +\infty \right)$．

四、二元函数的极限和连续

1. 二元函数的极限

定义 8.3　设二元函数 $z = f(x,y)$ 在 D 有定义，点 $P_0(x_0, y_0)$ 是 D 的聚点，A 是一个常数，如果对任意的正数 ε，都存在一个正数 δ，使得对于任意 $P(x,y) \in U(P_0, \delta) \cap D$，都有 $|f(x,y) - A| < \varepsilon$，则称 P 趋向 P_0 时 $f(P)$ 以 A 为**极限**，记作 $\lim\limits_{P \to P_0} f(P) = A$，或 $\lim\limits_{\substack{x \to x_0 \\ y \to y_0}} f(x,y) = A$，$\lim\limits_{(x,y) \to (x_0, y_0)} f(x,y) = A$．

二元函数的另一极限描述形式为：

对于任意的正数 $\varepsilon > 0$，都存在 $\delta > 0$，使得对于任意 $P(x,y) \in D$，当 $0 < \sqrt{(x - x_0)^2 + (y - y_0)^2} < \delta$ 时，有 $|f(x,y) - A| < \varepsilon$，则称 P 趋向 P_0 时 $f(P)$ 以 A 为极限，记作 $\lim\limits_{\substack{x \to x_0 \\ y \to y_0}} f(x,y) = A$．

注：P 在区域 D 内趋于定点 P_0 可以沿 D 内的任意路径，P 趋向 P_0 时 $f(P)$ 以 A 为极限是指 P 在区域内沿任意不同的路径趋于定点 P_0 时 $f(P)$ 都以 A 为极限．因此，当 P 在区域内沿不同的路径趋于定点 P_0 时 $f(P)$ 的极限不同，则称 P 趋向 P_0 时 $f(P)$ 极限不存在，或称不收敛，即发散．

例 2　设 $f(x,y) = (x^2 + y^2) \sin \dfrac{1}{x^2 + y^2}$，$((x,y) \neq (0,0))$，

求证　$\lim\limits_{\substack{x \to 0 \\ y \to 0}} f(x,y) = 0$．

证　因为 $\left| (x^2 + y^2) \sin \dfrac{1}{x^2 + y^2} - 0 \right| = |x^2 + y^2| \cdot \left| \sin \dfrac{1}{x^2 + y^2} \right| \leqslant x^2 + y^2$．

可见，对任意给定的 $\varepsilon > 0$，取 $\delta = \sqrt{\varepsilon}$，则当 $0 < \sqrt{(x-0)^2 + (y-0)^2} < \delta$ 时，有 $\left| (x^2 + y^2) \sin \dfrac{1}{x^2 + y^2} - 0 \right| < \varepsilon$ 成立，所以 $\lim\limits_{\substack{x \to 0 \\ y \to 0}} f(x,y) = 0$．

例 3　验证函数 $f(x,y) = \dfrac{xy}{x^2 + y^2}$ 当 $(x,y) \to (0,0)$ 时极限不存在．

证　如图 8-1 所示，当点(x,y)沿直线 $y=x$ 趋向于$(0,0)$时，

$$f(x,y)=\frac{x^2}{2x^2}\to\frac{1}{2};$$

而当点(x,y)沿直线 $y=2x$ 趋向于$(0,0)$时，

$$f(x,y)=\frac{2x^2}{5x^2}\to\frac{2}{5};$$

可见，$\lim\limits_{\substack{x\to0\\y\to0}}f(x,y)$极限不存在.

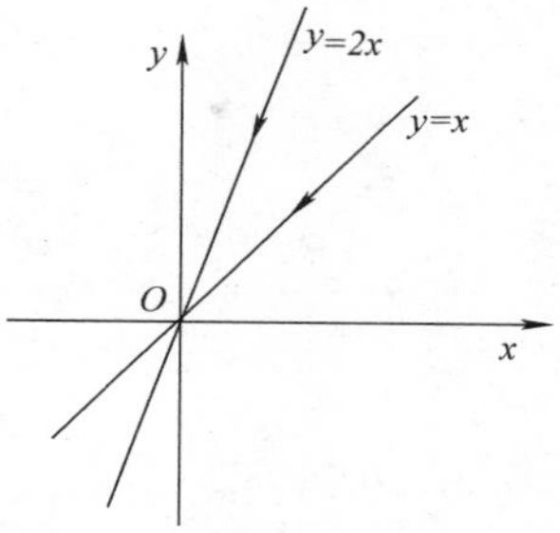

图 8-1

2. 二元函数的连续性

定义 8.4　设$f(x,y)$在$P(x_0,y_0)$的某邻域内有定义，如果

$$\lim\limits_{\substack{x\to x_0\\y\to y_0}}f(x,y)=f(x_0,y_0),$$

则称$f(x,y)$在点(x_0,y_0)连续，否则称点(x_0,y_0)是$f(x,y)$的**间断点**.

如果 $Z=f(x,y)$在区域 D 内每一点都连续，称 $Z=f(x,y)$在区域 D 内连续；若 $Z=f(x,y)$在区域 D 内及 D 的边界上都连续，则称 $Z=f(x,y)$在区域 D 上连续.

闭区域上连续二元函数有如下性质：

性质 1　有界闭区域 D 上的二元连续函数是**有界**的.

性质 2　有界闭区域 D 上的二元连续函数能取得**最大值与最小值**.

性质 3　有界闭区域 D 上的二元连续函数具有**介值性**，即可以取到介于最小值与最大值之间的任意一个值.

定义 8.5　由一元基本初等函数经过有限次四则运算及有限次复合运算所形成的，可用一个式子表达的函数都是**初等函数**. 例如 $f(x,y)=\dfrac{\sin(x^2+y^2)}{1+x^2}+\sqrt{y}$；$f(x,y)=e^{x+\cos y}$等都是二元初等函数. 二元初等函数在其定义域内都是连续的.

由上面性质可知，若 $z=f(x,y)$是初等函数，而(x_0,y_0)是其定义域内的一个点，则$\lim\limits_{\substack{x\to x_0\\y\to y_0}}f(x,y)=f(x_0,y_0)$.

例 4　求$\lim\limits_{\substack{x\to2\\y\to4}}(xy-4x-2y+10)$.

解　函数$f(x,y)=xy-4x-2y+10$是初等函数，它的定义域为$\mathbf{R}^2$. 因此，$f(x,y)$在$\mathbf{R}^2$上每一点都连续，于是有$\lim\limits_{\substack{x\to2\\y\to4}}(xy-4x-2y+10)=f(2,4)=2$.

例 5　求 $\lim\limits_{\substack{x\to0\\y\to0}}\dfrac{\sqrt{xy+1}-1}{xy}$.

解　$\lim\limits_{\substack{x\to0\\y\to0}}\dfrac{\sqrt{xy+1}-1}{xy}=\lim\limits_{\substack{x\to0\\y\to0}}\dfrac{xy}{xy(\sqrt{xy+1}+1)}$

$$= \lim_{\substack{x \to 0 \\ y \to 0}} \frac{1}{\sqrt{xy+1}+1}$$

$$= \frac{1}{\sqrt{0 \times 0 + 1} + 1}$$

$$= \frac{1}{2}.$$

习题 8.1

1. 判定下列平面点集中哪些是开集、闭集、区域、有界集、无界集？

1）$\{(x,y) \mid x \neq 0,\ y \neq 0\}$； 2）$\{(x,y) \mid 1 < x^2 + y^2 \leqslant 4\}$； 3）$\{(x,y) \mid y > x^2\}$.

2. 求下列函数的定义域：

1）$z = \sqrt{x} + y$； 2）$z = \sqrt{1-x^2} + \sqrt{y^2-1}$； 3）$z = \dfrac{1}{\sqrt{x^2+y^2}}$；

4）$z = \sqrt{x - \sqrt{y}}$； 5）$z = \ln(y - x^2) + \sqrt{1 - x^2 - y^2}$； 6）$z = \dfrac{1}{\sqrt{x+y}} + \dfrac{1}{\sqrt{x-y}}$.

3. 1）已知 $f\left(x+y,\ \dfrac{y}{x}\right) = x^2 - y^2$，求 $f(x,y)$.

2）已知 $f\left(\dfrac{1}{x},\ \dfrac{1}{y}\right) = \dfrac{y^2 - x^2}{2x + y}$，求 $f(x,y)$.

4. 设 $f(x+y, x-y) = e^{x^2 + y^2}(x^2 - y^2)$，求 $f(x,y)$ 和 $f(\sqrt{2}, \sqrt{2})$ 的值.

5. 设 $z = x + y + f(x - y)$，且当 $y = 0$ 时，$z = x^2$，求函数 z 的表达式.

6. 求下列极限：

1）$\displaystyle\lim_{(x,y) \to (1,0)} \frac{\ln(x + e^y)}{\sqrt{x^2 + y^2}}$； 2）$\displaystyle\lim_{(x,y) \to (0,0)} \frac{2 - \sqrt{xy + 4}}{xy}$；

3）$\displaystyle\lim_{(x,y) \to (0,0)} \frac{xy}{\sqrt{2 - e^{xy}} - 1}$； 4）$\displaystyle\lim_{(x,y) \to (2,0)} \frac{\tan(xy)}{y}$.

第二节 偏导数与全微分

一、偏导数的概念

定义 8.6 设函数 $Z = f(x, y)$ 在 $P_0(x_0, y_0)$ 的某邻域内有定义，若固定 $y = y_0$，一元函数 $Z = f(x, y_0)$ 在 $x = x_0$ 可导，即极限

$$\lim_{\Delta x \to 0} \frac{f(x_0 + \Delta x, y_0) - f(x_0, y_0)}{\Delta x}$$

存在，则称此极限为函数 $f(x, y)$ 在点 $P_0(x_0, y_0)$ 关于 x 的**偏导数**，记作 $f'_x(x_0, y_0)$，$\dfrac{\partial f}{\partial x}(x_0, y_0)$ 或 $\dfrac{\partial Z}{\partial x}\bigg|_{(x_0, y_0)}$，$z'_x(x_0, y_0)$.

类似地，若 $x = x_0$（常数），一元函数 $Z = f(x_0, y)$ 在 $y = y_0$ 可导，即极限

$$\lim_{\Delta y \to 0} \frac{f(x_0, y_0 + \Delta y) - f(x_0, y_0)}{\Delta y}$$

存在，则称此极限为 $f(x, y)$ 在点 $P_0(x_0, y_0)$ 关于 y 的**偏导数**，记作 $f_y'(x_0, y_0)$，$\dfrac{\partial f}{\partial y}(x_0, y_0)$ 或 $\dfrac{\partial Z}{\partial y}\Big|_{(x_0, y_0)}$，$Z_y'(x_0, y_0)$.

例1　设 $f(x, y) = \sin xy + x^2 y^3$，求 $f_x'(x, y)$ 及 $f_y'(x, y)$.

解　$f_x'(x, y) = y\cos xy + 2xy^3$，

　　$f_y'(x, y) = x\cos xy + 3x^2 y^2$.

例2　设 $f(x, y) = e^x \cdot \cos y^2 + x^y$，求 f_x' 及 f_y'.

解　$f_x'(x, y) = e^x \cdot \cos y^2 + yx^{y-1}$，

　　$f_y'(x, y) = -2ye^x \sin y^2 + x^y \ln x$.

例3　证明 $f(x, y) = \begin{cases} \dfrac{xy}{x^2 + y^2} & x^2 + y^2 \neq 0 \\ 0 & x^2 + y^2 = 0 \end{cases}$ 在 $(0, 0)$ 处的偏导数均存在，但不连续.

证　1）在点 $(0, 0)$ 处对 x 的偏导数为

$$f_x'(0, 0) = \lim_{\Delta x \to 0} \frac{f(0 + \Delta x, 0) - f(0, 0)}{\Delta x} = 0;$$

同样有

$$f_y'(0, 0) = \lim_{\Delta y \to 0} \frac{f(0, 0 + \Delta y) - f(0, 0)}{\Delta y} = 0.$$

即函数在点 $(0, 0)$ 的偏导数都存在.

2）

$$\lim_{y = kx \to 0} \frac{xy}{x^2 + y^2} = \frac{k}{1 + k^2}$$

显然 k 不同极限值也不同，所以在 $(0, 0)$ 点函数的极限不存在，因而不连续.

二、二阶偏导数

定义8.7　一般地，若函数 $Z = f(x, y)$ 在区域 D 内的每一点 (x, y) 的偏导函数 $\dfrac{\partial Z}{\partial x}$ 及 $\dfrac{\partial Z}{\partial y}$ 都存在，则 $\dfrac{\partial Z}{\partial x}$ 及 $\dfrac{\partial Z}{\partial y}$ 还是关于 x 和 y 的二元函数，称之为函数 $Z = f(x, y)$ 的偏导函数. 若它们的偏导数仍存在，则称这些偏导数为二元函数 $Z = f(x, y)$ 的**二阶偏导数**，记作

$$\frac{\partial^2 Z}{\partial x^2} = \frac{\partial}{\partial x}\left(\frac{\partial Z}{\partial x}\right), \quad \frac{\partial^2 Z}{\partial x \partial y} = \frac{\partial}{\partial y}\left(\frac{\partial Z}{\partial x}\right),$$

$$\frac{\partial^2 Z}{\partial y \partial x} = \frac{\partial}{\partial x}\left(\frac{\partial Z}{\partial y}\right), \quad \frac{\partial^2 Z}{\partial y^2} = \frac{\partial}{\partial y}\left(\frac{\partial Z}{\partial y}\right).$$

仿此可以定义更高阶的偏导数.

例 4　求函数 $f(x,y) = \sin xy + x^2 y^3$ 的二阶偏导数.

解

$$\frac{\partial f}{\partial x} = y\cos xy + 2xy^3, \quad \frac{\partial f}{\partial y} = x\cos xy + 3x^2 y^2,$$

$$\frac{\partial^2 f}{\partial x^2} = \frac{\partial}{\partial x}\left(\frac{\partial f}{\partial x}\right) = -y^2 \sin xy + 2y^3,$$

$$\frac{\partial^2 f}{\partial x \partial y} = \frac{\partial}{\partial y}\left(\frac{\partial f}{\partial x}\right) = \cos xy - xy\sin xy + 6xy^2,$$

$$\frac{\partial^2 f}{\partial y \partial x} = \frac{\partial}{\partial x}\left(\frac{\partial f}{\partial y}\right) = \cos xy - xy\sin xy + 6xy^2,$$

$$\frac{\partial^2 f}{\partial y^2} = \frac{\partial}{\partial y}\left(\frac{\partial f}{\partial y}\right) = -x^2 \sin xy + 6x^2 y.$$

在二阶偏导数中，$\dfrac{\partial^2 f}{\partial x \partial y}$ 与 $\dfrac{\partial^2 f}{\partial y \partial x}$ 称为**混合偏导数**. 在上面的例子中，求混合偏导时，与变量的先后顺序没有关系，但是并非任何函数的二阶混合偏导数都相等. 一般地，有如下定理：

定理 8.1　若 $f(x,y)$ 的二阶偏导数 $\dfrac{\partial^2 f}{\partial x \partial y}$ 与 $\dfrac{\partial^2 f}{\partial y \partial x}$ 是关于 (x,y) 的连续函数，则

$$\frac{\partial^2 f}{\partial x \partial y} = \frac{\partial^2 f}{\partial y \partial x}.$$

三、全微分

定义 8.8　设二元函数 $Z = f(x,y)$ 在点 (x,y) 的某邻域内有定义，若对于定义域中的另一点 $(x + \Delta x, y + \Delta y)$，函数的全改变量 ΔZ 可以写成下面的形式：

$$\Delta Z = f(x + \Delta x, y + \Delta y) - f(x,y) = A \cdot \Delta x + B \cdot \Delta y + o(\rho)$$

其中，A、B 是与 Δx、Δy 无关的常数，$\rho = \sqrt{(\Delta x)^2 + (\Delta y)^2}$，则称 $Z = f(x,y)$ 在点 (x,y) 处**可微**. ΔZ 的线性主要部分 $A \cdot \Delta x + B \cdot \Delta y$ 称为 $f(x,y)$ 在点 (x,y) 的**全微分**，记作 $\mathrm{d}Z$ 或 $\mathrm{d}f$，即

$$\mathrm{d}Z = A \cdot \Delta x + B \cdot \Delta y.$$

关于可微与可偏导的关系有下面两个定理.

定理 8.2（可微的必要条件）　若 $Z = f(x,y)$ 在点 (x,y) 可微分，则 $Z = f(x,y)$ 在点 (x,y) 的偏导数存在.

证 由可微定义，存在常数 A、B，使得

$$f(x + \Delta x, y + \Delta y) - f(x, y) = A \cdot \Delta x + B \cdot \Delta y + o(\rho).$$

令 $\Delta y = 0$，便有

$$f(x + \Delta x, y) - f(x, y) = A \cdot \Delta x + o(\Delta x).$$

用 Δx 除上式等号两端，再取极限 $(\Delta x \to 0)$，有

$$\frac{\partial z}{\partial x} = \lim_{\Delta x \to 0} \frac{f(x + \Delta x, y) - f(x, y)}{\Delta x} = A.$$

同样也可以证明 $\frac{\partial z}{\partial y} = B$，因此定理得证.

由定理 8.2 知道，若函数 $Z = f(x, y)$ 在点 (x, y) 可微，则

$$dZ = \frac{\partial z}{\partial x} \Delta x + \frac{\partial z}{\partial y} \Delta y.$$

由于 $dx = \Delta x$， $dy = \Delta y$，因此，在以后的全微分表达式中，可以写成下面的形式

$$dZ = f'_x(x, y) dx + f'_y(x, y) dy.$$

但函数 $Z = f(x, y)$ 在点 (x, y) 偏导数均存在，函数也不一定可微.

例 5 已知 $f(x, y) = \sqrt{|xy|}$，研究函数 $f(x, y)$ 在点 $(0, 0)$ 的

1）连续性；2）偏导数存在性；3）可微性.

解 1）$f(x, y) = \sqrt{|xy|} = (x^2 y^2)^{\frac{1}{4}}$ 是初等函数，在 $(0, 0)$ 有定义，因此，在 $(0, 0)$ 点连续.

2）

$$\lim_{\Delta x \to 0} \frac{f(\Delta x, 0) - f(0, 0)}{\Delta x} = \lim_{\Delta x \to 0} \frac{0}{\Delta x} = 0.$$

因而，$f(x, y)$ 在点 $(0, 0)$ 关于 x 的偏导数存在并且 $f'_x(0, 0) = 0$. 同理可以知道 $f(x, y)$ 在点 $(0, 0)$ 处关于 y 的偏导数也存在并且 $f'_y(0, 0) = 0$.

3）若 $f(x, y)$ 在 $(0, 0)$ 可微分，必有

$$\Delta f = f(\Delta x, \Delta y) - f(0, 0) = f'_x \cdot \Delta x + f'_y \cdot \Delta y + o(\rho),$$

即

$$\sqrt{|\Delta x \cdot \Delta y|} = o(\sqrt{(\Delta x)^2 + (\Delta y)^2}).$$

但 $(\Delta x, \Delta y)$ 沿 $\Delta x = \Delta y$ 趋向于 $(0, 0)$ 时，极限 $\lim\limits_{\substack{\Delta x \to 0 \\ \Delta y \to 0}} \dfrac{\sqrt{|\Delta x \cdot \Delta y|}}{\sqrt{(\Delta x)^2 + (\Delta y)^2}} = \dfrac{1}{\sqrt{2}} \neq 0$，矛盾，因此，函数在点 $(0, 0)$ 不可微.

什么样的函数在点 (x, y) 偏导数存在时一定可微呢？给出如下结论：

定理 8.3（可微的充分条件） 若函数 $Z = f(x, y)$ 在点 (x, y) 的某邻域有连续的偏导数，则 $Z = f(x, y)$ 在点 (x, y) 处可微分.

例 6　求 $Z = e^{\sqrt{x^2+y^2}}$ 的全微分以及在点 $(1,1)$ 的全微分.

解　$\dfrac{\partial Z}{\partial x} = \dfrac{x}{\sqrt{x^2+y^2}} e^{\sqrt{x^2+y^2}}$, $\dfrac{\partial Z}{\partial y} = \dfrac{y}{\sqrt{x^2+y^2}} e^{\sqrt{x^2+y^2}}$,

$$\left.\frac{\partial Z}{\partial x}\right|_{\substack{x=1\\y=1}} = \frac{1}{\sqrt{2}} e^{\sqrt{2}}, \quad \left.\frac{\partial Z}{\partial y}\right|_{\substack{x=1\\y=1}} = \frac{1}{\sqrt{2}} e^{\sqrt{2}}.$$

所以函数在任意点的全微分为

$$dZ = \frac{e^{\sqrt{x^2+y^2}}}{\sqrt{x^2+y^2}}(x\,dx + y\,dy).$$

在点 $(1,1)$ 的全微分为

$$dZ = \frac{1}{\sqrt{2}} e^{\sqrt{2}} dx + \frac{1}{\sqrt{2}} e^{\sqrt{2}} dy.$$

多元函数的全微分在近似计算中有一定的应用. 对于可微的二元函数 $z = f(x,y)$, 当 $\Delta z - dz = o(\rho)$ 是比 ρ 高阶的无穷小量时, 有近似公式

$$\Delta z \approx dz,$$

即　　　　　　$f(x + \Delta x, y + \Delta y) \approx f(x,y) + f'_x(x,y)\Delta x + f'_y(x,y)\Delta y.$

例 7　要造一个无盖的圆柱形水槽, 其内半径为 2m, 高为 4m, 厚度均为 0.01m, 求需用材料多少(单位为 m³)?

解　圆柱体的体积 $V = \pi r^2 h$, 所以

$$\Delta V \approx 2\pi r h \Delta r + \pi r^2 \Delta h$$

由于 $r = 2$, $h = 4$, $\Delta r = \Delta h = 0.01$, 所以

$$\Delta V \approx 2\pi \times 2 \times 4 \times 0.01 + \pi \times 2^2 \times 0.01 = 0.2\pi$$

所以需用材料约为 $0.2\pi\,\text{m}^3$, 与直接计算 ΔV 的值 $0.200801\pi\,\text{m}^3$ 相当接近.

习题 8.2

1. 求下列函数的偏导数:

1) $z = x^3 y - y^3 x$;　　　　2) $z = \sqrt{\ln(xy)}$;　　　　3) $z = \sin(xy) + \cos^2(xy)$;

4) $z = \ln\tan\dfrac{x}{y}$;　　　　5) $z = (1 + xy)^y$;　　　　6) $u = x^{\frac{y}{z}}$.

2. 设 $f(x,y) = x + (y-1)\arcsin\sqrt{\dfrac{x}{y}}$, 求 $f'_x(x,1)$.

3. 设 $f(x,y) = e^{x^2+y^2}$, 求 $f'_x(1,1)$, $f'_y(1,0)$.

4. 设 $z = x\ln(xy)$, 求 $\dfrac{\partial^2 z}{\partial x \partial y}$.

5. 验证函数 $z = \ln \sqrt{x^2 + y^2}$ 满足方程 $\dfrac{\partial^2 z}{\partial x^2} + \dfrac{\partial^2 z}{\partial y^2} = 0$.

6. 证明函数 $f(x, y) = \sqrt{x^2 + y^2}$ 在点 $(0,0)$ 的偏导数不存在，但在该点连续.

7. 考虑二元函数 $f(x, y)$ 的下面四条性质，说出它们之间的关系：

1）$f(x, y)$ 在点 (x_0, y_0) 连续； 2）$f'_x(x, y)$、$f'_y(x, y)$ 在点 (x_0, y_0) 连续；

3）$f(x, y)$ 在点 (x_0, y_0) 可微； 4）$f'_x(x, y)$、$f'_y(x, y)$ 在点 (x_0, y_0) 存在.

8. 求下列函数的全微分：

1）$z = \sqrt{\dfrac{x}{y}}$； 2）$u = x^{yz}$.

9. 求函数 $z = \ln(1 + x^2 + y^2)$ 当 $x = 1$，$y = 2$，$\Delta x = 0.1$，$\Delta y = -0.1$ 时的全微分.

10. 已知边长 $x = 6\text{m}$ 与 $y = 8\text{m}$ 的矩形，求当 x 边增加 5cm，y 边减少 10cm 时，此矩形对角线变化的近似值.

第三节 多元复合函数和隐函数的微分法

一、多元复合函数微分法

定理 8.4 如果函数 $Z = f(u, v)$ 在对应点 (u, v) 可微，而 $u = \varphi(x)$ 及 $v = \psi(x)$ 在 x 可导，则复合函数 $Z = f[\varphi(x), \psi(x)]$ 在 x 也可导，且 $\dfrac{\mathrm{d}Z}{\mathrm{d}x} = \dfrac{\partial Z}{\partial u}\dfrac{\mathrm{d}u}{\mathrm{d}x} + \dfrac{\partial Z}{\partial v}\dfrac{\mathrm{d}v}{\mathrm{d}x}$.

证明从略.

推论 8.1 如果函数 $u = \varphi(x, y)$ 及 $v = \psi(x, y)$ 偏导数存在，而 $Z = f(u, v)$ 关于 u、v 可微分，则复合函数 $Z = f[\varphi(x, y), \psi(x, y)]$ 偏导数存在，且

$$\frac{\partial Z}{\partial x} = \frac{\partial Z}{\partial u}\frac{\partial u}{\partial x} + \frac{\partial Z}{\partial v}\frac{\partial v}{\partial x},$$

$$\frac{\partial Z}{\partial y} = \frac{\partial Z}{\partial u}\frac{\partial u}{\partial y} + \frac{\partial Z}{\partial v}\frac{\partial v}{\partial y}.$$

推论 8.2 设 $w = f(u, v, s)$，而 u、v、s 都是 x、y 与 z 的函数，

$$u = u(x, y, z), \ v = v(x, y, z), \ s = s(x, y, z),$$

则复合函数

$$w = f[u(x, y, z), \ v(x, y, z), \ s(x, y, z)].$$

对三个自变量 x，y，z 的偏导数为

$$\frac{\partial w}{\partial x} = \frac{\partial w}{\partial u}\frac{\partial u}{\partial x} + \frac{\partial w}{\partial v}\frac{\partial v}{\partial x} + \frac{\partial w}{\partial s}\frac{\partial s}{\partial x};$$

$$\frac{\partial w}{\partial y} = \frac{\partial w}{\partial u}\frac{\partial u}{\partial y} + \frac{\partial w}{\partial v}\frac{\partial v}{\partial y} + \frac{\partial w}{\partial s}\frac{\partial s}{\partial y};$$

$$\frac{\partial w}{\partial z} = \frac{\partial w}{\partial u}\frac{\partial u}{\partial z} + \frac{\partial w}{\partial v}\frac{\partial v}{\partial z} + \frac{\partial w}{\partial s}\frac{\partial s}{\partial z}.$$

例1　设 $z = uv + \sin t$，而 $u = e^t$，$v = \cos t$，求全导数 $\dfrac{\mathrm{d}z}{\mathrm{d}t}$.

解　$\dfrac{\mathrm{d}z}{\mathrm{d}t} = \dfrac{\partial z}{\partial u}\dfrac{\mathrm{d}u}{\mathrm{d}t} + \dfrac{\partial z}{\partial v}\dfrac{\mathrm{d}v}{\mathrm{d}t} + \dfrac{\partial z}{\partial t} = ve^t - u\sin t + \cos t$

$$= e^t \cos t - e^t \sin t + \cos t = e^t(\cos t - \sin t) + \cos t.$$

例2　$Z = u^2 \ln v$，$u = \dfrac{x}{y}$，$v = 3x - 2y$，求 $\dfrac{\partial Z}{\partial x}$ 和 $\dfrac{\partial Z}{\partial y}$.

解　$\dfrac{\partial Z}{\partial x} = \dfrac{\partial Z}{\partial u}\dfrac{\partial u}{\partial x} + \dfrac{\partial Z}{\partial v}\dfrac{\partial v}{\partial x} = 2u(\ln v)\dfrac{1}{y} + \dfrac{u^2}{v}\cdot 3 = \dfrac{2x}{y^2}\ln(3x-2y) + \dfrac{3x^2}{y^2(3x-2y)}$；

$\dfrac{\partial Z}{\partial y} = \dfrac{\partial Z}{\partial u}\dfrac{\partial u}{\partial y} + \dfrac{\partial Z}{\partial v}\dfrac{\partial v}{\partial y} = 2u\ln v\cdot\left(-\dfrac{x}{y^2}\right) + \dfrac{u^2}{v}\cdot(-2) = -\dfrac{2x^2}{y^3}\ln(3x-2y) - \dfrac{2x^2}{y^2(3x-2y)}$.

例3　设 $F = f(x, xy, xyz)$，求 $\dfrac{\partial F}{\partial x}$、$\dfrac{\partial F}{\partial y}$ 和 $\dfrac{\partial F}{\partial z}$.

解　设 $u = x$，$v = xy$，$w = xyz$，有 $F = f(u,v,w)$，并且用 f_1'、f_2'、f_3' 分别代替 $\dfrac{\partial f}{\partial u}$、$\dfrac{\partial f}{\partial v}$、$\dfrac{\partial f}{\partial w}$. 于是

$$\frac{\partial F}{\partial x} = \frac{\partial f}{\partial u}\frac{\mathrm{d}u}{\mathrm{d}x} + \frac{\partial f}{\partial v}\frac{\partial v}{\partial x} + \frac{\partial f}{\partial w}\frac{\partial w}{\partial x} = f_1' + f_2'\cdot y + f_3'\cdot yz;$$

$$\frac{\partial F}{\partial y} = \frac{\partial f}{\partial v}\frac{\partial v}{\partial y} + \frac{\partial f}{\partial w}\frac{\partial w}{\partial y} = f_2'\cdot x + f_3'\cdot xz;$$

$$\frac{\partial F}{\partial z} = \frac{\partial f}{\partial w}\frac{\partial w}{\partial z} = f_3'\cdot xy.$$

例4　设 $F = f(u, x, y)$，$u = xe^y$，求 $\dfrac{\partial^2 F}{\partial x \partial y}$.

解　$\dfrac{\partial F}{\partial x} = \dfrac{\partial f}{\partial u}\dfrac{\partial u}{\partial x} + \dfrac{\partial f}{\partial x} = f_u'e^y + f_x'$.

注意到 f_u' 和 f_x' 仍是关于 u、x、y 的函数，且 $u = xe^y$，所以

$$\frac{\partial^2 F}{\partial x \partial y} = e^y f_u' + e^y\left(f_{uu}''\cdot\frac{\partial u}{\partial y} + f_{uy}''\right) + f_{xu}''\cdot\frac{\partial u}{\partial y} + f_{xy}''$$

$$= e^y f_u' + xe^{2y} f_{uu}'' + e^y f_{uy}'' + xe^y f_{xu}'' + f_{xy}''.$$

二、多元隐函数微分法

先考虑一个方程确定的隐函数微分法。

1. 若因变量 y 和自变量 x 之间的函数关系由方程 $F(x,y)=0$ 确定，则称函数 $y=y(x)$ 为由方程 $F(x,y)=0$ 确定的**隐函数**. 显然，隐函数 $y(x)$ 满足恒等式

$$F(x,y(x))\equiv 0.$$

上式两边对 x 求导数，得

$$\frac{\partial F}{\partial x}+\frac{\partial F}{\partial y}\frac{\mathrm{d}y}{\mathrm{d}x}=0.$$

当 $\dfrac{\partial F}{\partial y}\neq 0$ 时，有

$$\frac{\mathrm{d}y}{\mathrm{d}x}=-\frac{\dfrac{\partial F}{\partial x}}{\dfrac{\partial F}{\partial y}}.$$

2. 若因变量 z 和自变量 x、y 之间的函数关系由方程 $F(x,y,z)=0$ 确定，则称函数 $z=z(x,y)$ 为由方程 $F(x,y,z)=0$ 确定的隐函数. 显然，隐函数 $z(x,y)$ 满足恒等式 $F(x,y,z(x,y))\equiv 0.$

上式两边对 x、y 分别求偏导数，得

$$\frac{\partial F}{\partial x}+\frac{\partial F}{\partial z}\frac{\partial z}{\partial x}=0,$$

$$\frac{\partial F}{\partial y}+\frac{\partial F}{\partial z}\frac{\partial z}{\partial y}=0.$$

当 $\dfrac{\partial F}{\partial z}\neq 0$ 时，得到隐函数求导公式：

$$\frac{\partial z}{\partial x}=-\frac{\dfrac{\partial F}{\partial x}}{\dfrac{\partial F}{\partial z}},\quad \frac{\partial z}{\partial y}=-\frac{\dfrac{\partial F}{\partial y}}{\dfrac{\partial F}{\partial z}}.$$

例5　求由方程 $\dfrac{x^2}{a^2}+\dfrac{y^2}{b^2}+\dfrac{z^2}{c^2}=1$ 确定函数 z 的偏导数.

方法1　两边先对 x 求偏导数，注意 z 是 x 的函数，得

$$\frac{2x}{a^2}+\frac{2z}{c^2}\cdot\frac{\partial z}{\partial x}=0,$$

解得

$$\frac{\partial z}{\partial x}=-\frac{c^2 x}{a^2 z}.$$

两边对 y 求偏导数，有

$$\frac{2y}{b^2} + \frac{2z}{c^2} \cdot \frac{\partial z}{\partial y} = 0,$$

解得

$$\frac{\partial z}{\partial y} = -\frac{c^2 y}{b^2 z}.$$

方法 2 设 $F(x,y,z) = \dfrac{x^2}{a^2} + \dfrac{y^2}{b^2} + \dfrac{z^2}{c^2} - 1$，则

$$\frac{\partial F}{\partial x} = \frac{2x}{a^2}, \quad \frac{\partial F}{\partial y} = \frac{2y}{b^2}, \quad \frac{\partial F}{\partial z} = \frac{2z}{c^2},$$

由隐函数求导公式，有

$$\frac{\partial z}{\partial x} = -\frac{c^2 x}{a^2 z}, \quad \frac{\partial z}{\partial y} = -\frac{c^2 y}{b^2 z}.$$

下面我们再考虑有由方程组确定的隐函数的微分法.

首先依据未知数的个数减去方程组的个数等于 1 还是大于 1 来确定全导还是偏导问题；其次依据所求的问题判断哪些变量是自变量，哪些变量是中间变量，遇到因变量时，利用复合函数的求导法则进行求导或偏导数.

例 6 设 $\begin{cases} x = \mathrm{e}^u + u\sin v \\ y = \mathrm{e}^u - u\cos v \end{cases}$，求 $\dfrac{\partial u}{\partial x}, \dfrac{\partial u}{\partial y}, \dfrac{\partial v}{\partial x}, \dfrac{\partial v}{\partial y}$.

解 4 个变量，2 个方程，所以求偏导，从题目可见 x, y 为自变量，u, v 为中间变量，为求 $\dfrac{\partial u}{\partial x}$ 和 $\dfrac{\partial v}{\partial x}$，方程两边需同时对 x 求导，有

$$\begin{cases} 1 = \mathrm{e}^u \dfrac{\partial u}{\partial x} + \dfrac{\partial u}{\partial x}\sin v + u\cos v \dfrac{\partial v}{\partial x} \\ 0 = \mathrm{e}^u \dfrac{\partial u}{\partial x} - \dfrac{\partial u}{\partial x}\cos v + u\sin v \dfrac{\partial v}{\partial x} \end{cases},$$

解得

$$\frac{\partial u}{\partial x} = \frac{\sin v}{\mathrm{e}^u(\sin v - \cos v) + 1}, \quad \frac{\partial v}{\partial x} = \frac{\cos v - \mathrm{e}^u}{u[\mathrm{e}^u(\sin v - \cos v) + 1]}.$$

为求 $\dfrac{\partial u}{\partial y}$ 和 $\dfrac{\partial v}{\partial y}$，方程两边需同时对 y 求导，有

$$\begin{cases} 0 = \mathrm{e}^u \dfrac{\partial u}{\partial y} + \dfrac{\partial u}{\partial y}\sin v + u\cos v \dfrac{\partial v}{\partial y} \\ 1 = \mathrm{e}^u \dfrac{\partial u}{\partial y} - \dfrac{\partial u}{\partial y}\cos v + u\sin v \dfrac{\partial v}{\partial y} \end{cases},$$

解得

$$\frac{\partial u}{\partial y} = \frac{-\cos v}{\mathrm{e}^u(\sin v - \cos v) + 1}, \quad \frac{\partial v}{\partial y} = \frac{\sin v + \mathrm{e}^u}{u[\mathrm{e}^u(\sin v - \cos v) + 1]}.$$

例 7 设 $\begin{cases} z = x^2 + y^2 \\ x^2 + 2y^2 + 3z^2 = 20 \end{cases}$ 求 $\dfrac{\mathrm{d}y}{\mathrm{d}x}$，$\dfrac{\mathrm{d}z}{\mathrm{d}x}$.

解 3 个变量，2 个方程，因而求全导数，从题目可见 x 为自变量，为求 $\dfrac{\mathrm{d}y}{\mathrm{d}x}$ 和 $\dfrac{\mathrm{d}z}{\mathrm{d}x}$，方程两边需同时对 x 求导，有

$$\begin{cases} \dfrac{\mathrm{d}z}{\mathrm{d}x} = 2x + 2y\dfrac{\mathrm{d}y}{\mathrm{d}x} \\ 2x + 4y\dfrac{\mathrm{d}y}{\mathrm{d}x} + 6z\dfrac{\mathrm{d}z}{\mathrm{d}x} = 0 \end{cases},$$

解得

$$\frac{\mathrm{d}y}{\mathrm{d}x} = -\frac{x(6z+1)}{2y(3z+1)}, \quad \frac{\mathrm{d}z}{\mathrm{d}x} = \frac{x}{3z+1}.$$

习题 8.3

1. 求下列函数的偏导数：

1）设 $z = \mathrm{e}^u \sin v$，而 $u = xy$，$v = x + y$，求 $\dfrac{\partial z}{\partial x}$ 和 $\dfrac{\partial z}{\partial y}$.

2）设 $u = f(x, y, z) = \mathrm{e}^{x^2 + y^2 + z^2}$，而 $z = x^2 \sin y$，求 $\dfrac{\partial u}{\partial x}$ 和 $\dfrac{\partial u}{\partial y}$.

3）设 $z = u^v$，而 $u = x + 2y$，$v = x - y$，求 $\dfrac{\partial z}{\partial x}$ 和 $\dfrac{\partial z}{\partial y}$.

4）设 $u = f(x^2 - y^2, \mathrm{e}^{xy})$，求 $\dfrac{\partial u}{\partial x}$ 和 $\dfrac{\partial u}{\partial y}$.

5）设 $u = f\left(\dfrac{x}{y}, \dfrac{y}{z}\right)$，$\dfrac{\partial u}{\partial x}$，求 $\dfrac{\partial u}{\partial y}$ 和 $\dfrac{\partial u}{\partial z}$.

2. 设 $z = f(xy, x^2 + y^2)$，其中，f 具有二阶连续偏导数，求 $\dfrac{\partial^2 z}{\partial x^2}$，$\dfrac{\partial^2 z}{\partial x \partial y}$.

3. 设 $z = xy + F(u)$，而 $u = \dfrac{y}{x}$，$F(u)$ 为可导函数，证明

$$x\frac{\partial z}{\partial x} + y\frac{\partial z}{\partial y} = 2xy.$$

4. 设 $z = f[\mathrm{e}^{xy}, \cos(xy)]$，$f$ 为可导函数，证明

$$x\frac{\partial z}{\partial x} - y\frac{\partial z}{\partial y} = 0.$$

5. 设 $F(x,y) = f[x + g(y)]$，其中 f 具有二阶导数，g 具有一阶导数，证明

$$\frac{\partial F}{\partial x} \cdot \frac{\partial^2 F}{\partial x \partial y} = \frac{\partial F}{\partial y} \cdot \frac{\partial^2 F}{\partial x^2}.$$

6. 求下列方程所确定的隐函数的导数或偏导数：

1) 设 $\ln \sqrt{x^2 + y^2} = \arctan \dfrac{y}{x}$，求 $\dfrac{\mathrm{d}y}{\mathrm{d}x}$.

2) 设 $\mathrm{e}^z - xyz = 0$，求 $\dfrac{\partial z}{\partial x}$，$\dfrac{\partial z}{\partial y}$.

3) 设 $x + y - z = x\mathrm{e}^{z-y-x}$，求 $\dfrac{\partial z}{\partial x}$，$\dfrac{\partial z}{\partial y}$.

4) 设 $\dfrac{x}{z} = \ln \dfrac{z}{y}$，求 $\dfrac{\partial z}{\partial x}$，$\dfrac{\partial z}{\partial y}$.

7. 设 $u = f(x,y,z)$ 有连续的偏导数，$y = y(x)$ 和 $z = z(x)$ 分别由方程 $\mathrm{e}^{xy} - y = 0$ 和 $\mathrm{e}^z - xz = 0$ 所确定，求 $\dfrac{\mathrm{d}u}{\mathrm{d}x}$.

8. 设 $F(u,v)$ 有连续的偏导数，方程 $F(cx - az, cy - bz) = 0$ 确定函数 $z = f(x,y)$，证明

$$a \frac{\partial z}{\partial x} + b \frac{\partial z}{\partial y} = c.$$

9. 设 $\begin{cases} xu - yv = 0 \\ yu + xv = 1 \end{cases}$，求 $\dfrac{\partial u}{\partial x}$，$\dfrac{\partial u}{\partial y}$，$\dfrac{\partial v}{\partial x}$，$\dfrac{\partial v}{\partial y}$.

10. 设 $\begin{cases} x + y + z = 0 \\ x^2 + y^2 + z^2 = 1 \end{cases}$，求 $\dfrac{\mathrm{d}x}{\mathrm{d}z}$，$\dfrac{\mathrm{d}y}{\mathrm{d}z}$.

第四节　多元函数微分法在几何上的应用

一、空间曲线的切线与法平面

设空间曲线 Γ 的参数方程为

$$x = \varphi(t), \quad y = \psi(t), \quad z = \omega(t) \quad (\alpha \leqslant t \leqslant \beta) \qquad (8\text{-}1)$$

这里假定式(8-1)的三个函数都在 $[\alpha, \beta]$ 上可导.

在曲线 Γ 上取对应于 $t = t_0$ 的一点 $M(x_0, y_0, z_0)$ 及对应于 $t = t_0 + \Delta t$ 的临近一点 $M'(x_0 + \Delta x, y_0 + \Delta y, z_0 + \Delta z)$. 根据解析几何，曲线的割线 MM' 的方程为

$$\frac{x - x_0}{\Delta x} = \frac{y - y_0}{\Delta y} = \frac{z - z_0}{\Delta z} \qquad (8\text{-}2)$$

当 M' 沿着 Γ 趋于 M 时，割线 MM' 的极限位置 MT 就是曲线在点 M 处的切线 (见图8-2)，用 Δt 除上式的各分母，得

$$\frac{x-x_0}{\dfrac{\Delta x}{\Delta t}} = \frac{y-y_0}{\dfrac{\Delta y}{\Delta t}} = \frac{z-z_0}{\dfrac{\Delta z}{\Delta t}}$$

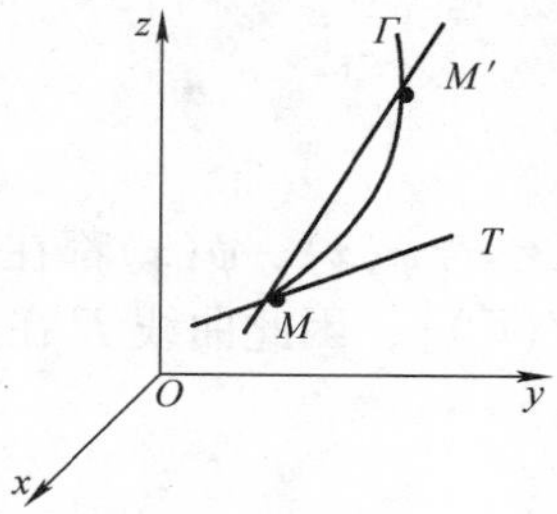

令 $M' \to M$（这时 $\Delta t \to 0$），通过对上式取极限，即得曲线在点 M 处的切线方程为

$$\frac{x-x_0}{\varphi'(t_0)} = \frac{y-y_0}{\psi'(t_0)} = \frac{z-z_0}{\omega'(t_0)} \qquad (8\text{-}3)$$

这里当然要假定 $\varphi'(t_0)$、$\psi'(t_0)$ 和 $\omega'(t_0)$ 不能同时为零. 如果个别为零，则应按照空间解析几何中有关直线的对称式方程的说明来理解.

图 8-2

切线的方向向量称为曲线的切向量. 向量

$$\boldsymbol{T} = \{\varphi'(t_0), \psi'(t_0), \omega'(t_0)\}$$

就是曲线 Γ 在点 M 处的一个切向量，它的指向与参数 t 增大时点 M 移动的走向一致.

通过点 M 而与切线垂直的平面称为曲线 Γ 在点 M 处的法平面，它是通过点 $M(x_0, y_0, z_0)$ 而以 $\boldsymbol{T}$ 为法向量的平面，因此这一法平面的方程为

$$(x-x_0)\varphi'(t_0) + (y-y_0)\psi'(t_0) + (z-z_0)\omega'(t_0) = 0 \qquad (8\text{-}4)$$

例1　求曲线 $\Gamma : x = \displaystyle\int_0^t e^u \cos u \, du$，$y = 2\sin t + \cos t$，$z = 1 + e^{3t}$ 在点 $t = 0$ 处的切线方程与法平面方程.

解　当 $t = 0$ 时，$x = 0$，$y = 1$，$z = 2$，
因为 $x' = e^t \cos t$，$y' = 2\cos t - \sin t$，$z' = 3e^{3t}$，所以

$$x'(0) = 1, \; y'(0) = 2, \; z'(0) = 3,$$

于是切线方程为

$$\frac{x-0}{1} = \frac{y-1}{2} = \frac{z-2}{3},$$

法平面方程为

$$x + 2(y-1) + 3(z-2) = 0,$$

即

$$x + 2y + 3z - 8 = 0.$$

下面讨论空间曲线 Γ 的方程以另外两种形式给出的情形.

如果空间曲线 Γ 的方程以

$$\begin{cases} y = \varphi(x) \\ z = \psi(x) \end{cases}$$

的形式给出，取 x 为参数，它就可以表示为参数方程的形式

$$\begin{cases} x = x \\ y = \varphi(x) \\ z = \psi(x) \end{cases}$$

若 $\varphi(x)$、$\psi(x)$ 都在 $x = x_0$ 处可导，那么根据上面的讨论可知，$\boldsymbol{T} = \{1, \varphi'(t_0), \psi'(t_0)\}$，因此曲线 Γ 在点 M 处的切线方程为

$$\frac{x - x_0}{1} = \frac{y - y_0}{\varphi'(x_0)} = \frac{z - z_0}{\psi'(x_0)}, \tag{8-5}$$

在点 $M(x_0, y_0, z_0)$ 处的法平面方程

$$(x - x_0) + \varphi'(x_0)(y - y_0) + \psi'(x_0)(z - z_0) = 0. \tag{8-6}$$

例 2　求曲线 $\Gamma : \begin{cases} x = f(y) \\ y = g(z) \end{cases}$ 上相应于 $z = z_0$ 处的切线方程和法平面方程.

解　$\Gamma : \begin{cases} x = f(g(z)) \\ y = g(z) \\ z = z \end{cases}$　在 $z = z_0$ 处，对应的点是 $\begin{cases} x_0 = f(g(z_0)) \\ y_0 = g(z_0) \end{cases}$，

则切线方程为

$$\frac{x - f(g(z_0))}{f'(g(z_0))g'(z_0)} = \frac{y - g(z_0)}{g'(z_0)} = \frac{z - z_0}{1},$$

法平面方程为

$$f'(g(z_0))g'(z_0)[x - f(g(z_0))] + g'(z_0)[y - g(z_0)] + z - z_0 = 0.$$

如果空间曲线 Γ 的方程以

$$\begin{cases} F(x, y, z) = 0 \\ G(x, y, z) = 0 \end{cases}, \tag{8-7}$$

的形式给出，$M(x_0, y_0, z_0)$ 是曲线 Γ 上的一个点，又设 F、G 有对各个变量的连续偏导数，且

$$\left. \frac{\partial(F, G)}{\partial(y, z)} \right|_{(x_0, y_0, z_0)} \neq 0.$$

这时方程组(8-7)在点 $M(x_0, y_0, z_0)$ 的某一邻域内确定了一组函数 $y = \varphi(x)$，$z = \psi(x)$. 要求曲线 Γ 在点 M 处的切线方程和法平面方程，只要求出 $\varphi'(x_0)$ 和 $\psi'(x_0)$，然后代入式(8-5)、式(8-6)就行了. 为此，在恒等式

$$\begin{cases} F[x, \varphi(x), \psi(x)] = 0 \\ G[x, \varphi(x), \psi(x)] = 0 \end{cases},$$

两边分别对 x 求全导数，得

$$\begin{cases} \dfrac{\partial F}{\partial x} + \dfrac{\partial F}{\partial y}\dfrac{\mathrm{d}y}{\mathrm{d}x} + \dfrac{\partial F}{\partial z}\dfrac{\mathrm{d}z}{\mathrm{d}x} = 0 \\ \dfrac{\partial G}{\partial x} + \dfrac{\partial G}{\partial y}\dfrac{\mathrm{d}y}{\mathrm{d}x} + \dfrac{\partial G}{\partial z}\dfrac{\mathrm{d}z}{\mathrm{d}x} = 0 \end{cases},$$

由假设可知，在点 M 的某个邻域内

$$J = \frac{\partial(F,G)}{\partial(y,z)} \neq 0,$$

故可解得 $\dfrac{\mathrm{d}y}{\mathrm{d}x} = \varphi'(x) = \dfrac{\begin{vmatrix} F_z & F_x \\ G_z & G_x \end{vmatrix}}{\begin{vmatrix} F_y & F_z \\ G_y & G_z \end{vmatrix}}, \quad \dfrac{\mathrm{d}z}{\mathrm{d}x} = \psi'(x) = \dfrac{\begin{vmatrix} F_x & F_y \\ G_x & G_y \end{vmatrix}}{\begin{vmatrix} F_y & F_z \\ G_y & G_z \end{vmatrix}}.$

于是 $\boldsymbol{T} = \{1, \varphi'(t_0), \psi'(t_0)\}$ 是曲线 $\varGamma$ 在点 M 处的一个切向量，这里

$$\varphi'(x_0) = \dfrac{\begin{vmatrix} F_z & F_x \\ G_z & G_x \end{vmatrix}_0}{\begin{vmatrix} F_y & F_z \\ G_y & G_z \end{vmatrix}_0}, \quad \psi'(x_0) = \dfrac{\begin{vmatrix} F_x & F_y \\ G_x & G_y \end{vmatrix}_0}{\begin{vmatrix} F_y & F_z \\ G_y & G_z \end{vmatrix}_0},$$

分子分母中带下标 0 的行列式表示行列式在点 $M(x_0, y_0, z_0)$ 的值，把上面的切向量

乘 $\boldsymbol{T}$ 以 $\begin{vmatrix} F_y & F_z \\ G_y & G_z \end{vmatrix}_0$，得

$$\boldsymbol{T}_1 = \left(\begin{vmatrix} F_y & F_z \\ G_y & G_z \end{vmatrix}_0, \ \begin{vmatrix} F_z & F_x \\ G_z & G_x \end{vmatrix}_0, \ \begin{vmatrix} F_x & F_y \\ G_x & G_y \end{vmatrix}_0 \right),$$

这也是曲线 $\varGamma$ 在点 M 处的一个切向量. 由此可写出曲线 $\varGamma$ 在点 $M(x_0, y_0, z_0)$ 处的切
线方程为

$$\frac{x - x_0}{\begin{vmatrix} F_y & F_z \\ G_y & G_z \end{vmatrix}_0} = \frac{y - y_0}{\begin{vmatrix} F_z & F_x \\ G_z & G_x \end{vmatrix}_0} = \frac{z - z_0}{\begin{vmatrix} F_x & F_y \\ G_x & G_y \end{vmatrix}_0}, \tag{8-8}$$

曲线 $\varGamma$ 在点 $M_0(x_0, y_0, z_0)$ 处的法平面方程为

$$\begin{vmatrix} F_y & F_z \\ G_y & G_z \end{vmatrix}_0 (x - x_0) + \begin{vmatrix} F_z & F_x \\ G_z & G_x \end{vmatrix}_0 (y - y_0) + \begin{vmatrix} F_x & F_y \\ G_x & G_y \end{vmatrix}_0 (z - z_0) = 0. \tag{8-9}$$

如果 $\dfrac{\partial(F,G)}{\partial(y,z)}\bigg|_0 = 0$，而 $\dfrac{\partial(F,G)}{\partial(z,x)}\bigg|_0$，$\dfrac{\partial(F,G)}{\partial(x,y)}\bigg|_0$ 中至少有一个不等于零，可以得同
样的结果.

例 3　求曲线 $\begin{cases} x^2 + y^2 + z^2 = 6 \\ x + y + z = 0 \end{cases}$ 在点 $(1, -2, 1)$ 处的切线及法平面方程.

解　这里可以直接利用公式(8-8)和公式(8-9)来解，但也可以依照推导公式
的方法来做.

将所给方程的两边对 x 求导并移项，得

$$\begin{cases} y\dfrac{\mathrm{d}y}{\mathrm{d}x} + z\dfrac{\mathrm{d}z}{\mathrm{d}x} = -x \\ \dfrac{\mathrm{d}y}{\mathrm{d}x} + \dfrac{\mathrm{d}z}{\mathrm{d}x} = -1 \end{cases},$$

由此得

$$\frac{\mathrm{d}y}{\mathrm{d}x} = \frac{z-x}{y-z}, \quad \frac{\mathrm{d}z}{\mathrm{d}x} = \frac{x-y}{y-z},$$

$$\left.\frac{\mathrm{d}y}{\mathrm{d}x}\right|_{(1,-2,1)} = 0, \quad \left.\frac{\mathrm{d}z}{\mathrm{d}x}\right|_{(1,-2,1)} = -1,$$

从而
$$\boldsymbol{T} = \{1, 0, -1\}.$$

故所求切线方程为

$$\frac{x-1}{1} = \frac{y+2}{0} = \frac{z-1}{-1},$$

法平面方程为　　　　$(x-1) + 0 \cdot (y+2) - (z-1) = 0,$

即　　　　$x - z = 0.$

二、空间曲面的切平面与法线

先讨论由隐式给出曲面方程
$$F(x, y, z) = 0 \tag{8-10}$$
的情形，然后把由显式给出的曲面方程 $z = f(x, y)$ 作为它的特殊情形.

设曲面 Σ 由方程(8-10)给出，$M(x_0, y_0, z_0)$ 是曲面 Σ 上一点，并设函数 $F(x, y, z)$ 的偏导数在该点连续且不同时为零. 在曲面 Σ 上，通过点 M 任意引一条曲线 $\varGamma$（见图 8-3），假定曲线 $\varGamma$ 的参数方程为

$$\varGamma: \begin{cases} x = \varphi(t) \\ y = \psi(t) \quad (\alpha \leqslant t \leqslant \beta) \\ z = \omega(t) \end{cases} \tag{8-11}$$

$t = t_0$ 对应于点 $M(x_0, y_0, z_0)$，且 $\varphi'(t_0)$，$\psi'(t_0)$，$\omega'(t_0)$ 不全为零，则由式(8-2)可得这一曲线的切线方程为

$$\frac{x-x_0}{\varphi'(t_0)} = \frac{y-y_0}{\psi'(t_0)} = \frac{z-z_0}{\omega'(t_0)}.$$

现在要证明，在曲面 Σ 上通过点 M 且在点 M 处具有切线的任何曲线，它们在点 M 处的切线都在同一个平面上. 事实上，因为曲线 $\varGamma$ 完全在曲面 Σ 上，所以有恒等式

$$F[\varphi(t), \psi(t), \omega(t)] \equiv 0,$$

又因为 $F(x, y, z)$ 在点 (x_0, y_0, z_0) 处有连续的偏导数，且 $\varphi'(t_0)$，$\psi'(t_0)$ 和 $\omega'(t_0)$ 存

在，所以这恒等式左边的复合函数在 $t = t_0$ 时有全
导数，且这全导数等于零：

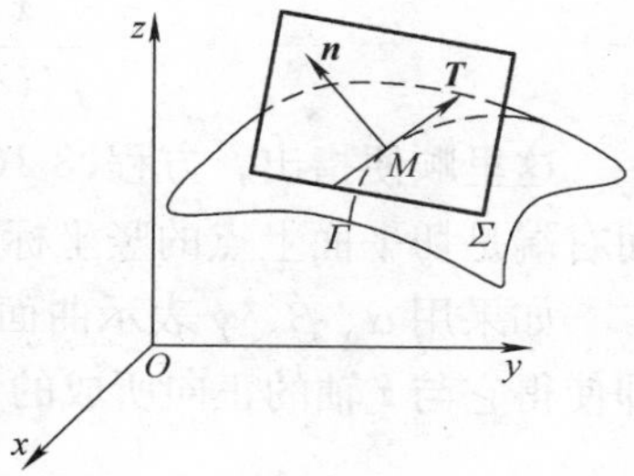

$$\frac{\mathrm{d}}{\mathrm{d}t}F[\varphi(t),\psi(t),\omega(t)]\Big|_{t=t_0}=0,$$

即有

$$F'_x(x_0,y_0,z_0)\varphi'(t_0) + F'_y(x_0,y_0,z_0)\psi'(t_0)$$
$$+ F'_z(x_0,y_0,z_0)\omega'(t_0) = 0 \qquad (8\text{-}12)$$

引入向量

$$\boldsymbol{n} = \{F'_x(x_0,y_0,z_0),\ F'_y(x_0,y_0,z_0),\ F'_z(x_0,y_0,z_0)\},$$

则式(8-12)表示曲线(8-11)在点 M 处的切向量

$$\boldsymbol{T} = (\varphi'(t_0),\ \psi'(t_0),\ \omega'(t_0))$$

图 8-3

与向量 $\boldsymbol{n}$ 垂直，因为曲线(8-11)是曲面上通过点 M 的任意一条曲线，它们在点 M
的切向都与同一个向量 $\boldsymbol{n}$ 垂直，所以曲面上通过点 M 的一切曲线在点 M 的切线都
在同一个平面上(见图8-3)，这个平面称为曲面 Σ 在点 M 的切平面，这切平面的方
程是

$$F'_x(x_0,y_0,z_0)(x-x_0) + F'_y(x_0,y_0,z_0)(y-y_0) + F'_z(x_0,y_0,z_0)(z-z_0) = 0$$

$$(8\text{-}13)$$

通过点 $M(x_0,y_0,z_0)$ 而垂直于切平面(8-13)的直线称为曲面在该点的法线. 法
线方程是

$$\frac{x-x_0}{F'_x(x_0,y_0,z_0)} = \frac{y-y_0}{F'_y(x_0,y_0,z_0)} = \frac{z-z_0}{F'_z(x_0,y_0,z_0)} \qquad (8\text{-}14)$$

垂直于曲面上切平面的向量称为曲面的法向量. 向量

$$\boldsymbol{n} = (F'_x(x_0,y_0,z_0),\ F'_y(x_0,y_0,z_0),\ F'_z(x_0,y_0,z_0))$$

就是曲面 Σ 在点 M 的一个法向量.

现在来考虑曲面方程

$$z = f(x,y) \qquad (8\text{-}15)$$

令

$$F(x,y,z) = f(x,y) - z,$$

可见

$$F'_x(x,y,z) = f'_x(x,y),\ F'_y(x,y,z) = f'_y(x,y),$$
$$F'_z(x,y,z) = -1.$$

于是，当函数 $f(x,y)$ 的偏导数 $f'_x(x,y)$、$f'_y(x,y)$ 在点 (x_0,y_0) 连续时，曲面(8-15)
在点 $M(x_0,y_0,z_0)$ 处的法向量为

$$\boldsymbol{n} = \{f'_x(x_0,y_0),\ f'_y(x_0,y_0),\ -1\},$$

切平面方程为

$$f'_x(x_0,y_0)(x-x_0) + f'_y(x_0,y_0)(y-y_0) = z - z_0 \qquad (8\text{-}16)$$

而法线方程为

$$\frac{x - x_0}{f'_x(x_0, y_0)} = \frac{y - y_0}{f'_y(x_0, y_0)} = \frac{z - z_0}{-1}.$$

这里顺便指出，方程(8-16)左端恰好是函数 $z = f(x, y)$ 在点 (x_0, y_0) 的全微分，而右端是切平面上点的竖坐标的增量.

如果用 α、β、γ 表示曲面的法向量的方向角，并假定法向量的方向是向上的，即使得它与 z 轴的正向所成的角 γ 是一锐角，则法向量的方向余弦为

$$\cos\alpha = \frac{-f'_x}{\sqrt{1 + (f'_x)^2 + (f'_y)^2}},$$

$$\cos\beta = \frac{-f'_y}{\sqrt{1 + (f'_x)^2 + (f'_y)^2}},$$

$$\cos\gamma = \frac{1}{\sqrt{1 + (f'_x)^2 + (f'_y)^2}}.$$

式中，$f'_x = f'_x(x_0, y_0)$；$f'_y = f'_y(x_0, y_0)$.

例 4　求曲面 $z - e^z + 2xy = 3$ 在点 $(1, 2, 0)$ 处的切平面及法线方程.

解　$F(x, y, z) = z - e^z + 2xy - 3$，

$$F'_x\big|_{(1,2,0)} = 2y\big|_{(1,2,0)} = 4, \quad F'_y\big|_{(1,2,0)} = 2x\big|_{(1,2,0)} = 2,$$

$$F'_z\big|_{(1,2,0)} = 1 - e^z\big|_{(1,2,0)} = 0.$$

所以点 $(1, 2, 0)$ 处的切平面方程为

$$4(x - 1) + 2(y - 2) + 0 \cdot (z - 0) = 0,$$

即

$$2x + y - 4 = 0.$$

法线方程为

$$\frac{x - 1}{2} = \frac{y - 2}{1} = \frac{z - 0}{0}.$$

例 5　求旋转抛物面 $z = x^2 + y^2 - 1$ 在 $(2, 1, 4)$ 点处的切平面与法线方程.

解　设 $f(x, y) = x^2 + y^2 - 1$，

$$\boldsymbol{n} = (f'_x, f'_y, -1) = (2x, 2y, -1),$$

$$\boldsymbol{n}\big|_{(2,1,4)} = (4, 2, -1),$$

所以在点 $(2, 1, 4)$ 处此曲面的切平面方程为

$$4(x - 2) + 2(y - 1) - (z - 4) = 0,$$

即

$$4x + 2y - z - 6 = 0,$$

法线方程为

$$\frac{x - 2}{4} = \frac{y - 1}{2} = \frac{z - 4}{-1}.$$

例 6　试证所有与曲面 $\Sigma: z = xf\left(\dfrac{y}{x}\right)$ 相切的平面都交于一点，其中，f 是可微函数.

证　首先求曲面上任意一点处的切平面方程，

设 $M_0(x_0, y_0, z_0) \in \Sigma$，即 $z_0 = x_0 f\left(\dfrac{y_0}{x_0}\right)$，

令 $F(x, y, z) = xf\left(\dfrac{y}{x}\right) - z$，$F'_x = f\left(\dfrac{y}{x}\right) + xf'\left(\dfrac{y}{x}\right)\left(-\dfrac{y}{x^2}\right)$，

于是

$$F'_x \big|_{M_0} = f\left(\dfrac{y_0}{x_0}\right) + x_0 f'\left(\dfrac{y_0}{x_0}\right)\left(-\dfrac{y_0}{x_0^2}\right),$$

$$F'_y = f'\left(\dfrac{y}{x}\right), \quad F'_y \big|_{M_0} = f'\left(\dfrac{y_0}{x_0}\right), \quad F'_z \big|_{M_0} = -1.$$

利用点法式，得曲面上过 M_0 点的切平面方程为

$$\left[f\left(\dfrac{y_0}{x_0}\right) + x_0 f'\left(\dfrac{y_0}{x_0}\right)\left(-\dfrac{y_0}{x_0^2}\right)\right](x - x_0) + \left[f'\left(\dfrac{y_0}{x_0}\right)\right](y - y_0) - (z - z_0) = 0.$$

整理得

$$z = \left[f\left(\dfrac{y_0}{x_0}\right) - \dfrac{y_0}{x_0}f'\left(\dfrac{y_0}{x_0}\right)\right]x + f'\left(\dfrac{y_0}{x_0}\right)y.$$

显然，切平面过原点 $(0, 0, 0)$，即所有的切平面都相交于一点.

习题 8.4

1. 求曲线 $x = \dfrac{t}{1+t}$，$y = \dfrac{1+t}{t}$，$z = t^2$ 在对应于 $t = 1$ 的点处的切线及法平面方程.

2. 求曲线 $\begin{cases} x^2 + y^2 + z^2 - 3x = 0 \\ 2x - 3y + 5z - 4 = 0 \end{cases}$ 在点 $(1, 1, 1)$ 处的切线及法平面方程.

3. 求出曲线 $x = t$，$y = t^2$，$z = t^3$ 上的点，使在该点的切线平行于平面 $x + 2y + z = 4$.

4. 设空间曲线为 $\begin{cases} x^2 - z = 0 \\ 3x + 2y + 1 = 0 \end{cases}$，求

1）曲线在点 $M(1, -2, 1)$ 处的切线与法平面方程；

2）该法平面与直线 $\begin{cases} x + 2y - z = 1 \\ x + y - z = 0 \end{cases}$ 间的夹角 θ 的正弦.

5. 求曲面 $2x^2 + 4yz - 5z^2 - 6 = 0$ 在点 $M(3, -1, -2)$ 处的切平面及法线方程.

6. 求曲面 $e^{\frac{x}{z}} + e^{\frac{y}{z}} = 4$ 在点 $(\ln 2, \ln 2, 1)$ 处的切平面与法线方程.

7. 求椭球面 $x^2 + 2y^2 + z^2 = 1$ 上平行于平面 $x - y + 2z = 0$ 的切平面方程.

8. 试证曲面 $\sqrt{x} + \sqrt{y} + \sqrt{z} = \sqrt{a}\ (a > 0)$ 上任何点处的切平面在各坐标轴上的截距之和等于 a.

9. 试证球面上任一点处的法线必经过球心.

第五节　方向导数和梯度

一、方向导数

　　偏导数反映的是函数沿坐标轴方向的变化率. 但许多物理现象告诉我们，只考虑函数沿坐标轴方向的变化率是不够的. 例如，热空气要向冷的地方流动，气象学中就要确定大气温度、气压沿着某些方向的变化率. 因此有必要来讨论函数沿任一指定方向的变化率问题.

　　设 l 是 xOy 平面上以 $p_0(x_0, y_0)$ 为始点的一条射线，$e_l = (\cos\alpha, \cos\beta)$ 是与 l 同方向的单位向量（见图 8-4）. 射线 l 的参数方程为

$$\begin{cases} x = x_0 + t\cos\alpha \\ y = y_0 + t\cos\beta \end{cases}, \quad (t \geqslant 0)$$

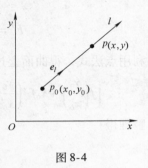

图 8-4

　　设函数 $z = f(x, y)$ 在点 $p_0(x_0, y_0)$ 的某个邻域 $U(p_0)$ 内有定义，$p(x_0 + t\cos\alpha, y_0 + t\cos\beta)$ 为 l 上另一点，且 $p \in U(p_0)$. 如果函数增量 $f(x_0 + t\cos\alpha, y_0 + t\cos\beta) - f(x_0, y_0)$ 与 p 到 p_0 的距离 $|pp_0| = t$ 的比值

$$\frac{f(x_0 + t\cos\alpha, y_0 + t\cos\beta) - f(x_0, y_0)}{t}$$

当 p 沿着 l 趋于 p_0（即 $t \to 0^+$）时的极限存在，则称此极限为函数 $f(x, y)$ 在点 p_0 沿方向 l 的方向导数，记为 $\dfrac{\partial f}{\partial l}\Big|_{p_0}$，即

$$\frac{\partial f}{\partial l}\Big|_{p_0} = \lim_{t \to 0^+} \frac{f(x_0 + t\cos\alpha, y_0 + t\cos\beta) - f(x_0, y_0)}{t} \tag{8-17}$$

　　从方向导数的定义可知，方向导数 $\dfrac{\partial f}{\partial l}\Big|_{p_0}$ 就是函数 $f(x, y)$ 在点 $p_0(x_0, y_0)$ 处沿方向 l 的变化率. 若函数 $f(x, y)$ 在点 $p_0(x_0, y_0)$ 的偏导数存在，$e_l = i = (1, 0)$，则

$$\frac{\partial f}{\partial l}\Big|_{p_0} = \lim_{t \to 0^+} \frac{f(x_0 + t, y_0) - f(x_0, y_0)}{t} = f'_x(x_0, y_0),$$

又若 $e_l = j = (0, 1)$，则

$$\frac{\partial f}{\partial l}\Big|_{p_0} = \lim_{t \to 0^+} \frac{f(x_0, y_0 + t) - f(x_0, y_0)}{t} = f'_y(x_0, y_0),$$

但反之，若 $e_l = i$，$\dfrac{\partial z}{\partial l}\bigg|_{p_0}$ 存在，则 $\dfrac{\partial z}{\partial x}\bigg|_{p_0}$ 未必存在．例如，$z = \sqrt{x^2 + y^2}$ 在点 $O(0,0)$ 处

沿 $l = i$ 方向的方向导数 $\dfrac{\partial z}{\partial l}\bigg|_{(0,0)} = 1$，而偏导数 $\dfrac{\partial z}{\partial x}\bigg|_{(0,0)}$ 不存在．

关于方向导数的存在及计算，有以下定理．

定理8.5　如果函数 $z = f(x, y)$ 在点 $p_0(x_0, y_0)$ 可微分，那么该函数在该点沿任一方向的方向导数存在，且有

$$\frac{\partial f}{\partial l}\bigg|_{(x_0,y_0)} = f_x'(x_0,y_0)\cos\alpha + f_y'(x_0,y_0)\cos\beta.$$

式中，$\cos\alpha$、$\cos\beta$ 是方向 l 的方向余弦．

证　由假设，$z = f(x, y)$ 在点 $p_0(x_0, y_0)$ 可微分，故有

$$f(x_0 + \Delta x, y_0 + \Delta y) - f(x_0, y_0)$$

$$= f_x'(x_0,y_0)\Delta x + f_y'(x_0,y_0)\Delta y + o\left(\sqrt{(\Delta x)^2 + (\Delta y)^2}\right),$$

但点 $(x_0 + \Delta x, y_0 + \Delta y)$ 在以 (x_0, y_0) 为始点的射线 l 上时，应有 $\Delta x = t\cos\alpha$，$\Delta y = t\cos\beta$，$\sqrt{(\Delta x)^2 + (\Delta y)^2} = t$．所以

$$\lim_{t \to 0^+} \frac{f(x_0 + t\cos\alpha, y_0 + t\cos\beta) - f(x_0, y_0)}{t} = f_x'(x_0,y_0)\cos\alpha + f_y'(x_0,y_0)\cos\beta.$$

这就证明了方向导数存在，且其值为

$$\frac{\partial f}{\partial l}\bigg|_{(x_0,y_0)} = f_x'(x_0,y_0)\cos\alpha + f_y'(x_0,y_0)\cos\beta.$$

例1　求函数 $z = \ln(x + y)$ 在抛物线 $y^2 = 4x$ 上点 $(1,2)$ 处，沿着抛物线在该点处偏向 x 轴正向的切线方向的方向导数．

解
$$\frac{\partial z}{\partial l}\bigg|_{(1,2)} = \frac{\partial z}{\partial x}\bigg|_{(1,2)}\cos\alpha + \frac{\partial z}{\partial y}\bigg|_{(1,2)}\cos\beta,$$

$$\frac{\partial z}{\partial x}\bigg|_{(1,2)} = \frac{1}{x+y}\bigg|_{(1,2)} = \frac{1}{3}, \quad \frac{\partial z}{\partial y}\bigg|_{(1,2)} = \frac{1}{3},$$

由于
$$\tan\alpha = (y)'\big|_{(1,2)} = (2\sqrt{x})' = \frac{1}{\sqrt{x}}\bigg|_{(1,2)} = 1,$$

所以
$$\alpha = \frac{\pi}{4}, \quad \beta = \frac{\pi}{4}.$$

将
$$\cos\alpha = \frac{\sqrt{2}}{2}, \quad \cos\beta = \frac{\sqrt{2}}{2} \text{ 代入上式得}$$

$$\frac{\partial z}{\partial l}\bigg|_{p_0} = \frac{\sqrt{2}}{3}.$$

同样可以证明，如果函数 $f(x,y,z)$ 在点 $p_0(x_0,y_0,z_0)$ 可微分，那么该函数在该点沿方向 $e_l=(\cos\alpha,\cos\beta,\cos\gamma)$ 的方向导数存在，且有

$$\left.\frac{\partial f}{\partial l}\right|_{(x_0,y_0,z_0)}=f_x'(x_0,y_0,z_0)\cos\alpha+f_y'(x_0,y_0,z_0)\cos\beta+f_z'(x_0,y_0,z_0)\cos\gamma.$$

例 2　求函数 $u=x+y+z$ 在球面 $x^2+y^2+z^2=1$ 上点 $p_0(x_0,y_0,z_0)$ 处，沿球面在该点的外法线方向的方向导数.

解　$\left.\dfrac{\partial u}{\partial l}\right|_{p_0}=\dfrac{\partial u}{\partial x}\cos\alpha+\dfrac{\partial u}{\partial y}\cos\beta+\dfrac{\partial u}{\partial z}\cos\gamma,$

由于　$\dfrac{\partial u}{\partial x}=1,\ \dfrac{\partial u}{\partial y}=1,\ \dfrac{\partial u}{\partial z}=1,$

$$\boldsymbol{n}=\overrightarrow{Op_0}=\{x_0,y_0,z_0\},\quad \cos\alpha=\frac{x_0}{\sqrt{x_0^2+y_0^2+z_0^2}}=x_0,$$

$$\cos\beta=\frac{y_0}{\sqrt{x_0^2+y_0^2+z_0^2}}=y_0,\quad \cos\gamma=\frac{z_0}{\sqrt{x_0^2+y_0^2+z_0^2}}=z_0,$$

因此　　　　　　　$\left.\dfrac{\partial u}{\partial l}\right|_{p_0}=1x_0+1y_0+1z_0=x_0+y_0+z_0.$

二、梯度

与方向导数有关联的一个概念是函数的梯度. 在二元函数的情形，设函数 $f(x,y)$ 在平面区域 D 内具有一阶连续偏导数，则对于每一点 $p_0(x_0,y_0)\in D$，都可定出一个向量 $f_x'(x_0,y_0)\boldsymbol{i}+f_y'(x_0,y_0)\boldsymbol{j}$，这一向量称为函数 $z=f(x,y)$ 在点 $p_0(x_0,y_0)$ 的**梯度**，记作 $\mathbf{grad}f(x_0,y_0)$，即

$$\mathbf{grad}f(x_0,y_0)=f_x'(x_0,y_0)\boldsymbol{i}+f_y'(x_0,y_0)\boldsymbol{j}.$$

如果函数 $f(x,y)$ 在点 $p_0(x_0,y_0)$ 可微分，$e_l=(\cos\alpha,\cos\beta)$ 是与方向 l 同方向的单位向量，则

$$\begin{aligned}\left.\frac{\partial f}{\partial l}\right|_{p_0}&=f_x'(x_0,y_0)\cos\alpha+f_y'(x_0,y_0)\cos\beta,\\&=\{f_x'(x_0,y_0),\ f_y'(x_0,y_0)\}\ \{\cos\alpha,\cos\beta\},\\&=\mathbf{grad}f|_{p_0}e_l=|\mathbf{grad}f_{p_0}||e_l|\cos\theta=|\mathbf{grad}f_{p_0}|\cos\theta,\end{aligned}$$

其中，$\theta=(\widehat{\mathbf{grad}f_{p_0}},e_l)$.

这一关系式表明了在一点的梯度与函数在这点的方向导数间的关系. 特别地，当向量 e_l 与 $\mathbf{grad}f_{p_0}$ 的夹角 $\theta=0$，即沿梯度方向时，方向导数 $\left.\dfrac{\partial f}{\partial l}\right|_{p_0}$ 取得最大值，这个最大值就是梯度的模长 $|\mathbf{grad}f_{p_0}|$. 即函数在一点的梯度是个向量，它的方向是函

数在这点的方向导数取得最大值的方向，它的模就等于方向导数的最大值.

一般说来二元函数 $z = f(x, y)$ 在几何上表示
一个曲面，这一曲面被平面 $z = c$（c 是常数）所截
得的曲线 L 的方程为

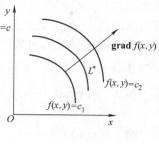

$$\begin{cases} z = f(x, y) \\ z = c \end{cases}.$$

这条曲线 L 在 xOy 面上的投影是一条平面曲线 L^*
（见图 8-5），它在 xOy 面平面直角坐标系中的方
程为 $f(x, y) = c$.

图 8-5

对于曲线 L^* 上的一切点，以给函数的函数
值都是 c，所以称平面曲线 L^* 为函数 $z = f(x, y)$ 的等值线.

若 f'_x，f'_y 不同时为零，则等值线 $f(x, y) = c$ 上任一点 $p_0(x_0, y_0)$ 处的一个单位
法向量为

$$n = \frac{1}{\sqrt{[f'_x(x_0, y_0)]^2 + [f'_y(x_0, y_0)]^2}} [f'_x(x_0, y_0), f'_y(x_0, y_0)].$$

这表明梯度 $\mathbf{grad} f_{p_0}$ 的方向与等值线上这点的一个法线方向相同，而沿这个方向的
方向导数 $\dfrac{\partial f}{\partial \boldsymbol{n}}$ 就等于 $|\mathbf{grad} f_{p_0}|$，于是

$$\mathbf{grad} f_{p_0} = \frac{\partial f}{\partial \boldsymbol{n}} \boldsymbol{n}.$$

这一关系式表明了函数在一点的梯度与过这点的等值线、方向导数间的关系.
即函数在一点的梯度方向与等值线在这点的一个法线方向相同. 它的指向为从数值
较低的等值线指向数值较高的等值线，梯度的模就等于函数在这个法线方向的方向
导数.

上面讨论的梯度概念可以类似地推广到三元函数的情形. 设函数 $f(x, y, z)$ 在空
间区域 G 内具有一阶连续偏导数，则对于每一点 $p_0(x_0, y_0, z_0) \in G$，都可以定出
一个向量

$$f'_x(x_0, y_0, z_0)\boldsymbol{i} + f'_y(x_0, y_0, z_0)\boldsymbol{j} + f'_y(x_0, y_0, z_0)\boldsymbol{k},$$

这一向量称为函数 $f(x, y, z)$ 在点 $p_0(x_0, y_0, z_0)$ 的梯度，将它记作 $\mathbf{grad} f(x_0, y_0, z_0)$，
即

$$\mathbf{grad} f(x_0, y_0, z_0) = f'_x(x_0, y_0, z_0)\boldsymbol{i} + f'_y(x_0, y_0, z_0)\boldsymbol{j} + f'_z(x_0, y_0, z_0)\boldsymbol{k}.$$

经过与二元函数的情形完全类似的讨论可知，三元函数的梯度也是这样一个向
量，它的方向与取得最大方向导数的方向一致，而它的模为方向导数的最大值.

如果引进曲面

$$f(x,y,z) = c$$

为函数 $f(x,y,z)$ 的等量面的概念，则可得函数 $f(x,y,z)$ 在点 $p_0(x_0,y_0,z_0)$ 的梯度的方向与过点 p_0 的等量面 $f(x,y,z) = c$ 在这点的法线的一个方向相同，它的指向为从数值较低的等量面指向数值较高的等量面，而梯度的模等于函数在这个法线方向的方向导数.

例 3　求 $\operatorname{grad} \dfrac{1}{x^2 + y^2}$.

解　$f(x,y) = \dfrac{1}{x^2 + y^2}$,

因为
$$\frac{\partial f}{\partial x} = \frac{-2x}{(x^2 + y^2)^2}, \quad \frac{\partial f}{\partial y} = \frac{-2y}{(x^2 + y^2)^2},$$

所以
$$\operatorname{grad} \frac{1}{x^2 + y^2} = \frac{-2x}{(x^2 + y^2)^2} \boldsymbol{i} + \frac{-2y}{(x^2 + y^2)^2} \boldsymbol{j}.$$

例 4　设 $f(x,y,z) = x^2 + y^2 + z^2$，求 $\operatorname{grad} f(1, -1, 2)$.

解　$\operatorname{grad} f = (f_x, f_y, f_z) = (2x, 2y, 2z)$,

于是
$$\operatorname{grad} f(1, -1, 2) = (2, -2, 4).$$

例 5　设 $f(x,y) = xy^2$，求 $f(x,y)$ 在点 $(1, -1)$ 处沿任一方向 $v = \{v_1, v_2\}$ ($|v| = 1$) 的方向导数，并指出方向导数的最大值和取得最大值方向的单位向量.

解　$f(x,y) = xy^2$,

因为
$$f_x'(x,y) = y^2, \quad f_y'(x,y) = 2xy,$$

于是
$$\frac{\partial f}{\partial v}\bigg|_{(1,-1)} = f_x'(1, -1) v_1 + f_y'(1, -1) v_2 = v_1 - 2v_2,$$

由于沿梯度方向的方向导数最大，
$$M\left(\frac{\partial f}{\partial v}\bigg|_{(1,-1)} \right) = |\{1, -2\}| = \sqrt{5},$$

而
$$v = \frac{\{1, -2\}}{\sqrt{5}} = \left\{ \frac{1}{\sqrt{5}}, \ -\frac{2}{\sqrt{5}} \right\}.$$

下面简单介绍数量场与向量场的概念.

如果对于空间区域 G 内的任意一点 M，都有一个确定的数量 $f(M)$，则称在这空间区域 G 内确定了一个数量场（例如温度场、密度场等）. 一个数量场可用一个数量函数 $f(M)$ 来确定，如果与点 M 相对应的是一个向量 $\boldsymbol{F}(M)$，则称在这空间区域 G 内确定了一个向量场（例如力场、速度场）. 一个向量场可用一个向量值函数 $\boldsymbol{F}(M)$ 来确定，而
$$\boldsymbol{F}(M) = P(M)\boldsymbol{i} + Q(M)\boldsymbol{j} + R(M)\boldsymbol{k},$$
式中，$P(M)$，$Q(M)$，$R(M)$ 是点 M 的数量函数.

利用场的概念，我们可以说向量函数 **grad**$f(M)$ 确定了一个向量场—梯度场，它是由数量场 $f(M)$ 产生的. 通常称函数 $f(M)$ 为这个向量场的**势**，而这个向量场又称为**势场**. 必须注意，任意一个向量场不一定是势场，因为它不一定是某个数量函数的梯度场.

例6 试求数量场 $\dfrac{m}{r}$ 所产生的梯度场，其中，常数 $m>0$，$r=\sqrt{x^2+y^2+z^2}$ 为原点 O 与点 $M(x,y,z)$ 间的距离.

解 $\dfrac{\partial}{\partial x}\left(\dfrac{m}{r}\right)=-\dfrac{m}{r^2}\dfrac{\partial r}{\partial x}=-\dfrac{mx}{r^3}$，

同理

$$\dfrac{\partial}{\partial y}\left(\dfrac{m}{r}\right)=-\dfrac{my}{r^3}, \quad \dfrac{\partial}{\partial z}\left(\dfrac{m}{r}\right)=-\dfrac{mz}{r^3},$$

从而

$$\mathbf{grad}\,\dfrac{m}{r}=-\dfrac{m}{r^2}\left(\dfrac{x}{r}\boldsymbol{i}+\dfrac{y}{r}\boldsymbol{j}+\dfrac{z}{r}\boldsymbol{k}\right).$$

如果用 $\boldsymbol{e}_r$ 表示与 $\overrightarrow{OM}$ 同方向的单位向量，则

$$\boldsymbol{e}_r=\dfrac{x}{r}\boldsymbol{i}+\dfrac{y}{r}\boldsymbol{j}+\dfrac{z}{r}\boldsymbol{k},$$

因此

$$\mathbf{grad}\,\dfrac{m}{r}=-\dfrac{m}{r^2}\boldsymbol{e}_r.$$

上式右端在力学上可解释为，位于原点 O 而质量为 m 的质点对位于点 M 而质量为 1 的质点的引力. 这个引力的大小与两质点质量的乘积成正比，而与它们距离的平方成反比，这个引力的方向由点 M 指向原点. 因此数量场 $\dfrac{m}{r}$ 的势场即梯度场 $\mathbf{grad}\,\dfrac{m}{r}$ 称为引力场，而函数 $\dfrac{m}{r}$ 称为引力势.

习题8.5

1. 求函数 $z=x^2+y^2$ 在点 $(1,2)$ 处沿从点 $(1,2)$ 到点 $(2,2+\sqrt{3})$ 的方向的方向导数.

2. 求函数 $z=3x^4+xy+y^3$ 在点 $(1,2)$ 处与 x 轴正向成 $135°$ 角的方向的方向导数.

3. 求函数 $z=1-\left(\dfrac{x^2}{a^2}+\dfrac{y^2}{b^2}\right)$ 在点 $\left(\dfrac{a}{\sqrt{2}},\dfrac{b}{\sqrt{2}}\right)$ 处沿曲线 $\dfrac{x^2}{a^2}+\dfrac{y^2}{b^2}=1$ 在这点的内法线方向的方向导数.

4. 求函数 $u=xy^2+z^3-xyz$ 在点 $(1,1,2)$ 处沿方向角为 $\alpha=\dfrac{\pi}{3}$，$\beta=\dfrac{\pi}{4}$，$\gamma=\dfrac{\pi}{3}$ 的方向的方向导数.

5. 求函数 $u=xyz$ 在点 $(5,1,2)$ 处沿从点 $(5,1,2)$ 到点 $(9,4,14)$ 的方向的方向导数.

6. 求函数 $u=x^2yz^3$ 在点 $(2,1,-1)$ 处沿哪个方向的方向导数最大？这个最大值又是多少？

7. 求函数 $u = x + y + z$ 在球面 $x^2 + y^2 + z^2 = 1$ 上点 (x_0, y_0, z_0) 处，沿球面在该点的外法线方向的方向导数.

8. 设 $f(x, y, z) = x^2 + 2y^2 + 3z^2 + xy + 3x - 2y - 6z$，求 $\mathbf{grad}\, f(0,0,0)$ 及 $\mathbf{grad} f(1,1,1)$.

9. 设 u，v 都是 x，y，z 的函数，u，v 的各偏导数都存在且连续，证明：

1) $\mathbf{grad}(u + v) = \mathbf{grad}\, u + \mathbf{grad}\, v$;

2) $\mathbf{grad}(uv) = v \cdot \mathbf{grad}\, u + u \cdot \mathbf{grad}\, v$;

3) $\mathbf{grad}(u^2) = 2u \cdot \mathbf{grad}\, u$.

第六节　二元函数的极值

一、二元函数的极值

定义 8.9　设二元函数 $z = f(x, y)$ 在 (x_0, y_0) 的某邻域 U 内有定义，若对任意 $(x, y) \in U$，有 $f(x, y) \leqslant f(x_0, y_0)(f(x, y) \geqslant f(x_0, y_0))$，则称 $z = f(x, y)$ 在点 (x_0, y_0) 处取得**极大值**（**极小值**）$f(x_0, y_0)$，点 (x_0, y_0) 称为函数 $z = f(x, y)$ 的**极大点**（**极小点**）. 极大值和极小值统称为**极值**，极大点和极小点统称为**极值点**.

例如，旋转抛物面 $z = x^2 + y^2$ 在点 $(0, 0)$ 处有极小值 0，而半球面 $z = \sqrt{1 - x^2 - y^2}$ 在点 $(0, 0)$ 处有极大值 1.

定理 8.6（二元函数极值的必要条件）　如果函数 $z = f(x, y)$ 在点 (x_0, y_0) 处有极值，且存在偏导数，则有 $f'_x(x_0, y_0) = f'_y(x_0, y_0) = 0$.

证　固定 y 使 $y = y_0$，则 $z = f(x, y_0)$ 是关于 x 的一元函数，显然此函数在 x_0 处取得极值并且可导，因此 z 关于 x 的导数是 0，即 $f'_x(x_0, y_0) = 0$. 同样地，也有 $f'_y(x_0, y_0) = 0$.

使两个偏导数都是 0 的点 (x_0, y_0) 称为函数的**驻点**.

定理 8.6 说明对于可导函数来说，极值点一定是驻点，但驻点不一定是极值点. 另外，偏导不存在的点也可能是极值点. 例如，函数 $z = \sqrt{x^2 + y^2}$ 在点 $(0, 0)$ 有极小值 0，但是，在点 $(0, 0)$ 函数的两个偏导数却都不存在.

定理 8.7（二元函数极值的充分条件）　设 $z = f(x, y)$ 在 (x_0, y_0) 的邻域内有连续的二阶偏导数，且 (x_0, y_0) 点是函数的驻点，设 $A = f''_{xx}(x_0, y_0)$，$B = f''_{xy}(x_0, y_0) = f''_{yx}(x_0, y_0)$，$C = f''_{yy}(x_0, y_0)$，则

1) 若 $B^2 - AC < 0$，$f(x, y)$ 在点 (x_0, y_0) 取得极值，并且 A（或 C）为正号，(x_0, y_0) 是极小点；A（或 C）为负号，(x_0, y_0) 是极大点；

2) 若 $B^2 - AC > 0$，(x_0, y_0) 不是极值点；

3) 若 $B^2 - AC = 0$，(x_0, y_0) 可能是极值点，也可能不是极值点.

例 1　求函数 $Z = x^2 - xy + y^2 + 9x - 6y$ 的极值.

解　$f'_x = 2x - y + 9$，$f'_y = -x + 2y - 6$

令 $f'_x = f'_y = 0$，解得 $x = -4$，$y = 1$，所以 $(-4,1)$ 是驻点.

又求得在 $(-4,1)$ 点处，$f''_{xx} = 2$，$f''_{xy} = -1$，$f''_{yy} = 2$，可知 $B^2 - AC = -3 < 0$，于是 $(-4,1)$ 是极小点，且极小值为 $f(-4,1) = -21$.

如果 $f(x,y)$ 在有界闭区域 D 上连续，则函数 $f(x,y)$ 在 D 上必有最大(小)值. 如果最值在 D 的内部取得，则该最大(小)值也是函数的极大(小)值. 求最大(小)值的一般方法是，将函数在 D 内部的所有驻点处的函数值及在 D 的边界上(转化为一元函数)的可能极值相比较，最大(小)的是最大(小)值. 但在实际问题中，如果知道函数的最值在 D 的内部取得，而且函数在 D 的内只有一个驻点，则该驻点就是函数在 D 上的最值点.

例2　求函数 $f(x,y) = x^2 - y^2$ 在闭区域 $D = \{(x,y) \,|\, 2x^2 + y^2 \leqslant 1\}$ 上的最大值与最小值.

解　在区域的内部，函数有唯一的驻点 $(0,0)$，$f(0,0) = 0$.

在边界曲线 $2x^2 + y^2 = 1$ 上，$f(x,y) = 3x^2 - 1$，$-\dfrac{1}{\sqrt{2}} \leqslant x \leqslant \dfrac{1}{\sqrt{2}}$，函数 $f(x,y)$ 在边界上的最大值为 $f\left(\dfrac{1}{\sqrt{2}}, 0\right) = \dfrac{1}{2}$，最小值为 $f(0,1) = -1$. 所以函数 $f(x,y)$ 在 D 上的最大值 $\dfrac{1}{2}$，最小值为 -1.

例3　设 q_1 为商品 A 的需求量，q_2 为商品 B 的需求量，其需求函数分别为
$$q_1 = 16 - 2p_1 + 4p_2, \quad q_2 = 20 + 4p_1 - 10p_2.$$
总成本函数为 $C = 3q_1 + 2q_2$，p_1、p_2 为商品 A 和 B 的价格，试问价格取何值时可使利润最大？

解　总收益函数为
$$R = p_1 q_1 + p_2 q_2 = p_1(16 - 2p_1 + 4p_2) + p_2(20 + 4p_1 - 10p_2),$$
总利润函数(目标函数)为
$$\begin{aligned} L &= R - C = (p_1 - 3)q_1 + (p_2 - 2)q_2 \\ &= (p_1 - 3)(16 - 2p_1 + 4p_2) + (p_2 - 2)(20 + 4p_1 - 10p_2). \end{aligned}$$
于是，问题归结为求总利润函数的最大值点. 解方程组
$$\begin{cases} \dfrac{\partial L}{\partial p_1} = 14 - 4p_1 + 8p_2 = 0 \\[2mm] \dfrac{\partial L}{\partial p_2} = 28 + 8p_1 - 20p_2 = 0 \end{cases}$$
得唯一驻点 $p_1 = \dfrac{63}{2}$，$p_2 = 14$，该驻点即为所求的最大值点. 所以当价格取 $p_1 = \dfrac{63}{2}$ 和

$p_2 = 14$ 时可使利润最大.

二、条件极值与拉格朗日乘数法

从上面所给例题求极值的方法不难发现, 自变量是相互独立, 不受其他条件限制的, 这样的极值常称为**无条件极值**. 而在求极值中, 经常会出现自变量满足一定条件的约束, 这类问题称为**条件极值**. 下面介绍求条件极值的方法——**拉格朗日乘数方法**.

以两个条件 $g_1(x,y,z)=0$ 和 $g_2(x,y,z)=0$ 求三元函数 $u=f(x,y,z)$ 的极值问题为例, 假定函数 $g_1(x,y,z)$、$g_2(x,y,z)$、$f(x,y,z)$ 在所考虑的区域内有连续的偏导数.

第一步: 引入辅助函数 $F(x,y,z,\lambda_1,\lambda_2)=f(x,y,z)+\lambda_1 g_1(x,y,z)+\lambda_2 g_2(x,y,z)$, 视 λ_1 与 λ_2 为变量(称为拉格朗日乘数);

第二步: 令 F 关于五个变量的偏导数都是 0, 求出相应的驻点;

第三步: 根据实际问题判断驻点是否是极值点.

例 4　求 (x_0, y_0, z_0) 到平面 $Ax+By+Cz+D=0$ 的距离.

解　设点 (x_0, y_0, z_0) 到任一点 (x, y, z) 的距离为 d, 则
$$d^2=(x-x_0)^2+(y-y_0)^2+(z-z_0)^2.$$
问题等价于求 d^2 在条件 $Ax+By+Cz+D=0$ 下的最小值.

作辅助函数
$$F(x,y,z,\lambda)=(x-x_0)^2+(y-y_0)^2+(z-z_0)^2+\lambda(Ax+By+Cz+D),$$

解方程组
$$\begin{cases} 2(x-x_0)+\lambda \cdot A=0 \\ 2(y-y_0)+\lambda \cdot B=0 \\ 2(z-z_0)+\lambda \cdot C=0 \\ Ax+By+Cz+D=0 \end{cases},$$

得到
$$\lambda=\frac{2(Ax_0+By_0+Cz_0+D)}{A^2+B^2+C^2};$$

$$x=x_0-\frac{\lambda A}{2},\ y=y_0-\frac{\lambda B}{2},\ z=z_0-\frac{\lambda C}{2}.$$

于是, 方程组只有唯一一组解
$$x=x_0-\frac{A(Ax_0+By_0+Cz_0+D)}{A^2+B^2+C^2};$$

$$y=y_0-\frac{B(Ax_0+By_0+Cz_0+D)}{A^2+B^2+C^2};$$

$$z = z_0 - \frac{C(Ax_0 + By_0 + Cz_0 + D)}{A^2 + B^2 + C^2};$$

$$d^2 = \frac{\lambda^2}{4}(A^2 + B^2 + C^2).$$

显然,这个问题存在最小值. 因此求得 d^2 的最小值为

$$\frac{(Ax_0 + By_0 + Cz_0 + D)^2}{A^2 + B^2 + C^2}.$$

即点 (x_0, y_0, z_0) 到平面 $Ax + By + Cz + D = 0$ 的距离公式为

$$d = \frac{|Ax_0 + By_0 + Cz_0 + D|}{\sqrt{A^2 + B^2 + C^2}}.$$

习题 8.6

1. 求下列函数的极值:

1) $z = x^2 - xy + y^2 + 9x - 6y + 20$;

2) $z = x^2 + y^2 - 2\ln x - 2\ln y$;

3) $z = xy(a - x - y)(a \neq 0)$.

2. 某工厂收入是以下两种可控决策量的函数:设 x_1 代表以千元为单位的用于存储的投资, x_2 代表以千元为单位的用于广告的开支,则以千元为单位的收入

$$R(x_1, x_2) = -3x_1^2 + 2x_1 x_2 - 6x_2^2 + 30x_1 + 24x_2 - 86.$$

试问当存储投资和广告开支各为多少时收入额最大?最大收入额是多少?

3. 某公司在生产中使用甲、乙两种原料,已知甲和乙两种原料分别使用 x 单位和 y 单位可生产 Q 单位的产品,且

$$Q = Q(x, y) = 10xy + 20.2x + 30.3y - 10x^2 - 5y^2.$$

已知甲原料单价为 20 元/单位,乙原料单价为 30 元/单位,产品每单位售价为 100 元,产品固定成本为 1000 元,求该公司的最大利润.

4. 求函数 $u = xyz$ 在条件 $\frac{1}{x} + \frac{1}{y} + \frac{1}{z} = \frac{1}{a}(x, y, z, a$ 均为正数) 下的极值.

5. 旋转抛物面 $z = x^2 + y^2$ 被平面 $x + y + z = 1$ 截成一椭圆,求这椭圆上的点到原点的距离的最大值和最小值.

6. 求表面积为 a^2 而体积最大的长方体的体积.

7. 生产某种产品的产量 Q 与所用两种原料甲、乙的数量 x,y 之间的关系式为 $Q = 0.005x^2 y$,已知甲、乙两种原料单价分别为 1 万元和 2 万元,现有资金 150 万元,如何购料可使产量最大?

8. 某公司可通过电台和报纸两种方式做销售某种产品的广告,据资料统计,销售收益与电台广告费 x 及报纸广告费 y 之间有经验公式

$$R = 3(15 + 14x + 32y - 8xy - 2x^2 - 10y^2).$$

利润额相当于销售收益的 1/3,并要扣除广告费用,试问在下列条件下,如何分配两种广告费用从而使得利润最大? (单位为万元)

1）广告费用不限；

2）提供的广告费用仅为 1.5 万元.

综合测试题（八）

一、单项选择题

1. 已知函数 $f(x)$ 在 $[-1, 1]$ 上连续，那么 $\dfrac{\partial}{\partial x}\displaystyle\int_{\cos y}^{\sin x} f(t)\,\mathrm{d}t =$（　　）.

(A) $f(\sin x) - f(\cos y)$；　　　　　　(B) $f(\sin x)\cos x - f(\cos y)\sin y$；

(C) $f(\sin x)\cos x$；　　　　　　　　(D) $f(\cos y)\sin y$.

2. 在矩形域 D：$|x - x_0| < \delta$，$|y - y_0| < \delta$ 内，$f_x(x, y) = f_y(x, y) \equiv 0$ 是 $f(x, y) \equiv c$（常数）的（　　）.

(A) 充要条件；　　(B) 充分条件；　　(C) 必要条件；　　(D) 既非充分又非必要条件.

3. 若函数 $f(x, y)$ 在区域 D 内的二阶偏导数都存在，则（　　）.

(A) $f_{xy}(x, y) = f_{yx}(x, y)$ 在 D 内成立；　　(B) $f_x(x, y)$，$f_y(x, y)$ 在 D 内连续；

(C) $f(x, y)$ 在 D 内可微分；　　　　　　　　(D) 以上结论都不对.

4. $\lim\limits_{\substack{x \to 0 \\ y \to 0}} \dfrac{2xy}{3x^4 + y^2}$ 的值为（　　）.

(A) ∞；　　(B) 不存在；　　(C) $\dfrac{2}{3}$；　　(D) 0.

5. 设有三元函数 $xy - z\ln y + \mathrm{e}^{xz} = 1$，据隐函数存在定理，存在点 $(0, 1, 1)$ 的一个邻域，在此邻域内该方程（　　）.

(A) 只能确定一个具有连续偏导的隐函数 $z = z(x, y)$；

(B) 可确定两个具有连续偏导的隐函数 $z = z(x, y)$ 和 $y = y(x, z)$；

(C) 可确定两个具有连续偏导的隐函数 $z = z(x, y)$ 和 $x = x(y, z)$；

(D) 可确定两个具有连续偏导的隐函数 $x = x(y, z)$ 和 $y = y(x, z)$.

二、填空题

1. 设 $f(x, y) = \mathrm{e}^{xy}\cos\left(\dfrac{\pi}{2}x\right) + (y - 1)\arctan\sqrt{\dfrac{x}{y}}$，则 $f_x(1, 1)$ 的值为（　　）.

2. 设 $f(x, y)$ 具有连续偏导数，且 $f(1, 1) = 1$，$f'_x(1, 1) = a$，$f'_y(1, 1) = b$，令 $\varphi(x) = f\{x, f[x, f(x, x)]\}$，则 $\varphi'(1)$ 的值为（　　）.

3. 设 $f(x, y, z) = \mathrm{e}^x yz^2$，其中 $z = z(x, y)$ 是由 $x + y + z + xyz = 0$ 确定的隐函数，则 $f'_x(0, 1, -1) =$（　　）.

4. 曲线 $\begin{cases} x^2 + y^2 + z^2 = 3 \\ x - 2y + z = 0 \end{cases}$ 在点 $M(1, 1, 1)$ 处的切线方程为（　　）.

5. 函数 $u = x^2 + 2y^2 + 3z^2 + xy + 3x - 2y - 6z$ 在点 $O(0, 0, 0)$ 处沿（　　）方向的方向导数最大.

三、计算与应用题

1. 设 $(axy^3 - y^2\cos x)\mathrm{d}x + (1 + by\sin x + 3x^2 y^2)\mathrm{d}y$ 为某一函数 $f(x, y)$ 的全微分，求 a 和 b

的值.

2. 设 $z = f(x - y, x + y) + g(x + ky)$，$f$、$g$ 具有二阶连续偏导数，且 $g'' \neq 0$，如果 $\dfrac{\partial^2 z}{\partial x^2} + 2\dfrac{\partial^2 z}{\partial x \partial y} + \dfrac{\partial^2 z}{\partial y^2} = 4f''_{22}$，求常数 k 的值.

3. 在椭球 $\dfrac{x^2}{a^2} + \dfrac{y^2}{b^2} + \dfrac{z^2}{c^2} = 1$ 内嵌入一中心在原点的长方体，问长宽高各是多少时长方体的体积最大？

4. 设 $y = g(x, z)$，而 z 是由方程 $f(x - z, xy) = 0$ 所确定的 x，y 的函数，求 $\dfrac{\mathrm{d}z}{\mathrm{d}x}$.

5. 设 $f(x, y)$ 有二阶连续偏导数，$g(x, y) = f(\mathrm{e}^{xy}, x^2 + y^2)$，且 $f(x, y) = 1 - x - y + o$ $(\sqrt{(x-1)^2 + y^2})$，证明 $g(x, y)$ 在 $(0, 0)$ 取得极值，判断此极值是极大值还是极小值，并求出此极值.

6. 设有一小山，取它的底面所在的平面为 xOy 坐标面，其底部所占的区域为 $D = \{(x, y) | x^2 + y^2 - xy \leqslant 75\}$，小山的高度函数为 $h(x, y) = 75 - x^2 - y^2 + xy$.

（1）设 $M_0(x_0, y_0)$ 为区域 D 上一点，问 $h(x, y)$ 在该点沿平面上什么方向的方向导数最大？若记此方向导数的最大值为 $g(x_0, y_0)$，试写出 $g(x_0, y_0)$ 的表达式.

（2）现利用此小山开展攀岩活动，为此需在山脚下寻找一上山坡度最大的点作为攀登的起点，试确定攀登起点的位置.

四、证明题

设 $F(u, v)$ 可微，证明曲面 $F\left(\dfrac{x - a}{z - c}, \dfrac{y - b}{z - c}\right) = 0$ 上任一点处的切平面都通过定点.

第九章　重　积　分

在一元函数积分学中,定积分是某种确定形式的和的极限.这种和的极限的概念推广到定义在区域上多元函数的情形,便得到重积分.本章将介绍重积分(包括二重积分和三重积分)的概念、计算方法以及它们的一些应用.

第一节　二　重　积　分

一、二重积分的概念和性质

1. 曲顶柱体的体积

设有一立体,它的底是 xOy 平面上的闭区域 D,侧面是以 D 的边界为准线、母线平行于 z 轴的柱面,它的顶是曲面 $z = f(x,y)$.这里, $f(x,y) \geqslant 0$,且在 D 上连续.这种立体叫做**曲顶柱体**(见图 9-1).

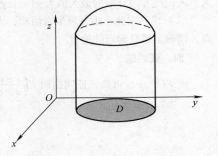

图 9-1

仿照定积分中曲边梯形面积的求法来计算曲顶柱体的体积.

第一步:分割.

用一组曲线网把区域 D 分成 n 个小闭区域 $\sigma_1, \sigma_2, \cdots, \sigma_n$,它们的面积记作 $\Delta\sigma_1, \Delta\sigma_2, \cdots, \Delta\sigma_n$,相应地,曲顶柱被分成了 n 个小曲顶柱体 $\Delta V_1, \Delta V_2, \cdots, \Delta V_n$.

第二步:取近似值.

在每个小区域上任取一点 $(\xi_i, \eta_i) \in \sigma_i$, $i = 1,2,\cdots,n$,用 $f(\xi_i, \eta_i)$ 代表第 i 个小曲顶柱体的高,则第 i 个小曲顶柱体的体积可近似表示为 $\Delta V_i \approx f(\xi_i, \eta_i)\Delta\sigma_i (i = 1,2,\cdots, n)$;

第三步:作和.

把所有小曲顶柱体体积的近似值加起来,得到整个曲顶柱体体积的近似值,即

$$V \approx \sum_{i=1}^{n} f(\xi_i, \eta_i)\Delta\sigma_i.$$

显然,把 D 分得越细,求出的和越接近真实的体积值.

第四步:求极限.

设 n 个小闭区域的直径最大者是 d，即 $d = \max\limits_{1 \le i \le n} \{\sigma_i\}$，当 $d \to 0$ 时，$\sum\limits_{i=1}^{n} f(\xi_i, \eta_i) \Delta\sigma_i$ 的极限便是要求的曲顶柱体的体积 V，即

$$V = \lim_{d \to 0} \sum_{i=1}^{n} f(\xi_i, \eta_i) \Delta\sigma_i.$$

2. 二重积分的定义

在实际应用中，许多问题都归结为求同一和式的极限问题，为一般性地研究这种和式结构的极限，抽象出二重积分的定义.

定义 9.1 设 $z = f(x, y)$ 是有界闭区域 D 上的有界函数，把区域 D 任意分成 n 个小区域 $\sigma_1, \sigma_2, \cdots, \sigma_n$，第 i 个小区域的面积记作 $\Delta\sigma_i (i = 1, 2, \cdots, n)$，在每个小区域内任取一点 $(\xi_i, \eta_i) \in \sigma_i (i = 1, 2, \cdots, n)$，并作和 $\sum\limits_{i=1}^{n} f(\xi_i, \eta_i) \Delta\sigma_i$. 设 $d = \max\limits_{1 \le i \le n} \{\sigma_i\}$，若无论区域 D 如何划分，也无论 $(\xi_i, \eta_i) \in \sigma_i$ 如何选取，极限 $\lim\limits_{d \to 0} \sum\limits_{i=1}^{n} f(\xi_i, \eta_i) \Delta\sigma_i$ 都存在，则称 $f(x, y)$ 在区域 D 上可积，把极限值称为函数 $z = f(x, y)$ 在闭区域 D 上的**二重积分**，记作 $\iint\limits_{D} f(x, y) d\sigma$，即

$$\iint\limits_{D} f(x, y) d\sigma = \lim_{d \to 0} \sum_{i=1}^{n} f(\xi_i, \eta_i) \Delta\sigma_i.$$

式中，$f(x, y)$ 叫做**被积函数**；$d\sigma$ 叫做**面积元素**；x 和 y 叫做**积分变量**；D 叫做**积分区域**；$f(x, y) d\sigma$ 叫做**被积表达式**.

注：1）如果用一些平行于坐标轴的直线分割区域 D，除了少数边缘上的小区域外，其余的小区域都是矩形，设它的边长是 Δx_j 和 Δy_k，则 $\Delta\sigma_i = \Delta x_j \Delta y_k$，因此，面积元素 $d\sigma$ 有时也用 $dxdy$ 表示. 于是，二重积分可写作 $\iint\limits_{D} f(x, y) dxdy$，其中，$dxdy$ 叫做直角坐标系中的面积元素.

2）二重积分 $\iint\limits_{D} f(x, y) d\sigma$ 的值只与积分区域 D 和被积函数 $f(x, y)$ 有关，而与积分变量的写法无关，即

$$\iint\limits_{D} f(x, y) dxdy = \iint\limits_{D} f(u, v) dudv.$$

3）当 $f(x, y) \ge 0$ 且连续时，$\iint\limits_{D} f(x, y) d\sigma$ 表示以积分区域 D 为底，以曲面 $z = f(x, y)$ 为顶的曲顶柱体的体积，这便是二重积分的几何意义. 有时可用几何意义得出二重积分的值，如 $\iint\limits_{x^2+y^2 \le R^2} \sqrt{R^2 - x^2 - y^2} dxdy = \dfrac{2}{3} \pi R^3$.

3. 可积函数类

1）若函数 $f(x,y)$ 在有界闭区域 D 上连续，则 $f(x,y)$ 在 D 上的二重积分存在，即可积．

2）若函数 $f(x,y)$ 在有界闭区域 D 上有界且分块连续，则 $f(x,y)$ 在 D 上可积．

4. 二重积分的性质

与一元函数定积分类似，二重积分有如下基本性质．

性质 1　（线性性质）

$$\iint\limits_{D}[af(x,y)+bg(x,y)]\mathrm{d}\sigma = a\iint\limits_{D}f(x,y)\mathrm{d}\sigma + b\iint\limits_{D}g(x,y)\mathrm{d}\sigma(a、b \text{ 是常数}).$$

性质 2　（区域可加性）若 $D=D_1\cup D_2$，且 D_1 与 D_2 公共部分面积是 0，则有

$$\iint\limits_{D}f(x,y)\mathrm{d}\sigma = \iint\limits_{D_1}f(x,y)\mathrm{d}\sigma + \iint\limits_{D_2}f(x,y)\mathrm{d}\sigma.$$

性质 3　若 $f(x,y)=1$，则 $\iint\limits_{D}f(x,y)\mathrm{d}\sigma = \sigma$，$\sigma$ 是区域 D 的面积．

性质 4　若 $f(x,y)\geqslant 0$，$(x,y)\in D$，则 $\iint\limits_{D}f(x,y)\mathrm{d}\sigma \geqslant 0$．

性质 5　（中值定理）设函数 $f(x,y)$ 在有界闭区域 D 上连续，σ 是 D 的面积，则在 D 上至少存在一点 (ξ,η) 使

$$\iint\limits_{D}f(x,y)\mathrm{d}\sigma = f(\xi,\eta)\cdot\sigma.$$

二、二重积分的计算

1. 直角坐标系下二重积分的计算

一般方法就是把二重积分化成两次定积分的计算，称之为累次积分法．

（1）积分区域是矩形区域

设 D 是矩形区域：即 $a\leqslant x\leqslant b$，$c\leqslant y\leqslant d$，$z=f(x,y)$ 在 D 上连续，则

$$\iint\limits_{D}f(x,y)\mathrm{d}x\mathrm{d}y = \int_a^b\left[\int_c^d f(x,y)\mathrm{d}y\right]\mathrm{d}x.$$

这样，二重积分可以化为先对 y 后对 x 的两次定积分来计算．同样，也可以采用先对 x 后对 y 的次序 $\iint\limits_{D}f(x,y)\mathrm{d}x\mathrm{d}y = \int_c^d\left[\int_a^b f(x,y)\mathrm{d}x\right]\mathrm{d}y$．为了书写方便，可以把

$$\int_a^b\left[\int_c^d f(x,y)\mathrm{d}y\right]\mathrm{d}x \quad \text{记作} \quad \int_a^b\mathrm{d}x\int_c^d f(x,y)\mathrm{d}y.$$

$$\int_c^d\left[\int_a^b f(x,y)\mathrm{d}x\right]\mathrm{d}y \quad \text{记作} \quad \int_c^d\mathrm{d}y\int_a^b f(x,y)\mathrm{d}x.$$

则有 $\iint\limits_{D}f(x,y)\mathrm{d}x\mathrm{d}y = \int_a^b\mathrm{d}x\int_c^d f(x,y)\mathrm{d}y = \int_c^d\mathrm{d}y\int_a^b f(x,y)\mathrm{d}x.$

（2）积分区域 D 是 X 型区域

如图 9-2 所示，所谓 X 型区域，即任何穿过 D 的内部且平行于 y 轴的直线与 D 的边界最多交于两点，这时 D 可表示为 $y_1(x) \leqslant y \leqslant y_2(x)$，$a \leqslant x \leqslant b$，$y_1(x)$、$y_2(x)$ 连续，则

$$\iint_D f(x,y)\,\mathrm{d}x\mathrm{d}y = \int_a^b \mathrm{d}x \int_{y_1(x)}^{y_2(x)} f(x,y)\,\mathrm{d}y.$$

（3）积分区域 D 是 Y 型区域

如图 9-3 所示，所谓 Y 型区域，即任何穿过 D 的内部且平行于 x 轴的直线与 D 的边界最多交于两点，这时 D 可表示为 $x_1(y) \leqslant x \leqslant x_2(y)$，$c \leqslant y \leqslant d$，$x_1(y)$、$x_2(y)$ 连续，则

$$\iint_D f(x,y)\,\mathrm{d}x\mathrm{d}y = \int_c^d \mathrm{d}y \int_{x_1(y)}^{x_2(y)} f(x,y)\,\mathrm{d}x.$$

（4）D 既不是 X 型区域，也不是 Y 型区域

可以把区域 D 分割成有限个区域，使每个子区域是 X 型或 Y 型，然后利用积分区域可加性计算（见图 9-4）.

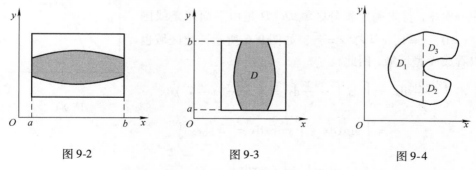

图 9-2   图 9-3   图 9-4

例 1 求 $\iint_D x^2 y\,\mathrm{d}x\mathrm{d}y$，其中 D：$0 \leqslant x \leqslant 1$，$1 \leqslant y \leqslant 2$.

解 区域是矩形区域，有 $\iint_D x^2 y\,\mathrm{d}x\mathrm{d}y = \int_0^1 \mathrm{d}x \int_1^2 x^2 y\,\mathrm{d}y$.

对于第一次积分，y 是积分变量，x 可以认为是常量，于是有

$$\int_1^2 x^2 y\,\mathrm{d}y = x^2 \int_1^2 y\,\mathrm{d}y = x^2 \cdot \frac{3}{2},$$

因此

$$\int_0^1 \mathrm{d}x \int_1^2 x^2 y\,\mathrm{d}y = \int_0^1 \frac{3}{2} x^2\,\mathrm{d}x = \frac{1}{2}.$$

例 2 求 $\iint_D \mathrm{e}^{\frac{x}{y}}\,\mathrm{d}x\mathrm{d}y$，其中，$D$ 是由 $y^2 = x$ 和 $y = 1$ 及 y 轴所围成的区域.

解　区域 D（见图 9-5）既是 X 型区域，又是 Y 型区域，因此

$$\iint\limits_{D} e^{\frac{x}{y}}dxdy = \int_0^1 dx \int_{\sqrt{x}}^1 e^{\frac{x}{y}}dy$$

与

$$\iint\limits_{D} e^{\frac{x}{y}}dxdy = \int_0^1 dy \int_0^{y^2} e^{\frac{x}{y}}dx.$$

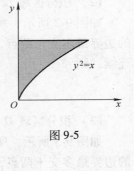

图 9-5

从形式上都对，但由于 $\int e^{\frac{x}{y}}dy$ 难以求出，因此选用先对 x 积分再对 y 积分

$$\iint\limits_{D} e^{\frac{x}{y}}dxdy = \int_0^1 dy \int_0^{y^2} e^{\frac{x}{y}}dx = \int_0^1 y(e^y - 1)dy = \frac{1}{2}.$$

例3　计算积分 $\int_0^1 dy \int_y^{\sqrt{y}} \frac{\sin x}{x}dx.$

解　若直接计算，$\int \frac{\sin x}{x}dx$ 不是初等函数，因此考虑交换积分次序，首先确定积分区域 D. D 是由下面四条线围成：$y=0$，$y=1$，$x=y$，$x=\sqrt{y}$，如图 9-6 所示，此区域也可以看成 X 型区域，因此

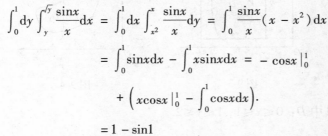

图 9-6

$$\int_0^1 dy \int_y^{\sqrt{y}} \frac{\sin x}{x}dx = \int_0^1 dx \int_{x^2}^x \frac{\sin x}{x}dy = \int_0^1 \frac{\sin x}{x}(x - x^2)dx$$

$$= \int_0^1 \sin xdx - \int_0^1 x\sin xdx = -\cos x\big|_0^1$$

$$+ \left(x\cos x\big|_0^1 - \int_0^1 \cos xdx\right).$$

$$= 1 - \sin 1$$

例4　求两个底圆半径相等的直交圆柱面：$x^2 + y^2 = R^2$ 及 $x^2 + z^2 = R^2$ 所围成的立体的体积.

解　利用立体关于坐标平面的对称性，只要算出它在第一卦限部分（见图 9-7a）的体积再乘以 8 即可. 所求第一卦限部分可以看成是一个曲顶柱体，它的底是半径为 R 的圆的四分之一部分，它的顶是曲面 $z = \sqrt{R^2 - x^2}$（见图 9-7b），于是

$$V_1 = \iint\limits_{D} \sqrt{R^2 - x^2}d\sigma，化为累次积分，得$$

$$V_1 = \iint\limits_{D} \sqrt{R^2 - x^2}d\sigma$$

$$= \int_0^R \mathrm{d}x \int_0^{\sqrt{R^2-x^2}} \sqrt{R^2-x^2}\,\mathrm{d}y = \int_0^R (R^2-x^2)\,\mathrm{d}x = \frac{2}{3}R^3.$$

从而所求立体体积为 $V = 8V_1 = \dfrac{16}{3}R^3$.

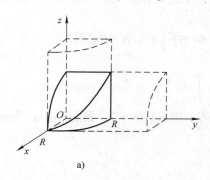 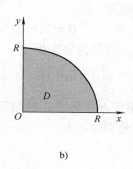

a)　　　　　　　　　　b)

图 9-7

2. 利用极坐标计算二重积分

　　在直角坐标系中，可以用两组平行于坐标轴的直线把区域 D 分成若干方形小块，因而求得 $\Delta\sigma = \Delta x_i \Delta y_i$. 在极坐标系中，假设过原点的射线与区域 D 的边界线的交点不多于两个，用同心圆（r 为常数）和一组通过极点的射线（θ 为常数）将区域 D 分割成很多小区域（见图9-8），在阴影部分所对应的扇环形区域，圆心角是 $\Delta\theta$，外弧半径是 $r + \Delta r$，内弧半径是 r，因此，阴影部分的面积是

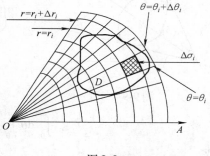

图 9-8

$$\Delta\sigma = \frac{1}{2}(r+\Delta r)^2 \Delta\theta - \frac{1}{2}r^2\Delta\theta = r\cdot\Delta r\cdot\Delta\theta + \frac{1}{2}(\Delta r)^2\Delta\theta$$

略去高阶无穷小，便有

$$\Delta\sigma \approx r\cdot\Delta r\cdot\Delta\theta$$

所以面积元素是

$$\mathrm{d}\sigma = r\cdot\mathrm{d}r\cdot\mathrm{d}\theta$$

被积函数变为

$$f(x,y) = f(r\cos,r\sin\theta)$$

于是，在直角坐标系中的二重积分变为在极坐标系中的二重积分

$$\iint\limits_D f(x,y)\,\mathrm{d}\sigma = \iint\limits_D f(r\cos\theta,r\sin\theta)\,r\mathrm{d}r\mathrm{d}\theta$$

计算极坐标系下的二重积分，也要将它化为累次积分，关于积分限的确定，分两种情况加以说明：

1）极点 O 在区域 D 之外（见图9-9），区域 D 在 $\theta = \alpha$ 与 $\theta = \beta$ 两条射线之间，如果每条过极点的射线 $\theta = \theta_0$ 与区域的边界有两个交点 $r_1(\theta_0)$ 及 $r_2(\theta_0)$，$r_1(\theta_0) \leqslant r_2(\theta_0)$，则区域 D 可表示为

$$D = \{ (r, \theta) \mid r_1(\theta) \leqslant r \leqslant r_2(\theta), \ \alpha \leqslant \theta \leqslant \beta \}.$$

因此二重积分可化为累次积分

$$\iint\limits_{D} f(r\cos\theta, r\sin\theta)\, r\mathrm{d}r\mathrm{d}\theta = \int_{\alpha}^{\beta} \mathrm{d}\theta \int_{r_1(\theta)}^{r_2(\theta)} f(r\cos\theta, r\sin\theta)\, r\mathrm{d}r.$$

2）如果极点在区域 D 的内部或边界，则 $r_1(\theta) = 0$，如图9-10a、b 所示，此时二重积分可分别表示为

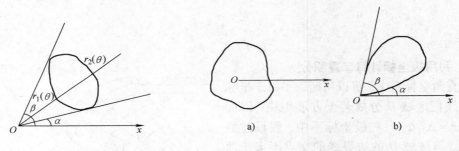

图9-9　　　　　　　　　　　　　　　　图9-10

$$\int_{0}^{2\pi} \mathrm{d}\theta \int_{0}^{r(\theta)} f(r\cos\theta, r\sin\theta)\, r\mathrm{d}r,$$

或

$$\int_{\alpha}^{\beta} \mathrm{d}\theta \int_{0}^{r(\theta)} f(r\cos\theta, r\sin\theta)\, r\mathrm{d}r.$$

例5　求 $\displaystyle\iint\limits_{D} \mathrm{e}^{x^2+y^2-\pi}\mathrm{d}x\mathrm{d}y$，其中，$D$ 为

1）$x^2 + y^2 \leqslant a^2$，

2）$x^2 + y^2 \leqslant a^2$，$x \geqslant 0$，$y \geqslant 0$.

解　1）$\displaystyle\iint\limits_{D} \mathrm{e}^{x^2+y^2-\pi}\mathrm{d}x\mathrm{d}y = \int_{0}^{2\pi} \mathrm{d}\theta \int_{0}^{a} r\mathrm{e}^{r^2-\pi}\mathrm{d}r = \mathrm{e}^{-\pi} \cdot 2\pi \cdot \frac{1}{2} \int_{0}^{a} \mathrm{e}^{r^2}\mathrm{d}r^2$

$$= \pi \mathrm{e}^{-\pi}(\mathrm{e}^{a^2} - 1).$$

2）$\displaystyle\iint\limits_{D} \mathrm{e}^{x^2+y^2-\pi}\mathrm{d}x\mathrm{d}y = \int_{0}^{\frac{\pi}{2}} \mathrm{d}\theta \int_{0}^{a} r\mathrm{e}^{r^2-\pi}\mathrm{d}r = \mathrm{e}^{-\pi} \cdot \frac{\pi}{2} \cdot \frac{1}{2} \int_{0}^{a} \mathrm{e}^{r^2}\mathrm{d}r^2$

$$= \frac{\pi}{4} \mathrm{e}^{-\pi}(\mathrm{e}^{a^2} - 1).$$

例6　求球体 $x^2 + y^2 + z^2 \leq 4a^2$ 被圆柱面 $x^2 + y^2 = 2ax(a > 0)$ 所截得的立体的体积（见图9-11）.

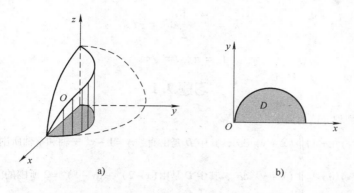

图 9-11

解　由对称性，所截的部分是以 D 为底的曲顶柱体体积的 4 倍，而曲顶柱体顶面的方程是 $z = \sqrt{4a^2 - x^2 - y^2}$.

因此 $V = 4\iint\limits_D \sqrt{4a^2 - x^2 - y^2}\mathrm{d}x\mathrm{d}y$ ，利用极坐标，便得

$$V = 4\iint\limits_D \sqrt{4a^2 - r^2}r\mathrm{d}r\mathrm{d}\theta$$

$$= 4\int_0^{\frac{\pi}{2}} \mathrm{d}\theta \int_0^{2a\cos\theta} \sqrt{4a^2 - r^2}r\mathrm{d}r$$

$$= \frac{32}{3}a^3 \int_0^{\frac{\pi}{2}} (1 - \sin^3\theta)\mathrm{d}\theta = \frac{32}{3}a^3\left(\frac{\pi}{2} - \frac{2}{3}\right).$$

如果二元函数的积分域是无界的，则类似于一元函数，可以定义二元函数的广义积分. 下面以在概率统计中常用的例题加以说明.

例7　计算泊松（Poisson）积分 $I = \int_{-\infty}^{+\infty} \mathrm{e}^{-x^2}\mathrm{d}x$.

解　$\int \mathrm{e}^{-x^2}\mathrm{d}x$ 不是初等函数，所以不能直接用牛顿—莱布尼茨公式求其值. 可以先求 $k = \iint\limits_D \mathrm{e}^{-(x^2+y^2)}\mathrm{d}x\mathrm{d}y$ ，其中，D 是整个平面. 显然，这类似于一元函数的广义积分，因此，k 可用累次积分表示为

$$k = \int_{-\infty}^{+\infty} \mathrm{d}x \int_{-\infty}^{+\infty} \mathrm{e}^{-(x^2+y^2)}\mathrm{d}y = \int_{-\infty}^{+\infty} \mathrm{e}^{-x^2}\mathrm{d}x \int_{-\infty}^{+\infty} \mathrm{e}^{-y^2}\mathrm{d}y = I^2$$

而把上述积分用极坐标表示，便有 $k = \int_0^{2\pi} \mathrm{d}\theta \int_0^{+\infty} \mathrm{e}^{-r^2}r\mathrm{d}r$，

又因为
$$\int_0^{+\infty} e^{-r^2} r\,dr = \left(-\frac{e^{-r^2}}{2}\right)\Big|_0^{+\infty} = \frac{1}{2},$$

所以
$$k = \int_0^{2\pi} \frac{1}{2}\,d\theta = \pi.$$

于是
$$I^2 = \pi,\ I = \sqrt{\pi}.$$

习题 9.1

1. 比较下列积分值的大小:

1) $\iint\limits_D (x+y)^2\,d\sigma$ 与 $\iint\limits_D (x+y)^3\,d\sigma$,其中 D 是由直线 $y=1-x$、x 轴和 y 轴所围的闭区域;

2) $\iint\limits_D (x+y)^2\,d\sigma$ 与 $\iint\limits_D (x+y)^3\,d\sigma$,其中 D 是由 $(x-2)^2+(y-1)^2=2$ 所围的闭区域;

3) $\iint\limits_D \ln(x+y)\,d\sigma$ 与 $\iint\limits_D [\ln(x+y)]^2\,d\sigma$,其中 $D=\{(x,y)\,|3\leqslant x\leqslant 5,\ 0\leqslant y\leqslant 1\}$.

2. 估计下列积分的值:

1) $I=\iint\limits_D xy(x+y)\,d\sigma$,其中 $D=\{(x,y)\,|0\leqslant x\leqslant 1,0\leqslant y\leqslant 1\}$;

2) $I=\iint\limits_D (x^2+4y^2+9)\,d\sigma$,其中 $D=\{(x,y)\,|x^2+y^2\leqslant 4\}$.

3. 利用积分中值定理证明:$\lim\limits_{r\to 0}\dfrac{1}{\pi r^2}\iint\limits_D e^{x^2+y^2}\cos(x+y)\,dxdy=1$,其中,$D=\{(x,y)\,|x^2+y^2\leqslant r^2\}$.

4. 计算 $\iint\limits_D xy\,d\sigma$,其中 D 是由抛物线 $y^2=x$ 及直线 $y=x-2$ 所围的闭区域.

5. 计算 $\iint\limits_D y\sqrt{1+x^2-y^2}\,d\sigma$,其中 D 是由直线 $y=x$、$x=-1$ 及 $y=1$ 所围的闭区域.

6. 应用二重积分,求在 xy 平面上由 $y=x^2$ 与 $y=4x-x^2$ 所围成区域的面积.

7. 计算 $\iint\limits_D x\,d\sigma$,其中 D 是由直线 $y=2x$,$y=\dfrac{1}{2}x$ 及 $y=12-x$ 所围的闭区域.

8. 计算 $\iint\limits_D e^{y^2}\,d\sigma$,其中 D 是由直线 $y=x$,$y=1$ 及 y 轴所围的闭区域.

9. 计算 $\iint\limits_D |y-x^2|\,d\sigma$,其中 D 是由直线 $y=0$,$y=1$ 及 $x=-1$,$x=1$ 所围的闭区域.

10. 计算 $\iint\limits_D x^2y^2\,d\sigma$,其中 $D:|x|+|y|\leqslant 1$.

11. 计算 $\iint\limits_D y[1+xf(x^2+y^2)]\,d\sigma$,其中 D 是由抛物线 $y=x^2$ 及直线 $y=1$ 所围的闭区域,f 在 D 上连续.

12. $\iint\limits_{x^2+y^2\leqslant 4} (xy+y^3\cos x)\,d\sigma$.

13. 改变下列二次积分的积分次序:

1)$\int_0^1 dy \int_0^y f(x,y) dx$;   2)$\int_0^2 dy \int_{y^2}^{2y} f(x,y) dx$;   3)$\int_0^1 dy \int_{-\sqrt{1-y^2}}^{\sqrt{1-y^2}} f(x,y) dx$;

4)$\int_1^2 dx \int_{2-x}^{\sqrt{2x-x^2}} f(x,y) dy$;   5)$\int_1^e dx \int_0^{\ln x} f(x,y) dy$.

14. 用二重积分表示由曲面 $z=0$,$x+y+z=1$,$x^2+y^2=1$ 所围立体的体积.

15. 求由曲面 $z=0$,$z=x^2+y^2$,$x^2=y$,$y=1$ 所围立体的体积.

16. 求由曲面 $z=x^2+2y^2$ 及 $z=6-2x^2-y^2$ 所围立体的体积.

17. 计算 $\iint\limits_D \dfrac{dxdy}{1+x^2+y^2}$,其中 D 是由 $x^2+y^2\leqslant1$ 所确定的闭区域.

18. 计算 $\iint\limits_D \sqrt{x^2+y^2}dxdy$,其中 D 是由 $x^2+y^2=2y$ 所围的闭区域.

19. 计算 $\iint\limits_D \sqrt{x^2+y^2}dxdy$,其中 D 是由 $x^2+y^2=4$ 和 $(x+1)^2+y^2=1$ 所围的闭区域.

20. 计算 $\iint\limits_D \dfrac{y}{x}dxdy$,其中 D 是由 $x^2+y^2=4$,$x^2+y^2=1$ 及 $y=x$,$y=0$ 所围的第一象限部分区域.

21. 计算 $\iint\limits_D \sin\sqrt{x^2+y^2}dxdy$,其中 $D=\{(x,y)\,|\,\pi^2\leqslant x^2+y^2\leqslant4\pi^2\}$.

第二节 三 重 积 分

一、三重积分的概念

将定积分及二重积分作为特定结构和式极限的概念进行推广,便得到三重积分.

定义 9.2 设 $f(x,y,z)$ 是空间有界闭区域 Ω 上的有界函数,将 Ω 任意分成 n 个小闭区域

$$\Delta v_1,\Delta v_2,\cdots,\Delta v_n,$$

式中,Δv_i 表示第 i 个小闭区域,也表示它的体积. 在每个 Δv_i 上任取一点 (ξ_i,η_i,ζ_i),作乘积 $f(\xi_i,\eta_i,\zeta_i)\Delta v_i(i=1,2,\cdots,n)$,并作和 $\sum\limits_{i=1}^n f(\xi_i,\eta_i,\zeta_i)\Delta v_i$,如果当各小闭区域直径中的最大值 λ 趋近于零时,这和式的极限总存在,则称此极限为函数 $f(x,y,z)$ 在闭区域 Ω 上的三重积分,记为 $\iiint\limits_\Omega f(x,y,z)dv$,即

$$\iiint\limits_\Omega f(x,y,z)dv = \lim_{\lambda\to0}\sum_{i=1}^n f(\xi_i,\eta_i,\zeta_i)\cdot\Delta v_i, \tag{9-1}$$

式中,dv 叫做**体积元素**.

　　在直角坐标系中，如果用平行于坐标面的平面来划分 Ω，那么除了包含 Ω 的边界点的一些不规则的小闭区域外，得到的小闭区域 Δv_i 为长方体. 设长方体小闭区域 Δv_i 的边长为 Δx_j，Δy_k，Δz_l，则 $\Delta v_i = \Delta x_j \Delta y_k \Delta z_l$. 因此在直角坐标系中，有时也把体积元素 $\mathrm{d}v$ 记作 $\mathrm{d}x\mathrm{d}y\mathrm{d}z$，而把三重积分记作

$$\iiint\limits_{\Omega} f(x,y,z)\,\mathrm{d}x\mathrm{d}y\mathrm{d}z,$$

式中，$\mathrm{d}x\mathrm{d}y\mathrm{d}z$ 叫做直角坐标系中的体积元素.

　　当函数 $f(x,y,z)$ 在闭区域 Ω 上连续时，式（9-1）右端的和的极限必定存在，也就是函数 $f(x,y,z)$ 在闭区域 Ω 上的三重积分必定存在. 以后总假定函数 $f(x,y,z)$ 在闭区域 Ω 上是连续的. 关于二重积分的一些术语，例如被积函数、积分区域等，也可以相应的用到三重积分上. 三重积分的性质也与第一节中所叙述的二重积分的性质相同，这里不再重复了.

　　如果 $f(x,y,z)$ 表示某物体在点 (x,y,z) 的密度，Ω 是该物体所占有的**空间闭区域**，$f(x,y,z)$ 在 Ω 上连续，则 $\sum\limits_{i=1}^{n} f(\xi_i,\eta_i,\zeta_i) \cdot \Delta v_i$ 是该物体的质量 M 的近似值，这个和当 $\lambda \to 0$ 时的极限就是该物体的质量 M，所以

$$M = \iiint\limits_{\Omega} f(x,y,z)\,\mathrm{d}v.$$

二、三重积分的计算

　　计算三重积分的基本方法是将三重积分化为三次积分来计算. 下面按利用不同的坐标来分别讨论将三重积分化为三次积分的方法，且只限于叙述方法.

1. 利用直角坐标计算三重积分

　　假设平行于 z 轴且穿过闭区域 Ω 内部的直线与闭区域 Ω 的边界曲面 S 相交于不多于两点. 把闭区域 Ω 投影到 xOy 面上，得一平面闭区域 D_{xy}（见图9-12）. 以 D_{xy} 的边界为准线作母线平行于 z 轴的柱面. 这柱面与曲面 S 的交线从 S 中分出的上下两部分，它们的方程分别为

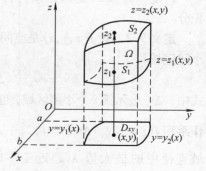

图 9-12

$$S_1 : z = z_1(x,y),$$
$$S_2 : z = z_2(x,y),$$

式中，$z_1(x,y)$ 与 $z_2(x,y)$ 都是 D_{xy} 上的连续函数，且 $z_1(x,y) \leqslant z \leqslant z_2(x,y)$. 过 D_{xy} 内任意一点 (x,y) 作平行于 z 轴的直线，这直线通过曲面 S_1 穿入 Ω 内，然后通过曲面 S_2 穿出 Ω 外，穿入点与穿出点的竖坐标分别为 $z_1(x,y)$ 和 $z_2(x,y)$.

在这种情况下，积分区域 Ω 可表示为

$$\Omega = \{(x,y,z) \mid z_1(x,y) \leqslant z \leqslant z_2(x,y),\ (x,y) \in D_{xy}\}.$$

先将 x、y 看作定值，将 $f(x,y,z)$ 只看作 z 的函数，在区间 $[z_1(x,y),\ z_2(x,y)]$ 上对 z 积分，积分的结果是 x、y 的函数，记为 $F(x,y)$，即

$$F(x,y) = \int_{z_1(x,y)}^{z_2(x,y)} f(x,y,z)\,\mathrm{d}z.$$

然后计算 $F(x,y)$ 在闭区域 D_{xy} 上的二重积分

$$\iint_{D_{xy}} F(x,y)\,\mathrm{d}\sigma = \iint_{D_{xy}} \Big[\int_{z_1(x,y)}^{z_2(x,y)} f(x,y,z)\,\mathrm{d}z\Big]\mathrm{d}\sigma.$$

假如闭区域

$$D_{xy} = \{(x,y) \mid y_1(x) \leqslant y \leqslant y_2(x),\ a \leqslant x \leqslant b\},$$

把这个二重积分化为二次积分，于是得到三重积分的计算公式：

$$\iiint_{\Omega} f(x,y,z)\,\mathrm{d}v = \int_a^b \mathrm{d}x \int_{y_1(x)}^{y_2(x)} \mathrm{d}y \int_{z_1(x,y)}^{z_2(x,y)} f(x,y,z)\,\mathrm{d}z. \tag{9-2}$$

公式(9-2)把三重积分化为先对 z、次对 y、最后对 x 的三次积分．

如果平行于 x 轴或 y 轴且穿过闭区域 Ω 内部的直线与 Ω 的边界曲面 S 相交不多于两点，也可把闭区域 Ω 投影到 yOz 面上或面 xOz 面上，这样便可把三重积分化为按其他顺序的三次积分．如果平行于坐标轴且穿过闭区域 Ω 内部的直线与边界曲面 S 的交点多于两个，也可像处理二重积分那样，把 Ω 分成若干部分，使 Ω 上的三重积分化为各部分闭区域上的三重积分的和．

例 1　计算 $\iiint_{\Omega} x\,\mathrm{d}x\,\mathrm{d}y\,\mathrm{d}z$，其中 Ω 是由三个坐标面和平面 $x + y + z = 1$ 所围成的闭区域．

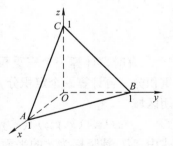

图 9-13

解　作闭区域 Ω 如图 9-13 所示．

将 Ω 投影到 xOy 面上，得投影区域 D_{xy} 为三角形闭区域 OAB．直线 OA、OB 及 AB 的方程依次为 $y = 0$、$x = 0$ 及 $x + y = 1$，所以

$$D_{xy} = \{(x,y) \mid 0 \leqslant y \leqslant 1 - x,\ 0 \leqslant x \leqslant 1\}.$$

在 D_{xy} 内任取一点 (x,y)，过此点作平行于 z 轴的直线，该直线通过平面 $z = 0$ 穿入 Ω 内，然后通过平面 $z = 1 - x - y$，穿出 Ω 外．

$$\iiint_{\Omega} x\,\mathrm{d}x\,\mathrm{d}y\,\mathrm{d}z = \int_0^1 \mathrm{d}x \int_0^{1-x} \mathrm{d}y \int_0^{1-x-y} x\,\mathrm{d}z$$

$$= \int_0^1 x\,\mathrm{d}x \int_0^{1-x} (1 - x - y)\,\mathrm{d}y$$

$$= \frac{1}{2}\int_0^1 (x^3 - 2x^2 + x)\,\mathrm{d}x = \frac{1}{24}.$$

例 2 化三重积分 $I = \iiint\limits_{\Omega} f(x,y,z)\,\mathrm{d}x\mathrm{d}y\mathrm{d}z$ 为三次积分, 其中 Ω 是由曲面 $z = x^2 + 2y^2$

及 $z = 2 - x^2$ 所围成的空间闭区域.

解 由 $\begin{cases} z = x^2 + 2y^2 \\ z = 2 - x^2 \end{cases}$, 得交线投影区域 $x^2 + y^2 \leqslant 1$.

因此闭区域 Ω 可用不等式

$$-1 \leqslant x \leqslant 1, \quad -\sqrt{1-x^2} \leqslant y \leqslant \sqrt{1-x^2}, \quad x^2 + 2y^2 \leqslant z \leqslant 2 - x^2$$

来表示, 于是

$$I = \int_{-1}^{1} \mathrm{d}x \int_{-\sqrt{1-x^2}}^{\sqrt{1-x^2}} \mathrm{d}y \int_{x^2+2y^2}^{2-x^2} f(x,y,z)\,\mathrm{d}z.$$

例 3 计算 $\iiint\limits_{\Omega} \dfrac{\mathrm{d}x\mathrm{d}y\mathrm{d}z}{x^2 + y^2}$, 其中 Ω 是由 $x = 1$, $x = 2$, $z = 0$, $y = x$ 及 $z = y$ 所围成的

闭区域.

解 由题意, Ω 可用不等式

$$0 \leqslant z \leqslant y, \quad 1 \leqslant x \leqslant 2, \quad 0 \leqslant y \leqslant x$$

来表示, 于是

$$\iiint\limits_{\Omega} \frac{\mathrm{d}x\mathrm{d}y\mathrm{d}z}{x^2 + y^2} = \iint\limits_{D_{xy}} \mathrm{d}x\mathrm{d}y \int_{0}^{y} \frac{\mathrm{d}z}{x^2 + y^2} = \iint\limits_{D_{xy}} \frac{y\mathrm{d}x\mathrm{d}y}{x^2 + y^2}$$

$$= \int_{1}^{2} \mathrm{d}x \int_{0}^{x} \frac{y\mathrm{d}y}{x^2 + y^2} = \frac{1}{2} \int_{1}^{2} \ln(x^2 + y^2) \Big|_{y=0}^{y=x} \mathrm{d}x$$

$$= \frac{1}{2} \int_{1}^{2} \ln 2\,\mathrm{d}x = \frac{1}{2}\ln 2.$$

有时, 计算一个三重积分也可以化为先计算一个二重积分、再计算一个定积分, 即有下述计算公式. 设空间闭区域

$$\Omega = \left\{ (x,y,z) \,\middle|\, (x,y) \in D_z, \ c_1 \leqslant z \leqslant c_2 \right\},$$

式中, D_z 是竖标为 z 的平面截闭区域 Ω 所得到的一个平面闭区域(见图 9-14), 则有

$$\iiint\limits_{\Omega} f(x,y,z)\,\mathrm{d}x\mathrm{d}y\mathrm{d}z = \int_{c_1}^{c_2} \mathrm{d}z \iint\limits_{D_z} f(x,y,z)\,\mathrm{d}x\mathrm{d}y \quad (9\text{-}3)$$

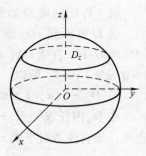

图 9-14

例 4 计算 $\iiint\limits_{\Omega} z\,\mathrm{d}x\mathrm{d}y\mathrm{d}z$, 其中 Ω 是由三个坐标面和平

面 $x + y + z = 1$ 所围成的闭区域.

解 由题意, $\iiint\limits_{\Omega} z\,\mathrm{d}x\mathrm{d}y\mathrm{d}z = \int_{0}^{1} z\mathrm{d}z \iint\limits_{D_z} \mathrm{d}x\mathrm{d}y$, 其中 $D_z = \left\{ (x,y) \,\middle|\, x + y \leqslant 1 - z \right\}$.

而
$$\iint_{D_z} dxdy = \frac{1}{2}(1 - z)(1 - z),$$

所以
$$\iiint_{\Omega} zdxdydz = \int_0^1 z \cdot \frac{1}{2}(1 - z)^2 dz = \frac{1}{24}.$$

例5　计算 $\iiint_{\Omega}\left(\frac{x^2}{a^2} + \frac{y^2}{b^2} + \frac{z^2}{c^2}\right)dxdydz$，其中 Ω 是由 $\frac{x^2}{a^2} + \frac{y^2}{b^2} + \frac{z^2}{c^2} \leqslant 1$ 所围成的闭区域.

解　$\iiint_{\Omega}\left(\frac{x^2}{a^2} + \frac{y^2}{b^2} + \frac{z^2}{c^2}\right)dxdydz = \iiint_{\Omega}\frac{x^2}{a^2}dxdydz + \iiint_{\Omega}\frac{y^2}{b^2}dxdydz + \iiint_{\Omega}\frac{z^2}{c^2}dxdydz.$

$$\iiint_{\Omega}\frac{z^2}{c^2}dxdydz = 2\int_0^c \frac{z^2}{c^2}dz\iint_{D_z}dxdy,$$

其中 D_z 为椭圆域 $\frac{x^2}{a^2} + \frac{y^2}{b^2} \leqslant 1 - \frac{z^2}{c^2}$，即椭圆域 $\dfrac{x^2}{a^2\left(1 - \dfrac{z^2}{c^2}\right)} + \dfrac{y^2}{b^2\left(1 - \dfrac{z^2}{c^2}\right)} \leqslant 1$，

其面积为
$$\pi\left(a\sqrt{1 - \frac{z^2}{c^2}}\right)\left(b\sqrt{1 - \frac{z^2}{c^2}}\right) = \pi ab\left(1 - \frac{z^2}{c^2}\right).$$

因此
$$\iiint_{\Omega}\frac{z^2}{c^2}dxdydz = 2\int_0^c \frac{\pi ab}{c^2}z^2\left(1 - \frac{z^2}{c^2}\right)dz = \frac{4}{15}\pi abc.$$

同理得
$$\iiint_{\Omega}\frac{x^2}{a^2}dxdydz = \iiint_{\Omega}\frac{y^2}{b^2}dxdydz = \frac{4}{15}\pi abc.$$

因此
$$\iiint_{\Omega}\left(\frac{x^2}{a^2} + \frac{y^2}{b^2} + \frac{z^2}{c^2}\right)dxdydz = 3 \cdot \frac{4}{15}\pi abc = \frac{4}{5}\pi abc.$$

2. 利用柱面坐标计算三重积分

设 $M(x,y,z)$ 为空间内一点，并设点 M 在 xOy 面上的射影 P 的极坐标为 r，θ，则 r，θ，z 就叫做点 M 的柱面坐标（见图 9-15）. 这里规定 r，θ，z 的变化范围为

$$0 \leqslant r < +\infty,$$
$$0 \leqslant \theta \leqslant 2\pi,$$
$$-\infty < z < +\infty.$$

三组坐标面分别为

$r =$ 常数，即以 z 轴为轴的圆柱面；

$\theta =$ 常数，即过 z 轴的半平面；

$z =$ 常数，即与 Oxy 面平行的平面.

显然，点 M 的直角坐标与柱面坐标的关系为

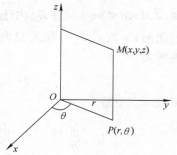

图 9-15

$$\begin{cases} x = r\cos\theta \\ y = r\sin\theta, \\ z = z \end{cases} \tag{9-4}$$

现在要把三重积分 $\iiint\limits_{\Omega} f(x,y,z)\,\mathrm{d}x\mathrm{d}y\mathrm{d}z$ 中

的变量变换为柱面坐标. 为此, 用三组坐标面
$r = $ 常数, $\theta = $ 常数, $z = $ 常数把 Ω 分成许多小闭
区域, 除了含 Ω 的边界点的一些不规则小闭区
域外, 这种小闭区域都是柱体. 今考虑由 r,
θ, z 各取得微小增量 $\mathrm{d}r$, $\mathrm{d}\theta$, $\mathrm{d}z$ 所成的柱体
的体积 (见图 9-16). 这个体积等于高与底面
积的乘积. 现在高为 $\mathrm{d}z$、底面积在不计高阶无
穷小时为 $r\mathrm{d}r\mathrm{d}\theta$ (即极坐标系中的面积元素),
于是得

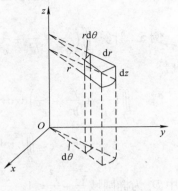

图 9-16

$$\mathrm{d}v = r\mathrm{d}r\mathrm{d}\theta\mathrm{d}z$$

这就是**柱面坐标系中的体积元素**. 再注意到关系式 (9-4), 就有

$$\iiint\limits_{\Omega} f(x,y,z)\,\mathrm{d}x\mathrm{d}y\mathrm{d}z = \iiint\limits_{\Omega} F(r,\theta,z)\,r\mathrm{d}r\mathrm{d}\theta\mathrm{d}z, \tag{9-5}$$

式中, $F(r,\theta,z) = f(r\cos\theta, r\sin\theta, z)$. 式 (9-5) 就是把三重积分的变量从直角坐标变
换为柱面坐标的公式. 至于变量变换为柱面坐标后的三重积分的计算, 则可化为三
次积分来进行. 化为三次积分时, 积分限是根据 r, θ, z 在积分区域 Ω 中的变化范
围来确定的, 下面通过例子来说明.

例 6 利用柱面坐标计算 $\iiint\limits_{\Omega} (x^2 + y^2)\,\mathrm{d}x\mathrm{d}y\mathrm{d}z$, 其中 Ω 是由曲面 $z = 2(x^2 + y^2)$ 与

平面 $z = 4$ 所围成的闭区域.

解 把闭区域 Ω 投影到 Oxy 面上, 得半径为 2 圆形闭区域 $D_{xy} = \{(r,\theta) \,|\, 0 \leqslant r$
$\leqslant \sqrt{2}, 0 \leqslant \theta \leqslant 2\pi\}$. 在 D_{xy} 内任取一点 (r,θ), 过此点作平行于 z 轴的直线, 此直线通
过曲面 $z = 2(x^2 + y^2)$ 穿入 Ω 内, 然后通过平面 $z = 4$ 穿出 Ω 外. 因此闭区域 Ω 可用
不等式

$$2r^2 \leqslant z \leqslant 4, \ 0 \leqslant r \leqslant \sqrt{2}, \ 0 \leqslant \theta \leqslant 2\pi$$

来表示, 于是

$$\iiint\limits_{\Omega} (x^2 + y^2)\,\mathrm{d}x\mathrm{d}y\mathrm{d}z = \iiint\limits_{\Omega} r^3\,\mathrm{d}r\mathrm{d}\theta\mathrm{d}z$$

$$= \int_0^{2\pi} \mathrm{d}\theta \int_0^{\sqrt{2}} \mathrm{d}r \int_{2r^2}^4 r^3\,\mathrm{d}z = \frac{8\pi}{3}.$$

例 7 设 $I = \iiint\limits_{\Omega} f(x,y,z)\,\mathrm{d}v$，$f(x,y,z)$ 为连续函数，Ω 为 $x^2 + y^2 + z^2 \leqslant 4R^2$ 与 $x^2 + y^2 + (z - 2R)^2 \leqslant 4R^2$ 所围的闭区域，将 I 化为柱面坐标下的三次积分.

解 由

$$\begin{cases} x^2 + y^2 + z^2 \leqslant 4R^2 \\ x^2 + y^2 + (z - 2R)^2 \leqslant 4R^2 \end{cases},$$

得交线投影区域为

$$x^2 + y^2 \leqslant 3R^2,$$

因此闭区域 Ω 可用不等式

$$2R - \sqrt{4R^2 - r^2} \leqslant z \leqslant \sqrt{4R^2 - r^2}, \quad 0 \leqslant \theta \leqslant 2\pi, \quad 0 \leqslant r \leqslant \sqrt{3}R$$

来表示，于是

$$I = \int_0^{2\pi} \mathrm{d}\theta \int_0^{\sqrt{3}R} \mathrm{d}r \int_{2R - \sqrt{4R^2 - r^2}}^{\sqrt{4R^2 - r^2}} f(r\cos\theta, r\sin\theta, z)\, r\mathrm{d}z.$$

例 8 计算 $I = \iiint\limits_{\Omega} z\mathrm{d}x\mathrm{d}y\mathrm{d}z$，其中 Ω 是球面 $x^2 + y^2 + z^2 = 4$ 与抛物面 $x^2 + y^2 = 3z$ 所围的立体.

解 由

$$\begin{cases} x^2 + y^2 + z^2 = 4 \\ x^2 + y^2 = 3z \end{cases},$$

得交线投影区域为

$$x^2 + y^2 \leqslant 3,$$

因此闭区域 Ω 可用不等式

$$\frac{r^2}{3} \leqslant z \leqslant \sqrt{4 - r^2}, \quad 0 \leqslant r \leqslant \sqrt{3}, \quad 0 \leqslant \theta \leqslant 2\pi$$

来表示，于是

$$I = \int_0^{2\pi} \mathrm{d}\theta \int_0^{\sqrt{3}} \mathrm{d}r \int_{\frac{r^2}{3}}^{\sqrt{4 - r^2}} r \cdot z\mathrm{d}z = \frac{13}{4}\pi.$$

3. 利用球面坐标计算三重积分

设 $M(x,y,z)$ 为空间内一点，则点 M 也可以用这样的三个有次序的数 r，φ，θ 来确定，其中 r 为原点 O 与点 M 间的距离，φ 为由向线段 $\overrightarrow{OM}$ 与 z 轴正向所夹的角，θ 为从正 z 轴来看自 x 轴按逆时针方向转到有向线段 $\overrightarrow{OP}$ 的角，这里 P 为点 M 在 xOy 面上的投影（见图 9-17），这样的三个数 r，φ，θ 叫做点 M 的球面坐标. 这里 r，φ，θ 的变化范围为

$$0 \leqslant r < +\infty,$$
$$0 \leqslant \varphi \leqslant \pi,$$
$$0 \leqslant \theta \leqslant 2\pi.$$

三组坐标面分别为

$r=$ 常数，即以原点为心的球面；

$\varphi=$ 常数，即以原点为顶点、z 轴为轴的圆锥面；

$\theta=$ 常数，即过 z 轴的半平面.

设点 M 在面 xOy 上的投影为 P，点 P 在 x 轴上的投影为 A，则 $OA=x$，$AP=y$，$PM=z$. 又有

$$OP=r\sin\varphi,\quad z=r\cos\varphi.$$

因此，点 M 的直角坐标与球面坐标的关系为

$$\begin{cases} x=OP\cos\theta=r\sin\varphi\cos\theta \\ y=OP\sin\theta=r\sin\varphi\sin\theta \\ z=r\cos\varphi \end{cases},\qquad (9\text{-}6)$$

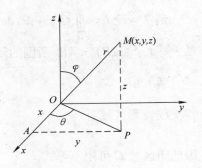

图 9-17

为了把三重积分中的变量从直角坐标变换为球面坐标，用三组坐标面 $r=$ 常数，$\varphi=$ 常数，$\theta=$ 常数把积分区域 Ω 分成许多小闭区域. 考虑由 r，φ，θ 各取得微小增量 dr，$d\varphi$，$d\theta$ 所成的六面体的体积（见图 9-18）. 不计高阶无穷小，可把这个六面体看作长方体，其经线方向的长为 $r d\varphi$，纬线方向的宽 $r\sin\varphi\,d\theta$，向径方向的高为 dr，于是得

$$dv=r^2\sin\varphi\,drd\varphi d\theta,$$

这就是**球面坐标系中的体积**元素. 再注意到关系式(9-6)，就有

$$\iiint\limits_{\Omega} f(x,y,z)\,dxdydz=\iiint\limits_{\Omega} F(r,\varphi,\theta)r^2\sin\varphi drd\varphi d\theta,$$

$$(9\text{-}7)$$

式中，$F(r,\varphi,\theta)=f(r\sin\varphi\cos\theta,r\sin\varphi\sin\theta,r\cos\varphi)$.

式(9-7)就是把三重积分的变量从直角坐标变换为球面坐标的公式.

要计算变量变换为球面坐标后的三重积分，可把它化为对 r、对 φ 及对 θ 的三次积分.

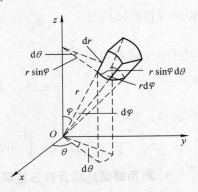

图 9-18

若积分区域 Ω 的边界曲面是一个包围原点在内的闭曲面，其球面坐标方程为 $r=r(\varphi,\theta)$，则

$$I=\iiint\limits_{\Omega} F(r,\varphi,\theta)r^2\sin\varphi\,drd\varphi d\theta$$

$$=\int_0^{2\pi} d\theta \int_0^{\pi} d\varphi \int_0^{r(\varphi,\theta)} F(r,\varphi,\theta)r^2\sin\varphi dr$$

当积分区域 Ω 为球面 $r=a$ 所围成时，则

$$I=\int_0^{2\pi} d\theta \int_0^{\pi} d\varphi \int_0^{a} F(r,\varphi,\theta)r^2\sin\varphi dr.$$

特别地，当 $F(r,\varphi,\theta)=1$ 时，由上式即得球的体积

$$V = \int_0^{2\pi} \mathrm{d}\theta \int_0^\pi \sin\varphi \mathrm{d}\varphi \int_0^a r^2 \mathrm{d}r = 2\pi \cdot 2 \cdot \frac{a^3}{3} = \frac{4}{3}\pi a^3.$$

例9 将 $I = \iiint\limits_\Omega f(y)\,\mathrm{d}x\mathrm{d}y\mathrm{d}z$ 化成球坐标系下的三次积分，其中

1）Ω 是由曲面 $z=\sqrt{1-x^2-y^2}$ 与 $z=0$ 所围成的闭区域；

2）Ω 是由 $x^2+y^2+z^2\leqslant 4R^2$ 与 $x^2+y^2+(z-2R)^2\leqslant 4R^2$ 所围成的闭区域.

解 1）由题意，闭区域 Ω 可用不等式

$$0\leqslant\theta\leqslant 2\pi,\ 0\leqslant\varphi\leqslant\frac{\pi}{2},\ 0\leqslant r\leqslant 1$$

来表示，于是

$$I = \int_0^{2\pi} \mathrm{d}\theta \int_0^{\frac{\pi}{2}} \mathrm{d}\varphi \int_0^1 f(r\sin\varphi\sin\theta) r^2 \sin\varphi \mathrm{d}r.$$

2）由

$$\begin{cases} x^2+y^2+z^2=4R^2 \\ x^2+y^2+(z-2R)^2=4R^2 \end{cases},$$

得

$$z=R,\ x^2+y^2=3R^2,$$

因此闭区域 Ω 可用不等式

$$0\leqslant\theta\leqslant 2\pi,\ 0\leqslant\varphi\leqslant\frac{\pi}{3}\text{以及}\frac{\pi}{3}\leqslant\varphi\leqslant\frac{\pi}{2}$$

来表示，两个球面的球坐标方程为 $r=2R,\ r=4R\cos\varphi$.
于是

$$I = \int_0^{2\pi} \mathrm{d}\theta \int_0^{\frac{\pi}{3}} \mathrm{d}\varphi \int_0^{2R} f(r\sin\varphi\sin\theta) r^2 \sin\varphi \mathrm{d}r + \int_0^{2\pi} \mathrm{d}\theta \int_{\frac{\pi}{3}}^{\frac{\pi}{2}} \mathrm{d}\varphi \int_0^{4R\cos\varphi} f(r\sin\varphi\sin\theta) r^2 \sin\varphi \mathrm{d}r.$$

例10 计算 $I = \iiint\limits_\Omega (x^2+y^2)\,\mathrm{d}x\mathrm{d}y\mathrm{d}z$，其中 Ω 是锥面 $x^2+y^2=z^2$ 与平面 $z=a(a>0)$ 所围的立体.

解 方法一:采用球面坐标

由 $z=a$ 得 $r=\dfrac{a}{\cos\varphi}$，由 $x^2+y^2=z^2$ 得 $\varphi=\dfrac{\pi}{4}$，

因此闭区域 Ω 可用不等式

$$0\leqslant r\leqslant\frac{a}{\cos\varphi},\ 0\leqslant\varphi\leqslant\frac{\pi}{4},\ 0\leqslant\theta\leqslant 2\pi$$

来表示，于是

$$I = \iiint\limits_\Omega (x^2+y^2)\,\mathrm{d}x\mathrm{d}y\mathrm{d}z = \int_0^{2\pi} \mathrm{d}\theta \int_0^{\frac{\pi}{4}} \mathrm{d}\varphi \int_0^{\frac{a}{\cos\varphi}} r^4 \sin^3\varphi \mathrm{d}r$$

$$= 2\pi \int_0^{\frac{\pi}{4}} \sin^3\varphi \cdot \frac{1}{5}\left(\frac{a^5}{\cos^5\varphi} - 0\right)d\varphi = \frac{\pi}{10}a^5.$$

（方法二：采用柱面坐标）

由 $x^2 + y^2 = z^2$ 得　　　　　　$z = r$，D：$x^2 + y^2 \leqslant a^2$，

因此闭区域 Ω 可用不等式

$$r \leqslant z \leqslant a,\ 0 \leqslant r \leqslant a,\ 0 \leqslant \theta \leqslant 2\pi$$

来表示，于是

$$I = \iiint\limits_{\Omega} (x^2 + y^2)dxdydz = \int_0^{2\pi} d\theta \int_0^a rdr \int_r^a r^2 dz = 2\pi \int_0^a r^3(a - r)dr$$

$$= 2\pi\left[a \cdot \frac{a^4}{4} - \frac{a^5}{5} \right] = \frac{\pi}{10}a^5.$$

例 11　求曲面 $x^2 + y^2 + z^2 \leqslant 2a^2$ 与 $z \geqslant \sqrt{x^2 + y^2}$ 所围成的立体的体积.

解　Ω 由锥面和球面围成，采用球面坐标

由 $x^2 + y^2 + z^2 = 2a^2$，得 $r = \sqrt{2}a$，

由　　　　　　$z = \sqrt{x^2 + y^2}$，得 $\varphi = \frac{\pi}{4}$，

因此闭区域 Ω 可用不等式

$$0 \leqslant r \leqslant \sqrt{2}a,\ 0 \leqslant \varphi \leqslant \frac{\pi}{4},\ 0 \leqslant \theta \leqslant 2\pi$$

来表示，于是

$$V = \iiint\limits_{\Omega} dxdydz = \int_0^{2\pi} d\theta \int_0^{\frac{\pi}{4}} d\varphi \int_0^{\sqrt{2}a} r^2 \sin\varphi dr = 2\pi \int_0^{\frac{\pi}{4}} \sin\varphi \cdot \frac{(\sqrt{2}a)^3}{3}d\varphi$$

$$= \frac{4}{3}\pi(\sqrt{2} - 1)a^3.$$

习题 9.2

1. 化三重积分 $I = \iiint\limits_{\Omega} f(x,y,z)dxdydz$ 为三次积分，其中积分区域 Ω 分别是：

1）由 $z = x^2 + y^2$，$x = 0$，$y = 0$ 及 $z = 1$ 所围成的第一卦限的闭区域；

2）由双曲抛物面 $xy = z$ 及平面 $x + y - 1 = 0$，$z = 0$ 所围成的闭区域；

3）由 $z = x^2 + 2y^2$ 及 $z = 2 - x^2$ 所围成的闭区域.

2. 设积分区域 Ω 关于 xOy 平面对称，试说明被积函数 $f(x,y,z)$ 具有什么特性时，

1）$\iiint\limits_{\Omega} f(x,y,z)dv = 0$；

2) $\iiint\limits_{\Omega} f(x,y,z)\,\mathrm{d}v = 2\iiint\limits_{\Omega_1} f(x,y,z)\,\mathrm{d}v$，其中，$\Omega_1$ 是 Ω 在对称面一侧的子区域.

3. 如果三重积分 $\iiint\limits_{\Omega} f(x,y,z)\,\mathrm{d}x\mathrm{d}y\mathrm{d}z$ 的被积函数 $f(x,y,z)$ 是三个函数 $f_1(x)$、$f_2(y)$、$f_3(z)$ 的乘积，即 $f(x,y,z) = f_1(x) \cdot f_2(y) \cdot f_3(z)$，积分区域 $\Omega = \{(x,y,z) \,|\, a \leqslant x \leqslant b,\ c \leqslant y \leqslant d,\ l \leqslant z \leqslant m\}$，证明这个三重积分等于三个单积分的乘积，即

$$\iiint\limits_{\Omega} f_1(x)f_2(y)f_3(z)\,\mathrm{d}x\mathrm{d}y\mathrm{d}z = \int_a^b f_1(x)\,\mathrm{d}x \int_c^d f_2(y)\,\mathrm{d}y \int_l^m f_3(z)\,\mathrm{d}z.$$

4. 计算 $\iiint\limits_{\Omega} \dfrac{1}{(1+x+y+z)^3}\,\mathrm{d}v$，其中 Ω 是由平面 $x=0$，$y=0$，$z=0$，$x+y+z=1$ 所围成的闭区域.

5. 计算 $\iiint\limits_{\Omega} xyz\,\mathrm{d}x\mathrm{d}y\mathrm{d}z$，其中 Ω 是由球面 $x^2+y^2+z^2=1$ 与三个坐标平面和所围成的第一卦限内的闭区域.

6. 计算 $\iiint\limits_{\Omega} xz\,\mathrm{d}x\mathrm{d}y\mathrm{d}z$，其中 Ω 是由平面 $z=0$，$z=y$，$y=1$ 以及抛物柱面 $y=x^2$ 所围成的闭区域.

7. 计算 $\iiint\limits_{\Omega} z\,\mathrm{d}x\mathrm{d}y\mathrm{d}z$，其中 Ω 是由锥面 $z=\sqrt{x^2+y^2}$ 及平面 $z=4$ 所围成的闭区域.

8. 计算 $\iiint\limits_{\Omega} z^2\,\mathrm{d}x\mathrm{d}y\mathrm{d}z$，其中 Ω 是两个球 $x^2+y^2+z^2 \leqslant R^2$ 和 $x^2+y^2+z^2 \leqslant 2Rz (R>0)$ 的公共部分.

9. 利用柱面坐标计算 $\iiint\limits_{\Omega} (x^2+y^2)\,\mathrm{d}v$，其中 Ω 是由曲面 $x^2+y^2=2z$ 及平面 $z=2$ 所围成的闭区域.

10. 利用球面坐标计算 $\iiint\limits_{\Omega} z\,\mathrm{d}v$，其中 Ω 是由不等式 $x^2+y^2+(z-a)^2 \leqslant a^2$ 及 $x^2+y^2 \leqslant z^2$ 所确定.

11. 利用三重积分计算下列由曲面所围成的立体的体积：

1) $z=6-x^2-y^2$ 及 $z=\sqrt{x^2+y^2}$；

2) $z=\sqrt{5-x^2-y^2}$ 及 $x^2+y^2=4z$.

12. 球心在原点、半径为 R 的球体，在其上任意一点的密度的大小与这点到球心的距离成正比，求这一球体的质量.

第三节　重积分的应用

由前面的讨论可知，曲顶柱体的体积、平面薄片的质量可用二重积分计算，空间物体的质量可用三重积分计算. 本节将把定积分应用中的元素法推广到重积分的应用中，利用重积分的元素法来讨论重积分在几何、物理上的一些其他应用.

一、曲面的面积

设曲面 S 由方程

$$z = f(x, y)$$

给出，D 为曲面 S 在 Oxy 上的投影区域，函数 $f(x,y)$ 在 D 上具有连续偏导数 $f_x(x,y)$ 和 $f_y(x,y)$. 计算曲面 S 的面积 A.

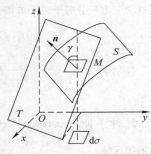

在闭区域 D 上任取一直径很小的闭区域 $d\sigma$（这小闭区域的面积也记作 $d\sigma$）. 在 $d\sigma$ 上取一点 $P(x,y)$，对应地，曲面 S 上有一点 $M(x,y,f(x,y))$，点 M 在 xOy 面上的投影即点 P. 点 M 处曲面 S 的切平面设为 T（见图 9-19）. 以小闭区域 $d\sigma$ 的边界为准线，作母线平行于 z 轴的柱面，这一柱面在曲面 S 上截下一小片曲面，在切平面 T

图 9-19

上截下一小片平面. 由于 $d\sigma$ 的直径很小，切平面 T 上的那一小片平面的面积 dA 可以近似代替相应的那小片曲面的面积. 设点 M 处曲面 S 上的法线（指向朝上）与 z 轴所成的角为 γ，则

$$dA = \frac{d\sigma}{\cos\gamma},$$

如图 9-20 所示.

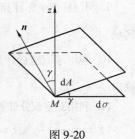

因为

$$\cos\gamma = \frac{1}{\sqrt{1 + f_x^2(x,y) + f_y^2(x,y)}},$$

所以

$$dA = \sqrt{1 + f_x^2(x,y) + f_y^2(x,y)}\, d\sigma.$$

这就是曲面 S 的面积元素. 以它为被积表达式在闭区域 D 上积分，得

$$A = \iint\limits_{D} \sqrt{1 + f_x^2(x,y) + f_y^2(x,y)}\, d\sigma$$

图 9-20

上式也可写成

$$A = \iint\limits_{D} \sqrt{1 + \left(\frac{\partial z}{\partial x}\right)^2 + \left(\frac{\partial z}{\partial y}\right)^2}\, dxdy$$

这就是计算曲面面积的公式.

设曲面的方程为 $x = g(y,z)$ 或 $y = h(z,x)$，可以分别把曲面投影到 yOz 面上（投影区域记作 D_{yz}）或 zOx 面上（投影区域记作 D_{zx}），类似可得

$$A = \iint\limits_{D_{yz}} \sqrt{1 + \left(\frac{\partial x}{\partial y}\right)^2 + \left(\frac{\partial x}{\partial z}\right)^2}\, dydz,$$

或
$$A = \iint\limits_{D_{zx}} \sqrt{1 + \left(\frac{\partial y}{\partial z}\right)^2 + \left(\frac{\partial y}{\partial x}\right)^2}\,\mathrm{d}z\mathrm{d}x.$$

例 1　求半径为 a 的球的表面积.

解　取上半球面方程为 $z = \sqrt{a^2 - x^2 - y^2}$，则它在 xOy 面上的投影区域 $D = \{(x,y)\,|\,x^2 + y^2 \le a^2\}$.

由
$$\frac{\partial z}{\partial x} = \frac{-x}{\sqrt{a^2 - x^2 - y^2}}, \quad \frac{\partial z}{\partial y} = \frac{-y}{\sqrt{a^2 - x^2 - y^2}},$$

得
$$\sqrt{1 + \left(\frac{\partial z}{\partial x}\right)^2 + \left(\frac{\partial z}{\partial y}\right)^2} = \frac{a}{\sqrt{a^2 - x^2 - y^2}}.$$

因为这个函数在闭区域 D 上无界，不能直接应用曲面面积公式. 所以先取区域 $D_1 = \{(x,y)\,|\,x^2 + y^2 \le b^2\}\,(0 < b < a)$ 为积分区域，算出相应于 D_1 上的球面面积 A_1 后，令 $b \to a$ 取 A_1 的极限就得半球面的面积.

$$A_1 = \iint\limits_{D_1} \frac{a}{\sqrt{a^2 - x^2 - y^2}}\,\mathrm{d}x\mathrm{d}y$$

利用极坐标，得

$$A_1 = \iint\limits_{D_1} \frac{a}{\sqrt{a^2 - r^2}}\,r\mathrm{d}r\mathrm{d}\theta = a\int_0^{2\pi}\mathrm{d}\theta\int_0^b \frac{r\mathrm{d}r}{\sqrt{a^2 - r^2}}$$

$$= 2\pi a\int_0^b \frac{r\mathrm{d}r}{\sqrt{a^2 - r^2}} = 2\pi a(a - \sqrt{a^2 - b^2}).$$

于是
$$\lim_{b \to a} A_1 = \lim_{b \to a} 2\pi a(a - \sqrt{a^2 - b^2}) = 2\pi a^2.$$

这就是半个球面的面积，因此整个球面面积为
$$A = 4\pi a^2.$$

例 2　设有一颗地球同步轨道通信卫星，距地面的高度为 $h = 36000\mathrm{km}$，运行的角速度与地球自转的角速度相同. 试计算该通信卫星的覆盖面积与地球表面积的比值（地球半径 $R = 6400\mathrm{km}$）.

解　取地心为坐标原点，地心到通信卫星中心的连线为 z 轴，建立坐标系，如图 9-21 所示。

通信卫星覆盖的曲面 Σ 是上半球面被半顶角为 α 的圆锥面所截得的部分. Σ 的方程为
$$z = \sqrt{R^2 - x^2 - y^2}, \quad x^2 + y^2 \le R^2 \sin^2\alpha.$$

于是通信卫星的覆盖面积为

$$A = \iint\limits_{D_{xy}} \sqrt{1 + \left(\frac{\partial z}{\partial x}\right)^2 + \left(\frac{\partial z}{\partial y}\right)^2}\,\mathrm{d}x\mathrm{d}y$$

$$= \iint\limits_{D_{xy}} \frac{R}{\sqrt{R^2 - x^2 - y^2}} \mathrm{d}x\mathrm{d}y.$$

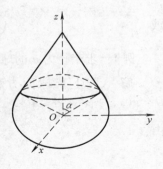

式中，D_{xy} 是曲面 Σ 在 xOy 面上的投影区域，$D_{xy} = \left\{ (x,y) \mid x^2 + y^2 \leqslant R^2 \sin^2\alpha \right\}$. 利用极坐标，得

$$A = \int_0^{2\pi} \mathrm{d}\theta \int_0^{R\sin\alpha} \frac{R}{\sqrt{R^2 - r^2}} r\mathrm{d}r = 2\pi R \int_0^{R\sin\alpha} \frac{r}{\sqrt{R^2 - r^2}} \mathrm{d}r$$

$$= 2\pi R^2 (1 - \cos\alpha).$$

由于 $\cos\alpha = \dfrac{R}{R + h}$，带入上式得

图 9-21

$$A = 2\pi R^2 \left(1 - \frac{R}{R + h} \right) = 2\pi R^2 \cdot \frac{h}{R + h}.$$

由此得这颗通信卫星的覆盖面积与地球表面积之比为

$$\frac{A}{4\pi R^2} = \frac{h}{2(R + h)} = \frac{36 \times 10^6}{2(36 + 6.4) \times 10^6} \approx 42.5\%.$$

由以上结果可知，卫星覆盖了全球 1/3 以上的面积，故使用三颗相隔 $\dfrac{2}{3}\pi$ 角度的通信卫星就可以覆盖几乎地球全部表面.

二、质心

先讨论平面薄片的质心.

设在 xOy 平面上有 n 个质点，它们分别位于点 $(x_1, y_1), (x_2, y_2), \cdots, (x_n, y_n)$ 处，质量分别为 $m_1, m_2, \cdots, m_n$. 由力学知道，该质点系的质心的坐标为

$$\bar{x} = \frac{M_y}{M} = \frac{\sum\limits_{i=1}^{n} m_i x_i}{\sum\limits_{i=1}^{n} m_i}, \quad \bar{y} = \frac{M_x}{M} = \frac{\sum\limits_{i=1}^{n} m_i y_i}{\sum\limits_{i=1}^{n} m_i}$$

式中，$M = \sum\limits_{i=1}^{n} m_i$ 为该质点系的总质量，

$$M_y = \sum_{i=1}^{n} m_i x_i, \quad M_x = \sum_{i=1}^{n} m_i y_i,$$

分别为该质点系对 y 轴和 x 轴的静矩.

设有一平面薄片，占有 xOy 面上闭区域 D，在点 (x, y) 处的面密度为 $\rho(x, y)$，假定 $\rho(x, y)$ 在 D 上连续. 现在要找该薄片的质心的坐标.

在闭区域 D 上任取一直径很小的闭区域 $\mathrm{d}\sigma$（这小闭区域的面积也记作 $\mathrm{d}\sigma$），(x, y) 是这小闭区域上的一个点. 由于 $\mathrm{d}\sigma$ 的直径很小，且 $\rho(x, y)$ 在 D 上连续，所

以薄片中相应于 $\mathrm{d}\sigma$ 的部分的质量近似等于 $\rho(x,y)\mathrm{d}\sigma$，这部分质量可以近似看作集中在点 (x,y) 上，于是可写出静矩元素 $\mathrm{d}M_y$ 及 $\mathrm{d}M_x$：

$$\mathrm{d}M_y = x\rho(x,y)\mathrm{d}\sigma, \quad \mathrm{d}M_x = y\rho(x,y)\mathrm{d}\sigma.$$

以这些元素为被积表达式，在闭区域 D 上积分，便得

$$M_y = \iint_D x\rho(x,y)\mathrm{d}\sigma, \quad M_x = \iint_D y\rho(x,y)\mathrm{d}\sigma.$$

薄片的质量为

$$M = \iint_D \rho(x,y)\mathrm{d}\sigma.$$

所以，薄片的质心的坐标为

$$\bar{x} = \frac{M_y}{M} = \frac{\iint\limits_D x\rho(x,y)\mathrm{d}\sigma}{\iint\limits_D \rho(x,y)\mathrm{d}\sigma}, \quad \bar{y} = \frac{M_x}{M} = \frac{\iint\limits_D y\rho(x,y)\mathrm{d}\sigma}{\iint\limits_D \rho(x,y)\mathrm{d}\sigma}.$$

如果薄片是均匀的，即面密度为常量，则上式中可把 ρ 提到积分记号外面并从分子、分母中约去，这样便得均匀薄片质心的坐标为

$$\bar{x} = \frac{1}{A} \iint_D x\mathrm{d}\sigma, \quad \bar{y} = \frac{1}{A} \iint_D y\mathrm{d}\sigma \tag{9-8}$$

其中，$A = \iint\limits_D \mathrm{d}\sigma$ 为闭区域 D 的面积，这时薄片的质心完全由闭区域 D 的形状所决定. 均匀平面薄片的质心叫做这平面薄片所占的平面图形的**形心**. 因此，平面图形 D 的形心的坐标，就可用公式 (9-8) 计算.

例 3   求位于两圆 $r = 2\sin\theta$ 和 $r = 4\sin\theta$ 之间的均匀薄片的质心（见图 9-22）.

解   因为闭区域 D 对称于 y 轴，所以质心 $C(\bar{x},\bar{y})$ 必位于 y 轴上，于是 $\bar{x} = 0$.

再按公式

$$\bar{y} = \frac{1}{A} \iint_D y\,\mathrm{d}\sigma$$

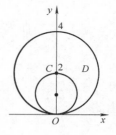

图 9-22

计算 $\bar{y}$. 由于闭区域 D 位于半径为 1 与半径为 2 的两圆之间，所以它的面积等于这两个圆的面积之差，即 $A = 3\pi$. 再利用极坐标计算积分：

$$\bar{y} = \frac{1}{A} \iint_D y\,\mathrm{d}\sigma = \frac{1}{3\pi} \iint_D r^2\sin\theta\,\mathrm{d}\sigma = \frac{1}{3\pi} \int_0^\pi \sin\theta\,\mathrm{d}\theta \int_{2\sin\theta}^{4\sin\theta} r^2\,\mathrm{d}r$$

$$= \frac{56}{9\pi} \int_0^\pi \sin^4\theta\,\mathrm{d}\theta = \frac{56}{9\pi} \cdot 2 \int_0^{\frac{\pi}{2}} \sin^4\theta\,\mathrm{d}\theta = \frac{56}{9\pi} \cdot 2 \cdot \frac{3}{4} \cdot \frac{1}{2} \cdot \frac{\pi}{2} = \frac{7}{3}.$$

所求质心是 $C\left(0,\dfrac{7}{3}\right)$.

类似地, 占有空间有界闭区域 Ω、在点 (x,y,z) 处的密度为 $\rho(x,y,z)$（假定 $\rho(x,y,z)$ 在 Ω 上连续）的物体的质心坐标是

$$\bar{x}=\dfrac{\iiint\limits_{\Omega}x\rho(x,y,z)\,\mathrm{d}v}{\iiint\limits_{\Omega}\rho(x,y,z)\,\mathrm{d}v}\ ,\ \bar{y}=\dfrac{\iiint\limits_{\Omega}y\rho(x,y,z)\,\mathrm{d}v}{\iiint\limits_{\Omega}\rho(x,y,z)\,\mathrm{d}v}\ ,\ \bar{z}=\dfrac{\iiint\limits_{\Omega}z\rho(x,y,z)\,\mathrm{d}v}{\iiint\limits_{\Omega}\rho(x,y,z)\,\mathrm{d}v}\ .$$

例 4　球体 $x^2+y^2+z^2\leqslant 2Rz$ 内, 各点处的密度的大小等于原点到坐标原点的距离的平方, 试求这球体的质心.

解　由题意可知球体内点 (x,y,z) 处的密度 $\rho(x,y,z)=x^2+y^2+z^2$. 又因为该球体的质心心在 z 轴上, 故 $\bar{x}=\bar{y}=0$.

而

$$\bar{z}=\dfrac{\iiint\limits_{\Omega}z\rho(x,y,z)\,\mathrm{d}v}{\iiint\limits_{\Omega}\rho(x,y,z)\,\mathrm{d}v}\ .$$

利用球坐标计算上面两个三重积分. 在球坐标下,

$$\Omega:\ 0\leqslant\varphi\leqslant\frac{\pi}{2},\ 0\leqslant\theta\leqslant 2\pi,\ 0\leqslant r\leqslant 2R\cos\varphi,$$

因此

$$\iiint\limits_{\Omega}\rho(x,y,z)\,\mathrm{d}v=\iiint\limits_{\Omega}(x^2+y^2+z^2)\,\mathrm{d}v$$

$$=\int_0^{\frac{\pi}{2}}\mathrm{d}\varphi\int_0^{2\pi}\mathrm{d}\theta\int_0^{2R\cos\varphi}r^4\sin\varphi\,\mathrm{d}r=\frac{32}{15}\pi R^5.$$

$$\iiint\limits_{\Omega}z\rho(x,y,z)\,\mathrm{d}v=\iiint\limits_{\Omega}z(x^2+y^2+z^2)\,\mathrm{d}v$$

$$=\int_0^{\frac{\pi}{2}}\mathrm{d}\varphi\int_0^{2\pi}\mathrm{d}\theta\int_0^{2R\cos\varphi}r^5\sin\varphi\cos\varphi\,\mathrm{d}r=\frac{8}{3}\pi R^6.$$

由此

$$\bar{z}=\frac{5}{4}R,$$

球体的质心为 $\left(0,\ 0,\ \dfrac{5}{4}R\right)$.

三、转动惯量

先讨论平面薄片的转动惯量.

设在 xOy 平面上有 n 个质点, 它们分别位于点 $(x_1,y_1),(x_2,y_2),\cdots,(x_n,y_n)$ 处,

质量分别为 $m_1, m_2, \cdots, m_n$. 由力学知道, 该质点系对于 x 轴以及对于 y 轴的转动惯量依次为

$$I_x = \sum_{i=1}^{n} m_i y_i^2 \; ; \quad I_y = \sum_{i=1}^{n} m_i x_i^2 .$$

设有一薄片, 占有 xOy 面上的闭区域 D, 在点 (x, y) 处的面密度为 $\rho(x, y)$, 假定 $\rho(x, y)$ 在 D 上连续. 现在要求该薄片对于 x 轴的转动惯量 I_x 和对于 y 轴的转动惯量 I_y.

应用元素法, 在闭区域 D 上任取一直径很小的闭区域 $d\sigma$（这小闭区域的面积也记作 $d\sigma$）, (x, y) 是这小闭区域上的一个点. 因为 $d\sigma$ 的直径很小, 且 $\rho(x, y)$ 在 D 上连续, 所以薄片中相应于 $d\sigma$ 部分的质量近似等于 $\rho(x, y) d\sigma$, 这部分质量可近似看作集中在点 (x, y) 上, 于是可写出薄片对于 x 轴以及对于 y 轴的转动惯量元素:

$$dI_x = y^2 \rho(x, y) \, d\sigma, \quad dI_y = x^2 \rho(x, y) \, d\sigma .$$

以这些元素为被积表达式, 在闭区域 D 上积分, 便得

$$I_x = \iint_D y^2 \rho(x, y) \, d\sigma, \quad I_y = \iint_D x^2 \rho(x, y) \, d\sigma .$$

例 5　求半径为 a 的均匀半圆薄片（面密度为常量 ρ）对于其直径边的转动惯量.

解　取坐标系如图 9-23 所示, 则薄片所占闭区域

$$D = \{ (x, y) \mid x^2 + y^2 \leqslant a^2 , \ y \geqslant 0 \} .$$

而所求转动惯量即半圆薄片对于 x 轴的转动惯量 I_x.

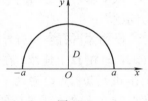

$$I_x = \iint_D \rho y^2 \, dx dy = \rho \iint_D r^3 \sin^2 \theta \, dr d\theta$$

$$= \rho \int_0^\pi \sin^2 \theta d\theta \int_0^a r^3 \, dr = \frac{1}{4} \rho a^4 \int_0^\pi \sin^2 \theta d\theta$$

图 9-23

$$= \frac{1}{4} \rho a^4 \cdot \frac{\pi}{2} = \frac{1}{4} M a^2 ,$$

式中, $M = \frac{1}{2} \pi a^2 \rho$ 为半圆薄片的质量.

类似地, 占有空间有界闭区域 Ω、在点 (x, y, z) 处的密度为 $\rho(x, y, z)$（假定 $\rho(x, y, z)$ 在 Ω 上连续）的物体对于 x、y、z 轴的转动惯量为

$$I_x = \iiint_\Omega (y^2 + z^2) \rho(x, y, z) \, dv,$$

$$I_y = \iiint_\Omega (z^2 + x^2) \rho(x, y, z) \, dv,$$

$$I_z = \iiint_\Omega (x^2 + y^2) \rho(x, y, z) \, dv.$$

例6　求高为 h，半顶角为 $\dfrac{\pi}{4}$，密度为 μ（常数）的正圆锥体绕其对称轴旋转的转动惯量.

解　取对称轴为 z 轴，顶点为原点，如图 9-24 所示建立坐标系，则

$$I_z = \iiint\limits_{\Omega} (x^2 + y^2)\mu \; \mathrm{d}v.$$

利用柱面坐标，有

$$D_z: \; x^2 + y^2 \leq z^2, \; \Omega: \; 0 \leq z \leq h, \; (x,y) \in D_z,$$

于是

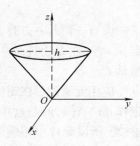

图 9-24

$$I_z = \int_0^h \mathrm{d}z \iint\limits_{D_z} (x^2 + y^2)\mu \mathrm{d}x\mathrm{d}y = \mu \int_0^h \mathrm{d}z \int_0^{2\pi} \mathrm{d}\theta \int_0^z r^2 \cdot r\mathrm{d}r$$

$$= \mu \int_0^h \mathrm{d}z \int_0^{2\pi} \frac{1}{4}z^4 \mathrm{d}\theta = \frac{\mu}{4} \cdot 2\pi \int_0^h z^4 \mathrm{d}z = \frac{\pi\mu}{10}h^5.$$

四、引力

接下来讨论空间一物体对于物体外一点 $P_0(x_0, y_0, z_0)$ 处的单位质量的质点的引力问题.

设物体占有空间有界闭区域 Ω，它在点 (x,y,z) 处的密度为 $\rho(x,y,z)$，并假定 $\rho(x,y,z)$ 在 Ω 上连续. 在物体内任取一直径很小的闭区域 $\mathrm{d}v$（这个闭区域的体积也记作 $\mathrm{d}v$），(x,y,z) 为这一小块中的一点. 把这一小块物体的质量 $\rho\mathrm{d}v$ 近似看作集中在点 (x,y,z) 处，于是按两质点间的引力公式，可得这一小块物体对位于 $P_0(x_0, y_0, z_0)$ 处的单位质量的质点的引力近似为

$$\mathrm{d}\boldsymbol{F} = (\; \mathrm{d}F_x, \; \mathrm{d}F_y, \; \mathrm{d}F_z)$$

$$= \left(G\frac{\rho(x,y,z)(x-x_0)}{r^3}\mathrm{d}v, G\frac{\rho(x,y,z)(y-y_0)}{r^3}\mathrm{d}v, G\frac{\rho(x,y,z)(z-z_0)}{r^3}\mathrm{d}v \right),$$

式中，$\mathrm{d}F_x$，$\mathrm{d}F_y$，$\mathrm{d}F_z$ 为引力元素 $\mathrm{d}\boldsymbol{F}$ 在三个坐标轴上的分量；$r = \sqrt{(x-x_0)^2 + (y-y_0)^2 + (z-z_0)^2}$；$G$ 为引力常数. 将 $\mathrm{d}F_x$，$\mathrm{d}F_y$，$\mathrm{d}F_z$ 在 Ω 上分别积分，即得

$$\boldsymbol{F} = (F_x, F_y, F_z)$$

$$= \left(\iiint\limits_{\Omega} G\frac{\rho(x,y,z)(x-x_0)}{r^3}\mathrm{d}v, \iiint\limits_{\Omega} G\frac{\rho(x,y,z)(y-y_0)}{r^3}\mathrm{d}v, \iiint\limits_{\Omega} G\frac{\rho(x,y,z)(z-z_0)}{r^3}\mathrm{d}v \right).$$

如果考虑平面薄片对薄片外一点 $P_0(x_0, y_0, z_0)$ 处的单位质量的质点的引力，设平面薄片占有 xOy 平面上的有界闭区域 D，其面密度为 $\rho(x,y)$，那么只要将上式中的密度 $\rho(x,y,z)$ 换成面密度 $\rho(x,y)$，将 Ω 上的三重积分换成 D 上的二重积分，就

可得到相应的计算公式.

例 7　设半径为 R 的匀质球占有空间闭区域 $\Omega = \{(x,y,z) \mid x^2 + y^2 + z^2 \leqslant R^2\}$，求它对位于 $M_0(0,0,a)(a > R)$ 处的单位质量的质点的引力.

解　设球的密度为 ρ_0，由球体的对称性及质量分布的均匀性知 $F_x = F_y = 0$，所求引力沿 z 轴的分量为

$$
\begin{aligned}
F_z &= \iiint\limits_{\Omega} G\rho_0 \frac{z-a}{[x^2 + y^2 + (z-a)^2]^{\frac{3}{2}}} \mathrm{d}v \\
&= G\rho_0 \int_{-R}^{R} (z-a)\,\mathrm{d}z \iint\limits_{D_z} \frac{\mathrm{d}x\mathrm{d}y}{[x^2 + y^2 + (z-a)^2]^{\frac{3}{2}}} \\
&= G\rho_0 \int_{-R}^{R} (z-a)\,\mathrm{d}z \int_0^{2\pi} \mathrm{d}\theta \int_0^{\sqrt{R^2 - z^2}} \frac{r\mathrm{d}r}{[r^2 + (z-a)^2]^{\frac{3}{2}}} \\
&= 2\pi G\rho_0 \int_{-R}^{R} (z-a)\left(\frac{1}{a-z} - \frac{1}{\sqrt{R^2 - 2az + a^2}}\right)\mathrm{d}z \\
&= 2\pi G\rho_0 \left[-2R + \frac{1}{a}\int_{-R}^{R} (z-a)\mathrm{d}\sqrt{R^2 - 2az + a^2} \right] \\
&= 2\pi G\rho_0 \left(-2R + 2R - \frac{2R^3}{3a^2} \right) \\
&= -G \cdot \frac{4\pi R^3}{3}\rho_0 \cdot \frac{1}{a^2} = -G\frac{M}{a^2}.
\end{aligned}
$$

式中，$M = \dfrac{4\pi R^3}{3}\rho_0$ 为球的质量. 上述结果表明，匀质球对球外一质点的引力如同球的质量集中于球心时两质点间的引力.

习题 9.3

1. 求球面 $x^2 + y^2 + z^2 = a^2$ 含在圆柱面 $x^2 + y^2 = ax$ 内部的那部分面积.

2. 求锥面 $z = \sqrt{x^2 + y^2}$ 被柱面 $z^2 = 2x$ 所割下部分的曲面面积.

3. 求底圆半径相等的两个直交圆柱面 $x^2 + y^2 = R^2$ 及 $x^2 + z^2 = R^2$ 所围立体的表面积.

4. 设薄片所占的闭区域 D 如下，求均匀薄片的质心：

1）D 由 $y = \sqrt{2px}$，$x = x_0$，$y = 0$ 所围成；

2）D 是介于两个圆 $r = a\cos\theta$，$r = b\cos\theta$ $(0 < a < b)$ 之间的闭区域.

5. 利用三重积分计算下列由曲面所围立体的质心（设密度 $\rho = 1$）：

1）$z^2 = x^2 + y^2$，$z = 1$；

2）$z = x^2 + y^2$，$x + y = a$，$x = 0$，$y = 0$，$z = 0$.

6. 求均匀半球体的质心.

7. 在半径为 a 的均匀半球体靠圆形平面的一旁，拼接一个半径与球的半径相等，材料相同

的圆柱体，拼接后的整个立体的重心位于球心，试求圆柱体的高应为多少？

8. 设均匀薄片（面密度为常数 1）所占闭区域 D 如下，求指定的转动惯量：

1）D 由抛物线 $y^2 = \dfrac{9}{2}x$ 与直线 $x = 2$ 所围成，求 I_x 和 I_y；

2）D 为矩形闭区域 $\{(x,y) \,|\, 0 \leqslant x \leqslant a, 0 \leqslant y \leqslant b\}$，求 I_x 和 I_y.

9. 一均匀物体（密度 ρ 为常量）占有的闭区域 Ω 由曲面 $z = x^2 + y^2$ 和平面 $z = 0$，$|x| = a$，$|y| = a$ 所围成，

1）求物体的体积；

2）求物体的质心；

3）求物体关于 z 轴的转动惯量.

10. 求密度为 ρ 的均匀球体对于过球心的一条轴 l 的转动惯量.

11. 设均匀柱体密度为 ρ，占有闭区域 $\Omega = \{(x,y,z) \,|\, x^2 + y^2 \leqslant R^2, 0 \leqslant z \leqslant h\}$，求它对位于点 $M_0(0,0,a)(a > h)$ 处的单位质量的质点的引力.

综合测试题（九）

一、单项选择题

1. 若区域 D 是 xOy 平面上以 $(1,1)$、$(-1,1)$ 和 $(-1,-1)$ 为顶点的三角形区域，D_1 是 D 在第一象限中的部分，则 $\displaystyle\iint_D (xy + \cos x \sin y) \mathrm{d}x\mathrm{d}y = ($　　$)$.

（A）$2\displaystyle\iint_{D_1} \cos x \sin y \mathrm{d}x\mathrm{d}y$；　　　　　　（B）$2\displaystyle\iint_D \cos x \sin y \mathrm{d}x\mathrm{d}y$；

（C）$4\displaystyle\iint_{D_1} (xy + \cos x \sin y) \mathrm{d}x\mathrm{d}y$；　　　（D）0.

2. 设 $f(x, y)$ 连续，且 $f(x,y) = xy + \displaystyle\iint_D f(x,y)\mathrm{d}x\mathrm{d}y$，其中 D 是 xOy 平面上由 $y = 0$，$y = x^2$ 和 $x = 1$ 所围区域，则 $f(x, y)$ 等于 $($　　$)$.

（A）xy；　　　（B）$2xy$；　　　（C）$xy + 1$；　　　（D）$xy + \dfrac{1}{8}$.

3. 设 $I_1 = \displaystyle\iint_D \cos \sqrt{x^2 + y^2}\,\mathrm{d}x\mathrm{d}y$，$I_2 = \displaystyle\iint_D \cos(x^2 + y^2)\mathrm{d}x\mathrm{d}y$，$I_3 = \displaystyle\iint_D \cos(x^2 + y^2)^2\mathrm{d}x\mathrm{d}y$，其中 $D = \{(x,y) \,|\, x^2 + y^2 \leqslant 1\}$，则 $($　　$)$.

（A）$I_3 > I_2 > I_1$；　　（B）$I_1 > I_2 > I_3$；　　（C）$I_2 > I_1 > I_3$；　　（D）$I_3 > I_1 > I_2$.

4. 设空间闭区域 Ω 由 $x^2 + y^2 + z^2 \leqslant 1$ 及 $0 \leqslant z$ 确定，Ω_1 为 Ω 在第一卦限的部分，则 $($　　$)$.

（A）$\displaystyle\iiint_\Omega x\mathrm{d}v = 4\displaystyle\iiint_{\Omega_1} x\mathrm{d}v$；　　　　　　（B）$\displaystyle\iiint_\Omega y\mathrm{d}v = 4\displaystyle\iiint_{\Omega_1} y\mathrm{d}v$；

（C）$\displaystyle\iiint_\Omega z\mathrm{d}v = 4\displaystyle\iiint_{\Omega_1} z\mathrm{d}v$；　　　　　　（D）$\displaystyle\iiint_\Omega xyz\mathrm{d}v = 4\displaystyle\iiint_{\Omega_1} xyz\mathrm{d}v$.

5. 设空间闭区域 $\Omega = \left\{(x,y,z) \,\middle|\, \sqrt{x^2 + y^2} \leqslant z \leqslant \sqrt{2 - x^2 - y^2}\right\}$，$I = \displaystyle\iiint_\Omega z\mathrm{d}v$，则下列将 I 化为

累次积分中不正确的是 ( ).

(A) $I = \int_0^{2\pi} d\theta \int_0^1 r dr \int_{r^2}^{\sqrt{2-r^2}} z dz$;

(B) $I = \int_0^{2\pi} d\theta \int_0^{\frac{\pi}{4}} d\varphi \int_0^{\sqrt{2}} \rho\cos\varphi \cdot \rho^2 \sin\varphi d\rho$;

(C) $I = \int_0^1 \pi z^2 dz + \int_1^2 \pi z(2-z^2) dz$;

(D) $I = 4\int_0^1 dx \int_0^{\sqrt{1-y^2}} dy \int_{x^2+y^2}^{\sqrt{2-x^2+y^2}} z dz$.

二、填空题

1. 设区域 D 为 $x^2 + y^2 \leq R^2$，则 $I = \iint_D \left(\dfrac{x^2}{a^2} + \dfrac{y^2}{b^2} \right) dxdy$ 的值等于 ( ).

2. 设 $D = \{ (x, y) | x^2 + y^2 \leq 1 \}$，则 $\lim\limits_{r \to 0} \dfrac{1}{\pi r^2} \iint_D e^{x^2-y^2} \ln (1+x+y) \, dxdy$ 的值等于 ( ).

3. 积分 $I = \int_0^2 dx \int_x^2 e^{-y^2} dy$ 的值等于 ( ).

4. 积分 $I = \iiint\limits_{x^2+y^2+z^2 \leq R^2} f (x^2 + y^2 + z^2) dv$ 可化为定积分 $\int_0^R \varphi(x) dx$，则 $\varphi(x)$ 等于 ( ).

5. 积分 $I = \iiint\limits_{x^2+y^2+z^2 \leq 1} (ax + by)^2 dv$ 的值等于 ( ).

三、计算与应用题

1、求 $I = \iint_D \left(\sqrt{x^2 + y^2} + y \right) dxdy$，其中 D 是由圆 $x^2 + y^2 = 4$ 和 $(x+1)^2 + y^2 = 1$ 所围的平面区域.

2. 求 $I = \iint_D e^{\max \{ x^2, y^2 \}} dxdy$，其中 $D = \{ (x, y) | 0 \leq x \leq 1, \ 0 \leq y \leq 1 \}$.

3. 计算 $I = \iiint\limits_{\Omega} (x^2 + y^2 + z) \, dv$，其中 Ω 是由曲线 $\begin{cases} y^2 = 2z \\ x = 0 \end{cases}$ 绕 z 轴旋转一周而成的旋转曲面与平面 $z = 4$ 所围成的立体.

4. 计算 $I = \iiint\limits_{\Omega} (x + z) dv$，$\Omega$ 由 $z = \sqrt{x^2 + y^2}$ 及 $z = \sqrt{4 - x^2 - y^2}$ 确定.

5. 计算 $I = \int_{\frac{1}{4}}^{\frac{1}{2}} dy \int_{\frac{1}{2}}^{\sqrt{y}} e^{\frac{y}{x}} dx + \int_{\frac{1}{2}}^{1} dy \int_y^{\sqrt{y}} e^{\frac{y}{x}} dx$.

6. 设有一高度为 $h(t)$ （t 为时间）的雪堆在融化过程中，其侧面满足方程 $z = h(t) - \dfrac{2(x^2+y^2)}{h(t)}$ （设长度单位为厘米，时间单位为小时），已知体积减小的速率与侧面积成正比（比例系数为 0. 9），问高度为 130 厘米的雪堆全部融化需多少小时？

四、证明题

设函数 $f(x)$ 在 $[0, 1]$ 上连续，并设 $\int_0^1 f(x) dx = A$，证明 $I = \int_0^1 dx \int_x^1 f(x)f(y) dy = \dfrac{1}{2} A^2$.

第十章　曲线积分与曲面积分

上一章已经把积分概念从积分范围为数轴上一个区间的情形推广到积分范围为平面或空间内的一个闭区域的情形. 本章将把积分概念推广到积分范围为一段曲线弧或一片曲面的情形(这样推广后的积分称为曲线积分和曲面积分), 并阐明有关这两种积分的一些基本内容.

第一节　对弧长的曲线积分

一、对弧长的曲线积分的概念与性质

曲线形构件的质量: 在设计曲线形构件时, 为了合理使用材料, 应该根据构件各部分受力情况, 把构件上各点处的粗细程度设计得不完全一样. 因此, 可以认为这构件的线密度(单位长度的质量)是变量. 假设这构件所处的位置在 xOy 面内的一段曲线弧 L 上, 它的端点是 A、B, 在 L 上任一点 (x, y) 处, 它的线密度为 $\mu(x, y)$. 现在要计算这构件的质量 m(见图 10-1).

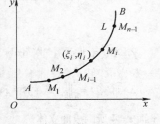

图 10-1

如果构件的线密度为常量, 那么这构件的质量就等于它的线密度与长度的乘积. 现在构件上各点处的线密度是变量, 就不能直接用上述方法来计算. 为了克服这个困难, 可以用 L 上的点 $M_1, M_2, \cdots, M_{n-1}$ 把 L 分成 n 个小段, 取其中一小段构件 $\overset{\frown}{M_{i-1}M_i}$ 来分析. 在线密度连续变化的前提下, 只要这小段很短, 就可以用这小段上任一点 (ξ_i, η_i) 处的线密度代替这小段上其他各点处的线密度, 从而得到这小段构件的质量的近似值为

$$\mu(\xi_i, \eta_i)\Delta s_i,$$

式中, Δs_i 表示 $\overset{\frown}{M_{i-1}M_i}$ 的长度. 于是整个曲线形构件的质量

$$m \approx \sum_{i=1}^{n} \mu(\xi_i, \eta_i)\Delta s_i.$$

用 λ 表示 n 个小弧段的最大长度. 为了计算 m 的精确值, 取上式右端之和当 $\lambda \to 0$ 时的极限, 从而得到

$$m = \lim_{\lambda \to 0} \sum_{i=1}^{n} \mu(\xi_i, \eta_i)\Delta s_i.$$

这种和的极限在研究其他问题时也会遇到. 现在引进下面的定义.

定义 10.1 设 L 为 xOy 面内的一条光滑曲线弧，函数 $f(x,y)$ 在 L 上有界. 在 L 上任意插入一点列 $M_1, M_2, \cdots, M_{n-1}$ 把 L 分成 n 个小段. 设第 i 个小段的长度为 Δs_i. 取 (ξ_i, η_i) 为第 i 个小段上任意的一点，做乘积 $f(\xi_i, \eta_i)\Delta s_i (i = 1, 2, \cdots, n)$，并作和 $\sum\limits_{i=1}^{n} f(\xi_i, \eta_i)\Delta s_i$，如果当各小弧段的长度的最大值 $\lambda \to 0$ 时，这和的极限总存在，则称此极限为函数 $f(x,y)$ 在曲线弧 L 上**对弧长的曲线积分**或**第一类曲线积分**，记作 $\int_L f(x,y)\mathrm{d}s$，即

$$\int_L f(x,y)\mathrm{d}s = \lim_{\lambda \to 0}\sum_{i=1}^{n} f(\xi_i, \eta_i)\Delta s_i,$$

式中，$f(x,y)$ 叫做**被积函数**；L 叫做**积分弧段**.

在对弧长的曲线积分的计算中将看到，当 $f(x,y)$ 在光滑曲线弧 L 上连续时，对弧长的曲线积分 $\int_L f(x,y)\mathrm{d}s$ 是存在的. 以后总假定 $f(x,y)$ 在 L 上是连续的.

根据这个定义，前述曲线形构件的质量 m 当线密度 $\mu(x,y)$ 在 L 上连续时，就等于 $\mu(x,y)$ 对弧长的曲线积分，即

$$m = \int_L \mu(x,y)\mathrm{d}s.$$

上述定义可以类似的推广到积分弧段为空间曲线弧 Γ 的情形，即函数 $f(x,y,z)$ 在曲线弧 Γ 上对弧长的曲线积分

$$\int_\Gamma f(x,y,z)\mathrm{d}s = \lim_{\lambda \to 0}\sum_{i=1}^{n} f(\xi_i, \eta_i, \zeta_i)\Delta s_i.$$

如果 L（或 Γ）是分段光滑的，则规定函数在 L（或 Γ）上的曲线积分等于函数在光滑的各段上的曲线积分之和. 例如，设 L 可分为两段光滑曲线弧 L_1 及 L_2（记作 $L = L_1 + L_2$），就规定

$$\int_{L_1+L_2} f(x,y)\mathrm{d}s = \int_{L_1} f(x,y)\mathrm{d}s + \int_{L_2} f(x,y)\mathrm{d}s.$$

如果 L 是闭曲线，那么函数 $f(x,y)$ 在闭曲线 L 上对弧长的曲线积分记为 $\oint_L f(x,y)\mathrm{d}s$.

由对弧长的曲线积分的定义可知，它有以下性质.

性质 1 设 α、β 为常数，则

$$\int_L [\alpha f(x,y) + \beta g(x,y)]\mathrm{d}s = \alpha\int_L f(x,y)\mathrm{d}s + \beta\int_L g(x,y)\mathrm{d}s.$$

性质 2 若积分弧段 L 可分成两段光滑曲线弧 L_1 和 L_2，则

$$\int_L f(x,y)\mathrm{d}s = \int_{L_1} f(x,y)\mathrm{d}s + \int_{L_2} f(x,y)\mathrm{d}s.$$

性质3　设在 L 上 $f(x,y) \leqslant g(x,y)$，则

$$\int_L f(x,y)\,\mathrm{d}s \leqslant \int_L g(x,y)\,\mathrm{d}s.$$

特别地，有

$$\left| \int_L f(x,y)\,\mathrm{d}s \right| \leqslant \int_L |f(x,y)|\,\mathrm{d}s.$$

二、对弧长的曲线积分的计算法

定理 10.1　设 $f(x,y)$ 在曲线弧 L 上有定义且连续，L 的参数方程为

$$\begin{cases} x = \varphi(t) \\ y = \psi(t) \end{cases} (\alpha \leqslant t \leqslant \beta),$$

式中，$\varphi(t)$、$\psi(t)$ 在 $[\alpha,\beta]$ 上具有一阶连续导数，且 $\varphi'^2(t) + \psi'^2(t) \neq 0$，则曲线积分 $\int_L f(x,y)\,\mathrm{d}s$ 存在，且

$$\int_L f(x,y)\,\mathrm{d}s = \int_\alpha^\beta f[\varphi(t),\psi(t)]\sqrt{\varphi'^2(t)+\psi'^2(t)}\,\mathrm{d}t \qquad (\alpha < \beta) \qquad (10\text{-}1)$$

证　假定当参数 t 由 α 变至 β 时，L 上的点 $M(x,y)$ 依点 A 至点 B 的方向描出曲线 L。在 L 上取一列点

$$A = M_0, M_1, M_2, \cdots, M_{n-1}, M_n = B,$$

它们对应于一列单调增加的参数值

$$\alpha = t_0 < t_1 < t_2 < \cdots < t_{n-1} < t_n = \beta.$$

根据对弧长的曲线积分的定义，有

$$\int_L f(x,y)\,\mathrm{d}s = \lim_{\lambda \to 0} \sum_{i=1}^n f(\xi_i,\eta_i)\Delta s_i.$$

设点 (ξ_i,η_i) 对应于参数值 τ_i，即 $\xi_i = \varphi(\tau_i)$、$\eta_i = \psi(\tau_i)$，这里 $t_{i-1} \leqslant \tau_i \leqslant t_i$。由于

$$\Delta s_i = \int_{t_{i-1}}^{t_i} \sqrt{\varphi'^2(t)+\psi'^2(t)}\,\mathrm{d}t,$$

应用积分中值定理，有

$$\Delta s_i = \sqrt{\varphi'^2(\tau_i')+\psi'^2(\tau_i')}\,\Delta t_i,$$

其中，$\Delta t_i = t_i - t_{i-1}$，$t_{i-1} \leqslant \tau_i' \leqslant t_i$。于是

$$\int_L f(x,y)\,\mathrm{d}s = \lim_{\lambda \to 0} \sum_{i=1}^n f[\varphi(\tau_i),\psi(\tau_i)]\sqrt{\varphi'^2(\tau_i')+\psi'^2(\tau_i')}\,\Delta t_i.$$

由于函数 $\sqrt{\varphi'^2(t)+\psi'^2(t)}$ 在闭区间 $[\alpha,\beta]$ 上连续，故可以把上式中的 τ_i' 换成 τ_i，从而

$$\int_L f(x,y)\,\mathrm{d}s = \lim_{\lambda \to 0} \sum_{i=1}^n f[\varphi(\tau_i),\psi(\tau_i)]\sqrt{\varphi'^2(\tau_i)+\psi'^2(\tau_i)}\,\Delta t_i.$$

上式右端的和的极限就是函数 $f[\varphi(\tau_i),\psi(\tau_i)]\sqrt{\varphi'^2(t)+\psi'^2(t)}$ 在区间 $[\alpha,\beta]$ 上的定积分，由于这个函数在 $[\alpha,\beta]$ 上连续，所以这个定积分是存在的，因此上式左端的曲线积分 $\int_L f(x,y)\,\mathrm{d}s$ 也存在，并且有

$$\int_L f(x,y)\,\mathrm{d}s = \int_\alpha^\beta f[\varphi(t),\psi(t)]\sqrt{\varphi'^2(t)+\psi'^2(t)}\,\mathrm{d}t \quad (\alpha<\beta)$$

公式(10-1)表明，计算对弧长的曲线积分 $\int_L f(x,y)\,\mathrm{d}s$ 时，只要把 x、y、$\mathrm{d}s$ 依次换为 $\varphi(t)$、$\psi(t)$、$\sqrt{\varphi'^2(t)+\psi'^2(t)}\,\mathrm{d}t$，然后从 α 到 β 作定积分就行了，这里必须注意，**定积分的下限 α 一定要小于上限 β**. 这是因为，从上述推导中可以看出，由于小弧段的长度 Δs_i 总是正的，从而 $\Delta t_i>0$，所以定积分的下限 α 一定小于上限 β.

如果曲线 L 由方程

$$y=\psi(x)(x_0\leqslant x\leqslant X)$$

给出，那么可以把这种情形看做是特殊的参数方程

$$x=t,\ y=\psi(t)(x_0\leqslant t\leqslant X)$$

的情形，从而由公式(10-1)得出

$$\int_L f(x,y)\,\mathrm{d}s = \int_{x_0}^X f[x,\psi(x)]\sqrt{1+\psi'^2(x)}\,\mathrm{d}x \ (x_0<X). \tag{10-2}$$

类似地，如果曲线 L 由方程

$$x=\varphi(y)(y_0\leqslant y\leqslant Y)$$

给出，则有

$$\int_L f(x,y)\,\mathrm{d}s = \int_{y_0}^Y f[\varphi(y),y]\sqrt{1+\varphi'^2(y)}\,\mathrm{d}y \quad (y_0<Y) \tag{10-3}$$

公式(10-1)可推广到空间曲线弧 Γ 由参数方程

$$x=\varphi(t),\ y=\psi(t),\ z=\omega(t)(\alpha\leqslant t\leqslant\beta)$$

给出的情形，这时有

$$\int_\Gamma f(x,y,z)\,\mathrm{d}s = \int_\alpha^\beta f(\varphi(t),\psi(t),\omega(t))\sqrt{\varphi'^2(t)+\psi'^2(t)+\omega'^2(t)}\,\mathrm{d}t \quad (\alpha<\beta)$$

$$\tag{10-4}$$

例1　计算曲线积分 $\int_L xy\,\mathrm{d}s$，其中 L 为圆 $x^2+y^2=a^2(a>0)$ 在第一象限内的圆弧.

解　圆弧 L 的参数方程为 $x=a\cos t,\ y=a\sin t\left(0\leqslant t\leqslant\dfrac{\pi}{2}\right)$，故

$$\mathrm{d}s = \sqrt{x'^2(t)+y'^2(t)}\,\mathrm{d}t$$

$$= \sqrt{(-a\sin t)^2 + (a\cos t)^2}\,dt = a\,dt,$$

于是

$$\int_L xy\,ds = \int_0^{\frac{\pi}{2}} a\cos t\, a\sin t\, a\,dt = \frac{a^3}{2}.$$

例2　计算曲线积分 $\int_L \sqrt{y}\,ds$，其中 L 是曲线 $y = x$，$y = x^2$ 所围区域的边界(见图 10-2).

解　积分曲线由两条曲线段组成：$L = L_1 + L_2$，且有

$$L_1: y = x\ (0 < x < 1),$$
$$ds = \sqrt{1 + y'^2}\,dx = \sqrt{2}\,dx,$$
$$L_2: y = x^2\ (0 < x < 1),$$
$$ds = \sqrt{1 + y'^2}\,dx = \sqrt{1 + 4x^2}\,dx,$$

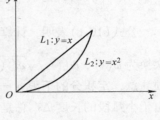

图 10-2

于是

$$\int_L \sqrt{y}\,ds = \int_{L_1} \sqrt{y}\,ds + \int_{L_2} \sqrt{y}\,ds$$
$$= \int_0^1 \sqrt{x}\,\sqrt{2}\,dx + \int_0^1 \sqrt{x^2}\,\sqrt{1 + 4x^2}\,dx$$
$$= \sqrt{2}\,\frac{2}{3}x^{\frac{3}{2}}\bigg|_0^1 + \frac{1}{8}\int_0^1 \sqrt{1 + 4x^2}\,d(1 + 4x^2)$$
$$= \frac{2\sqrt{2}}{3} + \frac{1}{8}\times\frac{2}{3}(1 + 4x^2)^{\frac{3}{2}}\bigg|_0^1$$
$$= \frac{2\sqrt{2}}{3} + \frac{5\sqrt{5} - 1}{12}.$$

例3　计算曲线积分 $\int_\Gamma z\,ds$，其中 Γ 为螺旋线 $x = a\cos t$，$y = a\sin t$，$z = bt$ 上相应于 t 从 0 到 2π 的一段弧.

解　螺旋线的弧长微分为

$$ds = \sqrt{x'^2(t) + y'^2(t) + z'^2(t)}\,dt$$
$$= \sqrt{(-a\sin t)^2 + (a\cos t)^2 + b^2}\,dt$$
$$= \sqrt{a^2 + b^2}\,dt.$$

于是

$$\int_\Gamma z\,ds = \int_0^{2\pi} bt\,\sqrt{a^2 + b^2}\,dt = 2b\pi^2\sqrt{a^2 + b^2}.$$

习题 10.1

1. 计算下列对弧长的曲线积分：

1) $\int_L x\mathrm{d}s$ ，其中 L：$x = t^3$，$y = 4t(0 \leqslant t \leqslant 1)$；

2) $\int_L \sqrt{y}\mathrm{d}s$ ，其中 L 为摆线的一拱：$x = 2(t - \sin t)$，$y = 2(1 - \cos t)(0 \leqslant t \leqslant 2\pi)$；

3) $\int_L xy\mathrm{d}s$ ，其中 L 为椭圆的第一象限部分：$x = 5\cos t$，$y = 3\sin t\left(0 \leqslant t \leqslant \dfrac{\pi}{2}\right)$；

4) $\int_L x(x - 2y + 3)\mathrm{d}s$ ，其中 L 为连接两点 $(0,0)$，$(2,1)$ 的直线段.

5) $\oint_L e^{\sqrt{x^2+y^2}}\mathrm{d}s$ ，其中 L 为圆周 $x^2 + y^2 = a^2$，直线 $y = x$ 及 x 轴在第一象限内所围成的扇形的整个边界.

2. 计算下列对弧长的曲线积分：

1) $\int_\Gamma x^2 z\mathrm{d}s$ ，其中 Γ：$x = \sin 2t$，$y = 3t$，$z = \cos 2t\left(0 \leqslant t \leqslant \dfrac{\pi}{4}\right)$；

2) $\int_\Gamma \dfrac{z^2}{x^2 + y^2}\mathrm{d}s$ ，其中 Γ 为螺旋线：$x = 4\cos t$，$y = 4\sin t$，$z = 3t(0 \leqslant t \leqslant 2\pi)$；

3) $\int_L (2x + 9z)\mathrm{d}s$ ，其中 L：$x = t$，$y = t^2$，$z = t^3(0 \leqslant t \leqslant 1)$；

4) $\int_L \dfrac{1}{2x^2 + y^2 + z^2}\mathrm{d}s$ ，其中 L：$x = e^t$，$y = e^t\cos t$，$z = e^t\sin t(0 \leqslant t \leqslant 3)$.

3. 设在 xOy 面内有一分布着质量的曲线弧 L，在点 (x,y) 处它的线密度为 $\mu(x,y)$. 用对弧长的曲线积分分别表达：

1) 这一曲线弧对 x 轴、对 y 轴的转动惯量 I_x、I_y；

2) 这一曲线弧的质心坐标 $\bar{x}$、$\bar{y}$.

4. 设螺旋形弹簧一圈的方程为 $x = a\cos t$，$y = a\sin t$，$z = kt$，其中 $0 \leqslant t \leqslant 2\pi$，它的线密度 $\rho(x,y,z) = x^2 + y^2 + z^2$，求：

1) 它关于 z 轴的转动惯量 I_z；

2) 它的质心.

5. 设椭圆 L：$\dfrac{x^2}{4} + \dfrac{y^2}{3} = 1$ 的周长为 a，计算 $\int_L (2xy + 3x^2 + 4y^2)\mathrm{d}s$.

第二节　对坐标的曲线积分

一、对坐标的曲线积分的概念与性质

变力沿曲线所做的功：设一个质点在 xOy 面内从点 A 沿光滑曲线弧 L 移动到点 B，在移动过程中，这质点受到力

$$F(x,y) = P(x,y)\boldsymbol{i} + Q(x,y)\boldsymbol{j}$$

的作用,其中函数 $P(x,y)$, $Q(x,y)$ 在 L 上连续.
要计算在上述移动过程中变力 $F(x,y)$ 所做的功
(见图 10-3).

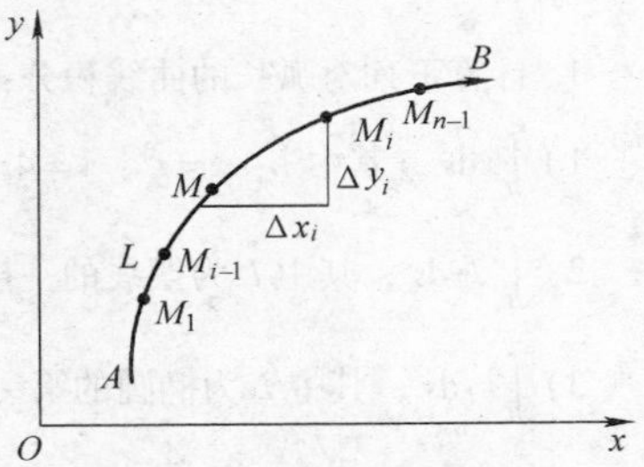

　　如果力 F 是常力,且质点从 A 沿直线移动到
B,那么常力 F 所做的功 W 等于向量 F 与向量 $\overrightarrow{AB}$
的数量积,即

$$W = F \cdot \overrightarrow{AB}.$$

现在 $F(x,y)$ 是变力,且质点沿曲线 L 移动,功 W
不能直接按以上公式计算. 然而第一节用来处理曲
线形构件质量问题的方法,原则上也适用于目前的问题.

图 10-3

　　先用曲线弧 L 上的点 $M_1(x_1,y_1),M_2(x_2,y_2),\cdots,M_{n-1}(x_{n-1},y_{n-1})$ 把 L 分成 n 个
小弧段,取其中一个有向小弧段 $\widehat{M_{i-1}M_i}$ 来分析:由于 $\widehat{M_{i-1}M_i}$ 光滑而且很短,可以用
有向线段

$$\overrightarrow{M_{i-1}M_i} = (\Delta x_i)\boldsymbol{i} + (\Delta y_i)\boldsymbol{j}$$

来近似代替它,其中 $\Delta x_i = x_i - x_{i-1}$, $\Delta y_i = y_i - y_{i-1}$. 又由于函数 $P(x,y)$、$Q(x,y)$ 在
L 上连续,可以用 $\widehat{M_{i-1}M_i}$ 上任意取定的一点 (ξ_i,η_i) 处的力

$$F(\xi_i,\eta_i) = P(\xi_i,\eta_i)\boldsymbol{i} + Q(\xi_i,\eta_i)\boldsymbol{j}$$

来近似代替这小弧段上各点处的力. 这样,变力 $F(x,y)$ 沿有向小弧段 $\widehat{M_{i-1}M_i}$ 所做
的功 ΔW_i 可以认为近似等于常力 $F(\xi_i,\eta_i)$ 沿 $\overrightarrow{M_{i-1}M_i}$ 所做的功:

$$\Delta W_i \approx F(\xi_i,\eta_i) \cdot \overrightarrow{M_{i-1}M_i},$$

即

$$\Delta W_i \approx P(\xi_i,\eta_i)\Delta x_i + Q(\xi_i,\eta_i)\Delta y_i.$$

于是

$$W = \sum_{i=1}^{n} \Delta W_i \approx \sum_{i=1}^{n} \left[P(\xi_i,\eta_i)\Delta x_i + Q(\xi_i,\eta_i)\Delta y_i \right].$$

　　用 λ 表示 n 个小弧段的最大长度,令 $\lambda \to 0$ 取上述和的极限,所得到的极限自
然地被认作变力 F 沿有向曲线弧所做的功,即

$$W = \lim_{\lambda \to 0} \sum_{i=1}^{n} \left[P(\xi_i,\eta_i)\Delta x_i + Q(\xi_i,\eta_i)\Delta y_i \right].$$

　　这种和的极限在研究其他问题时的也会遇到. 现在引进下面的定义.

　　定义 10.2　设 L 为 xOy 面内从点 A 到点 B 的一条有向光滑曲线弧,函数 $P(x,y)$、
$Q(x,y)$ 在 L 上有界. 在 L 上沿 L 的方向任意插入一点列 $M_1(x_1,y_1)$, $M_2(x_2,y_2)$, $\cdots$,
$M_{n-1}(x_{n-1},y_{n-1})$,把 L 分成 n 个有向小弧段

$$\widehat{M_{i-1}M_i}(i=1,2,\cdots,n;M_0=A,M_n=B).$$

设 $\Delta x_i = x_i - x_{i-1}$、$\Delta y_i = y_i - y_{i-1}$，点 (ξ_i, η_i) 为 $\overset{\frown}{M_{i-1}M_i}$ 上任意取定的点. 如果当各小弧段长度的最大值 $\lambda \to 0$ 时，$\sum\limits_{i=1}^{n} P(\xi_i, \eta_i)\Delta x_i$ 的极限总存在，则称此极限为函数 $P(x,y)$ 在有向曲线弧 L 上**对坐标 x 的曲线积分**，记作 $\int_L P(x,y)\,\mathrm{d}x$. 类似地，如果 $\lim\limits_{\lambda \to 0} \sum\limits_{i=1}^{n} Q(\xi_i, \eta_i)\Delta y_i$ 总存在，则称此极限为函数 $Q(x,y)$ 在有向曲线弧 L 上**对坐标 y 的曲线积分**，记作 $\int_L Q(x,y)\,\mathrm{d}y$，即

$$\int_L P(x,y)\,\mathrm{d}x = \lim_{\lambda \to 0} \sum_{i=1}^{n} P(\xi_i, \eta_i)\Delta x_i,$$

$$\int_L Q(x,y)\,\mathrm{d}y = \lim_{\lambda \to 0} \sum_{i=1}^{n} Q(\xi_i, \eta_i)\Delta y_i.$$

其中，$P(x,y)$ 和 $Q(x,y)$ 叫做**被积函数**，L 叫做**积分弧段**.

以上两个积分也称为**第二类曲线积分**.

当 $P(x,y)$ 和 $Q(x,y)$ 在有向光滑曲线弧 L 上连续时，对坐标的曲线积分 $\int_L P(x,y)\,\mathrm{d}x$ 及 $\int_L Q(x,y)\,\mathrm{d}y$ 都存在. 以后总假定 $P(x,y)$，$Q(x,y)$ 在 L 上连续.

上述定义可以类似地推广到积分弧段为空间有向曲线弧 Γ 的情形：

$$\int_\Gamma P(x,y,z)\,\mathrm{d}x = \lim_{\lambda \to 0} \sum_{i=1}^{n} P(\xi_i, \eta_i, \zeta_i) \cdot \Delta x_i,$$

$$\int_\Gamma Q(x,y,z)\,\mathrm{d}y = \lim_{\lambda \to 0} \sum_{i=1}^{n} Q(\xi_i, \eta_i, \zeta_i) \cdot \Delta y_i,$$

$$\int_\Gamma R(x,y,z)\,\mathrm{d}z = \lim_{\lambda \to 0} \sum_{i=1}^{n} R(\xi_i, \eta_i, \zeta_i) \cdot \Delta z_i.$$

应用上经常出现的是

$$\int_L P(x,y)\,\mathrm{d}x + \int_L Q(x,y)\,\mathrm{d}y.$$

这种合并起来的形式，为简便起见，把上式写成

$$\int_L P(x,y)\,\mathrm{d}x + Q(x,y)\,\mathrm{d}y.$$

也可写作向量形式

$$\int_L \boldsymbol{F}(x,y) \cdot \mathrm{d}\boldsymbol{r}$$

其中 $\boldsymbol{F}(x,y) = P(x,y)\boldsymbol{i} + Q(x,y)\boldsymbol{j}$ 为向量值函数，$\mathrm{d}\boldsymbol{r} = \mathrm{d}x\boldsymbol{i} + \mathrm{d}y\boldsymbol{j}$.

例如，本目开始时讨论过的变力 $\boldsymbol{F}$ 所做的功可以表达成

$$W = \int_L P(x,y)\,\mathrm{d}x + Q(x,y)\,\mathrm{d}y,$$

或

$$W = \int_L F(x,y) \cdot \mathrm{d}r.$$

类似地，把

$$\int_\Gamma P(x,y,z)\mathrm{d}x + \int_\Gamma Q(x,y,z)\mathrm{d}y + \int_\Gamma R(x,y,z)\mathrm{d}z$$

简写成

$$\int_\Gamma P(x,y,z)\mathrm{d}x + Q(x,y,z)\mathrm{d}y + R(x,y,z)\mathrm{d}z,$$

或

$$\int_\Gamma A(x,y,z) \cdot \mathrm{d}r,$$

其中 $A(x,y,z) = P(x,y,z)i + Q(x,y,z)j + R(x,y,z)k$, $\mathrm{d}r = \mathrm{d}xi + \mathrm{d}yj + \mathrm{d}zk$.

如果 L(或 Γ)是分段光滑的，则规定函数在有向曲线弧 L(或 Γ)上对坐标的曲线积分等于在光滑的各段上对坐标的曲线积分之和.

根据上述曲线积分的定义，可以导出对坐标的曲线积分的一些性质. 为表达简便起见，用向量形式表达，并假定其中的向量值函数在曲线 L 上连续.

性质 1　设 α、β 为常数，则

$$\int_L \left[\alpha F_1(x,y) + \beta F_2(x,y) \right] \cdot \mathrm{d}r = \alpha \int_L F_1(x,y) \cdot \mathrm{d}r + \beta \int_L F_2(x,y) \cdot \mathrm{d}r.$$

性质 2　若有向曲线弧 L 可分成两段光滑的有向曲线弧 L_1 和 L_2，则

$$\int_L F(x,y) \cdot \mathrm{d}r = \int_{L_1} F(x,y) \cdot \mathrm{d}r + \int_{L_2} F(x,y) \cdot \mathrm{d}r.$$

性质 3　设 L 是有向光滑曲线弧，L^- 是 L 的反向曲线弧，则

$$\int_{L^-} F(x,y) \cdot \mathrm{d}r = - \int_L F(x,y) \cdot \mathrm{d}r.$$

证　把 L 分成 n 小段，相应地 L^- 也分成 n 小段. 对于每一个小弧段来说，当曲线弧的方向改变时，有向弧段在坐标轴上的投影，其绝对值不变，但要改变符号，因此性质 3 成立.

性质 3 表示，当积分弧段的方向改变时，对坐标的曲线积分要改变符号. 因此**在计算对坐标的曲线积分时必须注意积分弧段的方向**.

这一性质是对坐标的曲线积分所特有的，对弧长的曲线积分不具有这一性质. 而对弧长的曲线积分所具有的性质 3，对坐标的曲线积分也不具有类似的性质.

二、对坐标的曲线积分的计算法

定理 10.2　设 $P(x,y)$，$Q(x,y)$ 在有向曲线弧 L 上有定义且连续，L 的参数方程为

$$\begin{cases} x = \varphi(t) \\ y = \psi(t) \end{cases},$$

当参数 t 单调地由 α 变到 β 时, 点 $M(x,y)$ 从 L 的起点 A 沿 L 运动到终点 B, $\varphi(t)$、$\psi(t)$ 在以 α 及 β 为端点的闭区间上具有一阶连续导数, 且 $\varphi'^2(t) + \psi'^2(t) \neq 0$, 则曲线积分 $\int_L P(x,y)\mathrm{d}x + Q(x,y)\mathrm{d}y$ 存在, 且

$$\int_L P(x,y)\mathrm{d}x + Q(x,y)\mathrm{d}y = \int_\alpha^\beta \{ P[\varphi(t),\psi(t)]\varphi'(t) + Q[\varphi(t),\psi(t)]\psi'(t) \}\mathrm{d}t$$

$$(10\text{-}5)$$

证　在 L 上取一列点

$$A = M_0, M_1, M_2, \cdots, M_{n-1}, M_n = B,$$

它们对应于一列单调变化的参数值

$$\alpha = t_0, t_1, t_2, \cdots, t_{n-1}, t_n = \beta.$$

根据对坐标的曲线积分的定义, 有

$$\int_L P(x,y)\mathrm{d}x = \lim_{\lambda \to 0} \sum_{i=1}^n P(\xi_i, \eta_i)\Delta x_i.$$

设点 (ξ_i, η_i) 对应于参数值 τ_i, 即 $\xi_i = \varphi(\tau_i)$, $\eta_i = \psi(\tau_i)$, 这里 τ_i 在 t_{i-1} 与 t_i 之间. 由于

$$\Delta x_i = x_i - x_{i-1} = \varphi(t_i) - \varphi(t_{i-1}),$$

应用微分中值定理, 有

$$\Delta x_i = \varphi'(\tau_i')\Delta t_i,$$

其中, $\Delta t_i = t_i - t_{i-1}$, τ_i' 在 t_{i-1} 与 t_i 之间. 于是

$$\int_L P(x,y)\mathrm{d}x = \lim_{\lambda \to 0} \sum_{i=1}^n P[\varphi(\tau_i),\psi(\tau_i)]\varphi'(\tau_i')\Delta t_i.$$

因为函数 $\varphi'(t)$ 在闭区间 $[\alpha,\beta]$ (或 $[\beta,\alpha]$) 上连续, 故可以把上式中的 τ_i' 换成 τ_i, 从而

$$\int_L P(x,y)\mathrm{d}x = \lim_{\lambda \to 0} \sum_{i=1}^n P[\varphi(\tau_i),\psi(\tau_i)]\varphi'(\tau_i)\Delta t_i.$$

上式右端的和的极限就是定积分 $\int_\alpha^\beta P[\varphi(t),\psi(t)]\varphi'(t)\mathrm{d}t$, 由于函数 $P[\varphi(t),\psi(t)]\varphi'(t)$ 连续, 这个定积分是存在的, 因此上式左端的曲线积分 $\int_L P(x,y)\mathrm{d}x$ 也存在, 并且有

$$\int_L P(x,y)\mathrm{d}x = \int_\alpha^\beta P[\varphi(t),\psi(t)]\varphi'(t)\mathrm{d}t.$$

同理可证

$$\int_L Q(x,y)\,\mathrm{d}x = \int_\alpha^\beta Q\big[\varphi(t),\psi(t)\big]\psi'(t)\,\mathrm{d}t.$$

把以上两式相加,得

$$\int_L P(x,y)\,\mathrm{d}x + Q(x,y)\,\mathrm{d}y = \int_\alpha^\beta \{P[\varphi(t),\psi(t)]\varphi'(t) + Q[\varphi(t),\psi(t)]\psi'(t)\}\,\mathrm{d}t ,$$

这里下限 α 对应于 L 的起点,上限 β 对应于 L 的终点.

公式(10-5)表明,计算对坐标的曲线积分

$$\int_L P(x,y)\,\mathrm{d}x + Q(x,y)\,\mathrm{d}y$$

时,只要把 x、y、$\mathrm{d}x$、$\mathrm{d}y$ 依次换为 $\varphi(t)$、$\psi(t)$、$\varphi'(t)\,\mathrm{d}t$、$\psi'(t)\,\mathrm{d}t$,然后从 L 的起点所对应的参数值 α 到 L 的终点所对应的参数值 β 作定积分就行了,这里必须注意,下限 α 对应于 L 的起点,上限 β 对应于 L 的终点,α 不一定小于 β.

如果 L 由方程 $y = \psi(x)$ 或 $x = \varphi(y)$ 给出,可以看做参数方程的特殊情形,例如,当 L 由 $y = \psi(x)$ 给出时,公式(10-5)成为

$$\int_L P(x,y)\,\mathrm{d}x + Q(x,y)\,\mathrm{d}y = \int_a^b \{P[x,\psi(x)] + Q[x,\psi(x)]\psi'(x)\}\,\mathrm{d}x,$$

这里下限 a 对应 L 的起点,上限 b 对应 L 的终点.

公式(10-5)可推广到空间曲线 Γ 由参数方程

$$x = \varphi(t),\ \ y = \psi(t),\ \ z = \omega(t)$$

给出的情形,这样便得到

$$\int_\Gamma P(x,y,z)\,\mathrm{d}x + Q(x,y,z)\,\mathrm{d}y + R(x,y,z)\,\mathrm{d}z$$

$$= \int_\alpha^\beta \{P[\varphi(t),\psi(t),\omega(t)]\varphi'(t) + Q[\varphi(t),\psi(t),\omega(t)]\psi'(t) + R[\varphi(t),$$

$$\psi(t),\omega(t)]\omega'(t)\}\,\mathrm{d}t.$$

这里下限 α 对应 Γ 的起点,上限 β 对应 Γ 的终点.

例 1　计算 $I = \int_L (x^2 - y)\,\mathrm{d}x + (y^2 + x)\,\mathrm{d}y$ 的值,其中 L 为图中的路径(见图 10-4):

1)　从 $A(0,1)$ 到 $C(1,2)$ 的直线;

2)　从 $A(0,1)$ 到 $B(1,1)$ 再从 $B(1,1)$ 到 $C(1,2)$ 的折线;

3)　从 $A(0,1)$ 沿抛物线 $y = x^2 + 1$ 到 $C(1,2)$.

解　1)　连接 $(0,1)$、$(1,2)$ 两点的直线方程为 $y = x + 1$,对应于 L 的方向,x 从 0 变到 1,所以

$$I = \int_L (x^2 - y)\,\mathrm{d}x + (y^2 + x)\,\mathrm{d}y$$

$$= \int_0^1 \big[(x^2 - x - 1) + (x + 1)^2 + x\big]\,\mathrm{d}x$$

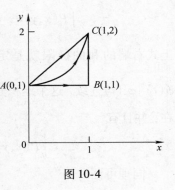

图 10-4

$$= \int_0^1 (2x^2 + 2x)\, \mathrm{d}x = \frac{5}{3}.$$

2）从 $(0,1)$ 到 $(1,1)$ 的直线为 $y = 1$，x 从 0 变到 1，且 $\mathrm{d}y = 0$；又从 $(1,1)$ 到 $(1,2)$ 的直线为 $x = 1$，y 从 1 变到 2，且 $\mathrm{d}x = 0$，于是

$$
\begin{aligned}
I &= \int_L (x^2 - y)\, \mathrm{d}x + (y^2 + x)\, \mathrm{d}y \\
&= \int_{AB} (x^2 - y)\, \mathrm{d}x + (y^2 + x)\, \mathrm{d}y + \int_{BC} (x^2 - y)\, \mathrm{d}x + (y^2 + x)\, \mathrm{d}y \\
&= \int_0^1 (x^2 - 1)\, \mathrm{d}x + \int_1^2 (y^2 + 1)\, \mathrm{d}y = -\frac{2}{3} + \frac{10}{3} = \frac{8}{3}.
\end{aligned}
$$

3）化为对 x 的定积分，L：$y = x^2 + 1$，x 从 0 变到 1，$\mathrm{d}y = 2x\mathrm{d}x$，于是

$$
\begin{aligned}
I &= \int_L (x^2 - y)\, \mathrm{d}x + (y^2 + x)\, \mathrm{d}y \\
&= \int_0^1 \left\{ \left[x^2 - (x^2 + 1) \right] + \left[(x^2 + 1)^2 + x \right] \cdot 2x \right\} \mathrm{d}x \\
&= \int_0^1 (2x^5 + 4x^3 + 2x^2 + 2x - 1)\, \mathrm{d}x = 2.
\end{aligned}
$$

注：本例表明，即使被积函数相同，起点和终点也相同，但沿不同的积分路径的积分结果并不相等.

例 2 计算 $\int_L xy\mathrm{d}x$，其中 L 为抛物线 $x = y^2$ 上从 $A(1, -1)$ 到 $B(1,1)$ 的一段弧（见图 10-5）.

解 本例化为对 y 的定积分来计算较为简单，这样，曲线 L 的方程为 $x = y^2$，对于 L 的方向，变量 y 从 -1 到 1，所以

$$\int_L xy\mathrm{d}x = \int_{-1}^1 y^2 y\, (y^2)'\mathrm{d}y = 2\int_{-1}^1 y^4 \mathrm{d}y = \frac{4}{5}.$$

注：本例如果化为对 x 的定积分较为复杂. 因此在实际计算中，应根据具体情况来选择合适的积分变量，尽可能化简计算.

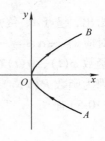

图 10-5

例 3 计算 $\int_{\Gamma} x\mathrm{d}x + y\mathrm{d}y + (x + y - 1)\mathrm{d}z$，$\Gamma$ 为点 $A(2,3,4)$ 至 $B(1,1,1)$ 点的空间有向线段.

解 直线 AB 的方程为 $\dfrac{x-1}{1} = \dfrac{y-1}{2} = \dfrac{z-1}{3}$，

改写为参数方程为 $x = t + 1$，$y = 2t + 1$，$z = 3t + 1$（$0 \leqslant t \leqslant 1$），$t = 1$ 对应着起点 A，$t = 0$ 对应着终点 B，于是

$$\int_{\Gamma} x\mathrm{d}x + y\mathrm{d}y + (x + y - 1)\mathrm{d}z = \int_1^0 \left[(t + 1) + 2(2t + 1) + 3(3t + 1) \right]\mathrm{d}t$$

$$= \int_1^0 (14t + 6)\,\mathrm{d}t = -13.$$

例 4 求质点在力 $\boldsymbol{F} = x^2\boldsymbol{i} - xy\boldsymbol{j}$ 的作用下沿着曲线 L （见图 10-6）：$x = \cos t$，$y = \sin t$ 从点 $A(1,0)$ 移动到点 $B(0,1)$ 时所做的功.

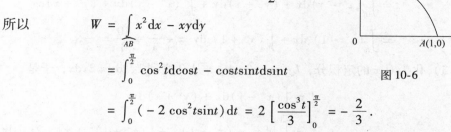

解 注意到对于 L 的方向，参数 t 从 0 变到 $\dfrac{\pi}{2}$，

所以　　　　　$$W = \int_{AB} x^2\,\mathrm{d}x - xy\,\mathrm{d}y$$

$$= \int_0^{\frac{\pi}{2}} \cos^2 t\,\mathrm{d}\cos t - \cos t\sin t\,\mathrm{d}\sin t$$

图 10-6

$$= \int_0^{\frac{\pi}{2}} (-2\cos^2 t\sin t)\,\mathrm{d}t = 2\left[\frac{\cos^3 t}{3}\right]_0^{\frac{\pi}{2}} = -\frac{2}{3}.$$

三、两类曲线积分之间的联系

设有向曲线弧 L 的起点为 A，终点为 B. 曲线弧 L 由参数方程

$$\begin{cases} x = \varphi(t) \\ y = \psi(t) \end{cases}$$

给出，起点 A、终点 B 分别对应参数 α、β. 不妨设 $\alpha < \beta$（若 $\alpha > \beta$，可令 $s = -t$，A、B 对应 $s = -\alpha$、$s = -\beta$，就有 $(-\alpha) < (-\beta)$，把下面的讨论对参数 s 进行即可），并设函数 $\varphi(t)$、$\psi(t)$ 在闭区间 $[\alpha,\beta]$ 上具有一阶连续导数，且 $\varphi'^2(t) + \psi'^2(t) \neq 0$，又因为函数 $P(x,y)$，$Q(x,y)$ 在 L 上连续，于是，由对坐标的曲线积分计算公式 （10-5）有

$$\int_L P(x,y)\,\mathrm{d}x + Q(x,y)\,\mathrm{d}y$$

$$= \int_\alpha^\beta \{P[\varphi(t),\psi(t)]\varphi'(t) + Q[\varphi(t),\psi(t)]\psi'(t)\}\,\mathrm{d}t.$$

向量 $\boldsymbol{\tau} = \varphi'(t)\boldsymbol{i} + \psi'(t)\boldsymbol{j}$ 是曲线弧 L 在点 $M(\varphi(t),\psi(t))$ 处的一个切向量，它的指向与参数 t 的增长方向一致，当 $\alpha < \beta$ 时，这个指向就是有向曲线弧 L 的方向. 以后，称这种指向与有向曲线弧的走向一致的切向量为**有向曲线弧的切向量**. 于是，有向曲线弧 L 的切向量为 $\boldsymbol{\tau} = \varphi'(t)\boldsymbol{i} + \psi'(t)\boldsymbol{j}$，它的方向余弦为

$$\cos\alpha = \frac{\varphi'(t)}{\sqrt{\varphi'^2(t) + \psi'^2(t)}},\ \cos\beta = \frac{\psi'(t)}{\sqrt{\varphi'^2(t) + \psi'^2(t)}}.$$

由对弧长的曲线积分的计算公式可得

$$\int_L \{P(x,y)\cos\alpha + Q(x,y)\cos\beta\}\,\mathrm{d}s$$

$$= \int_\alpha^\beta \left\{ P[\varphi(t),\psi(t)] \frac{\varphi'(t)}{\sqrt{\varphi'^2(t)+\psi'^2(t)}} + \right.$$

$$\left. Q[\varphi(t),\psi(t)] \frac{\psi'(t)}{\sqrt{\varphi'^2(t)+\psi'^2(t)}} \right\} \sqrt{\varphi'^2(t)+\psi'^2(t)}\, dt.$$

由此可见，平面曲线 L 上的两类积分之间有如下关系：

$$\int_L Pdx + Qdy = \int_L (P\cos\alpha + Q\cos\beta)ds \qquad (10\text{-}6)$$

其中，$\alpha(x,y)$、$\beta(x,y)$ 为有向曲线弧 L 在点 (x,y) 处的切向量的方向角.

类似地，空间曲线 Γ 上的两类曲线积分之间有如下联系：

$$\int_\Gamma Pdx + Qdy + Rdz = \int_\Gamma (P\cos\alpha + Q\cos\beta + R\cos\gamma)ds \qquad (10\text{-}7)$$

其中，$\alpha(x,y,z)$、$\beta(x,y,z)$、$\gamma(x,y,z)$ 为有向曲线弧 Γ 在点 (x,y,z) 处的切向量的方向角.

两类曲线积分之间的联系也可用向量的形式表达. 例如，空间曲线 Γ 上的两类曲线积分之间的联系可写成如下形式：

$$\int_\Gamma \boldsymbol{A} \cdot d\boldsymbol{r} = \int_\Gamma \boldsymbol{A} \cdot \boldsymbol{\tau} ds \qquad (10\text{-}8)$$

或

$$\int_\Gamma \boldsymbol{A} \cdot d\boldsymbol{r} = \int_\Gamma A_\tau ds \qquad (10\text{-}9)$$

其中，$\boldsymbol{A}=(P,Q,R)$，$\boldsymbol{\tau}=(\cos\alpha,\cos\beta,\cos\gamma)$ 为有向曲线弧 Γ 在点 (x,y,z) 处的单位切向量，$d\boldsymbol{r}=\boldsymbol{\tau}ds=(dx,dy,dz)$ 称为**有向曲线元**，A_τ 为向量 $\boldsymbol{A}$ 在向量 $\boldsymbol{\tau}$ 上的投影.

习题 10.2

1. 计算 $\int_L (x^2-y^2)dx$，其中 L 是抛物线 $y=x^2$ 上从点 $(0,0)$ 到点 $(2,4)$ 的一段弧.

2. 计算 $\oint_L xydx$，其中 L 为圆周 $(x-a)^2+y^2=a^2 (a>0)$ 及 x 轴所围成的在第一象限内的区域的整个边界（按逆时针方向绕行）.

3. 计算 $\int_L ydx + xdy$，其中 L 为圆周 $x=R\cos t$，$y=R\sin t$ 上对应 t 从 0 到 $\frac{\pi}{2}$ 的一段弧.

4. 计算 $\int_\Gamma x^2dx + zdy - ydz$，其中 Γ 为曲线 $x=k\theta$，$y=a\cos\theta$，$z=a\sin\theta$ 上对应 θ 从 0 到 π 的一段弧.

5. 计算 $\oint_\Gamma dx - dy + ydz$，其中 Γ 为有向闭折线 $ABCA$，这里的 A、B、C 依次为点 $(1,0,0)$、$(0,1,0)$、$(0,0,1)$.

6. 设 L 为 xOy 面内直线 $x=a$ 上的一段，证明

$$\int_L P(x,y)dx = 0.$$

7. 设 L 为 xOy 面内 x 轴上从点 $(a,0)$ 到点 $(b,0)$ 的一段直线，证明

$$\int_L P(x,y)\,\mathrm{d}x = \int_a^b P(x,0)\,\mathrm{d}x.$$

8. 计算 $\int_L y^2\,\mathrm{d}x$，其中 L 为

1）半径为 a、圆心为原点、按逆时针方向绕行的上半圆周；

2）从点 $A(a,0)$ 沿 x 轴到点 $B(-a,0)$ 的直线段.

9. 计算 $\int_L 2xy\,\mathrm{d}x + x^2\,\mathrm{d}y$，其中 L 为

1）抛物线 $y=x^2$ 上从 $O(0,0)$ 到 $B(1,1)$ 的一段弧；

2）抛物线 $x=y^2$ 上从 $O(0,0)$ 到 $B(1,1)$ 的一段弧；

3）有向折线 OAB，这里 O、A、B 依次是点 $(0,0)$、$(1,0)$、$(1,1)$.

10. 把对坐标的曲线积分 $\int_L P(x,y)\,\mathrm{d}x + Q(x,y)\,\mathrm{d}y$ 化成对弧长的曲线积分，其中 L 为

1）在 xOy 面内沿直线从点 $(0,0)$ 到点 $(1,1)$；

2）沿抛物线 $y=x^2$ 从点 $(0,0)$ 到点 $(1,1)$；

3）沿上半圆周 $x^2+y^2=2x$ 从点 $(0,0)$ 到点 $(1,1)$.

第三节　格林公式及其应用

一、格林公式

在一元函数积分学中，牛顿-莱布尼茨公式

$$\int_a^b f'(x)\,\mathrm{d}x = F(b) - F(a)$$

表示：$f'(x)$ 在区间 $[a,b]$ 上的积分可以通过它的原函数 $F(x)$ 在这个区间端点上的值来表达.

下面要介绍的格林(Green)公式告诉我们，在平面闭区域 D 上的二重积分可以通过沿闭区域 D 的边界曲线 L 上的曲线积分来表达.

现在先介绍平面单连通区域的概念. 设 D 为平面区域，如果 D 内任一闭曲线所围的部分都属于 D，则称 D 为平面单连通区域，否则称为**复连通区域**. 通俗地说，平面单连通区域就是不含有"洞"（包括点"洞"）的区域，复连通区域是含有"洞"（包括点"洞"）的区域. 例如，平面上的圆形区域 $\{(x,y)\,|\,x^2+y^2<1\}$、上半平面 $\{(x,y)\,|\,y>0\}$ 都是单连通区域，圆环形区域 $\{(x,y)\,|\,1<x^2+y^2<4\}$、$\{(x,y)\,|\,0<x^2+y^2<2\}$ 都是复连通区域.

对平面区域 D 的边界曲线 L，规定 L 的正向如下：当观察者沿 L 的这个方向行走时，D 内在他近处的那一部分总在他的左边. 例如，D 是边界曲线 L 及 l 所围成的复连通区域（见图 10-7），作为 D 的正向边界，L 的正向是逆时针方向，而 l 的正向

是顺时针方向.

定理10.3 设闭区域 D 由分段光滑的曲线 L 围成，函数 $P(x,y)$ 及 $Q(x,y)$ 在 D 上具有一阶连续偏导数，则有

$$\iint_D \left(\frac{\partial Q}{\partial x} - \frac{\partial P}{\partial y}\right)dxdy = \oint_L Pdx + Qdy \qquad (10\text{-}10)$$

其中，L 是 D 的取正向的边界曲线.

公式(10-10)叫做**格林公式**.

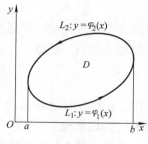

图 10-7

证 先假设穿过区域 D 内部且平行坐标轴的直线与 D 的边界曲线 L 的交点恰好为两点，即区域 D 既是 X 型又是 Y 型的情形(见图10-8).

设 $D = \{(x,y) \mid \varphi_1(x) \leq y \leq \varphi_2(x), a \leq x \leq b\}$. 因为 $\frac{\partial P}{\partial y}$ 连续，所以由二重积分的计算法有

$$\iint_D \frac{\partial P}{\partial y}dxdy = \int_a^b \left\{\int_{\varphi_1(x)}^{\varphi_2(x)} \frac{\partial P(x,y)}{\partial y}dy\right\}dx$$

$$= \int_a^b \{P[x,\varphi_2(x)] - P[x,\varphi_1(x)]\}dx.$$

图 10-8

另一方面，由对坐标的曲线积分的性质及计算法有

$$\oint_L Pdx = \int_{L_1} Pdx + \int_{L_2} Pdx$$

$$= \int_a^b P[x,\varphi_1(x)]dx + \int_b^a P[x,\varphi_2(x)]dx$$

$$= \int_a^b \{P[x,\varphi_1(x)] - P[x,\varphi_2(x)]\}dx.$$

因此

$$-\iint_D \frac{\partial P}{\partial y}dxdy = \oint_L Pdx \qquad (10\text{-}11)$$

设 $D = \{(x,y) \mid \psi_1(y) \leq x \leq \psi_2(y), c \leq y \leq d\}$. 类似地可证

$$\iint_D \frac{\partial Q}{\partial x}dxdy = \oint_L Qdy \qquad (10\text{-}12)$$

由于 D 既是 X 型又是 Y 型的，式(10-11)、式(10-12)同时成立，合并后即得公式(10-10).

再考虑一般情形. 如果闭区域 D 不满足以上条件，那么可以在 D 内引进一条或几条辅助曲线把 D 分成有限个部分闭区域，使得每个部分闭区域都满足上述条件. 例如，就图10-9所示的闭区域 D 来说，它的边界曲线 L 为 $\overset{\frown}{MNPM}$，引进一条辅助线

ABC，把 D 分成 D_1、D_2、D_3 三部分．应用公式（10-10）于
每个部分，得

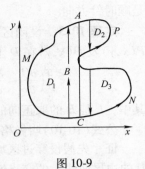

$$\iint\limits_{D_1}\left(\frac{\partial Q}{\partial x} - \frac{\partial P}{\partial y}\right)\mathrm{d}x\mathrm{d}y = \oint\limits_{\overset{\frown}{MCBAM}} P\mathrm{d}x + Q\mathrm{d}y,$$

$$\iint\limits_{D_2}\left(\frac{\partial Q}{\partial x} - \frac{\partial P}{\partial y}\right)\mathrm{d}x\mathrm{d}y = \oint\limits_{\overset{\frown}{ABPA}} P\mathrm{d}x + Q\mathrm{d}y,$$

$$\iint\limits_{D_3}\left(\frac{\partial Q}{\partial x} - \frac{\partial P}{\partial y}\right)\mathrm{d}x\mathrm{d}y = \oint\limits_{\overset{\frown}{BCNB}} P\mathrm{d}x + Q\mathrm{d}y.$$

图 10-9

把这三个等式相加，注意到相加时沿辅助曲线来回的曲线
积分相互抵消，便得

$$\iint\limits_{D}\left(\frac{\partial Q}{\partial x} - \frac{\partial P}{\partial y}\right)\mathrm{d}x\mathrm{d}y = \oint\limits_{L} P\mathrm{d}x + Q\mathrm{d}y.$$

其中，L 的方向对 D 来说为正方向．一般地，公式（10-10）对于由分段光滑曲线围
成的闭区域都成立．证毕．

注意，对于复连通区域 D，格林公式（10-10）右端应包括沿区域 D 的全部边界
的曲线积分，且边界的方向对区域 D 来说都是正向．

下面说明格林公式的一个简单应用．

在公式（10-10）中取 $P = -y$，$Q = x$，即得

$$2\iint\limits_{D}\mathrm{d}x\mathrm{d}y = \oint\limits_{L} x\mathrm{d}y - y\mathrm{d}x.$$

上式左端是闭区域 D 的面积 A 的两倍，因此有

$$A = \frac{1}{2}\oint\limits_{L} x\mathrm{d}y - y\mathrm{d}x \tag{10-13}$$

例 1　求 $\oint\limits_{L} xy^2\mathrm{d}y - x^2y\mathrm{d}x$，其中 L 为圆周 $x^2 + y^2 = R^2$ 依逆时针方向．

解　由题意知，$P = -x^2y$，$Q = xy^2$，L 为区域边界的正向，
故根据格林公式，有

$$\oint\limits_{L} xy^2\mathrm{d}y - x^2y\mathrm{d}x = \int_{D}(y^2 + x^2)\ \mathrm{d}x\mathrm{d}y = \int_0^{2\pi}\mathrm{d}\theta\int_0^{R} r^2r\mathrm{d}r = \frac{\pi R^4}{2}.$$

例 2　设 L 是任意一条光滑的闭曲线，证明

$$\oint\limits_{L} 2xy\mathrm{d}x + x^2\mathrm{d}y = 0.$$

证　令 $P = 2xy$，$Q = x^2$，

则

$$\frac{\partial Q}{\partial x} - \frac{\partial P}{\partial y} = 2x - 2x = 0.$$

因此，由公式（10-10）有

$$\oint_L 2xy\mathrm{d}x + x^2\mathrm{d}y = \pm \iint_D 0\mathrm{d}x\mathrm{d}y = 0.$$

例 3　求椭圆 $x = a\cos\theta,\ y = b\sin\theta$ 所围成图形的面积 A.

解　根据公式（10-13）有

$$A = \frac{1}{2}\oint_L x\mathrm{d}y - y\mathrm{d}x = \frac{1}{2}\int_0^{2\pi}(ab\cos^2\theta + ab\sin^2\theta)\mathrm{d}\theta$$

$$= \frac{1}{2}ab\int_0^{2\pi}\mathrm{d}\theta = \pi ab.$$

二、平面上曲线积分与路径无关的条件

在物理、力学中要研究所谓势场，就是要研究场力所做的功与路径无关的情形. 在什么条件下场力所做的功与路径无关？这个问题在数学上就是要研究曲线积分与路径无关的条件. 为了研究这个问题，先要明确什么叫做曲线积分 $\int_L P\mathrm{d}x + Q\mathrm{d}y$ 与路径无关.

设 G 是一个区域，$P(x,y)$ 以及 $Q(x,y)$ 在区域 G 内具有一阶连续偏导数. 如果对于 G 内任意指定的两个点 A、B 以及 G 内从点 A 到点 B 的任意两条曲线 L_1，L_2（见图 10-10），等式

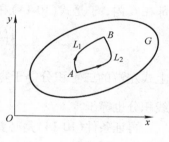

$$\int_{L_1} P\mathrm{d}x + Q\mathrm{d}y = \int_{L_2} P\mathrm{d}x + Q\mathrm{d}y$$

恒成立，就说**曲线积分 $\int_L P\mathrm{d}x + Q\mathrm{d}y$ 在 G 内与路径无关**，否则便说**与路径有关**.

图 10-10

在以上叙述中注意到，如果曲线积分与路径无关，那么

$$\int_{L_1} P\mathrm{d}x + Q\mathrm{d}y = \int_{L_2} P\mathrm{d}x + Q\mathrm{d}y$$

由于

$$\int_{L_2} P\mathrm{d}x + Q\mathrm{d}y = -\int_{L_2^-} P\mathrm{d}x + Q\mathrm{d}y,$$

所以

$$\int_{L_1} P\mathrm{d}x + Q\mathrm{d}y + \int_{L_2^-} P\mathrm{d}x + Q\mathrm{d}y = 0,$$

从而

$$\oint_{L_1 + L_2^-} P\mathrm{d}x + Q\mathrm{d}y = 0.$$

式中，$L_1 + L_2^-$ 是一条有向闭曲线. 因此，在区域 G 内由曲线积分与路径无关可推得

在 G 内沿闭曲线的曲线积分为零. 反过来, 如果在区域 G 内沿任意闭曲线的曲线积分为零, 也可推得在 G 内曲线积分与路径无关. 由此得出结论: 曲线积分 $\int_L P\mathrm{d}x + Q\mathrm{d}y$ 在 G 内与路径无关相当于沿 G 内任意闭曲线 C 的曲线积分 $\oint_C P\mathrm{d}x + Q\mathrm{d}y$ 等于零.

定理 10.4　设区域 G 是一个单连通域, 函数 $P(x,y)$, $Q(x,y)$ 在 G 内具有一阶连续偏导数, 则曲线积分 $\int_L P\mathrm{d}x + Q\mathrm{d}y$ 在 G 内与路径无关(或沿 G 内任意闭曲线的曲线积分为零)的充要条件是

$$\frac{\partial P}{\partial y} = \frac{\partial Q}{\partial x} \tag{10-14}$$

在 G 内恒成立.

证　先证此条件是充分的. 在 G 内任取一条闭曲线 C, 要证当条件(10-14)成立时有 $\oint_C P\mathrm{d}x + Q\mathrm{d}y = 0$. 因为 G 是单连通的, 所以闭曲线 C 所围成的闭区域 D 全部在 G 内, 于是式(10-14)在 D 上恒成立. 应用格林公式, 有

$$\iint_D \left(\frac{\partial Q}{\partial x} - \frac{\partial P}{\partial y}\right)\mathrm{d}x\mathrm{d}y = \oint_C P\mathrm{d}x + Q\mathrm{d}y.$$

上式左端的二重积分等于零$\left(\text{因为被积函数}\frac{\partial Q}{\partial x} - \frac{\partial P}{\partial y}\text{在}D\text{上恒为零}\right)$, 从而右端的曲线积分也等于零.

再证条件(10-14)是必要的. 现在要证的是: 如果沿 G 内任意闭曲线的曲线积分为零, 那么式(10-14)在 G 内恒成立. 用反证法来证. 假设上述论断不成立, 那么 G 内至少有一点 M_0, 使

$$\left(\frac{\partial Q}{\partial x} - \frac{\partial P}{\partial y}\right)_{M_0} \neq 0.$$

不妨假定

$$\left(\frac{\partial Q}{\partial x} - \frac{\partial P}{\partial y}\right)_{M_0} = \eta > 0.$$

由于 $\dfrac{\partial P}{\partial y}$、$\dfrac{\partial Q}{\partial x}$ 在 G 内连续, 可以在 G 内取得一个以 M_0 为圆心、半径足够小的圆形区域 K, 使得在 K 上恒有

$$\frac{\partial Q}{\partial x} - \frac{\partial P}{\partial y} \geqslant \frac{\eta}{2}.$$

于是由格林公式及二重积分的性质就有

$$\oint_\gamma P\mathrm{d}x + Q\mathrm{d}y = \iint_K \left(\frac{\partial Q}{\partial x} - \frac{\partial P}{\partial y}\right)\mathrm{d}x\mathrm{d}y \geqslant \frac{\eta}{2} \cdot \sigma,$$

式中, γ 是 K 的正向边界曲线; σ 是 K 的面积. 因为 $\eta > 0$, $\sigma > 0$, 从而

$$\oint_{\gamma} P dx + Q dy > 0.$$

这结果与沿 G 内任意闭曲线的曲线积分为零的假定相矛盾, 可见 G 内使式 (10-14) 不成立的点不可能存在, 即式 (10-14) 在 G 内处处成立. 证毕.

由第二节的例 1 的曲线 L 和计算方法可知, 起点与终点相同的三个曲线积分 $\int_{L} y dx + x dy$ 相等. 由定理 10.4 来看, 这不是偶然的, 因为这里 $\dfrac{\partial Q}{\partial x} = \dfrac{\partial P}{\partial y} = 1$ 在整个 xOy 面内恒成立, 而整个 xOy 面是单连通域, 因此曲线积分 $\int_{L} y dx + x dy$ 与路径无关.

在定理 10.4 中, 要求区域 G 是单连通区域, 且函数 $P(x,y)$、$Q(x,y)$ 在 G 内具有一阶连续偏导数. 如果这两个条件之一不能满足, 那么定理的结论不能保证成立.

三、二元函数的全微分求积

现在要讨论: 函数 $P(x,y)$、$Q(x,y)$ 满足什么条件时, 表达式 $P(x,y) dx + Q(x,y) dy$ 才是某个二元函数 $u(x,y)$ 的全微分; 当这样的二元函数存在时并把它求出来.

定理 10.5 设区域 G 是一个单连通区域, 函数 $P(x,y)$, $Q(x,y)$ 在 G 内具有一阶连续偏导数, 则 $P(x,y) dx + Q(x,y) dy$ 在 G 内为某一函数 $u(x,y)$ 的全微分的充分必要条件是

$$\frac{\partial P}{\partial y} = \frac{\partial Q}{\partial x}$$

在 G 内恒成立.

证 先证必要性. 假设存在着某一函数 $u(x,y)$, 使得

$$du = P(x,y) dx + Q(x,y) dy,$$

则必有

$$\frac{\partial u}{\partial x} = P(x,y), \ \frac{\partial u}{\partial y} = Q(x,y),$$

从而

$$\frac{\partial P}{\partial y} = \frac{\partial^2 u}{\partial x \partial y}, \ \frac{\partial Q}{\partial x} = \frac{\partial^2 u}{\partial y \partial x}.$$

由于 P、Q 具有一阶连续偏导数, 所以 $\dfrac{\partial^2 u}{\partial x \partial y}$、$\dfrac{\partial^2 u}{\partial y \partial x}$ 连续, 因此 $\dfrac{\partial^2 u}{\partial x \partial y} = \dfrac{\partial^2 u}{\partial y \partial x}$, 即 $\dfrac{\partial P}{\partial y} = \dfrac{\partial Q}{\partial x}$. 这就证明了条件是必要的.

再证充分性. 设已知条件在 G 内恒成立, 则由定理 10.2 可知, 起点为 $M_0(x_0, y_0)$, 终点为 $M(x,y)$ 的曲线积分在区域 G 内与路径无关, 于是可把这个曲线积分写作

$$\int_{(x_0,y_0)}^{(x,y)} P(x,y)\,\mathrm{d}x + Q(x,y)\,\mathrm{d}y.$$

当起点 $M_0(x_0,y_0)$ 固定时，这个积分的值取决于终点 $M(x,y)$，因此，它是 x、y 的函数，把这个函数记作 $u(x,y)$，即

$$u(x,y) = \int_{(x_0,y_0)}^{(x,y)} P(x,y)\,\mathrm{d}x + Q(x,y)\,\mathrm{d}y \qquad (10\text{-}15)$$

下面来证明这函数 $u(x,y)$ 的全微分就是 $P(x,y)\,\mathrm{d}x + Q(x,y)\,\mathrm{d}y$. 因为 $P(x,y)$、$Q(x,y)$ 都是连续的，因此只要证明

$$\frac{\partial u}{\partial x} = P(x,y),\ \frac{\partial u}{\partial y} = Q(x,y).$$

按偏导数的定义，有

$$\frac{\partial u}{\partial x} = \lim_{\Delta x \to 0}\frac{u(x+\Delta x, y) - u(x,y)}{\Delta x}.$$

由式(10-15)，得

$$u(x + \Delta x, y) = \int_{(x_0,y_0)}^{(x+\Delta x,y)} P(x,y)\,\mathrm{d}x + Q(x,y)\,\mathrm{d}y.$$

由于这里的曲线积分与路径无关，可以取先从 M_0 到 M，然后沿平行于 x 轴的直线段从 M 到 N 作为上式右端曲线积分的路径(见图 10-11)，这样就有

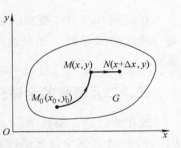

图 10-11

$$u(x + \Delta x, y) = u(x,y) + \int_{(x,y)}^{(x+\Delta x,y)} P(x,y)\,\mathrm{d}x + Q(x,y)\,\mathrm{d}y,$$

从而

$$u(x + \Delta x, y) - u(x,y) = \int_{(x,y)}^{(x+\Delta x,y)} P(x,y)\,\mathrm{d}x + Q(x,y)\,\mathrm{d}y.$$

因为直线段 MN 的方程为 $y =$ 常数，按对坐标的曲线积分的计算法，上式成为

$$u(x + \Delta x, y) - u(x,y) = \int_{x}^{x+\Delta x} P(x,y)\,\mathrm{d}x.$$

应用定积分中值定理，得

$$u(x + \Delta x, y) - u(x,y) = P(x + \theta\Delta x, y)\Delta x \qquad (0 \le \theta \le 1).$$

上式两边除以 Δx，并令 $\Delta x \to 0$ 取极限. 由于 $P(x,y)$ 的偏导数在 G 内连续，$P(x,y)$ 本身也一定连续，于是得

$$\frac{\partial u}{\partial x} = P(x,y).$$

同理可证

$$\frac{\partial u}{\partial y} = Q(x,y).$$

这就证明了条件是充分的. 证毕.

由定理 10.4 及定理 10.5，立即可得如下推论.

推论 10.1　设区域 G 是一个单连通域，函数 $P(x,y)$、$Q(x,y)$ 在 G 内具有一阶连续偏导数，则曲线积分 $\oint_L P\mathrm{d}x + Q\mathrm{d}y$ 在 G 内与路径无关的充分必要条件是：在 G 内存在函数 $u(x,y)$，使 $\mathrm{d}u = P\mathrm{d}x + Q\mathrm{d}y$.

根据上述定理，如果函数 $P(x,y)$、$Q(x,y)$ 在单连通域 G 具有一阶连续偏导数，且满足条件（10-14），那么 $P\mathrm{d}x + Q\mathrm{d}y$ 是某个函数的全微分，这函数可用公式（10-15）来求出. 因为公式（10-15）中的曲线积分与路径无关. 为计算简便起见，可以选择平行于坐标轴的直线段连成的折线 M_0RM 或 M_0SM 作为积分路线（见图 10-12），当然要假定这些折线完全位于 G 内.

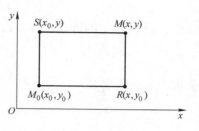

图 10-12

在公式（10-15）中取 M_0RM 为积分路线，得

$$u(x,y) = \int_{x_0}^{x} P(x,y_0)\mathrm{d}x + \int_{y_0}^{y} Q(x,y)\mathrm{d}y.$$

在公式（10-15）中取 M_0SM 为积分路线，则函数 u 也可表示为

$$u(x,y) = \int_{y_0}^{y} Q(x_0,y)\mathrm{d}y + \int_{x_0}^{x} P(x,y)\mathrm{d}x.$$

例 4　验证：在整个 xOy 面内，$xy^2\mathrm{d}x + x^2y\mathrm{d}y$ 是某个函数的全微分，并求出一个这样的函数.

证　现在 $P = xy^2$，$Q = x^2y$，且

$$\frac{\partial P}{\partial y} = 2xy = \frac{\partial Q}{\partial x}$$

在整个 xOy 面内恒成立，因此在整个 xOy 面内，$xy^2\mathrm{d}x + x^2y\mathrm{d}y$ 是某个函数的全微分.

由于这里的曲线积分与路径无关，故可取从原点 $O(0,0)$ 到点 $A(x,0)$，然后沿平行于 y 轴的直线段，从点 $A(x,0)$ 到点 $B(x,y)$ 作为积分路径. 利用公式（10-15）得所求函数为

$$u(x,y) = \int_{(0,0)}^{(x,y)} xy^2\mathrm{d}x + x^2y\mathrm{d}y$$

$$= \int_{OA} xy^2\mathrm{d}x + x^2y\mathrm{d}y + \int_{AB} xy^2\mathrm{d}x + x^2y\mathrm{d}y$$

$$= \int_{0}^{x} x \cdot 0\mathrm{d}x + \int_{0}^{y} x^2y\mathrm{d}y$$

$$= x^2 \int_{0}^{y} y\mathrm{d}y = \frac{x^2y^2}{2}.$$

除了利用公式(10-15)以外，还可用下面的方法来求函数 $u(x,y)$.

因为函数 u 满足
$$\frac{\partial u}{\partial x} = xy^2,$$

故
$$u = \int xy^2 \mathrm{d}x = \frac{x^2 y^2}{2} + \varphi(y),$$

式中，$\varphi(y)$ 是 y 的待定函数. 由此得
$$\frac{\partial u}{\partial y} = x^2 y + \varphi'(y).$$

又因为 u 必须满足
$$\frac{\partial u}{\partial y} = x^2 y,$$

故
$$x^2 y + \varphi'(y) = x^2 y.$$

从而 $\varphi'(y) = 0$，$\varphi(y) = C$，所求函数为
$$u = \frac{x^2 y^2}{2} + C.$$

习题 10.3

1. 计算 $\oint_L (x^2 - xy^3)\mathrm{d}x + (y^2 - 2xy)\mathrm{d}y$，其中 L 是四个顶点分别为 $(0,0)$，$(2,0)$，$(2,2)$ 和 $(0,2)$ 的正方形区域的正向边界，并验证格林公式的正确性.

2. 计算 $\oint_L (2xy - x^2)\mathrm{d}x + (x + y^2)\mathrm{d}y$，其中 L 是由抛物线 $y = x^2$ 和 $y^2 = x$ 所围成的区域的正向边界曲线，并验证格林公式的正确性.

3. 利用曲线积分，求星形线 $x = a\cos^3 t$，$y = a\sin^3 t$ 所围成的图形的面积.

4. 利用曲线积分，求椭圆 $9x^2 + 16y^2 = 144$ 所围成的图形的面积.

5. 验证曲线积分 $\int_{(1,0)}^{(2,1)} (ye^x + 2x)\mathrm{d}x + e^x \mathrm{d}y$ 与路径无关，并求值.

6. 验证曲线积分 $\int_{(0,0)}^{(2,3)} (2x\cos y - y^2 \sin x)\mathrm{d}x + (2y\cos x - x^2 \sin y)\mathrm{d}y$ 与路径无关，并求值.

7. 利用格林公式计算 $\oint_L (2x - y + 4)\mathrm{d}x + (5y + 3x - 6)\mathrm{d}y$，其中 L 是以 $(0,0)$，$(3,0)$ 和 $(3,2)$ 为顶点的三角形正向边界.

8. 利用格林公式计算 $\oint_L (x^2 y - 2y^2)\mathrm{d}x + \left(\frac{1}{3}x^3 - xy\right)\mathrm{d}y$，其中 L 是由曲线 $y = \sqrt{x}$，$y = 2 - x$，$y = 0$ 围成的区域正向边界.

9. 验证下列 $P(x,y)\mathrm{d}x + Q(x,y)\mathrm{d}y$ 在整个 xOy 平面内是某一函数 $u(x,y)$ 的全微分，并求这样的一个 $u(x,y)$：

1）$(x+2y)dx+(2x+y)dy$；

2）$2xydx+x^2dy$；

3）$(3x^2y+8xy^2)dx+(x^3+8x^2y+12ye^y)dy$.

10. 设有一变力在坐标轴上的投影为 $X=x+y^2$，$Y=2xy-8$，这一变力确定了一个力场，证明质点在此场内移动时，场力所作的功与路径无关.

11. 计算 $\int_L(e^x\sin y-2y)dx+(e^x\cos y-2)dy$，其中 L 是上半圆周 $(x-a)^2+y^2=a^2$，$y\geqslant0$ 沿逆时针方向.

第四节　对面积的曲面积分

一、对面积的曲面积分的概念与性质

在本章第一节第一目的质量问题中，如果把曲线改为曲面，并相应地把线密度 $\mu(x,y)$ 改为面密度 $\mu(x,y,z)$，小段曲线的弧长 Δs_i 改为小块曲面的面积 ΔS_i，而第 i 小段曲线上的一点 (ξ_i,η_i) 改为第 i 小块曲面上的一点 (ξ_i,η_i,ζ_i)，那么，在面密度 $\mu(x,y,z)$ 连续的前提下，所求的质量 M 就是下列和的极限：

$$M=\lim_{\lambda\to0}\sum_{i=1}^n\mu(\xi_i,\eta_i,\zeta_i)\Delta S_i,$$

式中，λ 表示 n 小块曲面的直径的最大值.

这样的极限还会在其他问题中遇到. 抽去它们的具体意义，就得出对面积的曲面积分的概念.

定义 10.3　设曲面 Σ 是光滑的，函数 $f(x,y,z)$ 在 Σ 上有界. 把 Σ 任意分成 n 小块 ΔS_i（ΔS_i 同时也代表第 i 小块曲面的面积），设 (ξ_i,η_i,ζ_i) 是 ΔS_i 上任意取定的一点，作乘积 $f(\xi_i,\eta_i,\zeta_i)\Delta S_i(i=1,2,3,\cdots,n)$，并作和 $\sum_{i=1}^n f(\xi_i,\eta_i,\zeta_i)\Delta S_i$，如果当各小块曲面的直径的最大值 $\lambda\to0$ 时，这和的极限总存在，则称此极限为函数 $f(x,y,z)$ 在曲面 Σ 上**对面积的曲面积分**或**第一类曲面积分**，记作 $\iint\limits_{\Sigma}f(x,y,z)dS$，即

$$\iint\limits_{\Sigma}f(x,y,z)dS=\lim_{\lambda\to0}\sum_{i=1}^n f(\xi_i,\eta_i,\zeta_i)\Delta S_i,$$

式中，$f(x,y,z)$ 叫做被积函数；Σ 叫做积分曲面.

当 $f(x,y,z)$ 在光滑曲面 Σ 上连续时，对面积的曲面积分是存在的. 今后总假定 $f(x,y,z)$ 在 Σ 上连续.

根据上述定义，面密度为连续函数 $\mu(x,y,z)$ 的光滑曲面 Σ 的质量 m，可表示为 $\mu(x,y,z)$ 在 Σ 上对面积的曲面积分：

$$m = \iint\limits_{\Sigma} \mu(x,y,z)\,\mathrm{d}S.$$

如果 Σ 是分片光滑的，则规定函数在 Σ 上对面积的曲面积分等于函数在光滑的各片曲面上对面积的曲面积分之和．比如，若 Σ 可分成两片光滑曲面 Σ_1 及 Σ_2（记作 $\Sigma = \Sigma_1 + \Sigma_2$），则

$$\iint\limits_{\Sigma_1 + \Sigma_2} f(x,y,z)\,\mathrm{d}S = \iint\limits_{\Sigma_1} f(x,y,z)\,\mathrm{d}S + \iint\limits_{\Sigma_2} f(x,y,z)\,\mathrm{d}S.$$

由对面积的曲面积分的定义可知，它具有与对弧长的曲线积分相类似地性质，这里不再赘述．

二、对面积的曲面积分的计算法

设积分曲面 Σ 由方程 $z = z(x,y)$ 给出，Σ 在 xOy 面上的投影区域为 D_{xy}（见图 10-13），函数 $z = z(x,y)$ 在 D_{xy} 上具有连续偏导数，被积函数 $f(x,y,z)$ 在 Σ 上连续．

按对面积的曲面积分的定义，有

$$\iint\limits_{\Sigma} f(x,y,z)\,\mathrm{d}S = \lim_{\lambda \to 0} \sum_{i=1}^{n} f(\xi_i, \eta_i, \zeta_i)\Delta S_i$$

$$(10\text{-}16)$$

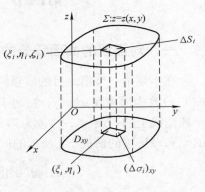

图 10-13

设 Σ 上第 i 小块曲面 ΔS_i（它的面积也记作 ΔS_i）在 xOy 面上的投影区域为 $(\Delta\sigma_i)_{xy}$（它的面积也记作 $(\Delta\sigma_i)_{xy}$），则式（10-16）中的 ΔS_i 可表示为二重积分

$$\Delta S_i = \iint\limits_{(\Delta\sigma_i)_{xy}} \sqrt{1 + z_x^2(x,y) + z_y^2(x,y)}\ \mathrm{d}x\mathrm{d}y.$$

利用二重积分的中值定理，上式又可写成

$$\Delta S_i = \sqrt{1 + z_x^2(\xi_i', \eta_i') + z_y^2(\xi_i', \eta_i')}\,(\Delta\sigma_i)_{xy}$$

式中，(ξ_i', η_i') 是小闭区域 $(\Delta\sigma_i)_{xy}$ 上的一点．又因 (ξ_i, η_i, ζ_i) 是 Σ 上的一点，故 $\zeta_i = z(\xi_i, \eta_i)$，这里 $(\xi_i, \eta_i, 0)$ 也是小闭区域 $(\Delta\sigma_i)_{xy}$ 上的点．于是

$$\sum_{i=1}^{n} f(\xi_i, \eta_i, \zeta_i)\Delta S_i$$

$$= \sum_{i=1}^{n} f(\xi_i, \eta_i, z(\xi_i, \eta_i))\ \sqrt{1 + z_x^2(\xi_i', \eta_i') + z_y^2(\xi_i', \eta_i')}\,(\Delta\sigma_i)_{xy}.$$

由于函数 $f[x,y,z(x,y)]$ 以及函数 $\sqrt{1 + z_x^2(x,y) + z_y^2(x,y)}$ 都在闭区域 D_{xy} 上连续，可以证明，当 $\lambda \to 0$ 时，上式右端的极限与

$$\sum_{i=1}^{n} f(\xi_i, \eta_i, z(\xi_i, \eta_i)) \sqrt{1 + z_x^2(\xi_i, \eta_i) + z_y^2(\xi_i, \eta_i)} (\Delta\sigma_i)_{xy}$$

的极限相等. 这个极限在本目中开始所给的条件下是存在的, 它等于二重积分

$$\iint_{D_{xy}} f[x, y, z(x, y)] \sqrt{1 + z_x^2(x, y) + z_y^2(x, y)} \, dxdy.$$

因此左端的极限, 即曲面积分 $\iint_{\Sigma} f(x, y, z) dS$ 也存在, 且有

$$\iint_{\Sigma} f(x, y, z) dS = \iint_{D_{xy}} f[x, y, z(x, y)] \sqrt{1 + z_x^2(x, y) + z_y^2(x, y)} \, dxdy \qquad (10\text{-}17)$$

这就是把对面积的曲面积分化为二重积分的公式. 曲面 Σ 的方程是 $z = z(x, y)$, 而曲面积分记号中的 dS 就是 $\sqrt{1 + z_x^2(x, y) + z_y^2(x, y)} \, dxdy$. 在计算时, 只要把变量 z 换为 $z(x, y)$, dS 换为 $\sqrt{1 + z_x^2 + z_y^2} \, dxdy$, 再确定 Σ 在 xOy 面上的投影区域 D_{xy}, 这样就可以把对面积的曲面积分化为二重积分的计算.

如果积分曲面由方程 $x = x(y, z)$ 或 $y = y(z, x)$ 给出, 也可类似地把对面积的曲面积分化为相应的二重积分.

例 1 计算 $\oiint_{\Sigma} xyz dS$, 其中 Σ 是由平面 $x + y + z = 1$ 及三个坐标平面所围成的四面体的整个边界曲面(见图 10-14).

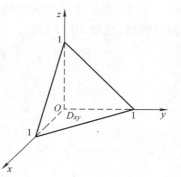

图 10-14

解 整个边界曲面 Σ 在平面 $x = 0$, $y = 0$, $z = 0$ 及 $x + y + z = 1$ 的部分依次记为 Σ_1, Σ_2, Σ_3, Σ_4, 于是

$$\oiint_{\Sigma} xyz dS = \iint_{\Sigma_1} xyz dS + \iint_{\Sigma_2} xyz dS + \iint_{\Sigma_3} xyz dS + \iint_{\Sigma_4} xyz dS.$$

由于在 Σ_1, Σ_2, Σ_3 上, 被积函数 $f(x, y, z) = xyz$ 均为零, 所以

$$\oiint_{\Sigma_1} xyz dS = \iint_{\Sigma_2} xyz dS = \iint_{\Sigma_3} xyz dS = 0.$$

在 Σ_4 上, $z = 1 - x - y$, 所以

$$\sqrt{1 + z_x^2 + z_y^2} = \sqrt{1 + (-1)^2 + (-1)^2} = \sqrt{3},$$

从而

$$\oiint_{\Sigma} xyz dS = \iint_{\Sigma_4} xyz dS = \iint_{D_{xy}} \sqrt{3} xy(1 - x - y) \, dxdy,$$

式中, D_{xy} 是 Σ_4 在 xOy 面上的投影区域, 即由直线 $x = 0$, $y = 0$ 及 $x + y = 1$ 所围成的闭区域. 因此

$$\oiint_{\Sigma} xyz \, \mathrm{d}S = \sqrt{3} \int_0^1 x \, \mathrm{d}x \int_0^{1-x} y(1 - x - y) \, \mathrm{d}y$$

$$= \sqrt{3} \int_0^1 x \left[(1 - x) \frac{y^2}{2} - \frac{y^3}{3} \right]_0^{1-x} \mathrm{d}x$$

$$= \sqrt{3} \int_0^1 x \frac{(1 - x)^3}{6} \mathrm{d}x$$

$$= \frac{\sqrt{3}}{6} \int_0^1 (x - 3x^2 + 3x^3 - x^4) \, \mathrm{d}x = \frac{\sqrt{3}}{120}.$$

例 2　设 Σ: $x^2 + y^2 + z^2 = a^2$, $f(x, y, z) = \begin{cases} x^2 + y^2, & z \geqslant \sqrt{x^2 + y^2} \\ 0, & z < \sqrt{x^2 + y^2} \end{cases}$, 计算

$I = \iint_{\Sigma} f(x, y, z) \, \mathrm{d}S.$

解　锥面 $z = \sqrt{x^2 + y^2}$ 与上半球面 $z = \sqrt{a^2 - x^2 - y^2}$ 的交线为

$$x^2 + y^2 = \frac{1}{2} a^2, \quad z = \frac{1}{2} a.$$

设 Σ_1 为上半球面夹于锥面间的部分, 它在 xOy 面上的投影域 (见图 10-15) 为

$$D_{xy} = \left\{ (x, y) \left| x^2 + y^2 \leqslant \frac{1}{2} a^2 \right. \right\},$$

则

$$I = \iint_{\Sigma_1} (x^2 + y^2) \, \mathrm{d}S$$

$$= \iint_{D_{xy}} (x^2 + y^2) \frac{a}{\sqrt{a^2 - x^2 - y^2}} \mathrm{d}x \mathrm{d}y$$

$$= \int_0^{2\pi} \mathrm{d}\theta \int_0^{\frac{1}{2}\sqrt{2}a} \frac{ar^2}{\sqrt{a^2 - r^2}} r \mathrm{d}r$$

$$= \frac{1}{6} \pi a^4 (8 - 5\sqrt{2}).$$

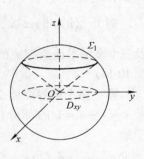

图 10-15

习题 10.4

1. 计算下列对面积的曲面积分:

1) $\iint_{\Sigma} (xy + yz + zx) \, \mathrm{d}S$, 其中 Σ 为锥面 $z = \sqrt{x^2 + y^2}$ 被曲面 $x^2 + y^2 = 2ax$ 所截得的有限部分;

2) $\iint_{\Sigma} (6x + 4y + 3z) \, \mathrm{d}S$, 其中 Σ 是平面 $\frac{x}{2} + \frac{y}{3} + \frac{z}{4} = 1$ 在第一卦限的部分;

3) $\iint_{\Sigma} (x^2 + y^2) \, \mathrm{d}S$, 其中 Σ 是曲面 $z = \sqrt{x^2 + y^2}$ 及平面 $z = 1$ 所围成的立体的表面;

4）$\iint\limits_{\Sigma} x\mathrm{d}S$，其中 Σ 是圆柱面 $x^2+y^2=1$，平面 $z=x+2$ 及 $z=0$ 所围成的空间立方体的表面；

5）$\iint\limits_{\Sigma} \dfrac{\mathrm{d}S}{(1+x+y)^2}$，其中 Σ 为四面体 $x+y+z\geq 1$，$x\geq 0$，$y\geq 0$，$z\geq 0$ 的边界.

2. 计算 $\iint\limits_{\Sigma}(x^2+y^2)\mathrm{d}S$，其中 Σ 是

1）锥面 $z=\sqrt{x^2+y^2}$ 及平面 $z=1$ 所围成的区域的整个边界曲面；

2）锥面 $z^2=3(x^2+y^2)$ 被平面 $z=0$ 和 $z=3$ 所截得的部分.

3. 试求半径为 a 的上半球壳的重心，已知其上各点处密度等于该点到铅垂直径的距离.

4. 求面密度为常数 ρ_0 的均匀上半球壳 $x^2+y^2+z^2=a^2(z\geq 0)$ 对 z 轴的转动惯量.

5. 求面密度为常数 ρ_0 的均匀锥面壳 $\dfrac{x^2}{a^2}+\dfrac{y^2}{b^2}=\dfrac{z^2}{b^2}(0\leq z\leq b)$ 关于直线

$$\frac{x}{1}=\frac{y}{0}=\frac{z-b}{0}$$

的转动惯量.

第五节　对坐标的曲面积分

一、对坐标的曲面积分的概念与性质

首先对曲面作一些说明. 这里假定曲面是光滑的.

通常遇到的曲面都是双侧的. 例如，由方程 $z=z(x,y)$ 表示的曲面，有**上侧**与**下侧**之分；又例如，一张包围某一空间区域的闭曲面，有**外侧**与**内侧**之分. 以后总假定所考虑的曲面是双侧的.

在讨论对坐标的曲面积分时，需要指定曲面的侧. 可以通过曲面上法向量的指向来定出曲面的侧. 例如，对于曲面 $z=z(x,y)$，如果闭曲面它的法向量 n 的指向朝外，我们就认为取定曲面的外侧. 这种取定了法向量亦即选定了侧的曲面，就称为**有向曲面**.

设 Σ 是有向曲面，在 Σ 上取一小块曲面 ΔS，把 ΔS 投影到 xOy 面上得一投影区域，这投影区域的面积记为 $(\Delta\sigma)_{xy}$. 假定 ΔS 上各点处的法向量与 z 轴的夹角 γ 的余弦 $\cos\gamma$ 有相同的符号（即 $\cos\gamma$ 都是正的或都是负的）. 则规定 ΔS 在 xOy 面上的投影 $(\Delta S)_{xy}$ 为

$$(\Delta S)_{xy}=\begin{cases}(\Delta\sigma)_{xy} & (\cos\gamma>0)\\ -(\Delta\sigma)_{xy} & (\cos\gamma<0)\\ 0 & (\cos\gamma\equiv 0)\end{cases}$$

其中，$\cos\gamma \equiv 0$ 也就是 $(\Delta\sigma)_{xy} = 0$ 的情形．ΔS 在 xOy 面上的投影 $(\Delta S)_{xy}$ 实际就是 ΔS 在 xOy 面上的投影区域的面积附以一定的正负号．类似地，可以定义 ΔS 在 yOz 面及 zOx 面上的投影 $(\Delta S)_{yz}$ 及 $(\Delta S)_{zx}$．

下面通过一个例子引进对坐标的曲面积分的概念．

流向曲面一侧的流量：设稳定流动的不可压缩流体（假定密度为1）的速度场由

$$v(x,y,z) = P(x,y,z)\boldsymbol{i} + Q(x,y,z)\boldsymbol{j} + R(x,y,z)\boldsymbol{k}$$

给出，Σ 是速度场中的一片有向曲面，函数 $P(x,y,z)$、$Q(x,y,z)$、$R(x,y,z)$ 都在 Σ 上连续，求在单位时间内流向 Σ 指定侧的流体的质量，即流量 Φ．

如果流体流过平面上面积为 A 的一个闭区域，且流体在这闭区域上各点处的流速为（常向量）v，又设 $\boldsymbol{n}$ 为该平面的单位法向量，那么在单位时间内流过这闭区域的流体组成一个底面积为 A、斜高为 $|v|$ 的斜柱体（见图 10-16）．

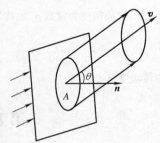

当 $(\widehat{v,\boldsymbol{n}}) = \theta < \dfrac{\pi}{2}$ 时，这斜柱体的体积为

$$A|v|\cos\theta = Av \cdot \boldsymbol{n}.$$

这也就是通过闭区域 A 流向 $\boldsymbol{n}$ 所指一侧的流量 Φ．

当 $(\widehat{v,\boldsymbol{n}}) = \dfrac{\pi}{2}$ 时，显然流体通过闭区域 A 流向 $\boldsymbol{n}$ 所指一侧的流量 Φ 为零，而 $Av \cdot \boldsymbol{n} = 0$，故 $\Phi = Av \cdot \boldsymbol{n} = 0$．

图 10-16

当 $(\widehat{v,\boldsymbol{n}}) > \dfrac{\pi}{2}$ 时，$Av \cdot \boldsymbol{n} < 0$，这时仍把 $Av \cdot \boldsymbol{n}$ 称为流体通过闭区域 A 流向 $\boldsymbol{n}$ 所指一侧的流量，它表示流体通过闭区域 A 实际上流向 $-\boldsymbol{n}$ 所指一侧，且流向 $-\boldsymbol{n}$ 所指一侧的流量为 $-Av \cdot \boldsymbol{n}$．因此，不论 $(\widehat{v,\boldsymbol{n}})$ 为何值，流体通过闭区域 A 流向 $\boldsymbol{n}$ 所指一侧的流量 Φ 均为 $Av \cdot \boldsymbol{n}$．

由于现在所考虑的不是平面闭区域而是一片曲面，且流速 v 也不是常向量，因此所求流量不能直接用上述方法计算．然而过去在引出各类积分概念的例子中一再使用过的方法，也可用来解决目前的问题．

把曲面 Σ 分成 n 小块 ΔS_i（ΔS_i 同时也代表第 i 小块曲面的面积），在 Σ 是光滑的和 v 是连续的前提下，只要 ΔS_i 的直径很小，就可以用 ΔS_i 上任一点 (ξ_i, η_i, ζ_i) 处的流速

$$\begin{aligned} v_i &= v(\xi_i, \eta_i, \zeta_i) \\ &= P(\xi_i, \eta_i, \zeta_i)\boldsymbol{i} + Q(\xi_i, \eta_i, \zeta_i)\boldsymbol{j} + R(\xi_i, \eta_i, \zeta_i)\boldsymbol{k} \end{aligned}$$

代替 ΔS_i 上其他各点处的流速，以该点 (ξ_i, η_i, ζ_i) 处曲面 Σ 的单位法向量

$$\boldsymbol{n}_i = \cos\alpha_i\boldsymbol{i} + \cos\beta_i\boldsymbol{j} + \cos\gamma_i\boldsymbol{k}$$

代替 ΔS_i 上其他各点处的单位法向量(见图 10-17).
从而得到通过 ΔS_i 流向指定侧的流量的近似值为

$$\boldsymbol{v}_i \cdot \boldsymbol{n}_i \Delta S_i (i = 1, 2, \cdots, n).$$

于是,通过流向指定侧的流量

$$\Phi \approx \sum_{i=1}^{n} \boldsymbol{v}_i \cdot \boldsymbol{n}_i \Delta S_i$$

$$= \sum_{i=1}^{n} \big[P(\xi_i, \eta_i, \zeta_i) \cos\alpha_i + Q(\xi_i, \eta_i, \zeta_i) \cos\beta_i +$$

$$R(\xi_i, \eta_i, \zeta_i) \cos\gamma_i \big] \Delta S_i$$

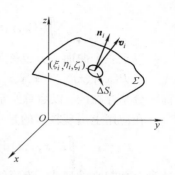

图 10-17

但

$$\cos\alpha_i \cdot \Delta S_i \approx (\Delta S_i)_{yz}, \quad \cos\beta_i \cdot \Delta S_i \approx (\Delta S_i)_{zx}, \quad \cos\gamma_i \cdot \Delta S_i \approx (\Delta S_i)_{xy},$$

因此上式可以写成

$$\Phi \approx \sum_{i=1}^{n} \big[P(\xi_i, \eta_i, \zeta_i) (\Delta S_i)_{yz} + Q(\xi_i, \eta_i, \zeta_i) (\Delta S_i)_{xz} + R(\xi_i, \eta_i, \zeta_i) (\Delta S_i)_{xy} \big].$$

令 $\lambda \to 0$ 取上述和的极限,就得到流量 Φ 的精确值. 这样的极限还会在其他问题中遇到. 抽去它们的具体意义,就得到下列**对坐标的曲面积分**的概念.

定义 10.4 设 Σ 为光滑的有向曲面,函数 $R(x, y, z)$ 在 Σ 上有界. 把 Σ 任意分成 n 块小曲面 $\Delta S_i (\Delta S_i$ 同时又表示第 i 块小曲面的面积),ΔS_i 在 xOy 面上的投影为 $(\Delta S_i)_{xy}$,(ξ_i, η_i, ζ_i) 是 ΔS_i 上任意取定的一点. 如果当各小块曲面的直径的最大值 $\lambda \to 0$ 时,

$$\lim_{\lambda \to 0} \sum_{i=1}^{n} R(\xi_i, \eta_i, \zeta_i) (\Delta S_i)_{xy}$$

总存在,则称此函数为函数 $R(x, y, z)$ 在有向曲面 Σ 上**对坐标 x、y 的曲面积分**,记作 $\iint\limits_{\Sigma} R(x, y, z) \mathrm{d}x\mathrm{d}y$,即

$$\iint\limits_{\Sigma} R(x, y, z) \mathrm{d}x\mathrm{d}y = \lim_{\lambda \to 0} \sum_{i=1}^{n} R(\xi_i, \eta_i, \zeta_i) (\Delta S_i)_{xy},$$

式中,$R(x, y, z)$ 叫做被积函数;Σ 叫做积分曲面.

类似地可以定义函数 $P(x, y, z)$ 在有向曲面 Σ 上**对坐标 y、z 的曲面积分** $\iint\limits_{\Sigma} P(x, y, z) \mathrm{d}y\mathrm{d}z$ 及函数 $Q(x, y, z)$ 在有向曲面 Σ 上**对坐标 z、x 的曲面积分** $\iint\limits_{\Sigma} Q(x, y, z) \mathrm{d}z\mathrm{d}x$ 分别为

$$\iint\limits_{\Sigma} P(x, y, z) \mathrm{d}y\mathrm{d}z = \lim_{\lambda \to 0} \sum_{i=1}^{n} P(\xi_i, \eta_i, \zeta_i) (\Delta S_i)_{yz},$$

$$\iint\limits_{\Sigma} Q(x,y,z)\,\mathrm{d}z\mathrm{d}x = \lim_{\lambda \to 0} \sum_{i=1}^{n} Q(\xi_i,\eta_i,\zeta_i)\,(\Delta S_i)_{zx}.$$

以上三个曲面积分也称为**第二类曲面积分**.

当 $P(x,y,z)$、$Q(x,y,z)$、$R(x,y,z)$ 在有向光滑曲面 Σ 上连续时, 对坐标的曲面积分是存在的, 以后总假定 P、Q、R 在 Σ 上连续.

在应用上出现较多的是

$$\iint\limits_{\Sigma} P(x,y,z)\,\mathrm{d}y\mathrm{d}z + \iint\limits_{\Sigma} Q(x,y,z)\,\mathrm{d}z\mathrm{d}x + \iint\limits_{\Sigma} R(x,y,z)\,\mathrm{d}x\mathrm{d}y.$$

这种合并起来的形式, 为简便起见, 可以把它写成

$$\iint\limits_{\Sigma} P(x,y,z)\,\mathrm{d}y\mathrm{d}z + Q(x,y,z)\,\mathrm{d}z\mathrm{d}x + R(x,y,z)\,\mathrm{d}x\mathrm{d}y.$$

例如, 上述流向 Σ 指定侧的流量 Φ 可表示为

$$\Phi = \iint\limits_{\Sigma} P(x,y,z)\,\mathrm{d}y\mathrm{d}z + Q(x,y,z)\,\mathrm{d}z\mathrm{d}x + R(x,y,z)\,\mathrm{d}x\mathrm{d}y.$$

如果 Σ 是分片光滑的有向曲面, 则规定函数在 Σ 上对坐标的曲面积分等于函数在各片光滑曲面上对坐标的曲面积分之和.

对坐标的曲面积分具有对坐标的曲线积分相类似的一些**性质**. 例如:

1) 如果把 Σ 分成 Σ_1 和 Σ_2, 则

$$\iint\limits_{\Sigma} P\mathrm{d}y\mathrm{d}z + Q\mathrm{d}z\mathrm{d}x + R\mathrm{d}x\mathrm{d}y$$

$$= \iint\limits_{\Sigma_1} P\mathrm{d}y\mathrm{d}z + Q\mathrm{d}z\mathrm{d}x + R\mathrm{d}x\mathrm{d}y + \iint\limits_{\Sigma_2} P\mathrm{d}y\mathrm{d}z + Q\mathrm{d}z\mathrm{d}x + R\mathrm{d}x\mathrm{d}y \qquad (10\text{-}18)$$

公式(10-18)可以推广到 Σ 分成 $\Sigma_1,\Sigma_2,\cdots,\Sigma_n$ 有限部分的情形.

2) 设 Σ 是有向曲面, Σ^- 表示与 Σ 取相反侧的有向曲面, 则

$$\iint\limits_{\Sigma^-} P(x,y,z)\,\mathrm{d}y\mathrm{d}z = -\iint\limits_{\Sigma} P(x,y,z)\,\mathrm{d}y\mathrm{d}z,$$

$$\iint\limits_{\Sigma^-} Q(x,y,z)\,\mathrm{d}z\mathrm{d}x = -\iint\limits_{\Sigma} Q(x,y,z)\,\mathrm{d}z\mathrm{d}x, \qquad (10\text{-}19)$$

$$\iint\limits_{\Sigma^-} R(x,y,z)\,\mathrm{d}x\mathrm{d}y = -\iint\limits_{\Sigma} R(x,y,z)\,\mathrm{d}x\mathrm{d}y.$$

式(10-19)表明, 当积分曲面改变为相反侧时, 对坐标的曲面积分要改变符号. **因此在计算对坐标的曲面积分时, 必须注意积分曲面所取的侧.**

这些性质的证明从略.

二、对坐标的曲面积分的计算法

设积分曲面 Σ 是由方程 $z = z(x,y)$ 所给出的曲面, 方向取上侧, Σ 在 xOy 面上

的投影区域为 D_{xy}，函数 $z = z(x,y)$ 在 D_{xy} 上具有一阶连续偏导数，被积函数 $R(x,y,z)$ 在 Σ 上连续.

按对坐标的曲面积分的定义，有

$$\iint\limits_{\Sigma} R(x,y,z)\,\mathrm{d}x\mathrm{d}y = \lim_{\lambda \to 0} \sum_{i=1}^{n} R(\xi_i,\eta_i,\zeta_i)\,(\Delta S_i)_{xy}.$$

因为 Σ 取上侧，$\cos\gamma > 0$，所以

$$(\Delta S_i)_{xy} = (\Delta\sigma_i)_{xy}.$$

又因为 (ξ_i,η_i,ζ_i) 是 Σ 上的一点，故 $\zeta_i = z(\xi_i,\eta_i)$，从而有

$$\sum_{i=1}^{n} R(\xi_i,\eta_i,\zeta_i)\,(\Delta S_i)_{xy} = \sum_{i=1}^{n} R[\xi_i,\eta_i,z(\xi_i,\eta_i)]\,(\Delta\sigma_i)_{xy}.$$

令 $\lambda \to 0$ 取上式两端的极限，就得到

$$\iint\limits_{\Sigma} R(x,y,z)\,\mathrm{d}x\mathrm{d}y = \iint\limits_{D_{xy}} R[x,y,z(x,y)]\,\mathrm{d}x\mathrm{d}y \qquad (10\text{-}20)$$

这就是把对坐标的曲面积分化为二重积分的公式. 公式 $(10\text{-}20)$ 表明，计算曲面积分 $\iint\limits_{\Sigma} R(x,y,z)\,\mathrm{d}x\mathrm{d}y$ 时，只要把其中变量 z 换为表示 Σ 的函数 $z(x,y)$，然后在 Σ 的投影区域 D_{xy} 上计算二重积分即可.

必须注意，公式 $(10\text{-}20)$ 的曲面积分是取在曲面 Σ 上侧的；如果曲面积分取在 Σ 的下侧，这时 $\cos\gamma < 0$，那么

$$(\Delta S_i)_{xy} = -(\Delta\sigma_i)_{xy},$$

从而有

$$\iint\limits_{\Sigma} R(x,y,z)\,\mathrm{d}x\mathrm{d}y = -\iint\limits_{D_{xy}} R[x,y,z(x,y)]\,\mathrm{d}x\mathrm{d}y. \qquad (10\text{-}21)$$

类似地，如果 Σ 由 $x = x(y,z)$ 给出，则有

$$\iint\limits_{\Sigma} P(x,y,z)\,\mathrm{d}y\mathrm{d}z = \pm \iint\limits_{D_{yz}} P[x(y,z),y,z]\,\mathrm{d}y\mathrm{d}z, \qquad (10\text{-}22)$$

等式右端的符号这样决定：如果积分曲面 Σ 是由方程 $x = x(y,z)$ 所给出的曲面前侧，即 $\cos\alpha > 0$，应取正号；反之，如果 Σ 取后侧，即 $\cos\alpha < 0$，应取负号.

如果 Σ 由 $y = y(z,x)$ 给出，则有

$$\iint\limits_{\Sigma} Q(x,y,z)\,\mathrm{d}z\mathrm{d}x = \pm \iint\limits_{D_{zx}} Q[x,y(z,x),z]\,\mathrm{d}z\mathrm{d}x \qquad (10\text{-}23)$$

等式右端的符号这样决定：如果积分曲面 Σ 是由方程 $y = y(z,x)$ 所给出的曲面右侧，即 $\cos\beta > 0$，应取正号；反之，如果 Σ 取左侧，即 $\cos\beta < 0$，应取负号.

例1　计算 $\iint\limits_{\Sigma} (x+y)\,\mathrm{d}y\mathrm{d}z + (y+z)\,\mathrm{d}z\mathrm{d}x + (z+x)\,\mathrm{d}x\mathrm{d}y$，其中 Σ 是以原点为中心，边长为 a 的正立方体的整个表面的外侧.

解　把有向曲面 Σ 分成以下六个部分，

$$\Sigma_1: \quad z = \frac{a}{2}\left(|x| \leq \frac{a}{2}, |y| \leq \frac{a}{2}\right)\text{的上侧；}$$

$$\Sigma_2: \quad z = -\frac{a}{2}\left(|x| \leq \frac{a}{2}, |y| \leq \frac{a}{2}\right)\text{的下侧；}$$

$$\Sigma_3: \quad x = \frac{a}{2}\left(|y| \leq \frac{a}{2}, |z| \leq \frac{a}{2}\right)\text{的前侧；}$$

$$\Sigma_4: \quad x = -\frac{a}{2}\left(|y| \leq \frac{a}{2}, |z| \leq \frac{a}{2}\right)\text{的后侧；}$$

$$\Sigma_5: \quad y = \frac{a}{2}\left(|z| \leq \frac{a}{2}, |x| \leq \frac{a}{2}\right)\text{的右侧；}$$

$$\Sigma_6: \quad y = -\frac{a}{2}\left(|z| \leq \frac{a}{2}, |x| \leq \frac{a}{2}\right)\text{的左侧.}$$

除 Σ_3 和 Σ_4 之外，其余四片曲面在 yOz 面上的投影均为零，因此

$$
\begin{aligned}
\iint\limits_{\Sigma}(y+x)\,\mathrm{d}x\mathrm{d}y &= \iint\limits_{\Sigma_3}(y+x)\,\mathrm{d}y\mathrm{d}z + \iint\limits_{\Sigma_4}(y+x)\,\mathrm{d}y\mathrm{d}z \\
&= \iint\limits_{D_{yz}}\left(\frac{a}{2}+y\right)\mathrm{d}y\mathrm{d}z - \iint\limits_{D_{yz}}\left(-\frac{a}{2}+y\right)\mathrm{d}y\mathrm{d}z \\
&= a\iint\limits_{D_{yz}}\mathrm{d}y\mathrm{d}z = a^3.
\end{aligned}
$$

由于被积表达式和积分曲面的对称性，可知

$$\iint\limits_{\Sigma}(y+z)\,\mathrm{d}z\mathrm{d}x = \iint\limits_{\Sigma}(z+x)\,\mathrm{d}x\mathrm{d}y = a^3.$$

从而所求积分值为 $3a^3$.

例 2　计算 $\displaystyle\iint\limits_{\Sigma}xyz\,\mathrm{d}x\mathrm{d}y$，其中 Σ 是球面 $x^2 + y^2 + z^2 = 1$ 外侧在 $x \geq 0, y \geq 0$ 的部分.

解　如图 10-18 所示，把 Σ 分成 Σ_1 和 Σ_2 两部分，

则 Σ_1 的方程为　　　　　　　　　　$z = -\sqrt{1 - x^2 - y^2}$，

Σ_2 的方程为　　　　　　　　　　$z = \sqrt{1 - x^2 - y^2}$.

$$\iint\limits_{\Sigma}xyz\,\mathrm{d}x\mathrm{d}y = \iint\limits_{\Sigma_2}xyz\,\mathrm{d}x\mathrm{d}y + \iint\limits_{\Sigma_1}xyz\,\mathrm{d}x\mathrm{d}y.$$

上式右端的第一个积分的积分曲面 Σ_2 取上侧，第二个积分的积分曲面 Σ_1 取下侧，因此分别应用公式（10-20）及式（10-21），就有

$$\iint\limits_{\Sigma}xyz\,\mathrm{d}x\mathrm{d}y = \iint\limits_{D_{xy}}xy\sqrt{1-x^2-y^2}\,\mathrm{d}x\mathrm{d}y - \iint\limits_{D_{xy}}xy\left(-\sqrt{1-x^2-y^2}\right)\mathrm{d}x\mathrm{d}y$$

$$= 2 \iint\limits_{D_{xy}} xy \sqrt{1 - x^2 - y^2} \, \mathrm{d}x\mathrm{d}y$$

$$= 2 \iint\limits_{D_{xy}} r^2 \sin\theta\cos\theta \sqrt{1 - r^2} \, r\mathrm{d}r\mathrm{d}\theta$$

$$= \int_0^{\frac{\pi}{2}} \sin2\theta \mathrm{d}\theta \int_0^1 r^3 \sqrt{1 - r^2} \, \mathrm{d}r$$

$$= \frac{2}{15}.$$

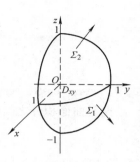

图 10-18

三、两类曲面积分之间的联系

设有向曲面 Σ 由方程 $z = z(x,y)$ 给出，Σ 在 xOy 面上的投影区域为 D_{xy}，函数 $z = z(x,y)$ 在 D_{xy} 上具有一阶连续偏导数，$R(x,y,z)$ 在 Σ 上连续. 如果 Σ 取上侧，则由对坐标的曲面积分计算公式(10-20)有

$$\iint\limits_{\Sigma} R(x,y,z) \mathrm{d}x\mathrm{d}y = \iint\limits_{D_{xy}} R[x,y,z(x,y)] \mathrm{d}x\mathrm{d}y.$$

另一方面，因上述有向曲面 Σ 的法向量的方向余弦为

$$\cos\alpha = \frac{-z_x}{\sqrt{1 + z_x^2 + z_y^2}}, \quad \cos\beta = \frac{-z_y}{\sqrt{1 + z_x^2 + z_y^2}}, \quad \cos\gamma = \frac{1}{\sqrt{1 + z_x^2 + z_y^2}},$$

故由对面积的曲面积分计算公式有

$$\iint\limits_{\Sigma} R(x,y,z) \cos\gamma \mathrm{d}S = \iint\limits_{D_{xy}} R[x,y,z(x,y)] \mathrm{d}x\mathrm{d}y.$$

由此可见，有

$$\iint\limits_{\Sigma} R(x,y,z) \mathrm{d}x\mathrm{d}y = \iint\limits_{\Sigma} R(x,y,z) \cos\gamma \mathrm{d}S. \qquad (10\text{-}24)$$

如果 Σ 取下侧，则由式(10-21)有

$$\iint\limits_{\Sigma} R(x,y,z) \mathrm{d}x\mathrm{d}y = - \iint\limits_{D_{xy}} R[x,y,z(x,y)] \mathrm{d}x\mathrm{d}y$$

但这时 $\cos\gamma = \dfrac{-1}{\sqrt{1 + x^2 + y^2}}$，因此式(10-24)仍成立.

类似地，可推得

$$\iint\limits_{\Sigma} P(x,y,z) \, \mathrm{d}y\mathrm{d}z = \iint\limits_{\Sigma} P(x,y,z) \cos\alpha \mathrm{d}S \qquad (10\text{-}25)$$

$$\iint\limits_{\Sigma} Q(x,y,z) \, \mathrm{d}z\mathrm{d}x = \iint\limits_{\Sigma} Q(x,y,z) \cos\beta \mathrm{d}S \qquad (10\text{-}26)$$

合并式(10-24)、式(10-25)、式(10-26)三式，得两类曲面积分之间的如下联系：

$$\iint\limits_{\Sigma} P\mathrm{d}y\mathrm{d}z + Q\mathrm{d}z\mathrm{d}x + R\mathrm{d}x\mathrm{d}y$$

$$= \iint\limits_{\Sigma} (P\cos\alpha + Q\cos\beta + R\cos\gamma)\mathrm{d}S \tag{10-27}$$

式中，$\cos\alpha$、$\cos\beta$、$\cos\gamma$ 是有向曲面 Σ 在点 (x,y,z) 处的法向量的方向余弦.

　　两类曲面积分之间的联系也可写成如下的向量形式：

$$\iint\limits_{\Sigma} \boldsymbol{A} \cdot \mathrm{d}\boldsymbol{S} = \iint\limits_{\Sigma} \boldsymbol{A} \cdot \boldsymbol{n}\mathrm{d}S \tag{10-28}$$

或

$$\iint\limits_{\Sigma} \boldsymbol{A} \cdot \mathrm{d}\boldsymbol{S} = \iint\limits_{\Sigma} A_n\mathrm{d}S \tag{10-29}$$

式中，$\boldsymbol{A} = \{P,Q,R\}$；$\boldsymbol{n} = \{\cos\alpha,\cos\beta,\cos\gamma\}$ 为有向曲面 Σ 在点 (x,y,z) 处的单位法向量；$\mathrm{d}\boldsymbol{S} = \boldsymbol{n}\mathrm{d}S = \{\mathrm{d}y\mathrm{d}z,\mathrm{d}z\mathrm{d}x,\mathrm{d}x\mathrm{d}y\}$ 称为**有向曲面元**；A_n 为向量 $\boldsymbol{A}$ 在向量 $\boldsymbol{n}$ 上的投影.

　　例 3　计算对坐标的曲面积分 $I = \iint\limits_{\Sigma}[f(x,y,z) + x]\mathrm{d}y\mathrm{d}z + [2f(x,y,z) + y]\mathrm{d}z\mathrm{d}x + [f(x,y,z) + z]\mathrm{d}x\mathrm{d}y$，其中 $f(x,y,z)$ 为连续函数，Σ 是平面 $x - y + z = 1$ 在第四卦限的上侧部分.

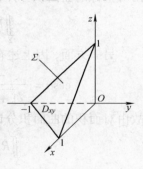

图 10-19

　　解　由于被积函数中的 $f(x,y,z)$ 是抽象函数，从而直接用对坐标的曲面积分计算法，可能得不到结果，应将其转化成对面积的曲面积分. Σ：$x - y + z = 1$，即 $z = 1 - x + y$，如图 10-19 所示.

$$\{\cos\alpha,\cos\beta,\cos\gamma\} = \left\{\frac{1}{\sqrt{3}}, -\frac{1}{\sqrt{3}}, \frac{1}{\sqrt{3}}\right\},$$

$$I = \iint\limits_{\Sigma}\left\{[f(x,y,z) + x]\cdot\frac{1}{\sqrt{3}} + [2f(x,y,z) + y]\cdot\left(-\frac{1}{\sqrt{3}}\right) + [f(x,y,z) + z]\cdot\frac{1}{\sqrt{3}}\right\}\mathrm{d}S$$

$$= \frac{1}{\sqrt{3}}\iint\limits_{\Sigma}(x - y + z)\mathrm{d}S$$

$$= \frac{1}{\sqrt{3}}\iint\limits_{D_{xy}}\sqrt{1 + (-1)^2 + 1^2}\mathrm{d}x\mathrm{d}y = \frac{1}{2}.$$

习题 10.5

1. 计算 $\iint\limits_{\Sigma}(6x + 4y + 3z)\mathrm{d}z\mathrm{d}x$，$\Sigma$ 是平面 $\dfrac{x}{2} + \dfrac{y}{3} + \dfrac{z}{4} = 1$ 在第一卦限部分的上侧.

2. 计算 $\iint\limits_{\Sigma}x^2y^2z\,\mathrm{d}z\mathrm{d}x$，其中 Σ 是球面 $x^2 + y^2 + z^2 = R^2$ 的下半部分的下侧.

3. 计算 $\iint\limits_{\Sigma} z \, dxdy + x \, dydz + y \, dzdx$，其中 Σ 是柱面 $x^2 + y^2 = 1$ 被平面 $z = 0$ 及 $z = 3$ 所截得的第一卦限内的部分的前侧.

4. 计算 $\iint\limits_{\Sigma} (y - z) \, dydz + (z - x) \, dzdx + (x - y) \, dxdy$，其中 Σ 为曲面 $z = \sqrt{x^2 + y^2}$ 及平面 $z = h(h > 0)$ 围成的空间区域整个边界曲面的外侧.

5. 把对坐标的曲面积分

$$\iint\limits_{\Sigma} P(x,y,z) \, dydz + Q(x,y,z) \, dzdx + R(x,y,z) \, dxdy$$

化为对面积的曲面积分，其中：

1）Σ 是平面 $3x + 2y + 2\sqrt{3}z = 6$ 在第一卦限的部分的上侧；

2）Σ 是抛物面 $z = 8 - (x^2 + y^2)$ 在 xOy 面上方的部分的上侧.

第六节 高斯公式 通量与散度

一、高斯公式

格林公式表达了平面闭区域上的二重积分与其边界上的曲线积分之间的关系，而高斯公式表达了空间闭区域上的三重积分与其边界曲面上的曲面积分之间的关系，这个关系可陈述如下：

定理10.6 设空间闭区域 Ω 是由分片光滑的闭曲面 Σ 所围成，函数 $P(x,y,z)$、$Q(x,y,z)$、$R(x,y,z)$ 在 Ω 上具有一阶连续偏导数，则有

$$\iiint\limits_{\Omega} \left(\frac{\partial P}{\partial x} + \frac{\partial Q}{\partial y} + \frac{\partial R}{\partial z} \right) dv = \oiint\limits_{\Sigma} P dydz + Q dzdx + R dxdy \qquad (10\text{-}30)$$

或

$$\iiint\limits_{\Omega} \left(\frac{\partial P}{\partial x} + \frac{\partial Q}{\partial y} + \frac{\partial R}{\partial z} \right) dv = \oiint\limits_{\Sigma} (P\cos\alpha + Q\cos\beta + R\cos\gamma) \, dS \qquad (10\text{-}31)$$

这里 Σ 是 Ω 的整个边界曲面的外侧，$\cos\alpha$、$\cos\beta$、$\cos\gamma$ 是 Σ 在点 (x,y,z) 处的法向量的方向余弦. 公式（10-30）或公式（10-31）叫做**高斯公式**.

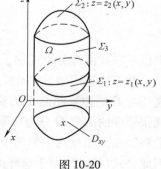

图 10-20

证 由第五节公式（10-27）可知，公式（10-30）及公式（10-31）的右端是相等的，因此这里只要证明公式（10-30）就可以了.

设闭区域 Ω 在 xOy 面上的投影区域为 D_{xy}. 假定穿过 Ω 内部且平行于 z 轴的直线与 Ω 的边界曲面 Σ 的交点恰好是两个. 这样，可设 Σ 由 Σ_1，Σ_2 和 Σ_3 三部分组成（见图 10-20），其中 Σ_1 和 Σ_2 分别由方程

$z = z_1(x,y)$ 和 $z = z_2(x,y)$ 给定，这里 $z_1(x,y) \leqslant z_2(x,y)$，$\Sigma_1$ 取下侧，Σ_2 取上侧；Σ_3 是以 D_{xy} 的边界曲线为准线而母线平行于 z 轴的柱面上的一部分，取外侧.

根据三重积分的计算法，有

$$\iiint\limits_{\Omega} \frac{\partial R}{\partial z} \mathrm{d}v = \iint\limits_{D_{xy}} \left\{ \int_{z_1(x,y)}^{z_2(x,y)} \frac{\partial R}{\partial z} \mathrm{d}z \right\} \mathrm{d}x\mathrm{d}y$$

$$= \iint\limits_{D_{xy}} \{ R[x,y,z_2(x,y)] - R[x,y,z_1(x,y)] \} \mathrm{d}x\mathrm{d}y \qquad (10\text{-}32)$$

根据曲面积分的计算法，有

$$\iint\limits_{\Sigma_1} R(x,y,z) \mathrm{d}x\mathrm{d}y = - \iint\limits_{D_{xy}} R[x,y,z_1(x,y)] \mathrm{d}x\mathrm{d}y.$$

$$\iint\limits_{\Sigma_2} R(x,y,z) \mathrm{d}x\mathrm{d}y = \iint\limits_{D_{xy}} R[x,y,z_2(x,y)] \mathrm{d}x\mathrm{d}y.$$

因为 Σ_3 上任意一块曲面在 xOy 面上的投影为零，所以直接根据对坐标的曲面积分的定义可知

$$\iint\limits_{\Sigma_3} R(x,y,z) \mathrm{d}x\mathrm{d}y = 0.$$

把以上三式相加，得

$$\iint\limits_{\Sigma} R(x,y,z) \mathrm{d}x\mathrm{d}y = \iint\limits_{D_{xy}} \{ R[x,y,z_2(x,y)] - R[x,y,z_1(x,y)] \} \mathrm{d}x\mathrm{d}y$$

$$(10\text{-}33)$$

比较式（10-32）、式（10-33），得

$$\iiint\limits_{\Omega} \frac{\partial R}{\partial z} \mathrm{d}v = \oiint\limits_{\Sigma} R(x,y,z) \mathrm{d}x\mathrm{d}y.$$

如果穿过 Ω 内部且平行于 x 轴的直线以及平行于 y 轴的直线与 Ω 的边界曲面 Σ 的交点也都恰好是两个，那么类似地可得

$$\iiint\limits_{\Omega} \frac{\partial P}{\partial x} \mathrm{d}v = \oiint\limits_{\Sigma} P(x,y,z) \mathrm{d}y\mathrm{d}z;$$

$$\iiint\limits_{\Omega} \frac{\partial Q}{\partial y} \mathrm{d}v = \oiint\limits_{\Sigma} Q(x,y,z) \mathrm{d}z\mathrm{d}x.$$

把以上三式两端分别相加，即得高斯公式（10-30）.

在上述证明中，对闭区域 Ω 作了这样的限制，即穿过 Ω 内部且平行于坐标轴的直线与 Ω 的边界曲面 Σ 的交点恰好是两点. 如果 Ω 不满足这样的条件，可以引进几张辅助曲面把 Ω 分为有限个闭区域，使得每个闭区域满足这样的条件，并注意到沿辅助曲面相反两侧的两个曲面积分的绝对值相等而符号相反，相加时正好抵消，因此公式（10-30）对于这样的闭区域仍然是正确的.

例 1　利用高斯公式计算曲面积分 $\oiint\limits_{\Sigma} x^3 dydz + y^3 dzdx + z^3 dxdy$，其中 Σ 是球面 $x^2 + y^2 + z^2 = R^2$ 的外侧.

解　$P = x^3$，$Q = y^3$，$R = z^3$，

$$\frac{\partial P}{\partial x} = 3x^2, \quad \frac{\partial Q}{\partial y} = 3y^2, \quad \frac{\partial R}{\partial z} = 3z^2,$$

利用高斯公式把所给曲面积分化成三重积分，再利用球面坐标计算三重积分.

$$\oiint\limits_{\Sigma} x^3 dydz + y^3 dzdx + z^3 dxdy$$

$$= 3 \iiint\limits_{\Omega} (x^2 + y^2 + z^2) dxdydz$$

$$= 3 \int_0^{2\pi} d\theta \int_0^{\pi} d\varphi \int_0^R r^4 \sin\varphi dr = \frac{12}{5}\pi R^5.$$

例 2　利用高斯公式计算曲面积分

$$I = \iint\limits_{\Sigma} (y - x^2 + z^2) dydz + (x - z^2 + y^2) dzdx + (z - y^2 + 3x^2) dxdy,$$

其中 Σ 为旋转抛物面 $z = x^2 + y^2$ 上在 $0 \le z \le a^2$ 部分的下侧.

解　Σ 不是封闭的曲面，为了利用高斯公式，补上一张平面

$$\Sigma_0: z = a^2 (x^2 + y^2 \le a^2),$$

并取 Σ_0 的上侧（在 Σ_0 上，$dydz = dzdx = 0$），则

$$I = \iint\limits_{\Sigma} + \iint\limits_{\Sigma_0} - \iint\limits_{\Sigma_0} = \oiint\limits_{\Sigma + \Sigma_0} - \oiint\limits_{\Sigma_0}$$

$$= \iiint\limits_{\Omega} (-2x + 2y + 1) dxdydz - \iint\limits_{\Sigma_0} (z - y^2 + 3x^2) dxdy$$

由对称性，

$$\iiint\limits_{\Omega} x dxdydz = \iiint\limits_{\Omega} y dxdydz = 0,$$

故

$$I = \iiint\limits_{\Omega} dxdydz - \iint\limits_{D_{xy}} (a^2 - y^2 + 3x^2) dxdy$$

$$= \int_0^{2\pi} d\theta \int_0^a r dr \int_{r^2}^{a^2} dz - \iint\limits_{D} (a^2 - r^2\sin^2\theta + 3r^2\cos\theta) r dr d\theta$$

$$= -\pi a^4.$$

例 3　设函数 $u(x,y,z)$ 和 $v(x,y,z)$ 在闭区域 Ω 上具有一阶及二阶连续偏导数，证明

$$\iiint\limits_{\Omega} u\Delta v dxdydz = \oiint\limits_{\Sigma} u \frac{\partial v}{\partial n} dS - \iiint\limits_{\Omega} \left(\frac{\partial u}{\partial x} \frac{\partial v}{\partial x} + \frac{\partial u}{\partial y} \frac{\partial v}{\partial y} + \frac{\partial u}{\partial z} \frac{\partial v}{\partial z} \right) dxdydz,$$

其中 Σ 是闭区域 Ω 的整个边界曲面，$\dfrac{\partial v}{\partial n}$ 为函数 $v(x,y,z)$ 沿 Σ 的外法线方向的方向导数，符号 $\Delta = \dfrac{\partial^2}{\partial x^2} + \dfrac{\partial^2}{\partial y^2} + \dfrac{\partial^2}{\partial z^2}$，称为拉普拉斯算子．这个公式叫做格林第一公式．

证　因为方向导数

$$\frac{\partial v}{\partial n} = \frac{\partial v}{\partial x}\cos\alpha + \frac{\partial v}{\partial y}\cos\beta + \frac{\partial v}{\partial z}\cos\gamma,$$

其中 $\cos\alpha$、$\cos\beta$、$\cos\gamma$ 是 Σ 在点 (x,y,z) 外的外法线向量的方向余弦．于是曲面积分

$$\oiint\limits_{\Sigma} u\,\frac{\partial v}{\partial n}\mathrm{d}S = \oiint\limits_{\Sigma} u\Big(\frac{\partial v}{\partial x}\cos\alpha + \frac{\partial v}{\partial y}\cos\beta + \frac{\partial v}{\partial z}\cos\gamma\Big)\mathrm{d}S$$

$$= \oiint\limits_{\Sigma}\Big[\Big(u\,\frac{\partial v}{\partial x}\Big)\cos\alpha + \Big(u\,\frac{\partial v}{\partial y}\Big)\cos\beta + \Big(v\,\frac{\partial v}{\partial z}\Big)\cos\gamma\Big]\mathrm{d}S$$

利用高斯公式，即得

$$\oiint\limits_{\Sigma} u\,\frac{\partial v}{\partial n}\mathrm{d}S$$

$$= \iiint\limits_{\Omega}\Big[\frac{\partial}{\partial x}\Big(u\,\frac{\partial v}{\partial x}\Big) + \frac{\partial}{\partial y}\Big(u\,\frac{\partial v}{\partial y}\Big) + \frac{\partial}{\partial z}\Big(v\,\frac{\partial v}{\partial z}\Big)\Big]\mathrm{d}x\mathrm{d}y\mathrm{d}z$$

$$= \iiint\limits_{\Omega} u\Delta v\,\mathrm{d}x\mathrm{d}y\mathrm{d}z + \iiint\limits_{\Omega}\Big(\frac{\partial u}{\partial x}\frac{\partial v}{\partial x} + \frac{\partial u}{\partial y}\frac{\partial v}{\partial y} + \frac{\partial u}{\partial z}\frac{\partial v}{\partial z}\Big)\mathrm{d}x\mathrm{d}y\mathrm{d}z$$

将上式右端第二个积分移至左端便得所要证明的等式．

二、沿任意闭曲线的曲面积分为零的条件

现在提出与第三节第二目所讨论问题相类似的问题，即在怎样的条件下，曲面积分

$$\oiint\limits_{\Sigma} P\mathrm{d}y\mathrm{d}z + Q\mathrm{d}z\mathrm{d}x + R\mathrm{d}x\mathrm{d}y = 0$$

与曲面 Σ 无关而只取决于 Σ 的边界曲线？这问题相当于在怎样的条件下，沿任意闭曲面的曲面积分为零？这问题可用高斯公式来解决．

下面先介绍空间二维单连通区域及一维单连通区域的概念．对空间区域 G，如果 G 内任一闭曲面所围成的区域全属于 G，则称 G 是**空间二维单连通区域**；如果 G 内任一闭曲面总可以张成一片完全属于 G 的曲面，则称 G 为**空间一维单连通区域**．例如，球面所围成的区域是空间二维单连通的，又是空间一维单连通的；环面所围成的区域是空间二维单连通的，但不是空间一维单连通的；两个同心球面之间的区域是空间一维单连通的，但不是空间二维单连通的．

对于沿任意闭曲面的曲面积分为零的条件，有以下结论：

定理 10.7　设 G 是空间二维单连通区域，$P(x,y,z)$、$Q(x,y,z)$、$R(x,y,z)$ 在 G 内具有一阶连续偏导数，则曲面积分

$$\iint\limits_{\Sigma} P\mathrm{d}y\mathrm{d}z + Q\mathrm{d}z\mathrm{d}x + R\mathrm{d}x\mathrm{d}y$$

在 G 内与所取曲面 Σ 无关而只取决于 Σ 的边界曲线（或沿 G 内任一闭曲面的曲面积分为零）的充分必要条件是

$$\frac{\partial P}{\partial x} + \frac{\partial Q}{\partial y} + \frac{\partial R}{\partial z} = 0 \qquad (10\text{-}34)$$

在 G 内恒成立.

证　若等式（10-34）在 G 内恒成立，则由高斯公式（10-30）立即可以看出沿 G 内的任意闭曲面的曲面积分为零，因此条件（10-34）是充分的. 反之，设沿 G 内的任一闭曲面的曲面积分为零，若等式（10-34）在 G 内不恒成立，即在 G 内至少有一点 M_0 使得

$$\left(\frac{\partial P}{\partial x} + \frac{\partial Q}{\partial y} + \frac{\partial R}{\partial z}\right)_{M_0} \neq 0.$$

仿照第三节平面上曲线积分与路径无关的条件中所用的方法，就可得出 G 内存在着闭曲面使得沿该闭曲面的曲面积分不等于零，这与假设相矛盾，因此条件（10-34）是必要的. 证毕.

三、通量与散度

下面来解释高斯公式

$$\iiint\limits_{\Omega}\left(\frac{\partial P}{\partial x} + \frac{\partial Q}{\partial y} + \frac{\partial R}{\partial z}\right)\mathrm{d}v = \oiint\limits_{\Sigma} P\mathrm{d}y\mathrm{d}z + Q\mathrm{d}z\mathrm{d}x + R\mathrm{d}x\mathrm{d}y$$

的物理意义.

设稳定流动的不可压缩流体（假定密度为1）的速度场由

$$v(x,y,z) = P(x,y,z)\boldsymbol{i} + Q(x,y,z)\boldsymbol{j} + R(x,y,z)\boldsymbol{k}$$

给出，其中 P、Q、R 假定具有一阶连续偏导数，Σ 是速度场中一片有向曲面，又

$$\boldsymbol{n} = \cos\alpha\boldsymbol{i} + \cos\beta\boldsymbol{j} + \cos\gamma\boldsymbol{k}$$

是在点 (x,y,z) 处的单位法向量，则由本章第五节可知，单位时间内流体经过 Σ 流向指定侧的流体总质量 Φ 可用曲面积分来表示：

$$\Phi = \iint\limits_{\Sigma} P\mathrm{d}y\mathrm{d}z + Q\mathrm{d}z\mathrm{d}x + R\mathrm{d}x\mathrm{d}y$$

$$= \iint\limits_{\Sigma} (P\cos\alpha + Q\cos\beta + R\cos\gamma)\mathrm{d}S$$

$$= \iint\limits_{\Sigma} v \cdot \boldsymbol{n}\mathrm{d}S = \iint\limits_{\Sigma} v_n\mathrm{d}S,$$

式中，$v_n = v \cdot \boldsymbol{n} = P\cos\alpha + Q\cos\beta + R\cos\gamma$ 表示流体的速度向量 v 在有向曲面的法向

量上的投影，如果 Σ 是高斯公式(10-30)中闭区域 Ω 的边界曲面的外侧，那么公式(10-30)的右端可解释为单位时间内离开闭区域 Ω 的流体的总质量. 由于假定流体是不可压缩的，且流动是稳定的，因此在流体离开 Ω 的同时，Ω 内部必须有产生流体的"源头"产生出同样多的流体来进行补充. 所以高斯公式左端可解释为分布在 Ω 内的源头在单位时间内所产生的流体的总质量.

为简便起见，把高斯公式(10-30)改写成

$$\iiint\limits_{\Omega}\left(\frac{\partial P}{\partial x}+\frac{\partial Q}{\partial y}+\frac{\partial R}{\partial z}\right)\mathrm{d}v = \oiint\limits_{\Sigma}v_n\mathrm{d}S.$$

以闭区域 Ω 的体积 V 除上式两端，得

$$\frac{1}{V}\iiint\limits_{\Omega}\left(\frac{\partial P}{\partial x}+\frac{\partial Q}{\partial y}+\frac{\partial R}{\partial z}\right)\mathrm{d}v = \frac{1}{V}\oiint\limits_{\Sigma}v_n\mathrm{d}S.$$

上式左端表示 Ω 内的源头在单位时间单位体积内所产生的流体质量的平均值. 应用积分中值定理于上式左端，得

$$\left.\left(\frac{\partial P}{\partial x}+\frac{\partial Q}{\partial y}+\frac{\partial R}{\partial z}\right)\right|_{(\xi,\eta,\zeta)} = \frac{1}{V}\oiint\limits_{\Sigma}v_n\mathrm{d}S.$$

式中，(ξ,η,ζ) 是 Ω 内的某个点. 令 Ω 缩向一点 $M(x,y,z)$，取上式的极限，得

$$\frac{\partial P}{\partial x}+\frac{\partial Q}{\partial y}+\frac{\partial R}{\partial z} = \lim_{\Omega\to M}\frac{1}{V}\oiint\limits_{\Sigma}v_n\mathrm{d}S.$$

上式左端称为 v 在点 M 的散度，记作 $\mathrm{div}v$，即

$$\mathrm{div}v = \frac{\partial P}{\partial x}+\frac{\partial Q}{\partial y}+\frac{\partial R}{\partial z}.$$

$\mathrm{div}v$ 在这里可看作稳定流动的不可压缩流体在点的**源头强度**——在单位时间单位体积内所产生的流体质量. 如果 $\mathrm{div}v$ 为负，表示点 M 处流体在消失.

一般地，设某向量场由

$$\boldsymbol{A}(x,y,z) = P(x,y,z)\boldsymbol{i}+Q(x,y,z)\boldsymbol{j}+R(x,y,z)\boldsymbol{k}$$

给出，其中 P、Q、R 具有一阶连续偏导数，Σ 是场内的一片有向曲面，$\boldsymbol{n}$ 是 Σ 在点 (x,y,z) 处的单位法向量，则 $\iint\limits_{\Sigma}\boldsymbol{A}\cdot\boldsymbol{n}\mathrm{d}S$ 叫做向量场 $\boldsymbol{A}$ 通过曲面 Σ 向着指定侧的通量(或流量)，而 $\frac{\partial P}{\partial x}+\frac{\partial Q}{\partial y}+\frac{\partial R}{\partial z}$ 叫做向量场 $\boldsymbol{A}$ 的**散度**，记作 $\mathrm{div}\boldsymbol{A}$，即

$$\mathrm{div}\boldsymbol{A} = \frac{\partial P}{\partial x}+\frac{\partial Q}{\partial y}+\frac{\partial R}{\partial z}.$$

高斯公式现在可写成

$$\iiint\limits_{\Omega}\mathrm{div}\boldsymbol{A}\mathrm{d}v = \oiint\limits_{\Sigma}A_n\mathrm{d}S,$$

式中，Σ 是空间闭区域 Ω 的边界曲面，而

$$A_n = \boldsymbol{A} \cdot \boldsymbol{n} = P\cos\alpha + Q\cos\beta + R\cos\gamma$$

是向量 $\boldsymbol{A}$ 在曲面 Σ 的外侧法向量上的投影.

习题 10.6

1. 利用高斯公式计算曲面积分:

1) $\oiint\limits_{\Sigma} (x - y)\mathrm{d}x\mathrm{d}y + (y - z)\mathrm{d}y\mathrm{d}z$, 其中 Σ 为柱面 $x^2 + y^2 = 1$ 及平面 $z = 0$, $z = 3$ 所围成的空间闭区域 Ω 的整个边界曲面的外侧;

2) $\iint\limits_{\Sigma} (x^2\cos\alpha + y^2\cos\beta + z^2\cos\gamma)\mathrm{d}S$, 其中 Σ 为锥面 $x^2 + y^2 = z^2$ 介于平面 $z = 0$ 及 $z = h(h > 0)$ 之间的部分的下侧, $\cos\alpha$, $\cos\beta$, $\cos\gamma$ 是 Σ 在点 (x, y, z) 处的法向量的方向余弦;

3) $\oiint\limits_{\Sigma} x^2\mathrm{d}y\mathrm{d}z + y^2\mathrm{d}z\mathrm{d}x + z^2\mathrm{d}x\mathrm{d}y$, 其中 Σ 为平面 $x = 0$, $y = 0$, $z = 0$, $x = a$, $y = a$, $z = a$ 所围成的立体的表面的外侧;

4) $\oiint\limits_{\Sigma} x\mathrm{d}y\mathrm{d}z + y\mathrm{d}z\mathrm{d}x + z\mathrm{d}x\mathrm{d}y$, 其中 Σ 是介于 $z = 0$ 和 $z = 3$ 之间的圆柱体 $x^2 + y^2 \leqslant 9$ 的整个表面的外侧.

5) $\iint\limits_{\Sigma} \dfrac{ax\mathrm{d}y\mathrm{d}z + (z + a)^2\mathrm{d}x\mathrm{d}y}{(x^2 + y^2 + z^2)^{\frac{1}{2}}}$, 其中 $a > 0$, Σ 为下半球面 $z = -\sqrt{a^2 - x^2 - y^2}$ 的上侧.

2. 求下列向量 $\boldsymbol{A}$ 穿过曲面 Σ 流向指定侧的流量:

1) $\boldsymbol{A} = yz\boldsymbol{i} + xz\boldsymbol{j} + xy\boldsymbol{k}$, Σ 为圆柱 $x^2 + y^2 \leqslant a^2(0 \leqslant z \leqslant h)$ 的全表面, 流向外侧;

2) $\boldsymbol{A} = (2x + 3z)\boldsymbol{i} - (xz + y)\boldsymbol{j} + (y^2 + 2z)\boldsymbol{k}$, Σ 是以点 $(3, -1, 2)$ 为球心, 半径 $R = 3$ 的球面, 流向外侧.

3. 求下列向量场 $\boldsymbol{A}$ 的散度:

1) $\boldsymbol{A} = (x^2 + yz)\boldsymbol{i} + (y^2 + xz)\boldsymbol{j} + (z^2 + xy)\boldsymbol{k}$;

2) $\boldsymbol{A} = \mathrm{e}^{xy}\boldsymbol{i} + \cos(xy)\boldsymbol{j} + \cos(xz^2)\boldsymbol{k}$.

4. 设 $u(x, y, z)$、$v(x, y, z)$ 是两个定义在闭区域 Ω 上的具有二阶连续偏导数的函数, $\dfrac{\partial u}{\partial n}$、$\dfrac{\partial v}{\partial n}$ 依次表示 $u(x, y, z)$、$v(x, y, z)$ 沿 Σ 的外法线方向的方向导数. 证明

$$\iiint\limits_{\Omega} (u\Delta v - v\Delta u)\mathrm{d}x\mathrm{d}y\mathrm{d}z = \oiint\limits_{\Sigma} \left(u\frac{\partial v}{\partial n} - v\frac{\partial u}{\partial n}\right)\mathrm{d}S$$

式中, Σ 是空间闭区域 Ω 的整个边界曲面. 这个公式叫做**格林第二公式**.

第七节　斯托克斯公式

斯托克斯(Stokes)公式是格林公式的推广. 格林公式表达了平面闭区域上的二重积分与其边界曲线上的曲线积分间的关系, 而斯托克斯公式则把曲面 Σ 上的曲面积分与沿着 Σ 的边界曲线的曲线积分联系起来. 这个联系可陈述如下:

定理 10.8　设 Γ 为分段光滑的空间有向闭曲线，Σ 是以 Γ 为边界的分片光滑的有向曲面，Γ 的正向与 Σ 的侧符合右手规则，函数 $P(x,y,z)$、$Q(x,y,z)$、$R(x,y,z)$ 在曲面 Σ（连同边界 Γ）上具有一阶连续偏导数，则有

$$\iint\limits_{\Sigma}\left(\frac{\partial R}{\partial y}-\frac{\partial Q}{\partial z}\right)\mathrm{d}y\mathrm{d}z+\left(\frac{\partial P}{\partial z}-\frac{\partial R}{\partial x}\right)\mathrm{d}z\mathrm{d}x+\left(\frac{\partial Q}{\partial x}-\frac{\partial P}{\partial y}\right)\mathrm{d}x\mathrm{d}y$$

$$=\oint\limits_{\Gamma}P\mathrm{d}x+Q\mathrm{d}y+R\mathrm{d}z \tag{10-35}$$

公式（10-35）叫做**斯托克斯公式**.

证　先假定 Σ 与平行于 z 轴的直线相交不多于一点，并设 Σ 为曲面的上侧，Σ 的正向边界曲线 Γ 在 xOy 面上的投影为平面有向曲线 C，C 所围成的闭区域为 D_{xy}（见图 10-21）.

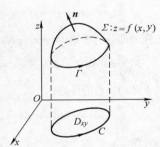

图 10-21

设法把曲面积分

$$\iint\limits_{\Sigma}\frac{\partial P}{\partial z}\mathrm{d}z\mathrm{d}x-\frac{\partial P}{\partial y}\mathrm{d}x\mathrm{d}y$$

化为闭区域上的二重积分，然后通过格林公式使它与曲线积分相联系. 根据对面积的和对坐标的曲面积分间的关系，有

$$\iint\limits_{\Sigma}\frac{\partial P}{\partial z}\mathrm{d}z\mathrm{d}x-\frac{\partial P}{\partial y}\mathrm{d}x\mathrm{d}y=\iint\limits_{\Sigma}\left(\frac{\partial P}{\partial z}\cos\beta-\frac{\partial P}{\partial y}\cos\gamma\right)\mathrm{d}S \tag{10-36}$$

由第八章第四节知道，有向曲面 Σ 的法向量的方向余弦为

$$\cos\alpha=\frac{-f_x}{\sqrt{1+f_x^2+f_y^2}},\quad\cos\beta=\frac{-f_y}{\sqrt{1+f_x^2+f_y^2}},\quad\cos\gamma=\frac{1}{\sqrt{1+f_x^2+f_y^2}},$$

因此 $\cos\beta=-f_y\cos\gamma$，把它代入式（10-36）得

$$\iint\limits_{\Sigma}\frac{\partial P}{\partial z}\mathrm{d}z\mathrm{d}x-\frac{\partial P}{\partial y}\mathrm{d}x\mathrm{d}y=-\iint\limits_{\Sigma}\left(\frac{\partial P}{\partial y}+\frac{\partial P}{\partial z}f_y\right)\cos\gamma\mathrm{d}S,$$

即

$$\iint\limits_{\Sigma}\frac{\partial P}{\partial z}\mathrm{d}z\mathrm{d}x-\frac{\partial P}{\partial y}\mathrm{d}x\mathrm{d}y=-\iint\limits_{\Sigma}\left(\frac{\partial P}{\partial y}+\frac{\partial P}{\partial z}f_y\right)\mathrm{d}x\mathrm{d}y \tag{10-37}$$

上式右端的曲面积分化为二重积分时，应把 $P(x,y,z)$ 中的 z 用 $f(x,y)$ 来代替. 因为由复合函数的微分法，有

$$\frac{\partial}{\partial y}P[x,y,f(x,y)]=\frac{\partial P}{\partial y}+\frac{\partial P}{\partial z}\cdot f_y.$$

所以，式（10-37）可写成

$$\iint_{\Sigma} \frac{\partial P}{\partial z}\mathrm{d}z\mathrm{d}x - \frac{\partial P}{\partial y}\mathrm{d}x\mathrm{d}y = -\iint_{D_{xy}} \frac{\partial}{\partial y}P[x,y,f(x,y)]\mathrm{d}x\mathrm{d}y.$$

根据格林公式，上式右端的二重积分可化为沿闭区域 D_{xy} 的边界 C 的曲线积分：

$$-\iint_{D_{xy}} \frac{\partial}{\partial y}P[x,y,f(x,y)]\mathrm{d}x\mathrm{d}y = \oint_{C}P[x,y,f(x,y)]\mathrm{d}x$$

于是

$$\iint_{\Sigma} \frac{\partial P}{\partial z}\mathrm{d}z\mathrm{d}x - \frac{\partial P}{\partial y}\mathrm{d}x\mathrm{d}y = \oint_{C}P[x,y,f(x,y)]\mathrm{d}x.$$

因为函数 $P[x,y,f(x,y)]$ 在曲线 C 上点 (x,y) 处的值与函数 $P(x,y,z)$ 在曲线 Γ 上对应点 (x,y,z) 处的值是一样的，并且两曲线上的对应小弧段在 x 轴上的投影也一样，根据曲线积分的定义，上式右端的曲线积分等于曲线 Γ 上的曲线积分 $\int_{\Gamma} P(x,y,z)\mathrm{d}x$. 因此，可以证得

$$\iint_{\Sigma} \frac{\partial P}{\partial z}\mathrm{d}z\mathrm{d}x - \frac{\partial P}{\partial y}\mathrm{d}x\mathrm{d}y = \oint_{\Gamma}P(x,y,z)\mathrm{d}x \qquad (10\text{-}38)$$

如果 Σ 取下侧，Γ 也相应地改成相反的方向，那么式（10-38）右端同时改变符号，因此式（10-38）仍成立.

其次，如果曲面与平行于 z 轴的直线的交点多于一个，则可作辅助曲线把曲面分成几部分，然后应用式（10-38）并相加. 因为沿辅助曲线而方向相反的两个曲线积分相加时正好抵消，所以对于这一类曲面，式（10-38）也成立.

同样可证

$$\iint_{\Sigma} \frac{\partial Q}{\partial x}\mathrm{d}x\mathrm{d}y - \frac{\partial Q}{\partial z}\mathrm{d}y\mathrm{d}z = \oint_{\Gamma}Q\mathrm{d}y;$$

$$\iint_{\Sigma} \frac{\partial R}{\partial y}\mathrm{d}y\mathrm{d}z - \frac{\partial R}{\partial x}\mathrm{d}z\mathrm{d}x = \oint_{\Gamma}R\mathrm{d}z.$$

把它们与式（10-38）相加即得公式（10-35）. 证毕.

为了便于记忆，利用行列式记号把斯托克斯公式（10-35）写成

$$\iint_{\Sigma} \begin{vmatrix} \mathrm{d}y\mathrm{d}z & \mathrm{d}z\mathrm{d}x & \mathrm{d}x\mathrm{d}y \\ \dfrac{\partial}{\partial x} & \dfrac{\partial}{\partial y} & \dfrac{\partial}{\partial z} \\ P & Q & R \end{vmatrix} = \oint_{\Gamma}P\mathrm{d}x + Q\mathrm{d}y + R\mathrm{d}z .$$

把其中的行列式按第一行展开，并把 $\dfrac{\partial}{\partial y}$ 与 R 的"积"理解为 $\dfrac{\partial R}{\partial y}$，$\dfrac{\partial}{\partial z}$ 与 Q 的"积"理解为 $\dfrac{\partial Q}{\partial z}$ 等，于是这个行列式就"等于"

$$\iint_{\Sigma} \left(\frac{\partial R}{\partial y} - \frac{\partial Q}{\partial z} \right)\mathrm{d}y\mathrm{d}z + \left(\frac{\partial P}{\partial z} - \frac{\partial R}{\partial x} \right)\mathrm{d}z\mathrm{d}x + \left(\frac{\partial Q}{\partial x} - \frac{\partial P}{\partial y} \right)\mathrm{d}x\mathrm{d}y.$$

这恰好是式（10-35）左端的被积表达式.

利用两类曲面积分间的联系，可得斯托克斯公式的另一形式：

$$\iint\limits_{\Sigma} \begin{vmatrix} \cos\alpha & \cos\beta & \cos\gamma \\ \dfrac{\partial}{\partial x} & \dfrac{\partial}{\partial y} & \dfrac{\partial}{\partial z} \\ P & Q & R \end{vmatrix} \mathrm{d}s = \oint\limits_{\Gamma} P\mathrm{d}x + Q\mathrm{d}y + R\mathrm{d}z,$$

其中 $\boldsymbol{n} = \{\cos\alpha, \cos\beta, \cos\gamma\}$ 为有向曲面 Σ 在点 (x, y, z) 处的单位法向量.

如果 Σ 是 xOy 面上的一块平面闭区域，斯托克斯公式就变成格林公式. 因此，格林公式是斯托克斯公式的一个特殊情形.

例 1　利用斯托克斯公式计算曲线积分 $\oint\limits_{\Gamma} y\mathrm{d}x + z\mathrm{d}y + x\mathrm{d}z$，其中 Γ 是折线 $ABCA$，方向是由 $A(1,0,0)$ 经 $B(0,1,0)$ 至 $C(0,0,1)$ 再回到 $A(1,0,0)$.

解　因 $P = y$，$Q = z$，$R = x$，选曲面为平面区域 ABC，根据 Γ 的方向，平面侧向为上侧（见图 10-22），利用斯托克斯公式，得

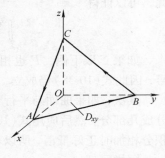

图 10-22

$$\oint\limits_{\Gamma} y\mathrm{d}x + z\mathrm{d}y + x\mathrm{d}z$$

$$= \iint\limits_{\Sigma} \begin{vmatrix} \mathrm{d}y\mathrm{d}z & \mathrm{d}z\mathrm{d}x & \mathrm{d}x\mathrm{d}y \\ \dfrac{\partial}{\partial x} & \dfrac{\partial}{\partial x} & \dfrac{\partial}{\partial x} \\ y & z & x \end{vmatrix}$$

$$= -\iint\limits_{\Sigma} \mathrm{d}y\mathrm{d}z + \mathrm{d}z\mathrm{d}x + \mathrm{d}x\mathrm{d}y$$

$$= -\iint\limits_{D_{yz}} \mathrm{d}y\mathrm{d}z - \iint\limits_{D_{zx}} \mathrm{d}y\mathrm{d}z - \iint\limits_{D_{xy}} \mathrm{d}x\mathrm{d}y$$

$$= -3\iint\limits_{D_{xy}} \mathrm{d}x\mathrm{d}y = -\frac{3}{2}.$$

例 2　利用斯托克斯公式计算曲线积分

$$I = \oint\limits_{\Gamma} y^2 \mathrm{d}x + xy\mathrm{d}y + xz\mathrm{d}z,$$

其中 Γ 是柱面 $x^2 + y^2 = 2y$ 与平面 $y = z$ 的交线，从 z 轴正向看为顺时针方向.

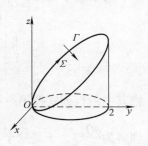

图 10-23

解　如图 10-23 所示，设 Σ 为平面 $y = z$ 上被 Γ 所围椭圆域的下侧，则其法线方向余弦为

$$\cos\alpha = 0, \quad \cos\beta = \frac{1}{\sqrt{2}}, \quad \cos\gamma = -\frac{1}{\sqrt{2}},$$

利用斯托克斯公式，得

$$I = \iint\limits_{\Sigma} \begin{vmatrix} \cos\alpha & \cos\beta & \cos\gamma \\ \dfrac{\partial}{\partial x} & \dfrac{\partial}{\partial y} & \dfrac{\partial}{\partial z} \\ y^2 & xy & xz \end{vmatrix} \mathrm{d}S$$

$$= \frac{1}{\sqrt{2}} \iint\limits_{\Sigma} (y - z)\,\mathrm{d}S = 0.$$

习题 10.7

1. 利用斯托克斯公式计算曲线积分 $I = \oint_{\Gamma} (y^2 - z^2)\,\mathrm{d}x + (z^2 - x^2)\,\mathrm{d}y + (x^2 - y^2)\,\mathrm{d}z$ ，其中 Γ 为用平面 $x + y + z = \dfrac{3}{2}a$ 切立体 $0 \leqslant x \leqslant a$，$0 \leqslant y \leqslant a$，$0 \leqslant z \leqslant a$ 的表面的截痕，它是逆时针方向的.

2. 利用斯托克斯公式计算曲线积分 $I = \oint_{\Gamma} (y + z)\,\mathrm{d}x + (z + x)\,\mathrm{d}y + (x + y)\,\mathrm{d}z$ ，其中 Γ 为 $x = a\sin^2 t$，$y = 2a\sin t \cdot \cos t$，$z = 2a\cos^2 t$，方向为 t 增大的方向.

3. 计算曲线积分 $I = \oint_{\Gamma} (y - z)\,\mathrm{d}x + (z - x)\,\mathrm{d}y + (x - y)\,\mathrm{d}z$ ，其中 Γ 为椭圆，若从 x 轴的正向去看，此椭圆的正向是逆时针方向，椭圆方程为

$$\Gamma: \begin{cases} x^2 + y^2 = a^2 \\ \dfrac{x}{a} + \dfrac{z}{b} = 1\,(a > 0, b > 0) \end{cases}.$$

4. 计算曲线积分 $I = \oint_{\Gamma} 3y\,\mathrm{d}x - xz\,\mathrm{d}y + yz^2\,\mathrm{d}z$ ，其中 Γ 为圆周

$$\Gamma: \begin{cases} x^2 + y^2 = 2z \\ z = 2 \end{cases},$$

若从 z 轴的正向去看，这一圆周是取逆时针方向.

综合测试题（十）

一、单项选择题

1. 已知 $\dfrac{(x + ay)\mathrm{d}x + y\mathrm{d}y}{(x + y)^2}$ 为某二元函数的全微分，则 a 等于（　　）.

(A) -1；　　　　(B) 0；　　　　(C) 1；　　　　(D) 2.

2. 设闭曲线 c 为 $|x| + |y| = 1$ 的正向，则曲线积分 $\oint_{c} \dfrac{-y\mathrm{d}x + x\mathrm{d}y}{|x| + |y|}$ 的值等于（　　）.

(A) 0；　　　　(B) 2；　　　　(C) 4；　　　　(D) 6.

3. 设 Σ 为封闭柱面 $x^2 + y^2 = a^2\,(0 \leqslant z \leqslant 3)$，其向外的单位法向量为 $\vec{n} = \{\cos\alpha, \cos\beta, \cos\gamma\}$，则 $\oiint_{\Sigma} (x\cos\alpha + y\cos\beta + z\cos\gamma)\mathrm{d}s$ 等于（　　）.

(A) $9\pi a^2$；　　　(B) $6\pi a^2$；　　　(C) $3\pi a^2$；　　　(D) 0.

4. 设曲线 c 为 $\begin{cases} x^2 + y^2 + z^2 = a^2 \\ x + y + z = 0 \end{cases}$，则 $\oint_c x\mathrm{d}s$ 等于 （ ）.

（A）$3a^2$； （B）0； （C）a^2； （D）$\dfrac{1}{3}a^2$.

5. 设 Σ 为下半球 $z = -\sqrt{a^2 - x^2 - y^2}$ 的上侧，Ω 是由 Σ 和 $z = 0$ 所围成的空间闭区域，则 $\displaystyle\iint_{\Sigma} z\mathrm{d}x\mathrm{d}y$ 不等于 （ ）.

（A）$-\displaystyle\iiint_{\Omega} \mathrm{d}v$； （B）$\displaystyle\int_0^{2\pi} \mathrm{d}\theta \int_0^a \sqrt{a^2 - r^2}\, r\mathrm{d}r$；

（C）$-\displaystyle\int_0^{2\pi} \mathrm{d}\theta \int_0^a \sqrt{a^2 - r^2}\, r\mathrm{d}r$； （D）$\displaystyle\iint_{\Sigma} (z + x + y)\mathrm{d}x\mathrm{d}y$.

二、填空题

1. 设 c 是圆周 $x^2 + y^2 = a^2$，则 $\oint_c (x - y^2)\mathrm{d}s = ($ ）.

2. 设质点在力 $\vec{F} = (y + 3x)\vec{i} + (2y - x)\vec{j}$ 的作用下沿椭圆 $4x^2 + y^2 = 4$ 的逆时针方向运动一周，则 $\vec{F}$ 所做的功等于 （ ）.

3. 设 Σ 是平面 $x + y + z = 6$ 被圆柱面 $x^2 + y^2 = 1$ 所截下的部分，则 $\displaystyle\iint_{\Sigma} z\mathrm{d}s$ 等于 （ ）.

4. 设 Σ 是球面 $x^2 + y^2 + z^2 = 1$ 的外侧，则 $\displaystyle\oiint_{\Sigma} \dfrac{x}{(x^2 + y^2 + z^2)^{2/3}}\mathrm{d}y\mathrm{d}z$ 等于 （ ）.

5. 设 $\displaystyle\int_c \dfrac{-2xf(x)}{1 + x^2}y\mathrm{d}x + f(x)\mathrm{d}y$ 与路径无关，其中 $f'(x)$ 连续且 $f(0) = 0$，则 $f(x) = ($ ）.

三、计算与应用题

1. 求 $I = \displaystyle\int_L [e^x \sin y - b(x + y)\mathrm{d}x] + (e^y \cos y - ax)\mathrm{d}y$，其中 a，b 为正常数，L 为从点 A $(2a, 0)$ 沿曲线 $y = \sqrt{2ax - x^2}$ 到点 $O(0, 0)$ 的弧.

2. 计算 $I = \displaystyle\int_L y^2\mathrm{d}s$，其中 L 为圆周 $\begin{cases} x^2 + y^2 + z^2 = a^2 \\ x + y + z = 0 \end{cases}$

3. 在变力 $\vec{F} = yz\vec{i} + zx\vec{j} + xy\vec{k}$ 的作用下，质点由原点沿直线运动到椭球面 $\dfrac{x^2}{a^2} + \dfrac{y^2}{b^2} + \dfrac{z^2}{c^2} = 1$ 上第一卦限内的点 $M(\xi, \eta, \zeta)$，问 ξ，η，ζ 取何值时，力 $\vec{F}$ 所做的功 W 最大？求出 W 最大值.

4. 设 S 为椭球面 $\dfrac{x^2}{2} + \dfrac{y^2}{2} + z^2 = 1$ 的上半部分，点 $P(x, y, z) \in S$，π 为 S 在点 P 处的切平面，$\rho(x, y, z)$ 为点 $O(0, 0, 0)$ 到平面 π 的距离，求 $\displaystyle\iint_S \dfrac{z}{\rho(x, y, z)}\mathrm{d}S$.

5. 求 $I = \displaystyle\iint_{\Sigma} xz\mathrm{d}y\mathrm{d}z + 2zy\mathrm{d}z\mathrm{d}x + 3xy\mathrm{d}x\mathrm{d}y$，其中 Σ 为曲面 $z = 1 - x^2 - \dfrac{y^2}{4}$ $(0 \leqslant x \leqslant 1)$ 的上侧.

6. 设对于半空间 $x > 0$ 内任意光滑有向闭曲面 S，都有 $\displaystyle\oiint_S xf(x)\mathrm{d}y\mathrm{d}z - xyf(x)\mathrm{d}z\mathrm{d}x - e^{2x}z\mathrm{d}x\mathrm{d}y =$

0，其中函数 $f(x)$ 在 $(0, +\infty)$ 内具有连续的一阶导数，且 $\lim\limits_{x \to 0^+} f(x) = 1$，求 $f(x)$.

四、证明题

已知平面区域 $D = \{(x, y) \mid 0 \leq x \leq \pi, 0 \leq x \leq \pi\}$，$L$ 为 D 的正向边界，试证：

(1) $\oint_L x e^{\sin y} \mathrm{d}y - y e^{-\sin x} \mathrm{d}x = \oint_L x e^{-\sin y} \mathrm{d}y - y e^{\sin x} \mathrm{d}x$;

(2) $\dfrac{5}{2} \pi^2 \leq \oint_L x e^{\sin y} \mathrm{d}y - y e^{-\sin x} \mathrm{d}x$.

第十一章 无 穷 级 数

无穷级数是高等数学的一个重要组成部分，它是表示函数、研究函数性质以及进行数值计算的工具. 本章先讨论常数项级数，介绍无穷级数的一些基本内容，然后重点讨论函数项级数中的幂级数及其性质.

第一节 级数的概念与性质

一、级数的概念

定义 11.1 已知数列 $\{u_n\}$，即 $u_1, u_2, \cdots, u_n, \cdots$，则 $u_1 + u_2 + u_3 + \cdots + u_n + \cdots$ 称为无穷级数(简称级数)，记作 $\sum\limits_{n=1}^{\infty} u_n$，其中 u_n 称为级数的第 n 项或通项.

级数的前 n 项的和用 S_n 来表示，即

$$S_n = u_1 + u_2 + \cdots + u_n \quad \text{或} \quad S_n = \sum_{k=1}^{n} u_k$$

称为级数的前 n 项部分和；部分和 S_n 构成的数列 $S_1, S_2, \cdots, S_n, \cdots$ 称为部分和数列.

定义 11.2 若级数的部分和数列 $\{s_n\}$ 的极限存在，即 $\lim\limits_{n\to\infty} S_n = S$ (S 是一个常数) 则称级数 $\sum\limits_{n=1}^{\infty} u_n$ **收敛**，S 是级数的和，并记为

$$S = \sum_{n=1}^{\infty} u_n = u_1 + u_2 + \cdots + u_n + \cdots,$$

并称 $R_n = u_{n+1} + u_{n+2} + \cdots = \sum\limits_{k=n+1}^{\infty} u_k = S - S_n$ 为级数的**余项**.

若数列 $\{s_n\}$ 发散，则称级数**发散**，发散级数没有和.

例1 判断几何级数 $\sum\limits_{n=1}^{\infty} aq^{n-1}$ 的收敛性 ($a \neq 0$).

解 1) 当 $|q| \neq 1$ 时，由于 $S_n = a + aq + \cdots + aq^{n-1} = \dfrac{a(1-q^n)}{1-q}$,

若 $|q| < 1$，则 $\lim\limits_{n\to\infty} S_n = \dfrac{a}{1-q}$，所以，当 $|q| < 1$ 时，级数收敛.

若 $|q| > 1$，则 $\lim\limits_{n\to\infty} S_n = \infty$，所以，当 $|q| > 1$ 时，级数发散.

2）当 $q = 1$ 时，$S_n = na$，$\lim\limits_{n \to \infty} S_n = \infty$，所以级数发散.

3）当 $q = -1$ 时，$S_n = \begin{cases} a & (n\text{ 为奇数}) \\ 0 & (n\text{ 为偶数}) \end{cases}$，当时 $n \to \infty$，S_n 没有极限，所以级数发散.

综上可知，当 $|q| < 1$ 时，级数 $\sum\limits_{n=1}^{\infty} aq^{n-1}$ 收敛；当 $|q| \geqslant 1$ 时，级数 $\sum\limits_{n=1}^{\infty} aq^{n-1}$ 发散.

例2 判断调和级数 $\sum\limits_{n=1}^{\infty} \dfrac{1}{n}$ 的敛散性.

解 考虑它的前 n 项和

$$S_n = 1 + \frac{1}{2} + \cdots + \frac{1}{n}.$$

由于对一切 n，总有

$$\left(1 + \frac{1}{n}\right)^n < e,$$

所以

$$\frac{1}{n} > \ln\left(1 + \frac{1}{n}\right) = \ln\frac{n+1}{n},$$

于是

$$S_n = 1 + \frac{1}{2} + \cdots + \frac{1}{n} > \ln\frac{2}{1} + \ln\frac{3}{2} + \cdots + \ln\frac{n+1}{n} = \ln(n+1).$$

而

$$\lim_{n \to \infty} \ln(n+1) = +\infty,$$

所以，当 $n \to \infty$ 时，S_n 是无穷大，因此调和级数 $\sum\limits_{n=1}^{\infty} \dfrac{1}{n}$ 发散.

例3 讨论级数 $\sum\limits_{n=1}^{\infty} \dfrac{1}{(n+1)^2}$ 的敛散性.

解 因为 $\dfrac{1}{(n+1)^2} < \dfrac{1}{n(n+1)} = \dfrac{1}{n} - \dfrac{1}{n+1}$，

所以

$$S_n = 1 + \frac{1}{2^2} + \frac{1}{3^2} + \cdots + \frac{1}{n^2} < 1 + \frac{1}{1 \cdot 2} + \frac{1}{2 \cdot 3} + \cdots + \frac{1}{n \cdot (n-1)}$$

$$= 1 + \left(1 - \frac{1}{2}\right) + \left(\frac{1}{2} - \frac{1}{3}\right) + \cdots + \left(\frac{1}{n-1} - \frac{1}{n}\right) = 2 - \frac{1}{n}.$$

因此 $S_n < 2$，又易知 $\{S_n\}$ 是单调增加的，所以 $\lim\limits_{n \to \infty} S_n$ 存在，即级数 $\sum\limits_{n=1}^{\infty} \dfrac{1}{(n+1)^2}$ 收敛.

二、级数的性质

性质1　如果级数 $\sum\limits_{n=1}^{\infty} u_n$ 与级数 $\sum\limits_{n=1}^{\infty} v_n$ 都收敛,它们的和分别是 U 与 V,则对任意常数 a 与 b,级数 $\sum\limits_{n=1}^{\infty}(au_n + bv_n)$ 也收敛,且其和为 $aU + bV$.

证　设 $U_n = u_1 + u_2 + \cdots + u_n$,则 $\lim\limits_{n\to\infty} U_n = U$.

$$V_n = v_1 + v_2 + \cdots + v_n,\ 则\lim\limits_{n\to\infty} V_n = V.$$

又设 $\sum\limits_{n=1}^{\infty}(au_n + bv_n)$ 的前 n 项和是 S_n,则有 $S_n = aU_n + bV_n$,因此

$$\lim\limits_{n\to\infty} S_n = aU + bV,$$

所以

$$\sum\limits_{n=1}^{\infty}(au_n + bv_n) = aU + bV.$$

注:如果级数 $\sum\limits_{n=1}^{\infty} u_n$ 收敛,而级数 $\sum\limits_{n=1}^{\infty} v_n$ 发散,则对任意常数 a 与 b,$(b \neq 0)$,级数 $\sum\limits_{n=1}^{\infty}(au_n + bv_n)$ 必发散.

例如,级数 $\sum\limits_{n=1}^{\infty}\left(\dfrac{1}{3^n} + \dfrac{2}{5^n}\right)$ 是收敛的,而级数 $\sum\limits_{n=1}^{\infty}\left(\dfrac{1}{3^n} + \dfrac{2}{n}\right)$ 是发散的.

性质2　在级数中改变、增加或去掉前面有限项,级数的敛散性不变.

证　这里仅对改变有限项的情形加以证明,其他情形类似.

设级数 $\sum\limits_{n=1}^{\infty} u_n = u_1 + u_2 + \cdots + u_m + u_{m+1} + \cdots$ 改变有限项以后,从第 $m+1$ 项开始都没有改变,设新级数为

$$\sum\limits_{n=1}^{\infty} v_n = v_1 + v_2 + \cdots + v_m + v_{m+1} + \cdots,\ (当 n > m 时, v_n = u_n)$$

又设　　　　　　　　　$u_1 + u_2 + \cdots + u_m = a,\ v_1 + v_2 + \cdots + v_m = b.$

记级数 $\sum\limits_{n=1}^{\infty} u_n$ 前 n 项和为 U_n,$\sum\limits_{n=1}^{\infty} v_n$ 前 n 项和是 V_n,则当 $n > m$ 时,有

$$U_n = V_n + a - b,$$

因此 $\{U_n\}$ 与 $\{V_n\}$ 具有相同的敛散性,即级数 $\sum\limits_{n=1}^{\infty} u_n$ 和 $\sum\limits_{n=1}^{\infty} v_n$ 敛散性相同.

例如,由例 3 的结果并结合性质 2 知道,级数 $\sum\limits_{n=1}^{\infty}\dfrac{1}{n^2}$ 以及 $\sum\limits_{n=3}^{\infty}\dfrac{1}{(n+1)^2}$ 都是收

敛的.

性质3　如果一个级数收敛，则加括号后所形成的新级数也收敛，且和不变.

证　设级数 $\sum\limits_{n=1}^{\infty} u_n$ 收敛，且和是 S. 不失一般性，不妨设加括号后的新级数为

$$(u_1 + u_2) + (u_3 + u_4 + u_5) + (u_6 + u_7) + \cdots,$$

用 W_m 表示新级数的前 m 项部分和，用 S_n 表示原级数的前 n 项相应部分和，因此有

$$W_1 = S_2, W_2 = S_5, W_3 = S_7, \cdots, W_m = S_n, \cdots,$$

显然，$m < n$，则当 $m \to \infty$ 时，必有 $n \to \infty$，于是 $\lim\limits_{m \to \infty} W_m = \lim\limits_{n \to \infty} S_n = S$.

例如，若级数 $\sum\limits_{n=1}^{\infty} u_n$ 收敛，则级数 $\sum\limits_{n=1}^{\infty} (u_{2n-1} + u_{2n})$ 也收敛.

注：性质3的逆命题不一定成立，即级数加括号后收敛，原级数未必收敛.

例如，级数 $(1-1) + (1-1) + \cdots + (1-1) + \cdots$ 收敛于 0，而 $1-1+1-1+\cdots + (-1)^{n-1} + \cdots$ 却不收敛.

但是，如果加括号后所成级数发散的话，则原级数一定发散.

性质4　如果级数 $\sum\limits_{n=1}^{\infty} u_n$ 收敛，则 $\lim\limits_{n \to \infty} u_n = 0$.

证　由于级数收敛，可设 $\lim\limits_{n \to \infty} S_n = S$.

由于

$$u_n = S_n - S_{n-1},$$

所以

$$\lim_{n \to \infty} u_n = \lim_{n \to \infty} S_n - \lim_{n \to \infty} S_{n-1} = S - S = 0.$$

注：性质4的逆命题不一定成立. 比如例2中讨论的调和级数，显然有 $\lim\limits_{n \to \infty} u_n = \lim\limits_{n \to \infty} \dfrac{1}{n} = 0$，但级数却是发散的.

如果级数的通项不趋于 0，则级数必发散. 因此常用 $\lim\limits_{n \to \infty} u_n \neq 0$ 判别级数 $\sum\limits_{n=1}^{\infty} u_n$ 是否发散.

例如，当 $p \leqslant 0$，级数 $\sum\limits_{n=1}^{\infty} \dfrac{1}{n^p}$ 是发散的.

因为当 $p < 0$ 时，$\lim\limits_{n \to \infty} \dfrac{1}{n^p} = +\infty \neq 0$，

当 $p = 0$ 时，$\lim\limits_{n \to \infty} \dfrac{1}{n^p} = 1 \neq 0$.

从而可知级数发散.

习题 11.1

1. 写出下列级数的一般项:

1) $1 + \dfrac{1}{3} + \dfrac{1}{5} + \dfrac{1}{7} + \cdots$;

2) $\dfrac{2}{1} - \dfrac{3}{2} + \dfrac{4}{3} - \dfrac{5}{4} + \dfrac{6}{5} - \cdots$;

3) $\dfrac{\sqrt{x}}{2} + \dfrac{x}{2 \cdot 4} + \dfrac{x\sqrt{x}}{2 \cdot 4 \cdot 6} + \dfrac{x^2}{2 \cdot 4 \cdot 6 \cdot 8} + \cdots$;

4) $\sin \dfrac{1}{2} + 2\sin \dfrac{1}{4} + 3\sin \dfrac{1}{8} + 4\sin \dfrac{1}{16} + \cdots$;

5) $\dfrac{1}{2} + \dfrac{2x}{5} + \dfrac{3x^2}{10} + \dfrac{4x^3}{17} + \cdots$.

2. 利用下列级数 $\displaystyle\sum_{n=1}^{\infty} u_n$ 的部分和 S_n ，求 u_n

1) $S_n = \dfrac{2n}{n+1}$;　　　　2) $S_n = \dfrac{1}{2} - \dfrac{1}{2(2n+1)}$.

3. 根据级数收敛与发散的定义判定下列级数的收敛性:

1) $\displaystyle\sum_{n=1}^{\infty} (\sqrt{n+1} - \sqrt{n})$;

2) $\displaystyle\sum_{n=1}^{\infty} \dfrac{1}{(2n-1)(2n+1)}$;

3) $\displaystyle\sum_{n=1}^{\infty} \sin \dfrac{n\pi}{6}$.

4. 判定下列级数的收敛性:

1) $-\dfrac{7}{8} + \dfrac{7^2}{8^2} - \dfrac{7^3}{8^3} + \cdots + (-1) \dfrac{7^n}{8^n} + \cdots$;

2) $\dfrac{1}{3} + \dfrac{1}{6} + \dfrac{1}{9} + \cdots + \dfrac{1}{3n} + \cdots$;

3) $\dfrac{1}{3} + \dfrac{1}{\sqrt{3}} + \dfrac{1}{\sqrt[3]{3}} + \cdots + \dfrac{1}{\sqrt[n]{3}} + \cdots$;

4) $\left(\dfrac{1}{2} + \dfrac{1}{3} \right) + \left(\dfrac{1}{2^2} + \dfrac{1}{3^2} \right) + \left(\dfrac{1}{2^3} + \dfrac{1}{3^3} \right) + \cdots + \left(\dfrac{1}{2^n} + \dfrac{1}{3^n} \right) + \cdots$;

5) $\displaystyle\sum_{n=1}^{\infty} \dfrac{2^n + (-3)^n}{6^n}$;

6) $\displaystyle\sum_{n=1}^{\infty} \dfrac{n^2 + 2^{n-1}}{n^2 2^n}$.

5. 求级数 $\displaystyle\sum_{n=1}^{\infty} \dfrac{1}{n(n+1)(n+2)}$ 的和.

6. 求级数 $\displaystyle\sum_{n=1}^{\infty} \dfrac{n}{3^n}$ 的和.

第二节 正 项 级 数

定义 11.3 如果级数 $\sum\limits_{n=1}^{\infty} u_n$ 各项都非负，即 $u_n \geq 0$，$(n = 1, 2, \cdots)$，则称为**正项级数**，显然正项级数的部分和数列 $\{s_n\}$ 是单调递增数列，即

$$s_1 \leq s_2 \leq s_3 \leq \cdots \leq s_{n-1} \leq s_n \leq \cdots.$$

由数列极限的存在准则，可以得到：

定理 11.1 正项级数收敛的充要条件是它的部分和数列有界.

利用定理 11.1 可以建立正项级数敛散性的比较判别法.

定理 11.2（比较判别法）

若两正项级数 $\sum\limits_{n=1}^{\infty} u_n$ 及 $\sum\limits_{n=1}^{\infty} v_n$ 满足 $u_n \leq v_n$，$n = 1, 2, \cdots$，

则有

1）若 $\sum\limits_{n=1}^{\infty} v_n$ 收敛，则 $\sum\limits_{n=1}^{\infty} u_n$ 收敛；

2）若 $\sum\limits_{n=1}^{\infty} u_n$ 发散，则 $\sum\limits_{n=1}^{\infty} v_n$ 发散.

证 考虑 $\sum\limits_{n=1}^{\infty} u_n$ 及 $\sum\limits_{n=1}^{\infty} v_n$ 的部分和数列 U_n 和 V_n.

1）设 $\lim\limits_{n \to \infty} V_n = V$，所以数列 V_n 有界，由于 $u_n \leq v_n$，从而 $U_n \leq V_n$，所以数列 U_n 有界，因此级数 $\sum\limits_{n=1}^{\infty} u_n$ 收敛.

2）用反证法根据 1）的结论便知 2）成立.

注：定理 11.2 的条件可放宽，即存在正整数 N，当 $n > N$ 时有 $u_n \leq v_n$ 即可.

例 1 判断 $\sum\limits_{n=1}^{\infty} \dfrac{1}{\sqrt{3n^2 + n}}$ 的收敛性.

解 因为 $\dfrac{1}{\sqrt{3n^2 + n}} \geq \dfrac{1}{\sqrt{3n^2 + n^2}} = \dfrac{1}{2n}$，$(n = 1, 2 \cdots)$，而 $\sum\limits_{n=1}^{\infty} \dfrac{1}{n}$ 发散，

所以，$\sum\limits_{n=1}^{\infty} \dfrac{1}{\sqrt{3n^2 + n}}$ 发散.

例 2 判断 p-级数 $\sum\limits_{n=1}^{\infty} \dfrac{1}{n^p} = 1 + \dfrac{1}{2^p} + \cdots + \dfrac{1}{n^p} + \cdots$ 的敛散性.

解 当 $p \leq 1$ 时，$\dfrac{1}{n^p} \geq \dfrac{1}{n}$，因为 $\sum\limits_{n=1}^{\infty} \dfrac{1}{n}$ 发散，所以 $\sum\limits_{n=1}^{\infty} \dfrac{1}{n^p}$ 也发散.

当 $p > 1$ 时

$$\sum_{n=1}^{\infty} \frac{1}{n^p} = 1 + \left(\frac{1}{2^p} + \frac{1}{3^p}\right) + \left(\frac{1}{4^p} + \frac{1}{5^p} + \frac{1}{6^p} + \frac{1}{7^p}\right) + \left(\frac{1}{8^p} + \frac{1}{9^p} + \cdots + \frac{1}{15^p}\right) + \cdots$$

$$< 1 + \left(\frac{1}{2^p} + \frac{1}{2^p}\right) + \left(\frac{1}{4^p} + \frac{1}{4^p} + \frac{1}{4^p} + \frac{1}{4^p}\right) + \left(\frac{1}{8^p} + \frac{1}{8^p} + \cdots + \frac{1}{8^p}\right) + \cdots,$$

而级数

$$1 + \left(\frac{1}{2^p} + \frac{1}{2^p}\right) + \left(\frac{1}{4^p} + \frac{1}{4^p} + \frac{1}{4^p} + \frac{1}{4^p}\right) + \left(\frac{1}{8^p} + \frac{1}{8^p} + \cdots + \frac{1}{8^p}\right) + \cdots$$

是以公比 $q = \frac{1}{2^{p-1}} < 1$ 的几何级数，所以收敛，因此其部分和数列有界，所以级数 $\sum_{n=1}^{\infty} \frac{1}{n^p}$ 的部分和也有界，因此 $\sum_{n=1}^{\infty} \frac{1}{n^p}$ 收敛.

综上所述，p-级数 $\sum_{n=1}^{\infty} \frac{1}{n^p}$ 在 $p > 1$ 时收敛，在 $p \leq 1$ 时发散.

例 3 判断 $\sum_{n=0}^{\infty} \frac{1}{n!}$ 的收敛性.

解 当 $n \geq 2$ 时，$n! = n \times (n-1) \times \cdots \times 3 \times 2 \times 1 > 2^{n-1}$，

所以有 $$\frac{1}{n!} < \frac{1}{2^{n-1}},$$

因为 $\sum_{n=1}^{\infty} \frac{1}{2^{n-1}}$ 收敛，所以级数 $\sum_{n=0}^{\infty} \frac{1}{n!}$ 收敛.

从以上的例子看出，在使用比较判别法时常常需要将级数的通项进行放大或缩小，以得到适当的不等式. 而建立这种不等式关系有时是比较困难的，实际应用时，往往采取下述的极限形式.

推论 11.1（比较判别法的极限形式）

设有两正项级数 $\sum_{n=1}^{\infty} u_n$ 及 $\sum_{n=1}^{\infty} v_n (v_n \neq 0)$，且 $\lim_{n \to \infty} \frac{u_n}{v_n} = k$ $(0 \leq k < +\infty)$，

1）若 $0 < k < +\infty$，则 $\sum_{n=1}^{\infty} u_n$ 与 $\sum_{n=1}^{\infty} v_n$ 具有相同的收敛性；

2）若 $\sum_{n=1}^{\infty} v_n$ 收敛，且 $0 \leq k < +\infty$，则 $\sum_{n=1}^{\infty} u_n$ 收敛；

3）若 $\sum_{n=1}^{\infty} v_n$ 发散，且 $0 < k < +\infty$，则 $\sum_{n=1}^{\infty} u_n$ 发散.

例 4 判定下列正项级数的敛散性：

1）$\sum_{n=1}^{\infty} \frac{1}{\sqrt{4n^3 - 3}}$;   2）$\sum_{n=1}^{\infty} \ln\left(1 + \frac{1}{n}\right)$.

解 1）取 $v_n=\dfrac{1}{\sqrt{n^3}}$，有 $\lim\limits_{n\to\infty}\dfrac{\dfrac{1}{\sqrt{4n^3-3}}}{\dfrac{1}{\sqrt{n^3}}}=\lim\limits_{n\to\infty}\dfrac{1}{\sqrt{4-\dfrac{3}{n^3}}}=\dfrac{1}{2}$，

而级数 $\sum\limits_{n=1}^{\infty}\dfrac{1}{\sqrt{n^3}}$ 收敛，所以级数 $\sum\limits_{n=1}^{\infty}\dfrac{1}{\sqrt{4n^3-3}}$ 收敛.

2）取 $v_n=\dfrac{1}{n}$，有 $\lim\limits_{n\to\infty}\dfrac{\ln\left(1+\dfrac{1}{n}\right)}{\dfrac{1}{n}}=\lim\limits_{n\to\infty}\ln\left(1+\dfrac{1}{n}\right)^n=1$，

而级数 $\sum\limits_{n=1}^{\infty}\dfrac{1}{n}$ 发散，所以级数 $\sum\limits_{n=1}^{\infty}\ln\left(1+\dfrac{1}{n}\right)$ 发散.

定理 11.3（比值判别法，或称达朗贝尔判别法）　设 $\sum\limits_{n=1}^{\infty}u_n$ 为正项级数，满足

$$\lim_{n\to\infty}\frac{u_{n+1}}{u_n}=l,$$

则

1）$l<1$ 时，级数收敛；

2）$l>1$ 时，级数发散；

3）$l=1$ 时，级数可能收敛，也可能发散.

证 1）取 $q:l<q<1$，由数列极限的保序性可知，存在正整数 N，对于任意 $n>N$，

有 $\dfrac{u_{n+1}}{u_n}<q$，于是 $\dfrac{u_{N+2}}{u_{N+1}}<q$，$\dfrac{u_{N+3}}{u_{N+2}}<q$，$\cdots$，

从而 $u_{N+m}<q\cdot u_{N+m-1}<q^2\cdot u_{N+m-2}<\cdots<q^{m-1}\cdot u_{N+1}$，

由于无穷级数 $\sum\limits_{m=1}^{\infty}u_{N+1}\cdot q^{m-1}=u_{N+1}\sum\limits_{m=1}^{\infty}q^{m-1}$ 收敛，由比较判别法知 $\sum\limits_{m=1}^{\infty}u_{N+m}$ 收敛，从而 $\sum\limits_{n=1}^{\infty}u_n$ 收敛.

2）取 $q:1<q<l$，由数列极限的保序性，存在正整数 N，对于任意 $n>N$，有 $\dfrac{u_{n+1}}{u_n}>q>1$，也就是 $u_{n+1}>u_n$，即当 $n>N$ 时，一般项 u_n 是逐渐增大的，从而 $\lim\limits_{n\to\infty}u_n\neq0$，从而 $\sum\limits_{n=1}^{\infty}u_n$ 发散.

3）$l=1$ 时，级数可能收敛，也可能发散. 这个结论从 p-级数 $\sum\limits_{n=1}^{\infty}\dfrac{1}{n^p}$ 可以看出.

事实上，无论 p 取何值，都有 $\lim\limits_{n\to\infty}\dfrac{u_{n+1}}{u_n}=\lim\limits_{n\to\infty}\dfrac{\dfrac{1}{(n+1)^p}}{\dfrac{1}{n^p}}=\lim\limits_{n\to\infty}\left(\dfrac{n}{n+1}\right)^p=1$，当 $p>1$ 时收

敛，在 $p\leqslant 1$ 时发散.

例 5　判断下列级数的收敛性：

1）$\sum\limits_{n=1}^{\infty}\dfrac{x^n}{n}\ \ (x>0)$；　　　2）$\sum\limits_{n=1}^{\infty}\dfrac{(n+1)!}{n^{n+1}}$；　　　3）$\sum\limits_{n=1}^{\infty}\dfrac{1}{(2n-1)2n}$.

解　1）由于 $\lim\limits_{n\to\infty}\dfrac{u_{n+1}}{u_n}=\lim\limits_{n\to\infty}\dfrac{\dfrac{x^{n+1}}{n+1}}{\dfrac{x^n}{n}}=x$，

所以当 $0<x<1$ 时级数收敛，当 $x>1$ 时级数发散. 而当 $x=1$ 时，该级数为调和级
数，所以发散.

2）由于

$$\lim_{n\to\infty}\frac{u_{n+1}}{u_n}=\lim_{n\to\infty}\frac{(n+2)!}{(n+1)^{n+2}}\cdot\frac{n^{n+1}}{(n+1)!}=\lim_{n\to\infty}\frac{1+\dfrac{2}{n}}{1+\dfrac{1}{n}}\cdot\frac{1}{\left(1+\dfrac{1}{n}\right)^{n+1}}=\frac{1}{e}<1,$$

所以级数 $\sum\limits_{n=1}^{\infty}\dfrac{(n+1)!}{n^{n+1}}$ 收敛.

3）由于

$$\lim_{n\to\infty}\frac{u_{n+1}}{u_n}=\lim_{n\to\infty}\frac{(2n-1)2n}{(2n+1)(2n+2)}=1,$$

所以比值判别法失效.

由于 $\dfrac{1}{(2n-1)2n}<\dfrac{1}{n^2}$，而 $\sum\limits_{n=1}^{\infty}\dfrac{1}{n^2}$ 收敛，由比较判别法知级数 $\sum\limits_{n=1}^{\infty}\dfrac{1}{(2n-1)2n}$ 收敛.

定理 11. 4（根值判别法，或称柯西判别法）　设正项级数 $\sum\limits_{n=1}^{\infty}u_n$，满足 $\lim\limits_{n\to\infty}\sqrt[n]{u_n}=l$
则

1）$l<1$ 时，级数收敛；

2）$l>1$ 时，级数发散；

3）$l=1$ 时，级数可能收敛，也可能发散.

该定理的证明与定理 11. 3 的证明完全类似，这里不再赘述.

例 6　判断下列级数的敛散性：

1）$\sum\limits_{n=1}^{\infty}\dfrac{1}{[\ln(1+n)]^n}$；　　　　　2）$\sum\limits_{n=1}^{\infty}\left(1-\dfrac{1}{n}\right)^{n^2}$.

解 1) 因为 $\lim\limits_{n\to\infty}\sqrt[n]{u_n}=\lim\limits_{n\to\infty}\sqrt[n]{\dfrac{1}{\left[\ln(1+n)\right]^n}}=\lim\limits_{n\to\infty}\dfrac{1}{\ln(1+n)}=0<1$,

所以级数 $\sum\limits_{n=1}^{\infty}\dfrac{1}{\left[\ln(1+n)\right]^n}$ 收敛.

2) 因为 $\lim\limits_{n\to\infty}\sqrt[n]{u_n}=\lim\limits_{n\to\infty}\sqrt[n]{\left(1-\dfrac{1}{n}\right)^{n^2}}=\lim\limits_{n\to\infty}\left(1-\dfrac{1}{n}\right)^{n}=\dfrac{1}{e}<1$,

所以级数 $\sum\limits_{n=1}^{\infty}\left(1-\dfrac{1}{n}\right)^{n^2}$ 收敛.

习题 11.2

1. 用比较判别法判断下列级数的敛散性：

1) $\sum\limits_{n=1}^{\infty}\dfrac{1}{2n-1}$;　　2) $\sum\limits_{n=0}^{\infty}\dfrac{1+n}{1+n^2}$;　　3) $\sum\limits_{n=1}^{\infty}\dfrac{1}{(n+1)(n+4)}$;　　4) $\sum\limits_{n=1}^{\infty}\sin\dfrac{\pi}{2^n}$;

5) $\sum\limits_{n=1}^{\infty}\dfrac{1}{1+a^n}(a>0)$;　6) $\sum\limits_{n=1}^{\infty}\dfrac{1}{n\sqrt{n+1}}$;　7) $\sum\limits_{n=1}^{\infty}\ln\left(1+\dfrac{1}{n^p}\right)$　$(p>0)$;

8) $\sum\limits_{n=1}^{\infty}\dfrac{1}{\sqrt{n}}\arctan\dfrac{\pi}{n}$.

2. 用比值判别法判断下列级数的敛散性：

1) $\sum\limits_{n=1}^{\infty}\dfrac{3^n}{n\cdot 2^n}$;　　2) $\sum\limits_{n=1}^{\infty}\dfrac{n^2}{3^n}$;　　3) $\sum\limits_{n=1}^{\infty}\dfrac{2^n\cdot n!}{n^n}$;　　4) $\sum\limits_{n=1}^{\infty}n\tan\dfrac{\pi}{2^{n+1}}$;

5) $\sum\limits_{n=1}^{\infty}\dfrac{n^2 2^n}{(n+1)!}$;　　6) $\sum\limits_{n=1}^{\infty}\dfrac{(n!)^2}{(2n!)^2}$;　　7) $\sum\limits_{n=1}^{\infty}\dfrac{1\cdot 3\cdot 5\cdot\cdots\cdot(2n-1)}{3^n n!}$.

3. 用根值判别法判断下列级数的敛散性：

1) $\sum\limits_{n=1}^{\infty}\left(\dfrac{n}{2n+1}\right)^n$;　2) $\sum\limits_{n=1}^{\infty}\left(\dfrac{3n-2}{2n+1}\right)^n$;　3) $\sum\limits_{n=1}^{\infty}\dfrac{1}{2^n(\arctan n)^n}$;　4) $\sum\limits_{n=1}^{\infty}\dfrac{n^2}{\left(1+\dfrac{1}{n}\right)^{n^n}}$;

5) $\sum\limits_{n=1}^{\infty}\left(\dfrac{n}{3n-1}\right)^{2n-1}$;　6) $\sum\limits_{n=1}^{\infty}\left(\dfrac{b}{a_n}\right)^n$，其中 $a_n\to a$　$(n\to\infty)$，a_n，b，a 均为正数.

4. 设 $a_n\leqslant c_n\leqslant b_n$，$(n=1,2,\cdots)$ 且 $\sum\limits_{n=1}^{\infty}a_n$ 及 $\sum\limits_{n=1}^{\infty}b_n$ 都收敛，证明级数 $\sum\limits_{n=1}^{\infty}c_n$ 收敛.

5. 若 $\sum\limits_{n=1}^{\infty}a_n^2$ 及 $\sum\limits_{n=1}^{\infty}b_n^2$ 都收敛，证明下列级数收敛：

1) $\sum\limits_{n=1}^{\infty}|a_n b_n|$;　　2) $\sum\limits_{n=1}^{\infty}(a_n+b_n)^2$;　　3) $\sum\limits_{n=1}^{\infty}\dfrac{|a_n|}{n}$.

第三节　任意项级数

上一节讨论了正项级数敛散性的判别方法．本节进一步讨论一般常数项级数敛散性的判别方法. 下面先讨论一种特殊的级数，即交错级数.

定义 11.4　形如下面形式的级数

$$\sum_{n=1}^{\infty} (-1)^{n-1} u_n = u_1 - u_2 + u_3 - u_4 + \cdots + u_{2k-1} - u_{2k} + \cdots,$$

其中 $u_n > 0 (n=1,2,\cdots)$，称为交错级数.

定理 11.5　（莱布尼茨判别法）若交错级数 $\sum_{n=1}^{\infty} (-1)^{n-1} u_n$ 满足条件：

1）$u_n \geqslant u_{n+1} (n \in N)$；

2）$\lim_{n \to \infty} u_n = 0$，

则级数 $\sum_{n=1}^{\infty} (-1)^{n-1} u_n$ 收敛，且其和 $s \leqslant u_1$.

证　设级数的前 n 项部分和为 S_n. 当 n 是偶数时，一方面有

$$S_{2k+2} = S_{2k} + (u_{2k+1} - u_{2k+2}),$$

由条件 1）知，$u_{2k+1} - u_{2k+2} \geqslant 0$，所以 $S_{2k+2} > S_{2k}$，即 $\{S_{2k}\}$ 单调增加.

另一方面

$$S_{2k} = u_1 - u_2 + u_3 - u_4 + \cdots + u_{2n-1} - u_{2n}$$
$$= u_1 - (u_2 - u_3) - (u_4 - u_5) - \cdots - (u_{2n-2} - u_{2n-1}) - u_{2n} < u_1,$$

根据单调有界原理知 $\{S_{2k}\}$ 收敛，设 $\lim_{k \to \infty} S_{2k} = A$，

则

$$\lim_{k \to \infty} S_{2k+1} = \lim_{n \to \infty} (S_{2k} + u_{2k+1}) = \lim_{n \to \infty} S_{2k} + \lim_{n \to \infty} u_{2k+1} = A + 0 = A,$$

所以有

$$\lim_{n \to \infty} S_n = A, \quad \text{且 } s \leqslant u_1.$$

例 1　判定交错级数 $\sum_{n=1}^{\infty} \dfrac{(-1)^{n-1}}{n}$ 的敛散性.

解　这里 $u_n = \dfrac{1}{n}$，显然有 $u_n > u_{n+1}$ 且 $\lim_{n \to \infty} u_n = 0$，所以级数收敛.

定义 11.5　如果级数 $\sum_{n=1}^{\infty} |u_n|$ 收敛，则级数 $\sum_{n=1}^{\infty} u_n$ 绝对收敛；如果级数 $\sum_{n=1}^{\infty} u_n$ 收敛，但级数 $\sum_{n=1}^{\infty} |u_n|$ 发散，则称级数 $\sum_{n=1}^{\infty} u_n$ 条件收敛.

定理 11.6　如果级数 $\sum_{n=1}^{\infty} |u_n|$ 收敛，则级数 $\sum_{n=1}^{\infty} u_n$ 也收敛.

证　因为 $0 \leqslant u_n + |u_n| \leqslant 2|u_n|$，$(n=1,2,\cdots)$，而级数 $\sum_{n=1}^{\infty} |u_n|$ 收敛，所以正向级数 $\sum_{n=1}^{\infty} (|u_n| + u_n)$ 收敛，又因为

$$\sum_{n=1}^{\infty} u_n = \sum_{n=1}^{\infty} \left[\left(|u_n| + u_n \right) - |u_n| \right],$$

所以 $\sum_{n=1}^{\infty} u_n$ 收敛.

注：定理11.6的逆命题不一定成立．比如级数 $\sum_{n=1}^{\infty} \dfrac{(-1)^{n-1}}{n}$ 是收敛的，而由它

各项的绝对值组成的调和级数 $\sum_{n=1}^{\infty} \dfrac{1}{n}$ 却是发散的，因此级数 $\sum_{n=1}^{\infty} \dfrac{(-1)^{n-1}}{n}$ 是条件收

敛的.

例2　判断下面级数的敛散性.

1) $\sum_{n=1}^{\infty} \dfrac{(-1)^n n!}{n^n}$;　　　　2) $\sum_{n=1}^{\infty} \dfrac{x^n}{n}$;　　　　3) $\sum_{n=1}^{\infty} \dfrac{(-1)^n \ln n}{n}$.

解　1）因为 $\sum_{n=1}^{\infty} \left| \dfrac{(-1)^n n!}{n^n} \right| = \sum_{n=1}^{\infty} \dfrac{n!}{n^n}$,

$$\lim_{n \to \infty} \frac{u_{n+1}}{u_n} = \lim_{n \to \infty} \frac{\dfrac{(n+1)!}{(n+1)^{n+1}}}{\dfrac{n!}{n^n}} = \lim_{n \to \infty} \left(\frac{n}{n+1} \right)^n = \frac{1}{e} < 1,$$

所以级数 $\sum_{n=1}^{\infty} \dfrac{n!}{n^n}$ 收敛，因此原级数绝对收敛.

2）对于级数 $\sum_{n=1}^{\infty} \dfrac{x^n}{n}$ ，当 $x = 0$ 时，级数显然收敛．当 $x \neq 0$ 时有

$$\lim_{n \to \infty} \frac{\left| \dfrac{x^{n+1}}{n+1} \right|}{\left| \dfrac{x^n}{n} \right|} = \lim_{n \to \infty} \frac{n}{n+1} |x| = |x|,$$

所以，当 $|x| < 1$ 时，级数绝对收敛.

若 $|x| > 1$ ，当 n 充分大时，有 $\left| \dfrac{x^{n+1}}{n+1} \right| > \left| \dfrac{x^n}{n} \right|$ ，所以 $\lim_{n \to \infty} u_n \neq 0$ ，因而级数发散．当 $|x| = 1$ 时，由前面的讨论知道，在 $x = 1$ 时，级数发散；在 $x = -1$ 时，级数条件收敛.

3）$\sum_{n=1}^{\infty} \dfrac{(-1)^n \ln n}{n}$ 为交错级数.

令 $f(x) = \dfrac{\ln x}{x}$, $(x > 3)$ ，则 $f'(x) = \dfrac{1 - \ln x}{x^2} < 0$, $(x > 3)$ ，即当 $n > 3$ 时有

$$u_n \geq u_{n+1};$$

又因为

$$\lim_{n\to\infty}\frac{\ln n}{n}=\lim_{x\to+\infty}\frac{\ln x}{x}=\lim_{x\to+\infty}\frac{1}{x}=0,$$

所以

$$\sum_{n=1}^{\infty}\frac{(-1)^{n}\ln n}{n}\ \text{收敛}.$$

因为 $\displaystyle\sum_{n=1}^{\infty}\left|\frac{(-1)^{n}\ln n}{n}\right|=\sum_{n=1}^{\infty}\frac{\ln n}{n}$，且 $\dfrac{\ln n}{n}>\dfrac{1}{n}(n>3)$，而 $\displaystyle\sum_{n=1}^{\infty}\frac{1}{n}$ 发散，所以 $\displaystyle\sum_{n=1}^{\infty}\left|\frac{(-1)^{n}\ln n}{n}\right|$ 发散，因而级数 $\displaystyle\sum_{n=1}^{\infty}\frac{(-1)^{n}\ln n}{n}$ 条件收敛.

例3　设级数 $\displaystyle\sum_{n=1}^{\infty}u_{n}$ 条件收敛，证明级数 $\displaystyle\sum_{n=1}^{\infty}\frac{(|u_{n}|+u_{n})}{2}$ 和 $\displaystyle\sum_{n=1}^{\infty}\frac{(|u_{n}|-u_{n})}{2}$ 均发散.

证　因为 $\displaystyle\sum_{n=1}^{\infty}u_{n}$ 条件收敛，所以级数 $\displaystyle\sum_{n=1}^{\infty}|u_{n}|$ 发散，因而 $\displaystyle\sum_{n=1}^{\infty}\frac{(|u_{n}|+u_{n})}{2}$ 和 $\displaystyle\sum_{n=1}^{\infty}\frac{(|u_{n}|-u_{n})}{2}$ 均发散.

习题 11. 3

1. 判定下列级数是否收敛？如果收敛，是绝对收敛还是条件收敛？

1) $\displaystyle\sum_{n=1}^{\infty}(-1)^{n-1}\frac{1}{\sqrt{n}}$；　　2) $\displaystyle\sum_{n=1}^{\infty}(-1)^{n-1}\frac{n}{3^{n-1}}$；　　3) $\displaystyle\sum_{n=1}^{\infty}(-1)^{n-1}\frac{1}{3\cdot2^{n}}$；

4) $\displaystyle\sum_{n=1}^{\infty}(-1)^{n-1}\frac{1}{\ln(1+n)}$；　　5) $\displaystyle\sum_{n=1}^{\infty}(-1)^{n+1}\frac{2^{n^{2}}}{n!}$；　　6) $\displaystyle\sum_{n=1}^{\infty}(-1)^{n-1}\frac{n^{3}}{2^{n}-1}$；

7) $\displaystyle\sum_{n=1}^{\infty}\frac{(-1)^{n-1}}{n^{p}}\ (p>0)$；　　8) $\displaystyle\sum_{n=1}^{\infty}(-1)^{n}\frac{n^{n}}{(n+1)!}$；　　9) $\displaystyle\sum_{n=1}^{\infty}\frac{\sin n}{n^{2}}$.

2. 级数 $\displaystyle\sum_{n=2}^{\infty}\sin\left(n\pi+\frac{1}{\ln n}\right)$ 是绝对收敛，条件收敛，还是发散？

3. 证明级数 $\displaystyle\sum_{n=1}^{\infty}(-1)^{n}(\sqrt[n]{2}-1)$ 条件收敛.

4. 讨论级数 $\displaystyle\sum_{n=1}^{\infty}\frac{(a+1)^{n}}{n2^{n}}$ 的敛散性.

5. 判断下列结论是否正确：

1) 若 $\displaystyle\sum_{n=1}^{\infty}u_{n}$ 收敛，则 $\displaystyle\sum_{n=1}^{\infty}(-1)^{n}u_{n}$ 条件收敛；

2) 若交错级数 $\displaystyle\sum_{n=1}^{\infty}(-1)^{n}u_{n}$ 收敛，则必为条件收敛；

3) 若 $\displaystyle\sum_{n=1}^{\infty}u_{n}^{2}$ 发散，则 $\displaystyle\sum_{n=1}^{\infty}u_{n}$ 也发散；

4）若 $\lim\limits_{n \to \infty} \left| \dfrac{u_{n+1}}{u_n} \right| > 1$，则 $\sum\limits_{n=1}^{\infty} u_n$ 必然发散；

5）若 $\sum\limits_{n=1}^{\infty} u_n$ 收敛，$\sum\limits_{n=1}^{\infty} v_n$ 绝对收敛，则 $\sum\limits_{n=1}^{\infty} u_n v_n$ 绝对收敛.

6. 设 $f(x)$ 在 $x = 0$ 的某一邻域是具有二阶连续导数的偶函数，且 $f(0) = 1$，试证明：级数 $\sum\limits_{n=1}^{\infty} \left[f\left(\dfrac{1}{n} \right) - 1 \right]$ 绝对收敛.

第四节 幂 级 数

一、函数项级数的一般概念

定义 11.6 设 $f_1(x), f_2(x), \cdots, f_n(x), \cdots$ 是定义在同一区间 I 上的函数序列，则表达式

$$\sum_{n=1}^{\infty} f_n(x) = f_1(x) + f_2(x) + \cdots + f_n(x) + \cdots,$$

称为区间 I 上的函数项级数.

当 $x = x_0 \in I$ 时，上式就成为常数项级数

$$\sum_{n=1}^{\infty} f_n(x_0) = f_1(x_0) + f_2(x_0) + \cdots + f_n(x_0) + \cdots,$$

若级数 $\sum\limits_{n=1}^{\infty} f_n(x_0)$ 收敛，则称 x_0 是函数项级数 $\sum\limits_{n=1}^{\infty} f_n(x)$ 的**收敛点**.

函数项级数 $\sum\limits_{n=1}^{\infty} f_n(x)$ 的所有收敛点的集合称为它的**收敛域**，记作 D.

函数项级数 $\sum\limits_{n=1}^{\infty} f_n(x)$ 在收敛域 D 内每个点都有和. 于是，函数项级数 $\sum\limits_{n=1}^{\infty} f_n(x)$ 的和是定义在收敛域上的函数，称为级数 $\sum\limits_{n=1}^{\infty} f_n(x)$ 的**和函数**，记作 $s(x)$，即 $s(x) = \sum\limits_{n=1}^{\infty} f_n(x), (x \in D)$.

例 1 级数 $\sum\limits_{n=1}^{\infty} x^{n-1}$ 是公比等于 x 的等比级数，当 $|x| < 1$ 时级数收敛；当 $|x| \geq 1$ 时级数发散. 所以级数的收敛域是区间 $(-1, 1)$，其和是 $\dfrac{1}{1-x}$.

例 2 级数 $\sum\limits_{n=1}^{\infty} \dfrac{\sin^n x}{n^2}$ 对任意 $x \in (-\infty, +\infty)$ 都收敛，所以它的收敛域为 $(-\infty, +\infty)$.

二、幂级数及其收敛性

定义 11.7　形如 $\sum\limits_{n=0}^{\infty} a_n x^n = a_0 + a_1 x + a_2 x^2 + \cdots + a_n x^n + \cdots$ 　　　　　(11-1)

和

$$\sum_{n=0}^{\infty} a_n (x - x_0)^n = a_0 + a_1 (x - x_0) + a_2 (x - x_0)^2 + \cdots + a_n (x - x_0)^n + \cdots$$

(11-2)

的级数都叫做**幂级数**. 其中，a_n 是与 x 无关的实数，称为幂级数的系数. 式 (11-1) 称为在点 $x = 0$ 处的幂级数或关于 x 的幂级数. 式 (11-2) 称为在点 $x = x_0$ 处的幂级数或关于 $x - x_0$ 的幂级数.

用变量代换 $x - x_0 = y$ 可将级数 (11-2) 化为式 (11-1) 的形式. 因此本节主要讨论式 (11-1) 形式下的幂级数.

关于幂级数的收敛域问题，有下面的定理：

定理 11.7（阿贝尔定理）

1）如果幂级数 $\sum\limits_{n=0}^{\infty} a_n x^n$ 当 $x = x_0 \neq 0$ 时收敛，那么对于所有满足不等式 $|x| < |x_0|$ 的 x 值，幂级数 $\sum\limits_{n=0}^{\infty} a_n x^n$ 绝对收敛.

2）如果级数 $\sum\limits_{n=0}^{\infty} a_n x^n$ 当 $x = x'_0$ 时发散，那么对于所有满足不等式 $|x| > |x'_0|$ 的 x 值，幂级数 $\sum\limits_{n=0}^{\infty} a_n x^n$ 发散.

证　1）因为级数 $\sum\limits_{n=0}^{\infty} a_n x_0^n$ 是收敛的，所以 $\lim\limits_{n\to\infty} a_n x_0^n = 0$，因而存在 $M > 0$，使 $|a_n x_0^n| \leqslant M$，$(n = 1, 2, \cdots)$，
又因为

$$|a_n x^n| = |a_n x_0^n| \left| \frac{x}{x_0} \right|^n,$$

所以

$$|a_n x^n| = \left| a_n x_0^n \frac{x^n}{x_0^n} \right| \leqslant M \left| \frac{x}{x_0} \right|^n.$$

根据条件 $|x| < |x_0|$，$\left| \frac{x}{x_0} \right| < 1$，故等比级数 $\sum\limits_{n=0}^{\infty} M \left| \frac{x}{x_0} \right|^n$ 是收敛的. 再根据比较判别法知级数 $\sum\limits_{n=0}^{\infty} |a_n x^n|$ 也是收敛的. 所以 $|x| < |x_0|$ 时，级数 $\sum\limits_{n=0}^{\infty} a_n x^n$ 绝对收敛.

2) 假定级数 $\sum\limits_{n=0}^{\infty} a_n x^n$ 对于满足 $|x| > |x_0'|$ 的某一个 x 值收敛，则由定理的第一部分知级数 $\sum\limits_{n=0}^{\infty} a_n x^n$ 当 $x = x_0'$ 时将绝对收敛，这与假设矛盾. 从而得证.

推论 11.2 若幂级数 $\sum\limits_{n=0}^{\infty} a_n x^n$ 既非对所有 x 的值收敛，也不只在 $x = 0$ 时收敛，则必存在一个确定的正数 R，使得级数当 $|x| < R$ 时，绝对收敛，当 $|x| > R$ 时发散. 称正数 R 为幂级数 $\sum\limits_{n=0}^{\infty} a_n x^n$ 的**收敛半径**. 特别规定，当级数只在 $x = 0$ 处收敛时，$R = 0$；当级数对所有 x 值收敛时，$R = +\infty$.

定理 11.8 如果幂级数 $\sum\limits_{n=0}^{\infty} a_n x^n$ 的系数满足条件：

$$\lim_{n \to \infty} \left| \frac{a_{n+1}}{a_n} \right| = l,$$

则：1) 当 $0 < l < +\infty$ 时，$R = \dfrac{1}{l}$；

2) 当 $l = 0$ 时，$R = +\infty$；

3) 当 $l = +\infty$ 时，$R = 0$.

证 因为

$$\lim_{n \to \infty} \left| \frac{u_{n+1}}{u_n} \right| = \lim_{n \to \infty} \left| \frac{a_{n+1}}{a_n} x \right| = l |x|,$$

由比较判别法可知：

当 $l|x| < 1 (l \neq 0)$ 时，即 $|x| < \dfrac{1}{l} = R$，则幂级数绝对收敛；

当 $l|x| > 1$，即 $|x| > \dfrac{1}{l} = R$，则幂级数发散；

当 $l|x| = 1$，即 $|x| = \dfrac{1}{l} = R$，幂级数可能收敛，也可能发散.

对于 $l = +\infty$ 和 $l = 0$ 也有类似的讨论.

例 3 求级数 $\sum\limits_{n=0}^{\infty} \dfrac{(-1)^n x^n}{n+1}$ 的收敛半径和收敛域.

解 由 $\lim\limits_{n \to \infty} \left| \dfrac{a_{n+1}}{a_n} \right| = \lim\limits_{n \to \infty} \dfrac{\dfrac{1}{n+1}}{\dfrac{1}{n}} = 1$，得收敛半径 $R = 1$.

当 $x = -1$ 时，它成为调和级数 $\sum\limits_{n=0}^{\infty} \dfrac{1}{n+1}$，该级数发散；

当 $x = 1$ 时，它成为交错级数 $\sum_{n=0}^{\infty} \frac{(-1)^n}{n+1}$，该级数收敛；

综上所述，幂级数的收敛域为 $(-1, 1]$.

例 4 求级数 $\sum_{n=0}^{\infty} \frac{(x-1)^n}{(n+1)^2}$ 的收敛域.

解 设 $x - 1 = t$，则 $\sum_{n=0}^{\infty} \frac{(x-1)^n}{(n+1)^2} = \sum_{n=0}^{\infty} \frac{t^n}{(n+1)^2}$，因为 $\lim\limits_{n\to\infty} \left| \frac{a_{n+1}}{a_n} \right| = 1$，所以，幂级数

$\sum_{n=0}^{\infty} \frac{t^n}{(n+1)^2}$ 的收敛半径 $R = 1$.

而当 $|t| = 1$ 时，幂级数 $\sum_{n=0}^{\infty} \frac{t^n}{(n+1)^2}$ 收敛，所以幂级数 $\sum_{n=0}^{\infty} \frac{t^n}{(n+1)^2}$ 的收敛域是 $-1 \leqslant t \leqslant 1$，

即 $-1 \leqslant x - 1 \leqslant 1$，所以 $0 \leqslant x \leqslant 2$，因此原级数的收敛域是 $[0, 2]$.

例 5 求级数 $\sum_{n=1}^{\infty} (-1)^{n-1} \frac{3^n x^{2n}}{n}$ 的收敛半径和收敛区间.

解 原级数属于缺项级数，可直接用比值判别法.

$$\lim_{n\to\infty} \left| \frac{u_{n+1}}{u_n} \right| = \lim_{n\to\infty} \left| (-1)^n \frac{3^{n+1} x^{2(n+1)}}{n+1} \cdot \frac{n}{(-1)^{n-1} 3^n x^{2n}} \right| = \lim_{n\to\infty} \frac{3n}{n+1} x^2 = 3x^2,$$

所以，当 $3x^2 < 1$，即 $|x| < \frac{1}{\sqrt{3}}$ 时，原级数绝对收敛；当 $3x^2 > 1$，即 $|x| > \frac{1}{\sqrt{3}}$ 时，原

级数发散. 因此，原级数的收敛半径 $R = \frac{1}{\sqrt{3}}$，收敛区间为 $\left(-\frac{1}{\sqrt{3}}, \frac{1}{\sqrt{3}} \right)$.

三、幂级数的求和

幂级数的性质：

1）如果幂级数 $\sum_{n=0}^{\infty} a_n x^n = f(x)$ 和 $\sum_{n=0}^{\infty} b_n x^n = g(x)$ 的收敛半径分别为 $R_1 > 0$ 和 $R_2 > 0$，则在 $(-R, R)$ $(R = \min\{R_1, R_2\})$ 内，有

$$\sum_{n=0}^{\infty} a_n x^n \pm \sum_{n=0}^{\infty} b_n x^n = \sum_{n=0}^{\infty} (a_n \pm b_n) x^n = f(x) \pm g(x), \quad (x \in (-R, R)),$$

$$\left(\sum_{n=0}^{\infty} a_n x^n \right) \cdot \left(\sum_{n=0}^{\infty} b_n x^n \right) = \sum_{n=0}^{\infty} c_n x^n,$$

其中

$$c_0 = a_0 b_0;$$
$$c_1 = a_0 b_1 + a_1 b_0;$$
$$\vdots$$
$$c_n = a_0 b_n + a_1 b_{n-1} + \cdots + a_{n-1} b_1 + a_n b_0.$$

2）幂级数 $\sum\limits_{n=0}^{\infty} a_n x^n$ 的和函数 $S(x)$ 在收敛区间 $(-R,R)$ 内任一点都连续.

3）幂级数 $\sum\limits_{n=0}^{\infty} a_n x^n$ 的和函数 $S(x)$ 在收敛区间 $(-R,R)$ 内可微，且有

$$S'(x) = \sum_{n=1}^{\infty} n a_n x^{n-1} \quad (-R < x < R),$$

即幂级数在收敛区间内可以逐项求导数，且收敛半径不变.

4）若幂级数 $f(x) = \sum\limits_{n=0}^{\infty} a_n x^n$ 的收敛半径是 R，则对于任意的 $x \in (-R,R)$，都有

$$\int_0^x f(t)\,\mathrm{d}t = \sum_{n=0}^{\infty} \int_0^x a_n t^n \,\mathrm{d}t = \sum_{n=0}^{\infty} \frac{a_n}{n+1} x^{n+1}, \quad (-R < x < R).$$

注：若逐项微分或逐项积分后的幂级数在 $x = R$ 或 $x = -R$ 时收敛，则微分或积分的等式在 $x = R$ 或 $x = -R$ 时也成立.

例 6　求 $\sum\limits_{n=1}^{\infty} (-1)^{n-1} \dfrac{x^n}{n}$ 的和函数，并求级数 $\sum\limits_{n=1}^{\infty} \dfrac{(-1)^n}{2^n n}$ 的和.

解　因为

$$\lim_{n \to \infty} \left| \frac{a_{n+1}}{a_n} \right| = \lim_{n \to \infty} \frac{n}{n+1} = 1,$$

则收敛半径 $R = 1$. 又因为幂级数在 $x = 1$ 处收敛，在 $x = -1$ 处发散，所以 $\sum\limits_{n=1}^{\infty} (-1)^{n-1} \dfrac{x^n}{n}$ 的收敛区间是 $(-1,1]$.

令

$$S(x) = \sum_{n=1}^{\infty} (-1)^{n-1} \frac{x^n}{n}, \quad x \in (-1,1].$$

由于

$$S'(x) = \sum_{n=1}^{\infty} (-1)^{n-1} x^{n-1} = 1 - x + x^2 - x^3 + \cdots + (-1)^{n-1} x^n + \cdots = \frac{1}{1+x},$$

所以

$$\int_0^x S'(x)\,\mathrm{d}x = \int_0^x \frac{1}{1+x}\,\mathrm{d}x = \ln(1+x),$$

即

$$S(x) - S(0) = \ln(1+x),$$

因为 $S(0) = 0$，所以 $S(x) = \ln(1+x)$. 因为级数在 $x = 1$ 处收敛，所以

$$\sum_{n=1}^{\infty} (-1)^{n-1} \frac{x^n}{n} = \ln(1+x), \quad x \in (-1,1].$$

令 $x = \dfrac{1}{2}$ ，即得

$$\sum_{n=1}^{\infty} \frac{(-1)^n}{2^n n} = \ln\left(1 + \frac{1}{2}\right) = \ln \frac{3}{2}.$$

例 7　求 $\displaystyle\sum_{n=1}^{\infty} \frac{x^n}{n+1}$ 在收敛区间 $[-1,1)$ 内的和函数.

解　令 $S(x) = \displaystyle\sum_{n=1}^{\infty} \frac{x^n}{n+1}$ ，$x \in [-1,1)$ ，则当 $x \neq 0$ 时，有

$$x S(x) = \sum_{n=1}^{\infty} \frac{x^{n+1}}{n+1},$$

所以

$$[x S(x)]' = \sum_{n=1}^{\infty} x^n = \frac{x}{1-x},$$

所以

$$\int_0^x [x S(x)]' \mathrm{d}x = \int_0^x \frac{x}{1-x} \mathrm{d}x = -x - \ln(1-x),$$

即

$$x S(x) = -x - \ln(1-x),$$

所以

$$S(x) = -1 - \frac{1}{x} \ln(1-x),$$

因为 $S(x)$ 在 $[-1,1)$ 内连续，且 $S(0) = 0$ ，所以

$$S(x) = \begin{cases} -1 - \dfrac{1}{x} \ln(1-x) & x \in [-1,0) \cup (0,1) \\ 0 & x = 0 \end{cases}.$$

四、函数的幂级数展开

前面讨论了幂级数的收敛域及其和函数的性质. 但在许多应用中会遇到与其相反的问题，即给定函数 $f(x)$ 是否能找到这样一个幂级数，使它在某区间内收敛，且其和恰好就是给定的 $f(x)$. 如果能找到这样的幂级数，就说明函数 $f(x)$ 在该区间内能展开成幂级数，而这个幂级数在该区间内就表达了函数 $f(x)$.

假设 $f(x)$ 在点 x_0 某邻域 $U(x_0)$ 内能展开成幂级数，即有

$$f(x) = a_0 + a_1 (x - x_0) + a_2 (x - x_0)^2 + \cdots + a_n (x - x_0)^n + \cdots, \quad x \in U(x_0) \quad (11\text{-}3)$$

则根据和函数的性质，可知 $f(x)$ 在 $U(x_0)$ 内具有任意阶导数，且

$$f^{(n)}(x) = n! \, a_n + (n+1)! \, a_{n+1}(x - x_0) + \frac{(n+2)!}{2!}(x - x_0)^2 + \cdots,$$

由此得

$$f^{(n)}(x_0) = n! \, a_n.$$

若规定 $f^{(0)}(x) = f(x)$，则

$$a_n = \frac{f^{(n)}(x_0)}{n!} \quad (n = 0,1,2,\cdots) \tag{11-4}$$

这表明，如果函数 $f(x)$ 有幂级数展开式(11-3)，那么该幂级数的系数 a_n 由式 (11-4)确定，即该幂级数必为

$$f(x_0) + f'(x_0)(x - x_0) + \cdots + \frac{f^{(n)}(x_0)}{n!}(x - x_0)^n + \cdots$$

$$= \sum_{n=0}^{\infty} \frac{1}{n!} f^{(n)}(x_0)(x - x_0)^n \tag{11-5}$$

而展开式必为

$$f(x) = \sum_{n=0}^{\infty} \frac{1}{n!} f^{(n)}(x_0)(x - x_0)^n, \ x \in U(x_0), \tag{11-6}$$

幂级数式(11-5)称为 $f(x)$ 在 x_0 点处的泰勒级数. 展开式(11-6) 称为 $f(x)$ 在 x_0 点处的泰勒展开式. 称

$$P_n(x) = f(x_0) + \frac{f'(x_0)}{1!}x + \frac{f''(x_0)}{2!}x^2 + \cdots + \frac{f^{(n)}(x_0)}{n!}x^n,$$

为 $f(x)$ 的 n 次泰勒多项式.

特别地，若 $x_0 = 0$，则式(11-5)变为

$$f(0) + \frac{f'(0)}{1!}x + \cdots + \frac{f^{(n)}(0)}{n!}x^n + \cdots = \sum_{n=0}^{\infty} \frac{f^{(n)}(0)}{n!}x^n, \tag{11-7}$$

称式(11-7)为 $f(x)$ 的麦克劳林级数.

定理 11.9 设 $f(x)$ 在含点 x_0 某邻域 $U(x_0)$ 内具有各阶导数，则 $f(x)$ 在该邻域内能展开成泰勒级数的充分必要条件是在该邻域内 $f(x)$ 的泰勒中值定理中的余项 $R_n(x)$ 当 $n \to \infty$ 时的极限为零，即

$$\lim_{n \to \infty} R_n(x) = 0.$$

证 由于 n 次泰勒多项式 $P_n(x)$ 就是级数式(11-5)的前 $n+1$ 项部分和，根据级数收敛的定义，有

$$\sum_{n=0}^{\infty} \frac{1}{n!} f^{(n)}(x_0)(x - x_0)^n = f(x), \ x \in U(x_0)$$

$$\Leftrightarrow \lim_{n \to \infty} P_n(x) = f(x), \ (x \in U(x_0))$$

$$\Leftrightarrow \lim_{n\to\infty}[f(x)-P_n(x)]=0, \quad (x\in U(x_0))$$

$$\Leftrightarrow \lim_{n\to\infty}R_n(x)=0. \quad (x\in U(x_0))$$

例8　将 $f(x)=\mathrm{e}^x$ 展开成 x 的幂级数.

解　由于 $f^{(n)}(x)=\mathrm{e}^x$，所以 $f^{(n)}(0)=1 \quad (n=1,2,\cdots)$，
于是 e^x 的麦克劳林级数为

$$1+x+\frac{x^2}{2!}+\cdots+\frac{x^n}{n!}+\cdots$$

收敛半径 $R=+\infty$，并且 $R_n(x)=\dfrac{\mathrm{e}^\xi x^{n+1}}{(n+1)!}$，其中，$\xi$ 在 0 和 x 之间.

由于 e^ξ 有界，$\lim\limits_{n\to\infty}\dfrac{x^{n+1}}{(n+1)!}=0$，所以 $\lim\limits_{n\to\infty}R_n(x)=0$，
于是有

$$\mathrm{e}^x=1+\frac{x}{1!}+\frac{x^2}{2!}+\cdots+\frac{x^n}{n!}+\cdots \quad (-\infty<x<+\infty).$$

特别地，当 $x=1$ 时，有

$$\mathrm{e}=1+\frac{1}{1!}+\frac{1}{2!}+\cdots+\frac{1}{n!}+\cdots$$

作为上面展开式的一个应用，现在证明 e 是无理数.

事实上，假如 e 不是无理数，则存在正整数 p 和 q，使得 $\mathrm{e}=\dfrac{q}{p}$，即 $\dfrac{1}{\mathrm{e}}=\dfrac{p}{q}$，
再由 e^x 展开式，令 $x=-1$，得

$$\frac{1}{\mathrm{e}}=\frac{1}{2!}-\frac{1}{3!}+\frac{1}{4!}-\frac{1}{5!}+\cdots+\frac{(-1)^q}{q!}+R_q,$$

由交错级数余项性质可知 $0<|R_q|<\dfrac{1}{(q+1)!}$，
即

$$0<\left|\frac{1}{\mathrm{e}}-\left[\frac{1}{2!}-\frac{1}{3!}+\frac{1}{4!}-\frac{1}{5!}+\cdots+\frac{(-1)^q}{q!}\right]\right|<\frac{1}{(q+1)!},$$

也就是

$$0<\left|\frac{p}{q}-\left[\frac{1}{2!}-\frac{1}{3!}+\frac{1}{4!}-\frac{1}{5!}+\cdots+\frac{(-1)^q}{q!}\right]\right|<\frac{1}{(q+1)!}.$$

各项乘以 $q!$ 有

$$0<\left|\frac{p}{q}-\left[\frac{1}{2!}-\frac{1}{3!}+\frac{1}{4!}-\frac{1}{5!}+\cdots+\frac{(-1)^q}{q!}\right]\right|q!<\frac{1}{q+1},$$

而中间是一正整数，这是不可能的，可见 e 是无理数.

例9　将 $f(x)=\sin x$ 展开成 x 的幂级数.

解 由于 $f^{(n)}(x) = \sin\left(x + \dfrac{n\pi}{2}\right)$,可见 $f^{(n)}(0) = \sin\dfrac{n\pi}{2}$,于是 $\sin x$ 的麦克劳林级数为

$$x - \frac{x^3}{3!} + \frac{x^5}{5!} - \cdots + \frac{(-1)^n x^{2n+1}}{(2n+1)!} + \cdots$$

易知,它的收敛半径 $R = +\infty$.

由于 $f^{(n+1)}(x)$ 有界,可得 $\lim\limits_{n\to\infty} R_n(x) = 0$,于是有

$$\sin x = x - \frac{x^3}{3!} + \frac{x^5}{5!} - \cdots + (-1)^n \frac{x^{2n+1}}{(2n+1)!} + \cdots$$

$$= \sum_{n=0}^{\infty} \frac{(-1)^n x^{2n+1}}{(2n+1)!} \quad (-\infty < x < +\infty).$$

将 $\sin x = \sum\limits_{n=0}^{\infty} \dfrac{(-1)^n x^{2n+1}}{(2n+1)!}$ 两边对 x 求导,则得到

$$\cos x = \sum_{n=0}^{\infty} \frac{(-1)^n x^{2n}}{(2n)!} \quad (-\infty < x < +\infty),$$

即

$$\cos x = 1 - \frac{x^2}{2!} + \frac{x^4}{4!} - \frac{x^6}{6!} + \cdots + \frac{(-1)^n x^{2n}}{(2n)!} + \cdots (-\infty < x < +\infty).$$

例 10 将 $f(x) = \ln(1+x)$ 展开成 x 的幂级数.

解 $f'(x) = \dfrac{1}{x+1} = 1 - x + \cdots + (-1)^n x^n + \cdots \ (-1 < x < 1)$,

两边从 0 到 x 积分,得 $f(x) = x - \dfrac{x^2}{2} + \dfrac{x^3}{3} - \cdots + (-1)^n \dfrac{x^{n+1}}{n+1} + \cdots$,

$$\ln(1+x) = x - \frac{x^2}{2} + \frac{x^3}{3} - \cdots + (-1)^n \frac{x^{n+1}}{n+1} + \cdots$$

$$= \sum_{n=0}^{\infty} (-1)^n \frac{x^{n+1}}{n+1} \ (-1 < x \leqslant 1)$$

例 11 将 $f(x) = (1+x)^\alpha$ 展开成 x 的幂级数.

解 先求出 $(1+x)^\alpha$ 在 $x = 0$ 处的各阶导数,易知

$$f^{(n)}(0) = \alpha(\alpha-1)\cdots(\alpha-n+1),$$

于是 $(1+x)^\alpha$ 的麦克劳林级数为

$$1 + \alpha x + \frac{\alpha(\alpha-1)}{2!} x^2 + \cdots + \frac{\alpha(\alpha-1)\cdots(\alpha-n+1)}{n!} x^n + \cdots$$

易求出它的收敛半径 $R = 1$,可以证明,上述幂级数在 $(-1,1)$ 内收敛于 $(1+x)^\alpha$,在区间端点处,展开式是否成立视 α 的数值而定(证明从略),即

$$(1+x)^\alpha = 1 + \alpha x + \frac{\alpha(\alpha-1)}{2!}x^2 + \cdots + \frac{\alpha(\alpha-1)\cdots(\alpha-n+1)}{n!}x^n + \cdots \ (-1 < x < 1).$$

下面再举两个用间接法把函数展开成幂级数的例子.

例 12 将 $f(x) = \ln x$ 展开成关于 $x-1$ 的幂级数.

解 $f(x) = \ln[1+(x-1)]$

$$= (x-1) - \frac{(x-1)^2}{2} + \frac{(x-1)^3}{3} - \cdots + (-1)^n \frac{(x-1)^{n+1}}{n+1} + \cdots$$

$$(-1 < x-1 < 1),\ 即 (0 < x < 2).$$

例 13 将函数 $f(x) = \dfrac{1}{x^2-2x-3}$ 展开成关于 $x+2$ 的幂级数.

解 $f(x) = \dfrac{1}{x^2-2x-3} = \dfrac{1}{(x-3)(x+1)} = \dfrac{1}{4}\left(\dfrac{1}{x-3} - \dfrac{1}{x+1}\right)$

$$= \frac{1}{4}\left(\frac{1}{-5+x+2} - \frac{1}{-1+x+2}\right) = \frac{1}{4}\left[-\frac{1}{5}\frac{1}{1-\left(\frac{x+2}{5}\right)} + \frac{1}{1-(x+2)}\right]$$

$$= -\frac{1}{20}\sum_{n=0}^{\infty}\left(\frac{x+2}{5}\right)^n + \frac{1}{4}\sum_{n=0}^{\infty}(x+2)^n$$

$$= -\frac{1}{20}\sum_{n=0}^{\infty}\frac{(x+2)^n}{5^n} + \frac{1}{4}\sum_{n=0}^{\infty}(x+2)^n.$$

级数 $-\dfrac{1}{20}\sum_{n=0}^{\infty}\left(\dfrac{x+2}{5}\right)^n$ 的收敛域为 $-1 < \dfrac{x+2}{5} < 1$，即 $-7 < x < 3$.

级数 $\dfrac{1}{4}\sum_{n=0}^{\infty}(x+2)^n$ 的收敛域为 $-1 < x+2 < 1$，即 $-3 < x < -1$.

因此

$$f(x) = -\frac{1}{20}\sum_{n=0}^{\infty}\frac{(x+2)^n}{5^n} + \frac{1}{4}\sum_{n=0}^{\infty}(x+2)^n,\ x \in (-3,-1).$$

例 14 将 $f(x) = \arctan\dfrac{4+x^2}{4-x^2}$ 展开成 x 的幂级数.

解 $f'(x) = \dfrac{8x}{16+x^4} = \dfrac{x}{2}\cdot\dfrac{1}{1+\left(\frac{x}{2}\right)^4} = \sum_{n=0}^{\infty}(-1)^n\left(\dfrac{x}{2}\right)^{4n+1} = \sum_{n=0}^{\infty}(-1)^n\dfrac{x^{4n+1}}{2^{4n+1}}.$

因为 $f(0) = \dfrac{\pi}{4}$，收敛域为 $\left(\dfrac{x}{2}\right)^4 < 1$，即 $-2 < x < 2$，所以

$$f(x) = \frac{\pi}{4} + \sum_{n=0}^{\infty}(-1)^n\frac{x^{4n+2}}{(2n+1)2^{4n+2}}\ (-2 < x < 2).$$

五、幂级数在近似计算中的应用

例 15 求函数 $\int_0^x \dfrac{\sin x}{x} dx$ 的幂级数表达式，并计算积分 $\int_0^1 \dfrac{\sin x}{x} dx$ 的近似值，精确到 10^{-4}.

解 因为 $\sin x = x - \dfrac{x^3}{3!} + \dfrac{x^5}{5!} - \cdots + (-1)^n \dfrac{x^{2n+1}}{(2n+1)!} + \cdots$

所以

$$\frac{\sin x}{x} = 1 - \frac{x^2}{3!} + \frac{x^4}{5!} - \cdots + (-1)^n \frac{x^{2n}}{(2n+1)!} + \cdots$$

于是，有

$$\int_0^x \frac{\sin x}{x} dx = x - \frac{x^3}{3 \cdot 3!} + \frac{x^5}{5 \cdot 5!} - \cdots + (-1)^n \frac{x^{2n+1}}{(2n+1)(2n+1)!} + \cdots \quad (-\infty < x < \infty).$$

$$\int_0^1 \frac{\sin x}{x} dx = 1 - \frac{1}{3 \cdot 3!} + \frac{1}{5 \cdot 5!} - \frac{1}{7 \cdot 7!} + \cdots$$

右边是一交错级数，误差易于估计. 因为 $\dfrac{1}{7 \cdot 7!} \approx \dfrac{1}{35280} < 10^{-4}$，所以只要计算前三项. 即

$$\int_0^1 \frac{\sin x}{x} dx \approx 1 - \frac{1}{3 \cdot 3!} + \frac{1}{5 \cdot 5!} \approx 1 - 0.05556 + 0.00167 \approx 0.9461.$$

习题 11.4

1. 若级数 $\sum\limits_{n=1}^{\infty} a_n (x-1)^n$ 在 $x = -1$ 处收敛，则在 $x = \dfrac{3}{2}$ 处，必有（　　）.

（A）绝对收敛；　（B）条件收敛；　（C）发散；　（D）敛散性不能确定.

2. 设级数 $\sum\limits_{n=1}^{\infty} a_n \left(x - \dfrac{1}{2}\right)^n$ 在 $x = 2$ 处发散，在 $x = -1$ 处收敛，求级数 $\sum\limits_{n=1}^{\infty} a_n (x-1)^n$ 的收敛半径和收敛域.

3. 求下列幂级数的收敛区间：

1) $\sum\limits_{n=1}^{\infty} (-1)^n \dfrac{x^n}{n}$;　　2) $\sum\limits_{n=1}^{\infty} \dfrac{x^n}{n!}$;　　3) $\sum\limits_{n=1}^{\infty} n! \, x^n$;　　4) $\sum\limits_{n=1}^{\infty} \dfrac{x^n}{n \cdot 3^n}$;

5) $\sum\limits_{n=1}^{\infty} \dfrac{2^n \cdot x^n}{n^2+1}$;　　6) $\sum\limits_{n=1}^{\infty} \dfrac{2n-1}{2^n} x^{2n-2}$;　　7) $\sum\limits_{n=1}^{\infty} \dfrac{(x-5)^n}{\sqrt{n}}$.

4. 求下列幂级数的收敛域：

1) $\sum\limits_{n=0}^{\infty} \dfrac{x^n}{\sqrt{n+1}}$;　　2) $\sum\limits_{n=0}^{\infty} (-1)^n \dfrac{x^n}{(n+1)3^n}$;　　3) $\sum\limits_{n=0}^{\infty} (-1)^n \dfrac{(2x-3)^n}{2n-1}$;

4) $\sum\limits_{n=1}^{\infty} (-1)^n \dfrac{2^n \cdot \left(x - \dfrac{1}{2}\right)^n}{\sqrt{n}}$.

5. 求幂级数 $\displaystyle\sum_{n=1}^{\infty} nx^{n-1}$ 的和函数，并求 $\displaystyle\sum_{n=1}^{\infty} \frac{n}{2^{n-1}}$ 的和.

6. 求幂级数 $\displaystyle\sum_{n=0}^{\infty} \frac{x^n}{2^n(n+1)!}$ 的收敛域、和函数，并求 $\displaystyle\sum_{n=0}^{\infty} \frac{2^n}{(n+1)!}$ 的和.

7. 求下列幂级数的和函数：

1) $\displaystyle\sum_{n=1}^{\infty} \frac{x^{4n+1}}{4n+1}$;　　　　2) $\displaystyle\sum_{n=1}^{\infty} (n+1)^2 x^n$;　　　　3) $\displaystyle\sum_{n=1}^{\infty} \frac{x^{n-1}}{n \cdot 2^n}$.

8. 利用已知展开式把下列函数展开为 x 的幂级数，并求收敛域：

1) $f(x) = \cos^2 x$;　　　　2) $f(x) = x^3 e^{-x}$;

3) $f(x) = \dfrac{x}{x^2 - 2x - 3}$;　　　　4) $f(x) = \ln(1 + x - 2x^2)$;

5) $f(x) = \dfrac{x^2}{\sqrt{1-x^2}}$;　　　　6) $f(x) = \dfrac{1}{4}\ln\dfrac{1+x}{1-x} + \dfrac{1}{2}\arctan x - x$.

9. 将函数 $f(x) = \dfrac{1}{x^2 + 4x + 3}$ 展开成 $x-1$ 的幂级数.

10. 将函数 $f(x) = \dfrac{x-1}{4-x}$ 展开成 $x-1$ 的幂级数，并求 $f^{(n)}(1)$.

11. 将函数 $f(x) = \displaystyle\int_0^x \dfrac{\sin t}{t} dt$ 展开为 x 的幂级数，给出收敛域，并求级数 $\displaystyle\sum_{n=0}^{\infty} \dfrac{(-1)^n}{(2n+1)!}$ 的和.

12. 将函数 $f(x) = \dfrac{d}{dx}\left(\dfrac{e^x - 1}{x}\right)$ 展开为 x 的幂级数，给出收敛域，并求级数 $\displaystyle\sum_{n=1}^{\infty} \dfrac{n}{(n+1)!}$ 的和.

13. 利用函数的幂级数展开式求下列各数的近似值：

1) $\ln 2$，误差不超过 0.0001.

2) $\displaystyle\int_0^{0.2} e^{-x^2} dx$，取幂级数展开式的前三项计算.

第五节　傅里叶级数

一、三角级数、三角函数系的正交性

在第一章里，曾经介绍过周期函数的概念，周期函数反映了客观世界中物质的周期运动.

正弦函数是一种常见而简单的周期函数. 例如描述简谐振动的函数

$$y = A\sin(\omega t + \varphi)$$

就是一个以 $\dfrac{2\pi}{\omega}$ 为周期的正弦函数. 其中，y 表示动点的位置，t 表示时间，A 为振幅，ω 为角频率，φ 为初相.

在实际问题中，除了正弦函数外，还会遇到非正弦的周期函数，它们反映了较复杂的周期运动. 如电子技术中常用的周期为 2π 的矩形波(见图 11-1)，就是一个非正弦周期函数的例子.

如何深入研究非正弦函数呢？联系到前面介绍过的用函数的幂级数展开式表示与讨论函数，是否可以将周期函数展开成由简单的周期函数（如三角函数）组成的级数.

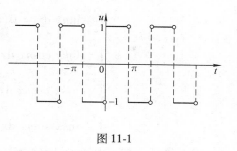

图 11-1

具体地说，将周期为 $T\left(=\dfrac{2\pi}{\omega}\right)$ 的周期函数用一系列以 T 为周期的正弦函数 $A_n\sin(n\omega t+\varphi_n)$ 组成的级数来表示，记为

$$f(t)=A_0+\sum_{n=1}^{\infty}A_n\sin(n\omega t+\varphi_n) \qquad (11\text{-}8)$$

式中，A_0，A_n，$\varphi_n(n=1,2,3,\cdots)$ 都是常数.

将周期函数按上述方式展开，它的物理意义是很明确的，这就是把一个比较复杂的周期运动看成是许多不同频率的简谐振动的叠加. 在电工学上，这种展开称为**谐波分析**. 其中，常数项 A_0 称为 $f(t)$ 的**直流分量**；$A_1\sin(\omega t+\varphi_1)$ 称为 1 次谐波（又叫做**基波**）；而 $A_2\sin(2\omega t+\varphi_2)$，$A_3\sin(3\omega t+\varphi_3)$，$\cdots$ 依次称为 2 **次谐波**，3 **次谐波**，等等.

为了以后讨论方便起见，可以将正弦函数 $A_n\sin(n\omega t+\varphi_n)$ 按三角公式变形，得

$$A_n\sin(n\omega t+\varphi_n)=A_n\sin\varphi_n\cos n\omega t+A_n\cos\varphi_n\sin n\omega t,$$

并且令 $\dfrac{a_0}{2}=A_0$，$a_n=A_n\sin\varphi_n$，$b_n=A_n\cos\varphi_n$，$\omega t=x$，则式(11-8)右端的级数就可以改写成

$$\frac{a_0}{2}+\sum_{n=1}^{\infty}(a_n\cos nx+b_n\sin nx) \qquad (11\text{-}9)$$

一般地，形如式(11-9)的级数叫做**三角级数**，其中 a_0，a_n，$b_n(n=1,2,3,\cdots)$ 都是常数.

如同讨论幂级数时一样，这里也必须讨论三角级数式(11-9)的收敛问题，以及给定周期为 2π 的周期函数如何把它展开成三角级数式(11-9). 为此，首先介绍三角函数系的正交性.

所谓三角函数系

$$1,\ \cos x,\ \sin x,\ \cos 2x,\ \sin 2x,\ \cdots,\ \cos nx,\ \sin nx,\ \cdots \qquad (11\text{-}10)$$

在区间 $[-\pi,\pi]$ 上正交，就是指在三角函数系式(11-10)中任何不同的两个函数的乘积在区间 $[-\pi,\pi]$ 上的积分等于零，即

$$\int_{-\pi}^{\pi}\cos nx\,\mathrm{d}x=0(n=1,2,3,\cdots),$$

$$\int_{-\pi}^{\pi} \sin nx \, dx = 0 (n = 1,2,3,\cdots),$$

$$\int_{-\pi}^{\pi} \sin kx \cos nx \, dx = 0 \ (k, \ n = 1,2,3,\cdots),$$

$$\int_{-\pi}^{\pi} \cos kx \cos nx \, dx = 0 \ (k, \ n = 1,2,3,\cdots, k \neq n),$$

$$\int_{-\pi}^{\pi} \sin kx \sin nx \, dx = 0 \ (k, \ n = 1,2,3,\cdots, k \neq n).$$

以上等式，都可以通过计算定积分来验证.

在三角函数系式(11-10)中，两个相同函数的乘积在区间 $[-\pi, \pi]$ 上的积分不等于零，即

$$\int_{-\pi}^{\pi} 1^2 \, dx = 2\pi, \int_{-\pi}^{\pi} \sin^2 nx \, dx = \pi, \int_{-\pi}^{\pi} \cos^2 nx \, dx = \pi \ (n = 1,2,3,\cdots).$$

二、函数展开成傅里叶级数

设 $f(x)$ 是周期为 2π 的周期函数，且能展开成三角级数：

$$f(x) = \frac{a_0}{2} + \sum_{k=1}^{\infty} (a_k \cos kx + b_k \sin kx) \tag{11-11}$$

则系数 a_0, a_1, b_1, …与函数 $f(x)$ 之间存在着怎样的关系？换句话说，如何利用 $f(x)$ 把 a_0, a_1, b_1, …表达出来？为此，进一步假设级数式(11-11)可以逐项积分.

先求 a_0，对式 (11-11) 从 $-\pi$ 到 π 逐项积分：

$$\int_{-\pi}^{\pi} f(x) \, dx = \int_{-\pi}^{\pi} \frac{a_0}{2} dx + \sum_{k=1}^{\infty} \left[a_k \int_{-\pi}^{\pi} \cos kx dx + b_k \int_{-\pi}^{\pi} \sin kx dx \right].$$

根据三角函数系式(11-10)的正交性，等式右端除第一项外，其余各项均为零，所以

$$\int_{-\pi}^{\pi} f(x) \, dx = \frac{a_0}{2} \cdot 2\pi,$$

于是得

$$a_0 = \frac{1}{\pi} \int_{-\pi}^{\pi} f(x) \, dx.$$

然后求 a_n，用 $\cos nx$ 乘以式(11-11)两端，再从 $-\pi$ 到 π 逐项积分，可以得到

$$\int_{-\pi}^{\pi} f(x) \cos nx \, dx$$

$$= \frac{a_0}{2} \int_{-\pi}^{\pi} \cos nx \, dx + \sum_{k=1}^{\infty} \left[a_k \int_{-\pi}^{\pi} \cos kx \cos nx \, dx + b_k \int_{-\pi}^{\pi} \sin kx \cos nx \, dx \right].$$

根据三角函数系式(11-10)的正交性，等式右端除 $k = n$ 的一项外，其余各项均为零，所以

$$\int_{-\pi}^{\pi} f(x) \cos nx \, \mathrm{d}x = a_n \int_{-\pi}^{\pi} \cos^2 nx \, \mathrm{d}x = a_n \pi,$$

于是得

$$a_n = \frac{1}{\pi} \int_{-\pi}^{\pi} f(x) \cos nx \, \mathrm{d}x \ (n = 1, 2, 3, \cdots).$$

类似地，用 $\sin nx$ 乘式 (11-11) 的两端，再从 $-\pi$ 到 π 逐项积分，可得

$$b_n = \frac{1}{\pi} \int_{-\pi}^{\pi} f(x) \sin nx \, \mathrm{d}x \quad (n = 1, 2, 3, \cdots).$$

由于当 $n = 0$ 时，a_n 的表达式正好给出 a_0，因此，已得结果可以合并写成

$$\begin{cases} a_n = \dfrac{1}{\pi} \displaystyle\int_{-\pi}^{\pi} f(x) \cos nx \, \mathrm{d}x (n = 0, 1, 2, \cdots) \\[2mm] b_n = \dfrac{1}{\pi} \displaystyle\int_{-\pi}^{\pi} f(x) \sin nx \, \mathrm{d}x (n = 1, 2, 3, \cdots) \end{cases} \tag{11-12}$$

如果式 (11-12) 中的积分都存在，这时它们定出的系数 a_0, a_1, b_1, $\cdots$ 叫做函数 $f(x)$ 的**傅里叶 (Fourier) 系数**，将这些系数代入式 (11-11) 右端，所得的三角级数

$$\frac{a_0}{2} + \sum_{n=1}^{\infty} (a_n \cos nx + b_n \sin nx) \tag{11-13}$$

叫做函数的**傅里叶级数**.

一个定义在 $(-\infty, +\infty)$ 上周期为 2π 的函数 $f(x)$，如果它在一个周期上可积，则一定可以作出 $f(x)$ 的傅里叶级数. 然而，函数 $f(x)$ 的傅里叶级数是否一定收敛？如果它收敛，它是否一定收敛于函数 $f(x)$？一般来说，这两个问题的答案都不是肯定的. 那么，$f(x)$ 在怎样的条件下，它的傅里叶级数不仅收敛，而且收敛于 $f(x)$？也就是说，$f(x)$ 满足什么条件可以展开成傅里叶级数？这是本节面临的一个基本问题.

下面叙述一个收敛定理（不加证明），它给出关于上述问题的一个重要结论.

定理 11.10　（收敛定理，或称狄利克雷 (Dirichlet) 充分条件）设 $f(x)$ 是周期为 2π 的周期函数，如果它满足：

1) 在一个周期内连续或只有有限个第一类间断点；

2) 在一个周期内至多只有有限个极值点，则 $f(x)$ 的傅里叶级数收敛，并且

当 x 是 $f(x)$ 的连续点时，级数收敛于 $f(x)$；

当 x 是 $f(x)$ 的间断点时，级数收敛于 $\dfrac{1}{2}[f(x^-) + f(x^+)]$.

收敛定理意味着，只要函数在 $[-\pi, \pi]$ 上至多有有限个第一类间断点，并且不做无限次振动，函数的傅里叶级数在连续点处就收敛于该点的函数值，在间断点处收敛于该点左极限与右极限的算术平均值. 可见，函数展开成傅里叶级数的条件

比展开成幂级数的条件低得多. 记

$$C = \left\{ x \mid f(x) = \frac{1}{2} [f(x^-) + f(x^+)] \right\},$$

在 C 上就成立 $f(x)$ 的傅里叶级数展开式

$$f(x) = \frac{a_0}{2} + \sum_{n=1}^{\infty} (a_n \cos nx + b_n \sin nx), \quad x \in C \tag{11-14}$$

例1　设 $f(x)$ 是周期为 2π 的周期函数，它在 $[-\pi, \pi)$ 上的表达式为

$$f(x) = \begin{cases} -1 & -\pi \leqslant x < 0 \\ 1 & 0 \leqslant x < \pi \end{cases},$$

将 $f(x)$ 展开成傅里叶级数.

解　所给函数满足收敛定理的条件，它在点 $x = k\pi$ $(k = 0, \pm 1, \pm 2, \cdots)$ 处不连续，在其他点处连续，从而由收敛定理知道 $f(x)$ 的傅里叶级数收敛，并且当 $x = k\pi$ 时级数收敛于

$$\frac{-1+1}{2} = \frac{1+(-1)}{2} = 0,$$

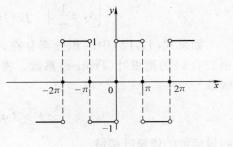

当 $x \neq k\pi$ 时，级数收敛于 $f(x)$. 和函数的图形如图 11-2 所示.

图 11-2

计算傅里叶系数如下：

$$a_n = \frac{1}{\pi} \int_{-\pi}^{\pi} f(x) \cos nx \, dx$$

$$= \frac{1}{\pi} \int_{-\pi}^{0} (-1) \cos nx \, dx + \frac{1}{\pi} \int_{0}^{\pi} 1 \cdot \cos nx \, dx$$

$$= 0 \, (n = 0, 1, 2, \cdots);$$

$$b_n = \frac{1}{\pi} \int_{-\pi}^{\pi} f(x) \sin nx \, dx$$

$$= \frac{1}{\pi} \int_{-\pi}^{0} (-1) \sin nx \, dx + \frac{1}{\pi} \int_{0}^{\pi} 1 \cdot \sin nx \, dx$$

$$= \frac{1}{\pi} \left[\frac{\cos nx}{n} \right]_{-\pi}^{0} + \frac{1}{\pi} \left[-\frac{\cos nx}{n} \right]_{0}^{\pi}$$

$$= \frac{1}{n\pi} [1 - \cos n\pi - \cos n\pi + 1]$$

$$= \frac{2}{n\pi} [1 - (-1)^n]$$

$$= \begin{cases} \dfrac{4}{n\pi} & n=1,3,5,\cdots \\ 0 & n=2,4,6\cdots \end{cases}.$$

将所求得的系数代入式(11-14)，就得到$f(x)$的傅里叶级数展开式为

$$f(x) = \frac{4}{\pi}\Big[\sin x + \frac{1}{3}\sin 3x + \cdots + \frac{1}{2k-1}\sin(2k-1)x + \cdots\Big]$$

$$(-\infty < x < +\infty\ ; x \neq 0,\ \pm\pi,\ \pm2\pi,\cdots).$$

如果把例1中的函数理解为矩形波的波形函数（周期$T=2\pi$，幅值$E=1$，自变量x表示时间），那么上面所得到的展开式表明，矩形波是由一系列不同频率的正弦波叠加而成的，这些正弦波的频率依次为基波频率的奇数倍.

例2　设$f(x)$是周期为2π的周期函数，它在$[-\pi,\pi)$上的表达式为

$$f(x) = \begin{cases} x & (-\pi \leqslant x < 0) \\ 0 & (0 \leqslant x < \pi) \end{cases},$$

将$f(x)$展开成傅里叶级数.

解　所给函数满足收敛定理的条件，它在点$x=(2k+1)\pi(k=0,\pm1,\pm2,\cdots)$处不连续. 因此，$f(x)$的傅里叶级数在$x=(2k+1)\pi$处收敛于

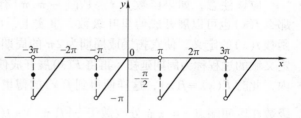

图 11-3

$$\frac{f(\pi^-) + f(\pi^+)}{2} = \frac{0-\pi}{2} = -\frac{\pi}{2}.$$

在连续点x处$(x \neq (2k+1)\pi)$收敛于$f(x)$. 和函数的图形如图 11-3 所示.

计算傅里叶级数如下：

$$a_n = \frac{1}{\pi}\int_{-\pi}^{\pi} f(x)\cos nx\ \mathrm{d}x = \frac{1}{\pi}\int_{-\pi}^{0} x\cos nx\ \mathrm{d}x$$

$$= \frac{1}{\pi}\Big[\frac{x\sin nx}{n} + \frac{\cos nx}{n^2}\Big]_{-\pi}^{0}$$

$$= \frac{1}{n^2\pi}(1 - \cos n\pi)$$

$$= \begin{cases} \dfrac{2}{n^2\pi} & (n=1,3,5,\cdots) \\ 0 & (n=2,4,6,\cdots) \end{cases}$$

$$a_0 = \frac{1}{\pi}\int_{-\pi}^{\pi} f(x)\ \mathrm{d}x = \frac{1}{\pi}\int_{-\pi}^{0} x\ \mathrm{d}x = \frac{1}{\pi}\Big[\frac{x^2}{2}\Big]_{-\pi}^{0} = -\frac{\pi}{2};$$

$$b_n = \frac{1}{\pi}\int_{-\pi}^{\pi} f(x)\sin nx\ \mathrm{d}x = \frac{1}{\pi}\int_{-\pi}^{0} x\sin nx\ \mathrm{d}x$$

$$= \frac{1}{\pi} \left[-\frac{x\cos nx}{n} + \frac{\sin nx}{n^2} \right]_{-\pi}^{0}$$

$$= \frac{-\cos n\pi}{n} = \frac{(-1)^{n+1}}{n}.$$

将求得的系数代入式(11-14)，得到 $f(x)$ 的傅里叶级数展开式为

$$f(x) = -\frac{\pi}{4} + \left(\frac{2}{\pi}\cos x + \sin x \right) - \frac{1}{2}\sin 2x + \left(\frac{2}{3^2\pi}\cos 3x + \frac{1}{3}\sin 3x \right) -$$

$$\frac{1}{4}\sin 4x + \left(\frac{2}{5^2\pi}\cos 5x + \frac{1}{5}\sin 5x \right) - \cdots$$

$$(-\infty < x < +\infty; x \neq \pm\pi, \pm 3\pi, \cdots).$$

应该注意，如果函数 $f(x)$ 只在 $[-\pi, \pi]$ 有定义，并且满足收敛定理的条件，那么 $f(x)$ 也可以展开成傅里叶级数. 事实上，可以在 $[-\pi, \pi)$ 或 $(-\pi, \pi]$ 外补充函数 $f(x)$ 的定义，使它拓展成周期为 2π 的周期函数 $F(x)$. 按这种方式拓展函数的定义域的过程称为**周期延拓**. 再将 $F(x)$ 展开成傅里叶级数. 最后限制 x 在 $(-\pi, \pi)$ 内，此时 $F(x) \equiv f(x)$，这样便得到 $f(x)$ 的傅里叶级数展开式. 根据收敛定理，此级数在区间端点 $x = \pm\pi$ 处收敛于 $\frac{1}{2}[f(\pi^-) + f(-\pi^+)]$.

例 3　将函数

$$f(x) = \begin{cases} -x & (-\pi \leqslant x < 0) \\ x & (0 \leqslant x < \pi) \end{cases}$$

展开成傅里叶级数.

解　所给函数在区间 $[-\pi, \pi]$ 上满足收敛定理的条件，并且拓展为周期函数时，它在每一点 x 处都连续(见图 11-4)，因此拓展的周期函数的傅里叶级数在 $[-\pi, \pi]$ 上收敛于 $f(x)$.

计算傅里叶系数如下：

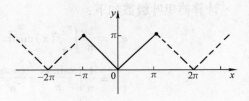

图 11-4

$$a_n = \frac{1}{\pi}\int_{-\pi}^{\pi} f(x)\cos nx \, \mathrm{d}x$$

$$= \frac{1}{\pi}\int_{-\pi}^{0} (-x)\cos nx \, \mathrm{d}x + \frac{1}{\pi}\int_{0}^{\pi} x\cos nx \, \mathrm{d}x$$

$$= -\frac{1}{\pi}\left[\frac{x\sin nx}{n} + \frac{\cos nx}{n^2} \right]_{-\pi}^{0} + \frac{1}{\pi}\left[\frac{x\sin nx}{n} + \frac{\cos nx}{n^2} \right]_{0}^{\pi}$$

$$= \frac{2}{n^2\pi}(\cos n\pi - 1)$$

$$= \begin{cases} -\dfrac{4}{n^2\pi} & (n = 1,3,5\cdots) \\ 0 & (n = 2,4,6\cdots) \end{cases}$$

$$a_0 = \frac{1}{\pi}\int_{-\pi}^{\pi} f(x)\,dx$$

$$= \frac{1}{\pi}\int_{-\pi}^{0}(-x)\,dx + \frac{1}{\pi}\int_{0}^{\pi} x\,dx$$

$$= \frac{1}{\pi}\left[-\frac{x^2}{2}\right]_{-\pi}^{0} + \frac{1}{\pi}\left[\frac{x^2}{2}\right]_{0}^{\pi} = \pi$$

$$b_n = \frac{1}{\pi}\int_{-\pi}^{\pi} f(x)\sin nx\,dx$$

$$= \frac{1}{\pi}\int_{-\pi}^{0}(-x)\sin nx\,dx + \frac{1}{\pi}\int_{0}^{\pi} x\sin nx\,dx$$

$$= -\frac{1}{\pi}\left[-\frac{x\cos nx}{n} + \frac{\sin nx}{n^2}\right]_{-\pi}^{0} + \frac{1}{\pi}\left[-\frac{x\cos nx}{n} + \frac{\sin nx}{n^2}\right]_{0}^{\pi}$$

$$= 0 \quad (n = 1,2,3\cdots).$$

将求得的系数代入式(11-13)，得到 $f(x)$ 的傅里叶级数展开式为

$$f(x) = \frac{\pi}{2} - \frac{4}{\pi}\left(\cos x + \frac{1}{3^2}\cos 3x + \frac{1}{5^2}\cos 5x + \cdots\right)$$

$$(-\pi \leqslant x \leqslant \pi).$$

利用这个展开式，可以求出几个特殊级数的和. 当 $x = 0$ 时，$f(0) = 0$，于是由这个展开式得出

$$\frac{\pi^2}{8} = 1 + \frac{1}{3^2} + \frac{1}{5^2} + \cdots.$$

设

$$\sigma = 1 + \frac{1}{2^2} + \frac{1}{3^2} + \frac{1}{4^2} + \cdots,$$

$$\sigma_1 = 1 + \frac{1}{3^2} + \frac{1}{5^2} + \cdots\left(= \frac{\pi^2}{8}\right),$$

$$\sigma_2 = \frac{1}{2^2} + \frac{1}{4^2} + \frac{1}{6^2} + \cdots,$$

$$\sigma_3 = 1 - \frac{1}{2^2} + \frac{1}{3^2} - \frac{1}{4^2} + \cdots.$$

因为

$$\sigma_2 = \frac{\sigma}{4} = \frac{\sigma_1 + \sigma_2}{4},$$

所以
$$\sigma_2 = \frac{\sigma_1}{3} = \frac{\pi^2}{24},$$

$$\sigma = \sigma_1 + \sigma_2 = \frac{\pi^2}{6},$$

又
$$\sigma_3 = 2\sigma_1 - \sigma = \frac{\pi^2}{12}.$$

三、正弦级数和余弦级数

一般说来，一个函数的傅里叶级数既含有正弦项，又含有余弦项．但是，也有一些函数的傅里叶级数只含有正弦项或者只含有常数项和余弦项．这是什么原因呢？实际上，这些情况是与所给函数 $f(x)$ 的奇偶性有密切关系的．对于周期为 2π 的函数 $f(x)$，它的傅里叶系数计算公式为

$$a_n = \frac{1}{\pi} \int_{-\pi}^{\pi} f(x)\cos nx \, \mathrm{d}x \, (n = 0,1,2,\cdots);$$

$$b_n = \frac{1}{\pi} \int_{-\pi}^{\pi} f(x)\sin nx \, \mathrm{d}x \, (n = 0,1,2,\cdots).$$

由于奇函数在对称区间上的积分为零，偶函数在对称区间上的积分等于半区间上积分的两倍．因此，

当 $f(x)$ 为奇函数时，$f(x)\cos nx$ 是奇函数，$f(x)\sin nx$ 是偶函数，故

$$\begin{cases} a_n = 0 & (n = 0,1,2,\cdots) \\ b_n = \dfrac{2}{\pi} \int_0^{\pi} f(x)\sin nx \, \mathrm{d}x & (n = 1,2,3\cdots) \end{cases} \tag{11-15}$$

即知奇函数的傅里叶级数是只含有正弦项的**正弦级数**．

$$\sum_{n=1}^{\infty} b_n \sin nx \tag{11-16}$$

当 $f(x)$ 为偶函数时，$f(x)\cos nx$ 是偶函数，$f(x)\sin nx$ 是奇函数，故

$$\begin{cases} a_n = \dfrac{2}{\pi} \int_0^{\pi} f(x)\cos nx \, \mathrm{d}x & (n = 0,1,2,\cdots) \\ b_n = 0 & (n = 1,2,3,\cdots) \end{cases} \tag{11-17}$$

即知偶函数的傅里叶级数是只含常数项和余弦项的**余弦级数**．

$$\frac{a_0}{2} + \sum_{n=1}^{\infty} a_n \cos nx \tag{11-18}$$

例 4　设 $f(x)$ 是周期为 2π 的周期函数，它在 $[-\pi, \pi)$ 上的表达式为 $f(x) = x$．将 $f(x)$ 展开成傅里叶级数．

解　首先，所给函数满足收敛定理的条件，它在点

$$x = (2k+1)\pi \, (k = 0, \pm 1, \pm 2, \cdots)$$

处不连续，因此 $f(x)$ 的傅里叶级数在
点 $x = (2k+1)\pi$ 处收敛于

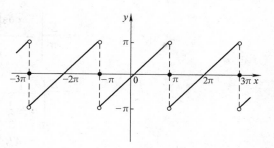

$$\frac{f(\pi^-) + f(-\pi^+)}{2} = \frac{\pi + (-\pi)}{2} = 0.$$

在连续点 $x(x \neq (2k+1)\pi)$ 处收敛于
$f(x)$. 和函数的图形如图 11-5 所示.

图 11-5

其次，若不计 $x = (2k+1)\pi(k = 0,$
$\pm 1, \pm 2, \cdots)$，则 $f(x)$ 是周期为 2π 的
奇函数. 显然，此时式(11-15)仍成
立. 按式(11-5)有 $a_n = 0,\ (n = 0, 1, 2, \cdots)$，而

$$b_n = \frac{2}{\pi} \int_0^\pi f(x) \sin nx\ \mathrm{d}x = \frac{2}{\pi} \int_0^\pi x \sin nx\ \mathrm{d}x$$

$$= \frac{2}{\pi} \left[-\frac{x \cos nx}{n} + \frac{\sin nx}{n^2} \right]_0^\pi$$

$$= -\frac{2}{n} \cos n\pi = \frac{2}{n} (-1)^{n+1} \ (n = 1, 2, 3, \cdots).$$

将求得的 b_n 代入正弦级数式(11-16)，得 $f(x)$ 的傅里叶级数展开式为

$$f(x) = 2 \left(\sin x - \frac{1}{2} \sin 2x + \frac{1}{3} \sin 3x - \cdots + \frac{(-1)^{n+1}}{n} \sin nx + \cdots \right)$$

$$(-\infty < x < +\infty; x \neq \pm\pi, \pm 3\pi, \cdots).$$

例 5　将周期函数

$$u(t) = E \left| \sin \frac{t}{2} \right|$$

展开成傅里叶级数，其中 E 是正的常数.

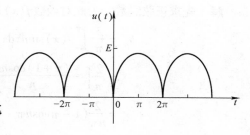

解　所给函数满足收敛定理的条件，
它在整个数轴上连续(见图 11-6)，因此
$u(t)$ 的傅里叶级数处处收敛于 $u(t)$.

因为 $u(t)$ 是周期为 2π 的偶函数，所
以按式(11-17)有 $b_n = 0$，而

图 11-6

$$a_n = \frac{2}{\pi} \int_0^\pi u(t) \cos nt\ \mathrm{d}t$$

$$= \frac{2}{\pi} \int_0^\pi E \sin \frac{t}{2} \cos nt\ \mathrm{d}t$$

$$= \frac{E}{\pi} \int_0^\pi \left[\sin \left(n + \frac{1}{2} \right) t - \sin \left(n - \frac{1}{2} \right) t \right] \mathrm{d}t$$

$$= \frac{E}{\pi}\left[-\frac{\cos\left(n+\frac{1}{2}\right)t}{n+\frac{1}{2}} + \frac{\cos\left(n-\frac{1}{2}\right)t}{n-\frac{1}{2}} \right]_0^\pi$$

$$= \frac{E}{\pi}\left(\frac{1}{n+\frac{1}{2}} - \frac{1}{n-\frac{1}{2}} \right)$$

$$= -\frac{4E}{(4n^2-1)\pi} \quad (n=0,1,2,\cdots).$$

将求得 a_n 的代入余弦级数式(11-18)，得 $u(t)$ 的傅里叶级数展开式为

$$u(t) = \frac{4E}{\pi}\left(\frac{1}{2} - \sum_{n=1}^\infty \frac{\cos nt}{4n^2-1} \right) \quad (-\infty < t < +\infty).$$

在实际应用(如研究某种波动问题，热的传导、扩散问题)中，有时还需要把定义在区间 $[0,\pi]$ 上的函数 $f(x)$ 展开成正弦级数或余弦级数.

根据前面讨论的结果，这类展开问题可以按如下方法解决：设函数 $f(x)$ 定义在区间 $[0,\pi]$ 上并且满足收敛定理的条件，在开区间 $(-\pi,0)$ 内补充函数 $f(x)$ 的定义，得到定义在 $(-\pi,\pi]$ 上的函数 $F(x)$，使它在 $(-\pi,\pi)$ 上成为奇函数(偶函数). 按这种方式拓广函数定义域的过程称为**奇延拓(偶延拓)**. 然后将奇延拓(偶延拓)后的函数展开成傅里叶级数，这个级数必定是正弦级数(余弦级数). 再限制 x 在 $(0,\pi)$ 上，此时 $F(x) \equiv f(x)$，这样便得到 $f(x)$ 的正弦级数(余弦级数)展开式.

例 6　将函数 $f(x) = x+1\,(0 \leqslant x \leqslant \pi)$ 分别展开成正弦级数和余弦级数.

解　先求正弦级数. 为此对函数 $f(x)$ 进行奇延拓(见图 11-7). 按式(11-15)有

$$b_n = \frac{2}{\pi}\int_0^\pi f(x)\sin nx\,\mathrm{d}x = \frac{2}{\pi}\int_0^\pi (x+1)\sin nx\,\mathrm{d}x$$

$$= \frac{2}{\pi}\left[-\frac{(x+1)\cos nx}{n} + \frac{\sin nx}{n^2} \right]_0^\pi$$

$$= \frac{2}{n\pi}(1 - \pi\cos n\pi - \cos n\pi)$$

$$= \begin{cases} \dfrac{2}{\pi}\cdot\dfrac{\pi+2}{n} & (n=1,3,5,\cdots) \\[2mm] -\dfrac{2}{n} & (n=2,4,6,\cdots) \end{cases}$$

将求得的 b_n 代入正弦级数式(11-16)，得

$$x+1 = \frac{2}{\pi}\left[(\pi+2)\sin x - \frac{\pi}{2}\sin 2x + \frac{1}{3}(\pi+2)\sin 3x - \cdots \right]$$

$$(0 < x < \pi).$$

在端点 $x=0$ 及 $x=\pi$ 处，级数的和显然为零，它不代表原来函数 $f(x)$ 的值.

再求余弦级数. 为此对 $f(x)$ 进行偶延拓(见图 11-8). 按式(11-17)有

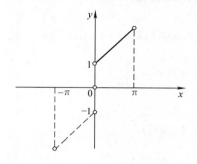

图 11-7　　　　　　　　　　　图 11-8

$$a_n = \frac{2}{\pi} \int_0^\pi (x+1) \cos nx \, \mathrm{d}x$$

$$= \frac{2}{\pi} \left[\frac{(x+1)\sin nx}{n} + \frac{\cos nx}{n^2} \right]_0^\pi$$

$$= \frac{2}{n^2 \pi} (\cos n\pi - 1)$$

$$= \begin{cases} 0 & (n = 2,4,6,\cdots) \\ -\dfrac{4}{n^2 \pi} & (n = 1,3,5,\cdots) \end{cases}$$

$$a_0 = \frac{2}{\pi} \int_0^\pi (x+1) \, \mathrm{d}x = \frac{2}{\pi} \left[\frac{x^2}{2} + x \right]_0^\pi = \pi + 2;$$

将求得的 a_n 代入余弦级数式(11-18), 得

$$x + 1 = \frac{\pi}{2} + 1 - \frac{4}{\pi} \left(\cos x + \frac{1}{3^2} \cos 3x + \frac{1}{5^2} \cos 5x + \cdots \right)$$

$$(0 \leqslant x \leqslant \pi).$$

四、一般周期函数的傅里叶级数

前面讨论的周期函数都是以 2π 为周期的. 但是实际问题中所遇到的周期函数不一定以 2π 为周期。下面讨论周期为 $2l$ 的周期函数的傅里叶级数. 根据前面讨论的结果, 经过自变量的变量代换, 可得下面的定理.

定理 11. 11　设周期为 $2l$ 的周期函数 $f(x)$ 满足收敛定理的条件, 则它的傅里叶级数展开式为

$$f(x) = \frac{a_0}{2} + \sum_{n=1}^{\infty} \left(a_n \cos \frac{n\pi x}{l} + b_n \sin \frac{n\pi x}{l} \right) \quad (x \in C)$$

式中

$$a_n = \frac{1}{l}\int_{-l}^{l} f(x)\cos\frac{n\pi x}{l}\mathrm{d}x \quad (n = 0,1,2,\cdots),$$

$$b_n = \frac{1}{l}\int_{-l}^{l} f(x)\sin\frac{n\pi x}{l}\mathrm{d}x \quad (n = 0,1,2,\cdots),$$

$$C = \left\{ x \mid f(x) = \frac{1}{2}[f(x^-) + f(x^+)] \right\}.$$

当 $f(x)$ 为奇函数时，

$$f(x) = \sum_{n=1}^{\infty} b_n \sin\frac{n\pi x}{l} \quad (x \in C)$$

式中

$$b_n = \frac{2}{l}\int_{0}^{l} f(x)\sin\frac{n\pi x}{l}\mathrm{d}x, \quad (n = 0,1,2,\cdots).$$

当 $f(x)$ 为偶函数时，

$$f(x) = \frac{a_0}{2} + \sum_{n=1}^{\infty} a_n \cos\frac{n\pi x}{l} \quad (x \in C),$$

式中

$$a_n = \frac{2}{l}\int_{0}^{l} f(x)\cos\frac{n\pi x}{l}\mathrm{d}x \quad (n = 0,1,2,\cdots).$$

证明从略.

例7　设 $f(x)$ 是周期为 4 的周期函数，它在 $[-2,2)$ 上的表达式为

$$f(x) = \begin{cases} 0 & (-2 \leqslant x < 0) \\ h & (0 \leqslant x < 2) \end{cases} \quad (\text{这里 } h \text{ 为常数})$$

将 $f(x)$ 展开成傅里叶级数.

解　这里 $l = 2$，按公式有

$$a_n = \frac{1}{2}\int_{-2}^{2} f(x)\cos\frac{n\pi x}{2}\mathrm{d}x$$

$$= \frac{1}{2}\int_{0}^{2} h \cdot \cos\frac{n\pi x}{2}\mathrm{d}x$$

$$= 0 \, (n = 1,2,\cdots);$$

$$a_0 = \frac{1}{2}\int_{0}^{2} h\mathrm{d}x = h;$$

$$b_n = \frac{1}{2}\int_{-2}^{2} f(x)\sin\frac{n\pi x}{2}\mathrm{d}x$$

$$= \frac{1}{2}\int_{0}^{2} h \cdot \sin\frac{n\pi x}{2}\mathrm{d}x$$

$$= \frac{1}{2}\left[-\frac{h\cos n\pi x}{n\pi} \right]_0^2$$

$$= \frac{h}{n\pi}[1 - \cos n\pi]$$

$$= \begin{cases} \dfrac{2h}{n\pi} & (n=1,3,5,\cdots) \\ 0 & (n=2,4,6,\cdots) \end{cases}.$$

将所求得的系数代入公式，就得到 $f(x)$ 的傅里叶级数展开式为

$$f(x) = \frac{h}{2} + \frac{2h}{\pi}\left[\sin\frac{\pi x}{2} + \frac{1}{3}\sin\frac{3\pi x}{2} + \cdots + \frac{1}{2k-1}\sin\frac{(2k-1)\pi x}{2} + \cdots\right]$$

$$(-\infty < x < +\infty; x \neq 0, \pm 2, \pm 4, \cdots).$$

习题 11.5

1. 把函数 $f(x) = \begin{cases} 0 & (-\pi < x < 0) \\ 1 & (0 \leq x \leq \pi) \end{cases}$ 展开为傅里叶级数.

2. 设下列 $f(x)$ 的周期为 2π，试将其展开为傅里叶级数：

1) $f(x) = 3x^2 + 1,\ x \in [-\pi, \pi)$；   2) $f(x) = e^{2x},\ x \in [-\pi, \pi)$；

3) $f(x) = \begin{cases} bx & (-\pi \leq x < 0) \\ ax & (0 \leq x < \pi) \end{cases}$ （a、b 为常数，且 $a > b > 0$）.

3. 将函数 $f(x) = 2\sin\dfrac{x}{3}(-\pi \leq x \leq \pi)$ 展开成傅里叶级数.

4. 将函数 $f(x) = \begin{cases} e^x & (-\pi \leq x < 0) \\ 1 & (0 \leq x \leq \pi) \end{cases}$ 展开成傅里叶级数.

5. 设周期函数 $f(x)$ 的周期为 2π，证明 $f(x)$ 的傅里叶系数为

$$a_n = \frac{1}{\pi}\int_0^{2\pi} f(x)\cos nx\,dx\,(n=0,1,2,\cdots);$$

$$b_n = \frac{1}{\pi}\int_0^{2\pi} f(x)\sin nx\,dx\,(n=0,1,2,\cdots).$$

6. 设 $f(x)$ 是周期为 2π 的周期函数，且

$$f(x) = \begin{cases} -\dfrac{\pi}{2} & \left(-\pi \leq x < -\dfrac{\pi}{2}\right) \\ x & \left(-\dfrac{\pi}{2} \leq x < \dfrac{\pi}{2}\right) \\ \dfrac{\pi}{2} & \left(\dfrac{\pi}{2} \leq x < \pi\right) \end{cases},$$

求 $f(x)$ 展开成傅里叶级数的和函数的表达式.

7. 将函数 $f(x) = \dfrac{\pi - x}{2}(0 \leq x \leq \pi)$ 展开成正弦级数.

8. 设 $f(x)$ 是周期为 2π 的周期函数，证明：

1) 如果 $f(x-\pi) = -f(x)$，则 $f(x)$ 的傅里叶系数 $a_0 = 0$，$a_{2k} = 0$，$b_{2k} = 0(k=1,2,\cdots)$；

2) 如果 $f(x-\pi) = f(x)$，则 $f(x)$ 的傅里叶系数 $a_{2k+1} = 0$，$b_{2k+1} = 0(k=0,1,2,\cdots)$.

9. 如何把给定在区间 $\left(0, \dfrac{\pi}{2}\right)$ 内满足狄利克雷收敛定理且连续的函数 $f(x)$ 延拓到区间 $(-\pi, \pi)$ 内，而使它的傅里叶级数展开式为

$$f(x) = \sum_{n=1}^{\infty} a_{2n-1} \cos(2n-1)x \quad \left(-\pi < x < \pi,\ x \neq 0,\ \pm \dfrac{\pi}{2}\right).$$

10. 设周期函数 $f(x)$ 在一个周期内的表达式为 $f(x) = \begin{cases} 2x+1 & (-3 \leqslant x < 0) \\ 1 & (0 \leqslant x < 3) \end{cases}$，将 $f(x)$ 展开成傅里叶级数.

11. 将函数 $f(x) = x^2$，$(0 \leqslant x \leqslant 2)$ 分别展开成正弦级数和余弦级数.

综合测试题（十一）

一、单项选择题

1. 若幂级数 $\displaystyle\sum_{n=1}^{\infty} a_n (x+1)^n$ 在 $x = 1$ 处收敛，则该幂级数在 $x = -\dfrac{5}{2}$ 处必然（　　）.

（A）绝对收敛；　　　（B）条件收敛；　　　（C）发散；　　　（D）收敛性不定.

2. 下列级数条件收敛的是（　　）.

（A）$\displaystyle\sum_{n=1}^{\infty} \dfrac{(-1)^n n}{2n+10}$；　　　　　　　　（B）$\displaystyle\sum_{n=1}^{\infty} \dfrac{(-1)^{n-1}}{\sqrt{n^3}}$；

（C）$\displaystyle\sum_{n=1}^{\infty} (-1)^{n-1} \left(\dfrac{1}{2}\right)^n$；　　　　　　　（D）$\displaystyle\sum_{n=1}^{\infty} (-1)^{n-1} \dfrac{3}{\sqrt{n}}$.

3. 若数项级数 $\displaystyle\sum_{n=1}^{\infty} a_n$ 收敛于 S，则级数 $\displaystyle\sum_{n=1}^{\infty} (a_n + a_{n+1} + a_{n+2}) = ($　　$)$.

（A）$S + a_1$；　　　（B）$S + a_2$；　　　（C）$S + a_1 - a_2$；　　　（D）$S + a_2 - a_1$.

4. 设 a 为正常数，则级数 $\displaystyle\sum_{n=1}^{\infty} \left[\dfrac{\sin na}{n^2} - \dfrac{3}{\sqrt{n}}\right]$（　　）.

（A）绝对收敛；　　　（B）条件收敛；　　　（C）发散；　　　（D）收敛性与 a 有关.

5. 设 $f(x) = x^2$，$0 \leqslant x < 1$，而 $S(x) = \displaystyle\sum_{n=1}^{\infty} b_n \sin n\pi x$，$-\infty < x < +\infty$，其中 $b_n = 2\displaystyle\int_0^1 f(x)$ $\sin n\pi x$，$(n = 1,\ 2,\ \cdots)$，则 $S\left(-\dfrac{1}{2}\right) = ($　　$)$.

（A）$-\dfrac{1}{2}$；　　　（B）$-\dfrac{1}{4}$；　　　（C）$\dfrac{1}{4}$；　　　（D）$\dfrac{1}{2}$.

二、填空题

1. 设 $\displaystyle\sum_{n=1}^{\infty} u_n = 4$，则 $\displaystyle\sum_{n=1}^{\infty} \left(\dfrac{1}{2} u_n - \dfrac{1}{2^n}\right) = ($　　$)$.

2. 设 $\displaystyle\sum_{n=1}^{\infty} a_n (x-1)^{n+1}$ 的收敛域为 $[-2, 4)$，则级数 $\displaystyle\sum_{n=1}^{\infty} n a_n (x+1)^n$ 的收敛区间为（　　）.

3. 设 $f(x) = \begin{cases} 2, & -1 < x \leqslant 0 \\ x^3, & 0 < x \leqslant 1 \end{cases}$，则以 2 为周期的傅里叶级数在 $x = 1$ 处收敛于（　　）.

4. 设 $f(x) = \pi x + x^2$，$-\pi < x < \pi$ 的傅里叶级数为 $\dfrac{a_0}{2} + \sum_{n=1}^{\infty}(a_n \cos nx + b_n \sin nx)$，则 $b_3 = ($ $)$.

5. 级数 $\sum_{n=1}^{\infty} \dfrac{(-1)^n 2n}{(2n+1)!}$ 的和为 （   ）.

三、计算与应用题

1. 求级数 $\sum_{n=1}^{\infty} \dfrac{1}{n \cdot 3^n}(x-3)^n$ 的收敛域.

2. 求 $\sum_{n=1}^{\infty} \dfrac{1}{(n^2-1) \cdot 2^n}$ 的和.

3. 将函数 $f(x) = \ln(1-x-2x^2)$ 展开为 x 的幂级数，并求 $f^{(n+1)}(0)$.

4. 求 $\sum_{n=0}^{\infty} \dfrac{n^2+1}{2^n n!}x^n$ 的和函数.

5. 已知 $f_n(x)$ 满足 $f'_n(x) = f_n(x) + x^{n-1} e^x$，$n$ 为正整数，且 $f_n(1) = \dfrac{e}{n}$，求函数项级数 $\sum_{n=1}^{\infty} f_n(x)$ 的和函数.

6. 设有方程 $x^n + nx - 1 = 0$，其中 n 为正整数，证明此方程存在唯一正根 x_0，并证明当 $\alpha > 1$ 时，级数 $\sum_{n=1}^{\infty} x_n^{\alpha}$ 收敛.

四、证明题

设 $a_n = \displaystyle\int_0^{\frac{\pi}{4}} \tan^n x \, \mathrm{d}x$，

（1）求 $\sum_{n=1}^{\infty} \dfrac{1}{n}(a_n + a_{n+2})$.

（2）试证：对任意常数 $\lambda > 0$，级数 $\sum_{n=1}^{\infty} \dfrac{a_n}{n^{\lambda}}$ 收敛.

习 题 答 案

习题 7.1

1. $8\boldsymbol{a} + 11\boldsymbol{b} - 2\boldsymbol{c}$.

2. 略.

3. $\overrightarrow{AB} = \frac{1}{2}(\boldsymbol{a} - \boldsymbol{b})$, $\overrightarrow{BC} = \frac{1}{2}(\boldsymbol{a} + \boldsymbol{b})$, $\overrightarrow{CD} = \frac{1}{2}(\boldsymbol{b} - \boldsymbol{a})$, $\overrightarrow{DA} = -\frac{1}{2}(\boldsymbol{a} + \boldsymbol{b})$.

4. $\overrightarrow{D_1A} = -\frac{\boldsymbol{a}}{5} - \boldsymbol{c}$, $\overrightarrow{D_2A} = -\frac{2\boldsymbol{a}}{5} - \boldsymbol{c}$, $\overrightarrow{D_3A} = -\frac{3\boldsymbol{a}}{5} - \boldsymbol{c}$, $\overrightarrow{D_4A} = -\frac{4\boldsymbol{a}}{5} - \boldsymbol{c}$.

5. A、B、C、D 依次在第 Ⅳ、Ⅴ、Ⅷ、Ⅲ 卦限.

6. A、B、C、D 依次在 xOy 面上,yOz 面上,x 轴上,y 轴上.

7. 1) $(a, b, -c)$,$(-a, b, c)$,$(a, -b, c)$;

   2) $(a, -b, -c)$,$(-a, b, -c)$,$(-a, -b, c)$;

   3) $(-a, -b, -c)$.

8. 在 xOy,yOz,zOx 面垂线的垂足依次为 $(x_0, y_0, 0)$,$(0, y_0, z_0)$,$(x_0, 0, z_0)$. 在 x,y,z 轴垂线的垂足依次为 $(x_0, 0, 0)$,$(0, y_0, 0)$,$(0, 0, z_0)$.

9. 过点 P_0 而平行于 z 轴的直线与平面上的点的坐标分别为 (x_0, y_0, z) 与 (x, y, z_0).

10. $(\sqrt{2}a/2, 0, 0)$,$(0, \sqrt{2}a/2, 0)$,$(-\sqrt{2}a/2, 0, 0)$,$(0, -\sqrt{2}a/2, 0)$;

    $(\sqrt{2}a/2, 0, a)$,$(0, \sqrt{2}a/2, a)$,$(-\sqrt{2}a/2, 0, a)$,$(0, -\sqrt{2}a/2, a)$.

11. x 轴:$\sqrt{34}$;y 轴:$\sqrt{41}$;z 轴:5.

12. $(0, 1, -2)$.

13. 略.

14. 2;$\cos\alpha = -\frac{1}{2}$, $\cos\beta = \frac{\sqrt{2}}{2}$, $\cos\gamma = \frac{1}{2}$;$\alpha = \frac{2\pi}{3}$, $\beta = \frac{\pi}{4}$, $\gamma = \frac{\pi}{3}$.

15. 1) 垂直于 x 轴,平行于 yOz 面; 2) 垂直于 xOz 面,且指向与 y 轴正向一致;

    3) 平行于 z 轴,垂直于 xOy 面.

16. 2.

17. $\boldsymbol{a} = \sqrt{3}\boldsymbol{a}^0$, $\boldsymbol{b} = \sqrt{38}\boldsymbol{b}^0$.

18. 在 x 轴上的投影为 13,在 y 轴上的分向量为 $7\boldsymbol{j}$.

19. $A(-2, 3, 0)$.

20. $\boldsymbol{b} = \{-48, 45, -36\}$.

习题 7.2

1. 1）3，$5i+j+7k$；   2）-18，$10i+2j+14k$；   3）$\cos(a,b)=\dfrac{3}{2\sqrt{21}}$.

2. $\pm\dfrac{1}{\sqrt{17}}(3i-2j-2k)$.

3. $-\dfrac{3}{2}$.

4. 5880J.

5. 0.

6. $\lambda=2\mu$.

7. $x_1|F_1|\sin\theta_1=x_2|F_2|\sin\theta_2$.

8. 略.

9. $\pm\dfrac{\sqrt{3}}{3}(-7i-3j+10k)$.

10. 1）$-8j-24k$；   2）$-j-k$；   3）2.

11. $\dfrac{5\sqrt{3}}{2}$.

12. 1）-2；   2）-1 或 5.

*13. 略.

14. 略.

习题 7.3

1. $4x+4y+10z-63=0$.

2. $(x-3)^2+(y+2)^2+(z-1)^2=14$.

3. 以点 $(2,-4,-5)$ 为球心，半径等于 $3\sqrt{5}$ 的球面.

4. $\left(x+\dfrac{2}{3}\right)^2+(y+1)^2+\left(z+\dfrac{4}{3}\right)^2=\dfrac{116}{9}$；它表示一球面，球心为点 $\left(-\dfrac{2}{3},-1,-\dfrac{4}{3}\right)$，半径等于 $\dfrac{2}{3}\sqrt{29}$.

5. $x^2+z^2=3y$.

6. $x^2+y^2+z^2=9$.

7. 绕 x 轴：$4x^2-9(y^2+z^2)=36$；绕 y 轴：$4(x^2+z^2)-9y^2=36$.

8. 略.

9. 略.

10. 1）xOy 平面上的椭圆 $\dfrac{x^2}{4}+\dfrac{y^2}{9}=1$ 绕 x 轴旋转一周；

2）xOy 平面上的双曲线 $x^2-\dfrac{y^2}{4}=1$ 绕 y 轴旋转一周；

3）xOy 平面上的双曲线 $x^2-y^2=1$ 绕 x 轴旋转一周；

4）yOz 平面上的直线 $z=y+a$ 绕 z 轴旋转一周.

11. 1）球面；　　2）旋转抛物面；　　3）两相交平面；　　4）z 轴；

5）三坐标平面；　　6）过 x 轴的平面；　　7）双曲柱面；　　8）圆锥面.

习题 7.4

1. 略.

2. 略.

3. 母线平行于 x 轴的柱面方程：$3y^2-z^2=16$；

母线平行于 y 轴的柱面方程：$3x^2+2z^2=16$.

4. $x^2+y^2+(1-x)^2=9$，$z=0$.

5. 1）$\begin{cases} x=\dfrac{3}{\sqrt{2}}\cos t \\[2mm] y=\dfrac{3}{\sqrt{2}}\cos t \quad (0\le t\le 2\pi) \\[2mm] z=3\sin t \end{cases}$；

2）$\begin{cases} x=1+\sqrt{3}\cos\theta \\ y=\sqrt{3}\sin\theta \quad\quad (0\le\theta\le 2\pi). \\ z=0 \end{cases}$

6. 1）两平面的交线：$\begin{cases} x=-2 \\ y=3 \end{cases}$（直线）；

2）单叶双曲面与平面的交线：$\begin{cases} x^2+9z^2=40 \\ y=1 \end{cases}$（椭圆）；

3）双曲抛物面与平面的交线：$\begin{cases} x^2-4y^2=8z \\ z=8 \end{cases}$（双曲线）.

7. xOy 面：$\begin{cases} 2x-y+5=0 \\ z=0 \end{cases}$；$yOz$ 面：$\begin{cases} 3y+z-1=0 \\ x=0 \end{cases}$；$xOz$ 面：$\begin{cases} 6x+z+14=0 \\ y=0 \end{cases}$.

8. xOy 面：$\begin{cases} \left(x-\dfrac{a}{2}\right)^2+y^2\le\left(\dfrac{a}{2}\right)^2 \\ z=0 \end{cases}$；$xOz$ 面：$\begin{cases} z^2+x^2\le a^2 \quad (z\ge 0,x\ge 0) \\ y=0 \end{cases}$.

9. xOy 面：$\begin{cases} x^2 + y^2 \leqslant 4 \\ z = 0 \end{cases}$；$yOz$ 面：$\begin{cases} y^2 \leqslant z \leqslant 4 \\ x = 0 \end{cases}$；$xOz$ 面：$\begin{cases} x^2 \leqslant z \leqslant 4 \\ y = 0 \end{cases}$.

10. $\begin{cases} 3x + 2y = 7 \\ z = 0 \end{cases}$.

习题 7.5

1. $3x - 7y + 5z - 4 = 0$.

2. $2x + 9y - 6z - 121 = 0$.

3. $x - 3y - 2z = 0$.

4. $x + y - z = 0$.

5. 1）yOz 平面；　　　2）平行于 xOz 面的平面；3）平行于 z 轴的平面；
   4）平行于 x 轴的平面；　5）过 y 轴的平面；　　　6）过原点的平面.

6. 1）$z - 3 = 0$；　　　2）$x + 3y = 0$；　　　3）$9y - z - 2 = 0$.

7. $\dfrac{1}{3}$，$\dfrac{2}{3}$，$\dfrac{2}{3}$.

8. $x + y - 3z - 4 = 0$.

9. $-11x + 2y - 10z + 27 = 0$ 或 $-11x + 2y - 10z - 33 = 0$.

10. 1.

11. $\dfrac{x^2}{3} + \dfrac{(y-2)^2}{2} + \dfrac{(z-3)^2}{2} = 1$.

习题 7.6

1. $\dfrac{x-4}{2} = \dfrac{y+1}{1} = \dfrac{z-3}{5}$.

2. $\dfrac{x-3}{-4} = \dfrac{y+2}{2} = \dfrac{z-1}{1}$.

3. $\dfrac{x-1}{-2} = \dfrac{y-1}{1} = \dfrac{z-1}{3}$；$\begin{cases} x = 1 - 2t \\ y = 1 + t \\ z = 1 + 3t \end{cases}$.

4. $16x - 14y - 11z - 65 = 0$.

5. $\cos\varphi = 0$.

6. $\begin{cases} x - 3z + 1 = 0 \\ 37x + 20y - 11z + 122 = 0 \end{cases}$.

7. $\dfrac{x}{-2} = \dfrac{y-2}{3} = \dfrac{z-4}{1}$.

8. $8x - 9y - 22z - 59 = 0$.

9. $\varphi = 0$.

10. 1）平行；　　　2）垂直；　　　3）直线在平面上．

11. $x - y + z = 0$.

12. $\left(\dfrac{-5}{3}, \dfrac{2}{3}, \dfrac{2}{3} \right)$.

13. $\dfrac{3\sqrt{2}}{2}$.

14. 略．

15. 略．

综合测试题（七）

一、

1. C；2. A；3. A；4. B；5. A．

二、

1. $\sqrt{30}$；2. 22；3. $(3, -1, 0)$；4. $2x + 2y - 3z = 0$；5. $x^2 + y^2 = 1$．

三、

1. 答案：$\dfrac{\pi}{3}$.

2. 答案：30.

3. 答案：$x + 2y + 1 = 0$.

4. 答案：$z = 0$，$(x-1)^2 + y^2 \leqslant 1$；$x = 0$，$\left(\dfrac{z}{2}^2 - 1 \right)^2 + y^2 \leqslant 1$，$z \geqslant 0$；$y = 0$，$x \leqslant z \leqslant \sqrt{2x}$.

5. 答案：$x - 2y - 5z + 3 = 0$.

6. 答案：$\dfrac{x-5}{-5} = \dfrac{y+2}{1} = \dfrac{z+4}{1}$.

四、略．

习题 8.1

1. 1）开集，无界集；　2）既非开集又非闭集，有界集；

　3）开集，无界集，区域．

2. 1）$D = \{(x,y) \mid x \geqslant 0, -\infty < y < +\infty\}$；2）$D = \{(x,y) \mid |x| \leqslant 1, |y| \geqslant 1\}$；

　3）$D = \{(x,y) \mid x^2 + y^2 \neq 0\}$；　　4）$D = \{(x,y) \mid x \geqslant \sqrt{y}, y \geqslant 0\}$；

　5）$D = \{(x,y) \mid y > x^2, x^2 + y^2 \leqslant 1\}$；　6）$D = \{(x,y) \mid x + y > 0, x - y > 0\}$．

3. 1）$f(x,y) = \dfrac{x^2(1-y)}{1+y}$；　　　2）$f(x,y) = \dfrac{x^2 - y^2}{xy(x+2y)}$.

4. $f(x,y) = e^{\frac{x^2+y^2}{2}} xy$; $f(\sqrt{2}, \sqrt{2}) = 2e^2$.

5. $z = x^2 + y^2 - 2xy + 2y$.

6. 1) $\ln 2$;　　　2) $-\dfrac{1}{4}$;　　　3) -2;　　　4) 2.

习题 8.2

1. 1) $\dfrac{\partial z}{\partial x} = 3x^2 y - y^3$, $\dfrac{\partial z}{\partial y} = x^3 - 3xy^2$;

　 2) $\dfrac{\partial z}{\partial x} = \dfrac{1}{2x\sqrt{\ln(xy)}}$, $\dfrac{\partial z}{\partial y} = \dfrac{1}{2y\sqrt{\ln(xy)}}$;

　 3) $\dfrac{\partial z}{\partial x} = y[\cos(xy) - \sin(2xy)]$, $\dfrac{\partial z}{\partial y} = x[\cos(xy) - \sin(2xy)]$;

　 4) $\dfrac{\partial z}{\partial x} = \dfrac{2}{y}\csc\dfrac{2x}{y}$, $\dfrac{\partial z}{\partial y} = -\dfrac{2x}{y^2}\csc\dfrac{2x}{y}$;

　 5) $\dfrac{\partial z}{\partial x} = y^2(1+xy)^{y-1}$, $\dfrac{\partial z}{\partial y} = (1+xy)^y\left[\ln(1+xy) + \dfrac{xy}{1+xy}\right]$;

　 6) $\dfrac{\partial u}{\partial x} = \dfrac{y}{z}x^{\frac{y}{z}-1}$, $\dfrac{\partial u}{\partial y} = \dfrac{1}{z}x^{\frac{y}{z}} \cdot \ln x$, $\dfrac{\partial u}{\partial z} = -\dfrac{y}{z^2}x^{\frac{y}{z}} \cdot \ln x$.

2. $f'_x(x,1) = 1$.

3. $f'_x(1,1) = 2e^2$, $f'_y(1,0) = 0$.

4. $\dfrac{\partial^2 z}{\partial x \partial y} = \dfrac{1}{y}$.

5. 略.

6. 略.

7. 略.

8. 1) $dz = \dfrac{\sqrt{xy}}{2xy^2}(y dx - x dy)$; 2) $du = yzx^{yz-1}dx + zx^{yz} \cdot \ln x dy + yx^{yz} \cdot \ln x dz$.

9. $-\dfrac{1}{30}$.

10. 减少约 $5 \mathrm{cm}$.

习题 8.3

1. 1) $\dfrac{\partial z}{\partial x} = e^{xy}[y\sin(x+y) + \cos(x+y)]$; $\dfrac{\partial z}{\partial y} = e^{xy}[x\sin(x+y) + \cos(x+y)]$.

　 2) $\dfrac{\partial u}{\partial x} = 2x(1 + 2x^2\sin^2 y)e^{x^2+y^2+x^4\sin^2 y}$; $\dfrac{\partial u}{\partial y} = 2(y + x^4\sin y\cos y)e^{x^2+y^2+x^4\sin^2 y}$.

3) $\dfrac{\partial z}{\partial x} = (x+2y)^{x-y}\left[\dfrac{x-y}{x+2y} + \ln(x+2y)\right]$; $\dfrac{\partial z}{\partial y} = (x+2y)^{x-y}\left[\dfrac{2(x-y)}{x+2y} - \ln(x+2y)\right]$.

4) $\dfrac{\partial u}{\partial x} = 2xf_1' + y\mathrm{e}^{xy}f_2'$; $\dfrac{\partial u}{\partial y} = -2yf_1' + x\mathrm{e}^{xy}f_2'$.

5) $\dfrac{\partial u}{\partial x} = \dfrac{1}{y}f_1'$; $\dfrac{\partial u}{\partial y} = -\dfrac{x}{y^2}f_1' + \dfrac{1}{z}f_2'$; $\dfrac{\partial u}{\partial z} = -\dfrac{y}{z^2}f_2'$.

2. $\dfrac{\partial^2 z}{\partial x^2} = y^2 f_{11}'' + 4xy f_{12}'' + 4x^2 f_{22}'' + 2f_2'$; $\dfrac{\partial^2 z}{\partial x \partial y} = f_1' + xy(f_{11}'' + 4f_{22}'') + 2(x^2+y^2)f_{12}''$.

3. 略.

4. 略.

5. 略.

6. 1) $\dfrac{\mathrm{d}y}{\mathrm{d}x} = \dfrac{x+y}{x-y}$;

2) $\dfrac{\partial z}{\partial x} = \dfrac{yz}{\mathrm{e}^z - xy}$, $\dfrac{\partial z}{\partial y} = \dfrac{xz}{\mathrm{e}^z - xy}$;

3) $\dfrac{\partial z}{\partial x} = \dfrac{1 - (1-x)\mathrm{e}^{z-y-x}}{1 + x\mathrm{e}^{z-y-x}}$, $\dfrac{\partial z}{\partial y} = 1$;

4) $\dfrac{\partial z}{\partial x} = \dfrac{z}{x+z}$, $\dfrac{\partial z}{\partial y} = \dfrac{z^2}{y(x+z)}$.

7. $\dfrac{\mathrm{d}u}{\mathrm{d}x} = \dfrac{\partial f}{\partial x} + \dfrac{y^2}{1-xy} \cdot \dfrac{\partial f}{\partial y} + \dfrac{z}{xz-x} \cdot \dfrac{\partial f}{\partial z}$.

8. 略.

9. $\dfrac{\partial v}{\partial x} = \dfrac{uy-vx}{x^2+y^2}$, $\dfrac{\partial u}{\partial x} = \dfrac{-x(ux+vy)}{x(x^2+y^2)}$, $\dfrac{\partial v}{\partial y} = -\dfrac{y(ux+vy)}{y(x^2+y^2)}$, $\dfrac{\partial u}{\partial y} = \dfrac{vx-uy}{x^2+y^2}$.

10. $\dfrac{\mathrm{d}y}{\mathrm{d}z} = \dfrac{z-x}{x-y}$, $\dfrac{\mathrm{d}x}{\mathrm{d}z} = \dfrac{y-z}{x-y}$.

习题 8.4

1. 切线方程：$\dfrac{x-\dfrac{1}{2}}{1} = \dfrac{y-2}{-4} = \dfrac{z-1}{8}$,

法平面方程：$2x - 8y + 16z - 1 = 0$.

2. 切线方程：$\dfrac{x-1}{16} = \dfrac{y-1}{9} = \dfrac{z-1}{-1}$,

法平面方程：$16x + 9y - z - 24 = 0$.

3. $P_1(-1,1,-1)$ 及 $P_2\left(-\dfrac{1}{3}, \dfrac{1}{9}, -\dfrac{1}{27}\right)$.

4. 1）切线方程：$\dfrac{x-1}{-\dfrac{2}{3}}=\dfrac{y+2}{1}=\dfrac{z-1}{-\dfrac{4}{3}}$，

   法平面方程：$2x-3y+4z-12=0$；

   2）$\sin\theta=\dfrac{6}{\sqrt{58}}$.

5. 切平面方程：$3x-2y+4z=3$，

   法线方程：$\dfrac{x-3}{3}=\dfrac{y+1}{-2}=\dfrac{z+2}{4}$.

6. 切平面方程：$x+y-(2\ln2)z=0$，

   法线方程：$\dfrac{x-\ln2}{1}=\dfrac{y-\ln2}{1}=\dfrac{z-1}{-2\ln2}$.

7. 切平面方程：$x-y+2z=\pm\sqrt{\dfrac{11}{2}}$.

8. 略.

9. 略.

习题 8.5

1. $1+2\sqrt{3}$.

2. $-\dfrac{\sqrt{2}}{2}$.

3. $\dfrac{1}{ab}\sqrt{2(a^2+b^2)}$.

4. 5.

5. $\dfrac{98}{13}$.

6. $\mathbf{grad}u=\{-4,-4,12\}$，$|\mathbf{grad}u|=4\sqrt{11}$.

7. $x_0+y_0+z_0$.

8. $\mathbf{grad}f(0,0,0)=3\mathbf{i}-2\mathbf{j}-6\mathbf{k}$，$\mathbf{grad}f(1,1,1)=6\mathbf{i}+3\mathbf{j}$.

9. 略.

习题 8.6

1. 1）极小值 $z(-4,1)=-1$；　　　2）极小值 $z(1,1)=2$；

   3）$a<0$ 时有极小值 $z\left(\dfrac{a}{3},\dfrac{a}{3}\right)=\dfrac{a^3}{27}$；$a>0$ 时有极大值 $z\left(\dfrac{a}{3},\dfrac{a}{3}\right)=\dfrac{a^3}{27}$.

2. 存储投资 6 千元；广告开支 3 千元；最大收入额 4 万元.

3. $L(5,8) = 16000$.

4. 极小值，$27a^3$.

5. 最大值 $\sqrt{9 + 5\sqrt{3}}$；最小值 $\sqrt{9 - 5\sqrt{3}}$.

6. 长、宽、高均为 $\dfrac{\sqrt{6}}{6}a$ 时体积最大，最大体积为 $\dfrac{\sqrt{6}}{36}a^3$.

7. $x = 100$，$y = 25$；极大值为 1250.

8. 1）$x = 0.75$，$y = 1.25$；　　　　　2）$x = 0$，$y = 1.5$.

综合测试题（八）

一、

1. C；2. A；3. D；4. B；5. D.

二、

1. $-\dfrac{\pi e}{2}$；2. $a(1 + b + b^2) + b^3$；3. 1；4. $\dfrac{x-1}{1} = \dfrac{y-1}{0} = \dfrac{z-1}{-1}$；5. $\mathrm{grad}\,u\big|_o = 3\vec{i}$

$-2\vec{j} - 6\vec{k}$.

三、

1. 答案：$a = 2$，$b = -2$.

提示：利用 $f''_{xy} = f''_{yx}$ 这一条件.

2. 答案：$k = -1$.

提示：$\dfrac{\partial z}{\partial x} = f'_1 + f'_2 + g'$，$\dfrac{\partial z}{\partial y} = -f'_1 + f'_2 + kg'$，

$\dfrac{\partial^2 z}{\partial x^2} = f''_{11} + 2f''_{12} + f''_{22} + g''$，$\dfrac{\partial^2 z}{\partial y^2} = f''_{11} - 2f''_{12} + f''_{22} + k^2 g''$，

$\dfrac{\partial^2 z}{\partial x \partial y} = -f''_{11} + f''_{22} + kg''$，$\dfrac{\partial^2 z}{\partial x^2} + 2\dfrac{\partial^2 z}{\partial x \partial y} + \dfrac{\partial^2 z}{\partial y^2} = 4f''_{22} + (1 + 2k + k^2)g''$，

又因为 $g'' \neq 0$，所以 $1 + 2k + k^2 = 0$，$k = -1$.

3. 答案：$\dfrac{2\sqrt{3}}{3}a$，$\dfrac{2\sqrt{3}}{3}b$，$\dfrac{2\sqrt{3}}{3}c$.

提示：设所嵌入的长方体在第一卦限的顶点坐标为 $(x,\ y,\ z)$，则求体积 $V =$

$8xyz$ 在条件 $\dfrac{x^2}{a^2} + \dfrac{y^2}{b^2} + \dfrac{z^2}{c^2} = 1$ 下的极值就可.

4. 答案：$\dfrac{\mathrm{d}z}{\mathrm{d}x} = \dfrac{f'_1 + yf'_2 + xf'_2 g'_1}{f'_1 - xf'_2 g'_2}$.

5. 答案：$g(0,0) = f(1,0) = 0$ 是极大值.

提示：由全微分的定义知　　$f(1,0) = 0$　　$f'_x(1,0) = f'_y(1,0) = -1$

$g'_x = f'_1 \cdot e^{xy}y + f'_2 \cdot 2x$ $\qquad$ $g'_y = f'_1 \cdot e^{xy}x + f'_2 \cdot 2y$ $\qquad$ $g'_x(0,0) = 0$ $\qquad$ $g'_y(0,0) = 0$

$g''_{x^2} = (f''_{11} \cdot e^{xy}y + f''_{12} \cdot 2x)e^{xy}y + f'_1 \cdot e^{xy}y^2 + (f''_{21} \cdot e^{xy}y + f''_{22} \cdot 2x)2x + 2f'_2$

$g''_{xy} = (f''_{11} \cdot e^{xy}x + f''_{12} \cdot 2y)e^{xy}y + f'_1 \cdot (e^{xy}xy + e^{xy}) + (f''_{21} \cdot e^{xy}x + f''_{22} \cdot 2y)2x$

$g''_{y^2} = (f''_{11} \cdot e^{xy}x + f''_{12} \cdot 2y)e^{xy}x + f'_1 \cdot e^{xy}x^2 + (f''_{21} \cdot e^{xy}x + f''_{22} \cdot 2y)2y + 2f'_2$

$$A = g''_{x^2}(0,0) = 2f'_2(1,0) = -2 \qquad B = g''_{xy}(0,0) = f'_1(1,0) = -1$$

$$C = g''_{y^2}(0,0) = 2f'_2(1,0) = -2$$

$AC - B^2 = 3 > 0$，且 $A < 0$，故 $g(0,0) = f(1,0) = 0$ 是极大值.

6. 答案：（1）$g(x_0, y_0) = \sqrt{(y_0 - 2x_0)^2 + (x_0 - 2y_0)^2} = \sqrt{5x_0^2 + 5y_0^2 - 8x_0y_0}$

（2）攀登起点的位置：$M_1(5, -5)$，$M_2(-5, 5)$.

提示：沿梯度方向的方向导数最大，方向导数的最大值即为梯度的模.

然后再求 $g(x, y)$ 在条件 $75 - x^2 - y^2 + xy = 0$ 下的极大值点就可.

四、

答案：通过定点 $M(a, b, c)$.

习题 9.1

1. 1）$\iint\limits_{D}(x+y)^2 d\sigma \geqslant \iint\limits_{D}(x+y)^3 d\sigma$；

2）$\iint\limits_{D}(x+y)^2 d\sigma \leqslant \iint\limits_{D}(x+y)^3 d\sigma$；

3）$\iint\limits_{D}\ln(x+y)d\sigma \leqslant \iint\limits_{D}[\ln(x+y)]^2 d\sigma$.

2. 1）$0 \leqslant I \leqslant 2$； $\qquad$ 2）$36\pi \leqslant I \leqslant 100\pi$.

3. 略.

4. $\dfrac{45}{8}$.

5. $\dfrac{1}{2}$.

6. $\dfrac{8}{3}$.

7. 96.

8. $\dfrac{1}{2}(e-1)$.

9. $\dfrac{11}{15}$.

10. $\dfrac{1}{45}$.

11. $\dfrac{4}{5}$.

12. 0.

13. 1) $\displaystyle\int_0^1 \mathrm{d}x \int_x^1 f(x,y)\,\mathrm{d}y$;　　2) $\displaystyle\int_0^4 \mathrm{d}x \int_{\frac{x}{2}}^{\sqrt{x}} f(x,y)\,\mathrm{d}y$; 3) $\displaystyle\int_{-1}^1 \mathrm{d}x \int_0^{\sqrt{1-x^2}} f(x,y)\,\mathrm{d}y$;

4) $\displaystyle\int_0^1 \mathrm{d}y \int_{2-y}^{1+\sqrt{1-y^2}} f(x,y)\,\mathrm{d}x$; 5) $\displaystyle\int_0^1 \mathrm{d}y \int_{\mathrm{e}^y}^{\mathrm{e}} f(x,y)\,\mathrm{d}x$.

14. $V = \displaystyle\iint\limits_{x^2+y^2 \leqslant 1} |1 - x - y|\,\mathrm{d}x\mathrm{d}y$.

15. $\dfrac{88}{105}$.

16. 6π.

17. $\pi\ln 2$.

18. $\dfrac{32}{9}$.

19. $\dfrac{16}{9}(3\pi - 2)$.

20. $\dfrac{3}{4}\ln 2$.

21. $-6\pi^2$.

习题 9. 2

1. 1) $\displaystyle\int_0^1 \mathrm{d}x \int_0^{\sqrt{1-z^2}} \mathrm{d}y \int_{z^2+y^2}^1 f(x,y,z)\,\mathrm{d}z$;

2) $\displaystyle\int_0^1 \mathrm{d}x \int_0^{1-x} \mathrm{d}y \int_0^{xy} f(x,y,z)\,\mathrm{d}z$;

3) $\displaystyle\int_{-1}^1 \mathrm{d}x \int_{-\sqrt{1-x^2}}^{\sqrt{1-x^2}} \mathrm{d}y \int_{x^2+2y^2}^{2-x^2} f(x,y,z)\,\mathrm{d}z$.

2. 1) $f(x,y,z)$ 关于 z 为奇函数;

2) $f(x,y,z)$ 关于 z 为偶函数.

3. 略.

4. $\dfrac{1}{2}\left(\ln 2 - \dfrac{5}{8}\right)$.

5. $\dfrac{1}{48}$.

6. 0.

7. 64π.

8. $\dfrac{59}{480}\pi R^{5}$.

9. $\dfrac{16}{3}\pi$.

10. $\dfrac{7}{6}\pi a^{4}$.

11. 1) $\dfrac{32}{3}\pi$;　　　　　　　 2) $\dfrac{2}{3}\pi(5\sqrt{5}-4)$.

12. $k\pi R^{4}$.

习题 9.3

1. $2a^{2}(\pi-2)$.

2. $\sqrt{2}\pi$.

3. $16R^{2}$.

4. 1) $\bar{x}=\dfrac{3}{5}x_{0}$;　$\bar{y}=\dfrac{3}{8}y_{0}$;　　 2) $\bar{x}=\dfrac{b^{2}+ab+a^{2}}{2(a+b)}$;　$\bar{y}=0$.

5. 1) $\left(0,0,\dfrac{3}{4}\right)$;　　　　　　 2) $\left(\dfrac{2}{5}a,\dfrac{2}{5}a,\dfrac{7}{30}a^{2}\right)$.

6. $\left(0,0,\dfrac{3}{8}a\right)$.

7. $h=\dfrac{\sqrt{2}}{2}a$.

8. 1) $I_{x}=\dfrac{72}{5}$, $I_{y}=\dfrac{96}{7}$;　　 2) $I_{x}=\dfrac{1}{3}ab^{3}$, $I_{y}=\dfrac{1}{3}ba^{3}$.

9. 1) $\dfrac{8}{3}a^{4}$;　　　　 2) $\bar{x}=\bar{y}=0$, $\bar{z}=\dfrac{7}{15}a^{2}$;　　　 3) $\dfrac{112}{45}a^{6}\rho$.

10. $\dfrac{2}{5}a^{2}M\left(M=\dfrac{4}{3}\pi a^{3}\rho\text{ 为球体的质量}\right)$.

11. $F_{x}=F_{y}=0$, $F_{z}=-2\pi G\rho[\sqrt{(h-a)^{2}+R^{2}}-\sqrt{R^{2}+a^{2}}+h]$.

综合测试题（九）

一、

1. A; 2. D; 3. A; 4. C; 5. B.

二、

1. $\left(\dfrac{x^{2}}{a^{2}}+\dfrac{y^{2}}{b^{2}}\right)\dfrac{\pi R^{2}}{4}$; 2. 1; 3. $\dfrac{1}{2}(1-\mathrm{e}^{-4})$; 4. $4\pi x^{2}f(x^{2})$; 5. $\dfrac{4\pi}{15}(a^{2}+b^{2})$.

三、

1. 答案：$I = \dfrac{16}{9}(3\pi - 2)$.

提示：将 D 看成两个圆域的差，再考虑到奇偶对称性，利用极坐标计算便可.

2. 答案：$I = e - 1$.

提示：为确定 $\max\{x^2, y^2\}$，必须将 D 分成两个区域，再考虑到积分次序的选取问题即可.

3. 答案：$I = \dfrac{256}{3}\pi$.

提示：旋转曲面的方程为 $x^2 + y^2 = 2z$，用柱面坐标计算 $I = \displaystyle\int_0^{2\pi} \mathrm{d}\theta \int_0^{2\sqrt{2}} r\mathrm{d}r \int_{\frac{r^2}{2}}^{4} (r^2 + z)\,\mathrm{d}z$ 即可.

4. 答案：$I = \dfrac{\pi}{8}$.

提示：$\displaystyle\iiint\limits_{\Omega} x\mathrm{d}v = 0$，$\displaystyle\iiint\limits_{\Omega} z\mathrm{d}v = 4\int_0^{\frac{\pi}{2}} \mathrm{d}\theta \int_0^{\frac{\pi}{4}} \mathrm{d}\varphi \int_0^1 \rho\cos\varphi \cdot \rho^2\sin\varphi\mathrm{d}\rho$.

5. 答案：$I = \dfrac{3e}{8} - \dfrac{\sqrt{e}}{2}$.

提示：交换积分顺序.

6. 答案：$t = 100$ 小时.

提示：先利用三重积分求出雪堆的体积 $V = \displaystyle\int_0^{h(t)} \mathrm{d}z \iint\limits_{x^2+y^2 \leqslant \frac{1}{2}[h^2(t)-h(t)z]} \mathrm{d}x\mathrm{d}y = \dfrac{\pi}{4}h^3(t)$；

再求出雪堆的侧面积 $S = \displaystyle\iint\limits_{x^2+y^2 \leqslant \frac{1}{2}h^2(t)} \sqrt{1 + z_x^2 + z_y^2}\mathrm{d}x\mathrm{d}y = \dfrac{13\pi}{12}h^2(t)$；

由题意 $\dfrac{\mathrm{d}V}{\mathrm{d}t} = -0.9S$，所以 $\dfrac{\mathrm{d}h(t)}{\mathrm{d}t} = -\dfrac{13}{10}$，解出 $h(t)$ 并令其等于 0，则可得结果.

四、

提示：交换积分次序，

并利用 $\displaystyle\int_0^1 \mathrm{d}y \int_0^y f(x)f(y)\,\mathrm{d}x = \int_0^1 \mathrm{d}x \int_0^x f(x)f(y)\,\mathrm{d}y = \dfrac{1}{2}\int_0^1 \mathrm{d}x \int_0^1 f(x)f(y)\,\mathrm{d}y$.

习题 10.1

1. 1) $\dfrac{61}{54}$；

　2) 8；

3) $\dfrac{245}{8}$;

4) $3\sqrt{5}$;

5) $e^{a}\left(2+\dfrac{\pi}{4}a\right)-2$.

2. 1) $\dfrac{\sqrt{13}}{6}$;

2) $\dfrac{15}{2}\pi^{3}$;

3) $\dfrac{14\sqrt{14}-1}{6}$;

4) $\dfrac{\sqrt{3}(1-e^{-3})}{3}$.

3. 1) $I_{x}=\displaystyle\int_{L}y^{2}\mu(x,y)\mathrm{d}s$, $I_{y}=\displaystyle\int_{L}x^{2}\mu(x,y)\mathrm{d}s$;

2) $\bar{x}=\dfrac{\displaystyle\int_{L}x\mu(x,y)\mathrm{d}s}{\displaystyle\int_{L}\mu(x,y)\mathrm{d}s}$, $\bar{y}=\dfrac{\displaystyle\int_{L}y\mu(x,y)\mathrm{d}s}{\displaystyle\int_{L}\mu(x,y)\mathrm{d}s}$.

4. 1) $I_{z}=\dfrac{2}{3}\pi a^{2}\sqrt{a^{2}+k^{2}}(3a^{2}+4\pi^{2}k^{2})$;

2) $\bar{x}=\dfrac{6ak^{2}}{3a^{2}+4\pi^{2}k^{2}}$, $\bar{y}=\dfrac{-6\pi ak^{2}}{3a^{2}+4\pi^{2}k^{2}}$, $\bar{z}=\dfrac{3k(\pi a^{2}+2\pi^{3}k^{2})}{3a^{2}+4\pi^{2}k^{2}}$.

5. $12a$.

习题 10. 2

1. $-\dfrac{56}{15}$.

2. $-\dfrac{\pi}{2}a^{3}$.

3. 0.

4. $\dfrac{k^{3}\pi^{3}}{3}-a^{2}\pi$.

5. $\dfrac{1}{2}$.

6. 略.

7. 略.

8. 1) $-\dfrac{4}{3}a^3$；

　　2) 0.

9. 1) 1；

　　2) 1；

　　3) 1.

10. 1) $\displaystyle\int_L \dfrac{P(x,y)+Q(x,y)}{\sqrt{2}}\mathrm{d}s$；

　　2) $\displaystyle\int_L \dfrac{P(x,y)+2xQ(x,y)}{\sqrt{1+4x^2}}\mathrm{d}s$；

　　3) $\displaystyle\int_L \left[\sqrt{2x-x^2}P(x,y)+(1-x)Q(x,y)\right]\mathrm{d}s$.

习题 10.3

1. 8.

2. $\dfrac{1}{30}$.

3. $\dfrac{3}{8}\pi a^2$.

4. 12π.

5. $3+\mathrm{e}^2$.

6. $9\cos2+4\cos3$.

7. 12.

8. $\dfrac{5}{4}$.

9. 1) $\dfrac{1}{2}x^2+2xy+\dfrac{1}{2}y^2$；

　　2) x^2y；

　　3) $x^3y+4x^2y^2-12\mathrm{e}^y+12y\mathrm{e}^y+1$.

10. 略.

11. πa^2.

习题 10.4

1. 1) $\dfrac{64}{15}\sqrt{2}a^4$；

　　2) $12\sqrt{61}$；

3) $\dfrac{\pi}{2}(1+\sqrt{2})$;

4) π;

5) $\dfrac{3-\sqrt{3}}{2}+(\sqrt{3}-1)\ln 2$.

2. 1) $\dfrac{1+\sqrt{2}}{2}\pi$;

2) 9π.

3. $\left(0,0,\dfrac{4a}{3}\right)$.

4. $I_z=\dfrac{4}{3}\pi\rho_0 a^4$.

5. $\dfrac{\pi a}{12}\rho_0(3a^2+2b^2)\sqrt{a^2+b^2}$.

习题 10.5

1. 48.

2. $\dfrac{2}{105}\pi R^7$.

3. $\dfrac{3}{2}\pi$.

4. 0.

5. 1) $\displaystyle\iint\limits_{\Sigma}\left(\dfrac{3}{5}P+\dfrac{2}{5}Q+\dfrac{2\sqrt{3}}{5}R\right)\mathrm{d}S$;

2) $\displaystyle\iint\limits_{\Sigma}\dfrac{2xP+2yQ+R}{\sqrt{1+4x^2+4y^2}}\mathrm{d}S$.

习题 10.6

1. 1) 0;　　2) $-\dfrac{1}{2}\pi h^4$;　　3) $3a^4$;　　4) 81π.　　5) $-\dfrac{3}{2}\pi a^3$.

2. 1) 0;　　2) 108π.

3. 1) $2x+2y+2z$;　　2) $y\mathrm{e}^{xy}-x\sin(xy)-2xz\sin(xz^2)$.

4. 略.

习题 10.7

1. $-\dfrac{9}{2}a^3$.

2. 0.

3. $-2\pi a(a+b)$.

4. -20π.

综合测试题（十）

一、

1. D；2. C；3. A；4. B；5. B.

二、

1. $-\pi a^3$；2. -4π；3. $6\sqrt{3}\pi$；4. $\dfrac{4}{3}\pi$；5. $\dfrac{1}{1+x^2}$.

三、

1. 答案：$I=\left(\dfrac{\pi}{2}+2\right)a^2b-\dfrac{\pi}{2}a^3$.

提示：添加从 $O(0,0)$ 沿 $y=0$ 到点 $A(2a,0)$ 的有向直线段 L_1，然后用格林公式.

2. 答案：$I=\dfrac{2\pi}{3}a^3$.

提示：利用变量"对等性" $I=\displaystyle\int_L y^2\mathrm{d}s=\int_L x^2\mathrm{d}s=\int_L z^2\mathrm{d}s=\dfrac{1}{3}\oint_L a^3\mathrm{d}s$.

3. 答案：$\xi=\dfrac{a}{\sqrt{3}}$，$\eta=\dfrac{b}{\sqrt{3}}$，$\zeta=\dfrac{c}{\sqrt{3}}$

$W_{\max}=\dfrac{\sqrt{3}}{9}abc$.

提示：直线段 OM：$x=\xi t$，$y=\eta t$，$z=\zeta t$，t 从 0 变到 1，功 W 为

$$W=\int_{OM} yz\mathrm{d}x+zx\mathrm{d}y+xy\mathrm{d}z=\int_0^1 3\xi\eta\zeta t^2\mathrm{d}t=\xi\eta\zeta.$$

再求 $W=\xi\eta\zeta$ 在条件 $\dfrac{x^2}{a^2}+\dfrac{y^2}{b^2}+\dfrac{z^2}{c^2}=1$ 下的最大值即可.

4. 答案：$\displaystyle\iint_S \dfrac{z}{\rho(x,y,z)}\mathrm{d}s=\dfrac{3}{2}\pi$.

提示：曲面 S 在点 $P(x,y,z)$ 处的法向量为 $\{x,y,2z\}$，切平面方程为：$\dfrac{x}{2}X+\dfrac{y}{2}Y+zZ=0$，点 $O(0,0,0)$ 到平面 π 的距离为 $\rho(x,y,z)=\left(\dfrac{x^2}{4}+\dfrac{y^2}{4}+z^2\right)^{-\frac{1}{2}}$.

5. 答案：$I=\displaystyle\iint_{\Sigma} xz\mathrm{d}y\mathrm{d}z+2zy\mathrm{d}z\mathrm{d}x+3xy\mathrm{d}x\mathrm{d}y=\pi$.

提示：添加曲面 Σ_1 为平面 xoy 上被椭圆 $x^2 + \dfrac{y^2}{4} = 1$ $(0 \le x \le 1)$ 所围的下侧，在 Σ 和 Σ_1 所围封闭曲面上用高斯公式.

注意到在 $I = \iint\limits_{\Sigma_1} xz\mathrm{d}y\mathrm{d}z + 2zy\mathrm{d}z\mathrm{d}x + 3xy\mathrm{d}x\mathrm{d}y$ 的积分等于 $\iint\limits_{D} 3xy\mathrm{d}x\mathrm{d}y$ 为 0.

6. 答案：$f(x) = \dfrac{\mathrm{e}^x}{x}(\mathrm{e}^x - 1)$.

提示：由题设和高斯公式得

$$0 = \oiint\limits_{S} xf(x)\mathrm{d}y\mathrm{d}z - xyf(x)\mathrm{d}z\mathrm{d}x - \mathrm{e}^{2x}z\mathrm{d}x\mathrm{d}y = \pm \iiint\limits_{\Omega} [xf'(x) + f(x) - xf(x) - \mathrm{e}^{2x}]\mathrm{d}v$$

由 S 的任意性，知 $xf'(x) + f(x) - xf(x) - \mathrm{e}^{2x} = 0$，解此微分方程即可.

四、

提示：

（1）左边 $= \int_0^\pi \pi\mathrm{e}^{\sin y}\mathrm{d}y - \int_\pi^0 \pi\mathrm{e}^{-\sin x}\mathrm{d}x = \pi\int_0^\pi (\mathrm{e}^{\sin x} + \mathrm{e}^{-\sin x})\mathrm{d}x$，同理，

右边 $= \pi\int_0^\pi (\mathrm{e}^{\sin x} + \mathrm{e}^{-\sin x})\mathrm{d}x$.

（2）由（1）得 $\oint_L x\mathrm{e}^{\sin y}\mathrm{d}y - y\mathrm{e}^{-\sin x}\mathrm{d}x = \pi\int_0^\pi (\mathrm{e}^{\sin x} + \mathrm{e}^{-\sin x})\mathrm{d}x$，而由 $\mathrm{e}^{\sin x}$ 和 $\mathrm{e}^{-\sin x}$ 泰勒展开式知道

$$\pi\int_0^\pi (2 + \sin^2 x)\mathrm{d}x \le \pi\int_0^\pi (\mathrm{e}^{\sin x} + \mathrm{e}^{-\sin x})\mathrm{d}x,$$

而 $\pi\int_0^\pi (2 + \sin^2 x)\mathrm{d}x = \dfrac{5}{2}\pi^2$.

习题 11.1

1. 1) $\dfrac{1}{2n-1}$;　　2) $(-1)^{n-1}\dfrac{n+1}{n}$;　　3) $\dfrac{x^{\frac{n}{2}}}{2 \cdot 4 \cdot 6 \cdots (2n)}$;

　4) $n\sin\dfrac{1}{2^n}$;　　5) $\dfrac{nx^{n-1}}{n^2+1}$.

2. 1) $\dfrac{2}{n(n+1)}$;　　2) $\dfrac{1}{4n^2-1}$.

3. 1) 发散;　　2) 收敛;　　3) 发散.

4. 1) 收敛;　　2) 发散;　　3) 发散;

　4) 收敛;　　5) 收敛;　　6) 收敛.

5. $\dfrac{1}{4}$.

6. $\dfrac{3}{4}$.

习题 11.2

1. 1）发散；　2）发散；　3）收敛；　4）收敛；　5）$a>1$ 时收敛，$a\leqslant 1$ 时发散；　6）收敛；　7）$p>1$ 时收敛，$0<p\leqslant 1$ 时发散；　8）收敛.

2. 1）发散；　2）收敛；　3）收敛；　4）收敛；　5）收敛；　6）收敛；

7）收敛.

3. 1）收敛；　2）发散；　3）收敛；　4）收敛；　5）收敛；

6）当 $b<a$ 时收敛，当 $b>a$ 时发散，当 $b=a$ 时不确定.

4. 略.

5. 略.

习题 11.3

1. 1）条件收敛；　2）绝对收敛；　3）绝对收敛；　4）条件收敛；

5）发散；　6）绝对收敛；　7）当 $p>1$ 时绝对收敛，当 $0<p\leqslant 1$ 时条件收敛；8）发散；　9）绝对收敛.

2. 条件收敛.

3. 略.

4. $-3<a<1$ 时绝对收敛；$a<-3$ 或 $a>1$ 时发散；$a=1$ 时发散；$a=-3$ 时条件收敛.

5. 1）否；　　2）否；　　3）否；　　4）是；　　5）是.

6. 略.

习题 11.4

1. A.

2. $R=\dfrac{3}{2}$；　$\left[-\dfrac{1}{2},\dfrac{5}{2}\right)$.

3. 1）$(-1,1]$；　　2）$(-\infty,+\infty)$；　3）$x=0$；　4）$[-3,3)$；

5）$\left[-\dfrac{1}{2},\dfrac{1}{2}\right]$；　6）$(-\sqrt{2},\sqrt{2})$；　7）$[4,6)$.

4. 1）$[-1,1)$；　　2）$(-3,3]$；　　3）$(1,2]$；　　4）$(0,1]$.

5. $s(x)=\dfrac{1}{(1-x)^2}$；4.

6. $(-\infty,+\infty)$；　$\dfrac{x}{2}(e^{\frac{x}{2}}-1)$；　$2(e^2-1)$.

7. 1) $s(x) = \frac{1}{4}\ln\frac{1+x}{1-x} + \frac{1}{2}\arctan x - x$　$x \in (-1,1)$;

2) $s(x) = \frac{1+x}{(1-x)^3}$　$x \in (-1,1)$;

3) $s(x) = \begin{cases} \dfrac{\ln 2 - \ln(2-x)}{x} & x \in [-2,0) \cup (0,2) \\ \dfrac{1}{2} & x = 0 \end{cases}$

8. 1) $1 + \sum\limits_{n=1}^{\infty}(-1)^n\dfrac{(2x)^{2n}}{2(2n)!}$,　$-\infty < x < +\infty$;

2) $\sum\limits_{n=0}^{\infty}(-1)^n\dfrac{x^{n+3}}{n!}$,　$-\infty < x < +\infty$;

3) $\dfrac{1}{4}\sum\limits_{n=1}^{\infty}\Big[(-1)^n - \dfrac{1}{3^n}\Big]x^n$,　$-1 < x < 1$;

4) $\sum\limits_{n=1}^{\infty}\dfrac{(-1)^{n-1}2^n - 1}{n}x^n$,　$\Big(-\dfrac{1}{2}, \dfrac{1}{2}\Big]$;

5) $\sum\limits_{n=0}^{\infty}(-1)^n\dfrac{(2n)!}{(2^n n!)^2}x^{2n+2}$,　$(-1,1)$;

6) $\sum\limits_{n=1}^{\infty}\dfrac{x^{4n+1}}{4n+1}$,　$(-1,1)$.

9. $\sum\limits_{n=0}^{\infty}(-1)^n\Big(\dfrac{1}{2^{n+2}} - \dfrac{1}{2^{2n+3}}\Big)(x-1)^n$ $(-1 < x < 3)$.

10. $\sum\limits_{n=1}^{\infty}\dfrac{(x-1)^n}{3^n}$,　$(-2,4)$; $f^{(n)}(1) = \dfrac{n!}{3^n}$.

11. $\sum\limits_{n=0}^{\infty}\dfrac{(-1)^n}{(2n+1)(2n+1)!}x^{2n+1}$,　$(-\infty, +\infty)$;　$\sin 1$.

12. $\sum\limits_{n=2}^{\infty}\dfrac{n-1}{(n)!}x^{n-2}$,　$(-\infty,0) \cup (0,+\infty)$;　1.

13. 1) 0.6931;　　2) 0.19737.

习题 11.5

1. $f(x) = \dfrac{1}{2} + \dfrac{2}{\pi}\sum\limits_{n=1}^{\infty}\dfrac{\sin(2k-1)x}{2k-1}$, $x \in (-\pi, 0) \cup (0,\pi)$.

2. 1) $f(x) = \pi^2 + 1 + 12\sum\limits_{n=1}^{\infty}\dfrac{(-1)^n}{n^2}\cos nx$,　$x \in (-\infty, +\infty)$;

2) $f(x) = \dfrac{e^{2\pi} - e^{-2\pi}}{\pi}\Big[\dfrac{1}{4} + \sum\limits_{n=1}^{\infty}\dfrac{(-1)^n}{n^2+4}(2\cos nx - n\sin nx)\Big]$,

$$(x \neq (2n+1)\pi, \ n = 0, \ \pm 1, \ \pm 2, \cdots);$$

$$3) \ f(x) = \frac{a-b}{4}\pi + \sum_{n=1}^{\infty} \left\{ \frac{[1-(-1)^n](b-a)}{n^2\pi}\cos nx + \frac{(-1)^{n-1}(a+b)}{n}\sin nx \right\},$$

$$(x \neq (2n+1)\pi, \ n = 0, \ \pm 1, \ \pm 2, \cdots).$$

3. $2\sin\dfrac{x}{3} = \dfrac{18\sqrt{3}}{\pi}\sum_{n=1}^{\infty}(-1)^{n-1}\dfrac{n\sin nx}{9n^2-1}, \quad x \in (-\pi, \pi).$

4. $f(x) = \dfrac{1+\pi-e^{-\pi}}{2\pi} + \dfrac{1}{\pi}\sum_{n=1}^{\infty}\left\{\dfrac{1-(-1)^n e^{-\pi}}{1+n^2}\cos nx + \right.$

$$\left. \left[\frac{-n+(-1)^n n e^{-\pi}}{1+n^2} + \frac{1}{n}(1-(-1)^n)\right]\sin nx\right\}, \quad x \in (-\pi, \pi).$$

5. 略.

6. $S(x) = \begin{cases} 0, & x = -\pi \\ -\dfrac{\pi}{2}, & -\pi < x \leqslant -\dfrac{\pi}{2} \\ x, & -\dfrac{\pi}{2} < x \leqslant \dfrac{\pi}{2} \\ \dfrac{\pi}{2}, & \dfrac{\pi}{2} < x < \pi \\ 0, & x = -\pi \end{cases}.$

7. $\dfrac{\pi-x}{2} = \sum_{n=1}^{\infty}\dfrac{1}{n}\sin nx, \quad x \in (0, \pi].$

8. 略.

9. $f(\pi-x) = -f(x), \ \dfrac{\pi}{2} < x < \pi; \ f(-x) = f(x), \ -\pi < x < \pi, x \neq 0, \ \pm\dfrac{\pi}{2}.$

10. $f(x) = -\dfrac{1}{2} + \sum_{n=1}^{\infty}\left\{\dfrac{6[1-(-1)^n]}{n^2\pi^2}\cos\dfrac{n\pi x}{3} + \dfrac{6(-1)^{n+1}}{n\pi}\sin\dfrac{n\pi x}{3}\right\},$

$$(x \neq 3(2n+1)\pi, n = 0, \ \pm 1, \ \pm 2, \cdots).$$

11. $f(x) = \dfrac{8}{\pi}\sum_{n=1}^{\infty}\left\{\dfrac{(-1)^{n+1}}{n} + \dfrac{2}{n^3\pi^2}[(-1)^n - 1]\right\}\sin\dfrac{n\pi x}{2}, \quad x \in [0, 2);$

$$f(x) = \dfrac{4}{3} + \dfrac{16}{\pi^2}\sum_{n=1}^{\infty}\dfrac{(-1)^n}{n^2}\cos\dfrac{n\pi x}{2}, \quad x \in [0, 2].$$

综合测试题（十一）

一、

1. A；2. D；3. B；4. C；5. B.

二、

1. 1; 2. $(-4, 2)$; 3. $\dfrac{3}{2}$; 4. $\dfrac{2\pi}{3}$; 5. $\cos 1 - \sin 1$.

三、

1. 答案：$[0, 6)$.

2. 答案：$\dfrac{5}{8} - \dfrac{3}{4}\ln 2$.

提示：原式为级数 $\displaystyle\sum_{n=1}^{\infty} \dfrac{x^n}{(n^2-1)}$ 的和函数在 $x = \dfrac{1}{2}$ 点的值.

而 $\displaystyle\sum_{n=2}^{\infty} \dfrac{x^n}{(n^2-1)} = \dfrac{1}{2}\sum_{n=2}^{\infty}\dfrac{x^n}{n-1} - \dfrac{1}{2}\sum_{n=2}^{\infty}\dfrac{x^n}{n+1}$，分别求出 $\dfrac{1}{2}\displaystyle\sum_{n=2}^{\infty}\dfrac{x^n}{n-1}$ 和 $\dfrac{1}{2}\displaystyle\sum_{n=2}^{\infty}\dfrac{x^n}{n+1}$
的和函数即可.

3. 答案：$f(x) = \displaystyle\sum_{n=0}^{\infty} \dfrac{(-1)^n - 2^{n+1}}{n+1} x^{n+1}$, $x \in \left[-\dfrac{1}{2}, \dfrac{1}{2}\right)$.

$f^{(n+1)}(0) = n! \cdot \dfrac{(-1)^n - 2^{n+1}}{n+1}$.

提示：$f(x) = \ln(1 - x - 2x^2) = \ln(1-2x) + \ln(1+x)$.

4. 答案：$\displaystyle\sum_{n=0}^{\infty} \dfrac{n^2+1}{2^n n!}x^n = \left(\dfrac{x^2}{4} + \dfrac{x}{2} + 1\right)e^{\frac{x}{2}} - 1$, $\quad -\infty < x < +\infty$.

提示：$\displaystyle\sum_{n=0}^{\infty} \dfrac{n^2+1}{2^n n!}x^n = \sum_{n=1}^{\infty}\dfrac{n}{(n-1)!}\left(\dfrac{x}{2}\right)^n + \sum_{n=1}^{\infty}\dfrac{1}{n!}\left(\dfrac{x}{2}\right)^n$,

而 $xe^x = \displaystyle\sum_{n=1}^{\infty}\dfrac{1}{(n-1)!}x^n$, $\quad e^x = \sum_{n=0}^{\infty}\dfrac{1}{n!}x^n$.

5. 答案：$\displaystyle\sum_{n=1}^{\infty} f_n(x) = -e^x \ln(1-x)$, $\quad x \in [-1, 1)$.

提示：先解一阶线性微分方程，求出特解为 $f_n(x) = \dfrac{x}{n}e^x$.

$\displaystyle\sum_{n=1}^{\infty} f_n(x) = \sum_{n=1}^{\infty}\dfrac{x}{n}e^x = e^x\sum_{n=1}^{\infty}\dfrac{x}{n}$, 记 $S(x) = \displaystyle\sum_{n=1}^{\infty}\dfrac{x}{n}$, 则可得 $S(x) = -\ln(1-x)$.

6. 提示：设 $f_n(x) = x^n + nx - 1$, 则 $f_n'(x) > 0$, $(x>0)$, 故 $f_n(x)$ 在 $(0, +\infty)$ 内最多有一个正根. 而 $f_n(0) = -1 < 0$, $f_n(1) = n > 0$, 所以有唯一正根 x_0. 由方程 $x^n + nx - 1 = 0$ 知, $0 < x_0 = \dfrac{1 - x_0^n}{n} < \dfrac{1}{n}$, 故当 $\alpha > 1$ 时, 级数 $\displaystyle\sum_{n=1}^{\infty} x_n^\alpha$ 收敛.

四、

提示：$\dfrac{1}{n}(a_n + a_{n+2}) = \dfrac{1}{n(n+1)}$, $\displaystyle\sum_{n=1}^{\infty}\dfrac{1}{n}(a_n + a_{n+2}) = 1$.

因为 $a_n + a_{n+2} = \dfrac{1}{n+1}$, 所以 $a_n < \dfrac{1}{n+1} < \dfrac{1}{n}$, $\displaystyle\sum_{n=1}^{\infty}\dfrac{a_n}{n^\lambda} < \sum_{n=1}^{\infty}\dfrac{1}{n^{\lambda+1}}$.